Siegfried Hildebrand
Werner Krause

Fertigungsgerechtes Gestalten in der Feinwerktechnik

Fertigungsverfahren
Werkstoffe
Konstruktionen

269 Bilder, 108 Tafeln

Vieweg

Prof. Dr.-Ing. *Siegfried Hildebrand* und Prof. Dr.-Ing. habil. *Werner Krause*
sind Mitarbeiter an der Sektion Elektronik-Technologie und Feingerätetechnik der Technischen Universität Dresden

CIP-Kurztitelaufnahme der Deutschen Bibliothek

Hildebrand, Siegfried
Fertigungsgerechtes Gestalten in der Feinwerktechnik: Fertigungsverfahren, Werkstoffe, Konstruktionen / *Siegfried Hildebrand*; *Werner Krause*

Die vorliegende Ausgabe wurde von Prof. Dipl.-Ing Peter Bungartz an der Fachhochschule Nürnberg, Fachrichtung Feinwerktechnik, hinsichtlich der gültigen DIN-Normen, VDI-Richtlinien und der üblichen Werkstoffbezeichnungen in der Bundesrepublik Deutschland überarbeitet.

— 1. Auflage — Braunschweig:
Vieweg, 1978.
ISBN-13: 978-3-528-04085-7 e-ISBN-13: 978-3-322-89714-5
DOI: 10.1007/978-3-322-89714-5
NE: *Krause, Werner*; *Bungartz, Peter* Bearb.

Lizenzausgabe für Friedr. Vieweg & Sohn Verlagsgesellschaft mbH Braunschweig

Softcover reprint of the hardcover 1st edition 1977
Lektor: Ing. *Werner Elsholz*

ISBN-13: 978-3-528-04085-7

VORWORT

Die Feinwerktechnik hat sich in den letzten Jahrzehnten zu einem selbständigen technischen Fachgebiet mit großer volkswirtschaftlicher Bedeutung entwickelt. Mehr als in anderen Gebieten der Technik ist jedoch in der Feinwerktechnik das Gestalten von Einzelteilen und Baugruppen aufgrund ihrer Vielfalt von den Fertigungsverfahren und den Eigenschaften der Werkstoffe abhängig. Das Spektrum der Erzeugnisse erstreckt sich von Geräten höchster Präzision, z. B. optische Großgeräte, bis zu denen der ausgesprochenen Massenfertigung, u. a. in der Foto-, Kino- und Uhrenindustrie. Gerade hierbei müssen die Einflüsse des fertigungsgerechten Gestaltens weitgehend beachtet werden, damit die Produktion den Anforderungen an die Funktionssicherheit bei Wahrung der Wirtschaftlichkeit gerecht wird. Dieser Bedeutung entsprechend ist das fertigungsgerechte Gestalten fester Bestandteil der Studienpläne aller Studienrichtungen mit einer konstruktiven und technologischen Grundlagenausbildung an den Universitäten, Hoch- und Fachschulen. Sowohl für die in der Praxis tätigen Konstrukteure und Fertigungsingenieure als auch für die Studierenden stand bisher kein geeignetes Lehrbuch oder Nachschlagewerk als Grundlage der täglichen Arbeit zur Verfügung. Die Lücke soll mit diesem Buch geschlossen werden. Sein Aufbau wurde unter Berücksichtigung des Interessentenkreises so gestaltet, daß nach einer jeweils kurzen Beschreibung der Fertigungsverfahren sowie der Werkstoffe und deren Verarbeitung zunächst die allgemeinen theoretischen Grundlagen und Gestaltungsrichtlinien des fertigungs- und werkstoffgerechten Gestaltens in der Feinwerktechnik dargestellt und dann durch Beispiele belegt werden, die besonders den Übergang von einer ungünstigen zur günstigen Gestaltung veranschaulichen. Da das Gestalten in der Praxis häufig kein Neugestalten ist, sondern eine Umkonstruktion enthält, erschien es darüber hinaus zweckmäßig, Aufgaben und Lösungen solchen Charakters mit aufzunehmen.

Bei der Bearbeitung des Buches konnten die im VEB Verlag Technik erschienene Lehrbriefreihe „Fertigungsgerechtes Konstruieren" und weitere Lehrmaterialien eingearbeitet werden, die seit mehreren Jahren in der Ausbildung an der Technischen Universität Dresden erfolgreich Verwendung finden und an deren Ausarbeitung Herr Dr.-Ing. *L. Böhme* und weitere Mitarbeiter hervorragenden Anteil haben. Ihnen möchten wir herzlich danken. Ebenso gilt unser Dank dem VEB Verlag Technik Berlin für die gute Zusammenarbeit und die vorzügliche Ausstattung des Buches.

Für den Leser in der Bundesrepublik Deutschland wurde dieses Werk von Herrn *Prof. Dipl.-Ing. Peter Bungartz*, Fachhochschule Nürnberg, hinsichtlich der gültigen DIN-Normen, VDI-Richtlinien und der üblichen Werkstoffbezeichnungen überarbeitet. Damit ist für diesen Leserkreis der unmittelbare Zusammenhang mit den für ihn verbindlichen Normen und Bezeichnungen hergestellt.

Dresden, Mai 1977

S. Hildebrand
W. Krause

INHALTSVERZEICHNIS

0. EINLEITUNG

Für die Meisterung der steigenden Anforderungen in den Produktions- und produktionsvorbereitenden Prozessen und damit für die gesellschaftlich notwendige Steigerung der Arbeitsproduktivität ist in zunehmendem Maß der Entwicklungsstand der Feingerätetechnik mitbestimmend. Die Spezifik der Erzeugnisse dieses Fachgebiets besteht vorwiegend darin, Signale und Funktionswerte zu verarbeiten. Kennzeichen der Verarbeitung sind eine steigende Arbeitsgeschwindigkeit und Präzision bei immer größer werdender Komplexität der informationsverarbeitenden Prozesse. Dieser Entwicklung Rechnung tragend, erhöhen sich die Anforderungen an die Erzeugnisse, beginnend mit der Steigerung der Leistungsfähigkeit und der Erweiterung der Leistungsgrenzen über eine weitergehende Miniaturisierung bis hin zur Erhöhung der Zuverlässigkeit und Lebensdauer unter Wahrung wirtschaftlicher Aspekte. Während sich die direkte Signalverarbeitung zunehmend auf elektronische und andere Prinzipien verlagert, erfolgt die Realisierung der weiteren Hauptfunktionen, also z. B. die Ein- und Ausgabe von Informationen, Positionierung von Informationsträgern, Steuerung von Bewegungsabläufen u. a., nach wie vor überwiegend durch Einsatz feinmechanischer, d. h. auf der Wirkung mechanischer Prinzipien beruhender Elemente. Man versteht unter diesen Elementen alle konstruktiven Mittel zur Lösung sich wiederholender mechanischer Grundaufgaben, die aufgrund ihrer einleitend genannten funktionsbestimmenden Aufgabe in erster Linie Bausteine von Signal- oder Funktionswertflußketten sind. Zusätzlich, in vielen Fällen allerdings erst zweitrangig, sind sie für den Energiefluß im Gerät verantwortlich. Da die zur Verfügung stehenden Antriebsleistungen oft klein sind, unterscheiden sie sich in dieser Funktion deshalb z. B. wesentlich von den Bauelementen des Maschinenbaus, für dessen Erzeugnisse der Energiefluß erstrangiges Kriterium ist [1.1] [1.10] [1.15].

Kennzeichnend für die zum Aufbau feinmechanischer Baugruppen und Geräte erforderlichen Bauelemente und -teile sind in vielen Fällen die kleinen Dimensionen. Das ist einerseits bedingt durch die i. allg. kleinen äußeren Kräfte, die diese Elemente belasten, andererseits aber oft gefordert, um durch kleine Massen hohe Arbeitsgeschwindigkeiten und zugleich große Genauigkeiten, z. B. bei der Realisierung von Bewegungsabläufen, zu erreichen.

Ein weiteres Merkmal ist die einer weitgehenden Normung entgegenstehende Vielfalt der Lösungswege und Ausführungsformen als Folge des außerordentlich breiten Spektrums der Forderungen. Dies bedingt oft ein besonderes Anpassen an die Gegebenheiten der Gerätefunktion und damit eine Neukonstruktion der Elemente. Dabei ist eine Berücksichtigung der speziellen Eigenheiten der feinmechanischen Fertigung erforderlich, da vor allem bei in sehr großen Stückzahlen benötigten Erzeugnissen die Wirtschaftlichkeit nur durch Massenfertigung und damit durch Anwendung spezieller, vom Maschinenbau beträchtlich abweichender Fertigungsverfahren garantiert werden kann.

Zusätzlich spielt die Werkstoffauswahl eine entscheidende Rolle, bei der in erster Linie die Formgebung und das Bearbeitungsverfahren maßgebend sind. Es werden deshalb vorrangig Werkstoffe eingesetzt, die sich leicht und ohne viele Arbeitsgänge bearbeiten lassen, wobei zunehmend genormte Halbzeuge und Kunststoffe Verwendung finden [1.4]. Je nach der den Bauelementen zugedachten Funktion haben auch die thermischen, klimatischen und weitere Anforderungen ausschlaggebende Bedeutung, und es müssen deshalb die physikalischen und chemischen Eigenschaften der Werkstoffe besondere Berücksichtigung finden.

In diesem Buch wird das Gestalten von feinwerktechnischen Werkstücken bzw. Bauteilen unter diesen Gesichtspunkten behandelt. Sein Aufbau folgt der heute allgemein üblichen Einteilung der Fertigungsverfahren und erstreckt sich auf die Hauptgruppen des Urformens, Umformens und Trennens, weil hier die wesentlichsten Konstruktions- und Gestaltungsprobleme auftreten. Das Gestalten beim Fügen von Bauteilen wird nur, soweit es im Zusammenhang mit Verfahren dieser Hauptgruppen auftritt, in den einzelnen Abschnitten mit erörtert, da die umfassende Darstellung dieses Gebiets in [1.1] bis [1.3] enthalten ist.

Die richtige Anwendung der für die einzelnen Verfahren geltenden Gestaltungsrichtlinien setzt die Kenntnis des Ablaufs der Konstruktionsarbeit als Bestandteil der Phase der Vorbereitung der Produktion voraus und ebenso die Berücksichtigung der für alle Verfahren gleichermaßen wichtigen Gesichtspunkte der funktions- und fertigungsgerechten Tolerierung. Ausführungen hierzu wurden deshalb den Hauptabschnitten des Buches zusammen mit allgemeinen Richtlinien über den geometrischen Aufbau von Einzelteilformen in drei Abschnitten vorangestellt.

1. EINFÜHRUNG IN DIE KONSTRUKTIONSARBEIT

Die Forderungen nach einwandfrei funktionsfähigen, rationell zu fertigenden, dem Weltstand entsprechenden Erzeugnissen einerseits und die Vielfalt möglicher Lösungswege andererseits erfordern eine systematische Arbeitsweise und die wissenschaftliche Durchdringung der Konstruktionsarbeit. Besonders ist die Anwendung solcher Richtlinien und Erkenntnisse erforderlich, die es ermöglichen, für eine vorgegebene Aufgabe unter Berücksichtigung aller Einflußfaktoren und weitgehend unabhängig von individuellen Methoden und Eigenheiten des Bearbeiters so schnell wie möglich eine optimale Lösung zu finden. Kennzeichen dieser Arbeitsweise ist, daß sie allgemeine Gültigkeit hat, da sie kein Rezept zur Konstruktion eines Erzeugnisses darstellt, sondern von den Gesetzmäßigkeiten der Konstruktionsarbeit ausgeht. Gleichermaßen wichtig ist aber das Vorhandensein einer einheitlichen Terminologie zur Festlegung und Abrechnung von Leistungen im Rahmen der Entwicklung und Einführung von Erzeugnissen, um die Verständigung auch über den Rahmen eines Betriebes hinaus zu ermöglichen.

1.1. Ablauf des Konstruktionsprozesses

Die Konstruktion ist Bestandteil der Phase der Vorbereitung der Produktion (Bild 1.1). Ihre Aufgabe ist es, „auf der Grundlage einer technisch-ökonomischen Aufgabenstellung und im Zusammenwirken mit der technologischen und organisatorischen Vor-

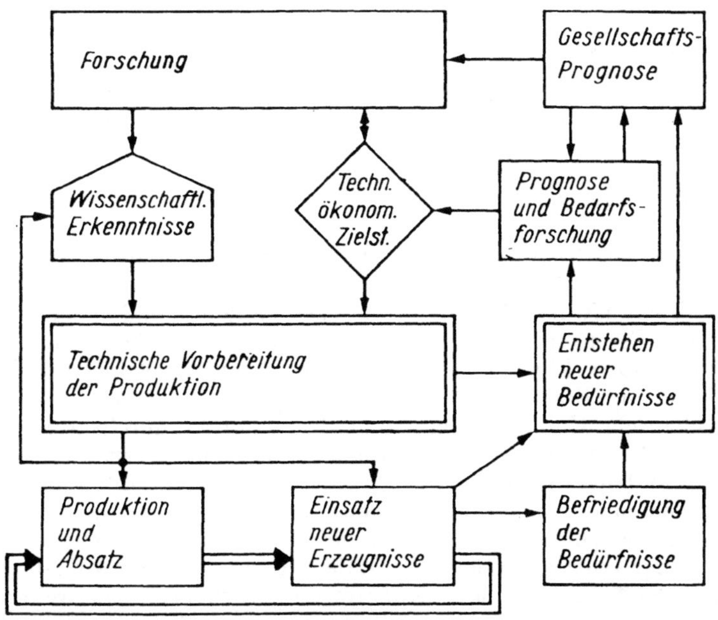

Bild 1.1. Stellung der technischen Vorbereitung der Produktion [1.25]

bereitung die Beschaffenheit eines Erzeugnisses so eindeutig zu bestimmen, daß die Überführung der Konstruktionsergebnisse in die materielle Produktion möglich ist" [1.11]. Die Konstruktion stellt also einen Prozeß dar, der die gedankliche Vorausbestimmung eines Erzeugnisses zum Inhalt hat und in dessen Ergebnis Datenträger in Form von Zeichnungen und Dokumentation vorliegen. Dieser Prozeß muß grundsätzlich mit der Präzisierung der Aufgabenstellung für die Konstruktion eines Erzeugnisses eingeleitet werden. Im Rahmen dieser Präzisierung sind die funktionellen Forderungen an das Erzeugnis exakt festzulegen, desgl. die Bedingungen, unter denen die Funktion zu erfüllen ist, sowie die geforderte Stückzahl für das Erzeugnis und auch die für dessen

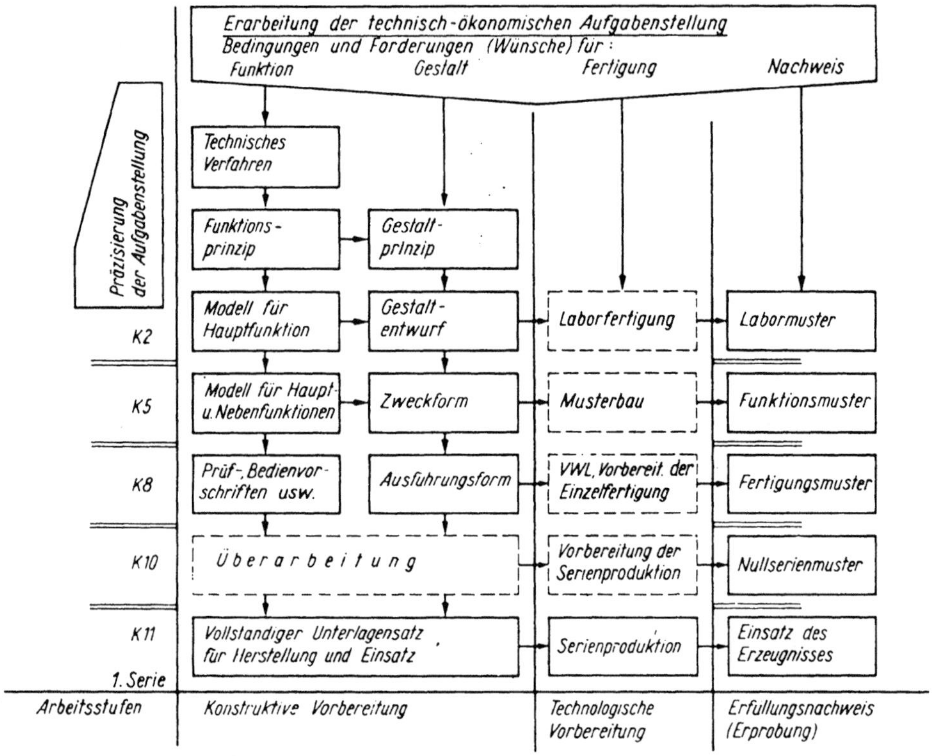

Bild 1.2. Ablauf des Konstruktionsprozesses [1.25]

Fertigung, Anwendung, Transport usw. geltenden Anforderungen. Auf dieser Grundlage erfolgt dann das Erarbeiten prinzipieller Varianten bzw. Lösungsmöglichkeiten zur Realisierung der Funktion mit dem Ziel, ein technisches Verfahren und in der weiteren Konkretisierung ein Funktionsprinzip festzulegen, das die Forderungen der Aufgabenstellung optimal erfüllt. Für das gewählte Prinzip kann ein Modell für die Hauptfunktion (z. B. Schaltung, Ersatzschaltung) des Erzeugnisses erarbeitet werden, das es ermöglicht, physikalische Untersuchungen und Berechnungen durchzuführen. In diesen und den weiteren Stufen eines solchen Prozesses (Bild 1.2) ist es erforderlich, die mit zunehmender Konkretisierung größer werdende Anzahl von Varianten jeweils zu analysieren, um entscheiden zu können, welche weiter zu verfolgen ist. Das erfolgt zweckmäßig durch Bewerten einzelner Eigenschaften der Varianten nach bestimmten Gesichtspunkten und durch jeweiliges Vergleichen mit den Forderungen der Aufgabenstellung, wobei aufgrund der fortschreitenden Konkretisierung zugleich eine weitere laufende Präzisierung, d. h. eine ständig genauere Bestimmung der Aufgabenstellung und ihrer Erfüllung, vorgenommen werden kann.

In unmittelbarer Wechselbeziehung zu diesem Bearbeitungsablauf sind die Gestaltungsforderungen durch Auswahl von Bauelementen und -gruppen für die einzelnen Teilfunktionen des Erzeugnisses zu erfüllen. Hierbei kommt es darauf an, viele vorhandene, genormte Lösungen anzuwenden. Ist diese Möglichkeit nicht gegeben, erfolgen Neukonstruktionen derselben praktisch nach den gleichen Hauptschritten, wie sie für das Erzeugnis insgesamt zur Anwendung kommen, also nach Präzisierung der Anforderungen die Erarbeitung prinzipieller Lösungsmöglichkeiten sowie deren Analyse und Bewertung ebenfalls mit dem Ziel der Entscheidung, eine Variante auszuwählen und weiter zu verfolgen. Auf der Grundlage einer jeweils ausgewählten prinzipiellen Lösung (Gestaltprinzip, Bild 1.2) werden dabei in der Gestaltungsphase zunächst der Gestaltentwurf und, darauf aufbauend, dann Zweck- und Ausführungsform erarbeitet. Die Zweckform erfüllt die vorgegebene Funktion vollständig, muß aber i. allg. noch nicht an ein bestimmtes Fertigungsverfahren gebunden sein. Erst in der Ausführungsform wird die Erfüllung beider Forderungen vereinigt. Beim Übergang von der Zweck- zur Ausführungsform muß der Konstrukteur den Weg eines Bauteils, einer -gruppe oder auch eines ganzen Erzeugnisses in der Fertigung vorausdenken und alle Einflüsse auf die Wirtschaftlichkeit genau beachten (vgl. Abschn. 2.2.).

Abschließend sei darauf hingewiesen, daß für den gesamten Ablauf des Konstruktionsprozesses oft ein iteratives Vorgehen typisch ist, da sich bei der Bearbeitung der einzelnen Schritte i. allg. Rückwirkungen ergeben, ebenso wie die Erprobung u. a. der Funktions- und Fertigungsmuster neue Erkenntnisse ergeben kann, die einer Berücksichtigung in der Konstruktion bedürfen.

1.2. Arbeitsstufen und Leistungen zur Entwicklung und Einführung von Erzeugnissen

Mit der „Nomenklatur der Arbeitsstufen und Leistungen von Aufgaben des Planes Wissenschaft und Technik" [1.26] ist eine Möglichkeit der Vereinheitlichung der Terminologie auch für die Bearbeitung von Konstruktionsaufgaben gegeben.

Insgesamt enthält die Nomenklatur Festlegungen für die Vorbereitung, Durchführung, Kontrolle und Abrechnung von Forschungs-, Entwicklungs-, Einführungs-, Lizenz- und Normungsaufgaben. Sie beziehen sich auf Prognosen von Wissenschaft und Technik (P), Studien zur Vorbereitung komplexer Aufgabenstellungen (St), Grundlagenforschung (G1 bis G4), Angewandte Forschung (A1 bis A4), Entwicklung und Einführung von Erzeugnissen (K1 bis K11), Entwicklung und Einführung von technologischen Prozessen, Verfahren, Rezepturen und Erzeugnissen (V1 bis V9), Entwicklung und Einführung von Methoden und Projekten der EDV (E1 bis E6), Vorbereitung und Realisierung zentraler Fertigung (ZF1 bis ZF4) sowie auf die Ausarbeitung von Normen einschließlich der internationalen Zusammenarbeit auf den Gebieten der Normung, des Meßwesens, der Qualitätssicherung und der technischen Sicherheit (u. a. Arbeitsstufen AS — Analysen und Studien, S — Ausarbeitung, Bestätigung und Einführung von Normen).

Für die Konstruktion eines Erzeugnisses sind die Arbeitsstufen K1 bis K11 festgelegt. In diese Arbeitsstufen sind alle Aufgaben zur Entwicklung (einschließlich Rationalisierung) und Einführung von Erzeugnissen einzuordnen, deren Lösung vorwiegend durch konstruktive Merkmale bestimmt wird. In Tafel 1.1 ist hierfür ein Auszug aus der Arbeitsstufennomenklatur wiedergegeben. Bild 1.2 zeigt die Zuordnung derselben zum allgemeinen Ablauf des Konstruktionsprozesses und zur Erprobung sowie die Kopplung zum technologischen Entwicklungsprozeß. Daraus ist auch erkennbar, daß dem fertigungsgerechten Gestalten besonders in den Arbeitsstufen Aufmerksamkeit zu widmen ist, in denen die Fertigungsdokumentation vorbereitet und erarbeitet wird.

Tafel 1.1. Arbeitsstufen zur Entwicklung und Einführung von Erzeugnissen (K1 bis K11) (Auszug aus [1.26]*)*

Arbeitsstufe	Kurz-zeichen	Erfüllungsnachweis
Ausarbeitung der Aufgabenstellung	K1	bestätigtes Pflichtenheft
Erarbeitung des Lösungswegs und Präzisierung der Aufgabenstellung	K2	bestätigtes präzisiertes Pflichtenheft, bestätigtes Arbeitsprogramm
Erarbeitung der konstruktiven und technologischen Lösung für den Bau des Funktionsmusters	K3	Fertigungsdokumentation für FuMu, Erprobungsprogramm
Bau des Funktionsmusters	K4	Funktionsmuster
Erprobung der konstruktiven Lösung und Nachweis der Reproduzierbarkeit der Funktion	K5	bestätigter Erprobungsbericht, präzisiertes Arbeitsprogramm
(Freigabe zur Produktion)	K5/0	(s. u.)
Vorbereitung des Baus des Fertigungsmusters/der Errichtung des Experimentalbaus	K6	Fertigungsdokumentation – FeMu/Exbau, Erprobungsprogramm
Bau des Fertigungsmusters/Errichtung des Experimentalbaus	K7	Fertigungsmuster bzw. Experimentalbau
Erprobung des Fertigungsmusters/Experimentalbaus und Nachweis der Fertigungsreife	K8	bestätigter Erprobungsbericht, ggf. Fertigungsdokumentation – Nullserie
(Freigabe zur Produktion)	K8/0	(s. u.)
Bau der Nullserie unter den Bedingungen der künftigen Serienproduktion	K9	Nullserienerzeugnisse
Erprobung der Nullserienproduktion und Nachweis der Serienproduktionsreife	K10	bestätigter Erprobungsbericht
Freigabe zur Produktion	K10/0	(s. u.)
Mitwirkung bei der Einführung in die Produktion	K11	Abnahmeprotokoll der TKO über die im Plan der Einführung festgelegte Warenproduktion
Freigabe zur Produktion		
auf Grundlage des Funktionsmusters (Einzelfertigung)	K5/0	
auf Grundlage des Fertigungsmusters/des Experimentalbaus (Serienfertigung)	K8/0	Fertigungsdokumentation – Produktion, bestätigter FE-Bericht
auf Grundlage der Nullserie (Großserien- und Massenfertigung)	K10/0	

In [1.26] sind dazu je Arbeitsstufe noch die zu erbringenden Leistungen, Festlegungen zur Vorbereitung von Leitungsentscheidungen und Zwischenverteidigungen enthalten.

Es muß aber betont werden, daß diese Festlegungen nicht schematisch gehandhabt werden dürfen, sondern den jeweiligen Bedingungen anzupassen sind, um den effektivsten Arbeitsablauf bei der Lösung einer Aufgabe zu gewährleisten. In Abhängigkeit von der Art der Aufgabe, der Stückzahl der Erzeugnisse und den betrieblichen Besonderheiten ist deshalb z. B. zu entscheiden, nach welchen Arbeitsstufen (z. B. K5/0, K8/0 oder K10/0) eine Freigabe zur Produktion erfolgen kann, welche Arbeitsstufen parallel zu bearbeiten sind und inwieweit zur Sicherung eines rationellen Ablaufs einzelne Arbeitsstufen weiter untergliedert werden müssen.

Literatur zum Abschnitt 1.

Bücher

[1.1] *Hildebrand, S.*: Feinmechanische Bauelemente. 3. Aufl. Berlin: VEB Verlag Technik 1975.

[1.2] *Hildebrand, S.*: Einführung in die feinmechanischen Konstruktionen. 3. Aufl. Berlin: VEB Verlag Technik 1976.

[1.3] Autorenkollektiv: Taschenbuch Feingerätetechnik. Bde. 1 und 2, 2. Aufl. Berlin: VEB Verlag Technik 1969.

[1.4.1] *Greiner, H.*: Plastwerkstoffe in der Feingerätetechnik. Berlin: VEB Verlag Technik 1973.

[1.4.2] VDI: Konstruktion, Fertigung und Anwendung feinwerktechnischer Kunststoffteile. Düsseldorf: VDI-Verlag 1976.

[1.5] *Hansen, F.*: Konstruktionssystematik. Berlin: VEB Verlag Technik 1965.

[1.6] *Hansen, F.*: Justierung. Berlin: VEB Verlag Technik 1965.

[1.7] *Hansen, F.*: Konstruktionswissenschaft, Grundlagen und Methoden. Berlin: VEB Verlag Technik 1974.

[1.8] *Altschuller, G. S.*: Erfinden — (K) ein Problem? Berlin: Verlag Tribüne 1973 (Übers. a. d. Russ.).

[1.9] *Claussen, U.*: Konstruieren mit Rechnern. Berlin, Heidelberg, New York: Springer-Verlag 1971.

[1.10] *Kuhlenkamp, A.*: Konstruktionslehre der Feinwerktechnik. München: Carl Hanser Verlag 1971.

[1.11] *Arnold, H.*; *Lange, A.*; *Borchert, H.*; *Schmidt, J.*: Der Produktionsprozeß im Industriebetrieb. Berlin: Verlag Die Wirtschaft 1971.

[1.12] *Rodenacker, W. G.*: Methodisches Konstruieren. 2. Aufl. Berlin, Heidelberg, New York: Springer-Verlag 1976.

[1.13] *Kesselring, F.*: Technische Kompositionslehre. Berlin, Göttingen, Heidelberg: Springer-Verlag 1954

[1.14] *Kesselring, F.*: Bewertung von Konstruktionen. Düsseldorf: Deutscher Ingenieur-Verlag 1951.

Zeitschriften

[1.15] *Krause, W.*, u. a.: Feinmechanische Bauelemente. Feingerätetechnik *23* (1974) H. 10, S. 455.

[1.16] *Krause, W.*: Präzisionsmechanik in der Feingerätetechnik. Feingerätetechnik *22* (1973) H. 9, S. 385.

[1.17] *Hildebrand, S.*; *Stündel, D.*: Entwicklungstendenzen in der Feingerätetechnik, besonders unter dem Gesichtspunkt der Elektronik und ihrer Technologie. Feingerätetechnik *20* (1971) H. 1, S. 7.

[1.18] *Görlich, P.*: Beziehungen zwischen Feingerätetechnik und Elektronik. Feingerätetechnik *23* (1974) H. 11, S. 482.

[1.19] *Fronius, St.*: Wissenschaftliche Untersuchungen zum Konstruktionsprozeß als Voraussetzung der Rationalisierung. Wiss. Z. TU Dresden *21* (1972) H. 2.

[1.20] *Seydel, E.*: Konstruktionswissenschaftliche Probleme der Modellierung technischer Erzeugnisse zum Zweck der Rationalisierung der technischen Vorbereitung. Wiss. Z. TU Dresden *21* (1972) H. 2.

[1.21] *Klose, I.*: Rationalisierung des Konstruktionsprozesses. Maschinenbautechnik *22* (1973) H. 11, S. 492.

[1.22] *Seydel, E.*; *Quass, H.*; *Völkel, T.*: Rechnergestützte Konstruktion feingerätetechnischer Baugruppen unter Verwendung der digitalen Simulation. Feingerätetechnik *24* (1975) H. 3, S. 112.

[1.23] *Pahl, G.*; *Beitz, W.*, u. a.: Für die Konstruktionspraxis. Konstruktion *24* (1972) H. 1, ff (Aufsatzreihe).

[1.24] *Heinrich, W.*: Eine systematische Betrachtung der konstruktiven Entwicklung technischer Erzeugnisse. Maschinenbautechnik *22* (1973) H. 5, ff (Aufsatzreihe).

[1.25] *Seydel, E.*: Lehrmaterialien „Konstruktionswissenschaft". TU Dresden, Sektion Elektronik-Technologie und Feingerätetechnik, 1975.

[1.26] Nomenklatur der Arbeitsstufen und Leistungen von Aufgaben des Planes Wissenschaft und Technik (Arbeitsstufennomenklatur). Hrsg. v. Ministerrat der DDR, Minist. f. Wissensch. u. Technik, Berlin 1975.

2. FERTIGUNGSVERFAHREN UND GEOMETRISCHER AUFBAU VON EINZELTEILFORMEN

2.1. Einteilung der Fertigungsverfahren

Die Vielzahl der in der Technik verfügbaren Fertigungsverfahren wird in erster Linie nach den Begriffen Zusammenhalt, Form- und Stoffeigenschaftsändern unterteilt. Nach DIN 8580 erfolgt eine Einteilung der Fertigungsverfahren in sechs Verfahrenshauptgruppen: Urformen, Umformen, Trennen, Fügen, Beschichten und Stoffeigenschaftsändern.

Urformen ist Fertigen eines festen Körpers aus formlosem Stoff durch Schaffen des Stoffzusammenhalts. Man unterscheidet Urformen aus dem gas- oder dampfförmigen Zustand (z. B. Fertigung geometrisch bestimmter fester Formen aus verdampftem Metall), aus dem flüssigen, breiigen oder pastenförmigen Zustand (z. B. Gießen von Metallen, Keramik- und Plastformmassen), durch elektrolytische Abscheidung (z. B. Fertigung fester Körper auf galvanischem Weg) und aus dem festen, z. B. körnigen oder pulvrigen Zustand (Pressen von Pulvern aus Metall, Kunstharz und anderen Stoffen).

Umformen ist Fertigen durch bildsames bzw. plastisches Verändern der Form eines festen Körpers, wobei sowohl die Masse als auch der Zusammenhalt beibehalten werden. Hierzu gehören Druckumformen (z. B. Fließpressen, Formpressen, Stauchen), Zugdruckumformen (z. B. Tiefziehen, Drahtziehen), Zugumformen (z. B. Reckziehen, Reckrichten), Biegeumformen (z. B. Walzen von Blechprofilen, Abkanten) und Schubumformen (z. B. Durchsetzen, Verwinden).

Trennen ist Fertigen durch Ändern der Form eines festen Körpers, wobei der Zusammenhalt örtlich aufgehoben und im ganzen vermindert wird und die Endform in der Ausgangsform enthalten ist. In erster Linie sind dies das Zerteilen (Ab- und Einschneiden, Reißen, Brechen usw.), Spanen (Drehen, Fräsen, Bohren, Schleifen usw.) und Abtragen (Abtrennen von Stoffteilchen auf nichtmechanischem Weg, z. B. mit Elektronen-, Plasma- oder Laserstrahl). Hinzu kommen Zerlegen (Trennen vorher gefügter Werkstücke ohne deren Zerstörung, z. B. Demontieren, Abschrauben usw.), Reinigen (Entfernen unerwünschten Stoffs durch Waschen, Beizen, Bürsten o. dgl.) und Evakuieren (z. B. Evakuieren einer Elektronenröhre).

Fügen ist das Zusammenbringen von zwei oder mehreren Werkstücken oder von Werkstücken mit formlosem Stoff. Es umfaßt das Zusammenlegen (z. B. Einhängen, Einrenken), Füllen von Hohlkörpern, An- und Einpressen von Teilen, Fügen durch Urformen (z. B. Ausgießen) und Umformen (Verlappen, Vernieten, Falzen usw.), Stoffverbinden (z. B. Schweißen, Löten, Kleben, Kitten) und weitere Verfahren (Blechsteppen, Nähen usw.).

Beschichten ist das Aufbringen einer fest haftenden Schicht aus formlosem Stoff auf ein Werkstück. Es kann aus dem gas- oder dampfförmigen Zustand (z. B. Aufdampfen), aus dem flüssigen oder pastenförmigen Zustand (Lackieren, Emaillieren), durch elektrolytische oder chemische Abscheidung (z. B. Galvanisieren) und aus dem festen (körnigen oder pulvrigen) Zustand (Hammerplattieren, Pulveraufreiben u. a.) erfolgen.

Stoffeigenschaftsändern ist das Fertigen eines festen Körpers durch Umlagern von Stoffteilchen (z. B. Härten, Anlassen, Festwalzen, Magnetisieren), durch Aussondern (z. B. Entkohlen) und Einbringen (z. B. Nitrieren) von Stoffteilchen.

Verschiedene Fertigungsverfahren stellen dabei eine Kombination zwischen diesen Verfahrenshauptgruppen oder innerhalb einer Hauptgruppe dar.

Der Schwerpunkt der weiteren Ausführungen dieses Buches wurde, wie in der Einleitung schon dargestellt, bewußt auf die ersten drei Verfahrenshauptgruppen gelegt, weil hier die wesentlichsten Konstruktions- und Gestaltungsprobleme auftreten. Das Fügen von Bauteilen ist in [1.1] bis [1.3] dargestellt.

2.2. Allgemeine Gestaltungsrichtlinien

Beim konstruktiven Gestalten ist die Aufgabe gestellt, eine bestimmte Funktion mit minimalem Aufwand, d. h. mit ausgewählten Fertigungsverfahren, wirtschaftlich zu realisieren. Der Aufbau der Teile muß deshalb aus möglichst wenigen und einfachen Grundformen erfolgen. Man unterscheidet dabei ebenflächige Formen (z. B. durch Hobeln, Fräsen, Schleifen usw. gefertigt) und krummflächige Formen (z. B. durch Drehen, Bohren und Reiben gefertigt), die sich beliebig kombinieren lassen.

Bei den ebenflächigen Grundformen nehmen die vier- und sechseckigen Prismen mit parallelen Seitenflächen eine bevorzugte Stellung ein. Sie sind deshalb auch als *Halbzeuge* (vorgeformte Teile zur Herstellung von Fertigteilen, vgl. Bild 2.8) weit verbreitet (Bild 2.1a). Je nach den speziellen Dimensionen und Gegebenheiten sind dafür

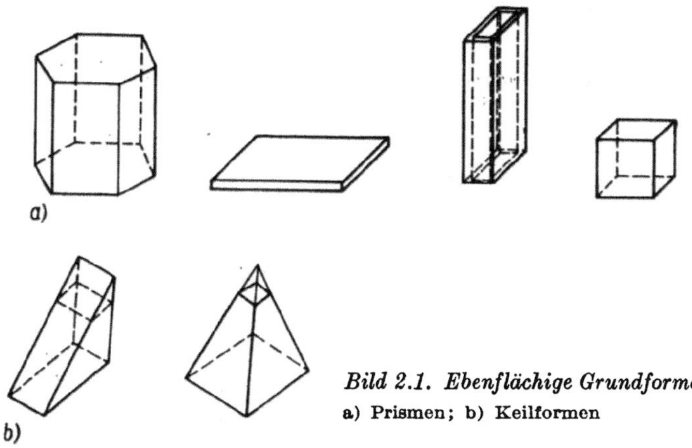

Bild 2.1. Ebenflächige Grundformen
a) Prismen; b) Keilformen

besondere Begriffe üblich. So werden Prismen mit extremer Höhe als Stangen oder Säulen bezeichnet. Ist die Höhe extrem klein gegenüber den beiden anderen Dimensionen, spricht man von Platten, Platinen, Tafeln, Blechen, Folien usw. Die meisten dieser Grundformen sind auch als Hohlformen mit i. allg. gleicher Wanddicke gebräuchlich. Bei nichtparalleler Lage der Seitenflächen kommen darüber hinaus verschiedene Keilformen zur Anwendung (Bild 2.1b).

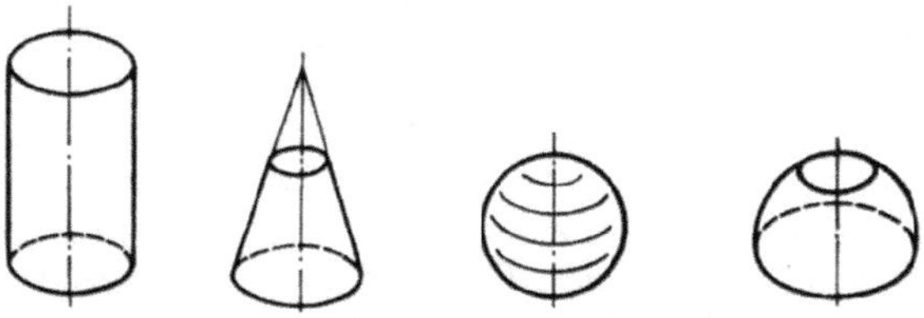

Bild 2.2. Krummflächige Grundformen

Bei krummflächigen Grundformen ist entsprechend der Arbeitsweise vieler Werkzeugmaschinen der Kreis die allgemeine Verknüpfungsfläche. Die einfachste dieser Formen (Bild 2.2) ist der Zylinder, bei dem je nach Dimensionierung z. B. von Stab, Achse, Welle, Rolle oder Ronde gesprochen wird. Die Querschnittsfläche senkrecht zur

Grundfläche (Kreis) kann aber auch andere Formen annehmen, so daß Kegel und Kugel mit ihren Abarten entstehen, die bei gleichen Wanddicken ebenfalls als Hohlformen gebräuchlich sind. Als Spezialfälle für den Querschnitt ergeben sich beliebige Drehkörper mit Ellipsen-, Hyperbel- oder Parabelform, deren Anwendung wegen der aufwendigen Fertigung jedoch Sonderfällen vorbehalten bleiben muß.

Die meisten der Einzelteile treten als Zusammensetzung verschiedener Grundformen auf (Bild 2.3). Durch zusätzliche funktionelle Forderungen lassen sich solche Formen verbessern, im Sinne des späteren Einsatzes eines Bauteils in einem Erzeugnis, oft durch Hinzufügen weiterer einfacher Grundformen, konkretisieren. Die einseitige

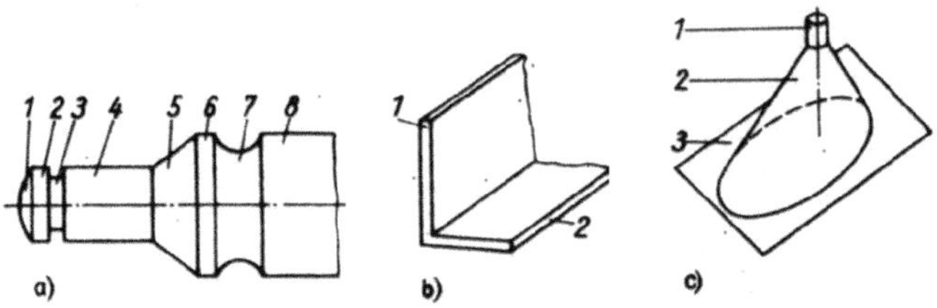

Bild 2.3. Zusammengesetzte Grundformen

a) Wellenabsatz mit Einstichen (Grundformen: *2, 3, 4, 6, 8* Zylinder; *1* Kugelkalotte; *5* Kegelstumpf; *7* Drehkörper)
b) L-Profil (Grundformen: *1, 2* Prismen)
c) Mastabdichtung – Wanddicke nicht dargestellt (Grundformen: *1* Hohlzylinder; *2* schräg geschnittener Kegelstumpf; 3 Prisma, ausgeschnitten)

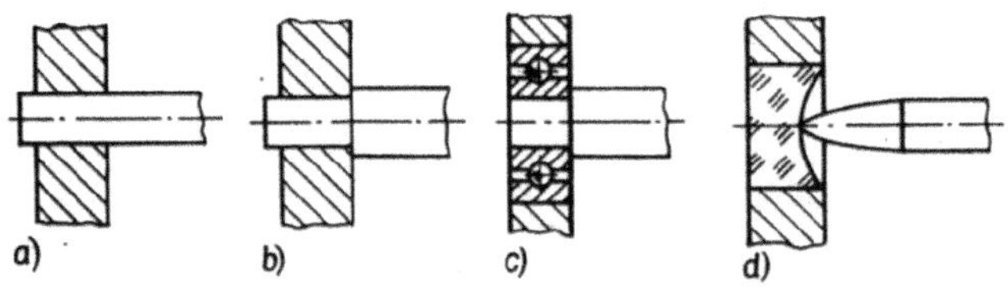

Bild 2.4. Lagerung einer Welle

a) Gestaltentwurf
b) Zapfenlager
c) Wälzlager
d) Spitzenlager

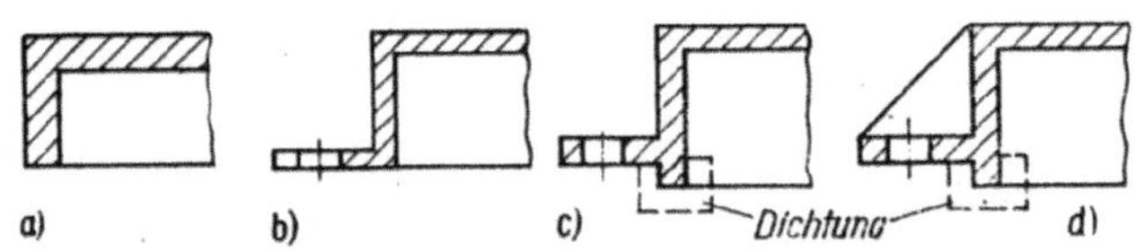

Bild 2.5. Gehäusedeckel

a) Gestaltentwurf; b) Deckel mit Befestigungsflansch; c) Deckel mit Befestigungsflansch und Dichtung; d) Erhöhung der Festigkeit des Deckels durch Verrippung

Lagerung einer Welle ist im Bild 2.4 dargestellt. Die Erfüllung der Gestaltungsforderungen führt vom Gestaltentwurf a) durch zusätzliche Forderungen zu Zweckformen, die u. a. Sicherung gegen Verschieben in einer Richtung b) oder reibungsarme Lagerung bei großer bzw. kleiner Lagerbelastung c), d) garantieren. Im Bild 2.5 wird bei gleichem Vorgehen hinsichtlich der Gestaltung der Übergang vom Gestaltentwurf a) zu Zweckformen bei präzisierter Aufgabenstellung am Beispiel der Gestaltung eines Gehäusedeckels gezeigt. Der Deckel muß z. B. anschraubbar sein b) und soll zusätzlich eine Abdichtung aufweisen, die kleinerem c) oder größerem Innendruck [zusätzliche Verrippung des Bauteils d)] genügt.

In Vorbereitung der Fertigung ist aus einer solchen Zweckform die Werkform zu bilden. Je nach Forderung bezüglich Funktion, gewählten Fertigungsverfahrens und der Gestalt des Einzelteils kann dieselbe durch Ausarbeiten aus einer einfachen Grundform (z. B. Fertigung eines Drehteils nach Bild 2.3a aus einem Zylinder, Bild 2.6) oder durch Aneinanderreihung einfacher Grundformen analog den Arbeitsgängen bei der Herstellung (z. B. Ziehteile nach Bild 2.7 aus einzelnen Zylindern oder Kegelstümpfen) gebildet werden. Eine Ausführungsform gestalten heißt also, „in Fertigungsverfahren denken“, wobei der *Werkstoffwahl* für die Bauteile zusätzlich besonderes Augenmerk gewidmet werden muß. Es ist zu beachten, daß gerade in der Feingerätetechnik das Angebot an Werkstoffen weit umfangreicher ist als in anderen Gebieten der Technik. Das ist darauf zurückzuführen, daß die Werkstoffauswahl durch viele Gesichtspunkte bestimmt wird, neben der Festigkeit und den Kosten u. a. durch Forderungen hinsichtlich Elastizität, Verschleißverhaltens, spezifischen Gewichts, magnetischer

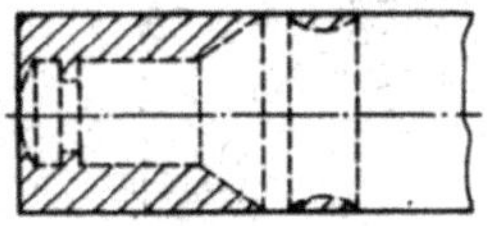

Bild 2.6. Ausarbeiten der Ausführungsform aus einfacher Grundform

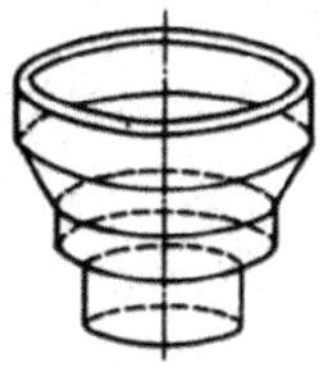

Bild 2.7. Zusammensetzen der Ausführungsform durch Aneinanderreihung einfacher Grundformen

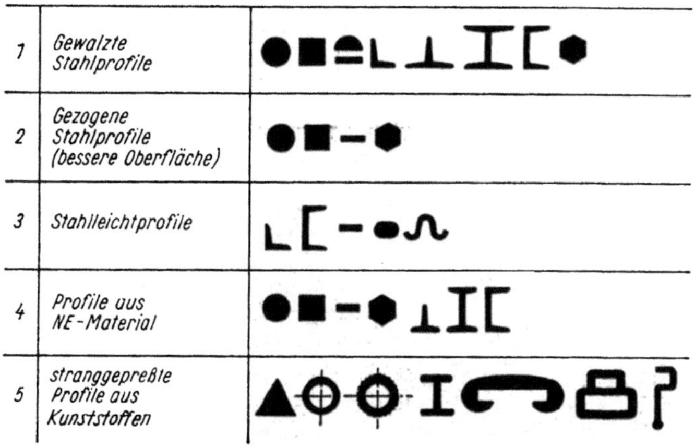

Bild 2.8. Genormte Profile

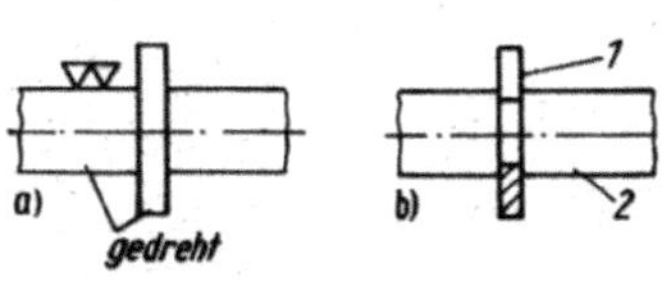

Bild 2.9. Verwendung von genormten Bauteilen und Halbzeugen

a) Drehteil (Einteillösung); b) Materialeinsparung durch zweckmäßigere Gestaltung (*1* Sicherungsscheibe, DIN 6799; *2* Halbzeug, DIN 668, blankgezogen)

und elektrischer Leitfähigkeit, Korrosionsverhaltens und Veredlungsfähigkeit. Generell gilt das Prinzip, teure und schwer zu beschaffende Werkstoffe zu vermeiden und dafür möglichst gleichwertige Austauschstoffe heranzuziehen. Oft sind für bestimmte Fertigungsverfahren spezielle Werkstoffe entwickelt worden, so z. B. für das Automatendrehen die Automatenstähle, die hohe Schnittgeschwindigkeiten zulassen. Die meisten Werkstoffe werden außerdem als Halbzeuge (Bild 2.8) geliefert, deren richtiger Einsatz (Bild 2.9) erhebliche Kostensenkungen ermöglicht.

Weitere, die Wirtschaftlichkeit in starkem Maß beeinflussende Gesichtspunkte sind die geforderte Stückzahl für ein Bauteil, eine optimale Werkstoff- und Werkzeugausnutzung und die geforderten Toleranzen und Passungen. Die *Stückzahl* z bestimmt die Art der Fertigung. Man unterscheidet i. allg. Einzelfertigung ($z \approx 1$ bis 10), Serienfertigung ($z \approx 100$ bis 1000) und Massenfertigung ($z \geqq 3000$). In Abhängigkeit von dieser Fertigungsart wird das Verfahren festgelegt, wobei genaue Kalkulationen über die *Wirtschaftlichkeit* entscheiden (Bild 2.10). Sie hängt für ein gegebenes Verfahren von der Gestaltung der Ausführungsform ab, bei wechselnder Stückzahl von der Wahl des Fertigungsverfahrens. Bild 2.11 zeigt für die Aufgabe, eine Welle zweiseitig zu lagern, in a) eine Einteillösung bei kleinen Abmessungen und Einzelfertigung. Für größere Abmessungen soll die Fertigung aus Blechteilen erfolgen, die durch Löten oder Schweißen zu verbinden sind. Hinsichtlich Genauigkeit und Belastbarkeit werden

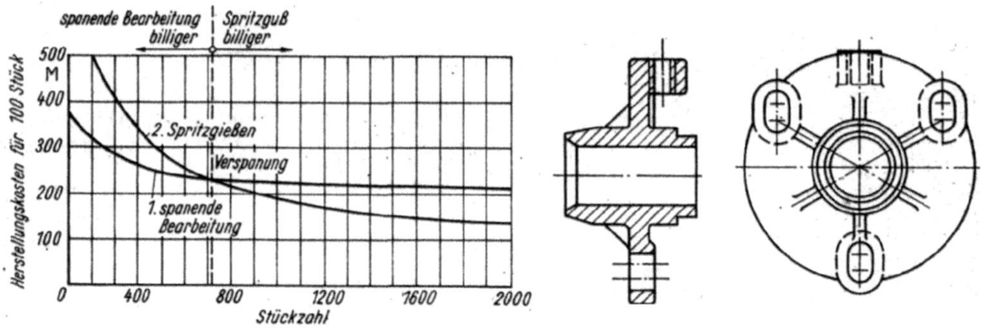

Bild 2.10. Kosten in Abhängigkeit von Herstellungsverfahren und Stückzahl (Vergleich spanende Formung – Spritzguß) [2.14]

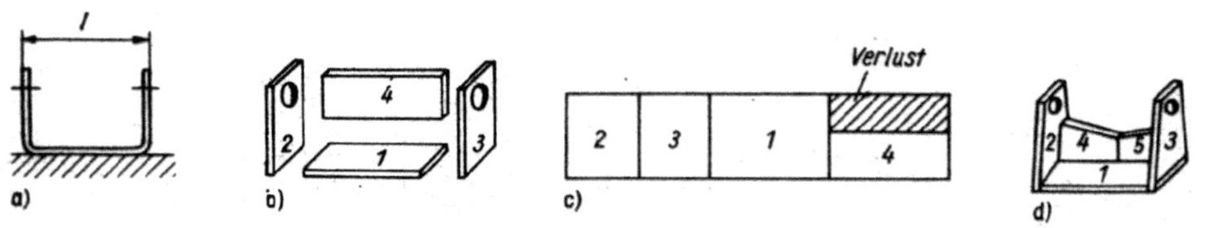

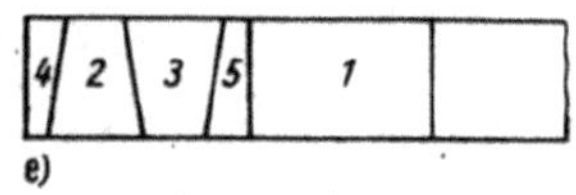

Bild 2.11. Gestaltung eines Lagerbocks

a) Einteillösung bei kleinen Abmessungen; b), d) Mehrteillösungen bei größeren Abmessungen; c), e) Aufteilung der Einzelteile auf dem Blechstreifen

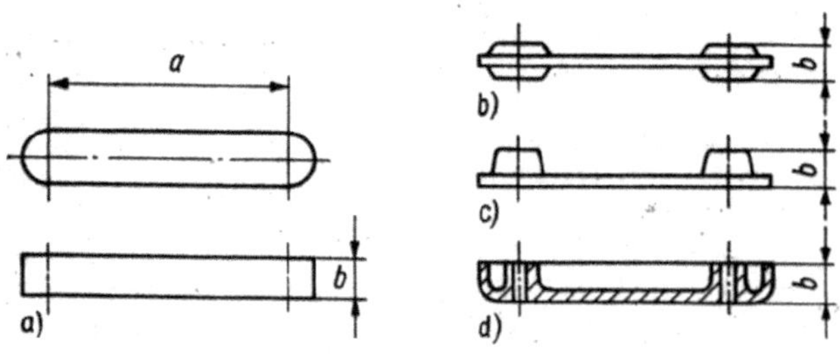

Bild 2.12. Verschiedene Herstellungsverfahren für einen Hebel

a) Gestaltentwurf; b), c), d) Gestaltung bei unterschiedlichen Fertigungsverfahren: b) Schweißen oder Löten, c) Sand- oder Kokillenguß, d) Druckguß

keine höheren Forderungen gestellt. Während die Lösungen b) und c) höhere Masse des Fertigteils und Werkstoffverlust beim Abschneiden der Einzelteile von einem Blechstreifen erkennen lassen, zeigen die Bilder d) und e) eine Aufteilung auf dem Blechstreifen ohne Abfall bei zusätzlich verminderter Masse. Die Form der Stützrippen gewährleistet trotzdem die Funktion. Als weiteres Beispiel sind im Bild 2.12 für einen Hebel der Achsabstand *a* zweier Lagerbohrungen und die Lagerbreite vorgegeben. Die Stückzahlen variieren und ergeben z. B. für Einzelfertigung eine Löt- oder

Schweißkonstruktion, für Serienfertigung die Ausführung als Sandguß- und für Massenfertigung als Druckgußteil.

Die für Einzelteile zu wählenden *Toleranzen* werden zunächst durch die Funktion vorgegeben. Sie beeinflussen aber auch entscheidend die Fertigungskosten (Bild 2.13).

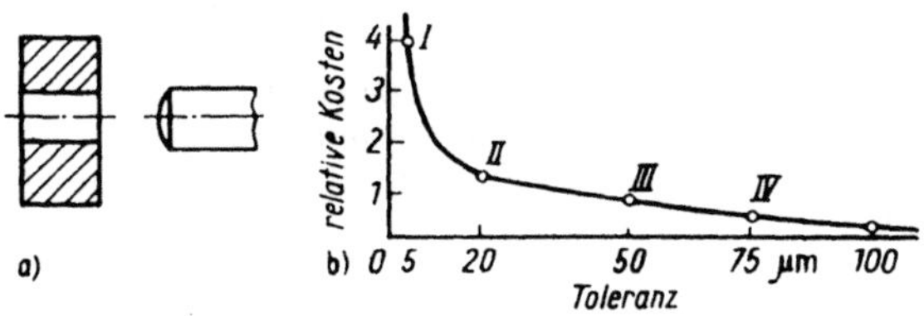

Bild 2.13. Abhängigkeit der Fertigungskosten von den Fertigungstoleranzen

Verlangte Toleranz (Mittleres Spiel)	Passungs-möglichkeit	Bearbeitungsverfahren Achse	Bohrung
I) T_m = 5 µm	H5/h5	gedreht, geschliffen, geläppt	gebohrt, geschliffen, gehont
II) T_m = 20 µm	H8/h8	gedreht, geschliffen	gebohrt, geschliffen
III) T_m = 50 µm	H10/h10	gedreht	gebohrt, gerieben
IV) T_m = 75 µm	H11/h11	Halbzeug blank gezogen	gebohrt

Gemäß dem Prinzip „Toleriere so grob wie möglich und so fein wie nötig“ ist deshalb genau zu untersuchen, inwieweit bei Vergröberung der Toleranzen die Funktion trotzdem noch garantiert wird.

Als übergeordneter Gesichtspunkt muß schließlich gelten, beim Gestalten die *Normung* weitgehend zu nutzen, da durch die Vielzahl der in nationalen und internationalen Normen festgelegten Ausführungen von Teilen und Baugruppen, Werkstoffen und ihren Anlieferungsformen, Prüfvorschriften, Auswahlreihen für Zahlenwerte usw. sowohl ein gesicherter Austauschbau als vor allem auch eine wirtschaftliche Fertigung der Erzeugnisse möglich sind.

Ergänzende Gestaltungsrichtlinien sind schließlich zweckmäßige Montagemöglichkeit, leichte Zugänglichkeit für Meß- und Prüfvorgänge, Wahl geeigneter Oberflächen und Korrosionsschutz, geringe Wartung und einfache Handhabung, leichtes Auswechseln von Verschleißteilen usw. Nicht zuletzt ist aber auch zu beachten, daß Form und Farbe so zu wählen sind, daß die Erzeugnisse physiologisch und psychologisch zweckmäßig sind und allgemein als schön und angenehm empfunden werden.

Literatur zum Abschnitt 2.

(Spezielle Literaturhinweise zu einzelnen Fertigungsverfahren s. Abschnitte 4. bis 6.)

[2.1] Autorenkollektiv: Taschenbuch Feingerätetechnik, Bd. 2, 2. Aufl. Berlin: VEB Verlag Technik 1969.
[2.2] *Kraft, K.*: Urformen. Berlin: VEB Verlag Technik 1970.
[2.3] *Richter, R.*: Form- und gießgerechtes Konstruieren. 2. Aufl. Leipzig: VEB Deutscher Verlag für Grundstoffindustrie 1970.
[2.4] Autorenkollektiv: Gießereitechnik — Taschenbuch. Leipzig: VEB Deutscher Verlag für Grundstoffindustrie 1961.
[2.5] *Schaaf, W.*; *Hahnemann, A.*: Verarbeitung von Plasten. Leipzig: VEB Deutscher Verlag für Grundstoffindustrie 1968.
[2.6] *Greiner, H.*: Plastwerkstoffe in der Feingerätetechnik. Berlin: VEB Verlag Technik 1973.
[2.7] *Hofner, K.-H.*: Verfahren der Umformtechnik. Berlin: VEB Verlag Technik 1969.
[2.8] *Jahnke, H.*; *Retzke, R.*; *Weber, W.*: Fertigungstechnik — Umformen und Schneiden. Berlin: VEB Verlag Technik 1978.
[2.9] *Maasz, E.*: Handbuch für die Blechbearbeitung. Leipzig: VEB Fachbuchverlag 1958.
[2.10] Autorenkollektiv: Taschenbuch Maschinenbau. Bd. 3/I: Stoffumformung. Berlin: VEB Verlag Technik 1971.

[2.11] *Dünib, W.*; *Neumann, M.*; *Schwartz, H.*: Trennen. Berlin: VEB Verlag Technik 1969.
[2.12] *Kulke, W.*: Spanende Werkzeuge. Berlin: VEB Verlag Technik 1970.
[2.13] *Gabler, P.*: Die Stanzereitechnik. München: Carl Hanser Verlag 1951.
[2.14] *Schroeder, A. J.*: Richtlinien feinmechanischer Konstruktion und Fertigung. 2. Aufl. Stuttgart: Berliner Union 1953.
[2.15] *Pertermann, L.*: Fertigungsgerechte Konstruktionsbeispiele. Leipzig: Institut für polygraphische Maschinen 1968.
[2.16] *Tschochner, H.*: Konstruieren und Gestalten. Essen: Verlag W. Girardet 1954.
[2.17] *Wünsch, H.*: Wirtschaftliches Gestalten. Leipzig: VEB Fachbuchverlag 1971.
[2.18] *Sieker, K.-H.*; *Rabe, W.*: Fertigungs- und stoffgerechtes Gestalten in der Feinwerktechnik. 2. Aufl. Berlin: Springer-Verlag 1968.

3. NORMMASSE, TOLERANZ- UND PASSUNGSGERECHTE GESTALTUNG

3.1. Normzahlen, Normmaße [3.1] [3.2]

Beim Festlegen von Konstruktionsabmessungen ist es im Sinne einer wirtschaftlichen Gestaltung nicht angebracht, diese dem Zufall zu überlassen, sondern sie einem Zahlensystem unterzuordnen, das einen zweckmäßigen Zusammenhang gewährleistet. Es sind deshalb in DIN 323 Normzahlen als Normmaße festgelegt worden.

Normzahlen (Tafel 3.1)

Normzahlen sind eine logarithmisch aufgebaute Zahlenauswahl, die zur Bemessung von Bauteilen sowie zur Vereinfachung von Rechenvorgängen u. ä. dienen. Sie entstehen aus dem dezimalen Zahlensystem, indem man die Zwischenbereiche der Zeh-

Tafel 3.1. Haupt- und Genauwerte für Normzahlen nach DIN 323

Hauptwerte Grundreihen R5	R10	R20	R40	Genauwerte	Abweichung der Hauptwerte von den Genauwerten %
		1,00	1,00	1,0000	0
			1,06	1,0593	+0,07
	1,00				
		1,12	1,12	1,1220	−0,18
			1,18	1,1885	−0,71
1,00					
		1,25	1,25	1,2589	−0,71
			1,32	1,3335	−1,01
	1,25				
		1,40	1,40	1,4125	−0,88
			1,50	1,4962	+0,25
		1,60	1,60	1,5849	+0,95
			1,70	1,6788	+1,26
	1,60				
		1,80	1,80	1,7783	+1,22
			1,90	1,8836	+0,87
1,60					
		2,00	2,00	1,9953	+0,24
			2,12	2,1135	+0,31
	2,00				
		2,24	2,24	2,2387	+0,06
			2,36	2,3714	−0,48
		2,50	2,50	2,5119	−0,47
			2,65	2,6607	−0,40
	2,50				
		2,80	2,80	2,8184	−0,65
			3,00	2,9854	+0,49
2,50					
		3,15	3,15	3,1623	−0,39
			3,35	3,3497	+0,01
	3,15				
		3,55	3,55	3,5481	+0,05
			3,75	3,7584	−0,22
		4,00	4,00	3,9811	+0,47
			4,25	4,2170	+0,78
	4,00				
		4,50	4,50	4,4668	+0,74
			4,75	4,7315	+0,39
4,00					
		5,00	5,00	5,0119	−0,24
			5,30	5,3088	−0,17
	5,00				
		5,60	5,60	5,6234	−0,42
			6,00	5,9566	+0,73
		6,30	6,30	6,3096	−0,15
			6,70	6,6834	+0,25
	6,30				
		7,10	7,10	7,0795	+0,29
			7,50	7,4989	+0,01
6,30					
		8,00	8,00	7,9433	+0,71
			8,50	8,4140	+1,02
	8,00				
		9,00	9,00	8,9125	+0,98
			9,50	9,4406	+0,63

nerpotenzen 1, 10, 100 usw. geometrisch aufteilt, so daß das Verhältnis je zweier aufeinanderfolgender Zahlen konstant ist. Diese Verhältnisse q werden je nach der Unterteilung innerhalb eines Dezimalbereichs bei 5facher Unterteilung $q_5 = \sqrt[5]{10} = 1{,}59$ (Reihe R5), bei 10facher Unterteilung $q_{10} = \sqrt[10]{10} = 1{,}25$ (Reihe R10) und entsprechend $q_{20} = \sqrt[20]{10} = 1{,}12$ (Reihe R20), $q_{40} = \sqrt[40]{10} = 1{,}06$ (Reihe R40) und $q_{80} = \sqrt[80]{10} = 1{,}03$ (Reihe R80). Die Hauptwerte in Tafel 3.1, die für den normalen Gebrauch vorgesehen sind und für die Grundreihen R5 bis R40 festgelegt wurden, sind geringfügig gerundet. Die Werte der Glieder der Dezimalbereiche <1 und >10 lassen sich von den Werten in Tafel 3.1 durch Multiplikation errechnen. Es ist möglich, aus diesen Grundreihen abgeleitete Reihen zu entwickeln, die durch Benutzung jedes p-ten Gliedes, z. B. jedes dritten Gliedes einer Grundreihe R_r, entstehen. So ist aus der Reihe R20 die abgeleitete Reihe R20/3 mit den Werten 1,00; 1,40; 2,00; 2,80; 4,00; 5,60 und 8,00 festlegbar.

Tafel 3.2. Rundwertreihen nach DIN 323

R5	R″5	R10	R′10	R″10	R20	R′20	R″20	R40	R′40	R40	R′40
1	1	1	1	1	1,0	1,0	1,0	1,0	1,0	3,35	3,4
					1,12	1,1	1,1	1,06	1,05	3,55	3,6
		1,25	1,25	•(1,2)	1,25	1,25	(1,2)	1,12	1,1	3,75	3,8
					1,4	1,4	1,4	1,18	1,2	4,0	4,0
1,6	(1,5)	1,6	1,6	(1,5)	1,6	1,6	1,6	1,25	1,25	4,25	4,2
					1,8	1,8	1,8	1,32	1,3	4,5	4,5
		2	2	2	2,0	2,0	2,0	1,4	1,4	4,75	4,8
					2,24	2,2	2,2	1,5	1,5	5,0	5,0
2,5	2,5	2,5	2,5	2,5	2,5	2,5	2,5	1,6	1,6	5,3	5,3
					2,8	2,8	2,8	1,7	1,7	5,6	5,6
		3,15	3,2	(3,0)	3,15	3,2	(3,0)	1,8	1,8	6,0	6,0
					3,55	3,6	(3,5)	1,9	1,9	6,3	6,3
4	4	4	4	4	4,0	4,0	4,0	2,0	2,0	6,7	6,7
					4,5	4,5	4,5	2,12	2,1	7,1	7,1
		5	5	5	5,0	5,0	5,0	2,24	2,2	7,5	7,5
					5,6	5,6	(5,5)	2,36	2,4	8,0	8,0
6,3	(6)	6,3	6,3	(6)	6,3	6,3	(6,0)	2,5	2,5	8,5	8,5
					7,1	7,1	(7,0)	2,65	2,6	9,0	9,0
		8	8	8	8,0	8,0	8,0	2,8	2,8	9,5	9,5
					9,0	9.0	9,0	3,0	3,0	10,0	10,0
10	10	10	10	10	10,0	10,0	10,0	3.15	3,2		

Die in Klammern gesetzten Werte, insbesondere der Wert 1,5 sollten möglichst vermieden werden.

Normmaße

Neben den Haupt- und Genauwerten (Tafel 3.1) unterscheidet man noch Rundwerte (z. B. bei R10 statt 6,3 den Wert 6). Sie sollen nur dann angewendet werden, wenn die Verwendung der Hauptwerte Schwierigkeiten bereitet oder wenn handelsübliche Größen zu berücksichtigen sind. Aus den Rundwerten sind Rundwertreihen entwickelt worden. Das sind solche Normzahlreihen, bei denen wenigstens ein Hauptwert durch einen Rundwert ersetzt wurde. Die Rundwertreihen werden durch Striche gekennzeichnet, also R′10, R′20, R′40 (schwächer gerundet) bzw. R″5, R″10 usw. (stärker gerundet).

Ist ein Ausweichen auf Rundwertreihen unvermeidlich, sind schwächer gerundete Werte zu bevorzugen (Tafel 3.2).

Praktischer Hinweis:

Für den allgemeinen Gebrauch sind die Reihen R5 und R10 mit einem Stufensprung von je 60% bzw. 25% zu gering unterteilt, während die Reihe R20 eine Vergrößerung der Zahlen von Stufe zu Stufe von je 12% vorsieht. Mit dieser Reihe sind die meisten konstruktiven Probleme zu lösen, und die dazu erforderliche Werkzeug- und Lehrenhaltung ist kostenmäßig vertretbar. Man sollte sich deshalb bemühen, mit der Reihe R20 auszukommen.

3.2. Toleranzen und Passungen [3.3] [3.5] [3.6]

Da es aus verschiedenen Gründen nicht möglich ist, Bauteile und -gruppen ideal genau hinsichtlich Abmessungen und Form zu fertigen, und da es aus Funktionsgründen oft notwendig ist, daß bestimmte Abweichungen von den Nennmaßen vorliegen, wurde ein internationales ISO-System festgelegt, das folgende Einzelsysteme umfaßt:

- das Toleranzsystem, das die Größe und Lage der Nennmaßabweichungen und die Formabweichungen festlegt;
- das Paßsystem, das das Zusammenwirken von mit Toleranzen behafteten Teilen bestimmt;
- das Grenzmaßsystem für Lehren, das die Genauigkeit der Arbeits- und Prüflehren für die Fertigung regelt.

Das Toleranz- und Paßsystem ist von grundlegender Bedeutung für die Qualität aller mechanischen Erzeugnisse, also auch für die des Feingerätebaus. Von der sicheren Handhabung der beiden Systeme durch den Konstrukteur hängt die funktionssichere und wirtschaftliche Fertigung der Erzeugnisse mit ab.

3.2.1. Toleranzen

Um Funktionssicherheit und wirtschaftliche Fertigung eines Einzelteils, einer Baugruppe oder eines ganzen Geräts zu erreichen, ist es notwendig, die Fertigungsgrenzen der geometrischen Abmessungen (Maßtoleranzen), die Lage von Bezugskanten oder -linien (Lagetoleranzen) oder die Form von Einzelteilen (Formtoleranzen) festzulegen. Dabei hängen Oberflächengüte und Tolerierung eng zusammen. Es sollen deshalb im folgenden einige grundlegende Ausführungen zu den Toleranzarten gemacht werden. Für eingehenderes Studium wird auf die Spezialliteratur [3.3] verwiesen.

3.2.1.1. *Maßtoleranzen*

Die Maßtoleranzen legen die Fertigungsgrenzen von besonders wichtigen geometrischen Abmessungen fest. Sie sind im ISO-Maßtoleranzsystem enthalten und werden bei der Konstruktion angewendet, wenn Werkstücke besonderen Funktions- oder sonstigen Passungsanforderungen genügen müssen. Die übrigen Abmessungen erscheinen in der Zeichnung ohne Toleranzangaben oder werden frei toleriert (s. S. 30).

Für ISO-Maßtoleranzen gelten die in Tafel 3.3 zusammengestellten und im Bild 3.1 dargestellten Toleranzbezeichnungen. Es gelten für die Abmaße folgende Beziehungen:

nach DIN 7182 Bl. 1	oberes Abmaß	$A_o = G - N$
	unteres Abmaß	$A_u = K - N$
	Ist-Abmaß	$A_i = I - N$
	Toleranz	$T = G - K$

Tafel 3.3. Begriffe bei tolerierten Maßen

Bezeichnung	Kurz-zeichen	Beispiel	Erläuterungen
Nennmaß	N	2,00 mm	das in der Zeichnung eingetragene Maß
Grenzmaße a) Größtmaß b) Kleinstmaß	 G K	 2,02 mm 1,99 mm	die durch die Toleranzangabe vorgeschriebenen maximalen bzw. minimalen Abmessungen des fertigen Werkstücks
Istmaß	I	2,01 mm	Maß des fertigen Teils zwischen G und K (einschl.)
Toleranz(feld)	T	0,03 mm	zwischen G und K liegender zulässiger Schwankungsbereich des Istmaßes
Abmaße nach DIN 7182 Bl. 1 a) oberes Abmaß	A_o	0,02 mm	zulässige Abweichungen vom Nennmaß nach oben oder nach unten
b) unteres Abmaß	A_u	−0,01 mm	
c) Ist-Abmaß	A_i	z. B. 0,01 mm	vorhandene Abweichung vom Nennmaß
Nullinie	0 − 0		die durch das Nennmaß festgelegte Bezugslinie für die Abmaße mit der Abweichung Null

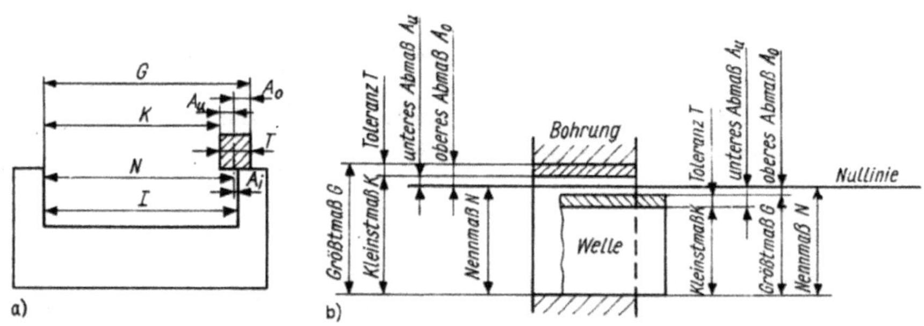

Bild 3.1. Bezeichnung der Maße

a) an einem Werkstück nach DIN 182 Bl. 1; b) für Innen- und Außenteile (Bohrungen und Wellen) nach DIN 7182 Bl. 1

ISO-Maßtoleranzen sind nach Größe (gekennzeichnet durch eine Zahl) und nach Lage (gekennzeichnet durch einen kleinen oder großen Buchstaben) festgelegt (DIN 7150 Bl. 1).

Die *Größe der Maßtoleranzfelder* wird nach zwei Gesichtspunkten festgelegt:

— Die für die Feingerätetechnik wichtigen Abmessungen von 0 bis 500 mm sind in 25 annähernd geometrisch gestufte Nennmaßbereiche unterteilt.

— Die Größe der Toleranzfelder wird durch die Zahlen 01, 0, 1, 2 bis 18 gekennzeichnet, so daß 20 Toleranzstufen, Qualitäten genannt, entstehen und mit IT01, IT0, IT1 bis IT18 bezeichnet werden. Zu jedem Nennmaßbereich gehören 20 Toleranzstufen. Zur Festlegung ihrer Größen wurde eine *Toleranzeinheit* i herangezogen, die sich errechnet aus

$$i = 0{,}45 \sqrt[3]{D} + 0{,}001\, D \text{ in } \mu\text{m}\,.$$

$D = \sqrt{D_1 D_2}$ und D_1 bzw. D_2 in mm stellen die Grenzen des Nennmaßbereichs dar. Die so entstehenden Grundtoleranzen enthält DIN 7151. Qualität IT6 entspricht

$10i$, und jede nachfolgende IT-Reihe entsteht durch Multiplikation mit $q = \sqrt[5]{10}$ (Reihe R5), also IT 6 = $10i$, IT 7 = $16i$ usw. IT 5 bis IT 01 wurden nach anderen Gesichtspunkten festgelegt. Anwendungsgebiete der ISO-Qualitäten sind im Bild 3.2 dargestellt. Auf die mit einem mittleren Maschinenpark praktisch erreichbaren Qualitäten wird im Abschn. 3.2.1.4. eingegangen.

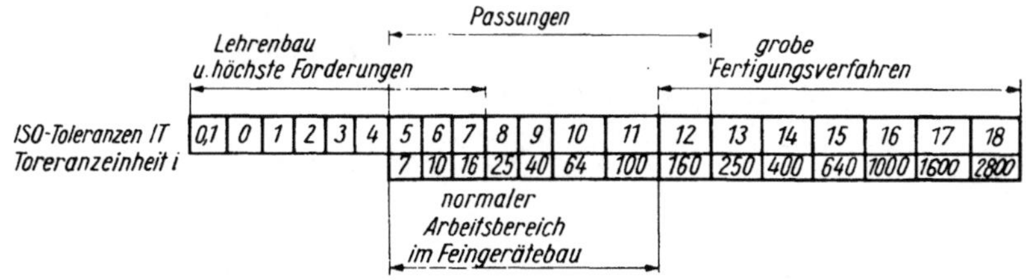

Bild 3.2. Anwendungsgebiete der ISO-Qualitäten

Die *Lage der Maßtoleranzfelder*, die durch kleine Buchstaben a bis zc für Außenmaße (Wellen) und durch große Buchstaben A bis ZC für Innenmaße (Bohrungen) gekennzeichnet wird, ist auf die Nullinie bezogen, wobei das Toleranzfeld vollkommen über oder unter der Nullinie liegen kann, von unten oder von oben anliegend sein kann oder von der Nullinie geschnitten wird. Dabei gelten aus fertigungstechnischen Gründen folgende Richtlinien:

— Bei *Lochabständen, Winkeln* u. ä. wird, in Fertigungsrichtung gesehen, das Toleranzfeld zweckmäßig symmetrisch zur Nullinie gelegt.
— Da man bei der Fertigung von *Außenmaßen* (Wellen usw.) von Plus nach Minus arbeitet, wird die Nullinie möglichst als Gutmaß benutzt, das Toleranzfeld also unter die Nullinie gelegt.
— Da die Fertigung von *Innenmaßen* (Bohrungen usw.) von Minus nach Plus läuft, wird hier die Nullinie zweckmäßig als untere Begrenzung des Toleranzfelds benutzt; es wird also über die Nullinie gelegt.

Toleranzfelder, die mit den Buchstaben h und H bezeichnet werden, liegen von unten bzw. von oben an der Nullinie an. Sie spielen im Passungssystem Einheitswelle und Einheitsbohrung (s. Abschn. 3.2.2.) eine besondere Rolle. Die Lage der Toleranzfelder für Innen- und Außenmaße bei Qualität IT 9 für $N = 3$ bis 6 mm (z. T. ergänzt) ist aus Bild 3.3 ersichtlich. Theoretisch bestehen für einen Nennmaßbereich $28 \cdot 20 = 560$ verschiedene Toleranzfelder für Innen- und Außenmaße. Diese Vielzahl wird praktisch nicht angewendet, sondern daraus eine Auswahl vorgenommen, die in DIN 58 700 Bl. 1 festgelegt ist. Sie beschränkt sich auf 17 Toleranzfelder für Innenmaße und 16 Toleranzfelder für Außenmaße. Diese 33 Toleranzfelder für Außen- und Innenmaße gestatten, den Lehrenpark erheblich zu reduzieren.

Die Nennmaßbereiche beginnen bei $N = 1$ bis 3 mm. Die Tolerierung von Abmessungen unter 1 mm, denen man im Feingerätebau sehr oft begegnet, bereitet besondere Schwierigkeiten, da in diesem Nennmaßbereich ($N < 1$ mm) anders geartete Verhältnisse herrschen. Sie sind durch folgendes gekennzeichnet:

— Temperatureinfluß auf die Abmessungen kleinerer Werkstücke wird vernachlässigbar klein.
— Fertigungsgenauigkeit kleiner Werkstücke ist vom Nennmaß unabhängig.
— Der prozentuale Anteil der Toleranz wird mit kleiner werdendem Nennmaß größer.
— Meßfehler sind für Meßlängen von einigen Millimetern und weniger praktisch unabhängig von der Meßlänge.

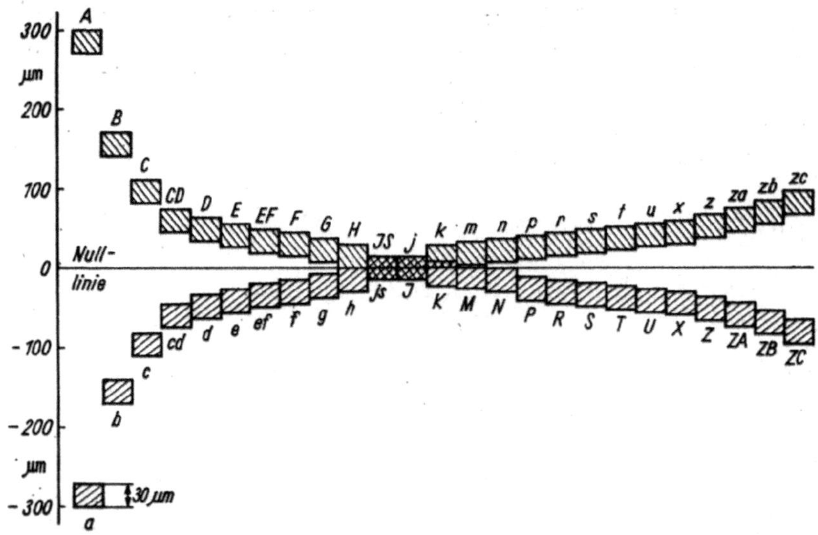

Bild 3.3. Lage der Toleranzfelder IT9 zur Nullinie für Innen- und Außenmaße für N = 3 bis 6 mm (Felder z. T. ergänzt)

— Relative Meßfehler werden mit kleiner werdendem Nennmaß größer.
— Sowohl Spiel als auch Übermaß einer Passung nehmen bei kleinen Abmessungen relativ zu.

Diese Gründe haben dazu geführt, daß man für den kleinen Nennmaßbereich besondere Grundtoleranzen festgelegt hat (Tafel 3.4).

Tafel 3.4. Grundtoleranzen für Nennmaße kleiner 0,2 bis 10 mm in der Feinwerktechnik und Mikronik nach DIN 58701 (Entwurf)

Nennmaß-bereich mm	Qualität 01f	0f	1f	2f	3f	4f	5f	6f	6,5f	7f	7,5f	8f	8,5f	9f	9,5f	10f	11f	12f	13f	14f
bis 0,2	0,2	0,3	0,5	0,7	1	1,5	2	3	4	5	6	8	10	12	16	20	32	50	75	125
über 0,2 bis 0,4	0,2	0,4	0,6	0,7	1,2	1,8	2,5	4	5	6	7	9	12	15	20	24	38	60	95	150
über 0,4 bis 0,8	0,3	0,4	0,7	1	1,5	2	3	5	6	7	9	11	14	18	23	28	45	72	115	180
über 0,8 bis 1,6	0,3	0,5	0,8	1,2	1,8	2,5	4	6	7	8	10	12	16	21	26	34	52	85	135	210
über 1,6 bis 3	0,3	0,5	0,8	1,2	2	3	4	6	8	10	12	14	19	25	32	40	60	100	140	250
über 3 bis 6	–	–	–	–	–	–	–	–	10	–	15	–	23	–	38	–	–	–	–	–
über 6 bis 10	–	–	–	–	–	–	–	–	12	–	18	–	28	–	46	–	–	–	–	–

Bezeichnung der Toleranzqualität 5 für die Feinwerktechnik (f): Qualität 5f

Maße ohne Toleranzangaben und frei tolerierte Maße

Maße mit ISO-Toleranzen werden bei der Konstruktion nur verwendet, wenn besondere Funktions- oder Passungsanforderungen zu erfüllen sind. Die übrigen Maße bleiben ohne Toleranzangaben oder werden frei toleriert. Bei der Fertigung der untolerierten Maße dürfen aber trotzdem bestimmte Grenzen nicht überschritten werden, die im Hinblick auf die Sicherung der Funktion und Austauschbarkeit sowie auf die Gewährleistung einer wirtschaftlichen Fertigung der Teile einzuhalten sind. Bei spanender Formung gilt entweder eine entsprechende Werknorm oder DIN 7168 (Tafel 3.5). Die zulässigen Abweichungen (Freimaßtoleranzen) liegen hier in vier Genauigkeitsklassen symmetrisch zur Nullinie. Ihre Angabe erfolgt im Schriftfeld der Einzelteilzeichnung. Auch zulässige Abweichungen für Rundungshalbmesser und Winkel wurden in DIN 7168 festgelegt. Für andere Fertigungsverfahren und Werkstoffe, z. B. Stanzen von flachmetallischen Teilen, Pressen und Spritzgießen von metallischen und Kunststoffteilen, Gesenkschmieden von metallischen Teilen, Pressen von keramischen Werkstücken u. a., gelten besondere zulässige Abweichungen, die in den betreffenden Abschnitten angeführt werden.

Tafel 3.5. Zulässige Abweichungen für Längenmaße bei nicht tolerierten Maßen nach DIN 7168

Klasse	Nennmaßbereich in mm über 0,5 bis 6	über 6 bis 30	über 30 bis 120	über 120 bis 315	über 315 bis 1000	über 1000 bis 2000	über 2000 bis 4000	über 4000 bis 8000
Fein	±0,05	±0,1	±0,15	±0.2	±0,3	±0,5	±0,8	–
Mittel	±0,1	±0,2	±0,3	±0,5	±0,8	±1,2	±2	±3
Grob	±0,2	±0,5	±0,8	±1,2	±2	±3	±4	±5
Sehr grob	±0,5	±1	±1,5	±2	±3	±4	±6	±8

Frei gewählte Toleranzangaben sind dann erforderlich, wenn weder ISO- noch Freimaßtoleranzen für den gegebenen Fall geeignet erscheinen, z. B. bei Lochmittenabständen. Es gibt damit praktisch keine Abmessungen, die nicht einem bestimmten Fertigungsspielraum gerecht werden müssen.

3.2.1.2. *Lagetoleranzen*

Innerhalb eines Werkstücks ist oft die Lage bestimmter Flächen oder Kanten zueinander oder zur Mittellinie festzulegen. Eine solche Vorschrift ist erforderlich, wenn aus fertigungstechnischen Gründen nicht ohne weiteres vorauszusetzen ist, daß die in der Zeichnung bemaßten und tolerierten Teile zueinander in der gewünschten Beziehung stehen. Meist handelt es sich hierbei um Mittentoleranzen symmetrischer Werkstücke (Exzentrizitäten). Diese sog. Lagetoleranzen werden durch eine Toleranzangabe nach DIN 7184 eingetragen. Ein geschwärztes Dreieck als Bezugsbasis gibt an, auf welche Elemente sich die Mittigkeit bezieht.

Die Darstellung im Bild 3.4a besagt, daß der Ansatz maximal 0,1 mm zu den Außenkanten versetzt sein darf; im Bild 3.4b ist eine Unsymmetrie des Ansatzes gegenüber den Bohrungen von maximal 0,1 mm gestattet; im Bild 3.4c können die Bohrungen maximal 0,1 mm unsymmetrisch zu den beiden Außenkanten liegen. Das Fluchten von zwei Bohrungen (Koaxialität) in einem Werkstück ist im Bild 3.5 dargestellt. Die Kennzeichnung der Lageabweichungen von der Parallelität, der Nennlage, der Winkligkeit und Rechtwinkligkeit ist in DIN 7184 enthalten (s. Abschn. 3.2.1.3.).

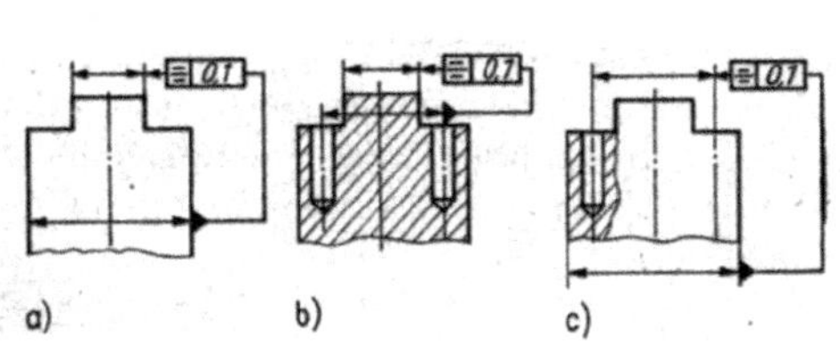

Bild 3.4
Angabe von Mittentoleranzen
a) Mittellinie zu zwei Kanten; b), c) Mittellinie zu einer Bohrung und zu einer Kante

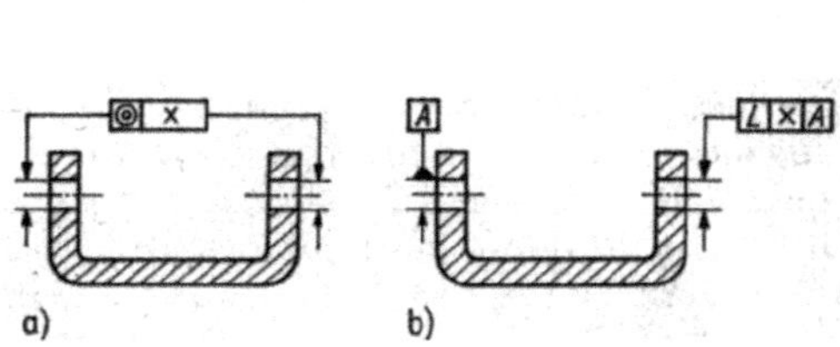

Bild 3.5
Toleranzangaben zum Fluchten von Bohrungen
a) bei exzentrischer Lage; b) bei schräger Lage

3.2.1.3. *Formtoleranzen*

Da alle drei Koordinaten eines Körpers toleriert sind, entsteht ein sog. Toleranzraum. In diesem räumlichen Gebiet kann sich die äußere Gestalt des Bauteils bewegen, ohne die Toleranzgrenzen zu über- oder zu unterschreiten. Die Form, z. B. eines Zylinders, kann u. a. entsprechend Bild 3.6 variieren. Innerhalb des Toleranzraumes sind beliebig viele Möglichkeiten für die Begrenzungslinien und -flächen vorhanden (außer bei nicht formabweichungsfreien Werkstücken nach DIN 7182 Bl. 1). Eine allgemeine Normung ist deshalb schwierig. Es gilt DIN 7184, in der Begriffe für Form- und Lageabweichungen definiert, Meßverfahren vorgeschlagen, zulässige Werte für Abweichungen und für Symbole dazu angegeben werden.

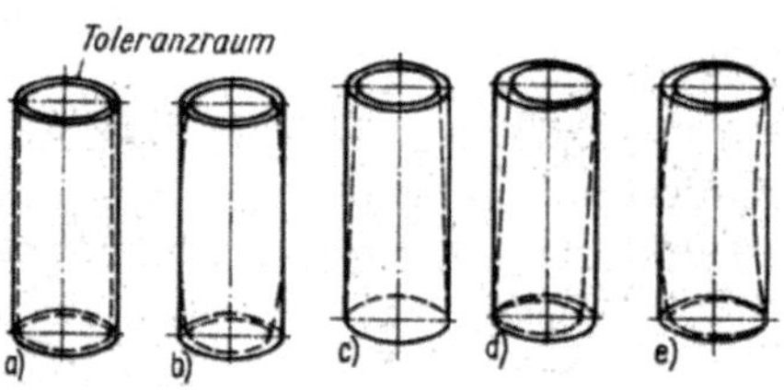

Bild 3.6
Beispiele für Formabweichungen innerhalb des Toleranzraums bei einem Zylinder

a) idealer Zylinder; b) Tonne; c) Kegelstumpf; d) schiefe Achse; e) krumme Achse

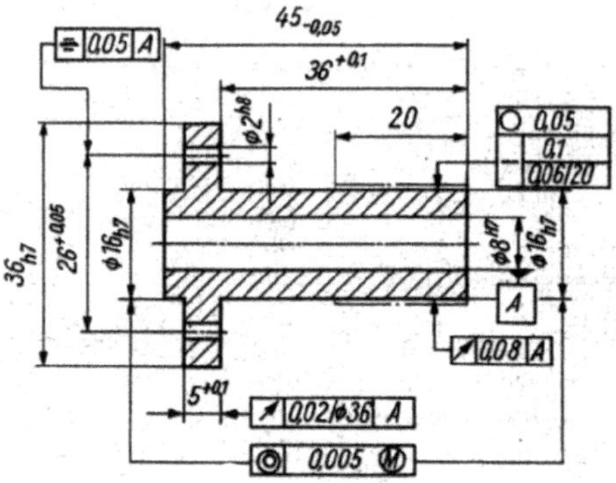

Bild 3.7
Symbolische Kennzeichnung von Form- und Lageabweichungen (nach DIN 7184)

○ Formabweichung vom Kreis, – von der Geraden; ⌯ Lageabweichung von der Symmetrie, ◎ von der Konzentrizität und Koaxialität; ↗ Plan- und Rundlaufabweichung

Die Kennzeichnung der Form- und der Lageabweichungen in Zeichnungen soll dabei symbolisch nach DIN 7184 erfolgen. Ein Bauteil, bei dem im besonderen Maß die Lage- und Formtoleranzen ausschlaggebend sind, ist im Bild 3.7 dargestellt.

Die Hinweise werden in Rahmen mit zwei oder drei Feldern eingetragen. Im ersten Feld erfolgt die Kennzeichnung der Art der Abweichung gemäß Symbolik. Im zweiten Feld wird die Größe der zulässigen Abweichung in Millimetern angegeben. Soll die Abweichung nur für eine bestimmte Bezugsstrecke, die in der Zeichnung mit Strichpunktlinie bemaßt anzugeben ist, gelten, so ist im zweiten Feld die Länge der Bezugsstrecke neben der Größe der Abweichung selbst (getrennt durch Bezugsstrich) einzutragen. Das M im Kreis ist Kennzeichen für die sog. Material-Maximum-Bedingung. Danach können die eingetragenen Toleranzen um bestimmte Beträge überschritten werden. Vom Rahmen ausgehende Bezugslinien führen zu den Bezugsstrecken oder -flächen. Ist dies nicht ohne weiteres möglich, so kennzeichnet man die Bezugsbasis durch ein geschwärztes Dreieck und Buchstaben A, B usw. Im Rahmen erscheint im dritten Feld dann der Buchstabe der Bezugsbasis (Bild 3.7).

3.2.1.4. *Oberflächengüte und erreichbare Genauigkeit*

Oberflächengüte und Tolerierung der Werkstücke hängen eng miteinander zusammen. Beide müssen sinnvoll aufeinander abgestimmt sein. Um dem geometrisch idealen

Körper möglichst nahezukommen, muß bei genauester Fertigung auch eine sehr hohe Oberflächengüte gewährleistet sein. Es ist deshalb vielfach erforderlich, in Zeichnungen Angaben über die Oberflächengüte der betreffenden Flächen zahlenmäßig anzugeben. Deshalb wurden in DIN 4762 Maße für die Rauheit (Gestaltsabweichung 3. bis 5. Ordnung) festgelegt, wobei die Rauhtiefe R_t als der größte Abstand des Istprofils vom Grundprofil (ohne Unebenheiten) von besonderer Bedeutung ist.

Eine richtig festgelegte technische Oberfläche ist im Regelfall von der Funktion, die sie zu erfüllen hat, und von der Toleranz des Nennmaßes (ISO-Qualität) abhängig. Es spielt auch die Abmessung des Werkstücks eine Rolle.

Neuere Forschungen haben gezeigt, daß man diese Zusammenhänge darstellen kann durch die Beziehung

$$R_t = K\, i^m\, q^n\ ;$$

K Funktionsabhängigkeit der Rauhtiefe,

i^m Nennmaßabhängigkeit der Rauhtiefe (i Toleranzeinheit),

q^n Toleranzabhängigkeit der Rauhtiefe (q Vorzugsmaßfaktor).

Die erzielbare Rauhtiefe hängt vom Bearbeitungsverfahren ab, das um so aufwendiger ist, je höher die Oberflächengüte gefordert wird. Man kann deshalb einen Zusammenhang zwischen Nennmaßbereich, Funktion, ISO-Qualität, Rauhtiefe und Bearbeitungsverfahren herstellen. Setzt man in die Beziehung $m = 1$, $n = 2/3$ und $K = 4$ für geringwertige Flächen (▽), $K = 1$ für mittelwertige Flächen (▽ ▽), $K = 0{,}25$ für hochwertige Flächen (▽ ▽ ▽) und $K = 0{,}06$ für höchstwertige Flächen (▽ ▽ ▽ ▽) ein, so erhält man Zusammenhänge gemäß Tafel 3.6 [3.12]. Aus ihr ist z. B. erkennbar, daß eine gedrehte Fläche mit Nennmaß 8 mm bei hochwertiger Qualität (▽ ▽ ▽) bei IT 7 eine Rauhtiefe $R_t = 1{,}6$ µm zuläßt und als Bearbeitungsverfahren Feinstdrehen nötig macht. Anhand von Tafel 3.6 ist es auch den weniger erfahrenen Ingenieuren möglich, diese Zusammenhänge zu übersehen.

3.2.2. Passungen

Unter Passungen sind die Toleranzverhältnisse von zusammenzufügenden Bauteilen zu verstehen. Man unterscheidet drei Arten von Passungen.

Spielpassungen: Die Toleranzfelder der beiden Teile sind so gelegt, daß immer ein positiver Größenunterschied, also Spiel zwischen Außen- und Innenteil besteht. Die Teile sind in jedem Fall gegeneinander beweglich.

Preßpassungen: Sie ergeben sich durch Paarung von Teilen, deren Toleranzfelder so liegen, daß immer ein negativer Größenunterschied, also negatives Spiel oder Übermaß besteht. Nach dem Zusammenfügen sitzen die Teile mehr oder weniger fest ineinander.

Übergangspassungen: Bei ihnen kann Spiel oder Übermaß auftreten. Ihr Fügungscharakter ist vom Istmaß der Teile abhängig, was bei den beiden anderen Passungen grundsätzlich nicht der Fall ist.

Im ISO-Passungssystem werden gegenüber den theoretisch vielfältigen Möglichkeiten Einschränkungen vorgenommen, die die Anzahl der Toleranzfeldkombinationen erheblich herabsetzen: Zum einen werden für Außenmaße nur die Qualitäten IT 5 bis IT 12 und für Innenmaße nur die Qualitäten IT 6 bis IT 12 zugelassen (s. Bild 3.2), und zum anderen soll das Toleranzfeld eines Teils stets an der Nullinie liegen, so daß die Systeme „Einheitswelle“ (z. B. mit h6 als Außenmaß) und „Einheitsbohrung“ (z. B. mit H7 als Innenmaß) entstehen. Durch die Wahl der Gegenstücktoleranzen ist dann der Passungscharakter bestimmbar. Schließlich ist aus den Möglichkeiten noch eine Auswahlreihe (DIN 58700 Bl. 2.) festgelegt worden.

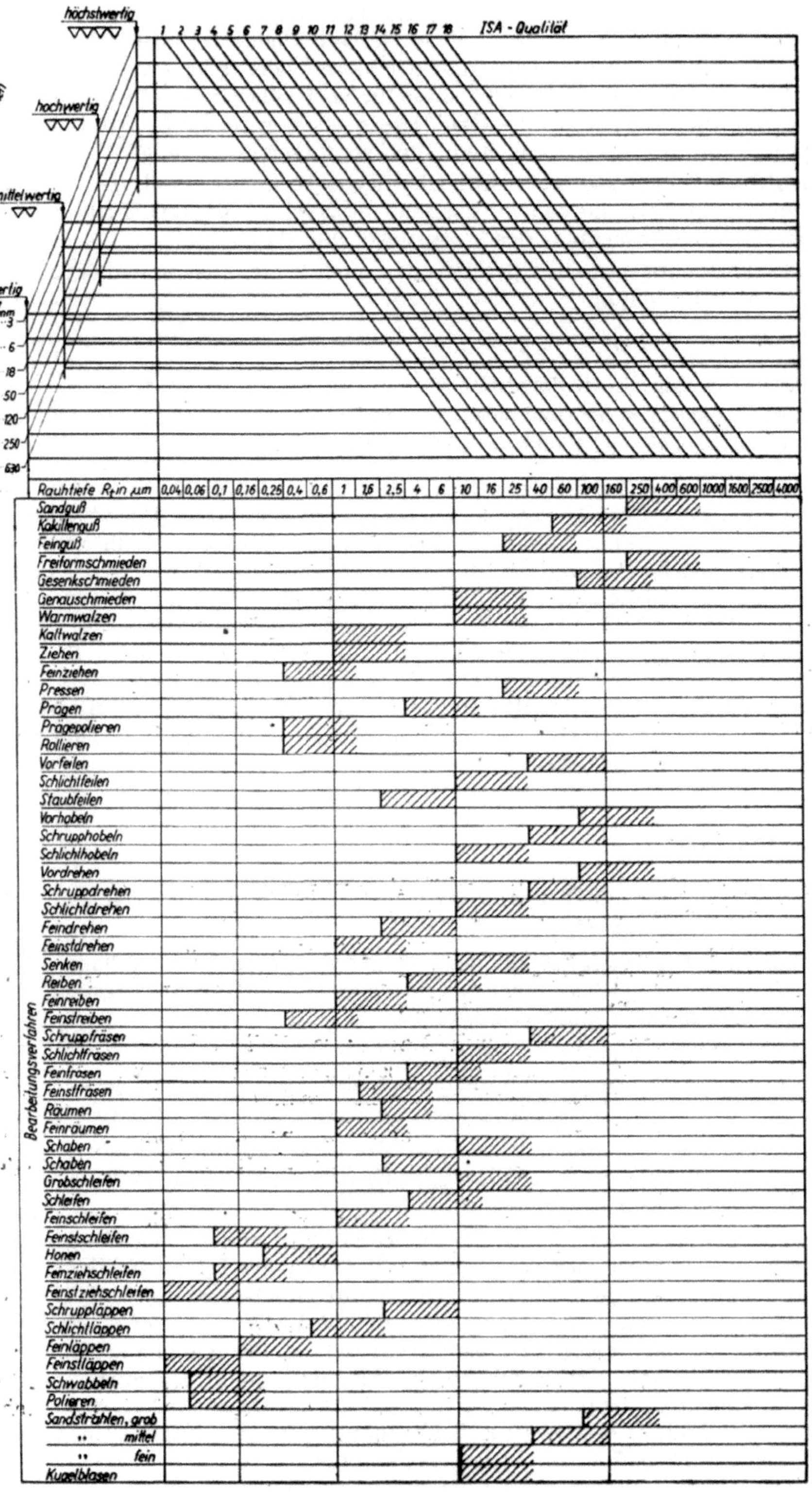

Tafel 3.6. Rauhtiefen und Bearbeitungsverfahren je nach Nennmaßgröße, Funktion und ISO-Qualität [3.12]

3.2.2.1. *Passungssystem*

Aus Bild 3.8 lassen sich die üblichen Bezeichnungen entnehmen und daraus folgende Beziehungen ableiten:

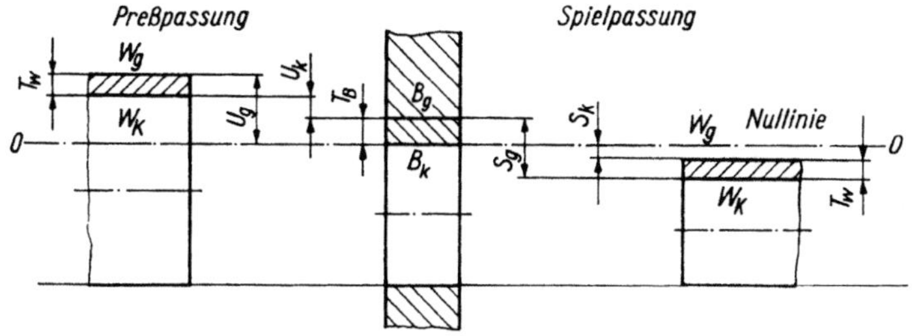

Bild 3.8. Preßpassung und Spielpassung (Prinzip: System Einheitsbohrung)

Spiel (mit positivem Vorzeichen) ist vorhanden, wenn $B_k > W_g$.
Größtspiel $S_g = B_g - W_k$,
Kleinstspiel $S_k = B_k - W_g$.
Übermaß (mit negativem Vorzeichen) tritt auf, wenn $B_g < W_k$.
Größtübermaß $U_g = B_k - W_g$,
Kleinstübermaß $U_k = B_g - W_k$.
Für Übergangspassungen gelten die Beziehungen
Größtspiel $S_g = B_g - W_k$,
Größtübermaß $U_g = B_k - W_g$.
Als *Paßtoleranz* T_p wird der Schwankungsbereich zwischen den Extremwerten bezeichnet. Es gilt
bei Spiel $T_p = S_g - S_k$,
bei Übermaß $T_p = U_k - U_g$,
bei Übergang $T_p = S_g - U_g$.
Für alle Passungsarten gilt außerdem $T_p = T_W + T_B$.

Da die Paßtoleranz T_p durch Größe und Lage gekennzeichnet ist, kann man ein Paßtoleranzfeld (Bild 3.9) angeben.

Der Charakter einer Passung läßt sich i. allg., besonders bei Großserien, durch den arithmetischen Mittelwert aus Größt- und Kleinstwerten angeben (Bild 3.9). Es gilt

mittleres Spiel $S_m = (S_g + S_k)/2$,
mittleres Übermaß $U_m = (U_g + U_k)/2$,
für Übergangspassungen S_m bzw. $U_m = (S_g + U_g)/2$.

3.2.2.2. *Passungsauswahl*

Die im ISO-System theoretisch möglichen Paarungen wurden in den Passungssystemen „Einheitsbohrung" und „Einheitswelle" bereits erheblich eingeschränkt. In DIN 58700 Bl. 2 wurde eine weitere sinnvolle Auswahl innerhalb beider Systeme getroffen, und insgesamt 33 Paarungen in 2 Reihen, davon 5 Preß-, 9 Übergangs- und 19 Spielpassungen, wurden für den praktischen Gebrauch vorgesehen. Diese 33 Passungen sind so ausgewählt, daß es möglich ist, die wesentlichsten Passungsprobleme zu lösen. Um den weniger Erfahrenen die Anwendung zu erleichtern, wurden diese Vorzugspassungen in Tafel 3.7 zusammengestellt und mit Anwendungsbeispielen versehen.

Eine Passungsauswahl für Nennmaße $N < 1{,}0$ mm existiert z. Z. noch nicht. Es wird empfohlen, lediglich die in Tafel 3.4 aufgeführten Grundtoleranzen zur Bildung von Toleranzfeldern zu verwenden und ähnlich DIN 58700 Bl. 2 zu paaren.

Tafel 3.7. Toleranzfeldauswahl für die Feinwerktechnik nach DIN 58700 Bl. 2

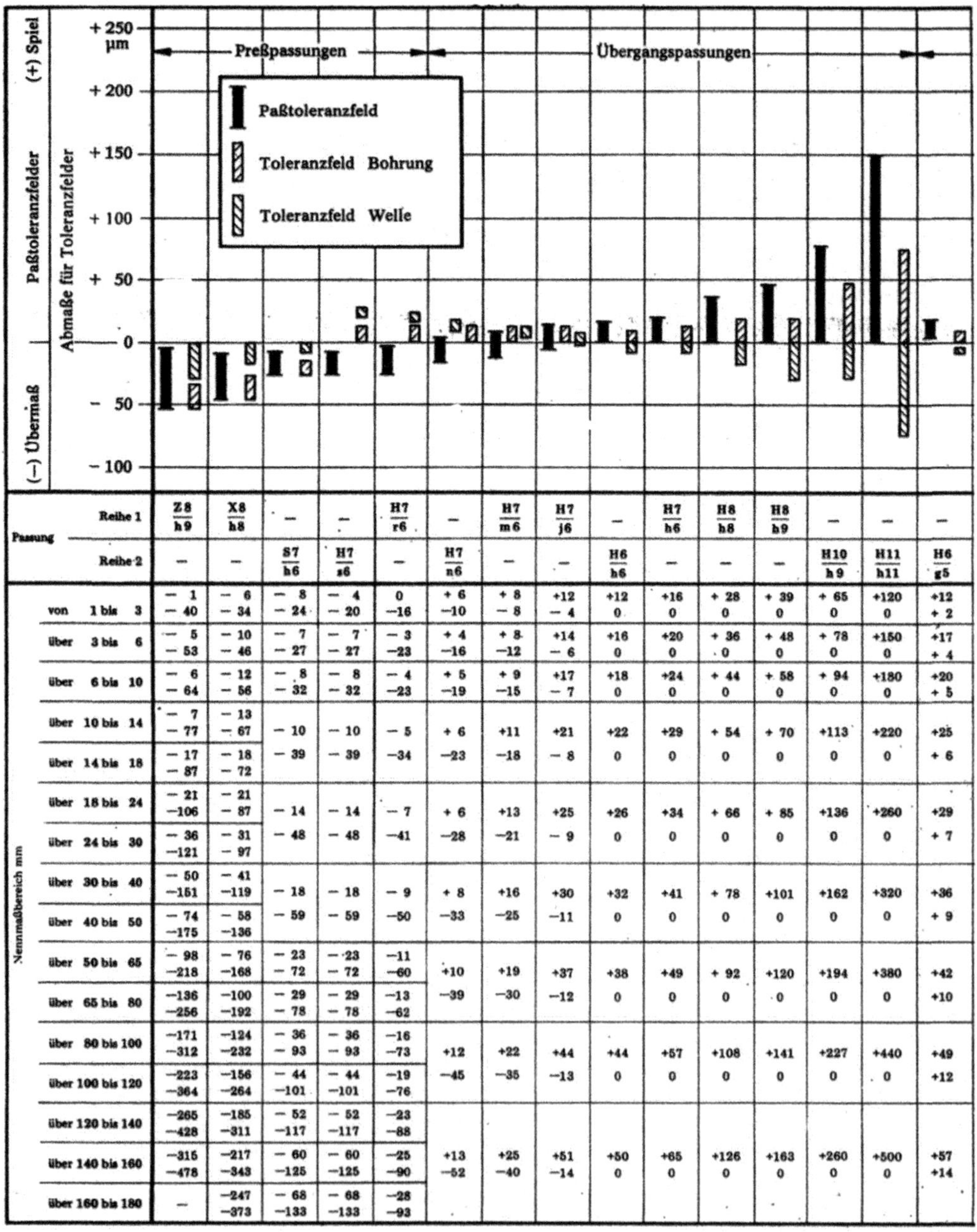

Passung	Z8/h9	X8/h8	—	—	H7/r6	—	H7/m6	H7/j6	—	H7/h6	H8/h8	H8/h9	—	—	—
Reihe 1	Z8/h9	X8/h8	—	—	H7/r6	—	H7/m6	H7/j6	—	H7/h6	H8/h8	H8/h9	—	—	—
Reihe 2	—	—	S7/h6	H7/s6	—	H7/n6	—	—	H6/h6	—	—	—	H10/h9	H11/h11	H6/g5
Nennmaßbereich mm															
von 1 bis 3	− 1 − 40	− 6 − 34	− 8 − 24	− 4 − 20	0 −16	+ 6 −10	+ 8 − 8	+12 − 4	+12 0	+16 0	+ 28 0	+ 39 0	+ 65 0	+120 0	+12 + 2
über 3 bis 6	− 5 − 53	− 10 − 46	− 7 − 27	− 7 − 27	− 3 −23	+ 4 −16	+ 8 −12	+14 − 6	+16 0	+20 0	+ 36 0	+ 48 0	+ 78 0	+150 0	+17 + 4
über 6 bis 10	− 6 − 64	− 12 − 56	− 8 − 32	− 8 − 32	− 4 −23	+ 5 −19	+ 9 −15	+17 − 7	+18 0	+24 0	+ 44 0	+ 58 0	+ 94 0	+180 0	+20 + 5
über 10 bis 14	− 7 − 77	− 13 − 67	− 10 − 39	− 10 − 39	− 5 −34	+ 6 −23	+11 −18	+21 − 8	+22 0	+29 0	+ 54 0	+ 70 0	+113 0	+220 0	+25 + 6
über 14 bis 18	− 17 − 87	− 18 − 72													
über 18 bis 24	− 21 −106	− 21 − 87	− 14 − 48	− 14 − 48	− 7 −41	+ 6 −28	+13 −21	+25 − 9	+26 0	+34 0	+ 66 0	+ 85 0	+136 0	+260 0	+29 + 7
über 24 bis 30	− 36 −121	− 31 − 97													
über 30 bis 40	− 50 −151	− 41 −119	− 18 − 59	− 18 − 59	− 9 −50	+ 8 −33	+16 −25	+30 −11	+32 0	+41 0	+ 78 0	+101 0	+162 0	+320 0	+36 + 9
über 40 bis 50	− 74 −175	− 58 −136													
über 50 bis 65	− 98 −218	− 76 −168	− 23 − 72	− 23 − 72	−11 −60	+10 −39	+19 −30	+37 −12	+38 0	+49 0	+ 92 0	+120 0	+194 0	+380 0	+42 +10
über 65 bis 80	−136 −256	−100 −192	− 29 − 78	− 29 − 78	−13 −62										
über 80 bis 100	−171 −312	−124 −232	− 36 − 93	− 36 − 93	−16 −73	+12 −45	+22 −35	+44 −13	+44 0	+57 0	+108 0	+141 0	+227 0	+440 0	+49 +12
über 100 bis 120	−223 −364	−156 −264	− 44 −101	− 44 −101	−19 −76										
über 120 bis 140	−265 −428	−185 −311	− 52 −117	− 52 −117	−23 −88	+13 −52	+25 −40	+51 −14	+50 0	+65 0	+126 0	+163 0	+260 0	+500 0	+57 +14
über 140 bis 160	−315 −478	−217 −343	− 60 −125	− 60 −125	−25 −90										
über 160 bis 180	—	−247 −373	− 68 −133	− 68 −133	−28 −93										

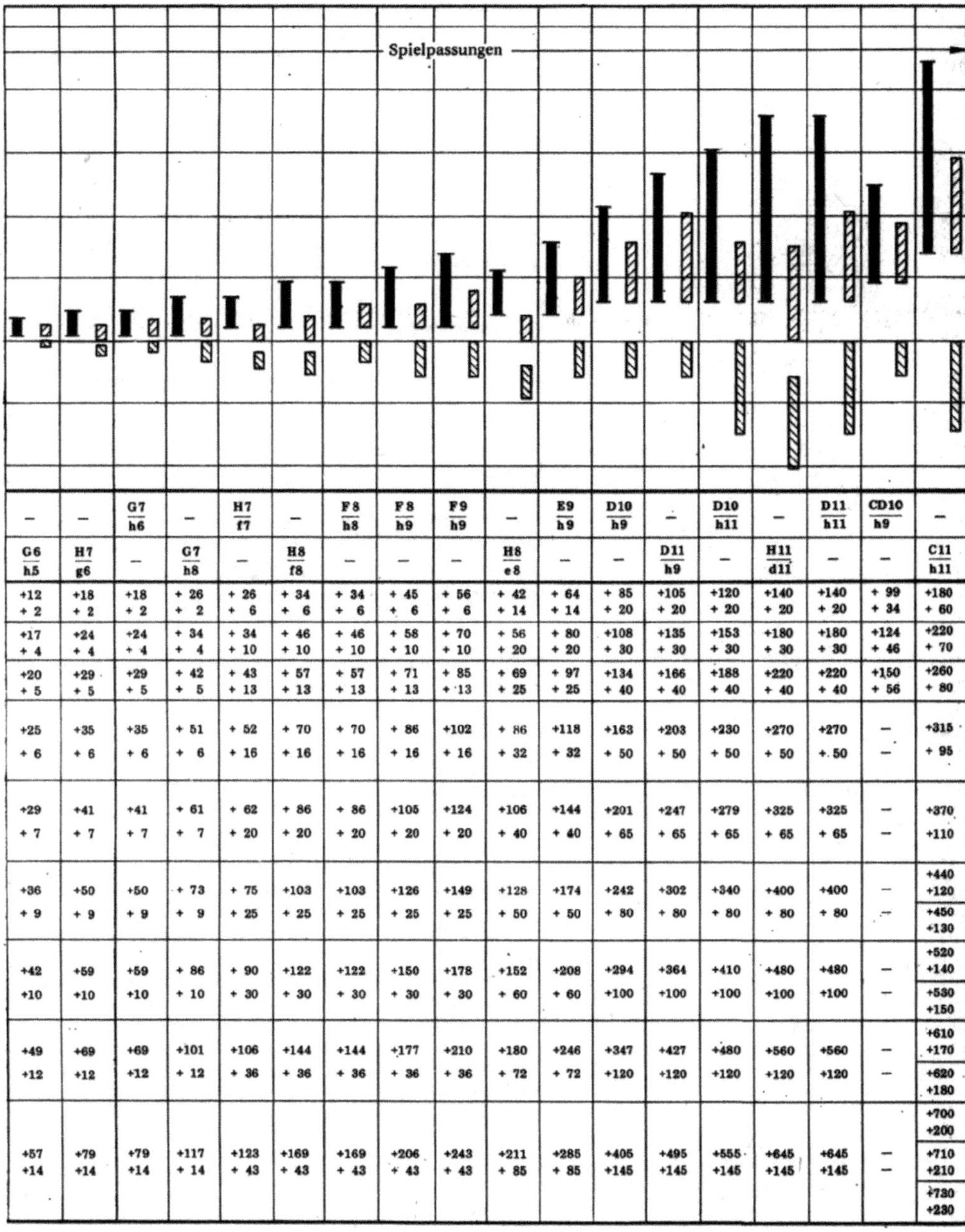

–	–	G7/h6	–	H7/f7	–	F8/h8	F8/h9	F9/h9	–	E9/h9	D10/h9	–	D10/h11	–	D11/h11	CD10/h9	–
G6/h5	H7/g6	–	G7/h8	–	H8/f8	–	–	–	H8/e8	–	–	D11/h9	–	H11/d11	–	–	C11/h11
+12 + 2	+18 + 2	+18 + 2	+ 26 + 2	+ 26 + 6	+ 34 + 6	+ 34 + 6	+ 45 + 6	+ 56 + 6	+ 42 + 14	+ 64 + 14	+ 85 + 20	+105 + 20	+120 + 20	+140 + 20	+140 + 20	+ 99 + 34	+180 + 60
+17 + 4	+24 + 4	+24 + 4	+ 34 + 4	+ 34 + 10	+ 46 + 10	+ 46 + 10	+ 58 + 10	+ 70 + 10	+ 56 + 20	+ 80 + 20	+108 + 30	+135 + 30	+153 + 30	+180 + 30	+180 + 30	+124 + 46	+220 + 70
+20 + 5	+29 + 5	+29 + 5	+ 42 + 5	+ 43 + 13	+ 57 + 13	+ 57 + 13	+ 71 + 13	+ 85 + 13	+ 69 + 25	+ 97 + 25	+134 + 40	+166 + 40	+188 + 40	+220 + 40	+220 + 40	+150 + 56	+260 + 80
+25 + 6	+35 + 6	+35 + 6	+ 51 + 6	+ 52 + 16	+ 70 + 16	+ 70 + 16	+ 86 + 16	+102 + 16	+ 86 + 32	+118 + 32	+163 + 50	+203 + 50	+230 + 50	+270 + 50	+270 + 50	– –	+315 + 95
+29 + 7	+41 + 7	+41 + 7	+ 61 + 7	+ 62 + 20	+ 86 + 20	+ 86 + 20	+105 + 20	+124 + 20	+106 + 40	+144 + 40	+201 + 65	+247 + 65	+279 + 65	+325 + 65	+325 + 65	– –	+370 +110
+36 + 9	+50 + 9	+50 + 9	+ 73 + 9	+ 75 + 25	+103 + 25	+103 + 25	+126 + 25	+149 + 25	+128 + 50	+174 + 50	+242 + 80	+302 + 80	+340 + 80	+400 + 80	+400 + 80	– –	+440 +120 +450 +130
+42 +10	+59 +10	+59 +10	+ 86 + 10	+ 90 + 30	+122 + 30	+122 + 30	+150 + 30	+178 + 30	+152 + 60	+208 + 60	+294 +100	+364 +100	+410 +100	+480 +100	+480 +100	– –	+520 +140 +530 +150
+49 +12	+69 +12	+69 +12	+101 + 12	+106 + 36	+144 + 36	+144 + 36	+177 + 36	+210 + 36	+180 + 72	+246 + 72	+347 +120	+427 +120	+480 +120	+560 +120	+560 +120	– –	+610 +170 +620 +180
+57 +14	+79 +14	+79 +14	+117 + 14	+123 + 43	+169 + 43	+169 + 43	+206 + 43	+243 + 43	+211 + 85	+285 + 85	+405 +145	+495 +145	+555 +145	+645 +145	+645 +145	– –	+700 +200 +710 +210 +730 +230

Tafel 3.7 (Fortsetzung)

Passung Reihe 1	Reihe 2	Art der Passung	Anwendung
Z8/h9 X8/h8		Preßpassungen	Übertragung großer Drehmomente ohne zusätzliche Verdrehsicherung, z. B. Getriebeteile, dickwandige Buchsen, Zylinderstifte
H7/r6	S7/h6 H7/s6		Übertragung kleiner Drehmomente ohne zusätzliche Verdrehsicherung. Dünnwandige Teile, z. B. Lagerbuchsen
H7/m6	H7/n6	Übergangspassungen	Festsitzende Teile. Drehmomentübertragung mit zusätzlicher Sicherung. Lösen durch Auspressen möglich, z. B. Zylinderstifte, Bohrbuchsen
H7/j6			Genaue Zentrierung. Fügen eventuell unter leichtem Druck, z. B. Zentrierflansche
H7/h6	H6/h6		Genaue Zentrierung für bedingt verschiebbare Teile, z. B. Zentrierflansche, Getriebeteile hoher Genauigkeit, wie Wechselräder, auswechselbare Bohrbuchsen, Optikteile
H8/h8 H8/h9			Niet- und Steckverbindungen mit mittlerer Zentrierfunktion Verschiebbare Paßteile
	H10/h9 H11/h11		Niet- und Steckverbindungen geringer Zentrierfunktion
	G6/h5 H6/g5	Spielpassungen	Hochgenaue Gleitlagerungen mit sehr geringem Spiel und geräuscharmem Lauf
G7/h6	H7/g6		Genaue Gleitlagerungen mit geringem Spiel. Präzisionsgeradführungen, Optikteile, z. B. Objektivfassungen
	G7/h8		Gleitlagerungen mit geringem Spiel
H7/f7			Gleitlagerungen hoher Beanspruchung. Verschiebbare Getriebeteile, z. B. Gleitbuchsen
F8/h8	H8/f8		Gleitlagerungen mittlerer Beanspruchung. Mehrfach-Steckverbindungen mit geringer Zentrierfunktion
F8/h9 F9/h9	H8/e8		Gleitlagerungen niederer Beanspruchung. Hartlötungen
E9/h9 D10/h9			Gleitlagerungen in weitem Temperaturbereich. Kunststofflagerungen. Niet- und Steckverbindungen mit geringer Zentrierfunktion. Hartlötungen. Fügen bei Nennmaß über 3 mm auch nach Oberflächenauftrag geringer Schichtdicke möglich
D10/h11 D11/h11	D11/h9 H11/d11		Untergeordnete Gleitlagerungen. Niet- und Steckverbindungen ohne Zentrierfunktion. Fügen bei Nennmaß über 3 mm auch nach Oberflächenauftrag geringer Schichtdicke möglich
CD10[1])/h9	C11/h11		Untergeordnete Gleitlagerungen mit großem Kleinstspiel. Niet- und Steckverbindungen ohne Zentrierfunktion. Fügen nach Oberflächenauftrag geringer Schichtdicke möglich.

[1]) Nur bis Nennmaß 10 mm

3.2.3. Toleranzketten

Es ist nicht immer möglich, beim Bemaßen von Werkstücken alle Kanten oder Flächen von einer Maßbezugslinie MBZ aus festzulegen. Bei Einzelteilen ist dies noch am ehesten möglich, wie im Bild 3.10 gezeigt wird, damit man z. B. Lochabstandsmaße nicht nach a) angibt. Wesentlich wichtiger ist die Beachtung der Toleranzen beim Zusammenwirken von mehreren Teilen. Es kommt vor, daß sich funktionsbedingt eine Aneinanderreihung von Maßen notwendig macht. Da alle Maße toleriert sind, entstehen damit Toleranzketten, d. h., die Toleranzen aller Maße addieren oder subtrahieren sich zu einer Gesamttoleranz, die die Lage eines der Kettenglieder x bestimmt.

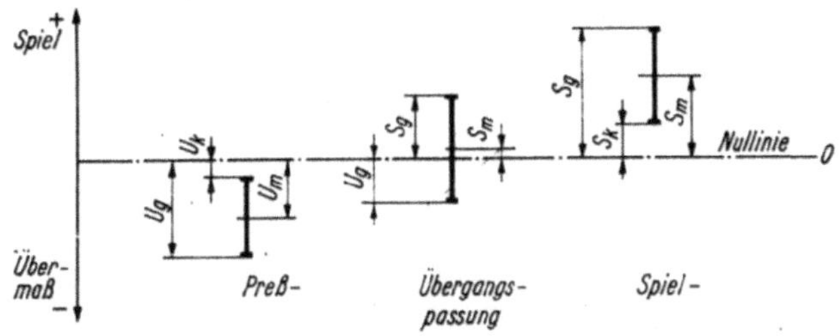

Bild 3.9
Darstellung der Paßtoleranzfelder T_p

Man kann nun nach der sog. *Maxima-Minima-Methode* die Extremwerte der einzelnen Toleranzfelder in Beziehung zueinander bringen und die Extremwerte x_g und x_k des fraglichen Kettenglieds berechnen. Unterlagen dazu sind der Spezialliteratur zu entnehmen, z. B. [3.3] und [3.6]. Diese Methode ist bei der Anfertigung von wenigen Einzelstücken, bei kleinen Serien oder bei kleinen Toleranzketten zu empfehlen. Sie führt mitunter dazu, daß man bei zu großer Gesamttoleranz $x_g - x_k$ der Abmessung x des Toleranzzugs zu engeren Toleranzen der anderen Abmessungen übergehen muß.

Eine andere Betrachtungsweise der Toleranzen kann man bei *Serienfertigung* vornehmen, wenn eine Vielzahl gleicher Teile nach- und nebeneinander gefertigt werden. Man kann dann damit rechnen, daß die Istmaße *statistisch verteilt* auftreten und nur

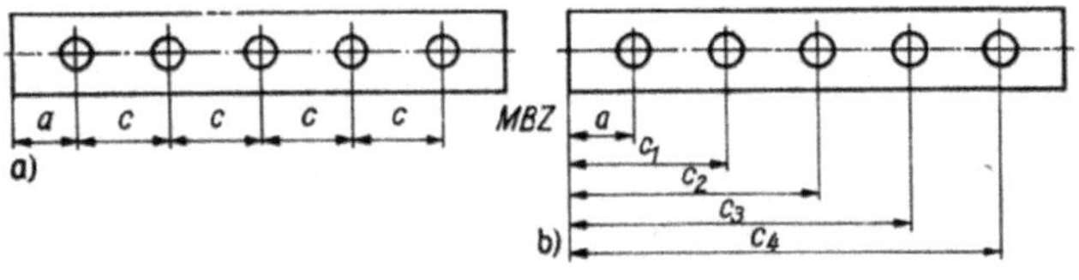

Bild 3.10
Eintragung von Lochabstandsmaßen
a) ungünstige
b) toleranzgerechte Bemaßung

eine kleine Anzahl der Teile Istmaße in der Nähe der Grenzen des Toleranzfelds haben. Als logische Folgerung ergibt sich daraus für Toleranzketten die Erkenntnis, daß die Extremwerte x_g und x_k einer mehrgliedrigen Toleranzkette mit einer sehr geringen Wahrscheinlichkeit auftreten. Bei der Montage von Baugruppen in der Großserienfertigung werden sich mit großer Wahrscheinlichkeit mittlere Abmessungen ergeben, so daß man mit mittleren Spielen S_m bzw. mittleren Übermaßen U_m rechnen kann. Es ist auch meist kostengünstiger, bei gröberer Tolerierung nach der Montage einen kleinen Ausschuß zuzulassen, als ohne Ausschuß unter Beachtung aller Extremwerte eine enge Tolerierung vorzuschreiben. Genaueres über die Statistik in der Technik ist der Speziallliteratur [3.7] zu entnehmen.

Anhand eines Beispiels sollen die beiden Methoden miteinander verglichen werden. Bild 3.11 zeigt das Gehäuse eines Kleinmotors, das aus spanend nachbearbeiteten Druckgußteilen gefertigt werden soll. Der Einfachheit und Übersicht halber wurden für die Teile freie Toleranzen gewählt. Es soll festgestellt werden, ob das Maß x am Loslager (rechtes Kugellager) groß genug ausfällt, damit keine Verspannung der Achse bei der Montage eintreten kann.

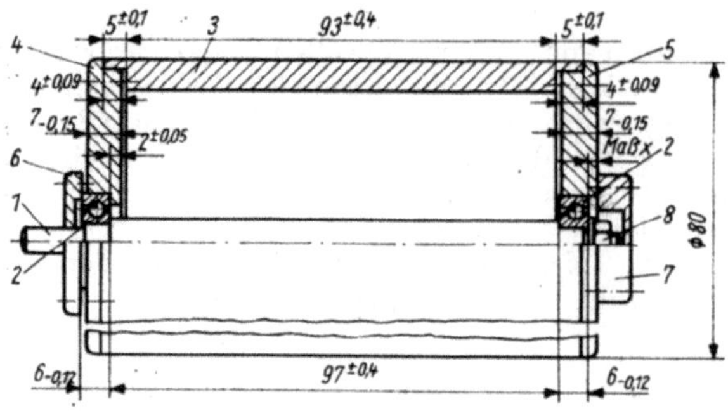

Bild 3.11
Gehäuse eines Kleinmotors (Toleranzkette)
1 Motorachse; 2 Kugellager; 3 Motorgehäuse; 4, 5 Schild; 6 Spannscheibe; 7 Abdeckscheibe; 8 Mutter mit Unterlegscheibe

a) Berechnung nach der Maxima-Minima-Methode (zweckmäßig für Einzelfertigung und sehr kleine Serien).

Nach Bild 3.11 gilt

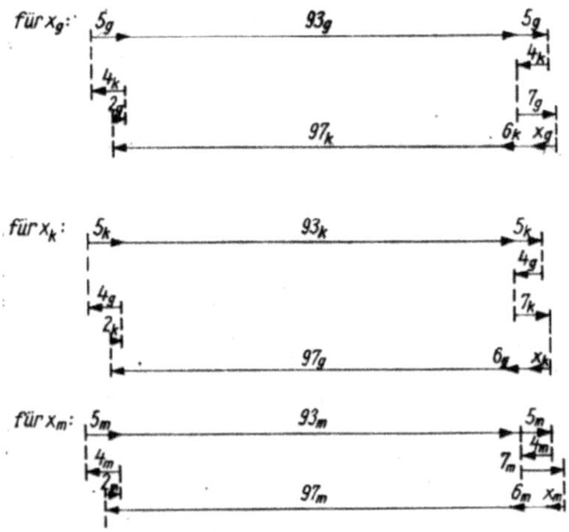

Bild 3.12. Toleranzketten zum Bild 3.11

Größtmaß x_g (Bild 3.12)

$$5_g + 93_g + 5_g - 4_k + 7_g - x_g - 6_k - 97_k + 2_g - 4_k = 0\,,$$
$$x_g = 5_g + 93_g + 5_g - 4_k + 7_g - 6_k - 97_k + 2_g - 4_k\,,$$
$$x_g = (5{,}1 + 93{,}4 + 5{,}1 - 3{,}91 + 7{,}0 - 5{,}88 - 96{,}6 + 2{,}05 - 3{,}91)\ \text{mm}$$
$$= 2{,}35\ \text{mm}\,;$$

Kleinstmaß x_k (Bild 3.12)

$$5_k + 93_k + 5_k - 4_g + 7_g - x_k - 6_g - 97_g + 2_k - 4_g = 0\,,$$
$$x_k = 5_k + 93_k + 5_k - 4_k + 7_k - 6_g - 97_g + 2_k - 4_g\,,$$
$$x_k = (4{,}9 + 92{,}6 + 4{,}9 - 4{,}09 + 6{,}85 - 6{,}0 - 97{,}4 + 1{,}95 - 4{,}09)\ \text{mm}$$
$$= -0{,}38\ \text{mm}\,;$$

Gesamttoleranz T_{ges}

$$T_{ges} = x_g - x_k = \sum T_i = (2{,}35 + 0{,}38)\ \text{mm} = 2{,}73\ \text{mm}\,.$$

Da x_k negativ wird bzw. $T_{ges} > x_g$, kann sich die Lagerung verklemmen. Der freie Raum für das Loslager ist also zu klein. Durch folgende Maßnahmen kann dies verhindert werden:

- unter Beibehaltung der Toleranzen Änderung einer oder mehrerer Abmessungen oder Änderung der Konstruktion;
- engere Toleranzen der einzelnen Teile.

b) Berechnung nach statistischen Toleranzwerten (bei Mittel- und Großserienfertigung).

Es werden mittlere Toleranzwerte angenommen, so daß sich für x_m ergibt (Bild 3.12)

$$5_m + 93_m + 5_m - 4_m + 7_m - x_m - 6_m - 97_m + 2_m - 4_m = 0,$$
$$x_m = 5_m + 93_m + 5_m - 4_m + 7_m - 6_m - 97_m + 2_m - 4_m = 0{,}985 \text{ mm}.$$

Bei Mittel- oder Großserien wird also sehr selten eine Verspannung der Achse eintreten. Die Tolerierung kann als brauchbar bezeichnet werden.

3.3. Toleranz- und passungsgerechte Gestaltung

Viele und enge Toleranzen bzw. Passungen verteuern die Fertigung von Einzelwerkstücken, Baugruppen und Geräten erheblich. Es sollen daher im folgenden einige Hinweise gegeben werden, wie man Toleranzen und Passungen ggf. konstruktiv umgehen kann.

Beispiel: Ein Kugellager *4* ist in einem Gehäuse *1* zu befestigen (Bild 3.13).

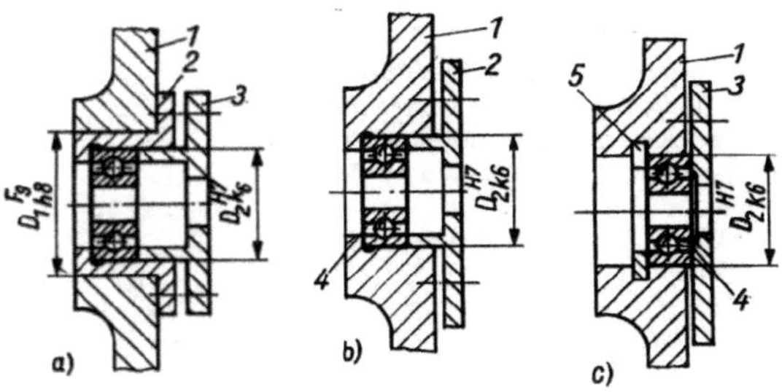

Bild 3.13. Kugellagerbefestigungen

a) ungünstige Lösung; b) ohne Zwischenbuchse; c) günstige Lösung

1 Gehäuse; *2* Zwischenbuchse; *3* Befestigungsteil; *4* Kugellager; *5* Sicherungsring nach DIN 472

Im Bild 3.13a wurde Buchse *2* mit Bund als Anschlag für das Kugellager angewendet. Nachteile: viele Einzelteile, zwei Toleranzpaare, die Buchse läßt sich wegen des Ansatzes innen nicht durch Reiben bearbeiten. – Im Bild 3.13b wurde die Buchse weggelassen. Aber auch hier bleibt der Ansatz im Gußstück zu bemängeln, der das Reiben der Bohrung verhindert. – Im Bild 3.13c wurde Sicherungsring *5* nach DIN 472 in eine Nut eingesetzt. Diese Lösung ist wesentlich besser als die vorhergehenden, denn die Bohrung im Gehäuse kann nun gerieben werden. Auch Deckel *3* ist einfacher geworden. Außerdem ist nur noch ein Toleranzpaar nötig. Die Verwendung des Sicherungsringes als billiges Normteil führt zu einer kostengünstigeren Fertigung.

3.3.1. Richtlinien

Die Beachtung folgender Gesichtspunkte ermöglicht es oft, enge Tolerierungen zu vermeiden und trotzdem die gleiche Funktionssicherheit zu erreichen:

1. Die *Gesamtanzahl* der Teile je Gerät ist so klein wie möglich zu halten, da so die Anzahl der Paßstellen herabgesetzt wird.
2. Grob oder *nicht tolerierte Maße* müssen gegenüber denen mit engen Toleranzen in der Mehrzahl sein. Letztere sind nur für funktionsbedingtes Zusammenpassen zu verwenden.
3. *Mehrfachpaßstellen* sind zu vermeiden.
4. Enge Toleranzen und Passungen lassen sich oft durch *elastische Bauelemente* umgehen (elastische Bauart).
5. Wirtschaftlichere Passungen ergeben sich auch durch *Nachstellbarkeit*.
6. Auch eine *Umkonstruktion* erlaubt oft die Anwendung gröberer Toleranzen.

Während die ersten zwei Gesichtspunkte kaum einer näheren Erklärung bedürfen, sollen die anderen durch eine Reihe von Beispielen belegt werden.

3.3.2. Vermeidung von Mehrfachpaßstellen [3.4] [3.5]

Unter Mehrfachpaßstellen sollen hier nicht Toleranzketten verstanden werden, die oft aus funktionellen Gründen nicht zu umgehen sind (s. Abschn. 3.2.), sondern zum einen das mehrfache Einpassen von Teilen und zum anderen Bündigkeit von Flächen und Kanten, die funktionell nicht erforderlich sind. In Tafel 3.8 sind sechs Beispiele dargestellt.

Tafel 3.8. Vermeidung von Mehrfachpaßstellen [3.4] [3.5]

Beispiel	Ungünstige Lösung	Erläuterungen	Günstige Lösung
1	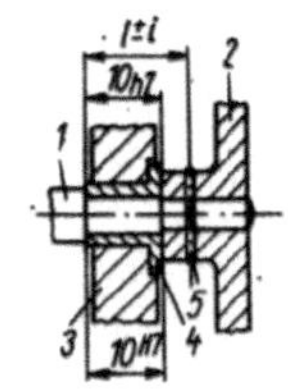	Axialspiel des verstifteten Rads *2* ist durch die tolerierte Länge der Buchse *4* begrenzt. Der gleichlange tolerierte Wellenabsatz ist überflüssig. Er kann kürzer gehalten werden (rechtes Bild) *1* abgesetzte Welle; *2* Rad; *3* Gehäuse; *4* Buchse; 5 Stift	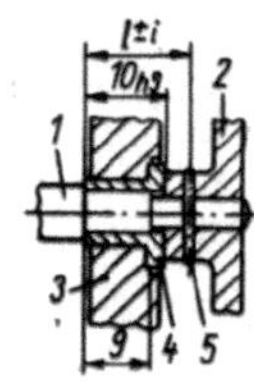
2	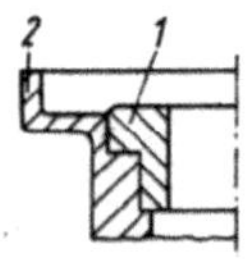	Die Lage der in Gehäuse *2* eingepreßten Buchse *1* ist sowohl radial als auch axial je zweimal festgelegt (linkes Bild). Je eine Begrenzung ist ausreichend	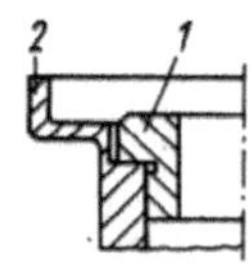
3	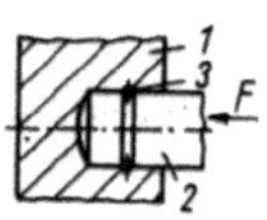	Druckbolzen *2* ist sowohl durch Kopfform als auch durch Paßstift *3* in seiner Lage bestimmt. Rechte Lösung ist günstiger und billiger	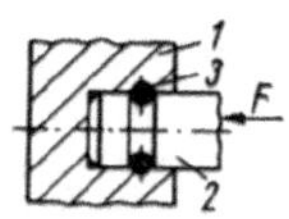
4	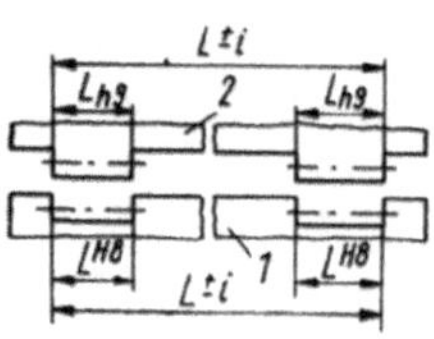	Scharnierbefestigung des Deckels *2* ist überbestimmt. Je eine Toleranz am Gehäuse *1* und am Deckel *2* genügt	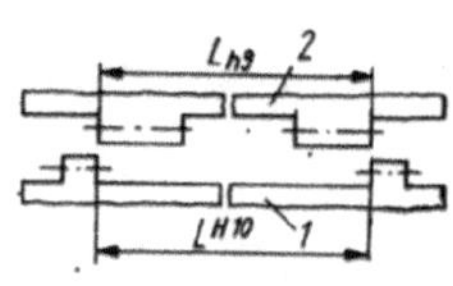
5	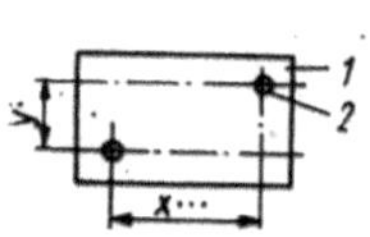	Platte *1* kann mit zwei Rundstiften *2* in ihrer Lage festgelegt werden. Günstiger ist eine Lösung mit einem runden und einem abgeflachten Stift, der in einem Schlitz geführt wird *1* Platte; *2* Rundstift; *3* abgeflachter Stift	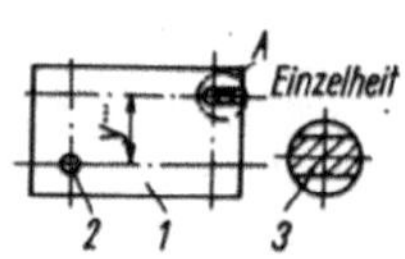
6	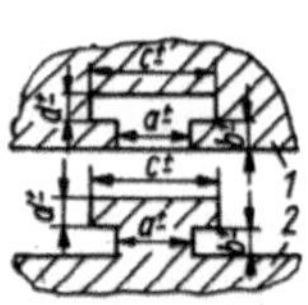	Führungsflächen der Teile *1* und *2* sind überbestimmt. Bei entsprechender Formgebung genügen je zwei Toleranzen *1* Gehäuse mit T-Führung; *2* geführtes Teil	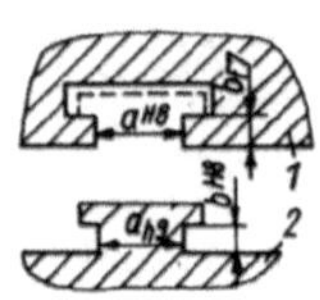

3.3.3. Elastische Bauart [3.4] [3.5]

Enge Toleranzen kann man durch elastische Bauart vermeiden, indem man entweder die Passungsteile federnd ausführt oder federnde Bauelemente zwischenfügt. Netzstecker und Steckdose in der Elektrotechnik sind ein Musterbeispiel dafür. Man müßte am Stecker Durchmesser und Mittenabstand beider Stifte eng tolerieren, bei der Steckdose sinngemäß Durchmesser und Abstand beider Hülsen, um eine einwandfreie Verbindung zu gewährleisten.

Als federnde Bauelemente, mit denen man enge Toleranzen vermeiden kann, sind Kerbstift- bzw. -nagelarten nach DIN 1471 bis DIN 1477 und die Spannhülsen nach DIN 1481 (Bild 3.14) zu nennen. Möglichkeiten elastischer Bauarten gehen aus den sechs Beispielen in Tafel 3.9 hervor.

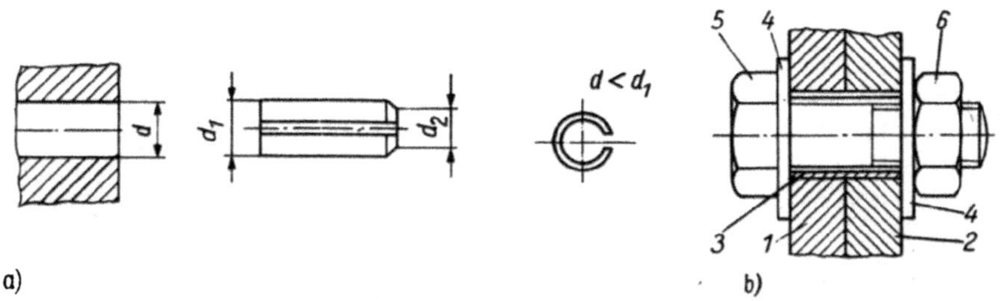

***Bild 3.14.** Spannhülse nach DIN 1481 und DIN 7346 als Ersatz für Paßschraube*

a) Spannhülse; b) Anwendung als Ersatz für Paßschraube

1 Teil 1; *2* Teil 2; *3* Spannhülse; *4* Unterlegscheibe; *5* Sechskantschraube; *6* Sechskantmutter

Tafel 3.9. Elastische Bauart [3.4] [3.5]

Beispiel	Ungünstige Lösung	Erläuterungen	Günstige Lösung
1	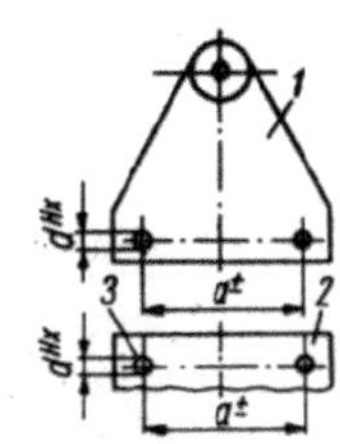	Bei den durch Paßschrauben zu verbindenden Teilen *1* und *2* kann auf einen eng zu tolerierenden Abstand *a* durch Schlitzen des Teils *1* verzichtet werden. Paßschrauben sind durch Spannhülsen (DIN 1481 und DIN 7346) und Schaftschrauben ersetzbar *1* Schwingteil; *2* Unterteil; *3* Bohrung für Paßschraube	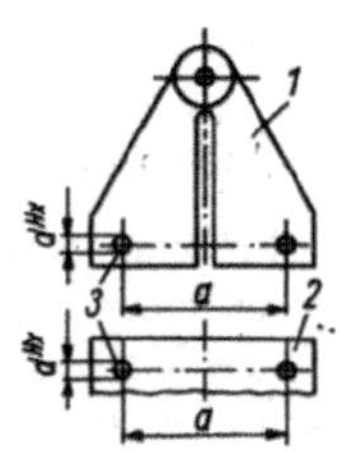
2	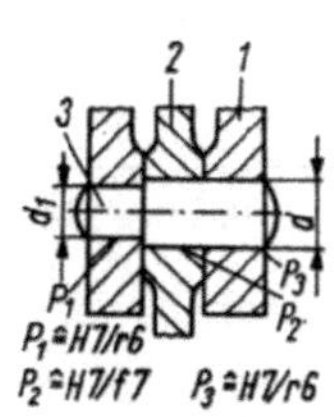	Die dreimal tolerierte Achse *3* kann durch einen Knebelkerbstift nach DIN 1475 ersetzt werden. Bohrung der Rolle *2* hat nur noch die Toleranz H12 *1* Gabel; *2* Rolle; *3* Achse; P_1, P_2, P_3, P_4 Passungen	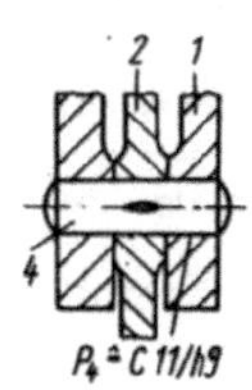
3	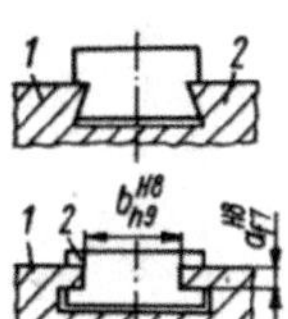	Bei einer Schwalbenschwanzführung sind Spezialpassungen und bei einer T-Führung zwei Passungen nötig. Bei Heranziehung einer Feder *3* ist nur noch eine Passung notwendig *1* Gehäuse; *2* geführtes Teil; *3* Feder	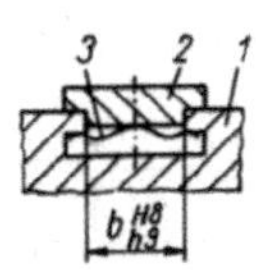

Tafel 3.9. (Fortsetzung)

Beispiel	Ungünstige Lösung	Erläuterungen	Günstige Lösung
4	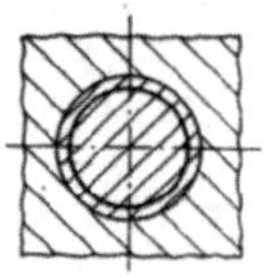 Gewinde spielfrei durch Schleifen	Spielfreie Gewinde erhält man nicht nur durch Schleifen (teuer), sondern auch durch Anordnung von federnden Teilen, die radial (a, b) oder axial (c) wirken können *1* Gehäuse mit Innengewinde; *2* Gewindebolzen; *3* Blattfeder; *4* federndes Blech; *5* geschlitzte Buchse	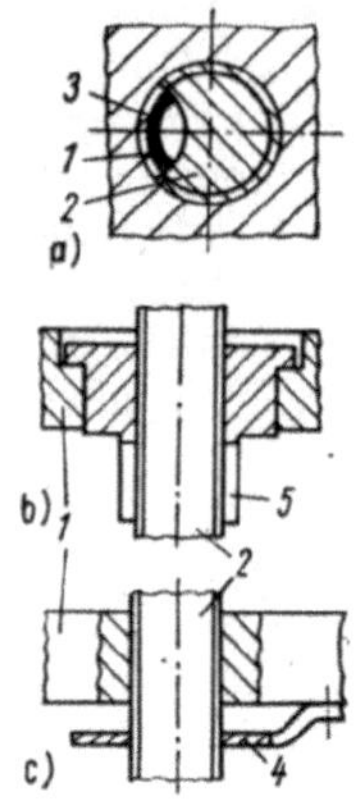
5	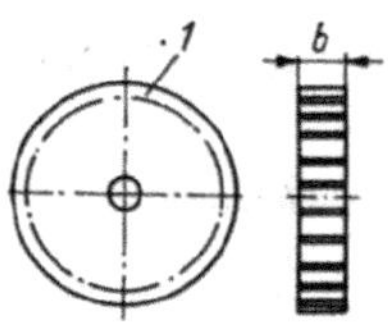	Spielfreiheit bei Zahnrädern erhält man, wenn das Gegenrad mit einem geteilten Zahnrad zusammenwirkt, wobei die beiden Hälften unter Federwirkung stehen *1* ungeteiltes Zahnrad mit Breite *b*; *2* geteiltes Zahnrad, je mit Breite *b*/2; *3* Feder	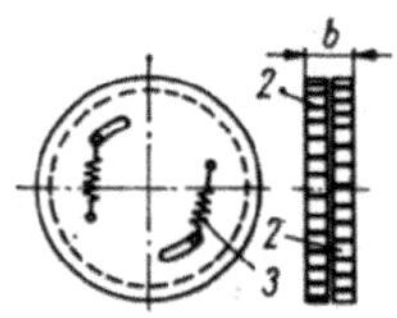
6	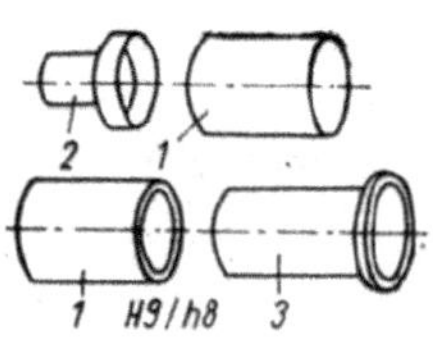	Enge Toleranzen sind umgehbar, wenn federnde Flächenelemente diese ersetzen *1* zylindrisches Teil; *2* Reduzierstück; *3* Einschubteil; *4* Reduzierstück mit Schlitzen; *5* Einschubteil mit federnden Aufwölbungen	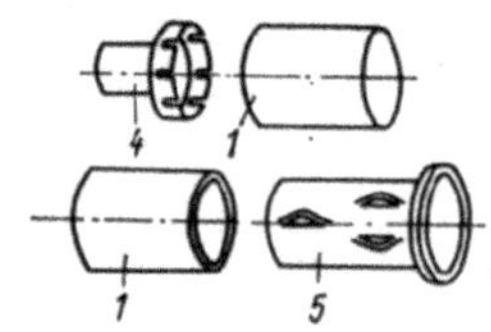

3.3.4. Anwendung von Nachstellbarkeit [3.4] [3.5]

Die Möglichkeit, zwei oder mehr zusammengehörige Teile zunächst lose zusammenzufügen und sie danach durch geeignete zusätzliche Teile genauer einzustellen, ist eine weitere Methode, um enge Toleranzen zu vermeiden. Sie hat darüber hinaus den Vorteil, daß es möglich ist, unerwünschte Verschleißerscheinungen bei gegeneinander bewegten Teilen auszugleichen. In Tafel 3.10 sind dazu einige Beispiele angeführt.

Tafel 3.10. Anwendung von Nachstellbarkeit [3.4] [3.5]

Beispiel	Ungünstige Lösung	Erläuterungen	Günstige Lösung
1		Der mittels Preßpassung befestigte Bolzen *2* kann ohne enge Toleranzen bei geschlitztem Hebel *1* durch Schraube und Mutter verspannt werden *1* Hebel; *2* Bolzen; *3* Schraube; *4* Mutter	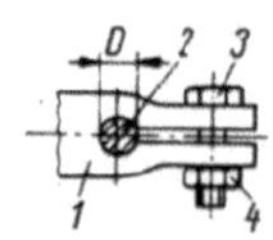
2	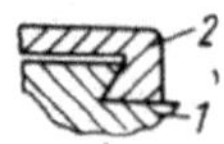	Bei einer Schwalbenschwanzführung kann man enge Toleranzen durch einstellbares Flachteil *3* vermeiden *1* Gehäuseteil; *2* geführtes Teil; *3* flaches Zwischenteil	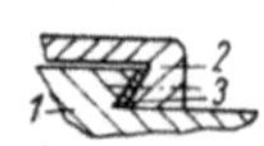

Tafel 3.10. (Fortsetzung)

Beispiel	Ungünstige Lösung	Erläuterungen	Günstige Lösung
3	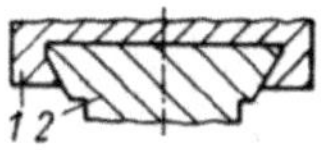	Enge Toleranzen sind auch durch ein keilförmiges Zwischenstück *3* mit angepaßten Schrägen zu umgehen *1* Gehäuse; *2* geführtes Teil; *3* Schwalbenschwanzgegenstück	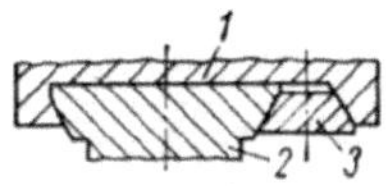
4	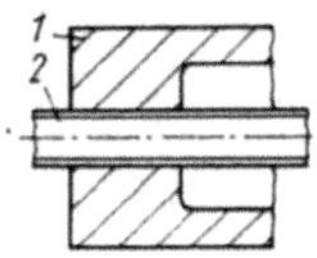	Um das Spiel zwischen Gehäuse *1* und Gewindespindel *2* mit Steigung h_1 zu beseitigen, kann man Einstellmutter *3* innen mit h_1 und außen mit h_2 ($h_1 \neq h_2$) oder flanschartige Einstellmutter *5* mit gleicher Steigung h_1 anordnen. Die Einstellmuttern werden gegen die Spindel leicht verdreht *1* Gehäuse; *2* Gewindespindel mit Steigung h_1; *3* Einstellmutter mit Steigungen h_1 und h_2; *4* Zwischenlage zur Sicherung der Lage von *3*; *5* flanschartige Einstellmutter mit Langlöchern	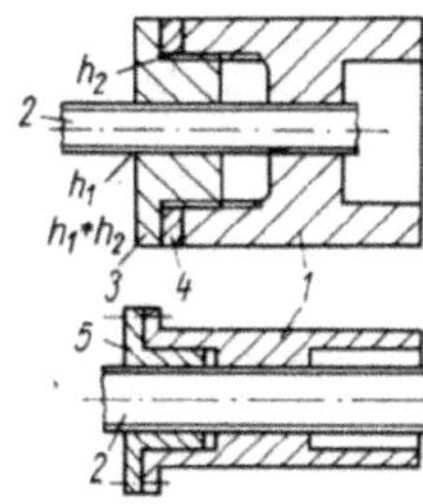
5	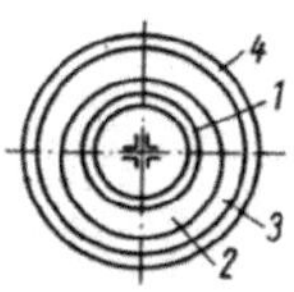	Die teure Einstellung einer Strichplatte o. ä. durch zwei Exzenter (drei Passungen) ist billiger durch drei um 120° versetzte Gewindestifte zu erreichen *1* Strichplatte (Fadenkreuz); *2*, *3* Exzenter; *4* Außenring; *5* Gewindestift	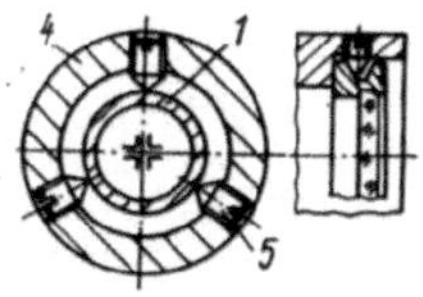
6	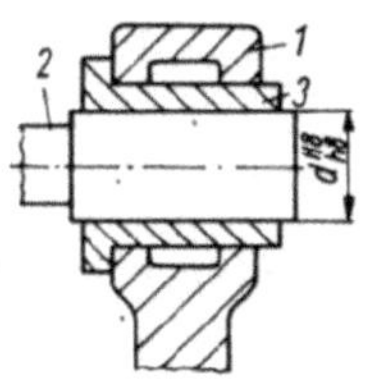	Lager mit sehr geringem Spiel erreicht man mit engen Toleranzen oder mit einstellbaren Konstruktionen: Geschlitzte und genutete Buchse *4* wird mit Mutter *5* in die kegelförmige Lagerbohrung hineingezogen *1* Gehäuse; *2* Achse; *3* zylindrische Buchse; *4* kegelförmige Buchse, geschlitzt und genutet; *5* Mutter	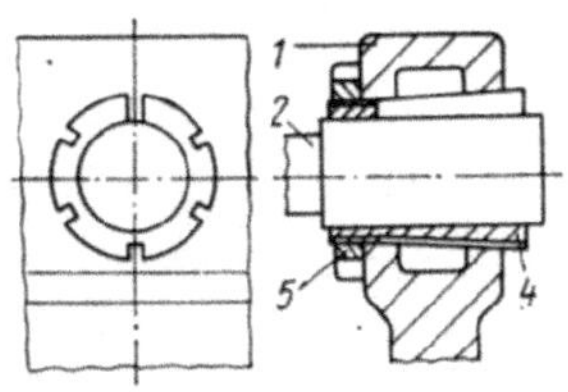

3.3.5. Günstigere konstruktive Gestaltung [3.4] [3.5]

Bei den bisher erörterten Maßnahmen zur Vermeidung enger Toleranzen und Passungen (Abschnitte 3.3.2. bis 3.3.4.) wurden Vorschläge erörtert, die am Prinzip der Konstruktion nur wenig änderten. Der Konstrukteur sollte aber auch beachten, daß sich enge Toleranzen und Passungen mitunter durch eine andere konstruktive Lösung umgehen, einschränken oder durch gröbere ersetzen lassen. Dazu sei auf die Beispiele in Tafel 3.11 hingewiesen.

Tafel 3.11. Beispiele für günstigere konstruktive Gestaltung [3.4] [3.5]

Beispiel	Ungünstige Lösung	Erläuterungen	Günstige Lösung
1	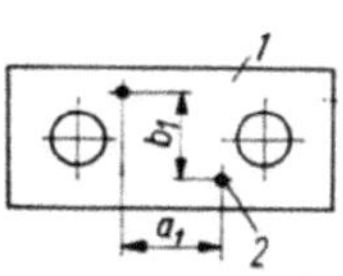	Um die Abstände zweier Paßstifte *2* einer Paßplatte *1* möglichst grob tolerieren zu können, müssen die Abstände möglichst groß gewählt werden	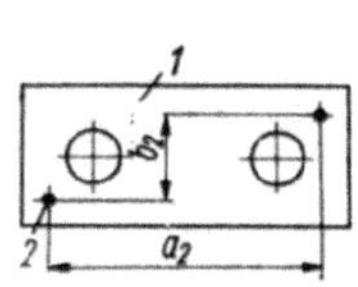 $a_2 > a_1$, $b_2 > b_1$

Tafel 3.11. (Fortsetzung)

Beispiel	Ungünstige Lösung	Erläuterungen	Günstige Lösung
2	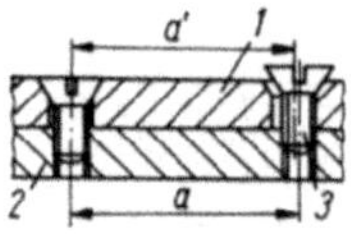	Senkschrauben erfordern eine genauere Einhaltung der Abstände *a* und *a'* als Zylinderkopfschrauben (Abstände *b* und *b'*). Kein Überstehen bei großer Senkung! *1* zu befestigendes Bauteil; *2* Grundplatte; *3* Senkschraube; *4* Zylinderkopfschraube	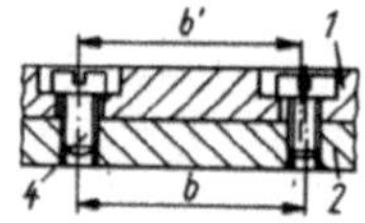
3	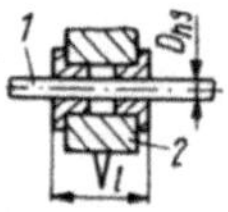	Je länger Führungslänge *l*, desto gröber kann Passung (Führungsstab *1* — Anzeigeteil *2/3*) gewählt werden	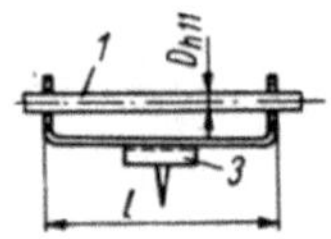
4	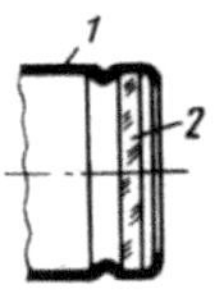	Da Glasscheibendurchmesser relativ ungenau sind, ist es bei der Montage in Hohlkörpern o. ä. günstiger, sie in elastische Bauelemente einzubetten *1* dünnwandiger Hohlkörper; *2* Glasscheibe; *3* Kunststoffteil	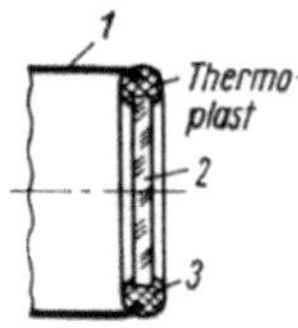
5	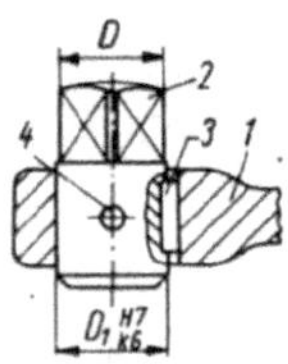	Um Vierkant *2* an einer Handkurbel zu befestigen, kann man anstelle einer Übergangspassung mit zusätzlicher Paßfeder *3* und Paßstift *4* günstiger eine Preßpassung ohne zusätzliche Teile wählen *1* Handkurbel; *2* Vierkant; *3* Paßfeder; *4* Paßstift	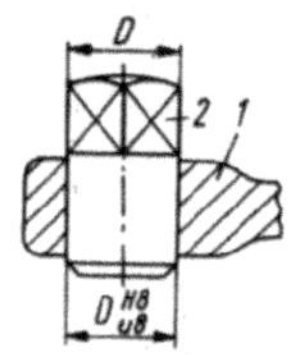

Schlußbemerkungen zum Abschn. 3.3.

Mit Beginn der Gestaltung von Einzelteilen, Baugruppen und Geräten ist auch das Problem der Tolerierung aller Abmessungen zu berücksichtigen. Dabei ist zu beachten, daß viele enge Toleranzen und Passungen die wirtschaftliche Fertigung der Geräte gefährden und evtl. eine Um- oder Neukonstruktion zu erörtern ist.

3.4. Gestaltungsbeispiele (Aufgaben und Lösungen)

3.4.1. Aufgaben zur toleranz- und passungsgerechten Gestaltung

Aufgabe 3.1: Tolerierung eines Luftspalts

Für Transformatorbleche sind die Größe und Genauigkeit des Luftspalts *t* wichtig. Es liegt ein Entwurf für die Bemaßung (Bild 3.15) vor. Nach Skizzieren der Toleranzketten für das Größt- und Kleinstmaß von *t* sind diese Grenzwerte und die Toleranz des Luftspalts *t* zu berechnen.

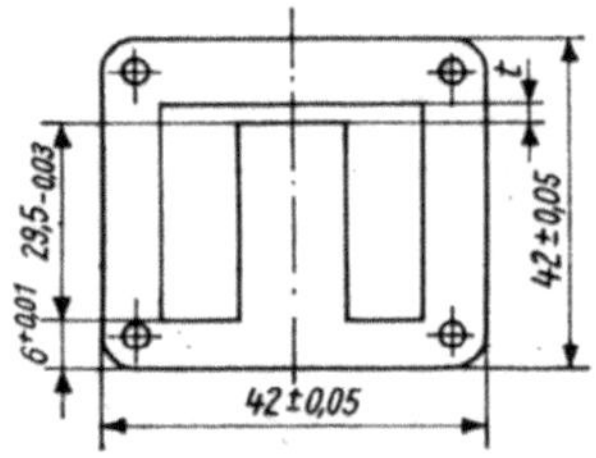

Bild 3.15
Transformatorblech M42

Nach DIN 41302 darf der Luftspalt eines Kerns M42 vom Nennmaß 0,5 mm nur um $\pm 30\ \mu m$ abweichen.
Die im Bild 3.15 vorgeg.ebenen Nennmaße sind in dieser Norm mit IT 12 toleriert bzw. untolerierte Maßbezeichnungen
Wie kann man, wenn dieMaxima-Minima-Untersuchungen mit der vorgeschlagenen Bemaßung nicht befriedigen, die in DIN 41302 geforderte Toleranz des Luftspalts erreichen?

Aufgabe 3.2: Tolerierung einer Tonrolle

Um mit dem Motor eines Magnettongeräts eine Bandgeschwindigkeit von $v = 19{,}05$ cm/s bei $n = 750$ U/min zu erreichen, müßte die Tonrolle einen Dmr. = 4,854 mm erhalten. Wie groß darf die Toleranz des Durchmessermaßes sein, damit die Bandgeschwindigkeit auf $\pm 0{,}3\,\%$ eingehalten wird, wenn die gesamte Toleranz für die Durchmessergenauigkeit in Anspruch genommen werden kann?

Wie läßt sich das Maß in der Zeichnung eintragen, damit es nicht unübersichtlich wird (genormte Toleranz)?

Aufgabe 3.3: Veränderung des Passungscharakters durch Erwärmen

Auf eine Stahlwelle, Dmr. = 14 mm, soll eine Messingbuchse im kalten Zustand (20 °C) aufgezogen werden. Ein Größtübermaß von 32 µm ist gerade noch zulässig, um die Spannung in der Buchse nicht zu überschreiten. Im Betrieb wird diese Verbindung einer Erwärmung ausgesetzt, die bis zu 80 °C erreichen kann. Die damit verbundene Änderung des Übermaßes ist so zu berücksichtigen, daß in jedem Zustand noch ein Kleinstübermaß von mindestens 7 µm vorhanden ist. Es sind die Passungsangaben für Welle und Buchse festzulegen, wenn nach dem System Einheitsbohrung gefertigt werden soll! Die Toleranzfelder sowie das Paßtoleranzfeld im warmen und im kalten Zustand sollen gezeichnet werden!
Gegeben: $\alpha_{Fe} = 12{,}2 \cdot 10^{-6}$/K; $\alpha_{Ms} = 18{,}4 \cdot 10^{-6}$/K.

Aufgabe 3.4: Spitzenlagerung

Die Fertigung der Innenspitzenlagerung für den Spulenrahmen eines Kernmagnetwerks (Bild 3.16) ist durch die große Anzahl eng tolerierter Maße sehr aufwendig. Wie kann die Konstruktion verbessert werden, wenn gleichzeitig die Einstellung des Spiels möglich sein soll?

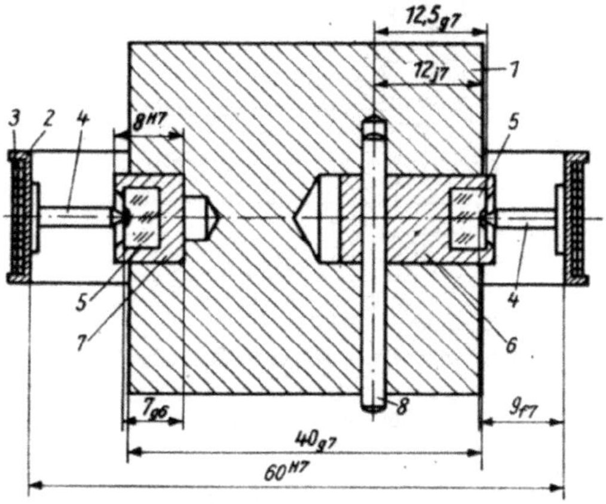

Bild 3.16
Spitzenlagerung für Kernmagnet
1 Kernmagnet; *2* Spulenrahmen; *3* Spule; *4* Spitze; *5* Steinlager; *6* Steinfassung, rechts; *7* Steinfassung, links; *8* Stift

Aufgabe 3.5: Feineinstellung

Zur Feineinstellung einer Meßeinrichtung ist die im Bild 3.17 dargestellte Konstruktion entworfen worden. Der Entwurf ist ungünstig, da die Feineinstellung nur sehr aufwendig zu fertigen ist und auch bei engen Toleranzen keine Spielfreiheit gewährleistet. Wie kann man die Konstruktion verbessern?

Aufgabe 3.6: Doppelte Lagerung

Das im Bild 3.18 dargestellte Lager muß geteilt werden, wodurch die Fertigung teuer wird. Es sind Möglichkeiten einer einfacheren Konstruktion anzugeben, wobei aus Funktionsgründen die Rillenkugellager beibehalten werden sollen und ein Wandern in axialer Richtung nicht zulässig ist! Alle für die Lagerung maßgebenden Paßmaße sind anzugeben!

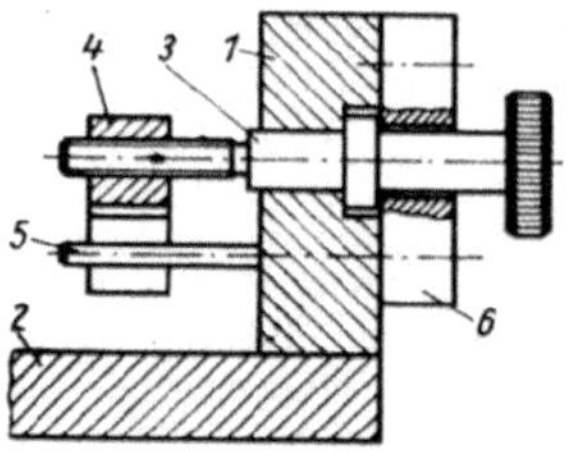

Bild 3.17
Einrichtung zum Feineinstellen
1, *2* Gestellteile; *3* Einstellspindel; *4* Feinstellglied; *5* Führungsstift; *6* Abdeckplatte

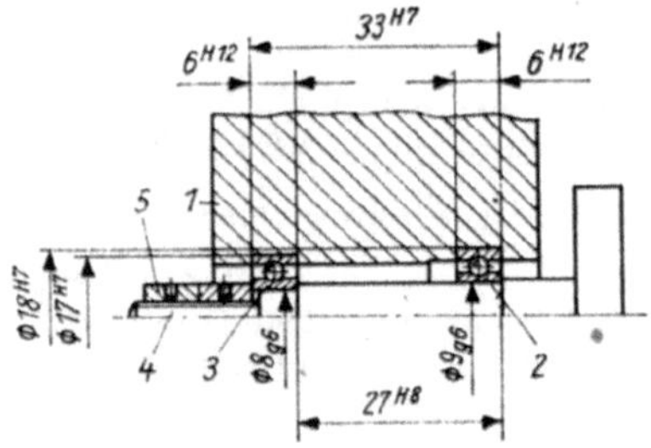

Bild 3.18
Doppelte Kugellagerung einer Achse
1 Gehäuse; *2*, *3* Kugellager; *4* Achse; *5* Mutter

Aufgabe 3.7: Konstruktion einer Schneidenlagerung

Bei der im Bild 3.19 dargestellten Schneidenlagerung sind die Maße *a* und *b* für die Funktion des Geräts besonders wichtig. Wie kann die Konstruktion geändert werden, wenn die erforderlichen Paßmaße in der Fertigung vermieden werden sollen?

Aufgabe 3.8: Umkonstruktion einer Rastvorrichtung

Bei der Umkonstruktion eines feinmechanischen Geräts soll auch die im Bild 3.20 angegebene Rastvorrichtung verändert werden, um die Fertigung durch weniger eng tolerierte Maße wesentlich zu vereinfachen. Selbsttätige Axialrastgesperre sollen die Lösung darstellen; die dabei erzielte Rastgenauigkeit ist ausreichend.

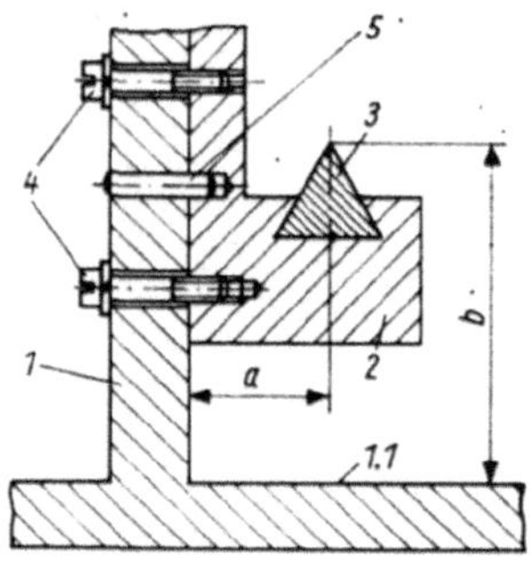

Bild 3.19
Schneidenlagerung
1 Gestell mit Grundfläche *1.1*; *2* Führungshalter; *3* Prisma; *4* Schraube; *5* Paßstift

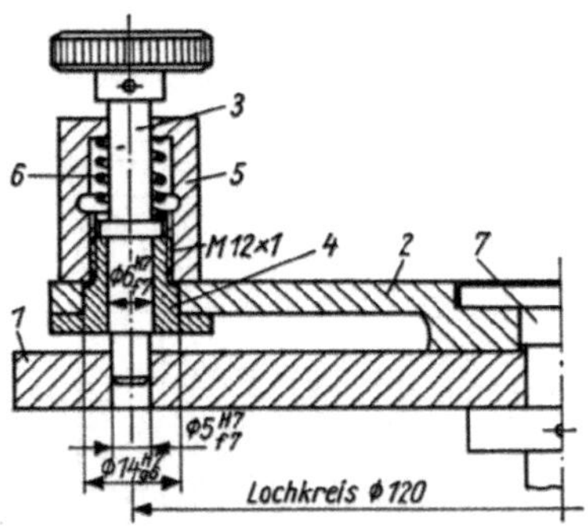

Bild 3.20
Rastvorrichtung für eine Rastscheibe
1 Rastscheibe; *2* Drehteil; *3* Raststift mit Bedienknopf; *4* Paßbuchse; *5* Überwurfbuchse; *6* Feder; *7* Drehachse

Es sind mehrere Möglichkeiten für selbsttätige Axialrastgesperre, die eine einfache Bedienung und sichere Rastung gewährleisten, anzugeben!

Zusätzliche Aufgaben zu Toleranzen und Passungen sind in [3.6] und [3.8] zu finden.

3.4.2. Lösungsmuster zur Aufgabengruppe toleranz- und passungsgerechte Gestaltung

Aufgabe 3.1

Im Bild 3.21 sind die Toleranzketten für den Größtwert t_g und den Kleinstwert t_k des Luftspalts t nach der Bemaßung gemäß Bild 3.15 dargestellt. Für die Berechnung der Grenzwerte ergibt sich folgendes:

Größtmaß t_g

$$t_g = -6_k + 42_g - 6_k - 29{,}5_k = (-6{,}0 + 42{,}05 - 6{,}0 - 29{,}43)\ \text{mm} = 0{,}58\ \text{mm};$$

Kleinstwert t_k

$$t_k = -6_g + 42_k - 6_g - 29{,}5_g\ (-6{,}01 + 41{,}95 - 6{,}01 - 29{,}5)\ \text{mm} = 0{,}43\ \text{mm};$$

Toleranz

$$T_{ges} = t_g - t_k = (0{,}58 - 0{,}43)\ \text{mm} = 0{,}15\ \text{mm}$$

oder

$$T_{ges} = \sum T_i = (0{,}01 + 0{,}1 + 0{,}01 + 0{,}03)\ \text{mm} = 0{,}15\ \text{mm}\,.$$

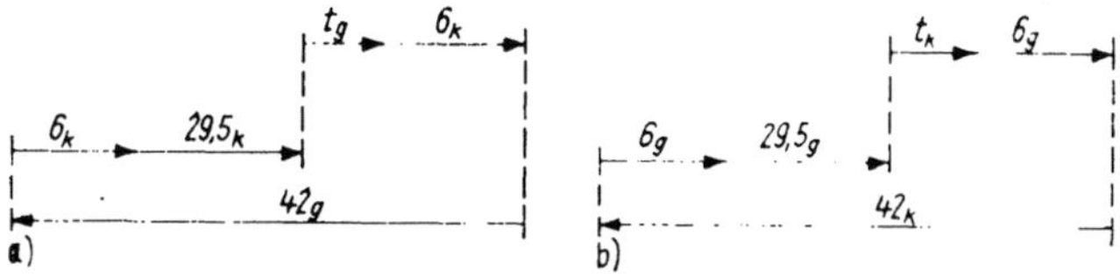

Bild 3.21. Toleranzketten für Luftspalt t nach Bild 3.15

a) für t_g; b) für t_k

Da die Toleranz T_{ges} für den Luftspalt t nach der Bemaßung (Bild 3.15) viel zu groß gegenüber der Empfehlung nach DIN 41 302 ($T_{ges} = 60\ \mu\text{m}$) ausfällt, ist es zweckmäßig, die Größe des Luftspalts t nicht durch die Differenz anderer Maße festzulegen, sondern t als Einzelmaß mit $0{,}5 \pm 0{,}03$ mm anzugeben. Die Lage des Luftspalts ist nicht so kritisch, daß sie nicht um die IT 12-Toleranz parallel verschoben sein könnte.

Aufgabe 3.2

Da die Umfangsgeschwindigkeit der Antriebsrolle gleich der Bandgeschwindigkeit ist, darf der Durchmesser der Antriebsrolle um $\pm$ 0,3% schwanken.

Die Durchmesserschwankung für $d = 4{,}854$ mm beträgt

$$\Delta d = \frac{0{,}3 \cdot 4{,}854}{100} = 0{,}01456\ \text{mm} = 14{,}6\ \mu\text{m}\,.$$

Größtmaß des Durchmessers der Tonrolle $d_g = 4{,}868$ mm,
Kleinstmaß des Durchmessers der Tonrolle $d_k = 4{,}840$ mm;

$$|T| = d_g - d_k = 0{,}028\ \text{mm} = 28\ \mu\text{m}\,.$$

Für die Maßeintragung und die Handhabung des Maßes in der Fertigung ist es zweckmäßig, das Maß auf ein Vorzugsmaß zu beziehen. Hier wäre das am nächsten gelegene $d = 5$ mm. Bezogen auf dieses Nennmaß ergeben sich folgende Abmaße:
oberes Abmaß $A_0 = -132\ \mu\text{m}$ bzw. unteres Abmaß $A_u = -160\ \mu\text{m}$.
Bei Großserienfertigung ist eine Lehre mit den angegebenen Abmaßen erforderlich und auch kostenmäßig tragbar. Bei einer Kleinserie wäre die Sonderanfertigung dieser Lehre unwirtschaftlich. Für diese Zwecke besteht die Möglichkeit der Verwendung einer handelsüblichen Lehre, d. h. einer Lehre mit einem Vorzugsmaß als Nennmaß und ISO-Toleranzen für die Abmaße.

In DIN 7160 findet man für die oben errechneten Abmaße keine genau passende Toleranzangabe. Die am nächsten gelegene Toleranz beträgt für den Nennmaßbereich 3 bis 5 mm b8.

Die Toleranzen b9, b10 ergeben ein zu großes Toleranzfeld, für die Toleranzen a8, c8 liegt die geforderte Toleranz nicht innerhalb des Feldes. Daher kann es bei der Bemaßung mit Dmr. = 5 b8 bleiben:

$$A_0 = -140\ \mu\text{m bzw. } A_u = -158\ \mu\text{m}\,,\ |T| = 18\ \mu\text{m}\,.$$

Mit dieser Bemaßung ist die Toleranz gegenüber dem durch die Laufgeschwindigkeit bedingten Gütegrad eingeengt worden

$$(|T_{gefordert}| = 28\ \mu\text{m}\,,\ |T_{wirklich}| = 18\ \mu\text{m})\,.$$

Die Fertigung wird genauer und damit teurer, als ursprünglich vorgesehen.
Die nach dieser Bemaßung gefertigte Antriebsrolle genügt in jedem Fall der Anforderung nach ausreichender Laufgenauigkeit. Wegen der etwas verteuerten Fertigung wäre es ungünstig, das Verfahren mit der engeren Toleranz für die Großserie zu benutzen.

Aufgabe 3.3

Alle Maße für die Fertigung sind auf die Bezugs-(Raum-)Temperatur von 20 °C bezogen. Weicht die Betriebstemperatur erheblich von der Bezugstemperatur ab, müssen die dadurch hervorgerufenen Längenänderungen berücksichtigt werden.

Bei der Erwärmung von Preßpassungen verschiedener Werkstoffe sind daher Spannungsänderungen zu erwarten. Deshalb müssen die Größen solcher Spannungsänderungen überprüft werden (s. DIN 7190 und VDI 2029).

Längenänderung bei Erwärmung

$$\Delta l = l_0\,\alpha\,(\vartheta_2 - \vartheta_1) \text{ bei } \vartheta_1 < \vartheta_2\,;\ \vartheta_2 = 80\ °\mathrm{C}\,,\ \vartheta_1 = 120\ °\mathrm{C}\,,$$
$$\Delta l_{\mathrm{Fe}} = l_0\,\alpha_{\mathrm{Fe}}\,(\vartheta_2 - \vartheta_1) = (14 \cdot 12{,}2 \cdot 10^{-6} \cdot 60)\ \mathrm{mm} = 10{,}2\ \mu\mathrm{m}\,,$$
$$\Delta l_{\mathrm{Ms}} = l_0\,\alpha_{\mathrm{Ms}}\,(\vartheta_2 - \vartheta_1) = (14 \cdot 18{,}4 \cdot 10^{-6} \cdot 60)\ \mathrm{mm} = 15{,}4\ \mu\mathrm{m}\,,$$
$$\Delta l = \Delta l_{\mathrm{Ms}} - \Delta l_{\mathrm{Fe}} = l_0\,(\alpha_{\mathrm{Ms}} - \alpha_{\mathrm{Fe}})\,(\vartheta_2 - \vartheta_1)$$
$$= [14 \cdot (18{,}4 - 12{,}2) \cdot 10^{-6}\,(80 - 20)]\ \mathrm{mm} = 5{,}2\ \mu\mathrm{m}\,.$$

Messing dehnt sich mehr aus, folglich verringert sich das Übermaß um 5,2 μm (in weiterer Rechnung vereinfacht Δl mit 5 μm angenommen).

Für 20 °C braucht man für die Passung folgende Maße:

$U_g = -32\ \mu\mathrm{m}$ (lt. Aufgabenstellung),

$U_k = -7\ \mu\mathrm{m} - \Delta l = -7\ \mu\mathrm{m} - 5\ \mu\mathrm{m} = -12\ \mu\mathrm{m}$

(wegen Minimum von $U = -7\ \mu\mathrm{m}$ nach Erwärmung).

Daraus läßt sich ermitteln:

$$T_p = U_k - U_g = [-12 - (-32)]\ \mu\mathrm{m} = 20\ \mu\mathrm{m} \text{ bzw. } T_p = T_W + T_B = 20\ \mu\mathrm{m}\,.$$

Bei der Aufteilung der Paßtoleranz auf Welle und Bohrung ist zu beachten:

Bei der Fertigung wird für die Welle die höhere Qualität gewählt, da sich Außenmaße bei gleichen Kosten genauer als Innenmaße fertigen lassen. In erster Linie sind genormte Passungen zu verwenden; daraus folgt $T_B > T_W$.

Aus DIN 7154 Bl. 1 für System Einheitsbohrung und der Bedingung $T_W + T_B \leqq 20\ \mu\mathrm{m}$ ergibt sich H6 für Bohrung $T_B = 11\ \mu\mathrm{m}$ bzw. IT 5 für Welle $T_W = 8\ \mu\mathrm{m}$.

Bohrung und Welle weisen eine Paßtoleranz von $T_p = 19\ \mu\mathrm{m}$ auf, was sich aber nicht nachteilig auswirkt:

Lt. Aufgabenstellung ist $U_g = B_k - W_g = -32\ \mu\mathrm{m}$ zulässig. Mit H6 folgt $B_k = 14{,}00$ mm:

$$W_g = B_k - U_g = (14{,}00 + 0{,}032)\ \mathrm{mm} = 14{,}032\ \mathrm{mm}\,.$$

Dadurch ist A_0 der Welle mit 32 μm festgelegt.

In DIN 7154 Bl. 1 findet man für IT 5: $14_{r5} = 14^{31}_{23}$.

Da $A_0 = 32\ \mu\mathrm{m}$ feststeht, liegt man mit 31 μm noch günstiger. Es ergibt sich die Passung 14^{H6}_{5}.

Die Verschiebungen der Toleranzfelder für Bohrung und Welle und der Paßtoleranz T_p infolge der Erwärmung auf 80 °C sind im Bild 3.22 zu erkennen.

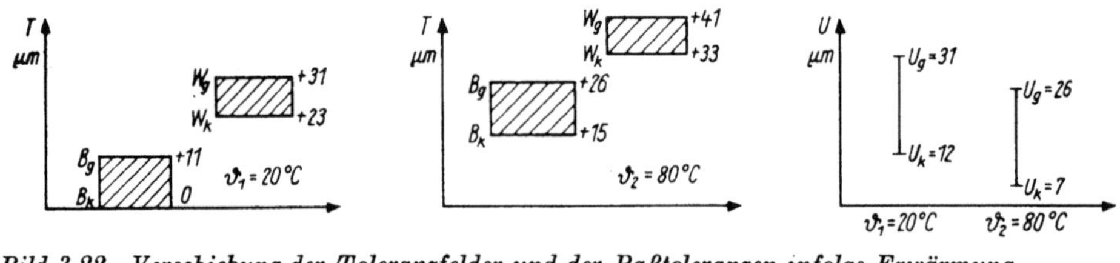

Bild 3.22. Verschiebung der Toleranzfelder und der Paßtoleranzen infolge Erwärmung

Aufgabe 3.4

Da der Entwurf (Bild 3.16) neben anderen Toleranzen eine Reihe von Toleranzen notwendig macht, die das erforderliche Spiel zwischen den Lagerspitzen und -steinen ergeben, ist die vorgeschlagene Konstruktion mit hohen Bearbeitungskosten belastet. Es wird deshalb im Bild 3.23 eine Lösung vorgeschlagen, die etwas aufwendiger ist, aber nicht alle Toleranzen notwendig hat und gleichzeitig die geforderte Spieleinstellung ergibt. Steinfassungen *6* und *7* stützen sich gegenseitig durch Feder *8* ab, wobei Steinfasusng *6* durch Gewinde im Kernmagneten *1* befestigt wird. Die Feineinstellung des Spiels erfolgt durch eine Keilfläche in Steinfassung *7*, wozu Schraube *9* benutzt wird.

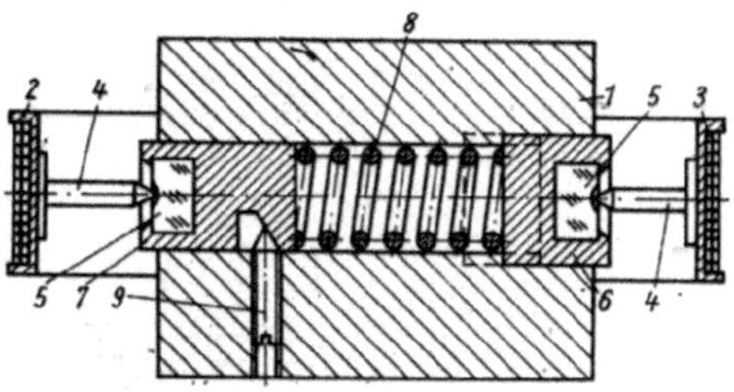

Bild 3.23
Spitzeninnenlager mit einstellbarem Spiel

1 Kernmagnet; *2* Spulenrahmen; *3* Spule; *4* Spitze; *5* Steinlager; *6* Steinfassung, rechts; *7* Steinfassung, links; *8* Feder; *9* Einstellschraube

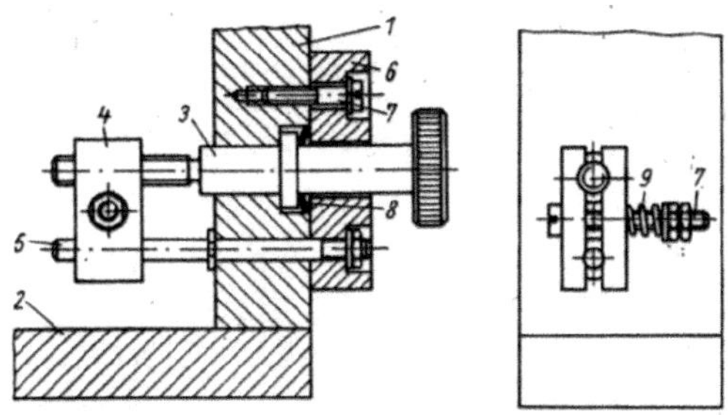

Bild 3.24
Feineinstellung mit Spielfreiheit

1, 2 Gestellteile; *3* Einstellspindel; *4* Einstellglied; *5* Führungsstift; *6* Abdeckplatte; *7* Befestigungsschraube; *8* Federscheibe; *9* Druckfeder

Aufgabe 3.5

Eine kostengünstigere Konstruktion ist durch elastische Bauart möglich (Bild 3.24). Die axiale Spielfreiheit der Einstellspindel *3* wird durch Einbau einer Federscheibe *8* erreicht, und eine spielfreie Bewegung des Einstellglieds *4* erhält man, wenn man Einstellglied *4* teilt und die Teile durch Schraube *8* unter Zwischenschaltung einer Druckfeder *9* wieder zusammenfügt. Sowohl das Gewinde an Einstellspindel *3* als auch die Führung im Stift *5* arbeiten dann spielfrei, ohne daß zusätzliche Toleranzen notwendig sind.

Aufgabe 3.6

Kugellagerungen im geteilten Gehäuse *1* (Bild 3.18) haben den Nachteil, daß die Nuteinstiche für die Außenringe sowohl im Durchmesser als auch in der axialen Lage eng toleriert werden müssen. Dazu sieht die im Bild 3.18 vorgegebene Lösung keine Spielfreiheit für die Lagerung vor. Dies ist aber nicht empfehlenswert, weil die Gefahr der Verspannung der Lagerung bei der Montage vorhanden ist. Man sieht daher besser ein Festlager (in axialer Richtung) und ein sog. Loslager, das axial ausweichen kann, vor.

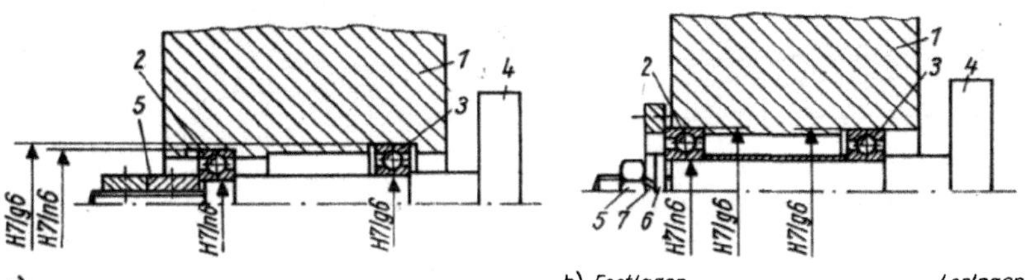

Bild 3.25. Doppelte Kugellagerung einer Achse

a) geteiltes Lagergehäuse; b) ungeteiltes Lagergehäuse
1 Gehäuse; *2, 3* Kugellager; *4* Achse; *5* Mutter; *6* Unterlegscheibe; *7* Federring

Zur Verbesserung der Lagerung wird im Bild 3.25a bei zunächst wiederum geteilter Lagerung für das linke Kugellager eine Übergangspassung H7/n6 mit Preßpassungscharakter in einer etwas breiteren Nut für den Außenring vorgesehen, wodurch ein Festlager entsteht. Das rechte Kugellager wird mit Spielpassung H7/g6 in breiter Nut montiert, so daß sich ein Loslager ergibt. Mit den gleichen Passungen werden auch die Innenringe montiert.

Eine meist noch günstigere Lösung ergeben ungeteilte Lagerungen, z. B. im Bild 3.25b dargestellt. Man muß dann die Lagerung so aufbauen, daß eine seitliche Montage der Kugellager möglich ist. Im Beispiel (Bild 3.25b) ist das linke Lager wiederum als Festlager und das rechte als Loslager ausgebildet. Die in beiden Fällen angegebenen Passungen entsprechen DIN 5425.

Aufgabe 3.7

Bei dieser Aufgabe ist es vorteilhaft, die geforderte Einhaltung der Maße *a* und *b* mit Hilfe von Justiermöglichkeiten zu erreichen. Die Einstellung muß in zwei Richtungen erfolgen, was mit einigen Schwierigkeiten verbunden ist.

Eine einfache Möglichkeit ist u. a. eine Einstellung mit Hilfe von Lehren ohne zwangläufiges Führungsteil. Im Bild 3.26 ist eine solche Justierung für vertikale Verstellung gezeigt. An die auf Grundfläche *1.1* des Gestells *1* aufgesetzte Lehre *5* wird Prisma *3* samt seiner Befestigung *2* herangeschoben und mit den Schrauben befestigt. Damit ist die Höhe des Prismas eingestellt.

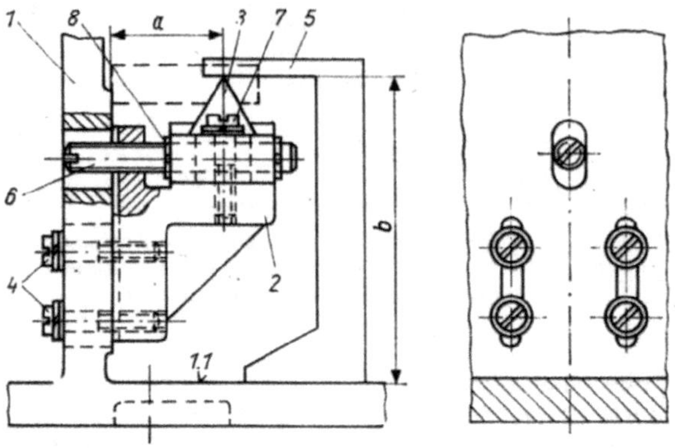

Bild 3.26
Schneidenlagerung, 1. Lösung

1 Gestell mit Grundfläche *1.1*; *2* Führungshalter; *3* Prisma; *4*, *7* Schrauben; *5* Lehre für Höhe *b*; *6* Spindel zur Einstellung von *a*; *8* Sicherungsscheibe

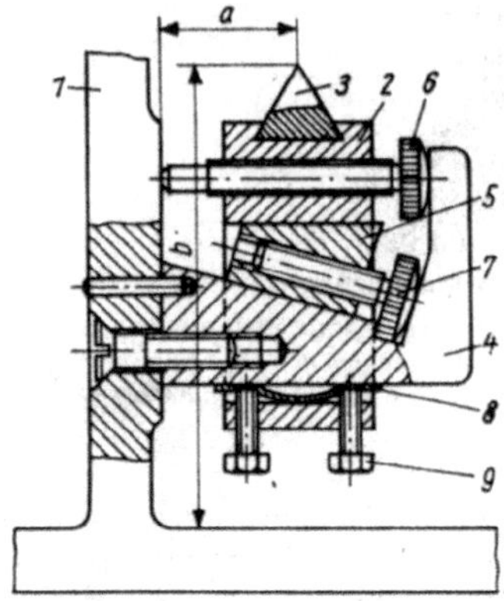

Bild 3.27
Schneidenlagerung, 2. Lösung

1 Gestell; *2* horizontale Führung; *3* Prisma; *4* Befestigungsteil; *5* Einstellglied mit Keilfläche; *6* Spindel zur Einstellung von *a*; *7* Spindel zur Einstellung von *b*; *8* Blattfeder; *9* Klemmschraube

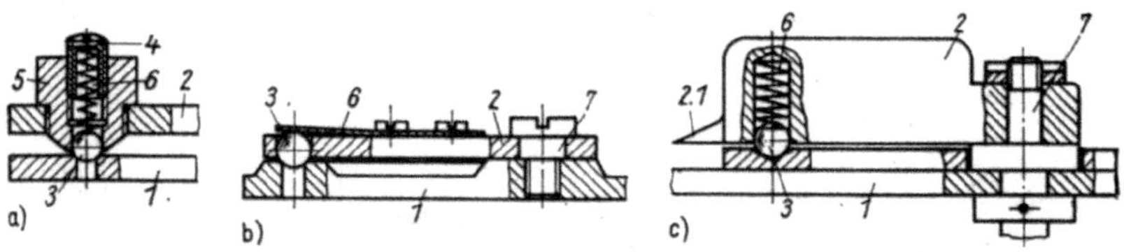

Bild 3.28. Vereinfachte Rastvorrichtungen für eine gelochte Rastscheibe

a) mit einstellbarem Rastdruck; b) ohne Rastdruck; c) mit Bedienelement

1 Rastscheibe; *2* Drehteil; *2.1* Bedienelement an Drehteil *2*; *3* Rastkugel; *4* Einstellschraube; *5* Buchse; *6* Feder; *7* Achse

Mit der Seitenverstellung könnte in gleicher Weise verfahren werden, wenn eine entsprechende Lehre verwendet wird. Im Bild 3.26 ist jedoch für die Seitenverstellung Spindel *6* vorgesehen. Nach der Einstellung wird das Prisma mit den Schrauben *7* arretiert.

Je nach den Erfordernissen kann auch für die Höhenverstellung eine Spindel ähnlich der für die Seitenverstellung vorgesehen werden.

Eine andere Lösung ist im Bild 3.27 dargestellt. Die Keilwirkung des Schiebers *5* gegenüber Teil *4* bei Drehung der Spindel *7* bewirkt eine Höhenverstellung. Durch Blattfeder *8* kann der Ausgleich der Höhenverstellung vorgenommen werden, wobei gleichzeitig auch die Stellglieder für die Seitenverstellung kraftschlüssig verbunden werden. Nach beendeter Einstellung werden die Klemmschrauben festgezogen, wodurch die eindeutige Lage der Schneide gewährleistet wird.

Aufgabe 3.8

Im Bild 3.28 sind drei Möglichkeiten für selbsttätige Axialrastsperre dargestellt, deren Teile einfach zu fertigen sind und nur wenige Passungen erfordern. Es ist im wesentlichen nur die Toleranz der Teilung (s. Bild 3.20) sehr eng zu wählen.

Bei Lösung a) ist der Rastdruck durch eine hohle Einstellschraube *4* einstellbar. Um das Herausspringen oder -fallen der Rastkugel *3* zu verhindern, ist ein Umbördeln des unteren Rands der

Buchse *5* zu empfehlen. Die Rastbohrungen sollten leicht gesenkt sein. Bei Lösung b) ist eine einfache, nicht einstellbare Blattfeder zur Druckerzeugung verwendet worden. Lösung c) sieht als Drehteil ein Spritzgußteil *2* o. ä. mit Bedienfläche *2.1* vor. Die Rastung erfolgt in kegelförmigen Senkungen.

Literatur zum Abschnitt 3.

Bücher

[3.1] *Giewald*; *Schwertner*: Vorzugszahlen. Leipzig: VEB Fachbuchverlag 1964.
[3.2] *Kienzle, O.*: Normungszahlen. Berlin, Heidelberg, New York: Springer-Verlag 1950.
[3.3] *Felber, E.*; *Felber, K.*: Toleranz- und Passungskunde. 8. Aufl. Leipzig: VEB Fachbuchverlag 1976.
[3.4] *Rögnitz, H.*; *Köhler, G.*: Fertigungsgerechtes Gestalten im Maschinen- und Gerätebau. 2. Aufl. Stuttgart: B. G. Teubner 1959.
[3.5] *Leineweber, P.*: Passung und Gestaltung. Berlin, Heidelberg, New York: Springer-Verlag 1941.
[3.6] *Leinweber, P.*: Toleranzen und Lehren. 5. Aufl. Berlin, Heidelberg, New York: Springer-Verlag 1948.
[3.7] *Smirnow*; *Dumin-Barkowski*: Mathematische Statistik in der Technik. Berlin: VEB Deutscher Verlag der Wissenschaften 1963.
[3.8] *Hildebrand, S.*: Einführungen in die feinmechanischen Konstruktionen (Aufgaben und Lösungen). München: Carl Hauser Verlag 1969.

Zeitschriften

[3.9] *Vogel*: Die Beziehungen zwischen Oberflächen und den Fertigungsverfahren. Feingerätetechnik *18* (1969) S. 425.
[3.10] *Jacobi*: Beitrag zur Klärung der Zusammenhänge zwischen zulässigen Form-, Lage- und kombinierten Form- und Lageabweichungen von Oberflächen und Maßtoleranzen. Feingerätetechnik *18* (1969) S. 413.
[3.11] *Paley*: Abhängige und komplexe Toleranzen für Maße sowie Form- und Lageabweichungen. Feingerätetechnik *20* (1971) S. 227.
[3.12] *Rockusch*: ISA-Toleranzen, Oberflächengüte und Bearbeitungsverfahren. Konstruktion *9* (1957) S. 418.
[3.13] *Franze*: Passungsprobleme bei veränderlicher Temperatur. Feingerätetechnik *16* (1967) S. 135.
[3.14] *Kiper*: Fertigungstoleranzen als konstruktives Problem in der Feinwerktechnik. Konstruktion *23* (1971) S. 146.

Weitere Literaturhinweise sind besonders [3.3] zu entnehmen.

4. GESTALTUNG BEIM URFORMEN VON WERKSTÜCKEN

Unter Urformen versteht man Verfahren zur Fertigung fester Körper aus formlosem Stoff durch Herstellen des Stoffzusammenhalts. Als formlose Stoffe gelten Gase, Flüssigkeiten, Pulver, Fasern, Späne, Granulate u. a. [4.4].

Man unterscheidet beim Urformen vier Verfahrensgruppen:

- Urformen aus dem flüssigen, breiigen oder pastenförmigen Zustand,
- Urformen aus dem festen (körnigen oder pulvrigen) Zustand,
- Urformen aus dem gas- oder dampfförmigen Zustand,
- Urformen durch elektrolytische Abscheidung.

Die größte Bedeutung haben die zwei erstgenannten Gruppen, d. h. das Urformen aus dem flüssigen, breiigen, pastenförmigen oder festen Zustand, wie z. B. das Gießen von Metallteilen und das Pressen von Kunststoff- und Keramikteilen.

Dabei wird das Druckgießen von Metallen als ausgesprochenes Gießverfahren betrachtet (Abschn. 4.1.), da der Werkstoff in flüssiger oder breiiger Form verarbeitet wird, während beim Spritzgießen der Thermoplaste der Werkstoff in körniger, pulvriger o. ä. Form vorliegt und die Werkstücke durch Pressen gefertigt werden (Abschn. 4.2.1.).

4.1. Durch Gießen gefertigte Werkstücke

Beim Gießen werden feste Rohstoffe durch Erwärmung geschmolzen und in bestimmte Formen eingebracht, in denen sie erstarren. Zum Gießen eignet sich unter bestimmten Bedingungen jeder Werkstoff mit einem relativ genau definierten Schmelz- bzw. Erstarrungspunkt oder -bereich, solange dieser erheblich unter dem Schmelzpunkt des Formwerkstoffs liegt.

4.1.1. Einteilung der Gießverfahren [4.4] [4.7]

Gießverfahren können nach den beim Füllen der Form auf die Schmelze wirkenden Kräften unterschieden werden. Am weitesten verbreitet ist das Füllen der Form unter Nutzung der Schwerkraft. Man unterscheidet bei Schwerkraftgießverfahren (Standguß) den Sand-, Kokillen- und Formmaskenguß. Wirken Zentrifugalkräfte auf die Schmelze ein bzw. zusätzlich von außen aufgebrachte Druckkräfte, so spricht man von Schleuder- bzw. Strang- oder Druckgießverfahren. Eine weitere Einteilung kann nach dem verwendeten Gußwerkstoff (Eisen, Schwermetalle, Leichtmetalle, Nichtmetalle, Tafel 4.1), nach der Lage des Eingusses (steigender oder fallender Guß bei Gießverfahren ohne Druck), nach der Art der Gießform (Tafel 4.2) und nach der beim Gießen erreichten Genauigkeit (Vor-, Genau- oder Fertigguß) erfolgen.

Eine Übersicht über die nachfolgend dargestellten und vorwiegend für metallische Gußwerkstoffe (vgl. Abschn. 4.1.2.1.) gebräuchlichen Gießverfahren enthält Tafel 4.3. Auf die Verarbeitbarkeit nichtmetallischer Werkstoffe wird in den Abschnitten 4.1.1.6., 4.1.2.2., 4.2.1.2., 4.2.3.2. und 4.2.4.2. hingewiesen.

Tafel 4.1. Einteilung metallischer Gußwerkstoffe

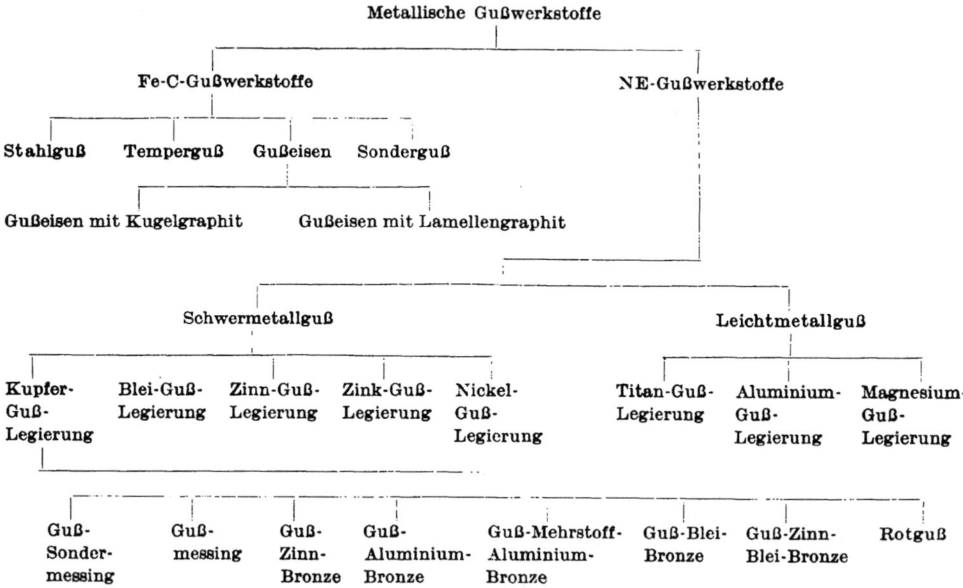

Tafel 4.2. Formen und Modelle für Gießverfahren [4.5]

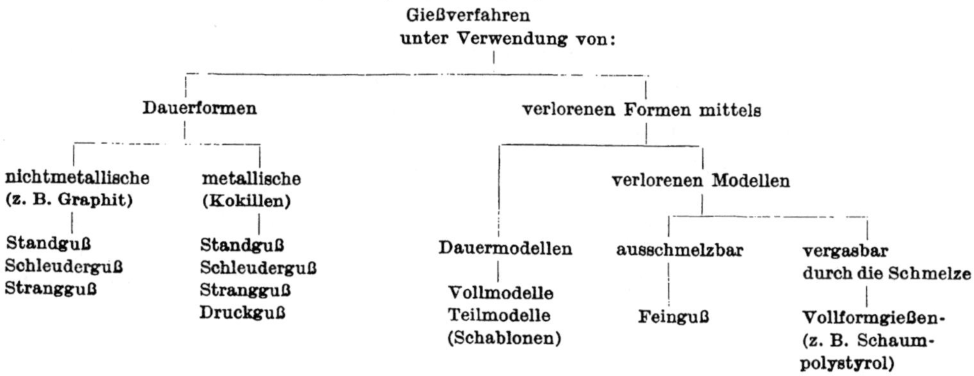

4.1.1.1. *Schwerkraftgießverfahren*

Sandguß

Für kleinere bis mittlere Stückzahlen wird am häufigsten der Sandguß angewendet, bei dem ein mit Hilfe eines Modells (meist aus Holz) in speziellem Formsand geformter Hohlraum mit flüssigem Werkstoff ausgefüllt wird. Man unterscheidet i. allg. Naß- und Trockenguß. Naßguß (auch grüner Guß genannt) wird vorrangig für kleine bis mittelgroße dünnwandige, sperrige Gußteile angewendet. Er ist billiger als Trockenguß, da ein Trocknen der Form entfällt, ergibt allerdings Gußstücke mit rauher Oberfläche. Trockenguß wendet man bei großen dickwandigen Gußstücken an. Er ergibt ein dichteres Gefüge und saubere, von Sandstellen freie Oberflächen. Das Trocknen der Form erfolgt in speziellen Trockenkammern. Soll das Gußteil selbst Hohlräume aufweisen, sind zusätzlich Kerne in die Form einzulegen. Sie bestehen i. allg. aus Formsand, der mit geeigneten Bindemitteln (Öle, Harze, Melasse) versetzt wird. Diese verbrennen beim Eingießen der Schmelze und erhöhen dadurch die Gasdurchlässigkeit der Form

Tafel 4.3. Gebräuchliche Gießverfahren für metallische Gußwerkstoffe

Verfahren	Formwerkstoff	Vergießbare Werkstoffe	Abgüsse je Form	Masse der Gußteile mittlere kg	maximale kg	Wirtschaftliche Mindeststückzahl
Sandguß	Quarzsand mit Zusätzen von Kohlestaub und Ton (Zement, Wasserglas, Phenolkunstharz)	Stahl und Eisen, Leichtmetalle, Schwermetalle	1	1 ··· 10	>1000	20 ··· 10(··· 1)
Formmaskengießverfahren	Quarzsand mit Kunstharzzusatz	Stahl und Eisen, Leichtmetalle, Schwermetalle	1	1 ··· 10		
Präzisionsgießverfahren (Wachsausschmelzverfahren)	Keramik	Stahl und Eisen, Leichtmetalle, Schwermetalle	1	0,05 ··· 5,0	15	
Kokillenguß	Keramik Metall	Stahl Metalle mit Schmelzpunkt <1000 °C	10^3	>5,0	100	500 ··· 100
Schleuderguß	Schamotte, Metall	Gußeisen, NE-Metalle	10^3	50	500	500 ··· 100
Druckguß (Spritzguß, Preßguß)	hochwertige legierte Stähle	NE-Metalle, Stahl selten	$10^4 \cdots 10^6$	0,03 ··· 0,3	5 ··· 15	3000 ··· 500

(wichtig für Vermeidung von Blasenbildung; vgl. Abschn. 4.1.3.2.). Nach Erkalten des Gußteils wird die Sandform zerstört (verlorene Form, Tafel 4.2), und Einguß sowie Steiger werden abgetrennt. Letztere haben die Aufgabe, die beim Erstarren des Gußwerkstoffs entstehenden Lunker (vgl. Abschn. 4.1.3.2.) aufzunehmen und das Gußteil mit flüssigem Werkstoff so zu speisen, daß es dicht wird.

Bei ebenen bzw. einseitig profilierten plattenförmigen Gußteilen erfolgt oft das Einformen des Modells genau horizontal in den sog. Gießereiherd, d. h. in den Formsand auf dem Boden der Gießerei, und die Schmelze wird entsprechend der gewünschten Bauteildicke offen eingegossen (offener oder Herdguß). Für große und schwere

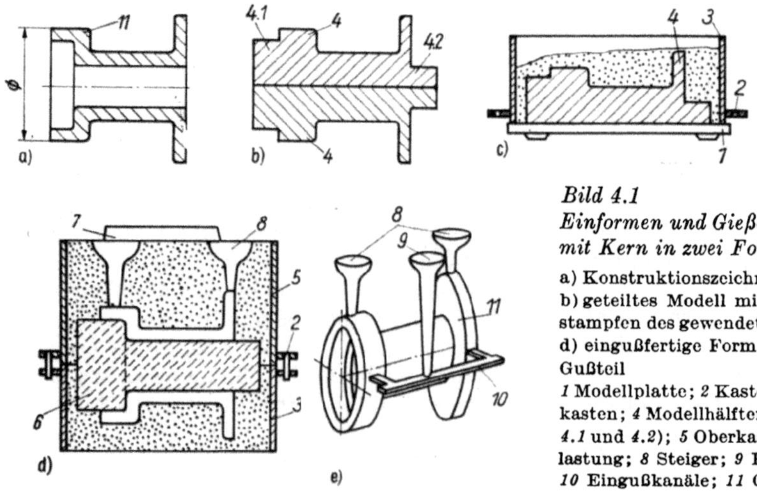

Bild 4.1
Einformen und Gießen eines Flansches mit Kern in zwei Formkästen

a) Konstruktionszeichnung des Flansches; b) geteiltes Modell mit Kernmarken; c) Einstampfen des gewendeten Unterkastens; d) eingußfertige Form; e) ungeputztes Gußteil

1 Modellplatte; *2* Kastenführung; *3* Unterkasten; *4* Modellhälften (mit Kernmarken *4.1* und *4.2*); *5* Oberkasten; *6* Kern; *7* Belastung; *8* Steiger; *9* Eingußtrichter; *10* Eingußkanäle; *11* Gußteil

Teile wird auch der sog. Ein-Kasten-Guß angewendet, bei dem der Gießereiherd zur Formgebung der Unterseite des Gußstücks durch eine Modellhälfte benutzt wird, während die andere Modellhälfte zum Aufstampfen nur eines Oberkastens dient.

Am gebräuchlichsten ist der Zwei-Kasten-Guß. Für das Prinzip unter Verwendung eines Kerns gilt i. allg. folgender Ablauf beim Einformen (Bild 4.1): Eingepuderte Modellhälfte *4* wird im zunächst gewendeten Unterkasten *3* auf Modellplatte *1* gelegt, und der Unterkasten wird mit Sand aufgestampft. Danach erfolgt das Wenden dieses Kastens einschließlich Modell, und die andere Modellhälfte sowie Oberkasten *5* werden aufgesetzt. Bei gleichzeitiger Anordnung der Teile für Steiger *8* und Eingußtrichter *9* kann nun das gepuderte Modell mit Sand bedeckt und die Form fertig gestampft werden. Nach Entfernen der Teile zur Formung von Eingußtrichtern und Steigern wird das Modell entnommen und Kern *6* in die (evtl. nochmals ausgebesserte) Form eingelegt. Das Herstellen der Verbindung zwischen Eingußtrichter *9* (im Oberkasten) und Formhohlraum erfolgt vor dem Schließen der Form meist manuell durch Einschneiden der Eingußkanäle in den Unterkasten. Vor dem Eingießen der Schmelze ist der Oberkasten gegen Abheben durch den Gießdruck mit ausreichender Belastung zusätzlich zu sichern.

Komplizierte, z. B. hinterschnittene Teile, erfordern den Mehr-Kasten-Guß. Hierbei entsteht allerdings in jeder Teilebene ein nachträglich zu entfernender Gußgrat, durch den die Oberfläche unsauber und das Gußteil selbst ungenau wird. Die Anzahl der Teilebenen ist deshalb so klein wie möglich zu halten (vgl. Abschn. 4.1.3.1.).

Für die Serien- und Massenfertigung kleinerer Teile ist es üblich, die Formen auf Formplatten aufzubringen und das Werkstück von Hand oder auch maschinell abzuformen. Bei letzterem eignen sich ein- und zweiteilige Modelle, wobei die Arbeit für das Formen verbilligt und eine größere Gleichmäßigkeit der Gußteile gewährleistet wird.

Kokillenguß

Beim Kokillenguß werden nicht Sand-, sondern Dauerformen (Kokillen) verwendet. Wegen der hohen Formkosten ist dieses Verfahren allerdings nur bei großen Stückzahlen wirtschaftlich. Als Formwerkstoffe kommen neben Gußeisen auch Stahl, Kupfer, Keramik sowie hochfeste Kunststoffe zur Anwendung. Um ein Anschweißen des schmelzflüssigen Gußwerkstoffs an der Kokille zu verhindern, muß diese mit Schlichte (Formüberzug aus feuerbeständigen anorganischen Stoffen sehr feiner Körnung) überzogen werden. Die Vorteile des Kokillengußverfahrens sind das feinkörnige dichte Gefüge, was u. a. bei Gußeisen günstigere mechanische Eigenschaften zur Folge hat, eine glatte Gußhaut, gute Maßhaltigkeit und relativ kleine Bearbeitungszugaben und Wanddicken sowie die Möglichkeit, den Gießvorgang zu mechanisieren bzw. zu automatisieren.

Als Nachteil ist die z. B. gegenüber Sandguß schwierigere Formherstellung zu nennen, so daß eine besonders einfache Gestaltung der Gußteile anzustreben ist. Des weiteren kann die spanende Bearbeitung erschwert werden, da die Gußhaut speziell bei Gußeisen sehr hart wird (Graphitausscheidungen werden unterbunden).

Formmaskenguß

Das Formmaskengießverfahren (nach *Croning*) ist ein Sandgußverfahren, bei dem als Formwerkstoff ein Gemisch aus tonfreiem Quarzsand und Kunstharz verwendet wird. Damit ist es möglich, vom Modell Kunststoff-Sand-Masken anzufertigen. Da das Modell nach dem Einformen stets entfernbar sein muß, ist es i. allg. aus zwei Maskenhälften zusammengesetzt, die man (evtl. nach Einlegen weiterer Kerne) durch Klammern oder Klebstoff zusammenhält und in die dann die Schmelze eingegossen wird (Bild 4.2). Dieses Verfahren ist für die Massenfertigung geeignet; es zeichnet sich außerdem durch eine gute Maßhaltigkeit und Oberflächengüte der Gußteile aus und läßt kleinere Bearbeitungszugaben als beim Sandguß zu. Zudem entfällt das Putzen fast vollständig, da die Teile leicht aus der Form auszuheben sind. Es ist also ein für die Feingerätetechnik gut geeignetes Verfahren, erfordert allerdings für jeden Abguß eine neue Form.

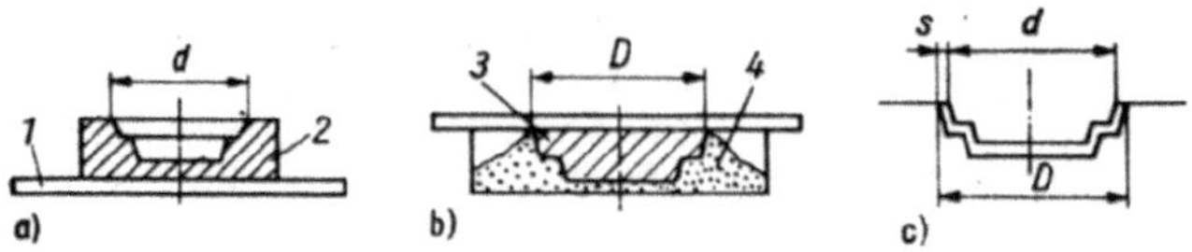

Bild 4.2. Formmaskenherstellung

a) Modell *2* für innere Formmaske auf Modellplatte *1*; b) Modell *3* für äußere Formmaske im Formsand *4*; c) zusammengesetzte Formmasken ($D = d + 2s$)

4.1.1.2. *Schleudergießverfahren*

Bei den Schleudergießverfahren wird unter Nutzung der Zentrifugalkraft eine um die eigene Achse rotierende rohr- oder ringförmige Außenform (Schleuderkokille) mit geschmolzenem Werkstoff gefüllt, und die Formgebung des zylindrischen Gußteils erfolgt ausschließlich durch die Zentrifugalkraft. Das Verfahren bildet damit den Übergang von den drucklosen Gießverfahren zu denen mit Druck. Man unterscheidet den Horizontal- und den Vertikalschleuderguß (Bild 4.3). Bei ersterem erfolgt außer der

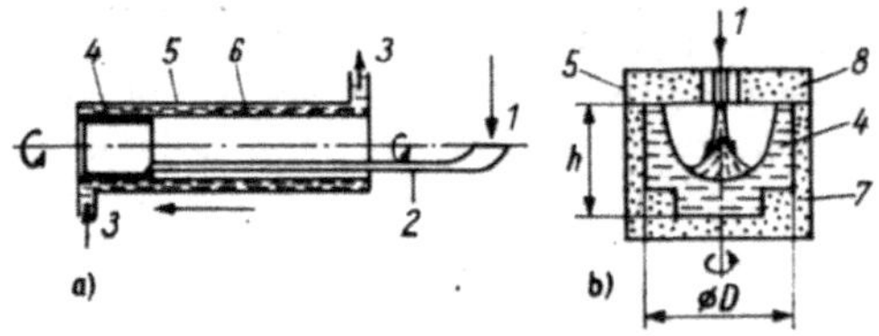

Bild 4.3
Schleudergießverfahren
a) horizontal; b) vertikal
1 Schmelze; *2* Gußrinne; *3* Kühlwasser;
4 Gußteil; *5* Einfassung; *6* Metallform;
7 Keramikform; *8* Keramikdeckel

Rotation der Form noch eine Relativbewegung zwischen Ausfluß der Gießrinne und Form, abgesehen von der variablen Neigung derselben, so daß sich der Werkstoff gleichmäßig über die Formwand verteilen kann. Beim Vertikalschleuderguß ähnelt der Querschnitt des flüssigen Werkstoffs infolge seiner Eigenmasse dem eines Paraboloids. Bei Einhaltung der Bedingung $D < h$ ist diese Erscheinung von geringer Bedeutung.

Beim Schleuderguß werden meist metallische wassergekühlte Dauerformen verwendet, die um eine innerhalb oder außerhalb der Form gelegene Achse rotieren und 10^3 und mehr Abgüsse ermöglichen. Es sind aber auch Formen aus mineralischen Formstoffen möglich. Infolge des Erstarrens der Schmelze unter Einwirkung der Zentrifugalkraft ergeben sich druckdichte, porenfreie Gußteile mit besseren Festigkeitseigenschaften, als sie sonst bei gleichen Werkstoffen im Sand- und Kokillengußverfahren erreichbar sind. Außerdem ist die Wirtschaftlichkeit bei hohen Stückzahlen besonders groß, zumal Material- und Lohnkosten für Eingüsse und Steiger sowie für Kern-, Modell- und wiederholte Formanfertigung, Putzen u. a. entfallen. Das Verfahren eignet sich auch zur Fertigung von Verbundguß (Verbund-Schleuder-Gießverfahren), z. B. von Verbundlagern aus Stahlstützschalen und Lagermetallen, wie Bleibronze, Rotguß oder Weißmetall. Dabei werden die Stahlstützkörper im dekapierenden, d. h. beizenden oder entzundernden Salzbad erhitzt, danach in den Kopf einer Schleudergießmaschine eingespannt und unter Rotation mit Lagermetall ausgegossen.

4.1.1.3. *Stranggießverfahren*

Der Strangguß ist ein kontinuierliches Gießverfahren zur Fertigung von Gußteilen großer Länge und gleichmäßigen Querschnitts, z. B. Stangen, Rohre und Zylinder. Das flüssige Metall wird in eine wassergekühlte Kokille gegossen und das jeweils erstarrte Teil während des Gießvorgangs fortlaufend weggeführt. Die Vorteile dieses Verfahrens sind, daß sich Hohlprofile mit sehr kleinem Innendurchmesser bei sehr großen Wanddicken ohne Kern herstellen lassen und daß sich als Folge des schnellen gerichteten Erstarrens sehr feinkörnige und dichte Gußteile guter Verformbarkeit ergeben.

4.1.1.4. *Druckgießverfahren*

Beim Druckgießen wird der zu verarbeitende Werkstoff im flüssigen oder breiigen Zustand unter hohem Druck in eine Stahlkokille gepreßt. Der Arbeitsdruck kann z. B. durch unmittelbar oder mittelbar wirkende Kolbenpumpen, Druckgase oder auch Vakuum erzeugt werden.

Beim *Warmkammerverfahren* wird das Metall direkt aus dem Schmelzraum mit einem Druck von 25 bis 500 · 10^5 Pa mittels Kolbens oder durch unmittelbar auf die Schmelze wirkendes Druckgas in die Form gedrückt. Für Al- und Mg-Legierungen

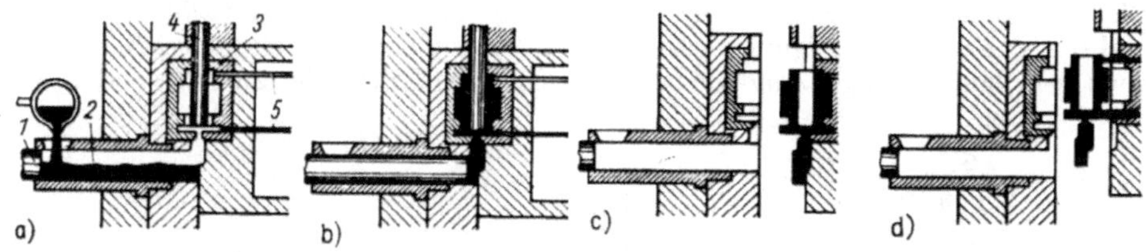

Bild 4.4. Kaltkammerdruckgießverfahren [4.5]

a) Einfüllen des geschmolzenen Werkstoffs; b) Eindrücken in Gießform; c) Auseinanderfahren der Form nach Erstarren; d) Ausstoßen des Gußteils
1 Druckkolben; *2* Druckkammer; *3* Form; *4* Kern; *5* Auswerferstifte

steht das *Kaltkammerverfahren* im Vordergrund. Bei diesem Verfahren wird der Werkstoff in einem von der Druckkammer getrennten Ofen erschmolzen und warm gehalten und in der je Abguß benötigten Menge von Hand oder auch automatisch in die von der Gießform getrennte Druckkammer der Maschine gefüllt (Bild 4.4). Ein Preßstempel drückt ihn danach mit hohem Druck (i. allg. 200 bis 1500 · 10^5 Pa) in die Gießform. Ein Vorteil ist, daß nach diesem Verfahren der Werkstoff noch im breiigen Zustand vergossen werden kann. Die mindestens zweiteiligen Druckgußwerkzeuge (Formen) werden aus hochfesten, legierten Stählen gefertigt, die den hohen thermischen und mechanischen Belastungen beim Gießen über möglichst langen Zeitraum standhalten.

Die Masse der Gußteile liegt zwischen 1 bis 2 g und 10 bis 20 kg bei räumlichen Ausdehnungen von maximal etwa 400 mm × 500 mm × 800 mm und einer maximalen Druckfläche (in der Formteilungsebene) von etwa 3500 cm^2. Die Werkzeugkosten bewegen sich dabei etwa zwischen 3 und 80 TDM. Eine Kostensenkung läßt sich bei kleineren Teilen durch gleichzeitiges Gießen mehrerer gleicher Teile in einer Form (Mehrfachform) erreichen. Die wirtschaftlichste Mindeststückzahl z_{min} liegt bei komplizierten Teilen, die durch andere Verfahren nur schwer zu fertigen sind und dann meist noch aus mehreren Einzelteilen zusammengesetzt werden müssen, niedriger als bei einfachen und bewegt sich etwa zwischen 500 und 3000. In diesem Bereich ist deshalb eine genaue Kalkulation notwendig (s. Bild 2.10). Die Schnittdarstellung eines komplizierten Werkzeugs mit mehreren Seitenschiebern, das zur Fertigung eines Teils (Bild 4.5a) zum Einsatz kommt, ist im Bild 4.5b dargestellt. Um das Druckgußteil aus der Form entnehmen zu können, muß infolge des innenliegenden Hinterschnitts (Gußaugen um Bohrungen) der Kern aus mindestens drei Teilen bestehen, die zuerst entfernt werden müssen (Bewegungen *1* bis *5*).

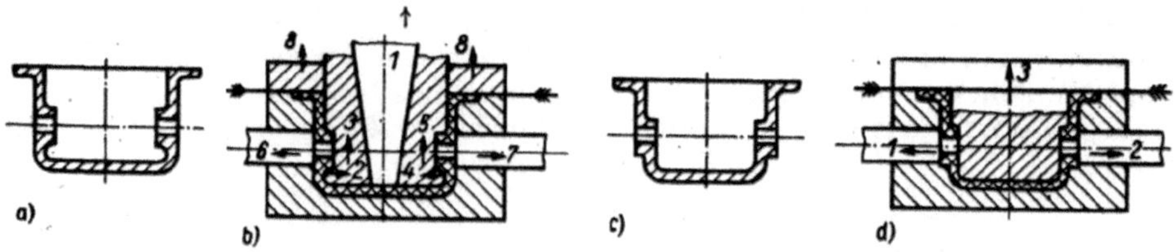

Bild 4.5. Möglichkeiten der Werkzeugkonstruktion für Druckguß (nach Lieby)

a) Teil mit Hinterschneidungen; b) zugehöriges Werkzeug (Bewegungen *1* bis *8* vor Auswerfen des Gußteils); c) geändertes Teil *a* ohne Hinterschneidungen; d) zugehöriges Werkzeug (Bewegungen *1* bis *3* vor Auswerfen des Gußteils)

Danach sind die beiden Seitenschieber (Bewegungen *6* und *7*) zu ziehen, und nach Öffnen der Form (Bewegung *8*) kann das Teil entnommen bzw. ausgeworfen werden (Auswerfer nicht dargestellt). In den Bildern 4.5c und d ist verdeutlicht, daß eine einfache Änderung der äußeren Form des Gußteils das Werkzeug vereinfacht (zweiteilig, zwei Seitenschieber) und die Selbstkosten wesentlich senkt.

Die Vorteile des Druckgießens, das ein besonders in der Feingerätetechnik geeignetes Verfahren der Massenfertigung darstellt, liegen in guter Festigkeit, sauberen Oberflächen, sehr hoher Maßgenauigkeit und geringer Wanddicke der zu fertigenden Teile.

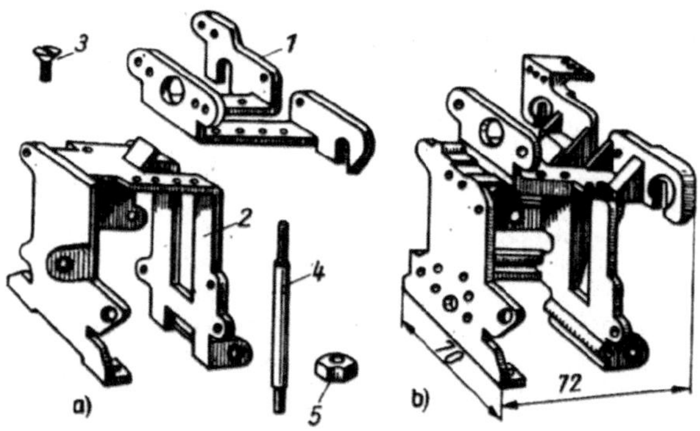

Bild 4.6. Vereinfachung der Konstruktion durch Druckguß (nach [4.32]*)*

a) Baugruppe aus zwölf Stanz- und Drehteilen; b) Baugruppe als ein Druckgußteil
1 Oberteil; *2* Unterteil, gestanzt; *3, 4, 5* genormte Bauteile (jeweils nur einmal dargestellt)

Hinzu kommen die Möglichkeiten komplizierter Gußteilgestaltung (Bild 4.6) und des Eingießens von Fremdmetalleinlagen (Verbundgießen) bei weitgehender Automatisierung der Arbeitsabläufe und hohen Arbeitsgeschwindigkeiten (bis 500 Schuß je Stunde; Schuß = kompletter Zyklus der Gießmaschine, unabhängig von der Stückzahl je Werkzeug). Wie bei nur wenigen anderen Fertigungsverfahren ist allerdings schon vor der Konstruktion eines Druckgußteils eine enge Zusammenarbeit mit dem Gießereifachtechnologen hinsichtlich der Gestaltung des Teils (u. a. hinsichtlich Lage der Formteilung, der Anschnitte bzw. Eingüsse, der Luftabzüge, Auswerfer usw.) erforderlich.

Das Spritzgießen von thermoplastischen Werkstoffen ist im Abschn. 4.2.1. dargestellt.

4.1.1.5. *Präzisionsgießen mit Ausschmelzmodellen*

Unter Präzisionsgießen (auch Feinguß) faßt man Gießverfahren zusammen, bei denen mit einteiligen Gußformen und sog. verlorenen Modellen, die aus einem ausschmelz-

bzw. ausbrennbaren Material bestehen, gearbeitet wird. Für die Erzeugung von Hinterschneidungen, Durchbrüchen usw. benötigt man dabei i. allg. keine Kerne, jedoch ist eine sorgfältige Vorbereitung der Formherstellung erforderlich, da Möglichkeiten zur Prüfung und Ausbesserung der Form nicht vorhanden sind. Ausgehend von Genaugußverfahren für kleinste Teile (Dental- und Schmuckwarenfertigung) hat sich diese automatisierungsfähige Methode inzwischen auch bei mittlerer Masse der Gußteile und für fast alle Metalle und Legierungen bewährt und wird besonders in der feingerätetechnischen Industrie verbreitet angewendet.

Beim Präzisionsgießen ergibt sich nach [4.13] folgender Ablauf (Bild 4.7): Ein metallisches Muttermodell *1* wird als Abbild des Gußteils unter Berücksichtigung des

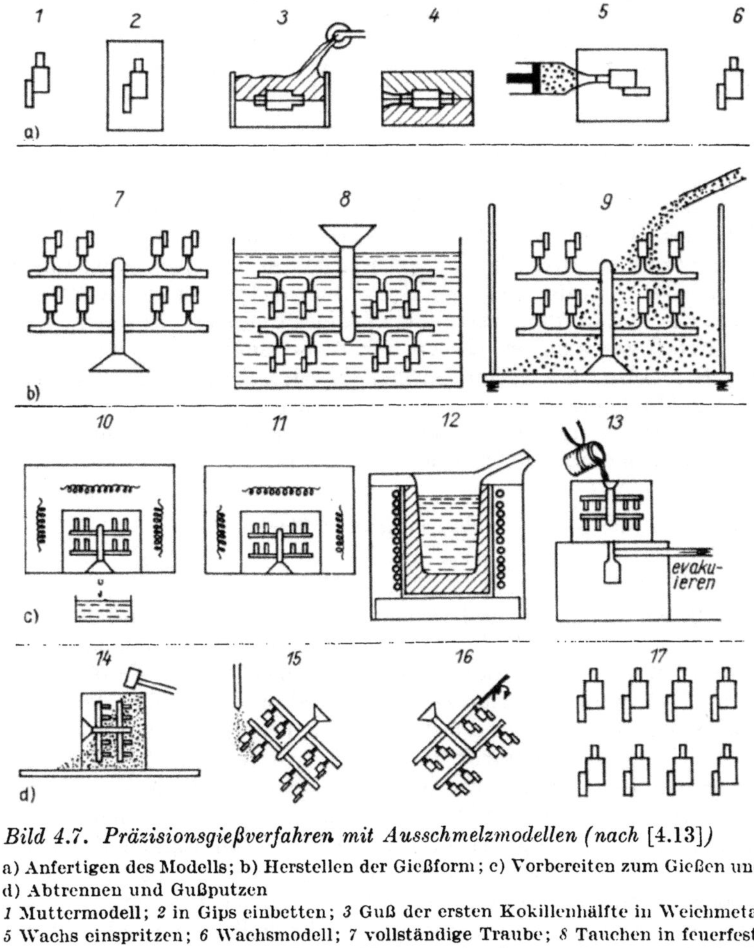

Bild 4.7. Präzisionsgießverfahren mit Ausschmelzmodellen (nach [4.13]*)*

a) Anfertigen des Modells; b) Herstellen der Gießform; c) Vorbereiten zum Gießen und Einfüllen der Schmelze; d) Abtrennen und Gußputzen

1 Muttermodell; *2* in Gips einbetten; *3* Guß der ersten Kokillenhälfte in Weichmetall; *4* Weichmetallkokille; *5* Wachs einspritzen; *6* Wachsmodell; *7* vollständige Traube; *8* Tauchen in feuerfeste Überzugsmasse; *9* Einfüllen der Formmasse und rütteln; *10* Wachsausschmelzen; *11* Brennen; *12* Metallschmelzen; *13* statisches Gießen unter Vakuum; *14* Ausschlagen des Gusses; *15* Sandstrahlen; *16* Abtrennen der Gußstücke; *17* fertige Gußstücke

Schwunds von Ausschmelzmasse, Form und Gießwerkstoff (bis 1,5%) einmalig angefertigt. Dieses wird von einer niedrigschmelzenden Weichmetallegierung umgossen, so daß eine geteilte Form *4* zur Herstellung der Modelle entsteht. Diese Stufe läßt erkennen, daß die Gestaltung der Gußteile i. allg. nach den gleichen Gesichtspunkten bezüglich Hinterschnitts, Kerne usw. zu erfolgen hat wie beim Sandguß, da ja das Ausschmelzmodell aus der geteilten Kokille entnommen werden muß. Bei großen

Stückzahlen empfiehlt es sich, nach dem gleichen Muttermodell mehrere Kokillen anzufertigen. In diese wird unter hohem Druck flüssiges Wachs (oder auch ein Thermoplast, z. B. Polystyrol, oder Quecksilber, das anschließend „eingefroren“ wird) eingespritzt *5*, so daß nach jedem „Schuß“ ein Wachsmodell entsteht. Im Gegensatz zu den bereits beschriebenen Gießverfahren mit verlorener Form und nur einem Modell für alle Abgüsse ist hier also für jedes Gußteil ein neues Modell anzufertigen. Um die Wirtschaftlichkeit bei kleinen Gußteilen zu garantieren, faßt man mehrere gleichartige Wachsmodelle durch entsprechende Verteiler zu einer Traube *7* mit einem Einguß zusammen, nachdem jedes Modell vorher evtl. entgratet und eingehend geprüft wurde. Danach beginnt die *Formherstellung*. Die Traube wird in eine äußerst homogene, feinkörnige keramische Masse *getaucht 8*, die nach dem Trocknen (8 bis 10 Stunden) einen Überzug von 0,5 bis 1 mm Dicke gebildet hat, der auch die feinsten Konturen des Wachsmodells abbildet. Dann wird die überzogene Traube mit einer breiigen, weniger hochwertigen Silikatmasse hinterfüllt *9*, so daß nach dem Trocknen eine feste Form vorliegt. Bei einfachen Gußteilen und niedrigem Schmelzpunkt des Gießwerkstoffs (Messing, Bronze, Aluminium) kann das Modell auch ohne Tauchvorgang sofort in die weniger hochwertige Masse gebettet werden, da dann ein späteres Brennen der Form entfällt und die Trocknung ausreicht.

Dann erfolgt das *Ausschmelzen 10* des Wachses bei etwa 95 °C und gewendeter Form, wobei etwa 80% des Wachses zurückgewonnen werden und der Rest z. T. von der Füllmasse absorbiert wird bzw. an der Formoberfläche haftet und später verdampft. Für hochschmelzende Gießwerkstoffe wird die Keramikform dann bei etwa 1000 °C gebrannt *11*. Die heißen Formen werden anschließend sofort zum Abguß verwendet.

Es wird nur so viel Metall geschmolzen *12*, wie der Masse einer Traube entspricht, d. h., daß die gesamte Schmelze beim Abguß ausgeleert wird. Diesen Vorgang führt man je nach vorhandenen Möglichkeiten zur besseren Entgasung unter Vakuum durch bzw. unter leichtem Überdruck zur besseren Formausfüllung *13*. Die folgenden Arbeitsgänge *14* bis *16* entsprechen dem Putzen beim Sandguß.

4.1.1.6. *Sondergießverfahren und Gießen nichtmetallischer Werkstoffe*

Tauchguß

Eine Sonderform des z. B. bei Schleuder- und Druckgießverfahren angewendeten Verbundgusses, bei dem ein fester Werkstoff der Schmelztemperatur ϑ_2 vollständig oder z. T. umgossen wird und sich durch Diffusions- und Legierungsvorgänge dauernd mit diesem verbindet, ist der Tauchguß. Bei dem Verfahren wird praktisch ohne Form gearbeitet, indem der zu umgießende Körper durch Eintauchen in die flüssige Schmelze eines anderen Werkstoffs (Schmelztemperatur ϑ_1; $\vartheta_1 > \vartheta_2$) von diesem umgeben wird. Da die Schmelze feuerflüssig ist, spricht man auch von Feuerverzinken, -verzinnen, -verbleien u. dgl. Dem Vorteil der einfachen Durchführbarkeit stehen als Nachteile die ungleichmäßige Werkstoffverteilung und dadurch schlechte Maßhaltigkeit des Endprodukts und die Gefahr des Verziehens bzw. der Änderung der mechanischen Eigenschaften des Stützkörpers gegenüber. Außerdem entsteht z. B. bei Anwendung dieses Verfahrens zum Korrosionsschutz gegenüber anderen Möglichkeiten sehr hoher Materialverbrauch.

Gießen von Kunststoffen [4.6] [4.16]

Man unterscheidet das Gießen von PVC-Pasten, das Folien- und das Zentrifugalgießen. PVC-Pasten lassen sich u. a. durch Formgießen (Gelatinieren von Pasten in einseitig offener oder allseitig geschlossener Form zu dickwandigen massiven Teilen) und durch Ausgießverfahren (Gießen von Teilen mit Hohlräumen aus Pasten in allseitig geschlossenen Formen) verarbeiten. Beim Foliengießen kommen im wesentlichen dünnflüssige Werkstoffe (Zelluloseazetat, Polyesterharz und Polyamid) zur Anwendung. Der Werkstoff wird auf ein langsam rotierendes Band (z. B. aus Kupfer) gegossen. Nach dem Verdunsten kann die Folie von demselben abgestrichen und muß anschließend nachgetrocknet werden. Das Zentrifugalgießen entspricht dem Schleudergießverfahren (vgl. Abschn. 4.1.1.2.) und dient meist zur Fertigung von Rohren, Buchsen u. dgl.

Weitere Fertigungsverfahren vgl. Abschn. 4.2.1., Pressen von Kunststoffen.

Gießen von Gießharzen und Isolierstoffen

Bei den ohne Druck vergießbaren nichtmetallischen Werkstoffen haben u. a. Isolationsmittel zur Verhinderung von Feuchtigkeitszutritt zu Geräteteilen, zur Herabsetzung der Transportempfindlichkeit (Ausfüllen der Hohlräume von Baugruppen mit nicht bewegten Teilen) usw. vielseitige Anwendung gefunden. Neben vergießbaren Isolierstoffen (Wachs, Paraffin, Naturharze usw.) sowie Vergußmassen (Gemische aus letztgenannten mit Zuschlägen zum Erzielen bestimmter Eigenschaften) mit Isolier- und Tränklacken sind vor allem synthetisch hergestellte Gießharze auf der Basis von Polykondensation, -addition und -merisation in der Feingerätetechnik von besonderer Bedeutung, u. a. Epoxidharze, Polyurethane, Phenoplaste, ungesättigte Polyester, allein oder in Mischung mit Monomeren, z. B. Styrol, sowie mit oder ohne Füllstoffen. Gießharze lassen sich gemäß ihrer chemischen Struktur nach verschiedenen Verfahren verarbeiten; dazu werden die vom Hersteller vorgeschriebenen Ausgangsprodukte nach bestimmten Arbeitsvorschriften benutzt. Das zu vergießende Gemisch ist i. allg. flüssig, die Viskosität kann allerdings sehr unterschiedlich sein, und es verfestigt sich nach dem Gießen durch Makromolekülbildung und Molekülvernetzung. Die Endprodukte können durch geeignete Zuschläge weich und elastisch bis hart und spröde ausgeführt werden. Der Werkstoff für die Gießform richtet sich nach Gestaltung und Stückzahl des Gußteils. Bei einmaliger Anfertigung kann der Formwerkstoff aus leicht zerstörbaren Werkstoffen, z. B. Wachs, Weich-PVC oder Gips, bestehen. Bei größeren Stückzahlen sind Metallformen zweckmäßig, die aber mit einem Trennmittel (Silikonöl) zu überziehen sind. Werden Kerne eingesetzt, sind diese leicht kegelförmig auszuführen und schon nach kurzer Zeit zu ziehen, um ein Festsetzen zu vermeiden.

Gießen von Keramik

Neben den verschiedenen Naß- und Trockenpreßverfahren (vgl. Abschn. 4.2.3.) kann bei Keramik auch eine Verarbeitung durch Gießen erfolgen. Bei kernlosen Gießverfahren (Hohlguß) wird die keramische Rohmasse mit Wasser aufgeschwemmt (Schlikker) und in geteilte, poröse und trockene Formen (meist aus Gips) gegossen, die der Masse das Wasser entziehen. Nach entsprechender Zeit läßt sich der noch plastische Formling aus der Form entnehmen und weiterverarbeiten. Das vollzieht sich i. allg. in zwei Stufen, dem Vortrocknen und dem Sintern (vgl. Abschn. 4.2.3.1.). Die Gipsform ist nach Trocknung für etwa 50 bis 70 Abgüsse wiederverwendbar. Muß in die Form ein Kern, der ebenfalls aus Gips besteht, eingesetzt werden (Kernguß), so entspricht das Verfahren dem Sandguß. Demzufolge gelten für die Gestaltung die gleichen Richtlinien, jedoch ist neben der wesentlich größeren Härte auch zu beachten, daß die Werkstücke während des Vortrocknens und Sinterns sehr stark schwinden (im Mittel etwa 15%, in Sonderfällen jedoch bis 45%) und sich dabei leicht verziehen können.

Das Gießen von Keramik, u. a. zur Erzeugung von Hart-(Brand-)Porzellan als keramischer Isolierstoff mit diesbezüglich guten mechanischen und elektrischen Eigenschaften, kommt vor allem für die Einzelfertigung in Frage. Werden Keramikteile mit engen Toleranzen und besonders hoher Oberflächengüte gefordert, findet z. T. auch das Spritzgießen Anwendung. Bei Massenfertigung werden i. allg. teigige Massen unter großem Druck verarbeitet (vgl. Abschn. 4.2.3., Keramikpressen).

Gießen von Glas [4.22] [4.23]

Die feinkörnigen Rohstoffe werden, in bestimmten Masseverhältnissen gemischt, als Gemenge in meist mit Gas oder Öl beheizte Gasschmelzöfen eingelegt. Das Schmelzen erfolgt bei etwa 1400 bis 1600 °C, und es bildet sich eine blasenreiche inhomogene Masse. Diese wird durch Rühren und gasabspaltende Zusätze bei etwa 100 bis 200 °C über der Schmelztemperatur liegenden Temperaturen „geläutert". Nach dem Abstehen auf eine tiefere Arbeitstemperatur wird sie durch Gießen von Hand oder maschinell (aber auch durch Blasen, Pressen, Ziehen oder Walzen; vgl. Abschn. 4.2.4.) verarbeitet. Während durch die im Abschn. 4.2.4. erläuterten Verfahren u. a. Wirtschafts-, Behälter-, Tafel- und technisches Hohlglas gefertigt werden, dient das Gießen z. B. zur Herstellung von optischem Glas. Fast alle Glassorten müssen nach dem Formen in besonderen Kühlöfen langsam abgekühlt werden.

4.1.1.7. *Modell- und formtechnische Grundlagen, Einsatz von Kernen* [4.4]

Zur Fertigung von Gußteilen ist in der Form ein entsprechender Hohlraum erforderlich, in den der flüssige Werkstoff gegossen wird und in dem er erstarren kann. Dieser Hohlraum wird sehr häufig unter Verwendung von Modellen (Bild 4.8) geschaffen. Er läßt sich aber auch mit Hilfe von Schablonen (für rotationssymmetrische Teile) und Lehren (für beliebig gestaltete Teile, wenn sie eine ebene, nicht profilierte Grundfläche aufweisen) bilden (Bild 4.9). Dieses Verfahren bedingt aber hohe Lohnkosten. Für den Konstrukteur ist wichtig, daß er die Richtlinien zur Gestaltung von Modellen und des Modellbaus kennt.

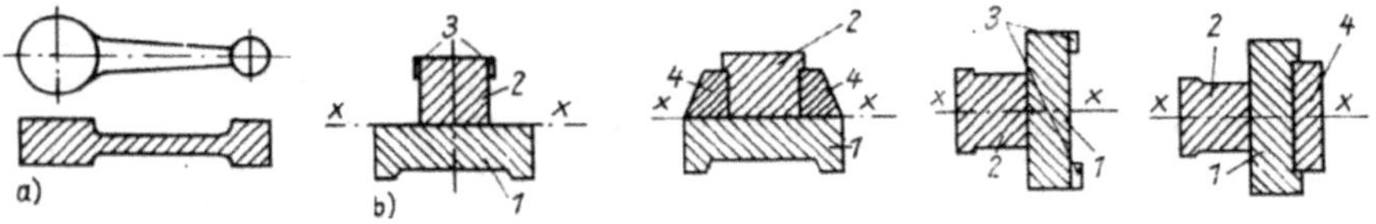

Bild 4.8. Beispiele für Modelle (nach [4.4]*)*

a) ganzes Modell; b) geteiltes Modell mit unterschiedlicher Lage der Teilungsebene $x - x$
1 Modellhälfte 1; *2* Modellhälfte 2; *3* Losteil; *4* Kern

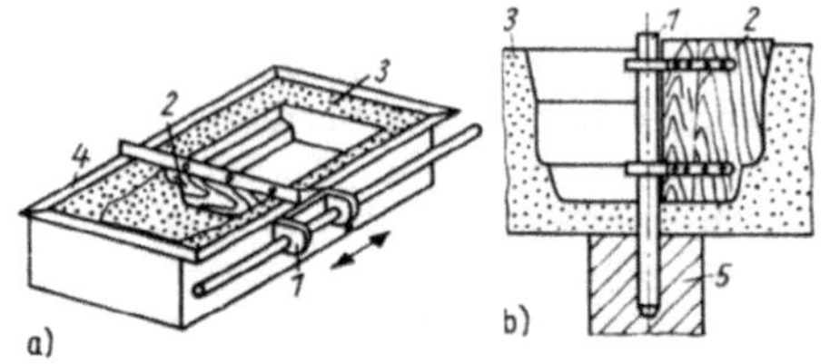

Bild 4.9
Schablonenformerei

a) gerade geführte Schablone; b) Schablone bei rotationssymmetrischem Teil
1 Führung; *2* Holzschablone; *3* Sandform; *4* Formkasten; *5* Verankerung

Man unterscheidet meist zwischen ganzen und geteilten Modellen, die mehrmals verwendet werden können (Dauermodelle), sowie ausschmelzbaren (verlorenen) Modellen (Tafel 4.2). Ganze Modelle (Bild 4.8a) kommen bei einfachen Gußteilen dann zur Anwendung, wenn das Ausheben aus der Form keine Schwierigkeiten bereitet. Geteilte Modelle (Bild 4.8b) sind bei komplizierter Gestalt der Gußteile erforderlich, um das Ausheben aus der Form zu gewährleisten. Besonderes Augenmerk ist dabei der Lage der Teilungsebene, die i. allg. die größte Schnittfläche des Teils darstellt, zu widmen. Sie kann, wie Bild 4.8b in vier Varianten zeigt, unterschiedlich festgelegt werden, bestimmt dann aber den grundsätzlichen Aufbau des Modells. Lassen sich Hinterschneidungen an Gußteilen nicht vermeiden, kann man zusätzlich zum einen Losteile (Ansteckteile am Modell, Gefahr des Versatzes) und zum anderen Kerne (zusätzlicher Aufwand, höhere Kosten) anwenden.

Modelle müssen eine Reihe von Anforderungen erfüllen, so z. B. in bezug auf Maßhaltigkeit, d. h., daß eine bestimmte Anzahl zu gießender Teile keine maßlichen Abweichungen hat, auf Formschräge, um ein ordnungsgemäßes Ausheben des Modells aus der Form zu gewährleisten, auf Schwindmaß, da jedes Metall beim Übergang vom flüssigen zum festen Zustand sein Volumen ändert und das Modell deshalb um eine Zugabe zu den Originalabmessungen des Gußteils größer sein muß, und auf Bearbeitungszugabe für spanende Bearbeitung. Die Kenntnis dieser Anforderungen ist auch für den Konstrukteur wichtig, da er zur Originalzeichnung vom Gußteil möglichst einen Modellriß des zu fertigenden Teils mitliefern sollte. Angaben für Schwindmaße von Gußwerkstoffen sind Abschn. 4.1.2. zu entnehmen (vgl. auch Abschn. 4.1.3.2.); weitere Hinweise für die Modellgestaltung s. DIN 1511 „Gießereimodelle und Zubehör".

Bei Kernen unterscheidet man Innenkerne, um zusätzliche Hohlräume im Gußteil bilden zu können, Außenkerne (bei Hinterschneidungen und schwierigen Außenkonturen) und Deckkerne, um die Herstellung des Oberkastens zu sparen [4.4].

Die wichtigsten Anforderungen an die Kerne sind ausreichende Festigkeit (Grünstandfestigkeit), die für die Maßhaltigkeit des Kerns verantwortlich ist, ausreichende mechanische (Druck, Scherung, Biegung) und thermische Festigkeit, Gasdurchlässigkeit, um die Gießdämpfe abführen zu können, Aufnahme der Schrumpfkraft des Gußwerkstoffs und die einfache Möglichkeit des Entfernens beim Putzen der Gußteile.

Des weiteren ist zu beachten, daß alle Kerne mit Kernstützen oder Kernmarken in der Form fixiert werden müssen. Kernmarken sind Verlängerungen von Kernen über das erforderliche Maß hinaus. Sie müssen am Modell entsprechende Berücksichtigung finden und werden beim Einformen allseitig von Formsand umschlossen. Ist die Anwendung von Kernmarken nicht möglich, kommen Kernstützen, die in das Gußstück einschweißen, zur Anwendung (vgl. Abschn. 4.1.3.1.).

4.1.2. Gußwerkstoffe und deren Verarbeitung

Die Gußwerkstoffe lassen sich in metallische (Eisen- und Nichteisengußwerkstoffe) und nichtmetallische (Kunststoffe, Keramik, Glas u. a.) einteilen. Ihre Auswahl muß in erster Linie hinsichtlich der Eigenschaften und Verarbeitbarkeit erfolgen; zusätzlich sind wirtschaftliche Gesichtspunkte, z. B. Preis und Beschaffbarkeit, wesentlich.

4.1.2.1. *Metallische Gußwerkstoffe* [4.3] [4.5] [4.7]

Der Schmelzpunkt der metallischen Gußwerkstoffe liegt i. allg. relativ hoch. Es müssen deshalb erhebliche Temperaturen zur Herstellung der Schmelze erreicht werden. Je nach Gußwerkstoff und Gießverfahren sind dazu Spezialöfen im Einsatz. Das Spektrum reicht vom Hochofen bei der Stahlerzeugung bis zum elektrisch beheizten Kleinstgießtiegel. In den Metallgießereien sind besonders Gießereischachtöfen (Kuppel- oder Kupolöfen) mit und ohne Vorherd, Flamm-, Trommel-, Tiegelschmelz-, Elektro- und Herdöfen zu finden. Der Transport des flüssigen Metalls vom Ofen zur Form erfolgt in Gießpfannen und -trommeln durch Kran, Wagen oder auch manuell. Beim Aufbau der Gießform ist dies durch entsprechende Gestaltung des Eingusses zu berücksichtigen. Für das Druckgießen ergibt sich durch das Vorhandensein besonderer Maschinen und je nach Art des Verfahrens (Warmkammer- und Kaltkammerverfahren) ein besonderer technologischer Ablauf (vgl. Abschn. 4.1.1.4.). Die Gießtemperatur soll wegen der Gefahr starker Gasaufnahme (Gefahr der Lunkerbildung; vgl. Abschn. 4.1.3.2.) möglichst niedrig, wegen der einwandfreien Formfüllung unter Beachtung einer sinnvollen Gießzeit aber etwa 30 bis 100 °C über dem Schmelzpunkt des Metalls liegen (Richtwerte: Gußeisen 1200 °C, Aluminiumgußlegierungen 700 °C).

Wie die Übersicht in Tafel 4.3 zeigt, ist jedoch die Verarbeitbarkeit der einzelnen Gußwerkstoffe in Abhängigkeit vom Gießverfahren nicht gleich gut. Insbesondere ist festzustellen, daß Eisengußwerkstoffe fast ausschließlich für das Gießen ohne Druck, Nichteisengußwerkstoffe sowohl dafür als vor allem auch für das Druckgießen geeignet sind. In den Tafeln 4.4 und 4.5 sind die wichtigsten und in der Feingerätetechnik ge-

Tafel 4.4. Metallische Gußwerkstoffe für Gießen ohne Druck (Auswahl)

a) Eisengußwerkstoffe; b) Schwermetallgußwerkstoffe; c) Leichtmetallgußwerkstoffe

a) Eisengußwerkstoffe

Werkstoff	Eigenschaften R_m = Mindestwerte	Anwendung
Eisen-Kohlenstoff-Gußwerkstoff, unlegiert, Lamellengraphit eingelagert (GG-15)	gut gießbar, weich, geringe Festigkeit, gute Laufeigenschaften $R_m = 150\ \mathrm{N/mm^2}$	Gehäuse für elektrische Maschinen, Bauteile i. allg. Maschinen- und Gerätebau, Zylinder für Kraftmaschinen
wie oben (GG-35)	hohe mechanische Widerstandsfestigkeit, verschleißfest $R_m = 350\ \mathrm{N/mm^2}$	hochbeanspruchte Geräteteile, Maschinengestelle, Lager
Eisen-Kohlenstoff-Gußwerkstoff, Kugelgraphit eingelagert (GGG-50)	hohe Festigkeit, sehr gut gießbar, hohe Dauerfestigkeit, sehr gut schweißbar $R_m = 500\ \mathrm{N/mm^2}$	für Sandgußteile mit stahlähnlichem Charakter; für Teile, die gleitendem Verschleiß ausgesetzt sind
Weißer Temperguß (Eisen-Kohlenstoff-Gußwerkstoff, Kohlenstoff liegt in gebundener Form vor, in entkohlter Atmosphäre geglüht) (GTW-40)	läßt sich richten, härten, größere Dehnung und Festigkeit als GG, gut span- u. bearbeitbar $R_m = 380\ \mathrm{N/mm^2}$	dünne Teile, die zäh sein sollen; Hebel, Rahmen für Spannvorrichtungen, Schloßteile
Schwarzer Temperguß (in neutraler Atmosphäre geglüht) (GTS-35)	schwarz, gute magnetische Eigenschaften, leicht bearbeitbar, gut lötbar $R_m = 350\ \mathrm{N/mm^2}$	dickere Teile, rotierende Teile
Perlitischer Temperguß (in neutraler Atmosphäre geglüht) (GTS-55)	schwarz bis grau, sehr fest, gut oberflächenhärtbar, hohe dynamische Belastbarkeit $R_m = 550\ \mathrm{N/mm^2}$	Gehäuse und Ständer für Maschinen mit rotierenden oder schwingenden Teilen
Unlegierter Stahlguß (GS-45)	zäh, für Einsatzhärtung geeignet, gut schweißbar, schmiedbar $R_m = 450\ \mathrm{N/mm^2}$	Zahn- und Kettenräder, Ventile, Hebel, Getriebeteile, Lagerschalen und Kupplungsteile
wie oben GS-60)	fester als GS-45, aber weniger zäh, nur bedingt schweißbar $R_m = 600\ \mathrm{N/mm^2}$	Bremsbacken, Kardankugeln

b) Schwermetallgußwerkstoffe (nach DIN 1705, 1709, 1714, 1716, 1743)

Werkstoff	Eigenschaften R_m = Mindestwerte	Anwendung
Gußmessing (Kupfergußlegierung) (G-CuZn33Pb)	sehr gut gießbar, für Sandguß $R_m = 180\mathrm{N/mm^2}$	Teile mit guter elektrischer Leitfähigkeit, Gehäuse, Hochdruckarmaturen, Ventile, hochbeanspruchte Gleitelemente
Gußbronze (Kupfergußlegierung) (G-CuSn10Zn)	hohe Festigkeit und Härte, verschleißfest und korrosionsbeständig $R_m = 260\ \mathrm{N/mm^2}$	hochbeanspruchte Gleitlager, Schneckenräder usw., Teile für Armaturen
Bleibronze (Kupfergußlegierung) (G-CuPb15Sn)	weich, sehr gute Gleiteigenschaften, gewisse Säurebeständigkeit, für Verbundguß $R_m = 180\ \mathrm{N/mm^2}$	Gleitlager mit hoher Flächenpressung
Aluminiumbronze (Kupfergußlegierung) (G-CuAl10Fe)	verschleißfest, gute Korrosions- und Zunderbeständigkeit $R_m = 500\ \mathrm{N/mm^2}$	Schnecken u. -räder, Zahnräder, Lagerschalen, Buchsen und andere Verschleißteile
Siliziumbronze (Kupfergußlegierung) (G-CuSi3Zn5) nach DIN nicht genormt	zähhart, verschleißfest, meerwasserbeständig, gutes Formfüllungsvermögen, besonders für Schleuderguß geeignet $R_m = 300\ \mathrm{N/mm^2}$	für Gleitlager mit hoher Flächenpressung, Armaturen, Buchsen und Schiffsteile, Schneckenradkränze

Tafel 4.4. (Fortsetzung)

Werkstoff	Eigenschaften R_m = Mindestwerte	Anwendung
Manganbronze (Kupfergußlegierung) (G-CuMn10ZnAl6NiFe) nach DIN nicht genormt	hohe Festigkeit, sehr verschleißfest, zäh, sehr gute Wechselfestigkeit R_m = 600 N/mm²	Schnecken, Zahnräder, Druckmuttern, Verschleißteile
Feinzinkgußlegierung (GK-ZnAl6Cu1)	gute Festigkeitswerte, für Kokillenguß R_m = 220 N/mm²	gießtechnisch schwierige Gußteile
c) Leichtmetallgußwerkstoffe (nach DIN 1729 Bl. 2,, DIN 1725 Bl. 2)		
Aluminiumgußlegierung (G-AlSi6Cu4)	gut gieß- und bearbeitbar, gutes Formfüllungsvermögen, für Sand- und Kokillenguß	Teile aller Art mit normaler mechanischer und chemischer Beanspruchung, nicht für Stoßbeanspruchung
Aluminiumgußlegierung (G-AlSi10Mg)	gut polierbar, gut witterungs- und seewasserbeständig, gut schweißbar	Kokillen-, Druckgußteile aller Art
Aluminiumgußlegierung (G-AlSi5Mg)	sehr gute Gießeigenschaften, gut schweißbar, elektrolytisch oxydierbar, für Sand- und Kokillenguß	komplizierte, dünnwandige, schwingungsfeste Teile, für sehr hohe mechanische Beanspruchung, z. B. Getriebekästen, Zahnräder für Leistungsgetriebe
Aluminiumgußlegierung (G-AlMg5Si)	sehr gut polierbar, sehr gut witterungs- und seewasserbeständig, für Sand- und Kokillenguß	mechanisch hoch- und mittelbeanspruchte Bauteile aller Art
Magnesiumgußlegierung (G-MgAl8Zn1)	flüssigkeitsdicht, für Sand- und Kokillenguß	flüssigkeits- und gasdichte Teile mittlerer Festigkeit, z. B. Schaltkästen, Gehäuse, Armaturen. Hohe Dehnung für stoßbeanspruchte Teile
Magnesiumgußlegierung (G-MgAl8Zn1ho)	gute Schwingungs- und Dauerbiegefestigkeit, für Sand- und Kokillenguß	für Teile hoher Festigkeit, z. B. Werkzeugteile, Hebel, Gehäuse für Motoren, Elektroteile
Magnesiumgußlegierung (G-MgAl9Zn1)	aushärt-, schweiß-, polier-, weichlötbar, Zerspanung sehr gut, für Sand- und Kokillenguß	Teile höchster Festigkeit, Kupplungsgehäuse, Ölwannen u. a., Fahrzeug- und Motorenteile

bräuchlichsten metallischen Gußwerkstoffe, getrennt nach diesen beiden Verfahrensgruppen, jeweils mit Angaben über Eigenschaften und Anwendung dargestellt. Nachfolgend werden dazu noch einige Erläuterungen gegeben. Hinsichtlich der Bezeichnung ist zu beachten, daß Gußwerkstoffe das Gußzeichen G tragen. Bei Eisengußwerkstoffen werden zur näheren Kennzeichnung weitere Kennbuchstaben angehängt. Ebenso erhalten Gußwerkstoffe, die in metallischen Dauerformen gegossen werden, weitere Kennbuchstaben (Kokillenguß GK, Schleuderguß GZ, Druckguß GD, Strangguß GC).

Eisengußwerkstoffe (Tafel 4.4a)

Gußeisen mit Lamellengraphit [(GG) DIN 1691] ist ein Gußwerkstoff, dessen als Graphit vorliegender Kohlenstoffanteil überwiegend lamellar ist (Grauguß). Der die Eigenschaften von Gußeisen bestimmende Gefügeaufbau hängt vor allem vom Zustand der Schmelze und von den Abkühlungsbedingungen sowie von der chemischen

Zusammensetzung ab [4.5]. Die Festigkeit von Gußeisen erhöht sich mit zunehmendem Kohlenstoffanteil bis zu einem Maximalwert (reinperlitisches Gußeisen), um sich danach infolge der Bildung von Sekundärzementit an den Perlitkorngrenzen wieder zu verringern. Um hohe Festigkeitswerte zu erreichen, ist also ein reinperlitisches Grundgefüge anzustreben. Des weiteren muß beachtet werden, daß mit steigender Abkühlungsgeschwindigkeit der Schmelze während und nach der Erstarrung ebenso wie bei kleinerer Wanddicke der Gußteile zunehmend perlitische Grundmasse mit größerer Zugfestigkeit und höherer Brinellhärte entsteht. Im entgegengesetzten Fall (abnehmende Abkühlungsgeschwindigkeit oder größere Wanddicke der Gußteile und damit zunehmend ferritische Grundmasse) verringern sich Zugfestigkeit und Brinellhärte. Darüber hinaus beeinflussen spezielle Legierungselemente die Eigenschaften von Gußeisen sehr wesentlich, so z. B. schon geringe Zusätze an Nickel oder Kupfer die Graphitbildung und damit die Festigkeit und auch die Wanddickenempfindlichkeit. Legiertes Gußeisen ist in DIN 1694 genormt. Die Schwindung beträgt etwa 1%.

Gußeisen mit Kugelgraphit [(GGG) DIN 1693] ist ein mit Magnesium behandelter Gußwerkstoff, bei dem der als Graphit vorliegende Kohlenstoffanteil nahezu vollständig kugelförmig ist. Der Kohlenstoffgehalt liegt bei den meisten Sorten zwischen 2,9 und 3,6%. Gußeisen mit Kugelgraphit unterscheidet sich von Gußeisen mit Lamellengraphit (GG) durch höhere Festigkeit und Elastizität, von Temperguß (GT) durch höhere Zugfestigkeit und von Stahlguß (GS) durch eine geringere Elastizität, ein höheres Verhältnis von Streckgrenze zu Zugfestigkeit sowie ein relativ hohes Dämpfungsvermögen. Die Schwindung beträgt etwa 0,8 bis 1% (Gußzustand oder perlitisch geglüht) bzw. 0,3% (perlitisch-ferritisch).

Beide Sorten (GG und GGG) lassen eine relativ geringe Gießtemperatur zu und haben gutes Fließvermögen. Infolgedessen werden relativ saubere Oberflächen der Gußteile und auch relativ kleine Wanddicken erreicht. Durch eine Wärmebehandlung lassen sich Gußspannungen beseitigen. Sie gehören deshalb zu den wichtigsten Werkstoffen des Maschinenbaus und werden auch in der Feingerätetechnik, besonders bei größeren Gußteilen, vielfältig eingesetzt.

Temperguß [(GT) DIN 1692] ist ein Gußwerkstoff, dessen Zusammensetzung hinsichtlich des C- und Si-Gehalts so gewählt ist, daß die Gußteile graphitfrei erstarren, d. h., der gesamte Kohlenstoff liegt im Temperrohguß in gebundener Form als Eisenkarbid (Zementit) vor. Temperrohguß wird zum Zerfall des Eisenkarbids einem Glühen (Tempern) unterworfen. Entsprechend der Art des Glühens erfolgt eine Unterteilung in Temperguß, in sauerstoffabgebender Atmosphäre geglüht [weißer Temperguß (GTW)], sowie in Temperguß, in neutraler Atmosphäre geglüht [perlitischer Temperguß und schwarzer Temperguß (GTS)].

Die Schwindung für GT beträgt nach DIN 1692 für GTW 1,0 bis 2,0%; für GTS 0,0 bis 1,5%

Stahlguß, unlegiert [(GS) DIN 1681]. Als Stahlguß bezeichnet man nach üblichen Gießverfahren gefertigte Gußteile aus Stahl, d. h. aus einem Werkstoff, der i. allg. weniger als 1,9% C enthält. Stahlguß wird, von wenigen Sonderfällen abgesehen, keiner Warmverformung unterzogen.

Seine wesentlichsten Eigenschaften sind die höhere Festigkeit gegenüber GG, gute Schmelzschweiß- (GS-40) und gute Schmelzbarkeit bei geeigneten Zusatzwerkstoffen (GS-45). Das Schwindmaß liegt bei etwa 2 bis 2,5%. Zur Verbesserung der Eigenschaften wird Stahlguß meist mit bestimmten Legierungspartnern verschmolzen. Folgende Normen informieren über die Werte von legiertem Stahlguß: DIN 17245 Warmfester Stahlguß, DIN 17465 Hitze- und zunderbeständiger Stahlguß, DIN 17445 Rost- und säurebeständiger Stahlguß.

Nichteisengußwerkstoffe

Schwermetallgußwerkstoffe [4.5] umfassen alle Metalle und Legierungen, außer Edelmetallen, mit einer Dichte über 4,5 g/cm³. Besonders sind dies Kupfer, Zink, Zinn und

Blei und deren Legierungen. Für das Gießen ohne Druck sind vor allem Kupfer- und Zink- (besonders Feinzink-) Legierungen wichtig (Auswahl s. Tafel 4.4 b). Zu den wichtigsten *Kupfergußlegierungen*, die nach ihren Hauptlegierungszusätzen benannt werden, gehören u. a. *Gußmessing* (Kupfer mit Zink legiert, wodurch die Gießbarkeit verbessert wird; z. T. auch Zusätze von Blei), *Zinnbronze* (Kupfer mit Zinn legiert, bei Desoxydierung durch Phosphor als Phosphorbronze bezeichnet), *Rotguß* (Kupfer mit Zink und Zinn legiert; z. T. auch Zusätze von Blei, wodurch die Zerspanbarkeit verbessert wird), *Bleibronze* (Kupfer mit höherem Bleianteil zur Verbesserung von Gießbarkeit und Zerspanbarkeit) sowie auch *Aluminium-*, *Mangan-* und *Siliziumbronze* mit entsprechenden Legierungszusätzen dieser Metalle. Bei den *Zinkgußlegierungen*

Tafel 4.5. Druckgußwerkstoffe (Auswahl)

a) Bleidruckgußlegierungen; b) Aluminiumdruckgußlegierungen; c) Magnesiumdruckgußlegierungen; d) Feinzinkdruckgußlegierungen

Bezeichnung	Eigenschaften	Anwendung
a) Bleidruckgußlegierung (nach DIN 1741)		
GD-Pb95,95Sb R_m = 50 N/mm² GD-Pb87Sb R_m = 60 N/mm² GD-Pb85 SbSn R_m = 70 N/mm² GD-Pb80SbSn R_m = 80 N/mm²	geringe Festigkeitswerte, gute Gleiteigenschaften, hohe Wichte, gut korrosionsbeständig	Schwunggewichte, Pendel, Teile für Meßgeräte und chemische Apparate, Drucklettern
b) Aluminiumdruckgußlegierung (nach DIN 1725 Bl. 2)		
GD-AlMg9 R_m = 180 ··· 250 N/mm²	sehr gute chemische Beständigkeit, z. B. gegen Seewasser; sehr gute Zerspanbarkeit, dauerglanzpolierbar	Teile aller Art, z. B. für Ferngläser, Fotoapparate usw., wasserdurchflossene Teile
GD-AlSi12		verwickelte, dünnwandige, druckdichte und schwingungsfeste Gußstücke. Sehr gute Korrosionsbeständigkeit
GD-AlSi8Cu3	sehr gut gießbar, sehr gut zerspanbar	Teile mit späterer spanender Nacharbeit
GD-AlSi10Mg	sehr gut gießbar, Korrosionsbeständigkeit gegenüber Seewasser sehr gut	Teile, die besonders zäh sein sollen, u. a. für Büro- und Haushaltmaschinen
c) Magnesiumdruckgußlegierung (nach DIN 1729 Bl. 2)		
GD-MgAl8Zn1	gute Dauer-, Stoß- und Wärmefestigkeit, hohe Alterungsbeständigkeit	Teile aller Art, besonders für schwierige Formen, wie in Fernsprechgeräten, Ölpumpengehäusen usw.
GD-MgAl9Zn1	gut gießbar, gute Festigkeit, gut korrosionsbeständig	dünnwandige Teile mit hoher Festigkeit, wie Schreibmaschinenteile, Fernglasgehäuse usw.
d) Feinzinkdruckgußlegierung (nach DIN 1743)		
GD-ZnAl4	sehr hohe Maßbeständigkeit, keine große Festigkeit und Härte	Teile in Zählwerken, Meßgeräten, Uhren, Foto- und Kinogeräten, Büromaschinen, auch bei größeren Abmessungen
GD-ZnAl4Cu1	gute Festigkeitswerte	Teile aller Art sowie Teile für Armaturen, Vergaser, Staubsauger

sind Aluminium und Kupfer die Hauptlegierungszusätze, in kleineren Mengen werden auch Blei, Magnesium, Mangan u. a. zugegeben.

Für das Druckgießen (Tafel 4.5) kommen bei den Schwermetallgußwerkstoffen besonders die niedrigschmelzenden *Bleidruckgußlegierungen* (Blei mit Zusätzen von Zinn und meist auch Antimon, wodurch die Härte gesteigert wird), *Zinndruckgußlegierungen* (Zinn mit Zusätzen von Blei, Antimon und Kupfer; durch letztere erhöhen sich Härte und Festigkeit) und *Zinkdruckgußlegierungen* (Zink mit Zusätzen von Aluminium, Kupfer und in kleineren Mengen u. a. Magnesium; Kupfer verringert zwar die Maßhaltigkeit der Druckgußteile, erhöht aber die Festigkeit) zum Einsatz. Außerdem sind noch hochschmelzende *Kupferdruckgußlegierungen,* in Sonderfällen mit Zusätzen von Silber, gebräuchlich.

Leichtmetallgußwerkstoffe umfassen im wesentlichen die hochschmelzenden Aluminium- und Magnesiumlegierungen. Sie kommen sowohl für das Gießen ohne Druck (Sand- und Kokillenguß) als vor allem auch für das Druckgießen zur Anwendung (Tafeln 4.4c und 4.5).

Bei *Aluminiumlegierungen* sind besonders die Al-Si- und z. T. auch Al-Mg- sowie Al-Cu-Legierungen von Bedeutung. Silizium erhöht die Dünnflüssigkeit, Zähigkeit sowie Korrosionsbeständigkeit und verringert das Schwinden. Al-Si-Legierungen sind deshalb für Kokillen- und in noch größerem Maß für Druckguß (für leichte, maß- und korrosionsbeständige und elektrisch gut leitfähige Teile mit kleiner Wanddicke und komplizierter Gestalt, die in sehr großen Stückzahlen benötigt werden) gut geeignet. Magnesium erhöht ebenfalls die Korrosionsbeständigkeit, mit zunehmendem Mg-Gehalt auch die Dünnflüssigkeit, so daß Al-Mg-Legierungen ebenfalls für Gußteile aller Art geeignet sind. Bei Al-Cu-Legierungen ist die Dünnflüssigkeit geringer, sie sind aber sehr warmfest und ergeben Teile mit größerer mechanischer Festigkeit, allerdings mit geringerer chemischer Beständigkeit. Sie werden deshalb für einfache, dickwandige Gußteile verwendet. Al-Zn-Legierungen sind wegen ihrer Dickflüssigkeit und Warmbrüchigkeit für das Gießen weniger geeignet.

Bei den *Magnesiumlegierungen* sind die Mg-Al-Legierungen mit geringen Zusätzen von Zink, Mangan und Silizium von Bedeutung. Sie sind ebenfalls gut gießbar, neigen aber etwas zur Bildung von Feinlunkern. Mit steigendem Al-Gehalt vergrößert sich die Festigkeit; Zinkzusatz erhöht die Dehnung, Mangan die Korrosionsbeständigkeit und Schweißbarkeit, und Silizium ergibt ein dichteres Gefüge. Die bevorzugte Anwendung dieser Legierungen erfolgt, sofern eine geringe Masse der Gußteile und größere Festigkeit ausschlaggebend sind (Masseersparnis gegenüber Al-Legierungen bis zu 35 bis 40%), wobei im Druckguß ebenfalls komplizierte Werkstücke mit kleinen Bohrungen, Schlitzen u. dgl. herstellbar sind (vgl. auch Tafel 4.18).

Die Schwindung beträgt bei Zinnbronze (G-CuSnZn) und Messing (G-CuZn) etwa 1,5%, bei Kupferguß (G-Cu) etwa 1,85% und bei Al-Gußlegierungen (G-AlSi) etwa 0,8 bis 1,2%.

Da das Druckgießen ein ausgesprochenes Verfahren der feingerätetechnischen Massenfertigung ist, sei abschließend darauf hingewiesen, daß die Kosten der Werkstoffe, deren Beschaffbarkeit und die je Druckgußwerkzeug erreichbare Anzahl der Abgüsse vorrangige Bedeutung haben. Unter diesen Gesichtspunkten ist u. a. der relativ hohe Preis z. B. von Zinn zu beachten und auch die Tatsache, daß sowohl bei Druckgußlegierungen mit höheren Zusätzen von Aluminium als auch bei höheren Temperaturen die Eisenform durch die Schmelze mehr angegriffen wird. Deshalb lassen sich bei niedrigschmelzenden Zn-, Sn- und Pb-Legierungen durchschnittlich 300000 bis 500000, bei Al-Legierungen dagegen nur etwa 50000 und bei Mg-Legierungen etwa 100000 Abgüsse je Form erreichen.

4.1.2.2. *Nichtmetallische Gußwerkstoffe*

Von den für die Feingerätetechnik bedeutsamen nichtmetallischen Werkstoffen hat bei Kunststoffen sowie bei Keramik, Glas und einer Reihe von Gießharzen neben dem

Pressen z. T. auch das Gießen als Verarbeitungsmöglichkeit eine, wenn auch nicht vergleichbar große Bedeutung erlangt. Zur Wahrung der Übersichtlichkeit werden die Eigenschaften dieser Werkstoffe gemeinsam mit den beim Pressen zur Anwendung kommenden im Abschn. 4.2. dargestellt. Die Besonderheiten beim Gießen werden jeweils hervorgehoben. Hier sei lediglich darauf hingewiesen, daß sich die Kunststoffe gegenüber den anderen nichtmetallischen Gußwerkstoffen dadurch auszeichnen, daß sich deren Verarbeitung gut automatisieren läßt, wobei man eine hohe Produktivität und weitere Vorteile erreicht, z. B. geringe Masse der Teile, keine Nacharbeit usw. Einen Überblick über die kaum zu übersehende Vielzahl der Kunststofformmassen gibt die Zusammenstellung in Tafel 4.20. Nähere Werkstoffangaben sind Abschn. 4.2.1.2. sowie den Tafeln 4.24 und 4.25 zu entnehmen [4.6] [4.16] [4.17]. Einen Überblick über Eigenschaften und Anwendung ausgewählter technischer *Feinkeramik* geben Abschn. 4.2.3.2. und Tafel 4.46 [4.19] bis [4.21]. Angaben zu Glaswerkstoffen und deren Verarbeitung enthalten Abschn. 4.2.4.2. sowie [4.21] bis [4.23] und zu Gießharzen Abschn. 4.1.1.6. sowie [4.14] [4.16].

4.1.3. **Gestaltungsrichtlinien** [4.8] bis [4.10]

Die nachfolgend dargestellten Richtlinien beziehen sich auf Schwerkraftgießverfahren, besonders auf Sandguß. Sie lassen sich sinngemäß auch auf andere Gießverfahren anwenden. Wegen der großen Bedeutung für die Feingerätetechnik wird auf die Gestaltung von Druckgußteilen besonders hingewiesen (vgl. Abschn. 4.1.3.7.). Wichtige Normen, die beim Gießen von Werkstücken zu beachten sind, finden sich im DIN-Normenverzeichnis in den Sachteilen 240, 241, 265, 267, 511, 512, 514 bis 516, sowie 525 bis 528.

4.1.3.1. *Modell- und formgerechte Gestaltung*

Die Forderungen nach möglichst wirtschaftlichen Fertigungsverfahren für das Modell (maschinelle Bearbeitung!) und nach einfacher Formherstellung bei guter Maßhaltigkeit der Gußteile (vgl. auch Abschn. 4.1.1.7.) lassen erkennen, daß vom Entwurf des

Tafel 4.6. Gießen von Werkstücken modell und formgerechte Gestaltung [4.8] [4.9]

Beispiel	Ungünstige Lösung	Erläuterungen	Günstige Lösung
1	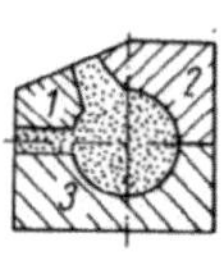	Eine vereinfachte Gestaltung des Kerns ermöglicht zweiteiligen Kernkasten, außerdem werden durch Achslage der Ansätze von 90° höhere Genauigkeit und Beseitigung einer Gratnaht erreicht	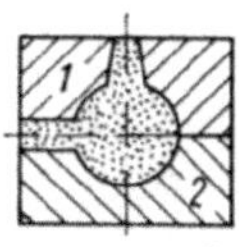
2		Bei Vorgabe funktionell bedingter Lagerstellen, Flächen usw. sind zur Begrenzung der Gußstücke alle unnötig gekrümmten Formen zu vermeiden	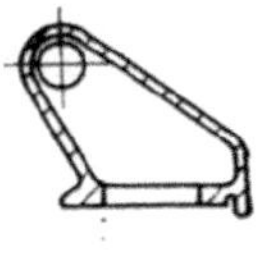
3	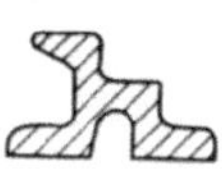	Um bei der Modellfertigung gleiche Werkzeuge, z. B. Formstähle usw., anwenden zu können und ein gutes Aussehen der Gußteile zu ermöglichen, sind gleiche Abrundungsradien zu wählen	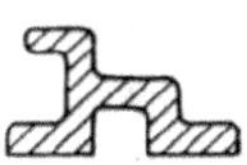

Tafel 4.6. (Fortsetzung)

Beispiel	Ungünstige Lösung	Erläuterungen	Günstige Lösung
4		Geringfügige konstruktive Änderung ergibt Einsparung von Kernen: Ungünstige Ausführung des Gußteils erfordert zum Gießen der Fenster mehrere Kerne, die in der Form innerhalb und außerhalb des Zylindermantels aufliegen müssen, sowie kompliziertes Modell (Kernmarken!) und unschönes Aussehen. Günstige Gestaltung erlaubt, Modell und Form jeweils in einer Ebene zu teilen (keine Kerne erforderlich!)	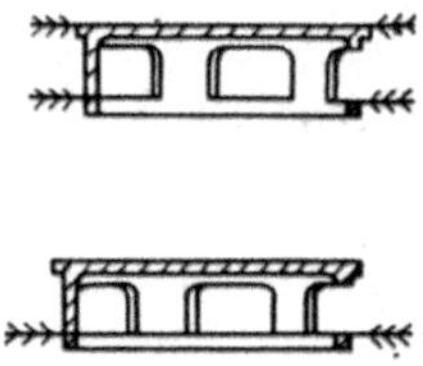
5	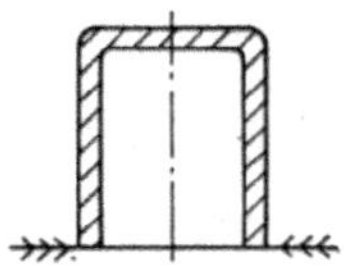	Leichte Aushebbarkeit des Modells aus der Form durch Aushebeschrägen und geeignete Abrundungen vermeidet Beschädigen der Form und erspart Lohnkosten für Ausbesserungsarbeiten an der Form	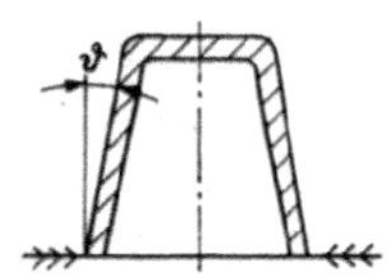
6	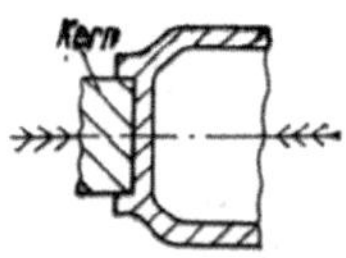	Bei ungünstiger Gestaltung ist infolge Hinterschnitts durch umlaufenden zylindrischen Ansatz ein Kern erforderlich; er kann durch Drehen der Teilungsebene der Form um 90° oder kreuzförmigen Bodenansatz umgangen werden	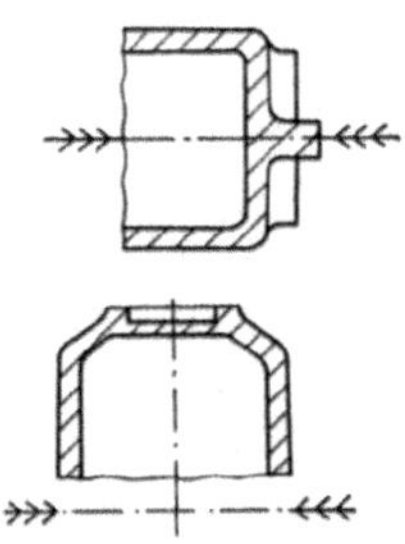
	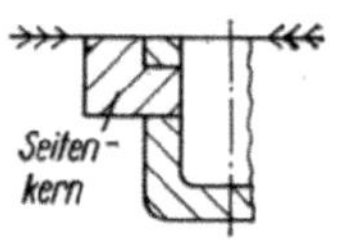	Verlaufen Achsen von Durchbrüchen parallel zur Formteilungsebene, ist i. allg. ein Kern erforderlich. Bei Verlängerung der Durchbrüche bis zur Bodenfläche sind Kerne und auch unerwünschte Gratnähte vermeidbar	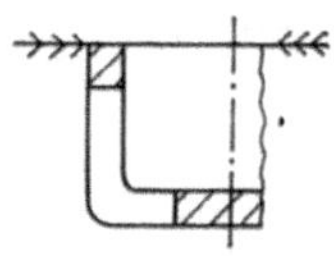
	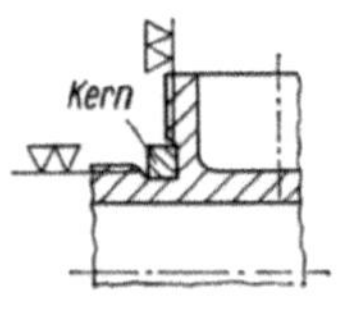	Bei Gewinden mit größerem Nenndurchmesser wird i.allg. freier Werkzeugauslauf gefordert. Bei Verzicht auf diese Forderung in vertikaler Richtung kann Kern entfallen	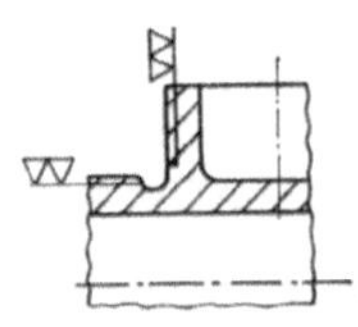
	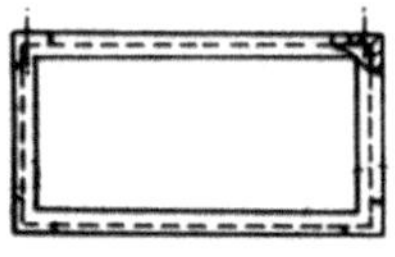	Der Rahmen für einen Einschub kann allseitig mit einem L-Profil gegossen werden, wobei Kern unerläßlich ist. Bei einseitiger Verlagerung dieses Profils nach außen ist Einformen ohne Kern möglich	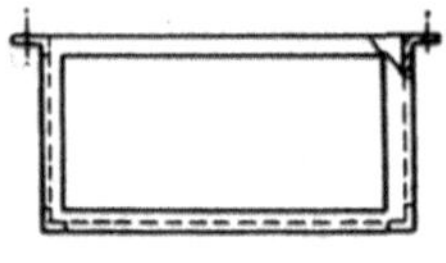

Tafel 4.6. (Fortsetzung)

Beispiel	Ungünstige Lösung	Erläuterungen	Günstige Lösung
7	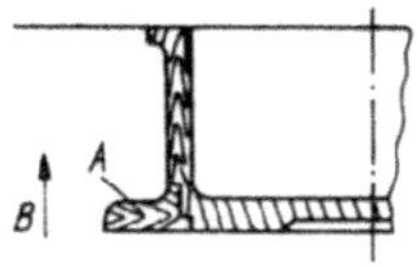	Bei Verwendung von Ansteckleisten ist darauf zu achten, daß sie nach Entfernen des Modells in den Hohlraum der geöffneten Form zurückgezogen und entnommen werden können (Entnahme des Ansteckteils A nur bei $a < b$ möglich)	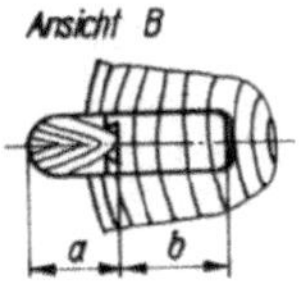
	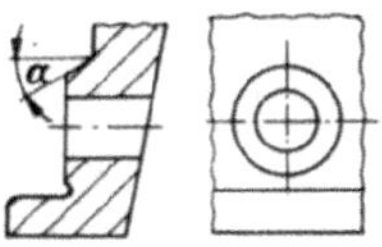	Ansteckteile sind gut abzuschrägen ($\alpha \approx 30°$). Das Einformen wird aber bei glatten Modellflächen vereinfacht, ebenso die Putzarbeit; deshalb solche Teile möglichst vermeiden	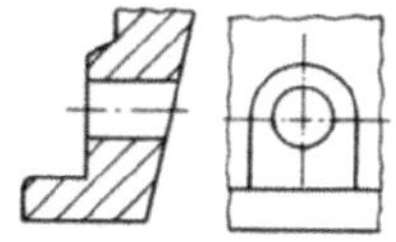
8	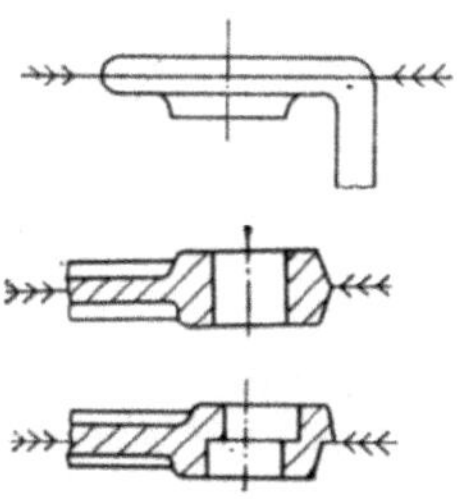	Unbearbeitete Flächen von Gußteilen werden i. allg. roh gelassen. Alle Unebenheiten und vor allem Gratnähte kommen dadurch voll zur Geltung. Teilfugen sollen, zumal immer die Gefahr des Formkastenversatzes besteht, deshalb möglichst in oder an Ecken von zu bearbeitenden Flächen verlaufen. Dadurch wird gleichzeitig eine wirtschaftliche Gestaltung von Modell und Form möglich	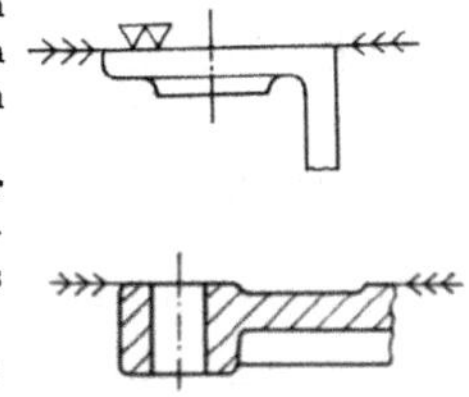

Gußteils, der Modell- und Gußform bestimmt, in hohem Maß die Rentabilität der Gießerei abhängt. Die folgenden, in Tafel 4.6 durch Beispiele belegten und jeweils durch gleiche Ziffer gekennzeichneten Richtlinien sind deshalb in bezug auf ein modell- und formgerechtes Gestalten von Gußteilen besonders zu beachten:

1. Gußteile sind so zu gestalten, daß Modell und Kernkasten aus möglichst wenigen Teilen aufgebaut werden können.
2. Für die Konturen der Gußteile sind vorwiegend gerade Linien, ebene Flächen und rechtwinklige bzw. rotationssymmetrische Formen anzuwenden.
3. Für Abrundungen sind gleiche Radien zu verwenden (Tafel 4.7).
4. Durch zweckmäßige Modellteilung lassen sich oft spezielle Kerne, Kernkästen usw. einsparen.
5. Die leichte Aushebbarkeit des Modells bzw. der Modellteile aus der Form erfordert Formschrägen (Aushebeschrägen) senkrecht zur Formteilungsebene (abhängig von

Tafel 4.7
Rundungen an Sandgußwerkstücken [4.3]

Kantenlänge mm	Rundungshalbmesser an Außenkanten R_1 mm	Rundungshalbmesser an Innenkanten R_2 mm
bis 10	1	1,6
über 10···80	1,6	2,5
über 80	2,5	4

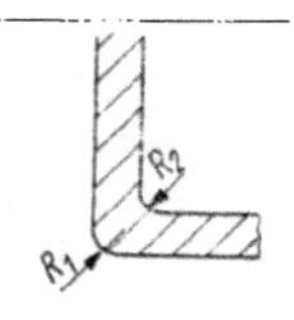

Tafel 4.8 Formschrägen für innere und äußere Flächen und Kernmarken an Modellen aus Holz, Metall, Kunststoff und Schaumstoff nach DIN 1511

Aushebehöhe h mm	bis 10	über 10 bis 18	über 18 bis 30	über 30 bis 50	über 50 bis 80	über 80 bis 100
Schräge für Modellkonturen (ϑ)	3°	2°	1,5°	1°	0,75°	0,5°

Aushebehöhe h mm	bis 70	über 70
Schräge für Kernmarken	5°	3°

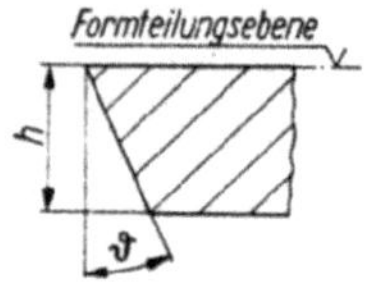

Formstoff und Höhe der auszuhebenden Flächen beträgt der Schrägungswinkel $\vartheta = 0{,}2$ bis 5°; vgl. auch DIN 1511 und Tafel 4.8) und geeignete Abrundungen (große Abrundungen an Kanten, an denen Modell entlangstreift; kleine Abrundungen an Kanten, die vom Sand abgehoben werden).

6. Hinterschneidungen in der Form sind zu vermeiden, da sie entweder eine Teilung des Modells (zusätzliche Fertigungsabweichungen), einen oder mehrere Kerne (zusätzliche Gratbildung und Ungenauigkeiten) oder weitere Hilfsmaßnahmen erforderlich machen (vgl. auch Punkt 7).
7. Sind kleinere Hinterschneidungen (z. B. Vorsprünge für Gußaugen) nicht zu umgehen, so ist ein Ausheben des Modells dadurch möglich, daß die Vorsprünge durch nachträglich in den Formhohlraum einziehbare lose Teile am Modell gebildet werden. Diese sog. Ansteckteile (z. B. durch Stifte in ihrer Lage gesichert) verbleiben beim Ausheben des Modells zunächst in der Form und werden erst nachträglich entnommen. Sie verteuern allerdings Modell- und Formherstellung.
8. Die Formteilungsebene soll möglichst die Flächen schneiden, die nachträglich noch spanend bearbeitet werden; nur so ist ein gutes Aussehen (ohne Gratnaht!) zu gewährleisten.

In einigen dieser Richtlinien (u. a. Punkte 4, 6) kommt zum Ausdruck, daß Kerne möglichst zu vermeiden sind. Lassen sie sich nicht umgehen, was u. a. bei Gußteilen der Fall ist, die im Vergleich zu ihrer Gesamtfläche nur relativ kleine Öffnungen aufweisen müssen, so sind deren bequeme Einlegbarkeit und Lagesicherung (um maßhaltige Gußteile zu garantieren), eine richtige Gestaltung der Kernmarken am Modell und die leichte Entfernbarkeit beim Putzen des Gußteils zu beachten. Außerdem muß dafür gesorgt werden, daß Kerne in einer Form nicht zusammentreffen, da dies Gratbildung und Kompliziertheit des Einformens (Grat innen zu verputzen ist oft unmöglich!) fördert. Sollte eine Form nicht geteilt sein, bereitet das Einführen des Kerns erhebliche Schwierigkeiten. Die Gestaltung des Gußteils muß deshalb gewährleisten, daß die Bedingung $b > a$ (Bild 4.10) möglichst gut erfüllt ist. Andernfalls besteht die Gefahr der Beschädigung der Form. Die Lage der Kerne selbst muß maßhaltige Gußteile garantieren. Eine Lageveränderung kann bereits beim Einlegen auftreten, wenn der Kern in der Form unzureichend geführt wird. Es sind deshalb genügend große Kernmarken am Modell, evtl. größer als der umgossene Kern selbst, vorzusehen. Außerdem ist dafür zu sorgen, daß der beim Einlegen u. U. abgestreifte Formsand von der Auflagefläche des Kerns ferngehalten wird. Man erreicht dies durch Aussparungen an gefährdeten Stellen, die den Sand aufnehmen (Sandleisten).

Gleichzeitig schützen große Kernmarken den Kern vor Verlagerungen während des Eingusses. Wegen des einseitigen hydraulischen Drucks, mehr aber noch wegen des Auftriebs des festen Kerns in der flüssigen Schmelze, sind deshalb oft Abstützungen (auch nach oben!) erforderlich. Diese sind von der konstruktiven Gestaltung des je-

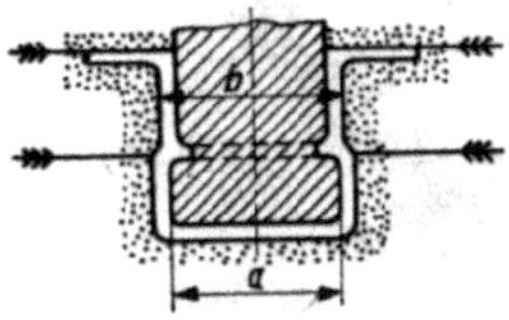

Bild 4.10
Leichte Einlegbarkeit des Kerns
a größter Außendurchmesser des Kerns
b kleinster Innendurchmesser des Gußteils

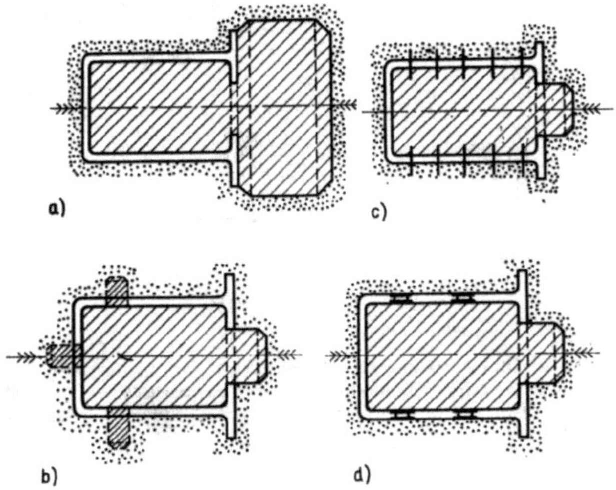

Bild 4.11
Möglichkeiten der Lagesicherung von Kernen
a) Kernschwerpunkt in der Kernmarke; b) zusätzliche Öffnungen im Gußteil erlauben zweiseitige Auflage; c) Kernnägel – Kernlage schwer korrigierbar; d) Kernstützen – evtl. beste Lösung

weiligen Gußteils abhängig (Bild 4.11) und erfolgen durch eine reichlich dimensionierte Kernmarke a), durch Vorsprünge am Kern (horizontale oder vertikale Kernmarken), die am Gußteil zu meist unerwünschten, mehr oder weniger großen Öffnungen führen und nach dem Gießen evtl. wieder geschlossen werden müssen b), durch Kernnägel, die eine Verbindung zwischen Form und Kern herstellen c), und durch Kernstützen aus verzinntem Flußstahl bei Eisen- und Stahlguß. Die Lösungen c) und d) haben den Nachteil, daß die Schmelze an den eingegossenen Metallteilen rascher abkühlt, was zur Bildung von Gasblasen und undichtem Guß führen kann.

4.1.3.2. *Gießgerechte Gestaltung*

Der technologische Ablauf beim Gießen verdeutlicht, daß der Gußwerkstoff während der Verarbeitung große Temperaturunterschiede durchlaufen muß. Daraus ergeben sich unmittelbare Forderungen hinsichtlich der Gestaltung der Gußteile. Eine der wichtigsten ist die Beachtung des *Schwindens*, das durch Volumenminderung des Werkstoffs bzw. Gußteils beim Abkühlen und Erstarren hervorgerufen wird. Es ist abhängig vom Werkstoff, von der Gießtemperatur, Art und Gestaltung der Form und dem zeitlichen Verlauf der Abkühlung. Um maßhaltige Werkstücke gießen zu können, müssen die Gußmodelle also um einen bestimmten Betrag größer gefertigt werden. Der Modellbauer benutzt deshalb Längenmaße, bei denen der Schwund je nach Werkstoff bereits eingeeicht ist. Unerwünschte Folgeerscheinungen des Schwindens sind Lunkerbildung und Gußspannungen.

Lunker sind Hohlräume mit rauhen, oft dendritischen Oberflächen, die ausschließlich im zuletzt erstarrenden Teil des Gußstücks entstehen. Besonders gefährlich sind Innen- und sog. Mikrolunker, die mit bloßem Auge nicht feststellbar sind und oft erst

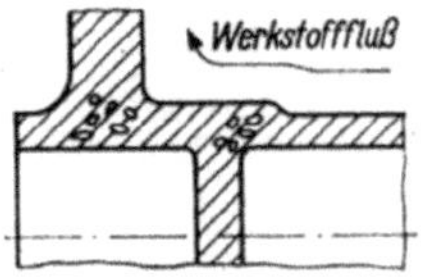

Bild 4.12. Lunkerbildung bei ungleichen Wanddicken

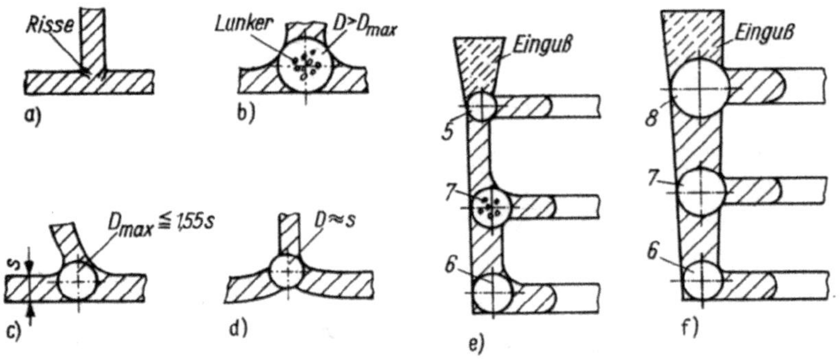

Bild 4.13. Kontrollkreis zur Vermeidung von Gußfehlern (nach Heuvers)

a) scharfe Ecken (Rißgefahr) – zu kleiner Kontrollkreis; b) zu große Radien (Gefahr von Lunkerbildung) – zu großer Kontrollkreis; c), d) schräge und senkrechte Einmündung einer Wand – richtige Größe des Kontrollkreises; e) ungünstige Gestaltung durch falsche Abstufung der Querschnitte bei einem Gußrahmen; f) günstige Gestaltung (Nachströmen der Schmelze möglich)
(Zahlen entsprechen Flächengröße der Kontrollkreise)

nach der Bearbeitung der Gußteile sichtbar werden und die in tragenden Querschnitten zusätzlich die Festigkeit herabsetzen. Die Gefahr der Lunkerbildung ist vor allem an Gußteilstellen mit Anhäufungen von Werkstoff, an schroffen Querschnittsübergängen und in solchen Teilquerschnitten gegeben, bei denen aus benachbarten, dünneren und bereits erstarrten Querschnitten kein Material zum Ausfüllen des durch Schwinden entstandenen Hohlraums nachfließen kann. Im Bild 4.12 ist dargestellt, wie besonders an Stellen relativ großen Querschnitts infolge des Werkstoffflusses in Pfeilrichtung nach dem raschen Erstarren im dünneren (rechten) Querschnitt ein Nachfließen verhindert wird. Die Lunkerbildung ist also speziell eine Folge der Erstarrungsschwindung, während die feste Schwindung das Schwindmaß bedingt.

Zur Vermeidung der Lunkerbildung ist bei der konstruktiven Gestaltung der Teile zu beachten, daß der Querschnitt keine Werkstoffanhäufung, besonders bei Gußrippen und -augen sowie bei Bearbeitungszugaben, aufweist. Bei Querschnittsveränderungen sind gleiche Wanddicken bzw. allmähliche Übergänge anzustreben und abnehmende Querschnitte zwischen dem Einguß und Stellen größerer Werkstoffanhäufung, um ein gutes Nachfließen der Schmelze zu ermöglichen. Beim konstruktiven Entwurf lassen sich Werkstoffanhäufungen durch Einzeichnen von Kontrollkreisen erkennen und korrigieren, wobei ein solcher Kontrollkreis alle Ecken bzw. Rundungen tangiert, die sich an einer Einmündungsstelle von Wandungen, Rippen u. dgl. ergeben. Bezogen auf die Wanddicke des Gußteils soll der Kontrollkreisdurchmesser $D_{max} \leqq 1{,}55\,s$ betragen und seine Fläche sich vom Einguß aus stetig reduzieren (Bild 4.13).

In der Gießerei können Lunker zusätzlich durch richtig dimensionierte Eingußtrichter und durch Anbringen von Steigern („verlorene Köpfe“) als Speicher für die Schmelze vermieden werden. Letztere gestatten, die Erstarrungsschrumpfungen vom Innern des Gußteils nach außen zu verlegen, wo dann nichtstörende Außenlunker entstehen (Bild 4.14). Auch beschleunigtes Abkühlen an gefährdeten Querschnitten, z. B. durch Abschreckplatten, kann bei größeren Gußteilen die Lunkerbildung herabsetzen.

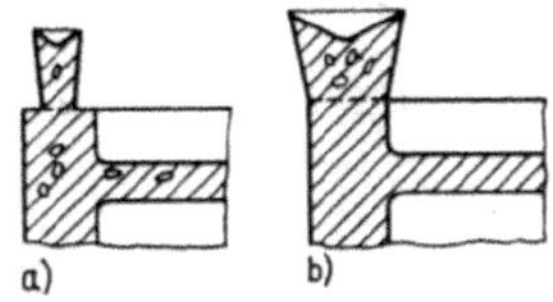

Bild 4.14
Lunkerbildung
a) bei falsch, b) bei richtig dimensioniertem Steiger

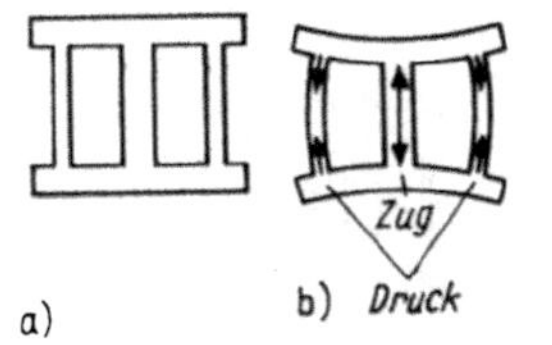

Bild 4.15
Gußspannungen durch stark unterschiedliche Querschnitte an einem Gußteil
a) gewünschte Form
b) entstehende Verformungen

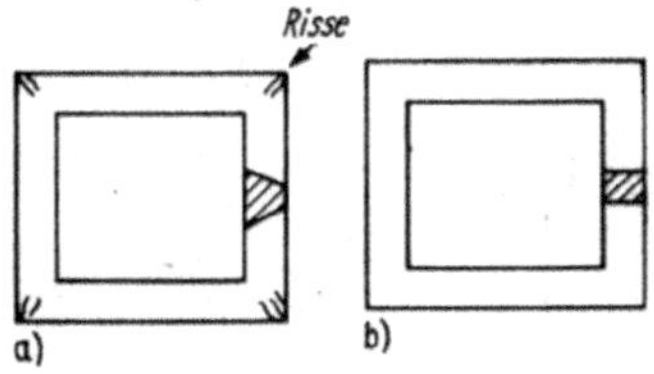

Bild 4.16
Querschnittsform eines Gußrahmens
a) Rißbildung an Ecken, da innen späteres Erstarren als außen;
b) Rechteckquerschnitt verhindert Rißbildung

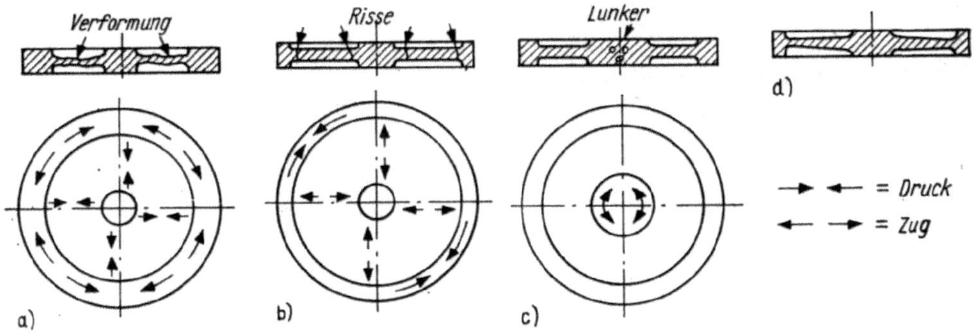

Bild 4.17. Querschnittsverteilung und Spannungen bei einer Riemenscheibe

a) Verziehen zwischen Innen- und Außenring; b) Verziehen am Außenring und Risse an der Nabe; c) Lunkerbildung in der Nabe; d) günstige Lösung durch sinnvolle Masseverteilung und gleichmäßige Abkühlung

Gußspannungen entstehen bei Abkühlung des gegossenen Teils zum einen dann, wenn sich Teilquerschnitte durch unterschiedliches Schwinden gegenseitig beeinflussen (Schwindspannungen), und zum anderen durch unterschiedlichen Abkühlungsverlauf. Folgen der Gußspannungen sind bleibende Formänderungen (Verziehen der Teile, Bild 4.15) schon während der Abkühlung oder infolge spanender Bearbeitung bei Entfernen der Gußhaut sowie Rißbildung, besonders an Stellen mit großen Querschnittsänderungen. Dabei unterscheidet man Warmrisse (erstarrende dünne Kapsel an der Stelle großen Querschnitts ist der mechanischen Belastung durch bereits erstarrte Umgebung dünnen Querschnitts nicht gewachsen) und Kaltrisse durch Summieren äußerer mechanischer Belastung und innerer Spannungen am abgekühlten Gußteil.

Um die Auswirkungen von Gußspannungen einzuschränken bzw. zu vermeiden, ist eine glatte Formgebung der Gußteile erforderlich, die ein gleichmäßiges und allseitig ungehindertes Schwinden ermöglicht (Bild 4.16). Des weiteren sind gußtechnisch richtige Querschnittsverhältnisse und Masseverteilungen zu wählen (große Wärmespannungen bei stark unterschiedlichen Querschnitten, Bild 4.17). Spannungsausgleich kann außerdem durch Gewährleistung einer bestimmten Elastizität des Gußstücks

(z. B. Dehnungsfugen oder gewölbte Flächen, Bild 4.18) erreicht werden und durch Anordnung von Schwindrippen, die Rißbildung und evtl. Verwerfungen durch Aufnahme von Spannungen verhindern (Bild 4.19) und je nach Erfordernis durch nachfolgende Bearbeitung beseitigt werden können. Gleichmäßig schnelle Abkühlung aller Querschnitte eines Gußteils ist auch durch Sondermaßnahmen, wie wechselnde Verdickung bei hohen Rippen (Bild 4.20) oder Einlegen metallischer Abschreckplatten in

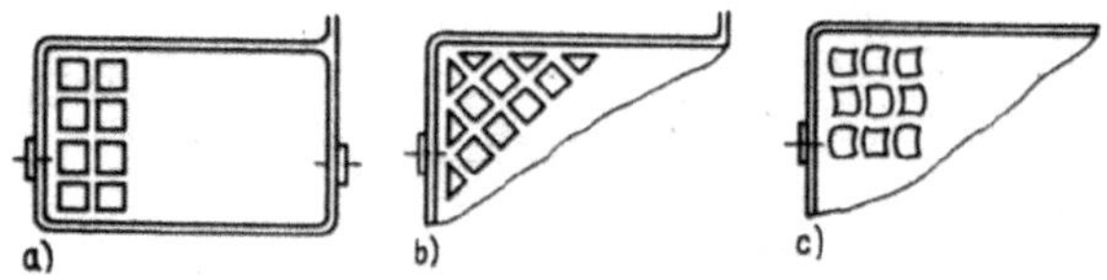

Bild 4.18. Ausgleich der Gußspannungen durch Ausnutzung der elastischen Eigenschaften des abgekühlten Gußteils

a) orthogonale Kreuzung der Gitterstege einer Deckplatte (ungünstig); b) schräge Kreuzung (besser); c) nachgebende Stege (günstig)

Bild 4.19. Schwindrippen zur Aufnahme von Spannungen

a) ungünstig; b) günstig

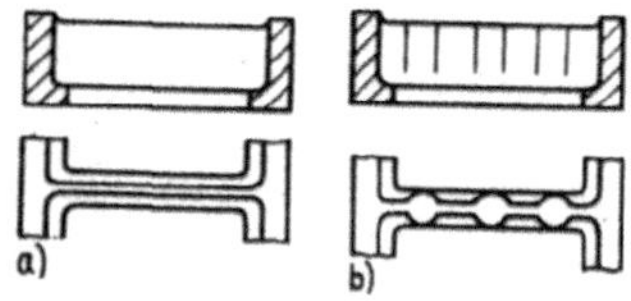

Bild 4.20
Verzögerung der Abkühlung von Rippen durch Verdickungen

a) ungünstig; b) günstig

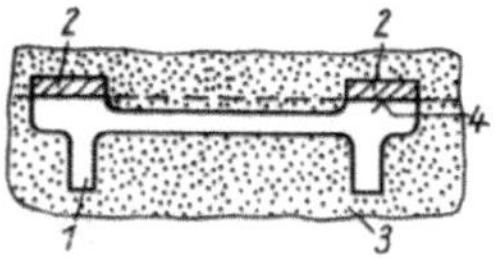

Bild 4.21
Schnelle Abkühlung des Gußteils durch Abschreckplatten in der Sandform (Verziehen der Auflageflächen und Lunkerbildung verhindert)

1 Gußteil; *2* Abschreckplatte; *3* Sandform; *4* Auflageflächen

die Sandform an Stellen mit relativ großen Werkstoffanhäufungen (Bild 4.21), zu erzielen. Die bessere Wärmeleitfähigkeit dieser Platten führt zu schnellerer Abkühlung der großen Querschnitte, ergibt an diesen Stellen außerdem ein feineres Gefüge. Zusätzlich wird dadurch das Seigern (Entmischen der Legierungsbestandteile) verhindert. Vorhandene Restspannungen in Gußteilen können durch Spannungsfreiglühen und evtl. Rüttelbeanspruchung sowie durch natürliche Alterung nahezu völlig beseitigt werden.

Die Gestaltung von Einzelheiten zur Vermeidung von Lunkern und Gußspannungen enthält Tafel 4.9.

Eine weitere unerwünschte Begleiterscheinung beim Metallgießen, die der Lunkerung nur äußerlich ähnelt, ist die *Blasenbildung.* Nach dem Archimedischen Prinzip steigen in der flüssigen Schmelze Gasblasen auf, die während des Gießvorgangs durch Erwärmung der Form und Kerne oder vor dem Gießvorgang durch Gasaufnahme bei hohen Temperaturen des Metalls entstehen. Bei genügend gasdurchlässiger Form werden die obenliegenden Hohlräume infolge des hydraulischen Drucks der noch flüssigen Schmelze geschlossen. Diese Voraussetzung ist jedoch nicht immer erfüllt. Deshalb

Tafel 4.9. Gießen von Werkstücken – Vermeidung von Lunkern und Gußspannungen

Beispiel	Ungünstige Lösung	Erläuterungen	Günstige Lösung
1	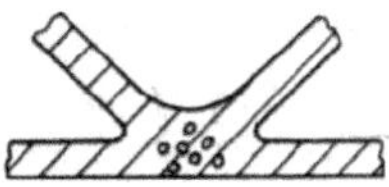	Verhinderung der Werkstoffanhäufung und damit der Lunkerbildung z. B. bei mehreren Rippen durch aufgeteilte Rippenverzweigung oder bei Gußaugen durch Aussparungen	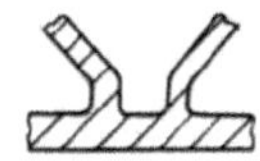
2	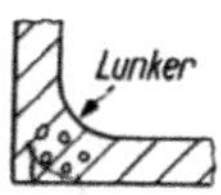	Geeigneter Übergang bei Querschnittsänderungen verhindert Lunkerbildung. Gegenüber großem Radius bietet kleiner Radius bessere und allmählicher Übergang günstigere Gestaltung. Bei scharfkantigem Übergang besteht Rißgefahr	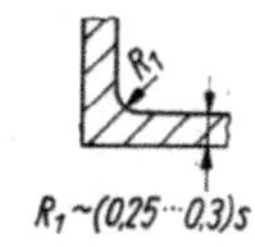
	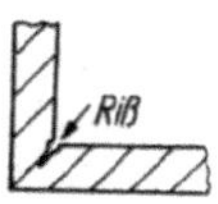		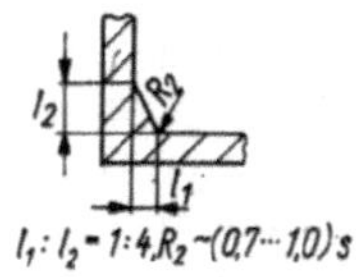
3	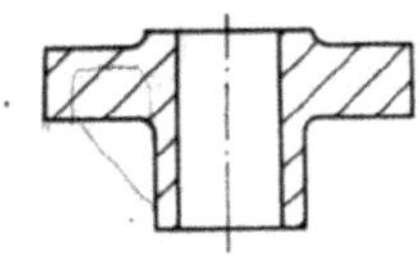	Gleiche Wanddicken verhindern ungleichmäßiges Abkühlen des Gußstücks in der Form. Dadurch werden Rißbildung und Verziehen vermieden	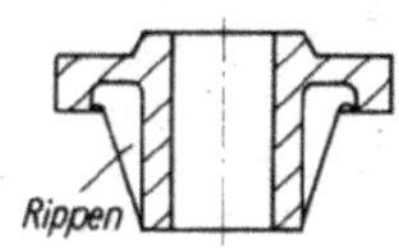
4	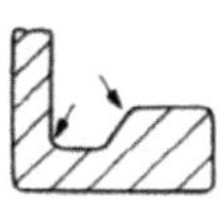	Übergänge von dünnen zu dicken Querschnitten sind zur Aufnahme von Spannungen durch Rippen zu verstärken. Dadurch wird zugleich die Biegefestigkeit erhöht (vgl. Tafel 4.10)	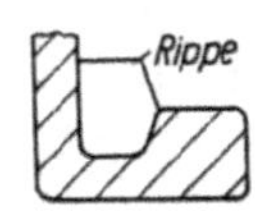

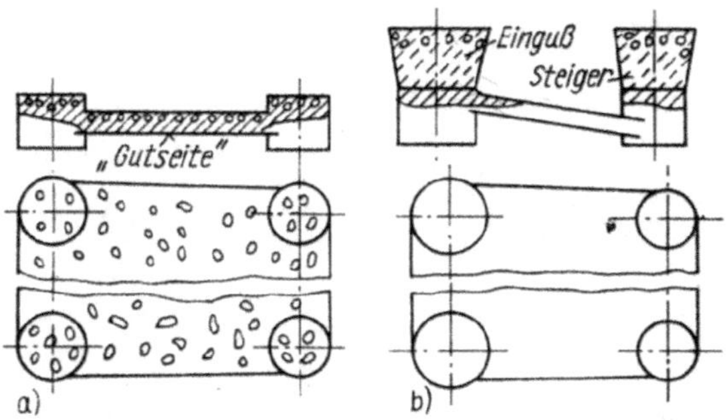

Bild 4.22
Blasenbildung beim Gießen
a) an großen horizontalen Flächen oben („Gutseite“ in der Form unten anordnen); b) schräge Flächen führen Gasblasen zur höchsten Stelle

muß beachtet werden, daß die Seite des Gußteils, die aus funktionellen Gründen dicht sein und auch gut aussehen soll, in der Form unten liegt (Bild 4.22 a). Außerdem ist, soweit möglich, eine schräge Formgebung zu empfehlen, weil dann die Gasblasen nur einer bestimmten Stelle der Form zuwandern (Bild 4.22 b). Wird an dieser Stelle ein Steiger angebracht, erhält man ein praktisch blasen- und schlackenfreies Gußteil.

Treiben der Form. Viele Sandformen neigen dazu, dem hydrostatischen Druck der eingegossenen Schmelze bzw. deren Eigenmasse auszuweichen, und zwar um so stärker, je größer die Gußteile sind und je weniger fest die Form gestampft wurde. Dadurch ergeben sich Gußteile mit größeren geometrischen Abmessungen als vorgesehen, d. h., das Treiben wirkt dem Schwinden entgegen. Da das Treiben der Form u. a. von der Gestaltung des Gußteils, dem Guß- und Formwerkstoff und der Formherstellung abhängt, lassen sich allgemeingültige Angaben nicht machen. Sie sind von Fall zu Fall neu zu ermitteln.

4.1.3.3. *Festigkeitsgerechte Gestaltung*

Die Festigkeitswerte der einzelnen Gußwerkstoffe (Abschn. 4.1.2.; Tafel 4.4) zeigen, daß die elastische Dehnung, besonders bei Gußeisen, gering ist. Deshalb ist eine Biege- oder Torsionsbeanspruchung gegossener Werkstücke möglichst zu vermeiden und eine Belastung auf Druck einer Zugbeanspruchung vorzuziehen. Dieses Prinzip ist durch die konstruktive Gestaltung stets zu verwirklichen. Vermieden werden muß, große Beanspruchungen durch Vergrößerung der Wanddicken auszugleichen. Senkrecht zur belasteten Fläche verlaufende Rippen, Wülste usw. sind gegenüber vergrößertem Querschnitt in jedem Fall günstiger, da sie neben den gießtechnischen Vorteilen (vgl. Abschnitte 4.1.3.1. und 4.1.3.2.) Materialeinsparung ergeben und zugleich die Leichtbauweise für Gußteile ermöglichen. Sind Biegebeanspruchungen nicht zu vermeiden, so ist für großes Widerstandsmoment gegen Biegung, Unterstützung der beanspruchten Fläche und deren Entlastung, z. B. durch Rippen, zu sorgen. Die zu wählende Wanddicke ist sowohl von den Gießeigenschaften des Werkstoffs als auch von der Form und deren Genauigkeit abhängig. Sie soll bei kleineren Gußteilen i. allg. einen Wert von 5 mm und bei größeren von etwa 6 bis 8 mm nicht unterschreiten. Unter günstigen Bedingungen lassen sich bei Sand- und Kokillenguß noch Werte von 3 bis 3,5 mm erreichen. Bei Anwendung von Leichtmetallguß sind die höhere Kerbempfindlichkeit, die geringere Biege- und Druckfestigkeit gegenüber Gußeisen besonders zu beachten. Für die konstruktive Gestaltung von Leichtmetallgußteilen erfordert dies besonders ein Vermeiden scharfer Kerben, die Wahl geeigneter Querschnitte (z. B. Hohlprofile mit rundem oder rechteckigem Querschnitt), das Verrippen der Teile und die Wahl größerer Abmessungen von z. B. auf Pressung beanspruchten Flächen. Die festigkeitsgerechte Gestaltung von Einzelheiten beim Gießen von Werkstücken enthält Tafel 4.10.

Tafel 4.10. Gießen von Werkstücken — festigkeitsgerechte Gestaltung [4.8] [4.9]

Beispiel	Ungünstige Lösung	Erläuterungen	Günstige Lösung
1	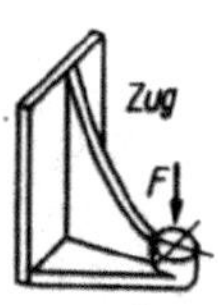	Gußteile sind so zu gestalten und, falls erforderlich, durch Rippen so zu versteifen, daß bevorzugt Druckbeanspruchungen auftreten	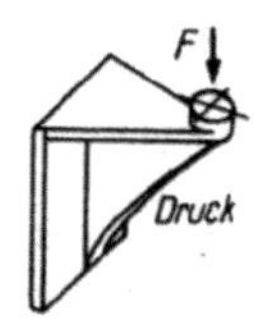
2	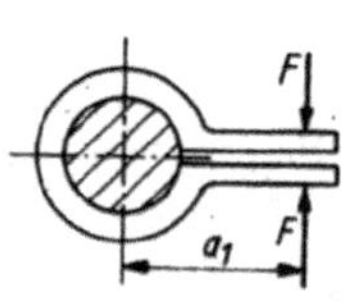	Biegebeanspruchungen lassen sich durch möglichst kleinen Hebelarm des Kraftangriffs niedrig halten, wobei durch Rippen zusätzlich eine Entlastung möglich ist	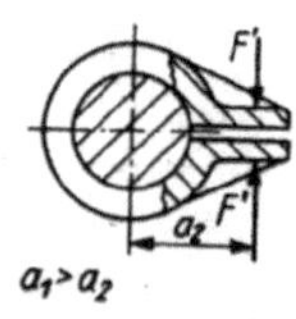
3	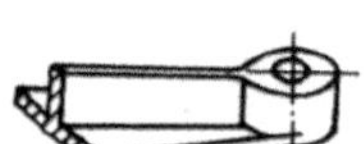	Sind Biegebeanspruchungen nicht zu vermeiden, sind Profile vorzusehen, die ein großes Widerstandsmoment gegen Biegung aufweisen	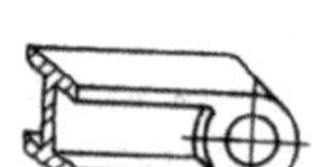
4	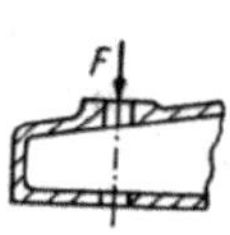	Durchbiegung von Flächen ist durch Unterstützung zu verhindern. Günstige Lösungen ergeben Druckbeanspruchung unterhalb der Kraftangriffsstelle (z. B. Gußauge)	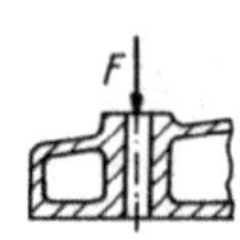

Tafel 4.10. (Fortsetzung)

Beispiel	Ungünstige Lösung	Erläuterungen	Günstige Lösung
5	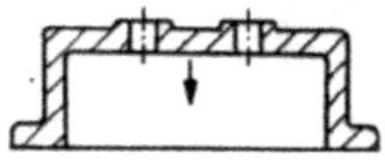	Große waagerecht gelegene Wandungen sind durch Rippen, Zwischenwände o. dgl. zu versteifen, ebenso Befestigungsangeln an Deckeln, Grundplatten usw.	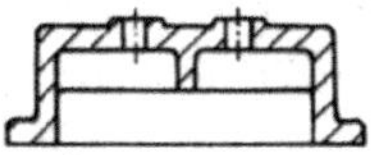
6	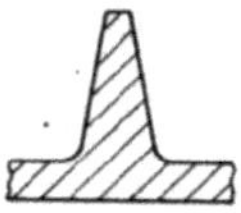	Auf Zug beanspruchte Versteifungsrippen sind wegen der niedrigen Zugfestigkeit der Gußwerkstoffe durch Wülste zu verstärken (biegesteife, aber formtechnisch ungünstige Lösung) oder geeignet zu bemessen (optimale Gestaltung): $a = (0{,}6 \cdots 1)\,s$; $b = 1 \cdots 1{,}3\,s$; $R_a \leqq 0{,}5$ mm; $R_b \geqq 0{,}5\,s$; $h \leqq 5\,s$	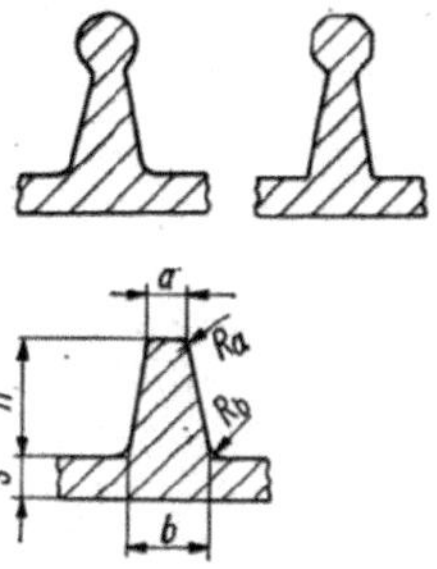

Tafel 4.11. Gießen von Werkstücken — putzgerechte Gestaltung

Beispiel	Ungünstige Lösung	Erläuterungen	Günstige Lösung
1	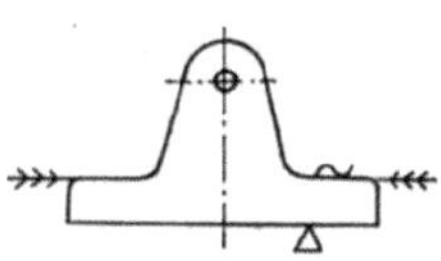	Teilfugen sind möglichst so zu legen, daß die Gratnaht an bearbeiteten Flächen entsteht. Dadurch ist wenig Putzarbeit erforderlich, Naht fällt bei der Bearbeitung weg	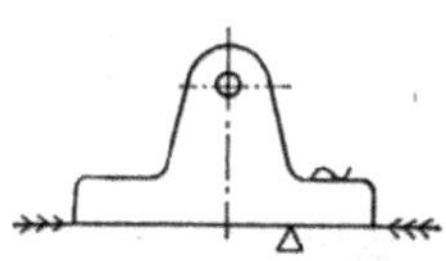
2	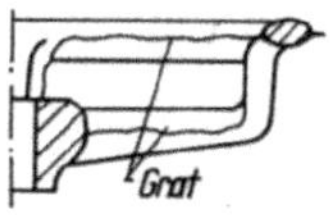	Ungünstige Formgebung ergibt ein schwieriges Zusammensetzen der Form und starke Gratbildung. Durch Vermeidung der Versetzung des Radkranzes entstehen niedrige Form- und Putzkosten	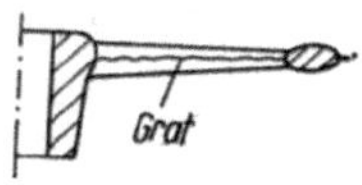
3	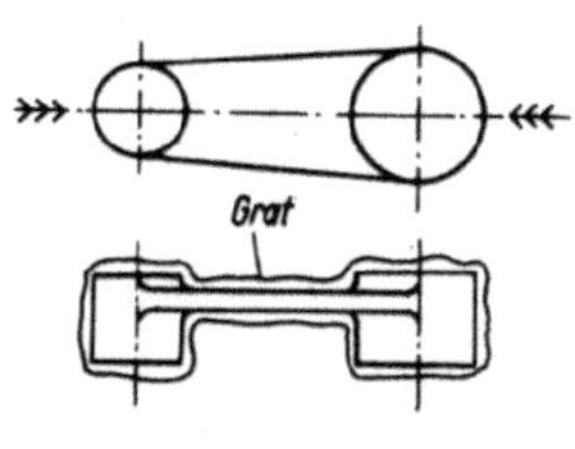	Durch günstige Lage der Formteilungsebene ergibt sich ein glatter Verlauf der Gratnaht und damit Einsparung an unnötig aufwendiger Putzarbeit an winkligen Flächen	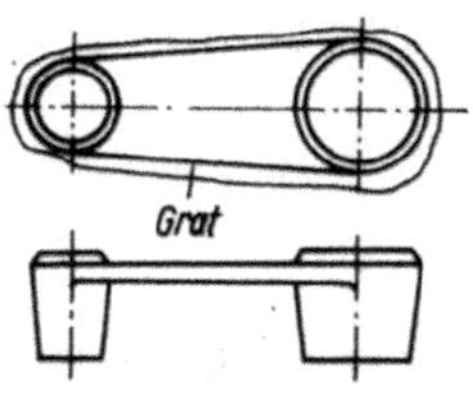
4	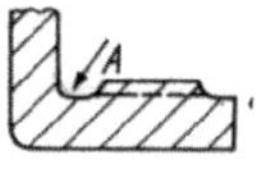	Ungünstige Gestaltung von Gußaugen erfordert u. U. erhebliche Putzarbeit. Außerdem verschmutzt ein Gußteil im Gebrauch bei *A* relativ schnell	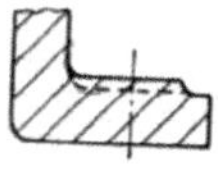
5	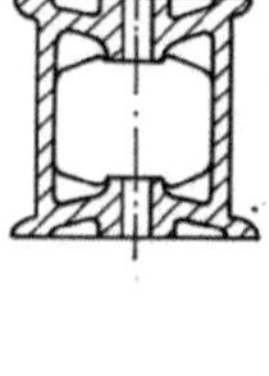	Ungünstiges Entfernen des Kerns und schlechtes Putzen des Kernraums werden durch zusätzliche Öffnungen vermieden	

4.1.3.4. *Putzgerechte Gestaltung*

Unter Putzen versteht man das Entfernen der Eingüsse, Steiger, Gratnähte usw., Glätten der entstehenden Trenn- bzw. Bruchstellen, Beseitigen der Kerne und Kernstützen sowie das Abputzen des z. T. fest anhaftenden Formsands und Säubern der Oberflächen der Gußteile. Diese Arbeitsgänge werden um so mehr erleichtert, je einfacher die Form des Gußteils ist. Bei der konstruktiven Gestaltung ist des weiteren auf gute Zugänglichkeit zu den Außen- und Innenflächen und besonders zu Hohlräumen zu achten. Letztere sind so auszuführen, daß sich die Kerne leicht entfernen und Gratnähte einfach bearbeiten lassen (Beispiele s. Tafel 4.11).

4.1.3.5. *Maß- und bearbeitungsgerechte Gestaltung*

Beim Gießen treten relativ große Toleranzen an den Gußteilen auf, deren Ursachen im wesentlichen in Toleranzen beim Einformen, im ungleichmäßigen Schwund des Gußwerkstoffs, im Verziehen der Teile infolge Wärmespannungen, in Kasten- oder Kernversetzungen, im Treiben der Form senkrecht zur Teilungsebene und im Nachgeben der Form infolge des hydraulischen Drucks begründet liegen. Die wichtigsten Gegenmaßnahmen sind in den Richtlinien für das modell-, form-, gieß- und festigkeitsgerechte Gestalten dargelegt.

Um die trotz Einhaltung dieser Richtlinien entstehenden Toleranzen an den Gußteilen weiter zu verringern, schließt sich an das Gießen und Putzen meist eine spanende Bearbeitung von Funktionsflächen an. Bei deren Gestaltung ist zu berücksichtigen, daß die Werkzeugschneiden genügend tief in die Oberfläche des Gußteils eindringen können. Wegen der i. allg. sehr harten Gußhaut ist zur Vermeidung übermäßiger Abnutzung der Werkzeuge eine entsprechende Bearbeitungszugabe vorzusehen.

Tafel 4.12. Bearbeitungszugaben bei Gußteilen

Werkstoff	Bearbeitungszugabe bei Sandguß[1]) mm	DIN
Gußeisen (GGG, GG)	2 ··· 5	1685 u. 1686
Temperguß	2 ··· 3	1684
Stahlguß	3 ··· 8	1683
Leichtmetallegierungen	2 ··· 3	1688
Kupfergußlegierungen	2 ··· 3	1687

[1]) bei Kokillenguß unabhängig vom Werkstoff Bearbeitungszugaben 1 bis 2 mm

Sie ist abhängig vom Guß- und Formwerkstoff, vom Einformverfahren (hand- oder maschinengeformt), von der Gießlage der zu bearbeitenden Fläche in der Form und von deren Größe (Anhaltswerte s. Tafel 4.12). Weiterhin müssen die folgenden, in Tafel 4.13 durch Beispiele belegten und jeweils durch gleiche Ziffer gekennzeichneten Richtlinien bei der Gestaltung spanend zu bearbeitender Gußteile beachtet werden:

1. Geeignete Spannansätze und -flächen vorsehen!
2. Werkzeuganschnitt und -auslauf beachten!
3. Ungleichmäßige Belastung des Werkzeugs vermeiden!
4. Bearbeitungsflächen möglichst auf einer Höhe anordnen!
5. Umspannen des Gußteils während der Bearbeitung vermeiden!
6. Bearbeitungsflächen möglichst klein halten!
7. Gußaugen mit ausreichendem Durchmesser ausführen!
8. Bearbeitungszugaben bei unvermeidbarem Verzug des Gußteils vergrößern!

Tafel 4.13. Gießen von Werkstücken — maß- und bearbeitungsgerechte Gestaltung [4.8] [4.9]

Beispiel	Ungünstige Lösung	Erläuterungen	Günstige Lösung
1	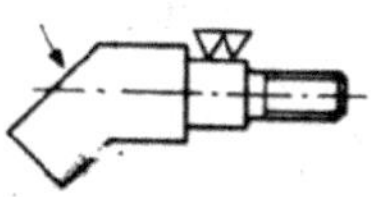	Voraussetzung für eine spanende Bearbeitung ist das sichere Spannen des Gußteils. Um aufwendige Spannvorrichtungen zu vermeiden, sind Spannansätze oder -flächen vorzusehen, die nach der Bearbeitung evtl. entfernt werden können	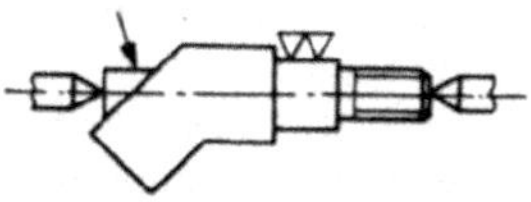
2	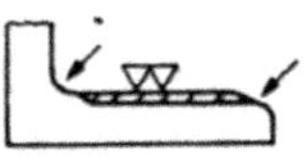	Bearbeitungsflächen sind so abzusetzen, daß ein guter Anschnitt und Auslauf des Werkzeugs und genügend Platz für dasselbe vorhanden sind. Schräger Anschnitt der Gußhaut ist zu vermeiden	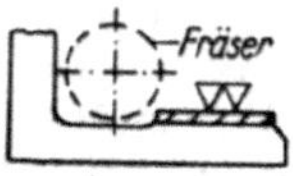
3	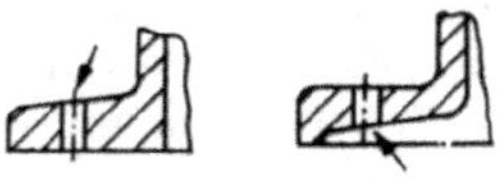	Zur Vermeidung ungleichmäßiger Belastung der Werkzeugschneiden sind Anschnitt- und Auslaufflächen senkrecht zur Vorschubrichtung anzuordnen	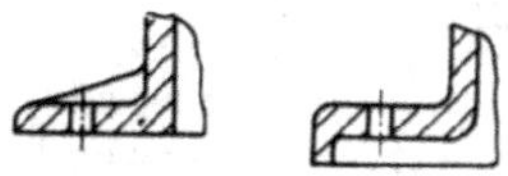
	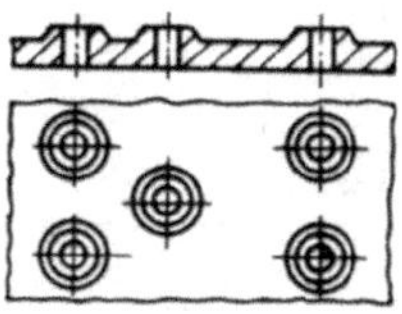	Gleichmäßige Belastung der Werkzeugschneiden wird auch dadurch gesichert, daß viele kleine zu jeweils einer großen Bearbeitungsfläche zusammengefaßt werden	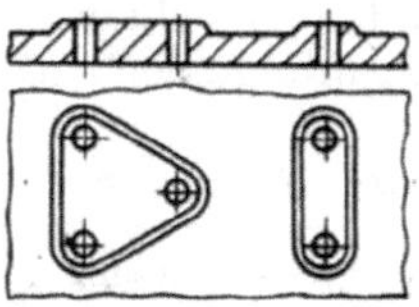
4	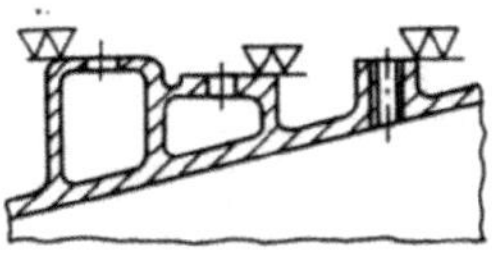	Bearbeitungsflächen mit geringen Niveauunterschieden sind so zu ändern, daß sie auf einer Höhe liegen und gemeinsam ohne Neueinstellung des Werkzeugs bearbeitet werden können	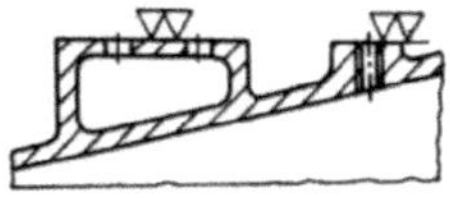
5	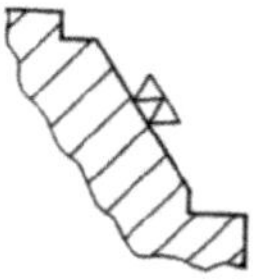	Um ein Umspannen des Gußstücks zu vermeiden, sind möglichst nur in einer Ebene oder senkrecht zueinander stehende Bearbeitungsflächen zu wählen	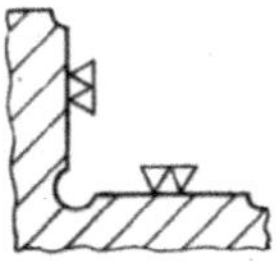
9	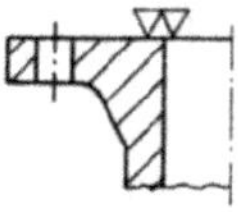	Genau zu bearbeitende Flächen sind so klein wie möglich zu gestalten, um die Bearbeitungskosten niedrig zu halten und Gußfehlern (Lunkern) auszuweichen	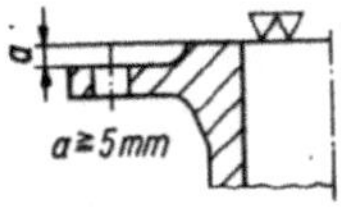
7	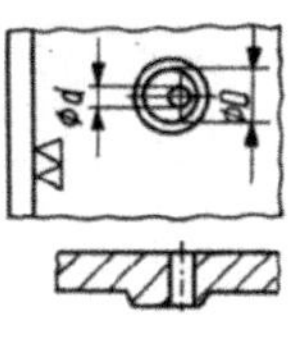	Große Durchmesser für Gußaugen ($D \geqq 2d$) ergeben gutes Aussehen auch bei z. B. durch Fertigungstoleranzen bedingtem Versatz von Bohrungen	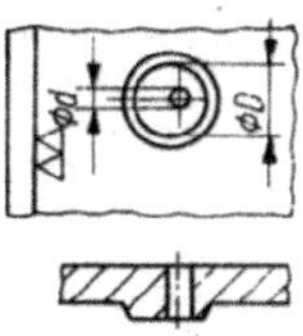
8		Bearbeitungszugaben, die zu größeren Flächen gleichen Niveaus führen sollen, müssen groß genug gewählt werden, so daß sie auch bei zu erwartendem Verzug des Gußstücks noch ausreichen	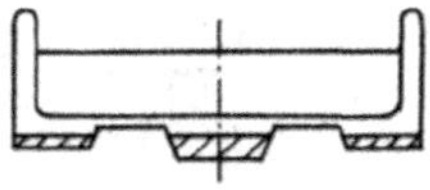

4.1.3.6. *Fügegerechte Gestaltung*

Das Verbinden von Gußteilen miteinander oder mit anderen Teilen erfolgt i. allg. mit Verbindungselementen, besonders mit Schrauben. Zur zusätzlichen Lagesicherung dient oft ein Verstiften der Teile, oder es werden Zentrierränder, -bünde, -ansätze o. dgl. vorgesehen.

Die Gestaltung der Schraubenverbindung (vgl. auch Abschn. 2.4.4. in [4.1]) erfordert im Gußteil ausreichende Einschraubtiefen l (bei Stahlschrauben in Gußeisen $l = 1{,}25\,d$, in Al- und Mg-Legierungen $l = 2\,d$, in Ms-Legierungen $l = 1{,}2\,d$; d Schraubennenndurchmesser) und Wanddicken s bzw. eine Verstärkung der Wanddicke im Bereich des Gewindelochs.

Bei Schraubenköpfen und Muttern ist außerdem für deren ordnungsgemäße Auflage zu sorgen, was oft zusätzliche Gußaugen oder zumindest bearbeitbare Auflageflächen erfordert. Des weiteren muß die Zugänglichkeit sowohl für die Bearbeitung als auch für das Anziehen der Schrauben gesichert sein.

Bei hochbeanspruchten Verbindungen lassen sich zur Erhöhung der Festigkeit zusätzliche Metallteile aus anderen Werkstoffen einbetten, wobei auf formschlüssige Unterstützung (vgl. auch Abschnitte 4.1.3.7. und 4.2.1.3.), Sauberkeit (einzubettende Stahlteile entrosten!), Verträglichkeit der Oberflächen (z. B. keine Teile mit verzinkten Oberflächen verwenden!) und Schwindmaß zu achten ist (bei Gußwerkstoffen mit hohem Schwindmaß Gefahr der Bildung von Schwindrissen; vgl. Abschn. 4.1.3.2.).

Bündige Abschlüsse miteinander zu verbindender Gußteile sollten vermieden werden, da infolge der Auswirkung der Toleranzen an den Teilen sonst oft Nacharbeit er-

Tafel 4.14. Gießen von Werkstücken — fügegerechte Gestaltung [4.8] [4.9]

Beispiel	Ungünstige Lösung	Erläuterungen	Günstige Lösung
1	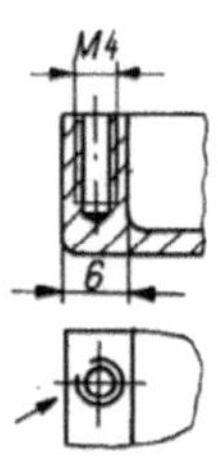	Wegen relativ großer Maßabweichungen (besonders bei Sandguß) müssen Gußteilwandungen an den Stellen, die Gewindelöcher aufnehmen sollen, ausreichende Wanddicken bzw. Verstärkungen erhalten	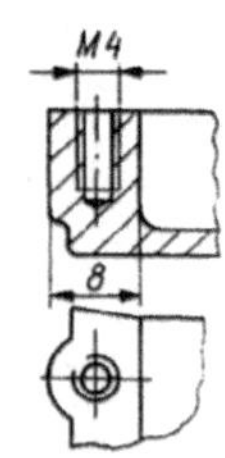
2	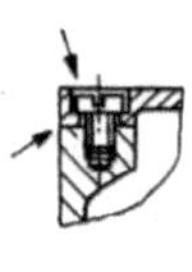	Nacharbeit und unschönes Aussehen bei miteinander zu verbindenden Gußteilen werden vermieden, wenn man auf bündige Abschlüsse verzichtet	
3	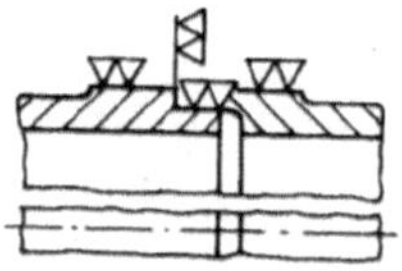	Für das Drehen von Zentrierrändern sind ausreichende Bearbeitungszugaben vorzusehen. Das Zentrieren nicht kreisrunder Teile erfolgt jedoch besser mit Zentrierstiften, um Bearbeitung zu vereinfachen. Auch dabei sind bündige Abschlüsse zu vermeiden	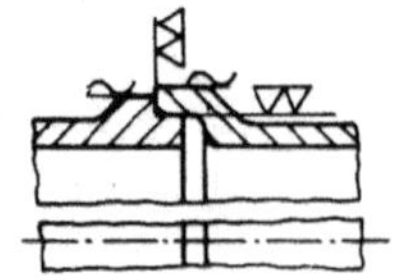
	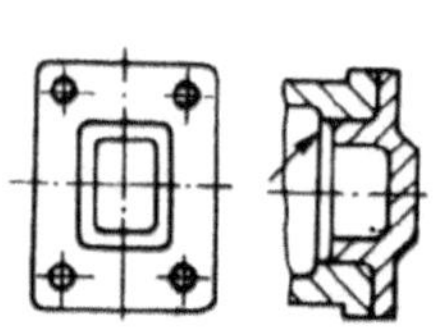		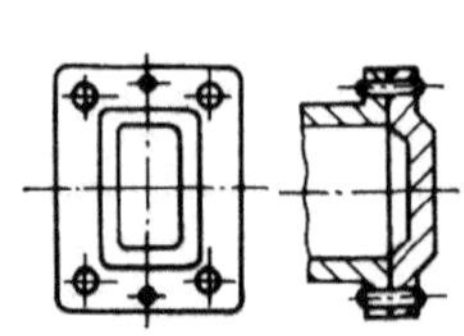

Tafel 4.14. (Fortsetzung)

Beispiel	Ungünstige Lösung	Erläuterungen	Günstige Lösung
4		Für Schraubenköpfe und Muttern sind senkrecht zur Schraubenachse liegende Auflageflächen vorzusehen, um Biegebeanspruchungen in Schrauben zu vermeiden. Außerdem ist auf gute Zugänglichkeit zu achten (z. B. Anziehen mit Schraubenschlüssel)	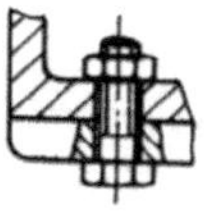
5	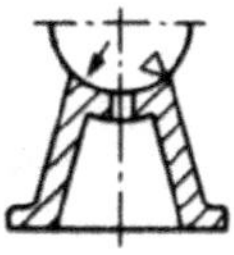	Ebene Auflageflächen zweier oder mehrerer Werkstücke lassen sich i. allg. besser bearbeiten als zylindrische. Außerdem wird evtl. Nachbearbeitung, z. B. durch Schaben, für das Erreichen satter Auflage vereinfacht	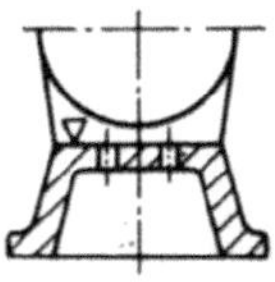

forderlich ist. Die Lage von Bearbeitungsflächen zueinander ist möglichst eben und evtl. vorhandene Zentrierränder sind richtig zu gestalten (Beispiele für fügegerecht gestaltete Einzelheiten bei Gußwerkstücken enthält Tafel 4.14).

4.1.3.7. *Richtlinien für die Gestaltung von Druckgußteilen*

Zur Fertigung kleiner und komplizierter Bauteile in großen Stückzahlen ist das Druckgießen besonders geeignet, da die Teile eine sehr saubere und glatte Oberfläche und gute Maßhaltigkeit aufweisen. Eine Nachbearbeitung ist i. allg. nicht erforderlich, abgesehen vom Abtrennen des Eingusses und Entgraten an der Formteilungsfuge.

Allgemeine Gestaltungsrichtlinien

Die Gestaltung der Teile kann in Anlehnung an die Gießverfahren ohne Druck erfolgen, wobei auch hier bei ungünstigen Abkühlungsbedingungen die gleichen Erscheinungen durch Schwund, Lunkerbildung usw. auftreten. Demzufolge sind die in den Abschnitten 4.1.3.1. bis 4.1.3.6. dargestellten Richtlinien gleichermaßen gültig. Sie fordern:

1. geringe Werkstoffanhäufung und gleiche Wanddicken,
2. geeignete Abrundungsradien und allmähliche Querschnittsänderungen,
3. ausreichende Aushebeschrägen (Schrumpfung in Stahlform!),
4. einfache Form der Teile und richtige Lage der Teilfugen (wegen Entnahme des Teils aus der Form und Gratbildung),
5. Vermeidung von Hinterschneidungen,
6. Erhöhung der Festigkeit durch Verrippung und Wahl besonderer Profile (und nicht durch größere Wanddicken!) und vorzugsweise Belastung des Werkstücks auf Druck.

Beispiele für die Gestaltung von Einzelheiten bei Druckgußteilen enthält Tafel 4.15.

Darüber hinaus sind folgende Besonderheiten von Bedeutung: Durch die hohen Werkzeugkosten (Formen werden i. allg. aus vollem Material herausgearbeitet) sind mehr noch als beim Gießen ohne Druck einfache Konturen zu wählen und wegen des hohen Gießdrucks strömungstechnische Gesichtspunkte für die Gestaltung der Teile zu beachten.

Die Teile müssen so ausgeführt werden, daß Kernzüge und Seitenschieber (vgl. Bild 4.5) nicht erforderlich sind, weil sonst das gesamte Druckgußwerkzeug verteuert und der Gießvorgang zeitaufwendiger wird. Ist diese Forderung nicht einzuhalten, ist wegen des Schrumpfens der Druckgußteile beim Erstarren darauf zu achten, daß deren Innenflächen geneigt bzw. kegelförmig und die Außenflächen zylindrisch bzw.

Tafel 4.15. Gestaltung von Einzelheiten bei Druckgußteilen [4.8] [4.9]

Beispiel	Ungünstige Lösung	Erläuterungen	Günstige Lösung
1	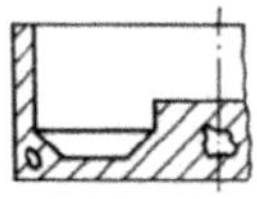	Durch Vermeidung von Werkstoffanhäufung und ungleichen Wanddicken wird die Gefahr von Lun kerbildung und Spannung rissen herabgesetzt. Dabei ist auf Einhaltung der Mindestwanddicke in Abhängigkeit vom Druck gußwerkstoff zu achten (s. Tafel 4.16)	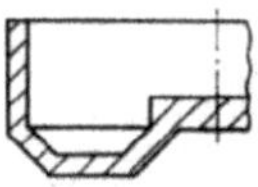
2	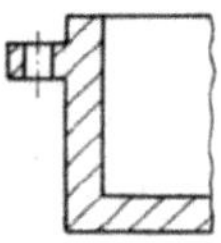	Rippen und Wandungen dürfen nicht scharfkanti ineinander einmünden. Ihr Übergang ist durch geeignete Abrundungen gießtechnisch günstig zu gestalten (s. Tafel 4.16)	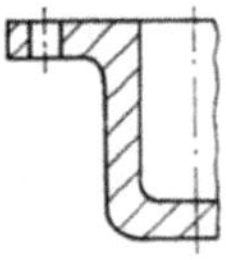
3	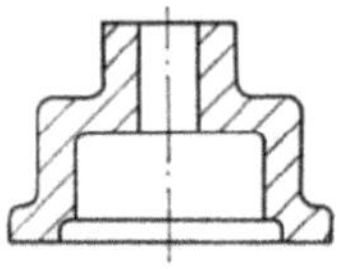	Senkrecht zur Formteilung verlaufende Flächen sind mit Aushebeschräge zu versehen, um leichtes Entnehmen aus der Form zu ermöglichen, ohne daß die Teile beschädigt werden. Aushebeschrägen an Kernflächen sind dabei etwa doppelt so groß zu wählen wie an Außenflächen	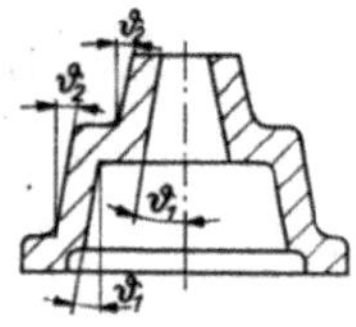
4	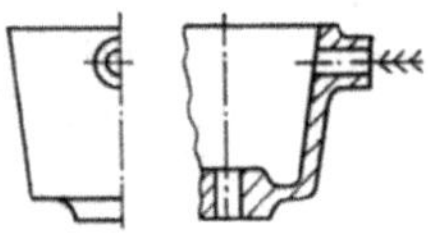	Die Form der Druckgußteile ist so einfach wie möglich zu gestalten, und es ist anzustreben, daß di Teilfuge in einer Ebene liegt	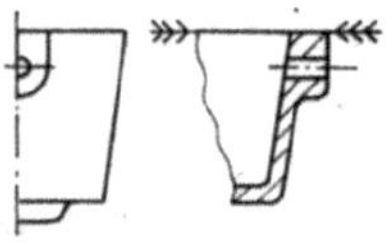
5	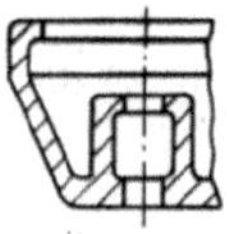 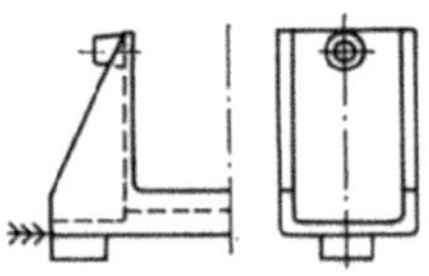	Druckgußteile sind so zu gestalten, daß Hinterschneidungen und damit Kernzüge sowie Seitenschieber vermieden werden. Dadurch lassen sich die Werkstückkosten und Gießzeiten verringern	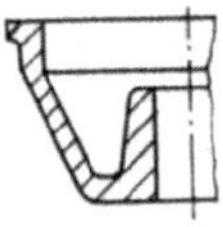 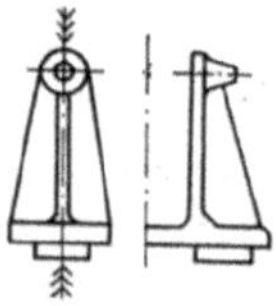
6	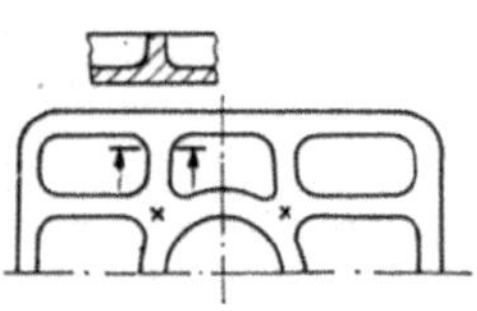	Druckgußteile sind nötigenfalls durch günstige Rippenanordnung zu ver steifen. Die Anwendung von Rippen darf jedoch nicht zu Werkstoffanhäufung (*x*) führen (Gestaltung der Rippen vgl. Tafel 4.10)	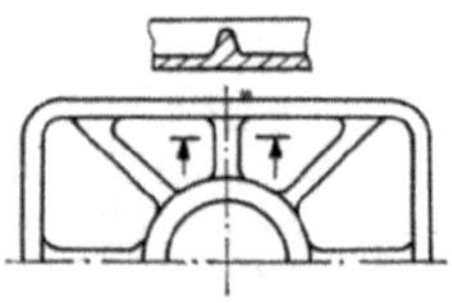

prismatisch ausgeführt werden, um das Herausziehen der Kerne und Seitenschieber und auch das Ausstoßen der Teile aus der Gußform nicht zu erschweren. Deshalb ist der Gestaltung der Angriffsflächen für die i. allg. zylindrischen Auswerferstifte (Dmr. $\approx$ 2 mm) besondere Beachtung zu schenken (Angriff an tiefster Stelle des Teils, Angriffsflächen hinreichend groß und wegen der Markierung an der Oberfläche an nicht sichtbaren Flächen anordnen; Bild 4.23).

Hohe Genauigkeiten sind nur innerhalb fester Formteile erreichbar. Gratnaht und gröbere Toleranzen zwischen beweglichen Formteilen dürfen sich auf Funktion, Aus-

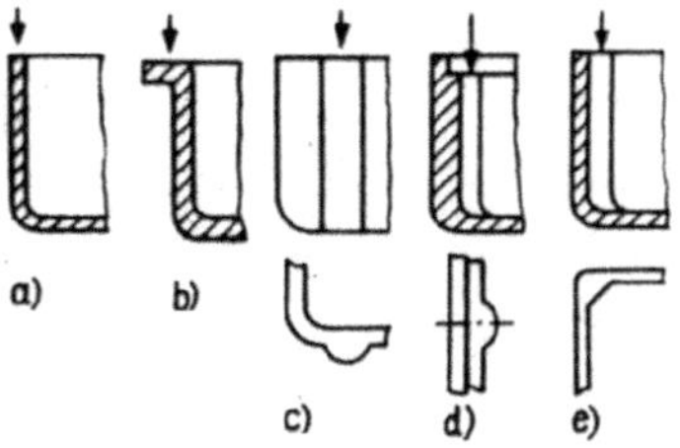

Bild 4.23
Anordnung der Angriffsflächen für Auswerferstifte [4.8]
a) zu geringe Wanddicke; b) Randvergrößerung; c), d) Verstärkungsrippen außen und innen; e) Eckenverstärkung

Tafel 4.16. Konstruktionsrichtwerte für Druckgußteile
z. T. nach [4.3]

a) Wanddicken

Legierung	Gußteilfläche cm²	Wanddicke[1]) mm
Aluminium	bis 25	0,8 ··· 1,2
und	über 25 ··· 100	1 ··· 1,8
Magnesium	über 100 ··· 400	1,5 ··· 2,5
	über 400	2 ··· 3,5
Zink	bis 100	0,6 ··· 1,5
	über 100	1,2 ··· 3,0
Kupfer	bis 100	1 ··· 2
	über 100	2 ··· 3,5
Blei	bis 100	0,75 ··· 1,5
	über 100	1,5 ··· 2,5
Zinn	bis 100	0,5 ··· 1,2
	über 100	1,2 ··· 2

[1]) Bei größeren Wanddicken Gefahr der Lunkerbildung durch Werkstoffanhäufung beachten.

b) Rippen

$s_{max} < 6$ mm
$b_1 = 1 \cdots 1{,}3s$
$b_2 = 0{,}6 \cdots 1s$
$h \leqq 5s$
$\vartheta \geqq 2 \cdots 5°$
$R = 0{,}5s$
$R_1 = 0{,}4b_1$

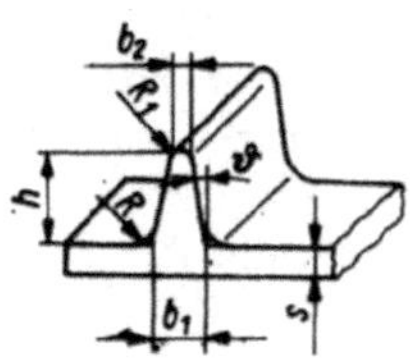

c) Rundungen

Legierung	Rundung	Richtwert
Aluminium,	innen R_1	$(0{,}5 \cdots 1)s$
Magnesium	außen R_2	$\leqq R + s$
und Kupfer	Anschluß R_3	0,4 ··· 1 mm

Für Blei, Zinn und Zink sind (0,25 bis 1)s und bei geringer Beanspruchung auch scharfe Übergänge zulässig.

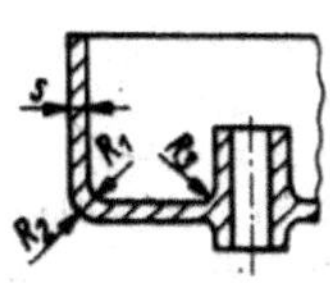

Tafel 4.16. (Fortsetzung)

d) Neigung von Gußteilflächen

Legierung	Aluminium	Magnesium	Zink	Kupfer	Blei	Zinn
Neigung der Außenflächen	0,5 ··· 1°	0,25 ··· 0,5°	0 ··· 0,5°	1 ··· 2°	0,1 ··· 0,2°	0,1 ··· 0,2°
Neigung der Innenflächen	1 ··· 2°	0,5 ··· 1°	0,25 ··· 0,5°	1 ··· 3°	0,2 ··· 0,3°	0,2 ··· 0,4°

e) Bearbeitungszugaben

Zu bearbeitende Flächen	Bearbeitungszugaben für Drehen (kleine und mittlere Teile) mm	Fräsen (große und sperrige Teile) mm	Reiben, Räumen, Schleifen (Teile jeder Größe) mm
Planflächen	0,2 ··· 0,4	0,4 ··· 0,6	0,1 ··· 0,2
Außenzylinder	0,4 ··· 0,6	0,5 ··· 0,7	0,05 ··· 0,2
Innenzylinder	0,4 ··· 0,6	0,5 ··· 0,7	0,05 ··· 0,2

Tafel 4.17. Toleranzen bei Druckgußteilen [4.3]

prozentuale und minimale Abmaße vom Sollmaß

Legierung	Maße von starr verbundenen Formteilen begrenzt	Maße von beweglichen Formteilen begrenzt	Maße von beiden Formhälften begrenzt
Aluminium	±0,1 %	±0,15 %	±0,2 %
	Abmaße jedoch nicht kleiner als		
	±0,04 mm	±0,08 mm	±0,1 mm
Magnesium	±0,9 %	±0,12 %	±0,15 %
	Abmaße jedoch nicht kleiner als		
	±0,03 mm	±0,06 mm	±0,08 mm
Zink	±0,9 %	±0,12 %	±0,15 %
	Abmaße jedoch nicht kleiner als		
	±0,03 mm	±0,06 mm	±0,08 mm
Kupfer	±0,25 %	±0,3 %	±0,35 %
	Abmaße jedoch nicht kleiner als		
	±0,06 mm	±0,1 mm	±0,12 mm

sehen usw. nicht störend auswirken, da sonst spanende Nachbearbeitung erforderlich ist. Die Genauigkeit der Druckgußteile ist u. a. abhängig von der Fertigungsgenauigkeit des Werkzeugs (ISO-Toleranz IT4 und besser), dessen Wärmeausdehnung und Abnutzung in Abhängigkeit von der Schußzahl, von Form und Größe des Gußteils und Art des Gußwerkstoffs sowie von der Lage der wichtigsten Paßflächen des Bauteils im Werkzeug. Toleranzen $< \pm 0{,}05$ mm sind nur für Begrenzungsflächen an Bauteilen zu garantieren, die innerhalb unbeweglicher Formteile liegen. Zwischen zwei Formteilen ist mit Toleranzen von etwa $\pm 0{,}1$ mm zu rechnen. Als Faustregel kann gelten, daß Toleranzen, wie sie in den Freimaßtoleranzen nach DIN 7168 „mittel" für spanende Bearbeitung genormt sind, gerade noch erreicht werden. In den Tafeln 4.16 und 4.17 sind einige Zahlenwerte und erreichbare Genauigkeiten als Anhaltspunkte für die Konstruktionsarbeit aufgeführt.

Ist für höhere Genauigkeiten eine spanende Bearbeitung erforderlich, sind Bearbeitungszugaben von <1 mm (i. allg. 0,3 bis 0,5 mm) zu wählen. Werte unter 0,3 mm bedingen wegen der relativ harten Oberfläche starken Verschleiß der Schneidwerkzeuge.

Da die Genauigkeit der Druckgußteile größer ist als die der durch andere Gießverfahren gefertigten Teile und der Werkstoff außerdem in bestimmten Grenzen leichter verformt werden kann, lassen sich mehrere Druckgußteile auch einfach verbinden (Bild 4.24).

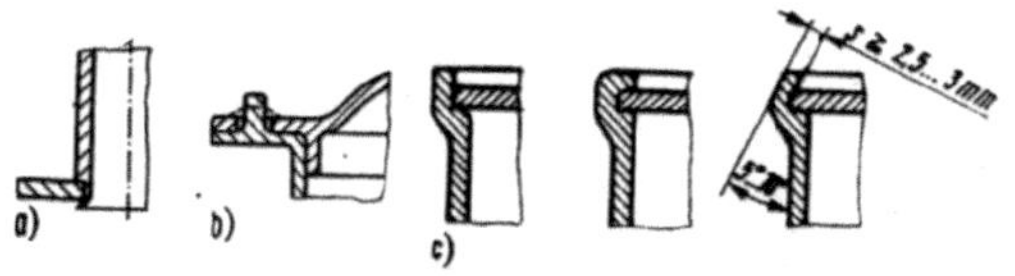

Bild 4.24
Unmittelbares Vernieten von Druckgußteilen
a) bördelähnliche Rohrnietung; b) angegossener Nietzapfen; c) Bördelverbindung rohrförmiger Teile mit Abschlußscheiben [4.8]

Gießen von Bohrungen, Schlitzen, Gewinden und Verzahnungen

Die hohen Genauigkeiten beim Druckguß ermöglichen es, daß Löcher, besondere Konturen usw. in einem Arbeitsgang mit dem Gußteil gefertigt werden können.

Bohrungen lassen sich von einer unteren Durchmessergrenze an aufwärts (vgl. Tafel 4.18) ohne Schwierigkeiten beim Gießvorgang fertigen, wenn ihre Achsen parallel zur

Tafel 4.18. Abmessungen eingegossener Bohrungen, Gewinde und Schlitze bei Druckgußteilen [4.8]

Druckguß-legierung	Bohrungen d_{min} mm	d' mm	l_{max}	t_{max}	Gewinde d mm	d'' mm	h_{min} mm	Schlitze b_{min} mm
Aluminium	2	2,5	4d	2 ··· 3d	6	10	1,25	1,2
Magnesium	1,5	2	6d	3d	6	10	1,25	1
Kupfer	3	5	2 ··· 4d	1,5 ··· 3d	8	12	1,5	1,5
Zink	1	1,5	6d	3d	4	8	1	0,8
Blei	0,75	1,5	$d < 1{,}5$: 7d	3d	4	8	1	0,6
Zinn	0,5	1,2	$d > 1{,}5$: 10d	3d	4	8	1	0,6

d_{min} Mindestdurchmesser
d' wirtschaftlicher Mindestdurchmesser
l_{max} maximale Länge von Durchgangsbohrungen
t_{max} maximale Tiefe von Sacklöchern
d Mindestgewindedurchmesser
d'' wirtschaftlicher Mindestgewindedurchmesser
h_{min} Mindestganghöhe
Werte gelten für Innengewinde; bei Außengewinden etwa 2- bis 3fach größere Werte für d.

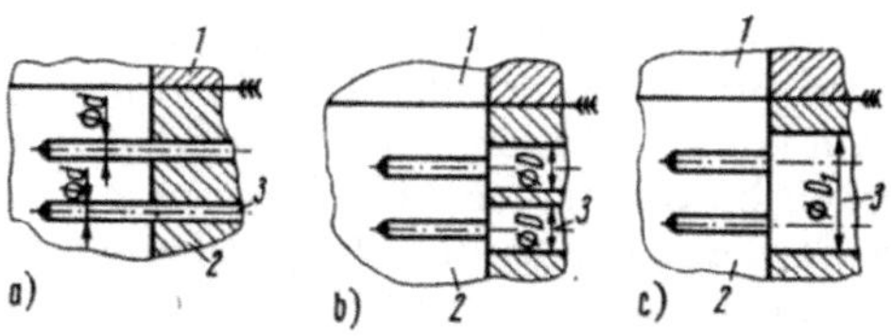

Bild 4.25
Seitenschieber zur Fertigung kleiner Bohrungen
a) ungünstig (Tolerierung der Führung eng, Verschleiß groß, Gefahr des Verkantens); b) besser (Gefahr des Verkantens bei gleichen Abmaßen und Verschleiß geringer); c) günstige Lösung durch gemeinsamen Seitenschieber für beide Bohrungen
1 Oberform; *2* Unterform; *3* Seitenschieber

Bewegungsrichtung beim Öffnen der Formteile und Auswerfen der Gußstücke liegen. Es genügt dabei je Bohrung die Anordnung eines festen Stifts in der Ober- oder Unterform. Liegt die Bohrungsachse senkrecht zur Bewegungsrichtung, so müssen die Stifte durch Seitenschieber vor dem Auswerfen des Gußteils herausgezogen werden, was zu einer Erhöhung der Werkzeug- und Produktionskosten führt. Für Bohrungen mit kleinem Durchmesser d sind zur Führung große Durchmesser D der Seitenschieber anzustreben, um enge Abstandstoleranzen der Bohrungsmitten garantieren zu können (Bild 4.25). Lange Bohrungen müssen unbedingt kegelförmig ausgeführt werden, da der Gußwerkstoff auf die Formstifte aufschrumpft bzw. schwindet und das Ausheben evtl. unmöglich macht. Auch bei kurzen Bohrungen ($l \sim d$) ist eine Kegligkeit von etwa 0,2 mm zu empfehlen, um ein sicheres Auswerfen zu garantieren. Falls erforderlich, genügt dabei ein Nachreiben auf eine zylindrische Form. Überlange Bohrungen ($l > 6\,d$) sind aufzuteilen und möglichst durch zweiseitig gelagerte Seitenschieber zu fertigen (Bild 4.26), um ein Verbiegen der Stifte beim Gießvorgang, Schließen der Form o. ä. auszuschließen. Deshalb sind Sacklöcher auch weniger tief ausführbar als

Durchgangslöcher, da bei letzteren der Stift zweiseitig gelagert werden kann (Bild 4.27 und Tafel 4.18). Die Kanten von Bohrungen können ein sauberes (nicht „ausgefranstes") Aussehen erhalten, wenn strömungstechnische Gesichtspunkte (Bild 4.28) beachtet werden, wobei die in b) angedeutete Fase eine weitere Bearbeitung (Gewindeschneiden, Montage usw.) erleichtert.

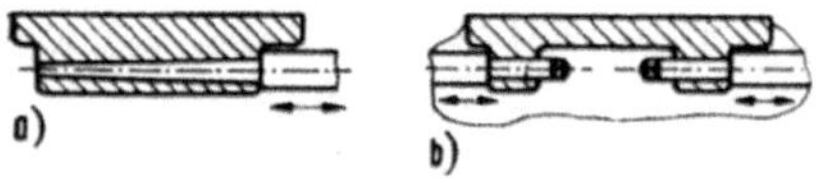

Bild 4.26
Lange Bohrungen aufteilen
a) große Konizität bei langer Bohrung; b) geringe (oder völlig vermeidbare) Konizität bei unterbrochener Bohrung und zwei Seitenschiebern

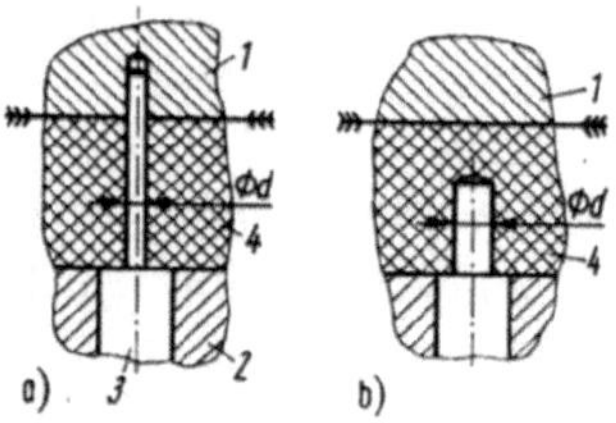

Bild 4.27
Bohrungen in Formöffnungsrichtung
a) durchgehende Bohrung; b) Sackloch
1 Oberform; *2* Unterform; *3* Stehbolzen (fest in *2*); *4* Druckgußteil

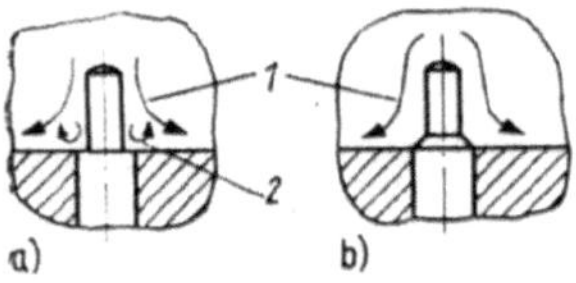

Bild 4.28
Gestaltung von Bohrungskanten
a) schlechtes Aussehen der Kanten; b) gutes Aussehen durch Kegelansatz
1 Einströmrichtung; *2* Wirbelbildung

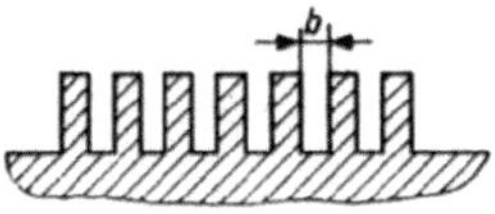

Bild 4.29
Prinzip eines Führungskamms

Schlitze sind in Bauteilen oft zur Führung flacher Bauelemente erforderlich. Sie beim Gießvorgang mit herzustellen ist dann, wenn sie in großer Anzahl je Bauelement notwendig sind, besonders wirtschaftlich. Im Bild 4.29 wird das Prinzip eines Führungskamms gezeigt. Die Breite b ist außer vom Werkstoff auch von der Länge und Tiefe der Schlitze selbst abhängig. Bei Stahlformen bestimmt der Abkühlungsverlauf die Mindestbreite $b_{\min}$ (Tafel 4.18). Bei hohen Forderungen an die Planparallelität sind Sn-, Zn-, Mg-Legierungen zu bevorzugen. Einhaltbare Toleranzen für b betragen bei Sn $\pm 0{,}01$ mm, bei Zn $\pm 0{,}015$ mm, bei Mg $\pm 0{,}02$ mm.

Gewinde im Druckguß zu fertigen ist auf mehrere Arten möglich:

1. durch aus dem Werkzeug lösbare Formteile, die nach dem Auswerfen des Gußteils abgeschraubt werden müssen (Vorteil: keine Gratnaht; Nachteile: zeitraubende Zusatzarbeit an der Druckgießmaschine, Konizität des Gewindes und evtl. Nachschneiden desselben);
2. durch Formteilung (Vorteil: keine Zusatzteile; Nachteile: Gratbildung und damit Nachschneiden erforderlich, Unrundheit und Versatz der Gewindegänge durch ungenügende Formteilung möglich);
3. durch Einlageteile bzw. Einbettungen (Vorteil: saubere Gewinde ohne Nacharbeit; nicht aufwendiger als Möglichkeiten 1 und 2; Nachteil: Zusatzteile erforderlich).

Nur für große Gewinde (Außengewinde ab M10, Innengewinde ab M40) wird von den Möglichkeiten 1 und 2 Gebrauch gemacht, wobei Gütegrad „mittel" erreichbar ist. Meist wird Möglichkeit 3 bevorzugt. Minimale Abmessungen gegossener Gewinde enthält Tafel 4.18.

Zahnräder. Außen- und Innenverzahnungen lassen sich im Druckguß für viele Anwendungszwecke mit ausreichender Genauigkeit fertigen. Hinsichtlich des Moduls sollten Werte von $m = 0{,}3$ bis 0,5 mm nicht unterschritten werden. Besonders bei Innenverzahnungen ist darüber hinaus wegen der Schrumpfung eine Kegligkeit von etwa 0,1 bis 0,2 mm bei Zahnbreiten über 15 bis 20 mm erforderlich, die durch evtl. Nacharbeit nur sehr schwer zu beseitigen ist. Wegen der Schrumpfkräfte ist auf große Auswerferflächen zu achten.

Einbettungen (Einlagen). Reicht die gegenüber anderen Gießverfahren höhere Festigkeit von Druckgußteilen nicht aus, so müssen mechanisch hochbeanspruchte Stellen nicht durch entsprechend aufwendige konstruktive Maßnahmen (Vergrößerung von Querschnitten, Verrippung usw.) durch den Gußwerkstoff selbst realisiert werden, sondern es können sog. Einlegeteile mit den gewünschten Eigenschaften wesentlich einfachere Lösungen ergeben. Diese Teile (z. B. Gewinde- oder Lagerbuchsen, Führungsstifte) müssen außer den gewünschten Eigenschaften auch einen höheren Schmelzpunkt als der Gußwerkstoff selbst haben. Sie werden i. allg. bei Raumtemperatur (oder vorgewärmt) in die Gießform eingelegt, beim Gießen je nach konstruktiver Lösung vom Gußwerkstoff z. T. oder völlig umschlossen und so im Gußteil fest eingebettet. Aus diesem Vorgang ergeben sich folgende Bedingungen:

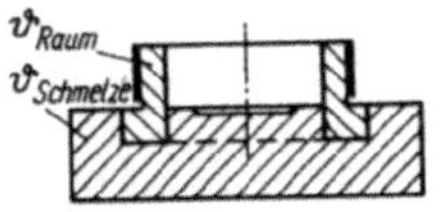

Bild 4.30
Aufschwinden des Gußwerkstoffs auf das Einlegeteil

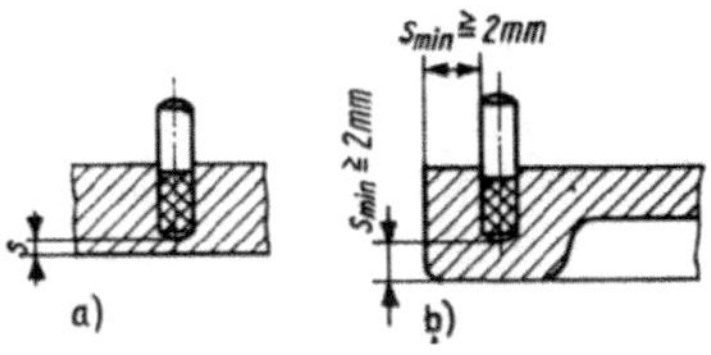

Bild 4.31
Vermeidung von Schrumpfrissen bei Einlagen
a) Wanddicke *s* zu klein; b) Richtwerte für minimale Wanddicken

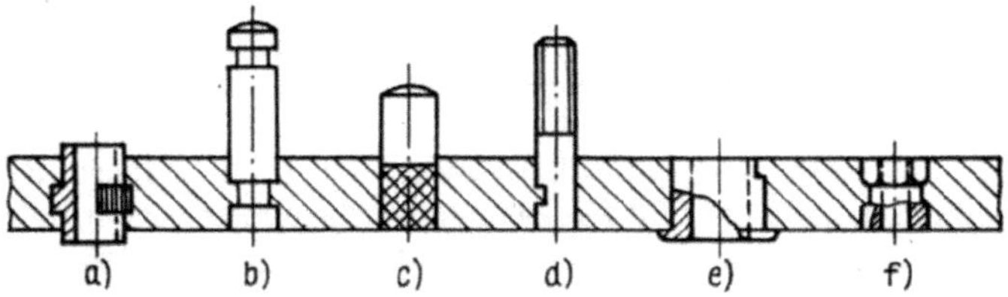

Bild 4.32. Lagesicherung runder Einlegeteile in Druckgußteilen
a) gekordelter Bund; b) eingestochene Rille (nur axiale Sicherung); c) Rändel; d) Schlitz; e) angefräste Fläche; f) Sechskant mit Rille

1. Gestalt des Einlegeteils und seine Anordnung im Gußteil sind so zu wählen, daß der Gußwerkstoff auf das Einlegeteil aufschwinden kann (Bild 4.30). Dabei ist eine ausreichende Wanddicke des die Einlage umgebenden Druckgußteils erforderlich (Bild 4.31).
2. Einlegeteile müssen durch entsprechende Formgebung gegen axiale und/oder radiale Verlagerung im Gußteil gesichert werden. Bild 4.32 zeigt einige Möglichkeiten zur Gewährleistung dieses Formschlusses. In vielen Fällen können auch genormte Einlegeteile, z. B. Einpreßmuttern nach DIN 16903, Anwendung finden.
3. Für die Gestaltung der Einlegeteile und deren Lagesicherung in der Gießform sind die Strömungsverhältnisse der einströmenden Schmelze genau zu beachten, um Maßhaltigkeit zu gewährleisten. Bild 4.33a läßt erkennen, daß Buchse *1* im Gußteil *2* nicht an einer definierten Stelle zu halten ist. Lösung b) ist aufgrund des

hydraulischen Drucks ebenfalls ungünstig. Die Buchse muß z. B. durch mindestens zwei Niederhalter gemäß Lösung c) oder durch abgesetzte Stifte in Ober- und Unterform zur Aufnahme von innen d) arretiert werden. Die günstigste Lösung, soweit funktionell realisierbar, zeigt e).
Eine sichere Halterung für Bolzen ist bei einem Verhältnis $a:b \geqq 2:1$ (Bild 4.34) gewährleistet.

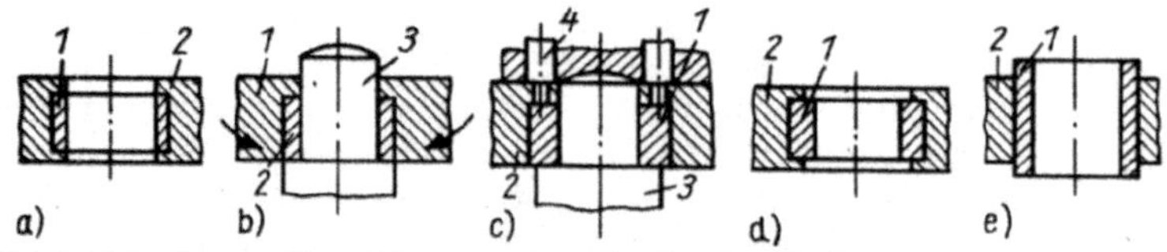

Bild 4.33. Genaue Lagesicherung einer Buchse im Werkzeug

a) unmöglich; b) ungünstig, da evtl. „Unterspülung"; c) aufwendig (empfindliche Niederhalter); d) beiderseitig genaue Lagesicherung (abgesetzte Stifte in Ober- und Unterform zur Aufnahme von innen); e) beiderseitig genaue Lagesicherung (Senkung in Ober- und Unterform zur Aufnahme von außen)
1 Buchse; *2* Gußteil; *3* Führungsbolzen; *4* Niederhalter

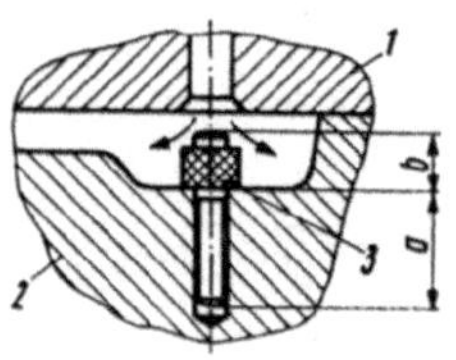

Bild 4.34
Verankerung von Einlegeteilen im Werkzeug
1 Oberform; *2* Unterform; *3* Einlegeteil

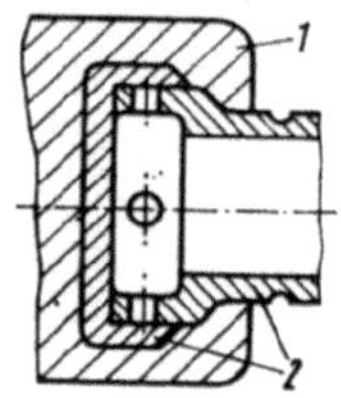

Bild 4.35
Vermeidung von Hinterschneidungen durch Einlagen gleichen Werkstoffs
1 Gußteil; *2* Einlagen

4. Einlegeteile müssen sich leicht in die Form einlegen lassen, um kurze Stillstandzeiten (bei geöffneter Form) zu erreichen. Außerdem ist die Anzahl dieser Teile je Gußteil klein zu halten (mehr als fünf bis sechs Einlegeteile je Gußteil sind i. allg. unwirtschaftlich).
5. Korrosionsgefahr durch elektrolytische Kontaktwirkung bei Feuchtigkeitszutritt zwischen den Werkstoffen des Einlege- und Gußteils kann durch geeigneten Oberflächenschutz (z. B. Kadmieren, Verzinken von Fe- und Cu-Legierungsteilen) beseitigt werden.
6. Einlegeteile sollen gratfrei und sauber sein.

Neben diesen Einlegeteilen zur Gewährleistung bestimmter mechanischer Eigenschaften kommen auch solche zur Anwendung, mit denen Hinterschneidungen zu umgehen sind.
In diesen Fällen müssen die Teile aus dem gleichen Werkstoff wie das Gußteil bestehen. An den Oberflächengrenzstellen erfolgt während des Gießvorgangs dann ein Schmelzen des Einlegeteils, und es entsteht eine dauerhafte Verbindung, die z. B. durch Rändelung o. dgl. noch formschlüssig unterstützt werden kann. Auf eine sichere Lage in der Form ist in gleicher Weise zu achten (Bild 4.35).
Spritzgießen von thermoplastischen Werkstoffen ist im Abschn. 4.2.1. dargestellt.

4.2. Durch Pressen gefertigte Werkstücke

Preßverfahren wendet man in der Urformtechnik dann an, wenn der zu formende Werkstoff nicht im flüssigen Aggregatzustand, sondern pulverförmig oder als zähflüssige Masse verarbeitet werden soll. Nach diesem Verfahren werden vor allem Kunststoffe, Pulvermetalle, Glas- und Keramikmassen urgeformt.

4.2.1. **Pressen von Kunststoffen** [4.3] [4.6] [4.15] [4.16]

4.2.1.1. *Fertigungsverfahren*

Die wesentlichsten Verfahren zum Pressen von Kunststoffen, z. B. Formpressen, Spritzpressen, Spitzgießen u. a., haben gemeinsam, daß für das Fertigen der Werkstücke allseitig geschlossene Werkzeugformen benutzt werden (Tafel 4.19, Beispiele *1* bis *4*). Darüber hinaus wird noch eine Reihe von Sonderverfahren, z. B. Strangpressen, Druck- und Vakuumverfahren mit elastischem Tuch u. a., angewendet (Tafel 4.19, Beispiele *5* bis *9*). Im einzelnen ist auf folgendes hinzuweisen:

Tafel 4.19. Verfahren beim Pressen von Kunststoffen [4.6]

Beispiel	Art des Verfahrens	Verfahren	Werkzeugprinzip	Kennzeichnung
1	Fertigung in allseitig geschlossenen Formen	Formpressen (warm oder kalt)	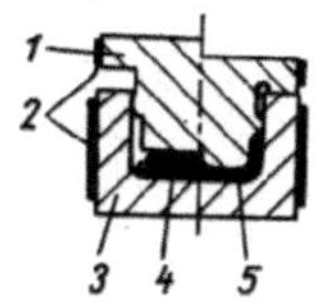	*1* Werkzeugoberteil; *2* elektrische Heizbänder; *3* Werkzeugunterteil; *4* Preßmasse; *5* Preßteil anwendbar bei duroplastischen Stofftypen auf pheno- und/oder aminoplastischer Polyester- u. Epoxidharzbasis
2		Spritzpressen (Transferpressen)	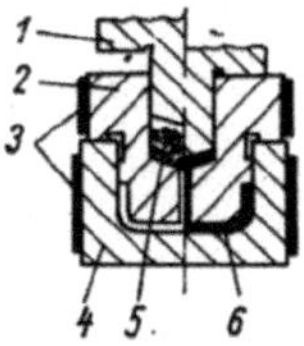	*1* Spritzkolben; *2* Werkzeugoberteil; *3* elektrische Heizbänder; *4* Werkzeugunterteil; *5* Preßmasse; *6* Spritzpreßteil anwendbar bei duroplastischen Preßmassetypen ohne grobe Füllstoffanteile
3		Spritzgießen (s. auch Bild 4.36)	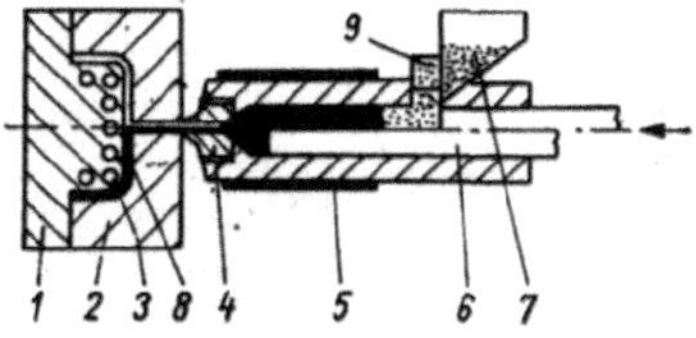	*1* bewegliche Werkzeughälfte; *2* feste Werkzeughälfte; *3* Temperierkanäle; *4* Spritzdüse; *5* elektrische Heizbänder; *6* Spritzkolben; *7* Spritzgießmasse; *8* Spritzgießteil; *9* Dosiervorrichtung anwendbar für duroplastische und thermoplastische Formmassetypen
4		Spritzprägen	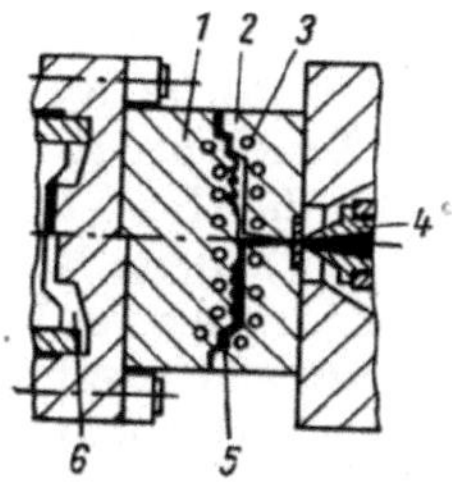	*1* bewegliche Werkzeughälfte (mit Prägekontur); *2* feste Werkzeughälfte; *3* Temperierkanäle; *4* Spritzdüse; 5 Spritzprägeteil; *6* hydraulisches Druckpolster anwendbar bei Werkstoffen, die zum Spritzpressen herangezogen werden

Tafel 4.19. (Fortsetzung)

Beispiel	Art des Verfahrens	Verfahren	Werkzeugprinzip	Kennzeichnung
5	Sonderverfahren	Strangpressen	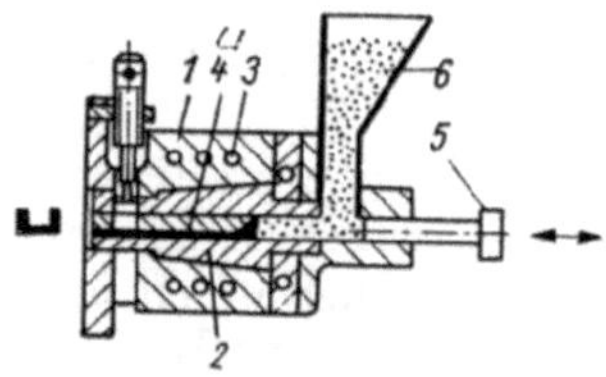	*1* äußeres Werkzeugteil; *2* Inneneinsatz; *3* Temperierkanäle; *4* Werkzeuginnenteil; *5* Druckkolben; *6* Formmasse für duro- und thermoplastische Formmassen anzuwenden
6		Druckverfahren mit elastischem Tuch	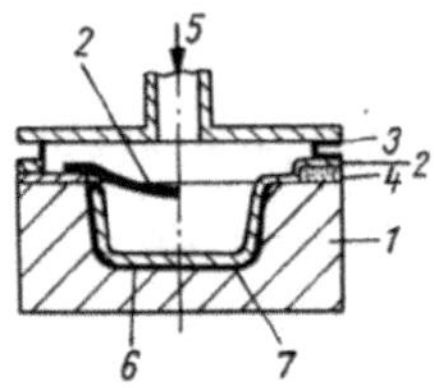	*1* offenes Werkzeug; *2* Drucksack; *3* Stahldruckplatte mit Spannrahmen; *4* Dichtung; *5* Druckluft oder Dampf; *6* Harz-Füllstoff-Verband (Glasgewebematten); *7* Fertigteil Verarbeitbare Kunststoffe sind Polyester- und Epoxidharze mit Glasfasern als Füllstoffe
7		Vakuumverfahren mit elastischem Tuch	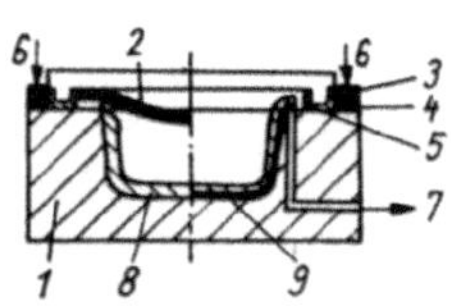	*1* offenes Werkzeug; *2* Gummisack; *3* Spannrahmen; *4* Dichtung; *5* Saugmaterial; *6* Spanndruck; *7* Saugluft (Vakuum); *8* Harz-Füllstoff-Verband (Glasgewebematten); *9* Fertigteil Werkstoffe wie bei *6*
8		Gummistempelverfahren	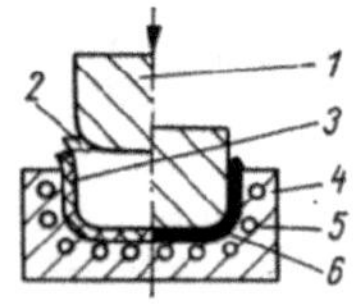	*1* elastischer Stempel (Gummi); *2* Zellulosefolie; *3* harzimprägniertes Verstärkungsmaterial; *4* offenes Werkzeug; *5* Heizkanäle; *6* Fertigteil Werkstoffe wie bei *6*
9		Schäumverfahren	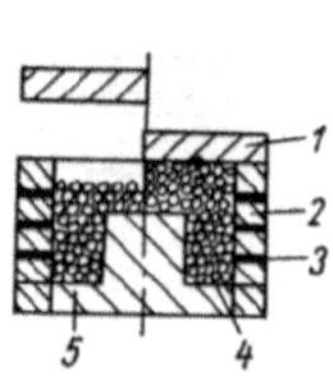	*1* Werkzeughälfte; *2* Werkzeughälfte; *3* Bohrungen oder Schlitzdüsen; *4* Schaumstoffteil; *5* vorgeschäumte Formmasse (Schaumstoffperlen) als Werkstoffe bevorzugt schaumfähiges Polystyrol

Formpressen (Warm- oder Kaltpressen). Beim Warmpressen wird die pulver-, pasten- oder tablettenförmige Preßmasse in das geöffnete und beheizte Preßwerkzeug dosiert eingefüllt, unter Wärmewirkung und Druck plastisch erweicht und in den Hohlraum des Werkzeugs gepreßt. Dabei erhärtet die Masse durch chemische Umwandlung und bildet das Preßteil (Tafel 4.19, Beispiel *1*). Beim Kaltpressen kann auf die besondere Beheizung verzichtet werden. Nach dem gleichen Prinzip kann man auch glasfaser- oder glasgewebeverstärkte Preßteile warm oder kalt fertigen, indem man in das Werkzeug entsprechende Vorformlinge einlegt und kalthärtende Polyester- oder Epoxidharzmischungen beifügt.

Der Werkstoffverlust liegt bei 1%. Eine Auswahl duroplastischer Formmassetypen ist in Tafel 4.22 zusammengestellt.

Spritzpressen (Preßspritzen). Die Preßmasse wird in Pulver- oder Tablettenform in die offene Druckkammer dosiert eingefüllt, unter Wärmewirkung und Druck des Spritzkolbens plastisch erweicht und durch Kanäle in den Hohlraum des vorher geschlossenen Werkzeugs gespritzt. Die plastische Formmasse füllt nach dem Preßvorgang Formhohlraum und Spritzkanäle aus; ein Rest verbleibt in der Druckkammer. Sie erhärtet durch chemische Umwandlung und bildet das Spritzpreßteil (Tafel 4.19, Beispiel *2*). Der Werkstoffverlust liegt über 2%. Werkstoffe s. Tafel 4.24.

Spritzgießen. Die Formmasse gelangt aus einem Fülltrichter in eine zylindrische, beheizte Kammer, wird dort aufgeschmolzen (plastiziert) und mit einem Kolben durch eine Düse und das Angußsystem (z. B. durch Kanäle) in den Hohlraum eines vorher geschlossenen Werkzeugs gedrückt. Die noch plastische Masse bildet nach Ausfüllen des Werkzeughohlraums und nach Umwandlung zum festen Stoff das Spritzgießteil (Tafel 4.19, Beispiel *3*).

Anstelle von Kolben werden oft Schnecken benutzt, die die Preßmassen dosieren, plastizieren und homogenisieren und für den nötigen Spritzdruck sorgen (Bild 4.36).

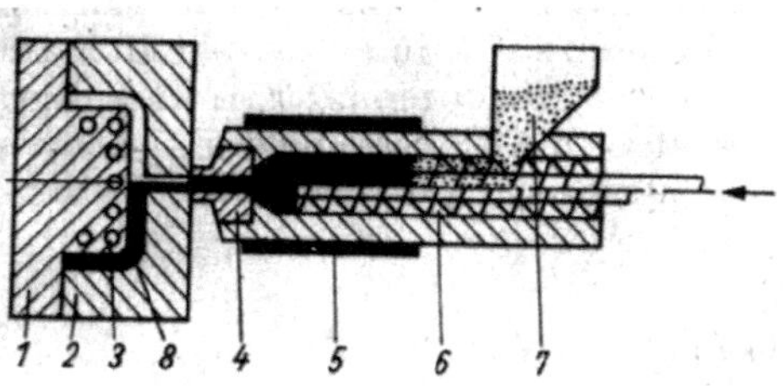

Bild 4.36
Spritzgießen mit Schnecke, vor und nach dem Spritzvorgang [4.6]

1 bewegliche Werkzeughälfte; *2* feste Werkzeughälfte; *3* Temperierkanäle; *4* Spritzdüse; *5* elektrische Heizbänder; *6* Schnecke; *7* Spritzgießmasse; *8* Spritzgießteil

Eine Übersicht über Spritzgießmassen enthalten die Tafeln 4.24 und 4.25.

Spritzprägen. Im Unterschied zum Spritzgießen wird unmittelbar nach Füllung des Formhohlraums mit Formmasse ein bewegliches Werkzeugteil mit einer formenbildenden Prägekontur zusätzlich in das noch plastische Formteil gedrückt, so daß dieses, mindestens aber die geprägte Flächenkontur, mit erhöhter Genauigkeit abgebildet wird (Tafel 4.19, Beispiel *4*).

Es können alle spritzgießfähigen Thermoplaste, bevorzugt Polymethylmethakrylat (PMMA) und Polykarbonat (PC), spritzgeprägt werden.

Neben diesen genannten vier Verfahren, die immer teure Stahlwerkzeuge voraussetzen, wurden für die billige und kontinuierliche Fertigung von Halbzeugen, aber auch für die Formteilproduktion geeignete Sonderverfahren entwickelt, die den Einsatz von Stahlwerkzeugen z. T. vermeiden. Dazu gehören:

Strangpressen. Beim Strangpressen fließen die Formmassen aus einer trichterförmigen Vorrats- in eine Druckkammer und werden durch ein Druckwerkzeug ins Freie gepreßt. Dazu dienen entweder glatte oder profilierte Stempel oder rotierende Schnekken. Gekühlte oder beheizte Profileinsätze ergeben die gewünschte Profilierung (Tafel 4.19, Beispiel *5*).

Beispiele für stranggepreßte Profile s. Bild 2.8. Mit Hilfe von „Breitschlitzdüsen“ können auch breite Bänder und Folien gefertigt werden.

Druckverfahren mit elastischem Tuch. Bei einem offenen Werkzeug wird die Formfläche abwechselnd mit Harz und Füllstoff in Form von Geweben oder Matten, meist aus Glasfasern, von Hand beschichtet oder durch Einlegen eines maschinell gefertigten Vorformlings ausgekleidet. Vor dem Aushärten des Harz-Füllstoff-Verbands zum Bauteil wird eine über das offene Werkzeug druckdicht gespannte, vorgeformte Folie (Drucksack) durch Druckluft oder/und Dampf an die Innenfläche des Formlings gedrückt (Tafel 4.19, Beispeil *6*).

Die angewendeten Drücke liegen bei 2 bis $3 \cdot 10^5$ Pa.

Vakuumverfahren mit elastischem Tuch. Die Vorbereitungsarbeiten und die Werkstoffe sind die gleichen wie beim Beispiel *6*, lediglich wird die vorgeformte Folie (Sack) oder das elastische Tuch durch Vakuum an die Innenfläche des Formlings gedrückt (Tafel 4.19, Beispiel *7*).
Gummistempelverfahren. Das Beschichten der Formfläche erfolgt wie beim Beispiel *6*. Vor dem Aushärten des Harz-Füllstoff-Verbands zum Bauteil wird der Formling durch einen etwa seiner Innenkontur angepaßten elastischen Stempel (Gummi) gleichmäßig an die Formaußenwand gedrückt (Tafel 4.19, Beispiel *8*); Werkstoffe wie beim Beispiel *6*.
Schäumverfahren. Beim Schäumen wird treibmittelhaltige, vorgeschäumte und getrocknete oder/und abgelagerte Formmasse so in das Werkzeug eingefüllt, daß der Formhohlraum angenähert ausgefüllt wird. Nach Schließen des Werkzeugs und Wärmezufuhr schäumen die vorgeschäumten Perlen weiter und verschweißen untereinander zum Schaumstoffteil (Tafel 4.19, Beispiel *9*).
Als Sonderverfahren seien außerdem aufgeführt:
Kalandrieren. Die Fertigung von Tafeln und Folien aus dem durch Wärme auf Walzstühlen plastizierten Kunstharz im einfachen oder mehrfachen Durchgang.
Blasen von dünnen Folien. Speziell Polyäthylenfolien oder von hohlen Formteilen aus Polyäthylenrohr oder aus zwei übereinandergelegten Tafeln durch heiße Luft oder Dampf, wobei sich das vorgewärmte Halbzeug an die Wandungen der Formen anlegt.
Beschichten. Es werden Kunstharzschichten entweder zur Verbesserung des Aussehens oder zur Isolation leitfähiger Oberflächen o. ä. aufgebracht (Wirbelsintern, Flammspritzen, Bestreichen, Kaschieren u. a.).

4.2.1.2. *Kunststoffe und deren Verarbeitung* [4.6] [4.15] [4.16]

Übersicht

Kunststoffe gewinnen besonders in der Feingerätetechnik eine immer größere Bedeutung, da sich deren Verarbeitung gut automatisieren läßt. Man erreicht dabei eine hohe Produktivität und weitere Vorteile, z. B. geringe Masse der Formteile (Dichte 0,9 bis 1,4 kg/dm^3), Korrosionsbeständigkeit, gutes Dämpfungsverhalten, gute Formbarkeit und keine Nacharbeit.

Eine sinnvolle Einordnung der Vielzahl der Kunststoffe kann nur unter Beachtung ihrer *Fertigung* bzw. Zusammensetzung erfolgen, wobei mehrere Klassifizierungsmerkmale zur eindeutigen Kennzeichnung herangezogen werden müssen.

1. Nach dem *Fertigungsprinzip* unterscheidet man *Polymerisate, Polykondensate* und *Polyaddukte,* die also aus den monomeren Ausgangsstoffen durch Polymerisation, Polykondensation oder/und Polyaddition in Form fadenförmiger, verzweigter oder vernetzter Makromoleküle entstehen.
2. Die *chemische Struktur* gestattet eine Differenzierung nach dem Molekülaufbau, wobei vollsynthetische Kunststoffe und abgewandelte Naturstoffe unterschieden werden.
3. Nach dem *Temperaturverhalten* trennt man in die beiden charakteristischen Klassen der *Thermo-* und *Duroplaste.*
4. Die *physikalische Struktur* läßt *amorphe* und *kristalline* makromolekulare Substanzen — je nach Fertigungsprinzip und Molekülaufbau — unterscheiden (durchsichtige Kunststoffe stets amorph!).
5. Je nach den Forderungen bezüglich Verarbeitung, Preises und Anwendung werden die Kunstharze *mit* oder *ohne Füllstoff* eingesetzt, wobei der meist billige *organische* oder *anorganische* Füllstoff wesentlich die Werkstoffeigenschaften beeinflußt und *regellos* oder *regelmäßig* (z. B. geschichtete Bahnen) im Harz eingelagert sein kann.

Es können Stoffe des gleichen Fertigungsprinzips je nach Molekülaufbau thermo- oder duroplastische Eigenschaften haben. Sowohl Thermo- als auch Duroplaste erweichen mit steigender Temperatur bis zu einem stoffeigenen Maximalwert (z. T. bis zur niederviskosen Flüssigkeit!). Die Formgebung durch Preß-, Spritz- und andere Vorgänge erfolgt an der unteren, das Schweißen an der oberen Temperaturgrenze des Erweichungsbereichs. Bei *Duroplasten* ist das Erweichen von einem chemischen Prozeß — ausgelöst durch die Erwärmung — überlagert, der zu einer nicht umkehrbaren *Aushärtung*, d. h. bleibenden Verfestigung oberhalb bestimmter Temperaturen, führt, während die *Thermoplaste* praktisch ohne Verlust ihrer Qualitätseigenschaften beliebig oft erwärmt und abgekühlt werden dürfen.

Bei der Wahl der Rohstoffe ist zu beachten:

1. *Anwendung und Fertigungsverfahren* bestimmen die Beschaffenheit des Rohstoffs: Pulver, Granulate, Tabletten, Flüssigkeiten u. a. Aus diesen erfolgt die Fertigung von Formteilen, Halbzeugen oder anderen Spezialerzeugnissen mit unterschiedlicher Struktur und Menge der Füllstoffe durch die im Abschn. 4.2.1.1. gekennzeichneten Fertigungsverfahren.
2. Für gleiche Rohstoffe lassen sich durch *Zusatz von Chemikalien* (Weichmacher, Emulgatoren, Härter, Farbstoffe usw.) sehr unterschiedliche (und selbstverständlich temperaturabhängige) Eigenschaften im Gebrauchstemperaturbereich erzielen. Die Beurteilung und Prüfung erfolgten am Formstoff unter allgemein üblichen Gesichtspunkten, darüber hinaus aber auch die Festlegung der
   - mechanischen Eigenschaften, z. B. Beschaffenheit (hart, elastisch-biegsam, gummielastisch), Fließvermögen, Maßhaltigkeit, Oberflächenaussehen, Wasseraufnahme, Sprödigkeit usw.;
   - thermischen Eigenschaften, z. B. Glutfestigkeit, Wärmedehnzahl, Formbeständigkeit usw.;
   - elektrischen und optischen Eigenschaften;
   - chemischen Eigenschaften, z. B. Löslichkeit, Beständigkeit usw.

Die wichtigsten Kenngrößen werden mit Hilfe genormter Versuche ermittelt.

Formmassen

Für die im Abschn. 4.2.1.1. gekennzeichneten Fertigungsverfahren werden ausschließlich Formmassen verwendet. Nach DIN 7708 Bl. 1 sind Formmassen ungeformte Er-

Tafel 4.20. Kunststofformmassetypen

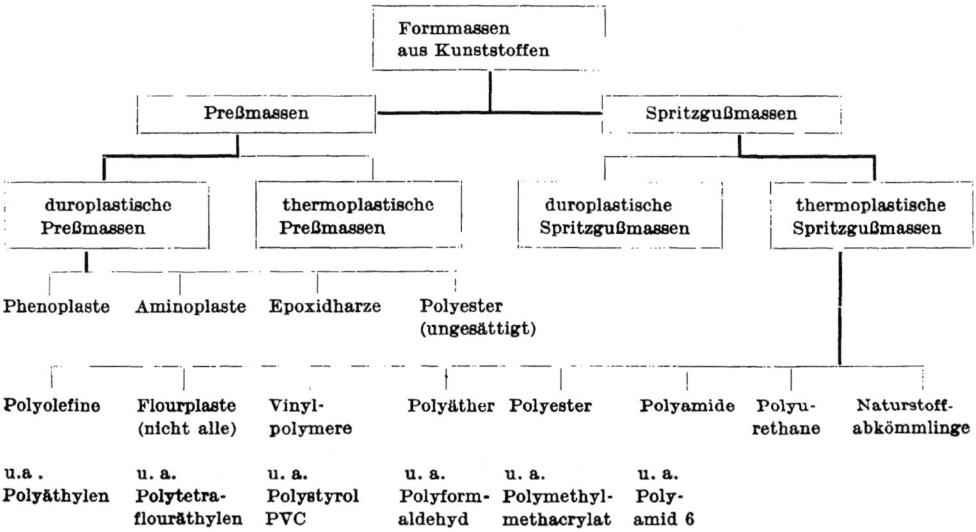

zeugnisse, die sich unter Einwirkung mechanischer Kräfte innerhalb eines bestimmten Temperaturbereichs durch Urformen bleibend zu Plastformteilen formen lassen.

Einen Überblick über die verschiedenen Formmassentypen enthält Tafel 4.20. Entsprechend der Verarbeitung sind in dieser Tafel die Formmassen in Preßmassen und

Tafel 4.21. Kurzzeichen und Handelsnamen von Plastformmassen und -gießharzen nach DIN 7728

Kurzzeichen DIN 7728	Kunststoff	Handelsnamen
PE	Polyäthylen niedriger Dichte	Hostalen, Mirathen Lupolen
PE	Polyäthylen hoher Dichte	Polyäthylen Schkopau, Hostalen G, Vestolen, Lupolen
EVA	Äthylen-Vinylazetat-Kopolymere	Miravithen, Lupolen V
–	Ionomere	Surlyn A
PP	Polypropylen	Daplen, Vestolen P, Hostalen PP, Novolen
PB	Polybutylen	Vestolen BT, Bu-Tuf
–	Polymethylpenten	TPX Polymers
PTFE	Polytetrafluoräthylen	TFE, Sprelaflon, Heydeflon, PTFE, Hostaflon TF, Teflon
PFEP	Polyfluoräthylenpropylen	FEP, Ftorlon 4 MB
PCTFE	Polychlortrifluoräthylen	Teflex, Voltalef, Hostaflon C
PS	Polystyrol	Polystyrol, Trolitul, Vestyron
SB	Styrol-Butadien-Kopolymere	Polystyrol C, Polystyrol SZ, Polystyrol SZP, Polystyrol 475, Trolitul SD, Vestyron
SAN	Styrol-Akrylnitril-Kopolymere	Luran, Kostil, Vestoran
ABS	Akrylnitril-Butadien-Styrol-Kopolymere	Sconater, Terluran, Novodur, Cycoloc, Lustran
–	Polystyrolschaum	Polystyrol, schaumfähig, Styropor
–	thermoplastischer Gummi	Cariflex, Hytrel
PVC-H	Polyvinylchlorid, weichmacherfrei	Decelith H, Hostalit, Vestolit, Gölzalon
PVC-W	Polyvinylchlorid, weichmacherhaltig	Ekalit, Decelith W, Coroplast, Trosiplast, Vinoflex
PMMA	Polymethylmethakrylat	Piacryl SG, Plexiglas, Diakon
PA 6	6-Polyamid	Miramid, Kapron, Durethan BK, Bonamid, Tarnamid, Silon Ultramid B, Nylon
PA 66	6.6-Polyamid	Ultramid A, Zytel
PA 610	6.10-Polyamid	Ultramid S, Moranyl A
PA 11	11-Polyamid	Rilsan B
PA 12	12-Polyamid	Vestamid, Grilamid L, Rilsan A
lin. PUR	lineares Polyurethan	SYSpur ET, Desmopan, Perlon U
–	Phenoxy	Phenoxy
PPO	Polyphenylenoxid	Noryl
–	glasfaserverstärkt	Polyphenylenefil
–	Polysulfon	Bakelite P
POM	Polyoximethylen	Polyformaldehyd, Delrin, Hostaform C, Ultraform
PC	Polykarbonat	Makrolon, Lexan
PETP	Polyterephthalsäureester	Arnite, Hostadur K
PVAL	Polyvinylalkohol	Mowiol, Polyviol
CA	Zelluloseazetat	Saxetat, Cellidor, Trolit
CAB	Zelluloseazetobutyrat	Cellidor BSp, Tenite II, Gricell
CP	Zellulosepropionat	Cellidor CP, Celadex
PF	Phenol-Formaldehyd-Harz	Plastadur Hostaset, Bakelit, Resopal
UF	Harnstoff-Formaldehyd-Harz	Plastadur, Hostaset
MF	Melamin-Formaldehyd-Harz	Meladur, Hostaset, Ultrapas
–	Mischharzformmassen	
DD	Dizyandiamidharze	Didi-Preßmasse
	Diäthylenglykol-bis-allylkarbonat	01 P
UP	ungesättigte Polyesterharze	Polyester G, Leguval, Palatal, Alpolit, Birapol, Hostaset, Vestopal
EP	Epoxidharze	Epilox, CHS, Araldit, Lekutherm, Epidiane, Duroxyn
PUR	Reaktionssysteme für Hartschaum u. ä.	SY Spur SH u. a., Bayflex, Baydur
FSi	Silikonharze	Silikonkautschuk, Silicone, Silopren, Dowcorning

Spritzgußmassen unterteilt. Preßmassen sind meist duroplastischer und Spritzgußmassen thermoplastischer Natur. Die in DIN 7728 genormten Kurzzeichen und Handelsnamen von Formmassen sind auszugsweise in Tafel 4.21 zusammengestellt.

Wie aus diesen Tafeln und den bisherigen Ausführungen hervorgeht, gibt es vielfältige Kombinationsmöglichkeiten — Molekülaufbau, Füllstoff, Verarbeitung usw. —, um die Formmassen den gewünschten Anforderungen anzupassen. Es ist deshalb im Rahmen dieser Ausführungen nicht möglich, einen umfassenden Überblick über die vielfältigen Formmassen zu geben. Es muß auf die Spezialliteratur [4.6] u. a. hingewiesen werden. Die gegenwärtig am meisten verbreiteten Kunststoffe sind außerdem in Normen erfaßt worden. Sie sind im Normenverzeichnis in den Sachteilen 576 (Kunststoffe, Polykondensate, Polymerisate, Silikone), 580 (Weichmacher für Kunststoffe), 577 (Prüfung von Kunststoffen), 576 und 578 (Halbzeuge) zusammengefaßt.

Duroplastformmassen

Für die genormten Formmassen auf Phenoplast- und Aminoplastbasis wurden die Beschaffenheit der Füllstoffe sowie Typenbezeichnungen nach DIN 7708, Teil 2 und 3 festgelegt (Tafel 4.22). Eine praxisbezogene Charakterisierung der einzelnen Formmassetypen enthält [4.33]. Anwendungsmöglichkeiten sind Tafel 4.23 entnehmbar. Für eine Auswahl duroplastischer Formmassen, die sich zur Verarbeitung durch Pressen und Spritzpressen eignen, sind wesentliche mechanische und thermische Eigenschaftswerte in Tafel 4.24 zusammengestellt [4.6]. Die Grenzen für Wanddicken beim Pressen liegen harz- und füllstoffabhängig zwischen 1 und 8 mm. Größere Wanddicken sind besser spritzzupressen und -zugießen. Der anzustrebende Wanddickenbereich liegt zwischen 1,5 und 4 mm. Bei Polyesterharztypen soll die Wanddicke 2,5 mm möglichst nicht unterschreiten.

Tafel 4.22. Duroplastische Formmassetypen nach DIN 7708 Teil 2 und 3

Art	Füllstoff Struktur	Beispiele	Phenoplastpreßmasse	Aminoplastpreßmasse Harnstoffharz	Melaminharz
Anorganisch	pulvrig	Gesteinsmehl	11, 11,5		
	fasrig	Asbestfasern	12		156
		Asbest, langfasrig	15		
		Asbestschnur	16		
	pulvrig bzw. geschuppt	Glimmer	13, 13,5, 13,9		
Organisch	pulvrig oder körnig	Holzmehl	31, 31,5, 31,9		150
		.	32		
		kurzfasriger Zellstoff		131	152
	fasrig	Zellstoff	51, 51,5, 51,9		
		Textilschnitzel bzw. -fasern	71,8, 71,9		153, 153,5
	Schnitzel	Textilschnitzel	74, 74,5, 74,9		154
	Faserstränge	Viskoseseide	75		
	Gewebebahnen	Baumwollgewebe	77		
	Wirrfaser	Glasfasern	90		
Gemische	pulvrig	Holz- u. Gesteinsmehl	20		
	fasrig, pulvrig	Holzmehl + Textilschnitzel	83		
	fasrig	Holzmehl + Asbestfasern			157

Hinweis: Typen mit .., 5 sind elektrisch hochwertig,
Typen mit .., 9 sind ammoniakfrei.

Tafel 4.23. Anwendungsmöglichkeiten für Duroplaste [4.8]

Typengruppe	Anwendungsmöglichkeiten in der Feingerätetechnik und allgemeine Eigenschaften
11 bis 20	Bauteile für höhere Temperaturen (bis 150 °C), für feuchte Räume und bei Wasserbeanspruchung: Lampenfassungen, Heizgerätestecker, Griffe für Bügeleisen und Kochtöpfe, Reibbeläge, Feuchtraumschalter – Typen 11 bis 13 guter Isolierstoff, spröde, sehr geringe Wasseraufnahme, Dichte 1,8 kg/dm³, Preßgewinde schlecht; Typ 15/16 höhere Festigkeit, keine dünnen Wände, Preßgewinde sehr schlecht
30 bis 40	weitgehender Anwendungsbereich besonders für Gehäuse aller Art für Foto, Rundfunk, Büromaschinen, Fernsprecher, Entwicklerdosen, Armaturen- und Klemmbretter, Zählerteile, Lampenfassungen u. ä. – Isolierstoff für Schwachstromtechnik, keine dauernde Wasserbeanspruchung, hochglänzende Oberflächen, Dichte 1,35 kg/dm³, Preßgewinde möglich
51 bis 57	für Ventilatorjalousien, Bauteile mit statischer und dynamischer Beanspruchung; Typ 54 für Staubsaugergehäuse u. dgl., Lager, Zahnräder; Typ 57 für beulensichere Gehäuseaußenteile – Typ 51 mechanisch fester Bau- und Isolierstoff, Oberfläche nicht so gut wie beim Typ 31; Typ 54 stoßfest, keine dünnen Wände, Dichte 1,4 kg/dm³, Preßgewinde gut; Typ 57 Formgebung mit geschichteten Bahnen
71 bis 84	für Gehäuse, die magnetfrei, bruchsicher und schlagfest sein sollen: für Schiffskompaß, Nähmaschinen, Hochspannungsschaltgeräte, Lager, Zahnräder u. a. – Typ 71 gute mechanische Eigenschaften, nicht feuchtigkeitsbeständig, Dichte 1,4 kg/dm³; Typ 74/75 schlagfest, Wanddicke größer 2 mm; Typ 77/83 festester Preßstoff, splitterfest, nur für einfache Teile mit glattem und wechselndem Querschnitt
131 bis 140	für Haushaltgeräte, Fernsprechapparate, Schalterteile, Modelle, Bauteile für Automobil- und Flugzeugbau; geringe Wärmebeständigkeit (100 °C), lichtechte Farben, Preßgewinde schlecht, gleichmäßige Wanddicke notwendig, geschmackfrei
150 bis 157	für Klemmbretter, Sockel, Schalterteile u. ä.; Wärmefestigkeit 120 bis 125 °C, Typ 156 bis 140 °C, kriechstromfest, mechanische und elektrische Eigenschaften je nach Füllstoff, Typ 150 mit großer Nachschwindung (geringe Maßhaltigkeit)

Mechanische und thermische Eigenschaften je nach Typ s. Tafel 4.24.

Thermoplastformmassen

Sie werden vor allem durch Spritzgießen verarbeitet, wobei sich das Schneckenplastizieren als besonders geeignet erwiesen hat (Bild 4.36). Der Zustand der Spritzgießmassen vor der Verarbeitung hat erheblichen Einfluß auf die Qualität der Formteile. Einflüsse, z. B. Feuchtigkeit bzw. Trockenverlust, müssen unter Kontrolle gehalten werden. Im Normalfall ist ein möglichst geringer Feuchtigkeitsgehalt anzustreben, was unmittelbar vor der Verarbeitung durch Trocknen in Umluftöfen, Infrarotbestrahlung oder im Vakuum erreicht werden kann. Tafel 4.25 enthält wesentliche mechanische und thermische Eigenschaftswerte bekannter Thermoplaste.

Im folgenden sollen noch typische Besonderheiten der genannten Formstoffe zusammengefaßt werden:

1. Alle Kunstharze sind Isolatoren, deren elektrische Eigenschaften je nach Typ innerhalb mehrerer Größenordnungen wählbar sind.
2. Gute elektrische Eigenschaften sind meist von einem Rückgang bestimmter mechanischer Qualitäten begleitet.
3. In Verbindung mit geeigneten Füllstoffen als Harzträger und verschiedenen Mischungsverhältnissen werden die Kunststoffe fast allen Anforderungen hinsichtlich ihrer mechanischen und anderen Eigenschaften gerecht. Die Art des Füllstoffs hat meist nachstehende *Vorteile* zur Folge:
   anorganische Füllstoffe: geringe Wasseraufnahme, gute Maßhaltigkeit, höhere Glutfestigkeit (geringere Brennbarkeit), Gestaltbeständigkeit auch bei dauernder Wärmebeanspruchung, bessere Beständigkeit gegen chemische Angriffe;
   organische Füllstoffe: niedrigerer Preis, hohe Schlagzähigkeit, bessere Oberflächengüte und geringere Masse gegenüber anorganischen Füllstoffen.

Tafel 4.24. Mechanische und thermische Eigenschaften von Duroplasten [4.6]

Werkstoff Kurzzeichen	Bemerkung	Zug-festigkeit N/mm²	Biege-festigkeit N/mm²	Druck-festigkeit N/mm²	Elastizitäts-modul N/mm²	Formbeständigkeit in der Wärme Martens °C	Dauerwärme-beständigkeit °C	Dauerkälte-beständigkeit °C	Entzündungs-temperatur °C	Formungs-temperatur-bereich °C
PF	Typ 11	15	50	120	10000	150	100			160 ··· 170
	Typ 11,5	15	50	120	10000	150	150			160 ··· 170
	Typ 12	15	50	120	12000	150	150			–
	Typ 13	20	50	120	10000	150	150			160 ··· 170
	Typ 13,5	20	50	120	10000	150	150			160 ··· 170
	Typ 13,9	20	50	120	10000	150	150			160 ··· 170
	Typ 15	20	50	100	13000	150	150			–
	Typ 16	20	70	120	12500	150	150			–
	Typ 30,5	25	60	200	6500	100	90			160 ··· 170
	Typ 31	25	70	200	6500	125	100			160 ··· 170
	Typ 31,5	25	70	200	6500	125	100			160 ··· 170
	Typ 31,9	25	70	200	6500	125	100			160 ··· 170
	Typ 32	25	70	200	6500	125	100			–
	Typ 51	25	60	140	6000	125	100			160 ··· 170
	Typ 51,5	25	60	140	6000	125	100			–
	Typ 51,9	25	60	140	6000	125	100			–
	Typ 52	25	60	130	7000	125	100			
	Typ 54	25	80	140	8000	125	100			
	Typ 57	35	120	140	9000	125	100			
	Typ 71	25	60		7500	125	100			160 ·· 170
	Typ 71,8	25	60		7500	125	100			–
	Typ 71,9	25	60		7500	125	100			160 ··· 170
	Typ 74	25	60		8500	125	100			160 ··· 170
	Typ 74,5	25	60		8500	125	100			–
	Typ 74,9	25	60		8500	125	100			–
	Typ 75	40	60		7500	125	100			160 ··· 170
	Typ 77	60	80		7000	125	100			–
	Typ 83	25	60		7000	125	100			–
	Typ 84	25	60		7000	125	100			
PFGV	Kurzglasfaser	35	70		7500	160	150			
	Langglasfaser	127	120		20000	200	150			

Tafel 4.24 (Fortsetzung)

Werkstoff Kurzzeichen	Bemerkung	Zugfestigkeit N/mm²	Biegefestigkeit N/mm²	Druckfestigkeit N/mm²	Elastizitätsmodul N/mm²	Formbeständigkeit in der Wärme Martens °C	Dauerwärmebeständigkeit °C	Dauerkältebeständigkeit °C	Entzündungstemperatur °C	Formungstemperaturbereich C°
UF	Typ 131	30	80	16	5000 ··· 10000	100	90		450 ··· 500	140 ··· 150
	Typ 131,5	30	80	16	5000 ··· 10000	100	90		450 ··· 500	
MF	Typ 150	30	70	10	5000 ··· 7000	120	100		450 ··· 500	150 ··· 160
	Typ 152	30	80		8000 ··· 10000	120	100		450 ··· 500	150 ··· 160
	Typ 153	30	60		8000 ··· 10000	125	105		450 ··· 500	150 ··· 160
	Typ 153,5	30	60		8000 ··· 10000	125	105		450 ··· 500	150 ··· 160
	Typ 154	30	60	30	8000 ··· 10000	125	105		450 ··· 500	150 ··· 160
	Typ 155	15	40		8000 ··· 12000	130	110		450 ··· 500	
	Typ 156	20	50		10000 ··· 13000	140	120		450 ··· 500	150 ··· 160
	Typ 157	25	60		8000 ··· 10000	140	120		450 ··· 500	150 ··· 160
Mischharz-formmassen	Typ 180		80			120	100			150 ··· 165
	Typ 181		80			120	100			150 ··· 165
	PF/Buna, el.		35 ··· 40			120	100			
	PF/Buna, hochel.		20 ··· 30			50 ··· 70	45			
DD			60			100	80		450 ··· 500	
Diäthylen-glykol-bis-allyl-karbonat		38 ··· 42	77		2000	60 ··· 70	100			
UP	Typ 801	25	60	120		125	100	−50	350 ··· 400	150 ··· 165
	Typ 802	30	55	130		140	100	−50	350 ··· 400	150 ··· 165
	Typ 803	25	60	120		125	100	−50	350 ··· 400	
EP	kalthärtend	65 ··· 75	100 ··· 130		3000 ··· 4000	60 ··· 80	60		400 ··· 500	
	heißhärtend	70 ··· 80	110 ··· 140		3000 ··· 4000	110 ··· 125	100		400 ··· 500	
PUR	Shore A 70	30					80	−20		
	Shore A 80	30					80	−20		
	Shore A 90	30					80	−20		
	Shore A 93	30					80	−20		
	Shore A 95	30					80	−20		
	Shore A 96	30					80	−20		
FSi	kalthärtend	1 ··· 2,5					180	−50		
	heißhärtend	3 ··· 8					180	−50		

Tafel 4.25. Mechanische und thermische Eigenschaften von Thermoplasten [4.6]

Werkstoff Kurzzeichen	Bemerkung	Zug-festigkeit N/mm²	Bruch-dehnung %	Streck-grenze N/mm²	Biege-festigkeit N/mm²	Elastizitäts-modul N/mm²	Formbeständigkeit in der Wärme Vicat °C	Martens °C	Dauer-wärme-bestän-digkeit °C	Dauer-kälte-bestän-digkeit °C	Entzün-dungs-tempe-ratur °C	Formungs-temperatur-bereich °C
PE ($\varrho \geqq 0{,}91$)		10 ··· 18	300 ··· 1000	7 ··· 13	–	75 ··· 125	85 ··· 100	60	80	–50	350	110 ··· 120
PE ($\varrho \geqq 0{,}94$)		18 ··· 32	100 ··· 600	14 ··· 33	–	800 ··· 1000	120 ··· 128	60	95	–50	350	130 ··· 145
EVA	D-2-3-EM-A	8,5	150		–	50	75		70	–60		
	D-3-3-EM-A	6,5	100		–		45		40	–60		95 ··· 110
Inomere	Folien	35	250 ··· 400		–	203	72			–100		
	Formteile	28	450			182						
	Isolierungen	35	400			210						
PP		30 – 37	400 ··· 650	30 ··· 25		1100 ··· 1500	90	40	120 ··· 130	–20	350 ··· 400	160 ··· 180
	GV	42 ··· 63	2 ··· 4			3000 ··· 6000	110 ··· 150		130			
	AV	27 ··· 42	10 ··· 17		59	3800	110	75	120			
PB		15 ··· 25	150 ··· 400		–	500 ··· 900	70	–				
Polymethyl-penten			15	28		1120	179					200
PTFE		17,5 ··· 26	200 ··· 250			400	110		250	–100	–	
PFEP		19 ··· 21	250 ··· 350	8	–	350	70		200	–60		
PCTFE		40 ··· 43	30 ··· 200	28 ··· 32	–	1500	76 ··· 89	56 ··· 64	150	–40		
PS ($\varrho = 1{,}05$)	BW	30	3		90	3300	90	70	60		360 ··· 500	
	P 60	40	4		100	3400	100	80	70		360 ··· 500	120 ··· 150
	P 70	40	4		100	3400	100	80	70		360 ··· 500	
SB	SZ	28 ··· 32	20 ··· 40		–	2200	76 ··· 86		65		360 ··· 500	
	schlagfest	42,5	20 ··· 40		–	2600	90	70	70	–20	360 ··· 500	120 ··· 150
	hochschlagfest	40	20 ··· 40		–	2200	80	67	65		360 ··· 500	
SAN		75	5		125	3600	100	77	85		350 ··· 450	
ABS	Mischpoly-merisat	40	25		60	2500	100	70	70	–40	450 ··· 480	140 ··· 160
	Pfropfpoly-merisat	50	60		90	3000	130	80	75	–40	450 ··· 480	
	GV	200	3		110 ··· 190	9000					450 ··· 480	
PVC-H ($\varrho = 1{,}38$)	Emulsion	45 ··· 60	10 ··· 50		–	2000 ··· 3000	70 ··· 80	65 ··· 70	60	–5	375 ··· 400	100 ··· 130
	Suspension	50 ··· 60	10 ··· 50		–	2000 ··· 3000	70 ··· 80	65 ··· 70	60	0	375 ··· 400	

PVC-MP		50 ··· 60	15 ··· 50		–	3200	70		50	–10	300 ··· 350	130 ··· 150
PMMA	Formmasse	70	4		100 ··· 115	2600 ··· 3200	80 ··· 110	70	75	–40	380 ··· 470	
(ϱ = 1,18)	Halbzeug	75	4		130 ··· 140	3200	110	80	85	–40	380 ··· 470	150 ··· 170
PA 6	trocken		5	70 ··· 90	–	3000	200	60	90	–30	412 ··· 425	
(ϱ = 1,15)	feucht		250	30 ··· 40	–	900	200	60	90	–30	412 ··· 425	
	GV	170	2		220	7800	200	180	100	–30	412 ··· 425	
PA 66	trocken		40	85	–	3000						
	feucht		240	35	–	850	200	70	90	–30	412 ··· 425	
PA 610	trocken		40	65	–	2000						
	feucht		250	30	–	800	230	60	80	–30	412 ··· 425	
PA 11	trocken	55	280		–	1200	150	45	60	–70		
	feucht	40	300		–	500	150	45	60	–70		
PA 12	trocken	45	280		–	2000	140	44	70	–70		
	feucht	45	280		–	2000	140	44	70	–70		
lin. PUR	hart	40 ··· 50	450 ··· 550		–	1500	180		80	–15	415	
	mittel	35 ··· 45	450 ··· 550		–	1200	160		80	–15	415	
	weich	35 ··· 40	500 ··· 600		–	900	100		80	–15	415	
Phenoxy		65	90		90	2700		85				
PPO	PPO	65	75		–	2700	190	130				150 ··· 160
	Noryl	45	20		–	2500	130	105				150 ··· 160
	GV			148	–	7700	145	130				150 ··· 160
Polysulfon		72	50 ··· 100			2500			180	–100		
	GV			127	108	8400			180	–100		
POM	Homopoly-merisat	71	40		–	2880	167	70	100	–60	414	160
	Kopolymerisat			70	–	3000	154		100	–60	414	160
PC	3000	65	80	62	–	2300	165	120	135	–100	500	165 ··· 200
(ϱ = 1,2)	GV	90	3		145	6500	168	145	145	–100	500	165 ··· 200
PETP		74	50		–	3500	154		100	–20		
CA	Typ 432			38	–	1500	60	45	40		450	130 ··· 150
(ϱ = 1,27 bis 1,31)	Typ 435			37	–	2000	70	47	45		450	130 ··· 150
CAB	Typ 411			45	–	2500	102	51	45		455	160 ··· 180
	Typ 412			36	–	2000	82	46	45		455	160 ··· 180
	Typ 413			29	–	1600	71	41	40		455	160 ··· 180
CP	weich			30	–	1200	71	40	40	–40	160 ··· 200	130 ··· 150
	mittel			38	–	1800	83	46	45	–40	160 ··· 200	130 ··· 150
	hart			44	–	3000	105	52	50	–40	160 ··· 200	130 ··· 150
CN		40 ··· 60	30 ··· 50		–	1500	70	60	50			85
Polyimide	Halbzeug	70	5		99	3000			250	–200		

4. Bestimmte chemische Verbindungen können die Beschaffenheit des Kunstharzes wesentlich beeinflussen (Weichmacheranteil z. T. bis 50% der Gesamtmasse!). Der Anteil organischer und anorganischer Farbpigmente ist meist sehr klein und ohne Einfluß auf die Stoffeigenschaften.
5. Physikalische Nachbehandlung (Bestrahlung, Reckung u. a.) kann eine Eigenschaft (Härte, Festigkeit, Quellbarkeit u. a.) verbessern; andere werden dadurch meist gemindert.
6. Duroplaste weisen gegenüber Thermoplasten meist eine höhere mechanische Festigkeit und größere Wärmebeständigkeit auf.
7. Alle Plaste haben einen sehr großen Wärmeausdehnungskoeffizienten und sind sehr schlechte Wärmeleiter, was besonders bei spanender Bearbeitung zu beachten ist (Kühlung).
8. Phenoplaste gehören zu den billigsten Kunststoffen, gefolgt von Aminoplasten; letztere ersetzen die Phenoplaste überall dort, wo helle Farben erforderlich sind. Phenoplaste dienen verbreitet der Halbzeugproduktion in großen Mengen.

Halbzeuge aus Kunststoff

Halbzeuge aus Kunststoff sind Formstoffe, die bereits die Materialeigenschaften des Fertigteils aufweisen, jedoch noch einer weiteren Be- oder Verarbeitung bedürfen. Sie sind aus den geschilderten Formmassen durch Spritzen, Gießen,Pressen, Ziehen, Schäumen usw. gefertigt und können demnach die gleiche Vielfalt an Eigenschaften aufweisen wie diese Stoffe. Lieferformen des Halbzeugs sind Blöcke, Platten, Tafeln, Bänder, Folien, Stäbe, Drähte, Rohre, Schläuche, Fasern, Fäden, Gewebe, Sonderprofile und Spritz- und Preßteile zur Weiterverarbeitung.

Die Weiterverarbeitung erfolgt spanlos (Warmformung) oder spanend bzw. durch Schweißen, Kleben und andere Sonderverfahren.

Halbzeuge aus Kunststoffen sind in den Sachteilen 576 und 578 des DIN-Normenverzeichnisses aufgeführt.

Prüfung von Kunststoffen

Entsprechende Normen enthält der Sachteil 577 des DIN-Normenverzeichnisses.

4.2.1.3. *Gestaltungsrichtlinien* [4.8] [4.9] [4.33] [4.34]

Die Vielzahl der Werkstoffe und ihre Verarbeitungsmöglichkeiten gestatten es, nahezu jede in der Praxis auftretende Gestaltungsaufgabe optimal zu lösen. Voraussetzung dafür ist die sofortige Ausschöpfung aller zur Verfügung stehenden Möglichkeiten beim konstruktiven Entwurf der Teile. Wesentliche Gesichtspunkte sind:

Werkstoff- und werkzeuggerechte Gestaltung

Die Gestaltung der Formteile wird vom Werkstoff und von den Werkzeugen des vorgesehenen Verarbeitungsverfahrens bestimmt. Neben den noch zu untersuchenden Einzelfragen gelten folgende allgemeine Gesichtspunkte:

1. Formgebung so, daß einerseits die Werkzeugkosten möglichst gering sind (weitestgehende Anwendung von Maschinenarbeit), andererseits aber die Möglichkeiten der Verarbeitungsverfahren voll genutzt werden (komplizierte Formteile ersparen u. U. erhebliche Montagekosten!);
2. Sicherung eines rationellen Produktionsablaufs durch konstante und möglichst geringe Wanddicken, geneigte Aushebeflächen, geeignete Abrundungen, wenige Einlageteile, zweckmäßige Auswerfer usw.;

3. funktionsgerechte Gestaltung im Hinblick auf Festigkeit (beim Auswerfen aus der Form und im Gebrauch), gutes Aussehen (Verzug, glatte Oberflächen, Kantenform usw.), Toleranzen, Nachbearbeitung usw.

Diese Forderungen lassen sich u. a. durch Beachtung der folgenden Gestaltungsgrundregeln erfüllen, wobei meist Unterschiede zwischen Preß- und Spritzgußteilen auftreten.

Wanddicken. Bei Preßteilen richten sich die Mindestwanddicken nach der Preßteiltiefe. Sie sind in Tafel 4.26 für die wichtigsten Preßmassetypen zusammengestellt.

Tafel 4.26. Richtwerte für Mindestwanddicken für Preßteile in Abhängigkeit von der Preßteiltiefe [4.37]

Preßteiltiefe mm	Mindestwanddicke in mm Preßmassetyp nach DIN 7708						
	11	31	51	71	74	131	152
bis 50	1,2	1,0	1,2	2,0	2,0	1,0	1,0
über 50 ··· 100	1,5	1,2	1,4	2,5	2,5	1,2	1,2
über 100 ··· 150	2,0	1,8	1,9	3,5	3,5	1,5	1,5
über 150 ··· 200	2,4	2,2	2,3	4,0	4,0	2,0	2,0
über 200 ··· 250	3,1	2,8	2,9	4,5	4,5	2,5	2,5
über 250 ··· 300	3,5	3,2	3,4	5,0	5,0	3,2	3,2

Tafel 4.27. Richtwerte für Mindestwanddicken für Spritzgußteile in Abhängigkeit vom Fließweg [4.37]

Fließweg mm	Mindestwanddicke in mm Art der Spritzgußmasse					
	Polystyrol	Niederdruck-Polyäthylen	Hochdruck-Polyäthylen	Polyamid	Polymethacrylat	Hart-PVC
bis 50	0,5	0,6	0,5	0,6	1,0	1,0
über 50 ··· 100	0,5	0,8	0,5	0,8	1,0	1,0
über 100 ··· 150	0,8	1,2	0,8	1,2	1,5	1,5
über 150 ··· 200	1,0	1,5	1,0	1,5	1,8	1,8
über 200	1,2	1,8	1,2	1,8	2,0	2,0

Wanddicken unter 1 mm sollen aus Festigkeitsgründen möglichst vermieden werden. Die Härtezeit richtet sich nach der dicksten Stelle des Preßteils. Deshalb sind dünne und vor allem gleichmäßige Wanddicken zu wählen und Werkstoffanhäufungen zu vermeiden. Dicke Wände sind möglichst auszusparen oder durch Rippen, Profilierungen u. ä. zu umgehen. Ungleiche Wanddicken haben durch ihre ungleichmäßige Aushärtung innere Spannungen im Preßteil zur Folge, die meist zu Rißbildungen führen.

Die Mindestwanddicke an Spritzgußteilen wird neben anderen Einflußgrößen durch die Länge des Fließwegs, den die Spritzgußmasse innerhalb des Werkzeugs zurückzulegen hat, bestimmt. Richtwerte enthält Tafel 4.27. Bei zu dünnen Wänden treten Fertigungsschwierigkeiten auf. Es sind deshalb auch bei kleineren Spritzgußteilen Wanddicken unter 0,5 mm möglichst zu vermeiden. Zu dicke Wände (>3 mm) kühlen zu langsam ab. Außerdem können sich dann Lunker- oder Einfallstellen (Vertiefungen an Außenflächen) bilden. Das gleiche tritt auch bei ungleichen Wanddicken und Werkstoffanhäufungen im Querschnitt des Spritzgußteils ein.

Beispiele für die ungünstige und günstige Gestaltung der Wanddicken von Preß- und Spritzgußteilen enthalten die Tafeln 4.28 und 4.29.

Tafel 4.28. Gestaltung von Wanddicken bei Preßteilen [4.37]

Beispiel	Ungünstige Lösung	Erläuterungen	Günstige Lösung
1	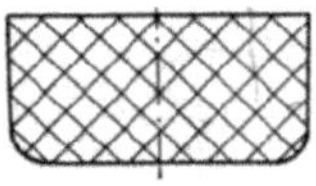	Das linke Preßteil ist zu dick ausgeführt. Die rechte Lösung ergibt 50 % Werkstoffersparnis und erfüllt den gleichen Zweck	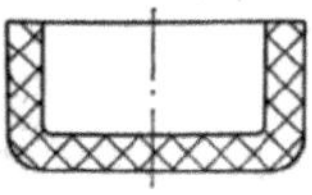
2	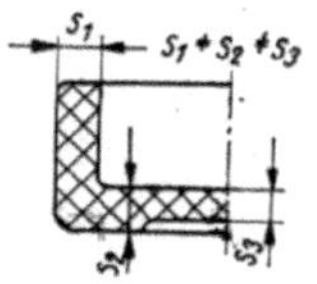	Ungleiche Wanddicken ergeben Fertigungsschwierigkeiten (lange Härtezeiten, innere Spannungen). Gleichmäßige Wanddicken sind günstiger (keine Spannungen), ermöglichen außerdem bessere Bodengestaltung	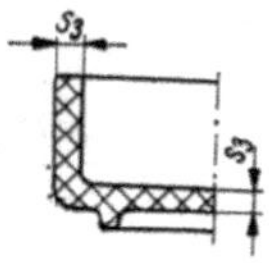
3	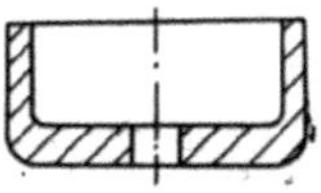	Die linke Bodengestaltung ist ungünstig (ungleiche Wanddicken). Die rechte Lösung ermöglicht gleiche Wanddicken bei gleicher Lochtiefe	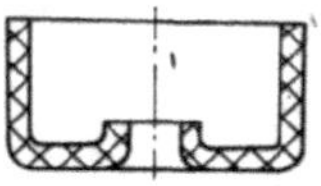
4	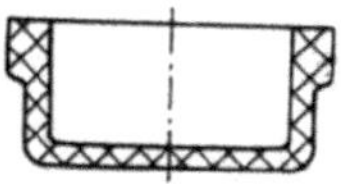	Die linke Randgestaltung ist zu dick ($s \neq$ const). Rechts ist eine günstige Gestaltung mit gleicher Wanddicke bei entsprechender Randversteifung dargestellt	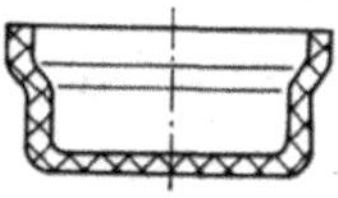
5	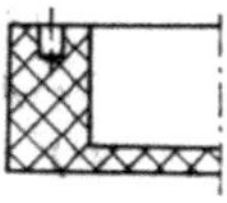	Unvermeidliche Werkstoffanhäufungen sollen so gestaltet werden, daß sie preßtechnisch günstiger sind	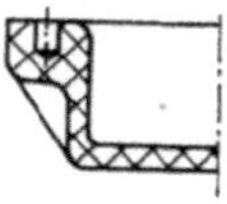
6	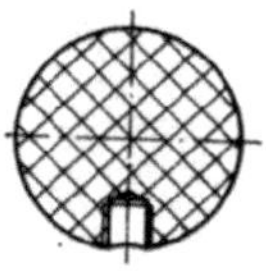	Die linke Lösung kann als Spritzpreßteil gefertigt werden; aber lange Härtezeiten. Die rechte Lösung ist als Preßteil besser gestaltet, ergibt dazu erhebliche Werkstoffeinsparung	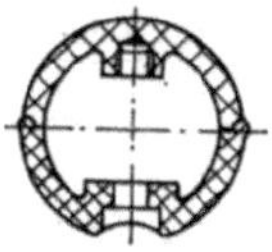

Tafel 4.29. Gestaltung von Wanddicken bei Spritzgußteilen [4.37]

Beispiel	Ungünstige Lösung	Erläuterungen	Günstige Lösung
1	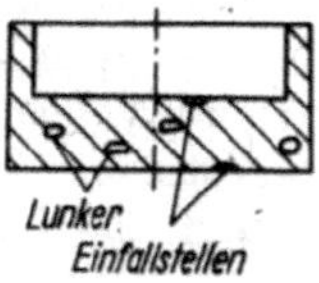	Zu starke Böden haben Lunker und Einfallstellen zur Folge. Es sind für Wände und Böden gleichmäßige Dicken anzustreben	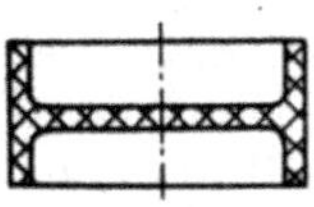
2		Werkstoffanhäufungen führen zu Lunker und Einfallstellen. Diese sind durch annähernd gleiche Wanddicken zu vermeiden	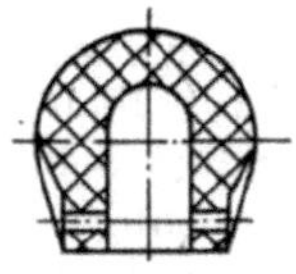
3		Zu stark ausgeführte Augen führen zu Einfallstellen. Gleichmäßige Wanddicken bei gleicher Funktion vermeiden diese	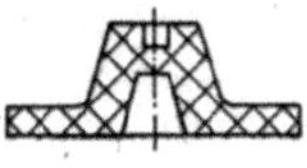

Tafel 4.29. (Fortsetzung)

Beispiel	Ungünstige Lösung	Erläuterungen	Günstige Lösung
4	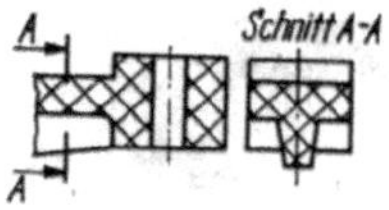	Profilierungen mit Werkstoffanhäufungen sind ungünstig. Die rechte Gestaltung vermeidet dies durch gleichmäßige Wanddicken	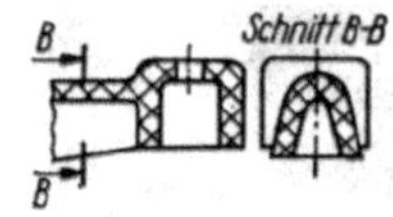
5	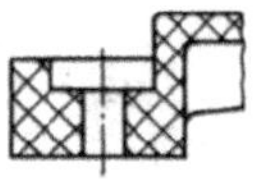	Entwürfe mit ungleichen Wanddicken und Werkstoffanhäufungen müssen so umgestaltet werden, daß gleiche Wanddicken ohne Werkstoffanhäufungen entstehen	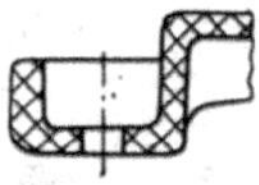

Tafel 4.30. Richtwerte für Neigungswinkel [4.37]

Lage		Neigungswinkel α
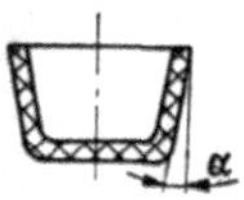	Außenflächen	(15′), 30′, (45′), 1°, 2°
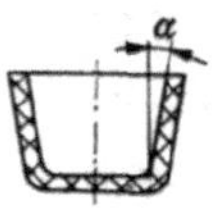	Innenflächen	(15′), 30′, 1°, 2°, 3°
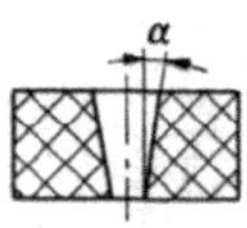	Löcher bis zu einer Lochtiefe von 2*d*	(15′), 30′, 1°
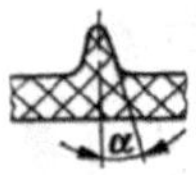 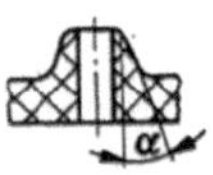	Rippen, Augen, Zapfen usw.	2°, 3°, 5°, 10°

Neigungen. Je nach Größe des Schwindmaßes schrumpfen die Innenflächen der Formteile auf die Werkzeugteile auf. Haben diese Flächen keine Neigung in Öffnungsrichtung der entsprechenden Werkzeugteile, so sind sie schwer vom Werkzeug zu entfernen. Deshalb sind alle in Öffnungsrichtung des Werkzeugs und in Ausdrückrichtung des Formteils liegenden Flächen mit Aushebeschrägen zu versehen.

Richtwerte des Neigungswinkels α sind in Tafel 4.30 zusammengestellt.

Abrundungen (Radien) von Kanten und Ecken an Formteilen sind aus folgenden Gründen notwendig:

Verringerung der Fließwiderstände und damit Erleichterung des Masseflusses im Werkzeughohlraum — Vereinfachung der Werkzeugfertigung und Verringerung ihres Verschleißes — Herabsetzung innerer Spannungen im Formteil sowie der Kerbschlagempfindlichkeit des Formteils — Vermeidung von Spannungsspitzen an Ecken und Kanten bei mechanisch belasteten Formteilen — Erhöhung der Formbeständigkeit kappenförmiger Formteile u. a.

Die Mindestradien von Abrundungen sind in Tafel 4.31 nach der Werkstoffart und nach der geometrischen Lage der Kanten des Formteils festgelegt.

Die Abrundungen von Innenkanten mechanisch beanspruchter Teile müssen besonders zur Vermeidung von Spannungsspitzen beachtet werden. Optimale Verhältnisse bekommt man mit $R = 0{,}6\,s$ ($s_{\min}$ s. Tafel 4.26 und 4.27).

Tafel 4.31. Mindestradien der Abrundungen an Formteilen [4.37]

Lage der Abrundungsradien an	Größe der Radien für Formteile aus Duroplast mm	Polystyrol oder Polymethylmethacrylat mm	Polyamid, PVC oder Polyäthylen mm
Innenkanten, die in Ecken auslaufen	1,0	1,6	0,6
Innenkanten, die nicht in Ecken auslaufen	0,6	1,0	0,4
Außenkanten und Außenecken	nach Bedarf in Abhängigkeit von der Bearbeitungstiefe des Werkzeughohlraums		

Die Anwendung größerer Radien ist immer vorteilhaft.

Insgesamt sind die nach DIN 250 genormten Reihen 1 und 2 für Rundungen bei Festlegung von Radien zu berücksichtigen (Werkzeugbau!).

Hinterschneidungen. Im allgemeinen sollen Formteile so gestaltet werden, daß äußere und innere Hinterschneidungen vermieden werden, d. h., daß die Formteile durch Ausdrücken in Öffnungsrichtung des Werkzeugs entfernt werden können. Vielfach lassen sich Hinterschneidungen umgehen, wenn Erstentwürfe sinngemäß und richtig umgestaltet werden. Tafel 4.32 enthält eine Reihe von Beispielen. Lassen sich Hinterschneidungen nicht umgehen, so muß immer mit einem höheren ökonomischen Aufwand gerechnet werden. Dazu gehören die erhöhten Werkzeugkosten, die durch Mehrteiligkeit, durch Seitenschieber, Backen, Einlagen, Kerne u. a. entstehen, die längere Bedienzeit bei der Fertigung und oft erhöhte Nacharbeit zur Entfernung des Grats. Auch die Standzeit der komplizierten Werkzeuge ist geringer als die von einfach gestalteten.

Tafel 4.32. Gestaltungsbeispiele für die Vermeidung von Hinterschneidungen [4.37]

Beispiel	Ungünstige Lösung	Erläuterungen	Günstige Lösung
1	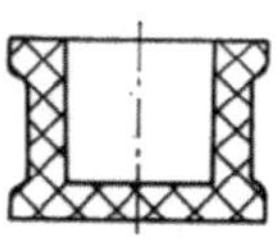	Die doppelte Außenverstärkung mit Hinterschneidung läßt sich in eine Außen- und eine Innenverstärkung ohne Hinterschneidung umgestalten	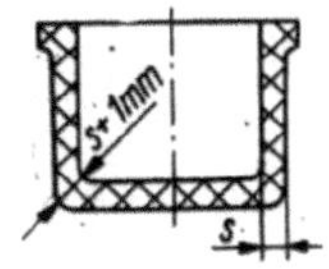
2	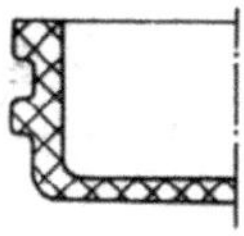	Die Versteifung durch Außenrippen mit äußerer Hinterschneidung erreicht man auch durch eine geschickte Wandversteifung ohne Hinterschneidung	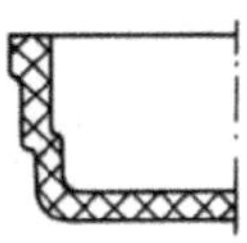
3	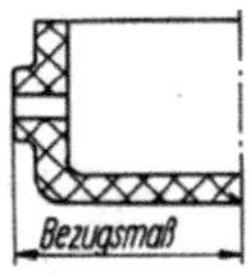	Augenverstärkung mit äußerer Hinterschneidung (Seitenschieber erforderlich!) läßt sich auch durch Profilierung ohne Hinterschneidung erreichen	
4	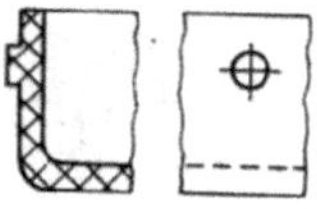	Rundes Auge ist nur mit Backen, ein langgezogenes Auge ist ohne Hinterschneidung zu fertigen (Backen = lose Werkzeugteile)	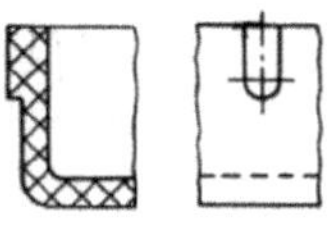
5	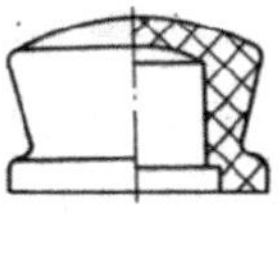	Eine Kappe mit Verjüngung nach unten ergibt Hinterschneidung (mit Backen zu fertigen), während Kappe mit Verjüngung nach oben ohne Hinterschneidung gestaltet ist	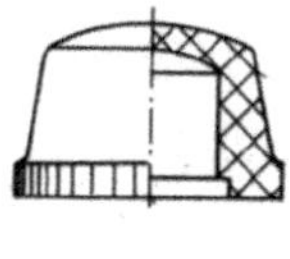

Tafel 4.33. Richtwerte für maximale Lochtiefen für Löcher, die in Fließ- oder Preßrichtung liegen [4.37]

d	Preßteile		Spritzpreßteile		Spritzgußteile	
	Maximale Lochtiefe in mm					
mm	t_1	t_2	t_1	t_2	t_1	t_2
1,6	2,4	1,6	–	5,0	–	4,0
2,0	4,0	2,0	–	6,0	–	5,0
2,5	6,0	3,0	12,0	8,0	7,0	6,0
3,0	8,0	4,0	16,0	12,0	10,0	7,0
4,0	12,0	6,0	25,0	20,0	16,0	9,0
5,0	16,0	8,0	35,0	28,0	22,0	12,0
6,0	20,0	10,0	45,0	35,0	28,0	14,0
8,0	28,0	14,0	65,0	50,0	40,0	18,0
10,0	36,0	18,0	85,0	65,0	50,0	22,0
12,0	44,0	22,0	100,0	80,0	60,0	27,0

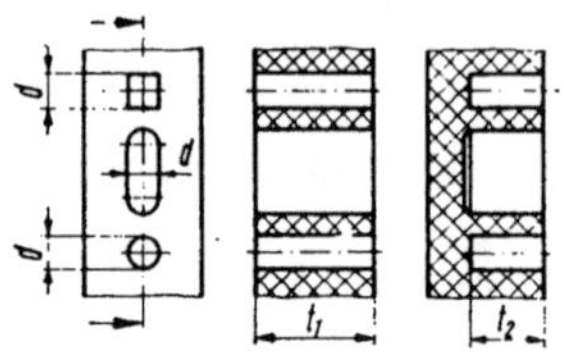

Löcher, Schlitze und Durchbrüche werden in der Regel durch Lochstifte oder Werkzeugkerne gebildet. Alle gepreßten und gespritzten Löcher müssen kegelförmig gehalten werden. Ihre Tiefen können nicht unbegrenzt groß sein. Richtwerte für maximale Lochtiefen, die in Fließ- oder Preßrichtung liegen, enthält Tafel 4.33. Löcher, die quer zur Fließ- oder Preßrichtung angeordnet sind, sollen nicht tiefer als 1,5 d sein.

Tafel 4.34. Gestaltungsbeispiele für Löcher, Schlitze und Durchbrüche [4.37]

Beispiel	Ungünstige Lösung	Erläuterungen	Günstige Lösung
1	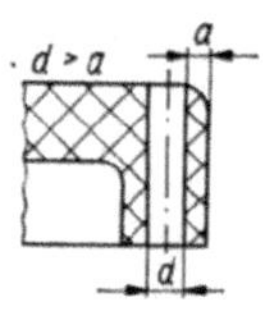	Ein zu geringer Randabstand a ergibt ungleiche Wanddicke. Bei Beachtung des Randabstands $a \geqq d$ entstehen etwa gleiche Wanddicken	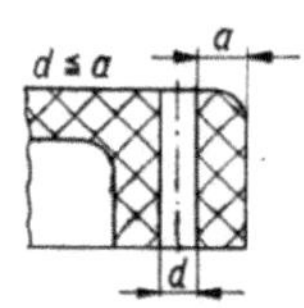
2	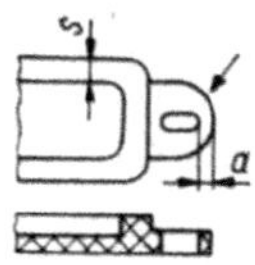	Die Form des Befestigungsauges hat einen zu geringen Randabstand. Die rechte Lösung weist gleiche Randabstände zum Langloch auf, $a \approx s$	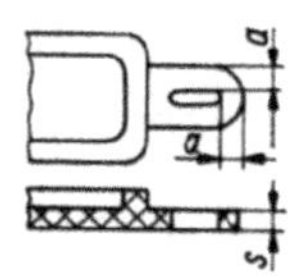
3	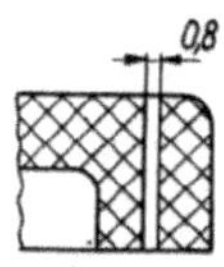	Schmaler Schlitz mit parallelen Kanten ist schwer zu fertigen. Daher wurde der Schlitz zur Erhöhung der Werkzeugfestigkeit nach unten verbreitert	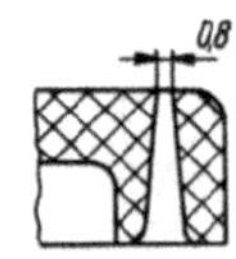
4	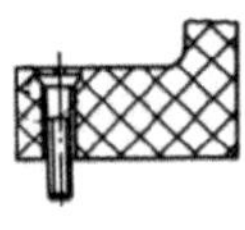	Spritzsenkung und zu geringer Randabstand sind ungünstig. Günstiger sind eine zylindrische Senkung und genügend breiter Randabstand a	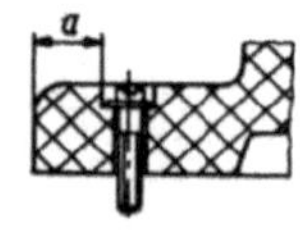
5	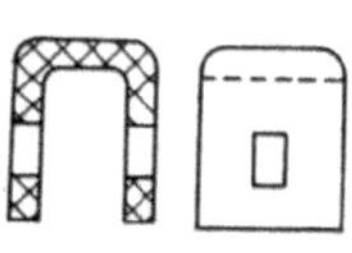	Die linke Lösung erfordert zwei Seitenschieber. Durchgehende Aussparungen ergeben keine Hinterschneidungen	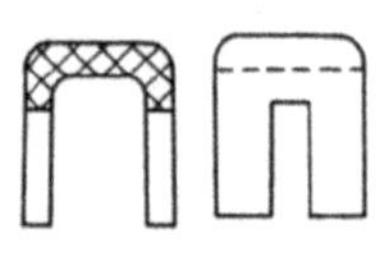

Müssen die Maximallochtiefen überschritten werden, so werden Durchgangs- oder Sacklöcher abgesetzt ausgeführt. Bei der Anordnung von mehreren Löchern sind Richtwerte für Lochmitten- und Randabstände zu beachten [4.37].

Schlitze und Durchbrüche können, sofern dabei keine Hinterschneidungen auftreten, ohne bewegliche Werkzeugteile erzeugt werden. Schmale Schlitze müssen senkrecht zum Schlitz verbreitert werden, damit die dazu notwendigen Werkzeugeinsätze eine genügende Festigkeit bekommen. Die geringste Schlitzbreite soll aus werkzeugbedingten Gründen 0,8 mm nicht unterschreiten. Lösungsvarianten bei Ausführungen von Löchern, Schlitzen und Durchbrüchen sind in Tafel 4.34 gegenübergestellt.

Gewinde und spezielle Oberflächen. Gewinde lassen sich in Formteilen nicht nur durch Einlagen aus Metall (s. S. 113) anbringen, sondern können auch gepreßt bzw. gespritzt werden. Dabei ist zu beachten:

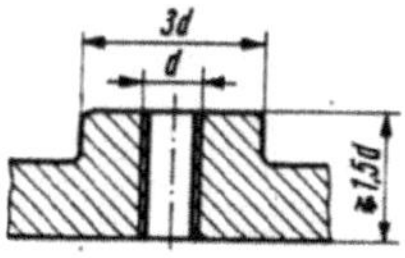

Bild 4.37
Bemessung eines gepreßten Gewindes

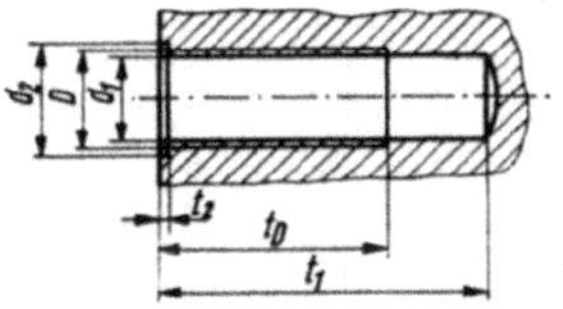

Bild 4.38
Gestaltung von vorgepreßten Sacklöchern mit nachträglich eingeschnittenem metrischem Gewinde M2,6 bis M10

D Gewindenenndurchmesser
$d_1 \approx 0{,}8\,D$; $d_2 \approx 1{,}1\,D$; $t_D \geqq 1{,}5\,D$; $t_1 \geqq 1{,}3\,t_D$; $t_2 \approx 0{,}1\,D$

Aus Festigkeitsgründen sollten die im Bild 4.37 angegebenen Bemessungen eingehalten werden. Bei Spritzgußteilen kann man $t_D = 2{,}6\,D$ wählen. Die Kegelförmigkeit der Gewinde muß $\geqq 1\%$ betragen. Es sind möglichst nicht mehr als fünf bis acht Gänge vorzusehen, um die Zeit für das Herausdrehen der Werkzeugteile abzukürzen.

Einige weitere wichtige Gesichtspunkte sind den Gegenüberstellungen in Tafel 4.35 zu entnehmen. Hinweise über Toleranzangaben enthält DIN 16901 (s. S. 108).

Besonders in der Elektrotechnik bietet die Anwendung des Rundgewindes nach DIN 40400 gegenüber dem scharfkantigen metrischen Gewinde Vorteile.

Neben gepreßten oder gespritzten Gewinden können Gewinde auch nachträglich eingeschnitten werden. So werden z. B. in Preßteilen Gewinde M2,6 bis M10 aus fertigungstechnischen Gründen in vorgepreßte oder gebohrte Löcher eingeschnitten. Sacklöcher (Bild 4.38) erfordern einen gewissen Auslauf und Platz für die Späne. Ist das Lösen einer Schraubenverbindung bei Formteilen nicht vorgesehen, so erlauben selbstschneidende Schrauben nach DIN 7513 und 7516, auf ein Gewinde im Preß- oder Spritzgußteil zu verzichten. Es genügt eine zylindrische oder vierkantige Bohrung vom Kerndurchmesser.

Die zweckmäßige Gestaltung der Oberfläche von Drehknöpfen u. ä. aus fertigungstechnischen Gründen ist aus Tafel 4.35 ersichtlich.

Zahnräder [4.24] werden gegenwärtig immer häufiger aus spritzgegossenen Thermoplasten gefertigt, wozu nicht allein ökonomische Vorteile, sondern auch technische Eigenschaften der Thermoplaste beitragen. Zu den technischen Vorteilen gehören die geringe Masse und damit geringes Trägheitsmoment, geräuscharmer Lauf, kleiner Reibungskoeffizient an den Zahnflanken und Lagerstellen, keine Notwendigkeit der Schmierung und des Korrosionsschutzes, einwandfreie Oberflächenbeschaffenheit u. a. Nachteilig wirken sich gegenüber Metallzahnrädern geringere Festigkeit (Tragfähigkeit), Empfindlichkeit gegen Temperatur- und Feuchtigkeitsschwankungen und -einwirkungen u. a. aus.

Tafel 4.35. Gestaltungsbeispiele für Gewinde und Oberflächen

Beispiel	Ungünstige Lösung	Erläuterungen	Günstige Lösung
1	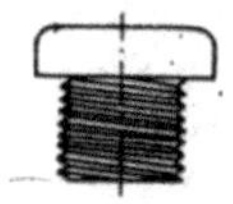	Gewinde bis zum Ende des Gewindebolzens neigen zum Ausbrechen. Daher besser Absetzen des Gewindeauslaufs bei Außengewinde auf den Kerndurchmesser	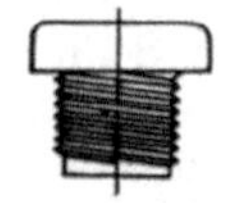
2	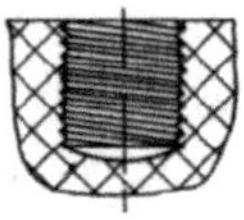	Innengewinde bis zum Beginn der Gewindebohrung werden leicht beschädigt. Daher besser abgesetzter Gewindeanfang innen auf den Außendurchmesser	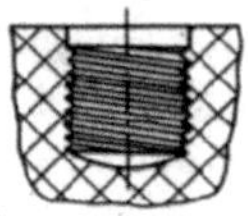
3	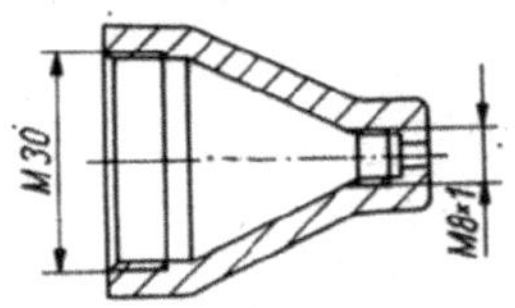	Hintereinanderliegende konzentrische Gewinde erfordern zum Herausschrauben des Kerns übereinstimmende Steigung	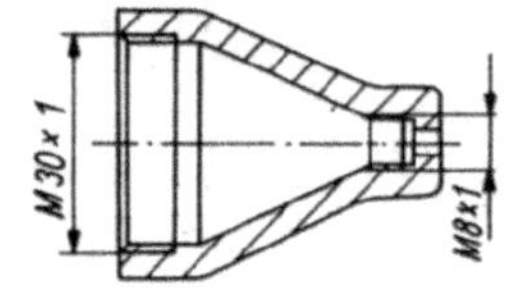
4	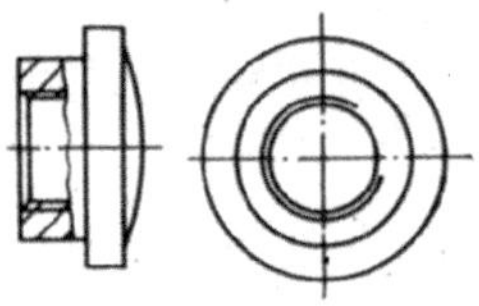	Schraubkappen sollen durch Rändel, Rippen oder Flächen auf den Außenflächen gegen Verdrehen im Werkzeug beim Herausschrauben des Gewindekerns gesichert werden. Außerdem soll die Außenfläche gut griffig sein	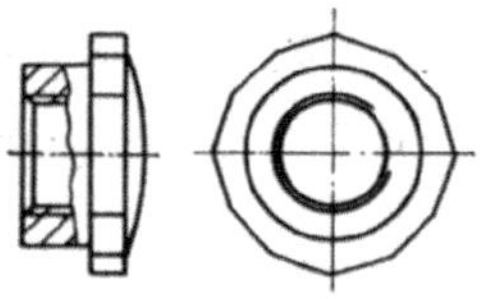
5	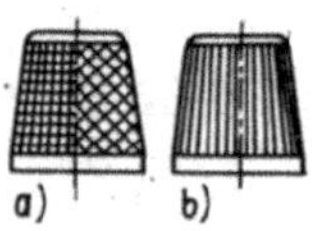	Oberflächen mit Hinterschneidungen, wie Rändel, Kordel a), b), sind nur sehr teuer herstellbar und sollen durch Rippen c), Bogen d) u. ä. ersetzt werden. Glatte Oberfläche e) ergibt billiges Werkzeug	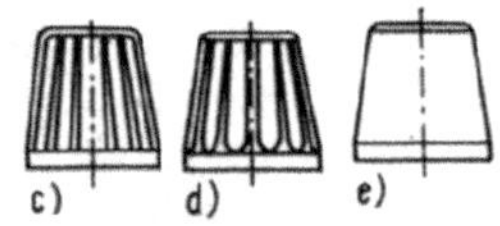

Von der Vielzahl der Thermoplaste für die Fertigung von Zahnrädern (Modul $m \leqq 1{,}0$ mm) eignen sich besonders für die Feingerätetechnik Polyamid, Polyacetal, Formaldehyd-Mischpolymerisat, Polyäthylenterephthalat, seltener Polycarbonat, Acrylglas oder Polystyrol (letzteres bei sehr geringer Belastung).

Bei der konstruktiven Gestaltung der Radkörper ist zu beachten, daß keine zu

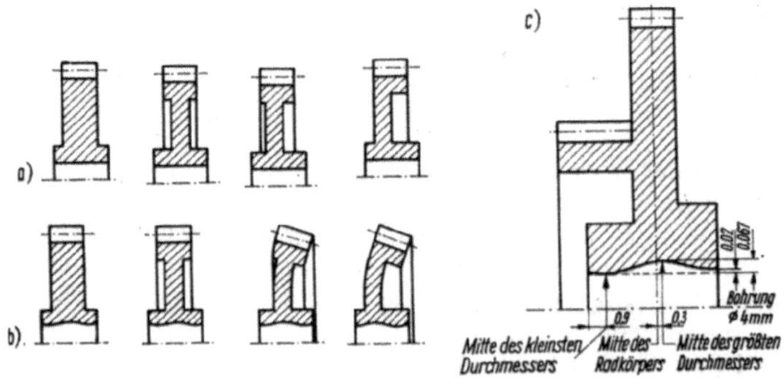

Bild 4.39. Verzugsverhalten von Zahnradkörpern [4.24]

a) Radkörper-Sollformen (Vollscheibenrad, mit mittigem Steg, mit nicht mittigem Steg und mit einseitigem Steg); b) zu erwartende Istformen von a); c) zu erwartende Formabweichungen der Bohrung (Beispiel mit d = 4 mm, Radkörper 10fach, Formabweichung 100fach vergrößert)

hohen örtlichen Flächenbelastungen auftreten. Sie lassen sich durch metallische Einlegeteile vermeiden (z. B. bei Lagerstellen). Die Gestalt des Radkörpers hat auf das Verzugsverhalten entscheidenden Einfluß. Im Bild 4.39 sind Beispiele für die Gestaltung und das zu erwartende Verzugsverhalten angegeben. Besonders ist auch die Formabweichung der zylindrischen Lagerbohrung, wenn sie nicht in einem metallischen Einlegeteil enthalten ist, zu beachten (Bild 4.39 c). Die Dimensionierung des Radkörpers ist weitgehend von der Zahnhöhe h abhängig vorzunehmen (Bild 4.40). Dabei sind die Art und die Lage des Angusses (Zuführung des spritzfähigen Thermoplastes) zu beachten. Weitere Einzelheiten sind der Spezialliteratur, besonders [4.24], zu entnehmen. Allgemeine Hinweise über Zahnradgestaltungen, insbesondere über die Befestigung der Zahnräder auf Wellen u. a., enthält Tafel 6.24. und Bild 6.41.,

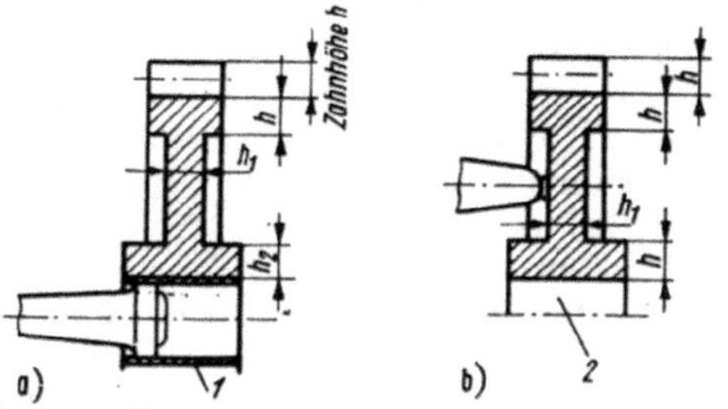

Bild 4.40
Dimensionierungsverhältnisse von Zahnradkörpern in bezug auf Art und Lage des Angusses [4.24]
a) Schirmanguß, $h < h_1 < h_2$; $h_1 \geq 1{,}1\,h$; $h_2 \geq 1{,}2\,h$; b) Dreifachpunktanguß, $h_1 > h$; z. B $h_1 \geq 1{,}1\,h$
1 Zugabe für das Ausdrehen der Bohrung; *2* fertig spritzgegossene Bohrung oder Buchse bzw. Welle als Einlegteil

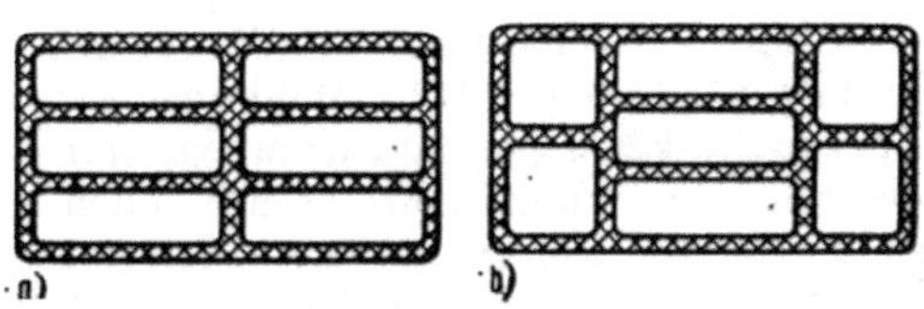

Bild 4.41
Anordnung von Rippen in Formteilen
a) unzweckmäßige Anordnung (Rippen durchgehend); b) zweckmäßige Anordnung (Rippen versetzt)

Festigkeitsgerechte Gestaltung

Großflächige und dünnwandige Formteile neigen zum Verwinden und Verwerfen. Außerdem haben sie meist ungenügende Biegefestigkeit. Diese Festigkeitsprobleme durch größere Wanddicken zu lösen, führt zu Werkstoffanhäufungen, die zu erhöhten inneren Spannungen neigen. Es ist daher zweckmäßiger, eine geeignete Gestaltung durch Rippen, Wölbungen, Profilierungen und besondere Randausführungen zu wählen. Im einzelnen sei auf folgendes hingewiesen.

Rippen. Bei der Gestaltung von Rippen an Preßteilen ist immer von der optimalen Wanddicke auszugehen. Es ist zu beachten, daß zum Entformen ausreichende Neigungen α vorhanden sein müssen, daß die Rippenwurzel nicht kleiner als die Wanddicke sein soll, daß die Innen- und Außenkanten abgerundet sein müssen und daß die Rippenhöhe von Innenrippen niedriger als der Außenrand sein muß. Richtwerte für die Gestaltung sind in Tafel 4.36 enthalten.

Ebene Flächen und Wände sollten reichlich mit Rippen verstärkt werden. Die Anordnung durchgehender Rippen (Bild 4.41 a) ist dabei zu vermeiden. Dagegen wirken sich versetzt angeordnete Rippen (Bild 4.41 b) immer günstig aus.

An *Spritzgußteilen* führen Verstärkungsrippen sehr oft zu Einfallstellen. Sind sie nicht zu vermeiden, so ist zu beachten, daß die Rippenbreite höchstens 0,3 bis 0,6 der Wanddicke betragen darf, daß die Neigung der Rippenstege so gering wie möglich gewählt wird, daß selbst dünne Rippen zu Profilverstärkungen führen, daß die Rippenanordnung möglichst mit dem Angußsystem in Verbindung stehen soll, daß die

Tafel 4.36. Richtwerte für Gestaltung von Rippen [4.37]

s	*b* höchstens	*h* höchstens	*R* mindestens	*a* mindestens	*α* wahlweise	
2	1,5	6	1,0			
2,5	2	7	1,6			
3	2	9	2,0			
4	2	12	2,5	0,5	2°; 3°; 5°; 10°	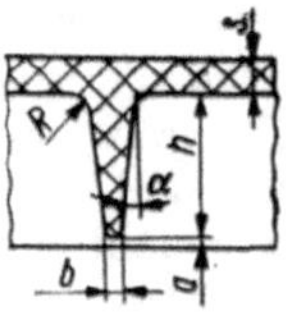
5	3	15	3,0			
8	5	24	5,0			
10	7	30	6,0			

Abrundungsradien in den Hohlkehlen der Rippen zwischen 0,3 und 0,5 mm liegen sollen und daß Rippenhöhen bis zur 3fachen Wanddicke möglich sind.

Gestaltungsbeispiele für Rippen enthält Tafel 4.37.

Wölbungen. Flächen von Preß- und Spritzgußteilen können zur Erhöhung der Gestaltfestigkeit konkav oder konvex gewölbt werden (Bild 4.42a). Die gleiche Wirkung wird auch erreicht, wenn die Wanddicke in Flächenmitte gegenüber dem Rand vergrößert wird (Bild 4.42b). Wölbungen an Formteilen dienen neben der Erhöhung der Formsteifigkeit auch zum Kompensieren der eintretenden Schwindung. Beim Schwinden spannen sich die gewölbten Flächen, die Wölbung wird geringer, aber die Außenmaße bleiben konstant oder werden nur geringfügig beeinflußt.

Profilierungen. Um die Stand- und Gestaltfestigkeit von becher- oder kastenförmigen Formteilen zu erhöhen, werden in der Regel alle Standflächen und Böden dieser

Tafel 4.37. Gestaltungsbeispiele für Rippen und Profilierungen [4.37]

Beispiel	Ungünstige Lösung	Erläuterungen	Günstige Lösung
1		Die Rippe im linken Bild ist zu breit und ergibt Werkstoffanhäufungen. Eine Hohl- oder Doppelrippe (rechts) ergibt gleichmäßigere Wanddicken	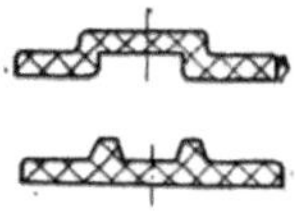
2		Ungünstig ist ein Vollprofil mit Werkstoffanhäufung (links). Günstiger ist eine Gestaltung als Rippe oder Sicke (rechts)	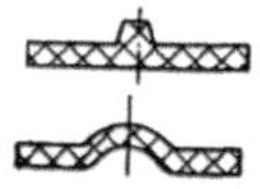
3	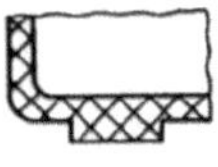	Ein zu voller Fuß (links) ist günstiger durch ein Z-Profil zu ersetzen	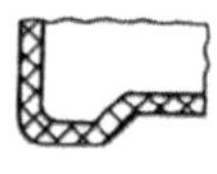
4	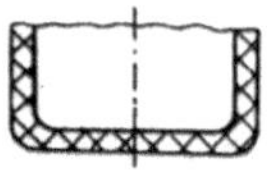	Die linke Bodengestaltung führt zum Einzug der Seitenwände, während bei einem gewölbten Boden die Schwindung die Bodenfläche ohne Einzug der Seitenwände strafft	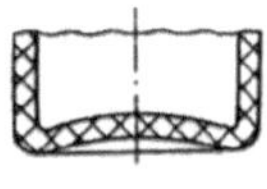
5		Die linke, unzweckmäßige Rippenanordnung führt zum Verzug, während die rechte Rippenanordnung die Schwindungsspannungen gut auffängt	
6	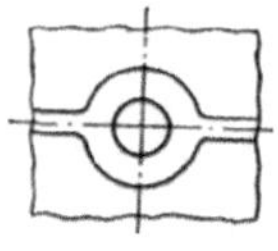	Die einseitig abgestützte Nabe wird infolge von Schwindungsspannungen unrund, während die allseitig abgestützte Nabe ihre Form kaum verändert	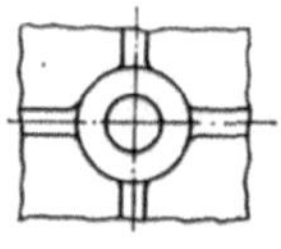

Formteile profiliert. Gestaltungsbeispiele enthält Tafel 4.37. Auch Seitenteile größerer Formteile werden durch die gleichen Maßnahmen versteift. An Spritzgußteilen dienen Profilierungen auch zum Schwindungsausgleich.

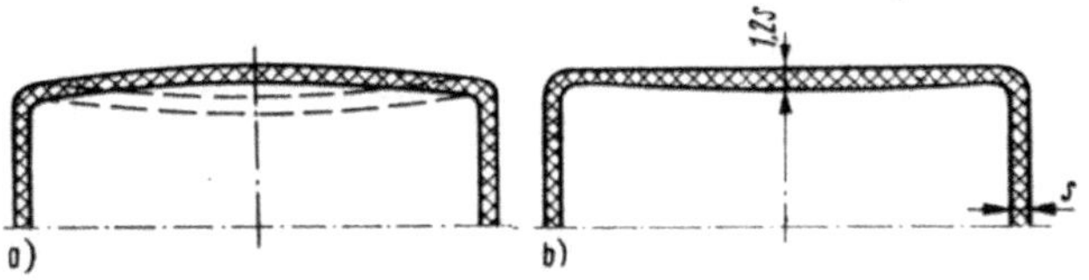

Bild 4.42. Wölbungen an Formteilen
a) konkave oder konvexe Wölbung; b) Wölbung mit verstärkter Wanddicke

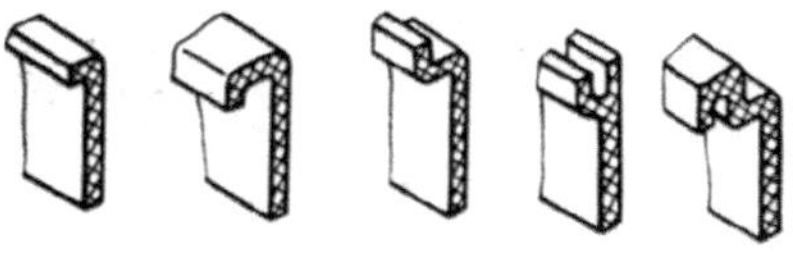

Bild 4.43
Beispiele für Randgestaltungen nach [4.37]

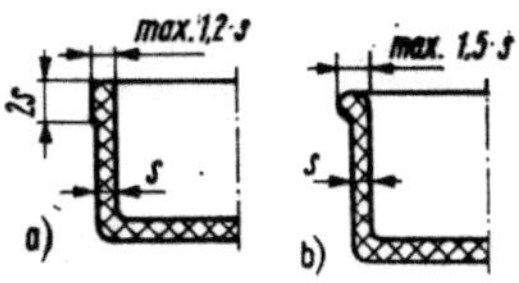

Bild 4.44
Begrenzte Randverdickungen an Formteilen
a) an Preßteilen; b) an Spritzgußteilen aus Polyäthylen und Polypropylen

Randgestaltungen. Aus Festigkeitsgründen erweist es sich oft als zweckmäßig, Ränder an Kappen, Gehäusen (Bild 4.43) u. ä. zu verstärken, wobei darauf zu achten ist, daß keine Werkstoffanhäufungen und Hinterschneidungen entstehen. Randverdickungen wurden dabei nicht vorgesehen, aber auch sie sind sowohl bei Preßteilen als auch bei Spritzgußteilen in bestimmten Grenzen (Bild 4.44) möglich. Die Wulstbildung im Bild 4.44 b gilt nur für Spritzgußteile aus Polyäthylen und Polypropylen.

Bei Preßteilen ist aber auch aus fertigungsbedingten Gründen der Randgestaltung besondere Beachtung zu schenken. Der Werkstoffüberschuß wird beim Pressen aus dem Werkzeughohlraum gedrückt und verursacht am Preßteil einen Preßgrat, dessen Dicke bis 0,3 mm betragen kann. Er entsteht an den Trennebenen der Preß- oder Spritzgießwerkzeuge, aber auch an Seitenschiebern, Loch-, Gewinde- und Auswerferstiften und ist stehend in Preßrichtung bzw. liegend senkrecht zur Preßrichtung (Tafel 4.38) angeordnet.

Durch das Entfernen des Grats entsteht eine unvermeidbare, meist unerwünschte Fase von 0,2 bis 0,3 mm Breite. Preßteilränder dürfen deshalb nicht spitzwinklig auslaufen, weil sie sonst beim Entgraten ausbrechen (s. Beispiel *2* in Tafel 4.38). Runde Kanten an der Werkzeugtrennebene sind ebenfalls zu vermeiden, da sie preßtechnisch ungünstig sind (s. Beispiel *5* in Tafel 4.38).

Gestaltungsbeispiele für Randausführungen sind in Tafel 4.38 gegenübergestellt.

Toleranzen

Viele Faktoren beeinflussen die Genauigkeit der Formteile: Toleranzen der Werkzeuge, nicht konstante Arbeitsbedingungen (unterschiedliche Temperaturen, Drücke, Formschließungen u. a.), Qualitätsunterschiede der Formmassen, ungleichmäßiger Schwund usw.

Allein der etwa zu erwartende Schwund beträgt je nach Kunststoff 0,2 bis 2,5%, bei einigen Kunststoffen (z. B. Polyestergießharz und Polytetrafluoräthylen) sogar bis zu 10%. Aus diesen Werten geht hervor, daß es unmöglich ist, maßhaltige Teile aus verschiedenen Formmassen mit ein und demselben Werkzeug zu fertigen. Genaue Preßteile aus verschiedenen Formmassen bedingen demzufolge die Anfertigung mehrerer Werkzeuge.

Tafel 4.38. Gestaltungsbeispiele für Randausführungen bei Preßteilen [4.37]

Beispiel	Ungünstige Lösung	Erläuterungen	Günstige Lösung
1		Die linke Lösung ergibt einen Rand mit erheblicher Werkstoffanhäufung, während die rechten Lösungen diese vermeidet. Gute Aushärtung!	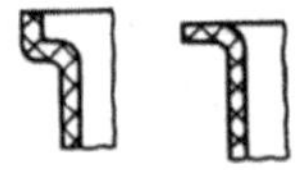
2		Der Rand links läuft zu spitz aus und kann beim Entgraten ausbrechen. Bei der rechten Lösung ist dies nicht der Fall	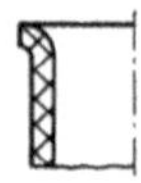
3	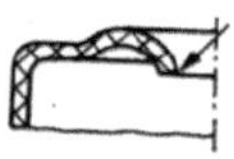	Die zu spitz gestaltete linke Randzone kann durch eine weiter gewölbte Randzone sicherer entgratet werden	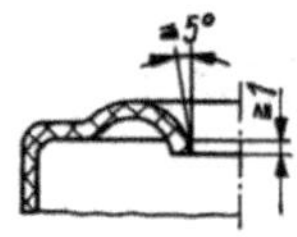
4		Angewölbte Standflächen sollen nicht bis zum Außenrand auslaufen. Der Auslauf der Wölbung muß mindestens 1 mm vom Außenrand entfernt sein	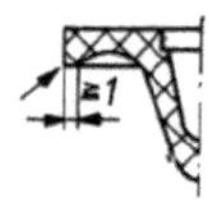
5	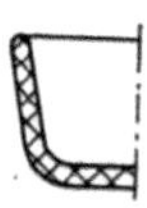	Runde Ränder sind preßtechnisch ungünstig. Je nach Gratlage nach a) oder b) gestaltete Ränder sind preßtechnisch günstiger	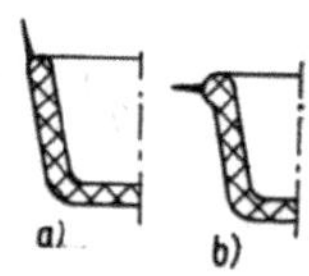
6	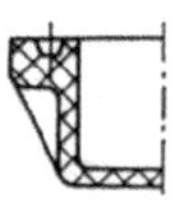	Die linke Randgestaltung hat zu große Werkstoffanhäufung, während die rechte Lösung diese vermeidet ($s \approx$ const)	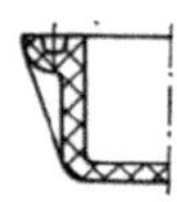

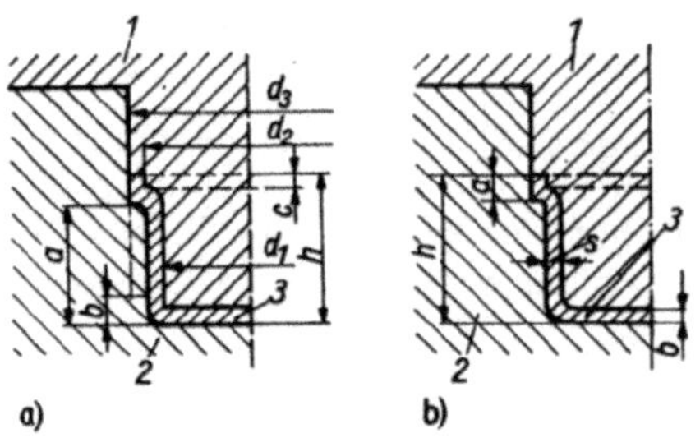

Bild 4.45
Maße an Formpreßteilen
a) formgebundene Maße; b) nicht formgebundene Maße
1 Werkzeugoberteil; *2* Werkzeugunterteil; *3* Preßteil

Alle Maße für Paß- und Anschlußstellen u. ä. müssen deshalb toleriert werden. Für die Fertigungsgenauigkeit ist dabei maßgebend, ob die Maße form- oder nicht formgebunden sind (Bild 4.45). Dabei ist zu beachten, daß enge formgebundene Toleranzen die Werkzeuge erheblich verteuern und oft Sondermaßnahmen bei der Fertigung erfordern. Die Genauigkeit formgebundener Maße ist außerdem vom Werkzeugverschleiß, von der Ungleichmäßigkeit innerhalb des gleichen Preßmassetyps, die ungleiche Schwindung zur Folge hat, u. a. abhängig. Bei den nicht formgebundenen Maßen kommen noch andere Einflüsse hinzu, z. B. die Gratbildung in Preßrichtung.

Für *Kunststoff-Formteile* wurden spezielle Toleranzen aufgestellt:

DIN 16901: Toleranzen und Abweichungen für Kunststoff-Formteile. Die Formmassen werden abhängig von ihrer Schwindung in 6 Toleranzgruppen eingeordnet. Für jede Formmasse werden 3 Toleranzen angegeben: für Maße ohne Toleranzangabe (Tafel 4.39) und 2 Reihen für Maße mit Toleranzangabe. Die Toleranzen und zulässigen Abweichungen gliedern sich weiterhin nach werkzeuggebundenen und nicht werkzeuggebundenen Maßen.

Tafel 4.39. Werte der zulässigen Abweichungen für Maße ohne Toleranzangaben nach DIN 16901

Toleranzgruppe	Zulässige Abweichung in mm[1]) Nennmaßbereich in mm											
		1	1 – 3	3 – 6	6 – 10	10 – 15	15 – 22	22 – 30	30 – 40	40 – 53	53 – 70	70 – 90
130	3	±0,08	±0,09	±0,1	±0,11	±0,13	±0,15	±0,17	±0,2	±0,24	±0,28	±0,34
	4	±0,18	±0,19	±0,2	±0,21	±0,23	±0,25	±0,27	±0,3	±0,34	±0,38	±0,44
140	3	±0,1	±0,11	±0,12	±0,14	±0,17	±0,2	±0,24	±0,28	±0,33	±0,4	±0,5
	4	±0,2	±0,21	±0,22	±0,24	±0,27	±0,3	±0,34	±0,38	±0,43	±0,5	±0,6
150	3	±0,13	±0,15	±0,17	±0,2	±0,24	±0,28	±0,33	±0,39	±0,47	±0,58	±0,71
	4	±0,23	±0,25	±0,27	±0,3	±0,34	±0,38	±0,43	±0,49	±0,57	±0,68	±0,81
160	3	±0,18	±0,2	±0,23	±0,27	±0,32	±0,39	±0,47	±0,56	±0,68	±0,84	±1,05
	4	±0,28	±0,3	±0,33	±0,37	±0,42	±0,49	±0,57	±0,66	±0,78	±0,94	±1.15

[1]) Zulässige Abweichungen: 3 werkzeuggebundene Maße
4 nicht werkzeuggebundene Maße

Nachbearbeitungen

Eine spanende Bearbeitung von Formteilen sollte durch zweckmäßige Gesamtkonstruktion völlig vermieden bzw. auf das unumgängliche Entgraten beschränkt werden. Folgende Ursachen können jedoch Bohren, Reiben, Drehen, Gewindeschneiden, Fräsen, Schleifen usw. bedingen:

1. Vermeiden von Hinterschneidungen und Seitenschiebern,
2. hohe Genauigkeit des Fertigteils bezüglich seiner Abmessungen, Form und Oberfläche,
3. Anwendung von Halbzeugen bei geringen Stückzahlen,
4. größere Wirtschaftlichkeit anderer Verfahren, z. B. beim Gewindeschneiden.

Preßteile lassen sich mit Hartmetallschneiden besser bearbeiten als thermoplastische Spritzgußteile, da letztere leicht schmieren. Auf gute Kühlung muß infolge der geringen Wärmeleitfähigkeit der Kunststoffe besonderer Wert gelegt werden. Druckluftkühlung ist gegenüber konventionellen Kühlmitteln wegen der Gefahr verstärkter Wasseraufnahme zu bevorzugen. Eine genaue Bearbeitung, wie sie z. B. für Mittenabstände notwendig ist, macht Vorrichtungen erforderlich. Auch mit Hilfe des Schleifens kann der Glanz einer Preßhaut nie wieder erreicht werden; am ehesten eignet sich hierfür eine manuelle Bearbeitung in Verbindung mit spezifischen Lösungsmitteln.

Die spanende Bearbeitung von *Halbzeugen* ist unumgänglich und i. allg. ohne Schwierigkeiten durchzuführen. Neben den genannten Fertigungsverfahren spielt besonders das Schneiden eine wesentliche Rolle. Auch Entgraten von Formteilen kann mit Schnittwerkzeugen erfolgen.

Einpressen bzw. Einbetten von Metallteilen

Das *Einpressen von Metallteilen* ist ein Fügevorgang während des Pressens oder Spritzpressens von Duroplasten, der in der Praxis zur Fertigung unlösbarer Kunststoff-Metall-Verbindungen und zur Erhöhung der Festigkeit des Preßteils (z. B. Gewinde) angewendet wird.

Der Nachteil dieser Fügetechnik liegt darin, daß der lineare Wärmeausdehnungskoeffizient eines Duroplastes etwa viermal so groß ist wie der des Stahls und dadurch eingepreßte Metallteile aufgrund der eintretenden Schwindung eine Rißbildung des Preßstoffs verursachen können. Deshalb ist beim Gestalten eine ausreichende Preßstoffschicht, die das Metallteil umhüllen soll, vorzusehen, damit solche Folgeerscheinungen (Rißbildung, Verwerfungen u. ä.) nicht auftreten können (s. Tafel 4.40).

Ob Metallteile einzupressen oder auf andere Art zu befestigen sind, hängt von ökonomischen und fertigungstechnischen Gesichtspunkten ab und sollte in jedem Fall sorgfältig geprüft werden.

Tafel 4.40. Bemessung von Preßstoffdicken eines Preßteils aus Typ 31 [4.37]

Gestaltung des Formteils	Mindestwerte *d* mm	*a* mm	*b* mm	*c* mm
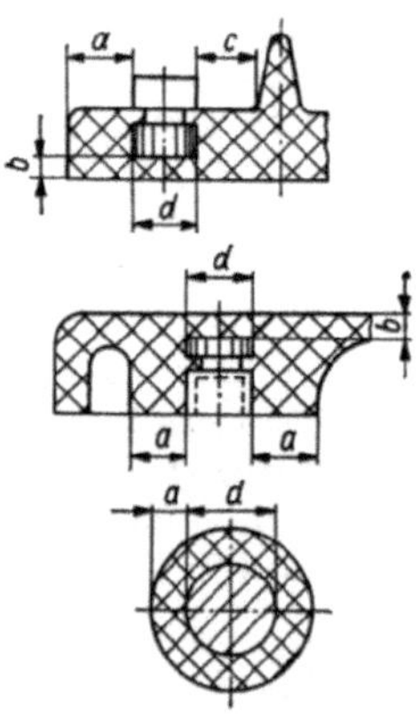	bis 3	1,5	0,8	1,5 ··· 2,0
	über 3 ··· 6	2,0	1,5	1,5 ··· 2,0
	über 6 ··· 10	3,0	2,0	1,5 ··· 2,0
	über 10 ··· 18	4,0	2,5	1,5 ··· 2,0
	über 18 ··· 30	5,0	3,0	1,5 ·· 2,0

Es ist zu beachten, daß eingepreßte Metallteile die Fertigung der Preßteile erschweren und verteuern; Metallteile können auch nachträglich durch Einschrumpfen, Einkleben, Einnieten, Einschrauben o. ä. in Preßteilen befestigt werden.

Die *Gestaltung der Einpreßmetallteile* soll so erfolgen, daß diese im Verhältnis zum Preßteil so klein wie möglich sind. Außerdem ist auf den Fließdruck der Preßmasse und die Anordnung im Preßteil zu achten. Möglichkeiten der Gestaltung und ihre Verankerung im Preßteil sind [4.1] entnehmbar.

Zum Einpressen von Gewindebuchsen (Muttergewinden) sind genormte Einpreßmuttern nach DIN 16903 zu verwenden. Offene Einpreßmuttern sind für Sackgewinde nicht geeignet. Wie schon darauf hingewiesen wurde, müssen ausreichende Preßstoffdicken das Metallteil umgeben, damit Rißbildungen, Verwerfungen und andere Schäden am Preßteil vermieden werden. Deshalb müssen Einpreßteile an den Stellen des Preßteils untergebracht werden, die massiver gestaltet sind als andere Stellen des Bauteils. Die Mindestwanddicken, die die Einpreßteile ummanteln sollen, sind stets vom Schwindmaß des Preßstoffs und von der Größe des Metallteils abhängig. Diese Gesetzmäßigkeit ist bei der Wahl der richtigen Preßstoffdicke nach Tafel 4.40 zu berücksichtigen. Den Angaben in Tafel 4.40 wurde eine pulverförmige Preßmasse mit einer mittleren Schwindung von 0,8% zugrunde gelegt, die im Preßverfahren verarbeitet wurde.

Das *Einbetten von Metallteilen in Spritzgußteile* ist ein Fügevorgang während des Spritzgießens von Kunststoffen, der in der Praxis zur Fertigung unlösbarer Kunststoff-Metall-Verbindungen üblich ist.

Im Gegensatz zum Preßverfahren ist es im Spritzgußverfahren möglich, Metallteile auch in relativ dünne Spritzgußschichten einzubetten; trotzdem muß der Gefahr der Rißbildung auch bei diesem Fügevorgang größte Aufmerksamkeit gewidmet werden.

Die Grundsätze der Einpreßtechnik sind auf das Einbetten von Metallteilen in Spritzgußteile sinngemäß übertragbar.

Das Spritzgußwerkzeug muß für das Einbetten von Metallteilen so beschaffen sein, daß die Metallteile genau lagebestimmt fixiert werden können. Einzelheiten bzw. Beispiele dazu sind im Abschn. 4.1.3.7. und in den Bildern 4.33 und 4.34 dargestellt. Beim Einbetten von größeren Metallteilen muß den unterschiedlichen Wärmedehnzahlen beider Werkstoffe durch Verwendung geeigneter zäher Kunststoffe Rechnung getragen werden, weil sonst die auftretenden Spannungen die Kunststoffschicht sprengen können.

Ergänzend sei darauf hingewiesen, daß auch in der Metalldruckgußtechnik die Probleme des Einbettens von Metallteilen eine Rolle spielen (s. Abschn. 4.1.3.7.).

Wirtschaftliche Gesichtspunkte

Geringe Fertigungskosten hängen von der richtigen Auswahl des Fertigungsverfahrens und des Werkstoffs ab. Beide werden wesentlich durch die Stückzahl z und die Anforderungen, die an das Fertigteil zu stellen sind, bestimmt. Ein geringer Stückpreis hängt deshalb erheblich von folgenden Fragen ab:

1. *Stückzahl* z insgesamt und jährlicher/monatlicher/wöchentlicher/täglicher Bedarf.
2. Eindeutig durch Zeichnung fixierte *Form* des Teils unter Angabe folgender Einzelheiten:
   - Toleranzen (und Passungen), möglichst nach DIN-Norm,
   - Beschaffenheit und Farbe (glasklar, gefärbt, mit Füllstoff usw.),
   - Oberflächen: nachträgliche Behandlung (Lackieren, Bedampfen, Bedrucken), Bearbeitung (z. B. spanabhebend), Weiterverarbeitung (Warmformung, Schweißen, Kleben usw.) oder preßblank. Wo können Anguß, Auswerfer, Herstellerkennzeichen usw. stören?
   - Berücksichtigen von Konstruktionsänderungen aus technologischen Gründen.
3. *Anforderungen* an das Fertigteil (kurzzeitig oder dauernd), z.B. mechanische, elektrische, optische, thermische, chemische und klimatische (Licht, Feuchte usw.) Belastung.
4. *Erfahrungen* mit bereits vorhandenen Modellen o. dgl. (Werkstoff, Formgebung, Fehler usw.).
5. Müssen besondere *Abnahmebedingungen* vereinbart werden?

Geringe Stückzahlen schließen stets die Anfertigung teurer Werkzeuge aus; sie führen zu Niederdruck-Gießverfahren usw. in billigen Formen, zur spanenden Bearbeitung von Halbzeugen usw. Für hohe Stückzahlen müssen alle Vorteile der Preß- und Spritzgußtechnik genutzt und nach Möglichkeit jegliche Nachbearbeitung oder Nachbehandlung vermieden werden.

Die einzelnen Kostenanteile bei der Fertigung von Formteilen sind je Fertigteil je nach Stückzahl, Rohstoff, Formteil usw. unterschiedlich groß. Bei hohen Stückzahlen kann der Anteil der *Formmassekosten* über 90% liegen. Eine wohlüberlegte Werkstoffauswahl ist deshalb besonders auch unter wirtschaftlichen Gesichtspunkten zu empfehlen. Ein Preisvergleich für Formstoffe und Halbzeuge läßt erkennen, daß, abgesehen von PS, PE und PP, Typ 31 praktisch die geringsten Werkstoffkosten verursacht, während Melaminharzpreßmasse und Typ 71 etwa bereits das doppelte, Polyamide (Miramid, Perlon) das 5fache und Polyurethane über das 6fache an Kosten erfordern.

Auch solche Fragen wie dünne Wanddicken, die bei Preßteilen kurze Aushärtezeiten zur Folge haben, keine oder nur wenige Einlegteile (Richtwert: max. 6 bis 8 Stück/Werkzeug), die die Maschinenstillstandzeiten verkürzen, u. ä. haben erheblichen Einfluß auf die Kostenanteile. — Ein ausführliches Kalkulationsschema ist in [4.14] angegeben.

4.2.2. Metallpulverpressen (Pulvermetallurgie) [4.4] [4.8]

Obwohl das Metallpulverpressen ein seit langer Zeit bekanntes Formverfahren ist, nahm diese Technik doch erst in den letzten Jahrzehnten einen erheblichen Aufschwung. Zwei Gründe führten zur breiteren Anwendung der Pulvermetallurgie:

1. Zur Schaffung neuer, hochwertiger Werkstoffe mußte die Einführung neuer spanloser metallurgischer Verfahren neben den bekannten, z. B. Schmelzen, Gießen und Pressen, vorgenommen werden. Zu diesen Werkstoffen gehören hochschmelzende Metalle mit guten Verformungseigenschaften, z. B. Wolfram, Molybdän und Tantal, dann gesinterte Schwer- und Hartmetalle, Kontaktwerkstoffe, Ferromagnetika, stark poröse Sintermetalle u. a.
2. weitgehende Nutzung der Vorteile des Metallpulverpressens, wie die Verbesserung der physikalisch-chemischen Werkstoffeigenschaften, die Fertigung sehr genauer Formteile und die sehr hohe Werkstoffausnutzung (geringer Abfall).

Besonders die Anforderungen der Elektrotechnik haben auf die Entwicklung der Pulvermetallurgie außerordentlich beschleunigend gewirkt (Fertigung von Glühfäden in Glühlampen, von Hochvakuum- und Gasentladungsröhren, von hochwertigen Kontakten, von Massekernen der HF-Technik, von Dauermagneten u. a.).

4.2.2.1. *Fertigungsverfahren*

Die Fertigungsverfahren für Formteile nehmen eine Zwischenstellung zwischen dem Pressen von Metall und dem Pressen von Keramik ein und sind für die verschiedenen Werkstoffe relativ ähnlich.

Zur Herstellung des Ausgangswerkstoffs Metallpulver sind folgende Verfahrensschritte notwendig:

Herstellung des Metallpulvers. Bekannte Verfahren sind

1. Hametagverfahren: mechanische Zerkleinerung von Metallspänen o. dgl. bei hohen Schlaggeschwindigkeiten (bis 100 m/s);
2. Elektrolyse: Abscheidung des Metallpulvers aus dem Elektrolyten an der Katode oder spröde Überzugsschichten, die sich leicht pulverisieren lassen;
3. Zerstäubung von flüssigem Metall im Flüssigkeits- oder Gasstrom.

Sichten der Pulver mittels Siebens,
Vorglühen, je nach Material notwendig oder nicht,
Mahlen und Sichten der vorgeglühten Pulver,
Zusatz von Legierungskomponenten (meist Metalle) oder Bindemitteln (Kunstharze usw.) u. a.

Den vorbehandelten Metallpulvern wird nun in Pressen Gestalt gegeben. Dabei unterscheidet man folgende Verfahren (Tafel 4.41).

Einfachpreßsinterverfahren (Tafel 4.41, Verfahren *1* und *2*)

Nachdem das Metallpulver in entsprechend gestalteten Werkzeugen seine Form erhalten hat, wird das Werkstück durch Wärmebehandlung gesintert, wobei die Pulver-

Tafel 4.41. Verfahren beim Metallpulverpressen [4.4]

Verfahren	Verfahrensfolge	Anwendungsmöglichkeiten, Genauigkeit	Werkzeugprinzip [4.4]
Einfachpreßsinterverfahren (Verfahren *1*, *2*)	Pressen, hinterher Sintern	für untergeordnete Formteile mit geringen Beanspruchungen Maßgenauigkeit $\approx \pm 0{,}1$ mm	
	Pressen, hinterher Sintern und Kalibrieren, evtl. zusätzlich Tränken	Formteile mit höheren Genauigkeitsforderungen. Maßgenauigkeit $\approx \pm 0{,}05$ mm. Verschließen der Poren durch Tränken (z. B. selbstschmierende Gleitlager)	
Doppelpreßsinterverfahren (Verfahren *3*, *4*)	1. Pressen – 1. Sintern 2. Pressen – 2. Sintern	Formteile höherer Festigkeit und Zähigkeit, allgemeine Geräte- und Apparateteile	
	1. Pressen – 1. Sintern – 2. Pressen – 2. Sintern – Kalibrieren, evtl. zusätzlich Tränken	sehr genaue Formteile, etwa in der Güteklasse IT6 und IT7	
Heißpressen oder Drucksintern (Verfahren *5*)	Pressen und Sintern gleichzeitig	Herstellung von Hartmetallscheiben	
Pressen mit Kunstharz (Verfahren *6*)	Pressen und gleichzeitig unter Wärmezufuhr Verkleben mit Kunstharz	Herstellung von verlustarmen Massekernen für HF-Technik	
Strangpressen (Verfahren *7*)	Metallpulver, mit organischer Paste gemischt, durch Düse gedrückt und hinterher gesintert	Herstellung von Osmium- und Wolframglühfäden	

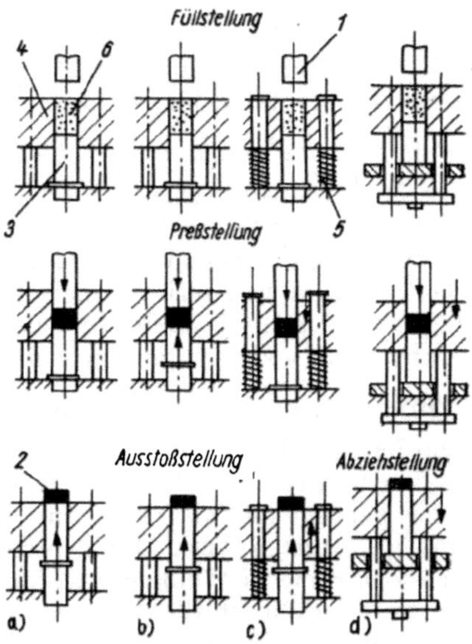

a) einseitiges Pressen
b) gegenläufiges Pressen
c) Pressen mit federndem Mantel
d) Pressen mit bewegtem Mantel
1 Oberstempel; *2* Preßteil; *3* Unterstempel; *4* Mantel; *5* Feder; *6* Füllmasse

teilchen einen festen Zusammenhang erhalten. Dieses Sintern wird meist in besonderen Glühöfen unter Schutzgas durchgeführt (Verfahren *1*).

Die Maßgenauigkeit der Formteile ist nicht sehr hoch. Bei höheren Genauigkeitsforderungen muß das abgekühlte Formteil nach der Fertigstellung kalibriert werden (Verfahren *2*).

Die Sinterteile sind je nach den Fertigungsparametern, z.B. Preßdruck, Sintertemperatur und -zeit, unterschiedlich porös und können durch Tränken in Cu- oder Cu-Legierungsschmelze abgedichtet werden, wodurch sich Vorteile beim Löten oder bei galvanischer Nachbehandlung ergeben. Allerdings leidet beim Tränken die Oberflächengüte. Selbstschmierende Lagerbuchsen werden bei etwa 100 °C mit einem nicht harzenden Öl getränkt, das den zusammenhängenden Porenraum ausfüllt. Das Tränken wird allgemein vor dem Kalibrieren vorgenommen.

Doppelpreßsinterverfahren (Tafel 4.41, Verfahren *3* und *4*)

Werden von den Formteilen höhere Festigkeit und Zähigkeit gefordert, so wird das Doppelpreßsinterverfahren angewendet. Man erreicht dabei eine wesentlich höhere Dichte im Gefüge (Verfahren *3*).

Bei sehr genauen Formteilen der Güteklasse IT6 oder IT7 wird nach zweimaligem Pressen und Sintern das Werkstück noch kalibriert (Verfahren *4*), wobei ggf. vorher ein Tränken erfolgt.

Heißpressen oder Drucksintern (Tafel 4.41, Verfahren *5*)

Eine Abwandlung der oben beschriebenen Fertigungsverfahren stellt das Heißpressen oder Drucksintern dar. Es faßt Pressen und Sintern zu einem Arbeitsgang zusammen und wird besonders bei der Fertigung von Hartmetallscheiben oder -teilen angewendet.

Pressen mit Kunstharz (Tafel 4.41, Verfahren *6*)

Die Metallpulver werden mit einem Kunstharz gemischt und auf eine Temperatur erwärmt, die der Verbackungstemperatur des Kunstharzes entspricht, so daß beim Pressen ein fester Verband der Metallteilchen entsteht. Dieses Verfahren wendet man bei der Fertigung von verlustarmen Massekernen in der HF-Technik an, wobei die zusätzliche Forderung besteht, die verwendeten Karbonyleisenpulverkugeln durch das Kunstharz elektrisch gut gegeneinander zu isolieren.

Strangpressen (Tafel 4.41, Verfahren *7*)

Die Fertigstellung von Osmium- und Wolframglühfäden erfolgt durch Strangpressen, indem feinstes Metallpulver mit einer organischen Paste, z. B. Dextrin, durch eine Düse gepreßt und als Faden auf einer Karte nebeneinander aufgewickelt, getrocknet und geschnitten wird. Durch Stromdurchgang unter Wasserstoffatmosphäre sintert das Wolfram bei Weißglut zu einem relativ festen, porösen metallischen Draht. Die Verformbarkeit ist allerdings gering.

Bleche und Bänder können entweder aus kleineren gesinterten Blöcken oder unmittelbar aus dem Metallpulver selbst gewalzt werden. Nach letzterem Verfahren stellt man u. a. Bimetallbleche (Fe-Ni-Paarung) für Temperaturschalter usw. her.

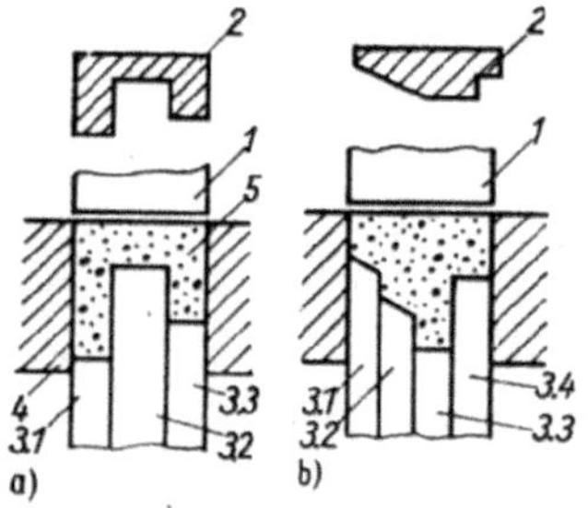

Bild 4.46
Preßvorgang mit mehreren Unterstempeln [4.8]
a) Preßteil mit geraden Absätzen; b) Preßteil mit schrägem Absatz
1 Oberstempel; *2* Preßteil; *3.1, 3.2, 3.3, 3.4* Unterstempel,
4 Mantel; *5* Füllmasse

Außer beim Strangpressen werden die Werkzeuge für die Preßvorgänge etwa nach den gleichen Prinzipien aufgebaut (Tafel 4.41, rechte Seite).

Beim einseitigen Pressen mit bewegtem Oberstempel *1* wird Preßteil *2* an der Unterseite weniger dicht als an der Oberseite, da die Reibung am Mantel *4* und die innere Pulverreibung Druckverluste nach unten ergeben. Beim doppelseitigen Pressen werden Oberstempel *1* und Unterstempel *3* bewegt, so daß das Preßteil oben und unten gleichmäßig dicht wird und höchstens in der Mitte etwas weniger dicht ausfällt. Wenn Feder *5* des Mantels *4* genau dem Verdichtungsvorgang angepaßt ist, gewährleistet das Pressen mit federndem Mantel *4* eine gleichmäßige Verdichtung. Die gleiche Wirkung erreicht man schließlich, wenn man bei feststehendem Unterstempel *3* Mantel *4* zusätzlich nach unten bewegt. Die angegebenen Abzugsverfahren eignen sich besonders für die Fertigung komplizierter Preßteile.

Sollen Preßteile unterschiedlichen Querschnitts (Bild 4.46) mit verschiedenen Preßhöhen gefertigt werden, so ist der Füllraum nach der Abstufung zu unterteilen, um eine annähernd gleiche Dichte zu erhalten. Außerdem sind mehrere Unterstempel *3.1* bis *3.4* mit unterschiedlichen Preßwegen notwendig. Der sog. Füllraumfaktor gibt dabei an, um wieviel der Raum vor dem Pressen im Vergleich zum Raum des gepreßten Teils größer ist. Er liegt bei den gebräuchlichen Metallpulvern zwischen 2 und 3.

4.2.2.2. *Metallpulverwerkstoffe und deren Verarbeitung*

Ausgangswerkstoffe für die Fertigung der Formkörper sind stets *Metallpulver*, deren Herstellung selbst bereits wesentlich die Werkstoffeigenschaften der Fertigteile bestimmt. Je nach Metall und Verfahren liegt die Korngröße der Pulver bei 0,1 bis 400 μm. Berücksichtigt man die zahlreichen Kombinationsmöglichkeiten der Werkstoffkomponenten, den unterschiedlichen Preßdruck (100 bis 500 N/mm^2), die Sintertemperatur je nach Werkstoff usw., so ergibt sich eine Vielzahl möglicher Werkstoffeigenschaften.

Man kann folgende Werkstoffgruppen mit ihren Anwendungsgebieten unterscheiden:

1. *hochschmelzende Metalle* und deren Legierungen
   Wolfram: Glühdrähte in Glühlampen, Hochvakuum- und Gasentladungsröhren, Öfen usw., Kontakte aller Art; Elektroden für Arcatomschweißen und Hochleistungszündkerzen, Durchführungen durch Glas und andere Konstruktionsteile der Hochvakuumtechnik;
   Molybdän: Halterungen für Wolframdrähte und Durchführungen durch Glas in Glühlampen, Elektronenröhren usw.; Konstruktionsteile in Hochtemperaturöfen;
   Tantal: allgemein für Elektronenröhrenbau, chemische Industrie, Spinndüsen u. a.
2. *Zahnamalgame*: Kupfer-, Zinn- und Edelmetallamalgame sind vor der Mischung mit Quecksilber pastenförmig und erhärten nach der Verarbeitung zur gewünschten Form innerhalb weniger Stunden.
3. *Sinterhartmetalle*: spanende Werkzeuge aller Art; Ziehsteine und -matrizen, Mundstücke und Matrizen in Strangpressen, hochverschleißfeste Preßwerkzeuge bzw. Werkzeugteile, gesinterte Maschinenteile (formgepreßt);
4. *gesinterte Kontaktwerkstoffe*: „Metallkohlen" (Metall + Graphit) als Bürsten in Motoren, Generatoren usw.; Verbundmetalle mit kennzeichnenden Eigenschaften hochschmelzender Metalle und guter elektrischer Leiter als modernste Kontaktwerkstoffe;
5. *Schwermetalle* mit Dichten bis 18 g/cm^3 aus Wolfram und Ni, Cu, Ag oder Co für Isotopentransportbehälter (guter γ-Absorptionsfaktor); Schwungmassen in Automatikuhrenantrieben, Kontakte usw.;
6. *Ferromagnetika* als Massekerne der HF-Technik, weichmagnetische Konstruktionselemente, z. B. Polstücke, Magnetkreise; Dauermagnete für Lautsprecher, Drehspulinstrumente usw.;
7. *poröse Formkörper* (Sintereisen, -stahl): als selbstschmierende Lager bis 30% Porengehalt zur Ölaufnahme, Verschleiß relativ gering; als Filter für Gase und Flüssigkeiten mit 50% Poren und mehr. Formteile meist nicht gepreßt, sondern mit Bindemitteln nur gesintert.

Die wirtschaftliche Mindeststückzahl für gesinterte Formteile muß wegen der hohen Werkzeugkosten je nach Beschaffenheit des Formteils mindestens 5000 bis 10000 Stück betragen.

Informationen über genormte Pulverwerkstoffe können DIN 30900 entnommen werden. Über gesinterte Hartmetalle gibt DIN 4950 Auskunft, über Sinterlager DIN 1850 Bl. 3. Kennwerte über Eigenschaften von Sinterwerkstoffen enthält Tafel 4.42.

4.2.2.3. *Gestaltungsrichtlinien* [4.8]

Werkstoff- und werkzeuggerechte Gestaltung (Tafel 4.43)

Auch bei der Gestaltung von Metallpulverpreßteilen ist darauf zu achten, daß möglichst geringe Kosten für die Werkzeuge (Gesenke) entstehen. Das ist der Fall, wenn man die Berührung von Ober- und Unterstempel vermeidet (Beispiel *1a*) und dabei eine Mindestwanddicke von $s = 2$ mm vorsieht (Beispiel *2*), das Preßteil möglichst im Unter-

Tafel 4.42. Eigenschaften von Sinterwerkstoffen (Auswahl)

1. Kontaktwerkstoffe auf Wolfram- und Silberbasis

Legierungskomponenten %	Dichte g/cm³	Härte HB N/mm²	Schmelztemperatur °C	Siede- °C	Elektrische Leitfähigkeit m/Ωmm²
W 80, Cu 20	15,5	2200	1080	2300	20
WC 50, Ag 50	13,0	2100	960	2150	22
Ag 90, Ni 10	10,1	850	960	2150	50

2. Schwermetalle auf Wolframbasis

Legierungskomponenten %		Dichte g/cm³	Härte HB N/mm²
Ni 6 ··· 12	Cu 4 ··· 8	14,9 ··· 16,8	2100 ··· 2400
Ni 10 ··· 80		16,5 ··· 17,8	2000 ··· 2600
Co 20 ··· 40		8 ·· 10	2200 ··· 2600
Co 6	Ag 4	15,5 ··· 16,5	2200 ··· 2400
Ni 4···6	Ag 4 ··· 6	14,9 ··· 15,7	1950 ··· 2150

3. Dauermagnetwerkstoffe auf Eisenbasis nach DIN 17410

Werkstoff	Dichte g/cm³	Energiedichte $(B \cdot H)_{max}$ mWs/cm³	Remanenz B_r mT	Koerzitivfeldst. $_BH_c$ A/cm	Curietemperatur °C
AlNiCo 12/6	6,8	12,0	550	440	757 ··· 907
AlNiCo 18/9	7,2	18,0	600	800	757 ··· 907
AlNiCo 35/5	7,2	35,0	1120	520	757 ··· 907
Hartferrit 7/21	4,9	6,5	190	1250	450°
Hartferrit 20/28	4,6	20,0	320	2200	450
Hartferrit 25/25	4,8	25,0	370	2300	450

4. Weichmagnetische Werkstoffe auf Basis Mangan- und Nickel(-zink)-ferriten

Werkstoff	Bereich des Nennwertes der Anfangspermeabilität μ_i	Relativer Verlustfaktor $\tan\delta/\mu_i/10^{-6}/$	Bezogener Hysterese-Beiwert cm/A/10^{-6}	Curietemperatur °C
Ferritsorte G1	400 ··· < 1000	< 10 ··· < 50	< 8	> 200
Ferritsorte I 1	1600 ··· < 2500	< 1,5 ··· < 10	< 1,5	> 150

5. Formkörper aus Sintereisen (Kohlenstoffgehalt kleiner 0,1 %) und Sinterstahl (kupferlegiert)

Werkstoff	Dichte g/cm³	Porenvolumen %	Härte HB N/mm²	Zugfestigkeit N/mm²	Dehnung %
SEP 1	6,9	12	600 ··· 650	200 ··· 220	11 ··· 13
SEP 2	7,2	8	700 ··· 750	270 ··· 300	20 ··· 22
STP 1	6,9	12	800 ··· 850	300 ··· 330	5 ··· 7
STP 2	7,2	8	950 ··· 1000	360 ··· 400	10 ··· 12

6. Lagermaterial aus Sintereisen und Sinterbronze

Werkstoff	Dichte g/cm³	Porenvolumen %	Ölgehalt Masse-%	Härte HB N/mm²	Zugfestigkeit N/mm²
SE	5,8	25 ··· 28	2,8 ··· 3,0	300 ··· 350	90 ··· 110
SB	6,5	25 ··· 28	2,8 ··· 3,0	350 ··· 400	70 ··· 100

gesenk unterbringen kann (Beispiel *1b*), schräglaufende Kanten vermeidet (Beispiel *3*) und messerscharfe Kanten durch Fasen u. ä. ersetzt (Beispiel *4*). Ebenso führen Hinterschneidungen aller Art zu komplizierten Werkzeugen oder sind überhaupt nicht möglich. Sie sollten gestalterisch anders gelöst werden (Beispiel *5*). Für Drehknöpfe o. ä. sollten nur grobe Rändel vorgesehen werden, damit für die Umrißformen keine Hinterschnitte entstehen (Beispiel *6*). Ebenso können Verzahnungen mit gepreßt werden, wenn der Modul größer als 1,5 mm ist (s. Bild 4.47).

Tafel 4.43. Werkstoff- und werkzeuggerechte Gestaltung beim Metallpulverpressen [4.8] [4.32]

Beispiel	Ungünstige Lösung	Erläuterungen	Günstige Lösung
1		Eine Berührung zwischen Ober- und Unterstempel muß vermieden werden; deshalb in Preßrichtung stets eine Mantelfläche geringer Höhe nötig (a). Außerdem Anordnung des Preßteils möglichst nur im Untergesenk b)	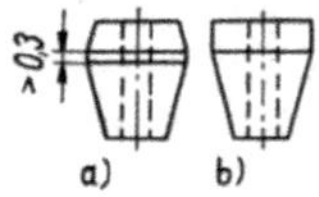
2	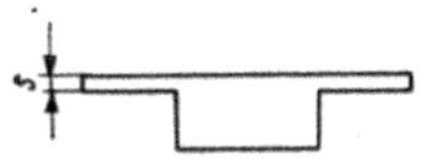 	Um ein hartes Aufeinanderschlagen der Gesenkhälften zu vermeiden, ist eine Wanddicke von mindestens $s = 2$ mm vorzusehen. Außerdem extreme Querschnittsverhältnisse vermeiden	
3		Schräglaufende Formen sind zu vermeiden, weil die Stempelausführung hierfür schwierig ist	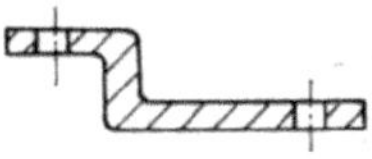
4	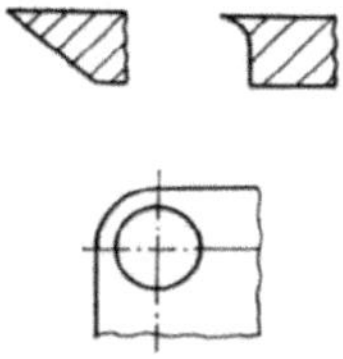	Um kräftige Preßstempel zu erhalten, dürfen keine messerscharfen Kanten vorgesehen werden. Außerdem sind Preßteile dort leicht zu beschädigen. Dünnwandige Stellen ebenfalls vermeiden	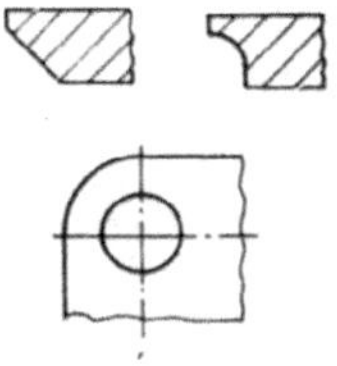
5	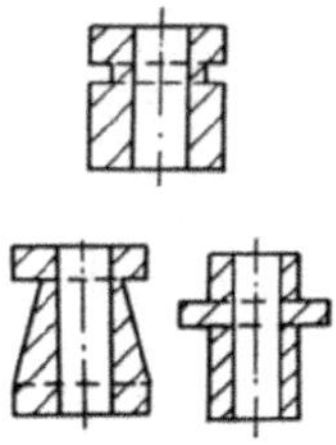	Hinterschneidungen und Formteile mit Zwischenflanschen sind zu vermeiden, da sie sehr aufwendig sind. Einfache Körper sind billiger herzustellen. Evtl. Nuten u. ä. hinterher einschneiden	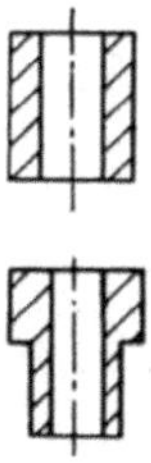
6	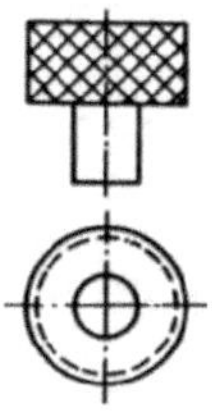	Bei Drehknöpfen o. ä. erleichtern oder ermöglichen einfache Umrißformen die Fertigung der Mantelform	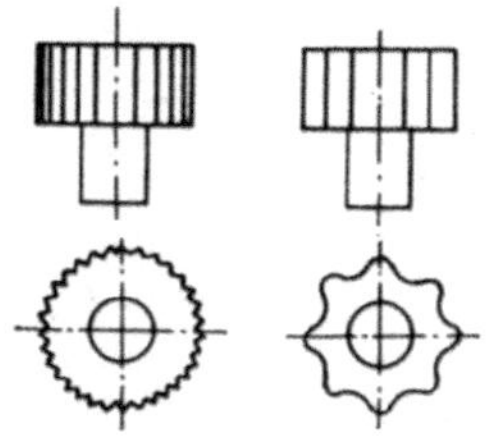

Leicht zu beschädigende Gesenkteile, z. B. Stifte, sollten vermieden werden. Deshalb sind Bohrungen mit $d < 2$ mm und $d < 2$ Höhe (kleine Stifte!) besser nachträglich spanend zu fertigen.

Fertigungs- und fügegerechte Gestaltung (Tafel 4.44)

Will man Preßteile mit gleichmäßiger Dichte fertigen, so erfordern unterschiedliche Querschnitte in Preßrichtung komplizierte Preßformen mit unterschiedlichen Stempelbewegungen. Daher sind extrem unterschiedliche Querschnittsverhältnisse und kontinuierliche Querschnittsübergänge schwer herzustellen und möglichst zu vermeiden (Beispiel *1*).

Kegel- und Kugelformen entstehen ebenfalls durch kontinuierliche Querschnittsübergänge, während geeignete zylindrische Formen diese vermeiden (Beispiel *2*).

Abschrägungen in Preßrichtung ergeben ungleichmäßige Dichte unter der Schräge. Bei gedrehter Lage im Gesenk sind die Schrägen leichter preßbar und ergeben etwa gleiche Dichte (Beispiel *3*).

Geringe Absätze ($d_2 \approx d_1$) sind besser durch größere Unterschiede zwischen d_2 und d_1 zu ersetzen und anstelle von Kegelansätzen zylindrische Formen zu benutzen

Tafel 4.44. Fertigungs- und fügegerechte Gestaltung beim Metallpulverpressen [4.8] [4.32]

Beispiel	Ungünstige Lösung	Erläuterungen	Günstige Lösung
1	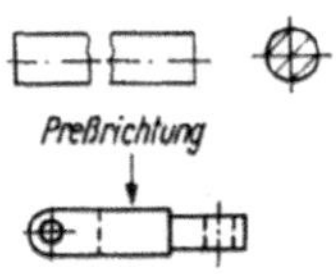	Um eine gleichmäßige Dichte der waagerecht gepreßten Sinterstäbe zu erhalten, sind runde Querschnitte ungünstig und durch Profile mit ebenen Flächen in Preßrichtung zu ersetzen. Auch Preßteile mit runden Mantelflächen in Preßrichtung sind mittels ebener Flächen umzugestalten	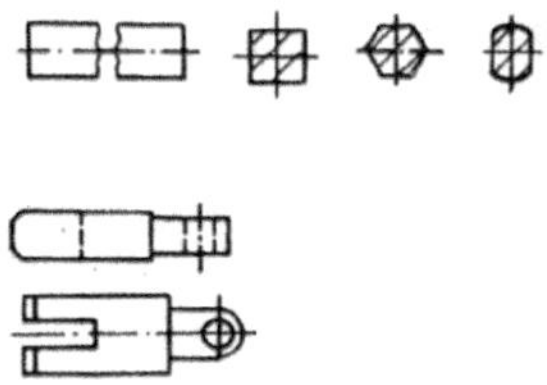
2	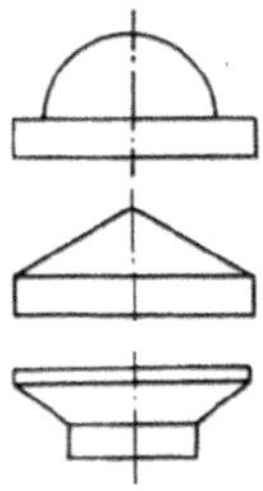	Kegel- und Kugelformen ergeben kontinuierliche Übergänge, die schwer herzustellen sind. Sie sind besser durch zylindrische Formen zu ersetzen	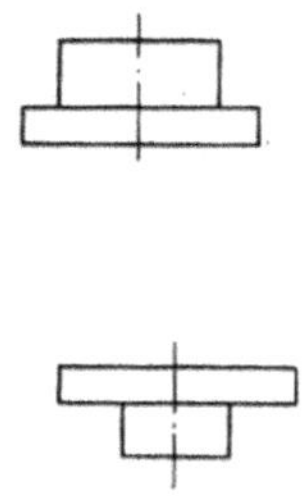
3	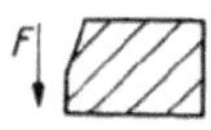	Abschrägungen in Preßrichtung sind besonders zu beachten. Sie sind besser preßbar bei gedrehter Lage im Gesenk	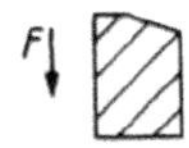
4	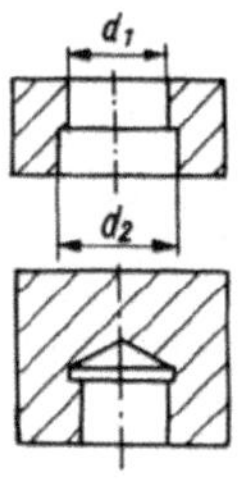	Geringe Absätze und Kegelansätze sind zu vermeiden; günstiger sind Kegel durch zylindrische Formen zu ersetzen	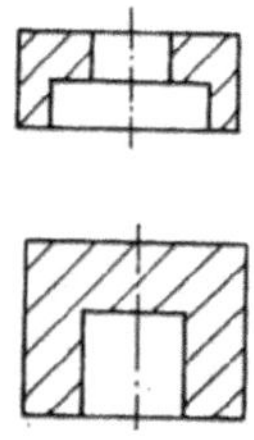
5	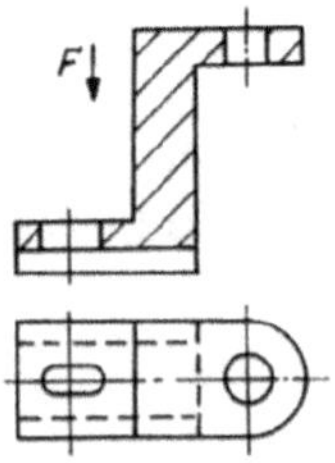	Hohe, dünnwandige Preßteile mit extremen Querschnittsverhältnissen sind ungünstig; besser durch Teile mit günstigeren Querschnittsverhältnissen ersetzen	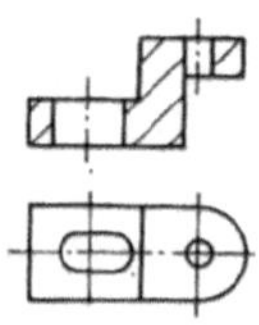
6	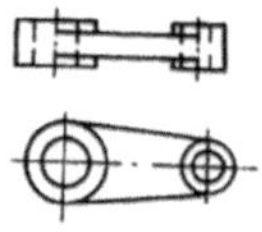	Abgerundete Ausläufe bei abgesetzten Formteilen sind zu vermeiden und kantige Anschlüsse zu wählen	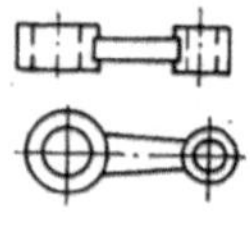

Tafel 4.44. (Fortsetzung)

Beispiel	Ungünstige Lösung	Erläuterungen	Günstige Lösung
7	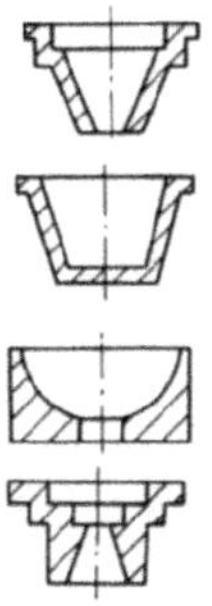	Beispiele für den Übergang von typischen Guß- u. Preßteilen zu einfachen Sinterteilen	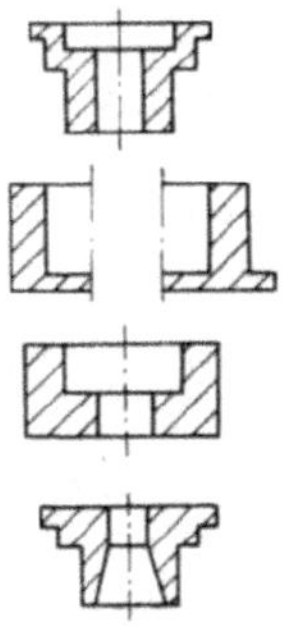
8	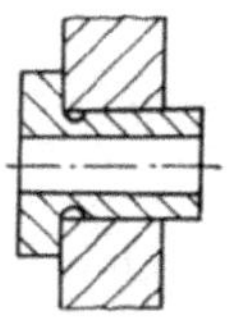	Bei gesinterten Buchsen muß die Facette von der Buchse auf das Aufnahmeteil verlegt werden	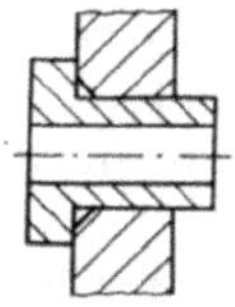
9	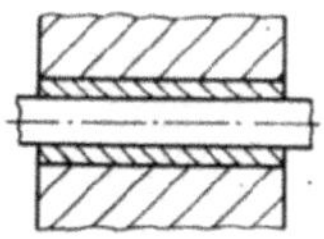	Lagerbuchsen sollen kurz sein. Bei großer Führungslänge Aufteilung in zwei Buchsen	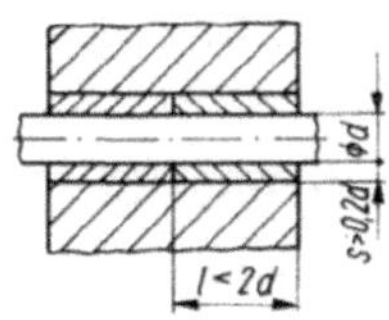

(Beispiel *4*). Hohe und dünnwandige Preßteile, die extreme Querschnittsverhältnisse ergeben, müssen entweder beim Pressen anders angeordnet oder es müssen Konstruktionen mit günstigeren Querschnittsverhältnissen verwendet werden (Beispiel *5*). Bei abgesetzten Formteilen (Beispiel *6*) werden meist abgerundete Ausläufe für den Verbindungssteg gewählt, z. B. bei gegossenen oder gespritzten Formteilen. Das ist bei Metallpulverpreßteilen ungünstig und sollte durch kantige Übergänge gelöst werden.

Zusammenfassend ist im Beispiel *7* eine Reihe von Formteilen dargestellt, die links durch Gießen oder Gesenkpressen gefertigt, rechts als Sinterteile umgestaltet wurden und die genannten Hinweise berücksichtigen. Stehende gepreßte Zylinder sollten dabei nicht höher als $h_{max} \leqq 3\,D$ sein und D_{max} etwa 50 mm nicht überschreiten (D Außendurchmesser).

Hinsichtlich einer fügegerechten Gestaltung ist zu beachten, daß Sinterbuchsen u. a. glatte zylindrische Flächen haben, also Einstiche o. ä. für die bessere Montage fehlen. Die nötigen Facetten o. ä. sind deshalb im Aufnahmeteil, z. B. im Gehäuse, anzubringen (Beispiel *8*).

Selbstschmierende Lagerbuchsen (Beispiel *9*) sollen kurz sein, und $l < 2\,d$ soll gewählt werden. Bei größerer Führungslänge ist die Aufteilung in zwei Buchsen empfehlenswerter.

Die Wanddicken sind mit $s > 0{,}2\,d$ zu dimensionieren, um genügenden Ölvorrat aufnehmen zu können, um nach dem Einpressen stets reproduzierbare und definierte Passungen für die Lagerung zu erhalten und um Luftgeräusche zu dämpfen.

Im Bild 4.47 sind Beispiele für gesinterte Preßteile aus Metallpulver dargestellt [4.32]. Man erkennt, daß es sich immer um eine gedrungene Gestaltung handelt, die extreme Dimensionierungen vermeidet.

Toleranzen und Oberflächen

Die pulvermetallischen Werkstücke lassen sich auch ohne Kalibrierung relativ genau fertigen, mindestens in der Qualität „mittel“ nach DIN 7168. Für genaue Formstücke wird eine Kalibrierung durchgeführt, so daß folgende Toleranzen erreichbar sind:

bei Nennmaßen bis 50 mm $T = \pm 13\ \mu m$,
bei Nennmaßen von 50 bis 125 mm $T = \pm 25\ \mu m$.

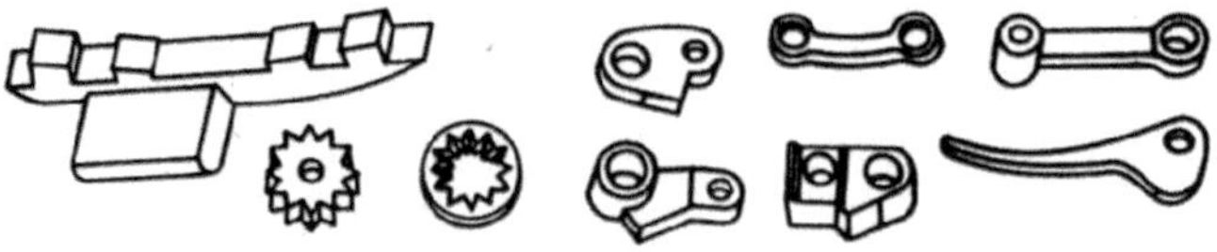

Bild 4.47. Beispiele für gesinterte Preßteile [4.32]

Für runde Buchsen usw. können als Richtwert Qualität IT7 bis IT6 gelten. In besonderen Fällen, z. B. für Hartmetallrohlinge zur Bestückung von Schneidwerkzeugen nach DIN 4950, sind wesentlich gröbere Toleranzen zulässig.

Aufgrund der Porosität der Oberflächen ist meist ein Korrosionsschutz erforderlich, für die Verfahren wie Ölen, Brünieren, Lackieren, Emaillieren, Galvanisieren usw. in Frage kommen.

Die Schutzschichten haben infolge der Porosität ein ausgezeichnetes Haftvermögen, wenn verhindert ist, daß der Porenraum vorher unbeabsichtigt von schädlichen Flüssigkeiten (z. B. Elektrolyt des galvanischen Bads) ausgefüllt werden kann.

4.2.3. **Keramikpressen** [4.19] bis [4.21]

Keramische Werkstoffe lassen sich nach dem Gefügebild der Erzeugnisse in Grobkeramik (inhomogene, grobkörnige Stoffe, z. B. Ziegel, Klinker und feuerfeste Stoffe) und Feinkeramik (homogene, feinkörnige Stoffe, z. B. Porzellan, Steingut und technische Feinkeramik nach DIN 40685) einteilen. Hinsichtlich der Verwendung unterscheidet man Bau-, Sanitär-, Kunst- und Geschirrkeramik, Schneid- und Sonderkeramik (z. B. Schleifwerkstoffe) und die technische Keramik. Keramische Werkstoffe werden in der Feingerätetechnik eingesetzt, wenn gute elektrische und thermische Isolation in Verbindung mit weiteren Eigenschaften, z. B. Alterungs-, Temperatur- und Korrosionsbeständigkeit und Unempfindlichkeit gegen Feuchtigkeit, gefordert werden.

Im Abschn. 4.1.2.2. wurde Keramik als nichtmetallischer Gußwerkstoff erwähnt; in erster Linie wird Keramik aber im Preßverfahren gestaltet.

4.2.3.1. *Fertigungsverfahren*

Im Gegensatz zu den meisten Formungsverfahren aus metallischen und Kunststoffen bedürfen die Preßteile aus Keramik noch einer erheblichen Nachbehandlung, um form- und abriebfest zu werden. Für die technische Feinkeramik (Isolierkeramik) ist dazu folgender Fertigungsablauf notwendig:

Herstellung der Masse (meist aus natürlichen Rohstoffen)

Plastische Anteile, Kaolin, Ton, Porzellanerde o. dgl., werden gereinigt und mit Wasser aufgeschlämmt.
Kristalline Anteile, Speckstein, Feldspat, Quarz, Marmor, Magnesit o. dgl., werden gemahlen und gesichtet (d. h. nach Korngrößen sortiert).

Beide Anteile sind in einem bestimmten Verhältnis zu mischen; der dadurch entstehende dünnflüssige Brei ist in der Filterpresse durch Wasserentzug so zu verdichten, daß eine leicht formbare Masse entsteht, die bei Raumtemperatur ihre Gestalt behält.

Formgebung der Masse

1. *Formpressen* erfolgt nach zwei Varianten in Metallformen, deren Konstruktion — besonders bei ungleichen Querschnitten der Teile in Preßrichtung — von denen der Metallgieß- und Preßtechnik abweicht (Bild 4.48). Die hier verwendeten Formen müssen infolge des relativ hohen Wassergehalts und der schlechten Fließeigenschaften der Masse querschnittsabhängige Schieber haben, die zu überall gleicher Dichte des Preßteils führen. Der Füllraum ist also größer als das Volumen des Fertigteils.

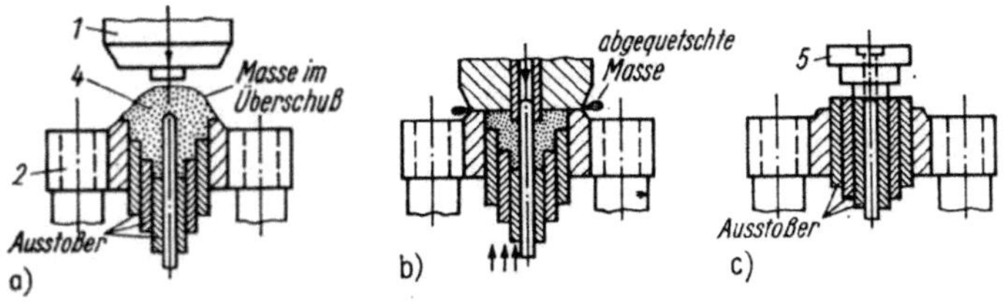

Bild 4.48. Keramik-Naßpreßverfahren [4.19]

a) Zustand vor dem Pressen; b) Zustand nach dem Pressen; c) Ausstoßvorgang

1 Oberstempel; *2* Unterteil; *3* querschnittsabhängige Schieber (Ausstoßer); *4* Keramikmasse; *5* Fertigteil

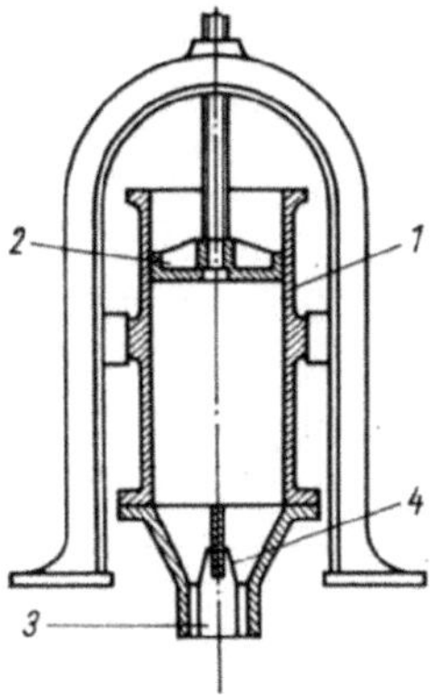

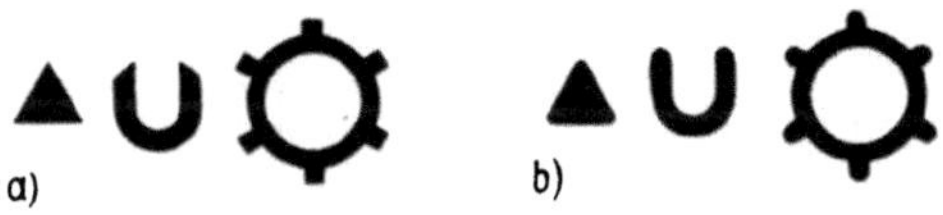

Bild 4.50
Stranggepreßte Keramikprofile [4.8]
a) ungünstige Profile; b) günstige Profile

Bild 4.49
Strangpressen für Keramikmassen [4.8] *(Werkzeugprinzip)*
1 Druckzylinder; *2* Druckkolben; *3* Mundstück mit Matrize; *4* Kernstift

- *Naßpressen*: relativ feuchte Masse (entspricht der Strangpreßmasse). Es wird mehr Masse eingefüllt, als dem Fertigteil entspricht, der Überschuß bei Niedergang des Stempels abgequetscht. Dichte und Festigkeit sind geringer als die trockengepreßter Teile.
- *Trockenpressen*: Masse ist trocken (entspricht der Rohmasse). Sie wird genau dosiert in die Form eingebracht und auf etwa das halbe Volumen zusammengepreßt. Die erforderlichen höheren Preßdrücke ergeben dichtere und festere Teile als beim Naßpressen.

2. *Strangpressen*: Masse wird mit Preßöl (Öl, Petroleum und Wasser) in einen teigartigen Zustand gebracht und durch Strangpressen (Bild 4.49) durch ein Mundstück mit Matrize gedrückt. Es entstehen bis 2 m lange Stangen, Rohre und Profile, die anschließend evtl. in kurze Stücke geteilt, gebogen, nach Trocknung spanend oder anders weiterbearbeitet werden können. Rohre bis etwa 0,6 mm Außendurchmesser sind so herstellbar. Beispiele für stranggepreßte Keramikprofile sind im Bild 4.50 dargestellt.
3. *Handformung* auf Töpferscheibe, evtl. mit Schablone.

Tafel 4.45. Mechanische Eigenschaften und Anwendungsgebiete technischer Feinkeramik (nach DIN 40685)

Gruppe	Typ KER ...	Werkstoffbezeichnung	Bruchfestigkeiten in N/mm² glasiert/unglasiert			E-Modul × 10⁴	Temp.-wechsel	Anwendungsgebiete
			σ_Z	σ_D	σ_B	N/m²	$\Delta\vartheta$ °C	
100	110 111	Hartporzellan	30/25 –	450/450 250/250	60/40 –/30	5,5 ··· 8 –	160 –	Hochspannungs- u. Niederspannungsisolatoren und isolierte Bauteile für die Chemietechnik
	114 118	Quarz- bzw. Tonerdeporzellan	55/45 85/75	550/550 1000/1000	100/80 190/180	5,5 ··· 10 8 ··· 12	150 160	
	130	Sonderporzellan	nach Vereinbarung					Bauteile für die Elektrowärmetechnik, Tragkörper für Schichtwiderstände
200	220	Steatit	60/45	850/850	120/120	8 ··· 11	80	Isolierteile für die Elektrowärmetechnik und für Hoch- u. Niederspannung einschl. HF-Technik
	221, 225 226	Sondersteatit	60/45	900/900	140/140	11 ··· 15	110	Isolierkleinteile für die Elektrowärmetechnik, Bauteile für die Hochspannungs-, Niederspannungs- u. HF-Technik, Großmengenbauteile für Niederspannungs- u. HF-Technik
	240		–/–	–/100	–/35	–	–	Modellteile, maßgenaue Isolierteile, auch für den Einbau in Vakuumröhren
	250	Forsterit	–/60	–/900	–/160	11 ··· 13	110	Bauteile für die HF-Technik, Substrate, Metall-Keramik-Verbindungen
300	310 bis 351							Kondensatoren für die HF-Technik
	356 357	Prezolan						HF-Schwinger und -Filter
400	410	Cordierit	–/25	–/300	–/50	9 ··· 12	250	Bauteile mit kleinster Wärmeausdehnung und großer Temperaturwechselbeständigkeit, selbstglasierend

500	510 512	–	–/10 –/9	–/200 –/50	–/40 –/15	– –	125 300	Heizleiterträger für Elektrowärmetechnik Bauteile für Funken- u. Lichtbogenschutz, verwendbar bis zu Arbeitstemp. von 1000 °C, Glasur nicht möglich
	515 516	Steinzeug	14/ – 10/ –	–/300 280/ –	–/37,5 –/20	– –	130 200	Bauteile für die Chemietechnik
	520 530	–	–/10 –/10	–/250 –/250	–/50 –/33	8 –	300 400	Heizleiterträger für Elektrowärmetechnik, Bauteile für Funken- u. Lichtbogenschutz, Glasur nicht möglich
	531 532	Korundsteinzeug	30/ – 18/ –	500/ – 430/ –	–/90 –/30	– –	130 250	Bauteile für die Chemietechnik
600	611 bis 642	–			bis 390/ 35 ··· 390	2,5 ··· 16	140 ··· 200	Bauteile für hohe Arbeitstemperaturen, wie Rohre u. Laborgeräte; Isolierkörper für Zündkerzen, Teile mit besonders hoher Härte u. Druckfestigkeit
700	708 bis 790	–	–	–	–/200 ··· 280	28 ··· 38	130 ··· 150	Bauteile für den allgemeinen Maschinenbau und für Elektrotechnik-Elektronik; Schleif- u. Schneidwerkzeuge, Glasur meist nicht möglich, besonders hohe Härte u. Druckfestigkeit

Die *Nachbehandlung* erstreckt sich zunächst auf das *Trocknen* der ausgehobenen Preßteile an der Luft oder in Öfen und auf das *Entgraten*. Bei komplizierten Teilen aus mehreren keramischen Einzelteilen wird die Verbindung durch flüssigen Schlicker oder Glasur vorgenommen. Es schließt sich das *Vorglühen* bei 800 bis 900 °C an, das bereits zu mechanisch festen Körpern führt, die je nach Verwendungszweck weiterverarbeitet werden können. Im einfachsten Fall folgt danach direkt das Fertigbrennen, oft aber vorher spanende Bearbeitung oder/und *Glasieren*.

Die Zusammensetzung der Glasuren ist sehr unterschiedlich; die Aufbringung auf das Rohteil erfolgt durch Eintauchen, Spritzen o. dgl., da die feingemahlenen Rohstoffe in Wasser aufgeschwemmt sind (Schmelzpunkt zwischen 800 und 1400 °C, Färbung durch Metalloxide). An Auflageflächen ist ein Glasieren unmöglich. Schließlich erfolgt das *Fertigbrennen* (Sintern) in sehr genau geregelten elektrischen Öfen unter definierter (Schutzgas-)Atmosphäre bei 1000 bis 1400 °C (etwa 0,8fache Schmelztemperatur). Es führt zunächst zu starker Erweichung und Zusammensintern des Werkstoffs. Bei sehr hohen Sintertemperaturen treten Deformationen und Schwund z. T. noch stärker als beim Vorglühen in Erscheinung, was die Genauigkeit je nach Masse stark beeinflußt.

Eine Nachbearbeitung der gebrannten Teile kann nur durch Schleifen erfolgen, ist aber möglichst zu vermeiden.

Die Genauigkeit ohne Nachbearbeitung liegt für Keramikteile infolge des großen und auch (abhängig von der Masse) unkonstanten Schwunds nahezu um eine Größenordnung ungünstiger als bei Metallteilen, was zu besonderen konstruktiven Lösungen zwingt.

Beispiel

Stahlwelle, Dmr. = 5 mm: Qualität JT 6 bzw. 10 h6 $T = 8\,\mu m$, h10 $T = 49\,\mu m$; Keramikwelle, Dmr. = 5 mm (stranggepreßt): Genauigkeitsgrad „mittel" (DIN 40680) $T = 400\,\mu m$.

4.2.3.2. *Keramikwerkstoffe und deren Verarbeitung*

Die Werkstoffgruppe Keramik ist außerordentlich vielfältig und weist Bauteile der verschiedensten Eigenschaften auf. Sie wird nicht nur als Feinkeramik in der Feingerätetechnik, im Maschinenbau, in der Elektrotechnik-Elektronik und in der chemischen Industrie verwendet, sondern auch in der Bau- und Sanitärtechnik, im Haushalt und in der Kunst.

Die Normung für die feinkeramischen Werkstoffe wurde in DIN 40685 durchgeführt und unterscheidet folgende Werkstoffgruppen.

Gruppe 100: Hartporzellane und Porzellane.
Gruppe 200: Magnesium-Silikat-Keramik, Steatit.
Gruppe 300: Rutil- und Titanatmassen.
Gruppe 400: Cordieritkeramik (Aluminium-Magnesium-Silikat-Keramik).
Gruppe 500: Poröse Isolierkeramik (Steinzeug).
Gruppe 600: Tonerdekeramik, Mullitporzellan.
Gruppe 700: Oxidkeramik.

Aus diesen Gruppen sind in Tafel 4.45 eine Reihe wichtiger KER-Typen herausgezogen, einige wichtige mechanische Eigenschaften angeführt und geeignete Anwendungsgebiete genannt worden. Genauere Einzelheiten, besonders auch über elektrische Eigenschaften, enthält DIN 40685.

Neben diesen genormten feinkeramischen Werkstoffen haben viele Firmen in letzter Zeit Werkstoffe mit neuartigen Eigenschaften nach keramischen Fertigungsverfahren hergestellt, die ebenfalls für die Feingerätetechnik und Elektrotechnik zur

Anwendung kommen können. Ausführliche Angaben befinden sich in [4.19] bis [4.21] oder in den Katalogen der Hersteller.

4.2.3.3. *Gestaltungsrichtlinien* [4.8] [4.9]

Beim Entwurf von Keramikpreßteilen müssen in besonderem Maß die Werkstoffeigenschaften Berücksichtigung finden, die sich bei der Fertigung selbst (relativ weiches Material bei Preßformfüllung, großer *Schwund*!) und bei der Anwendung der Fertigteile (sehr sprödes Material!) negativ auswirken. Dadurch unterscheiden sich die Keramikpreßteile in ihrer Form mitunter erheblich von den Metallpreß- und Metallgußteilen.

Beim Dimensionieren der Preßteile muß vor allem der Unterschied zwischen den Preßmaßen und den Maßen nach dem Brennen berücksichtigt werden, der von dem Schwundfaktor des benutzten Werkstoffs abhängt und, wie schon darauf hingewiesen, sehr schwankt.

Werkstoff- und werkzeuggerechte Gestaltung (Tafel 4.46, Beispiele *1* bis *8*)

Um glatte Oberflächen, saubere, nicht ausgerissene Kanten zu erhalten und um die Fertigung zu erleichtern, müssen die Keramikpreßteile Aushebeschrägen nach Beispiel *1* erhalten. In der gleichen Weise wirken sich genügende Abrundungsradien aus. Kanten sind mit einem Mindestradius von $R > 1{,}5$ mm bei Porzellan und $R > 1$ mm bei Steatit und Calit zu runden. Für sehr kleine Höhen h kann z. T. auf Aushebeschrägen und Radien je nach Werkstoff verzichtet werden.

Bei komplizierteren Teilen ist noch zu beachten, daß diese meist durch Trockenpressen gefertigt werden, wobei der Oberstempel den Werkstoff in den Unterstempel

Tafel 4.46. Werkstoff- und werkzeuggerechte Gestaltung beim Keramikpressen [4.8] [4.9] [4.32]

Beispiel	Ungünstige Lösung	Erläuterungen	Günstige Lösung
1	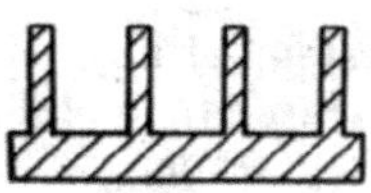	Alle Keramikpreßteile müssen Aushebeschrägen und genügend große Abrundungsradien erhalten (gutes Aussehen, leichtere Fertigung) h — s (Werte in mm) < 50 — 1 > 50 — 2	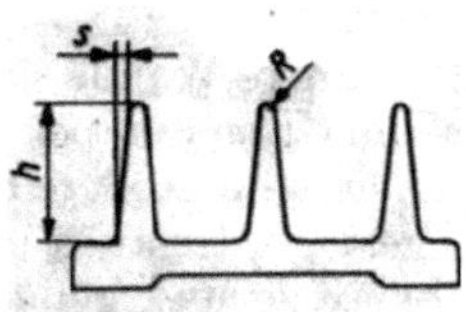
2	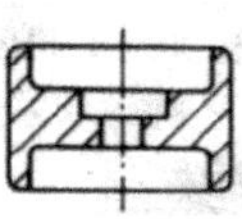	Dünnere Wände nur an der Seite vorsehen, die beim Pressen im Unterstempel liegt (A). Im Oberstempel liegende Vertiefungen mit größeren Schrägen (B) ausführen, im Unterstempel nur gering geschrägt	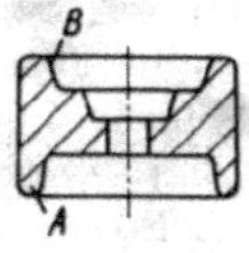
3	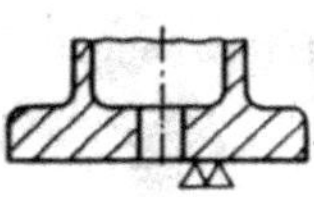	Gleichmäßige und genügende Wanddicke s verhindert unterschiedliche Abkühlung, Schwindspannungen und Rißbildung $s_{min} \geqq 2$ mm	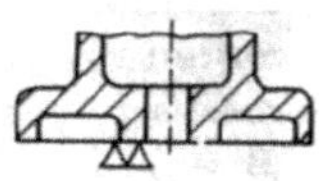
4	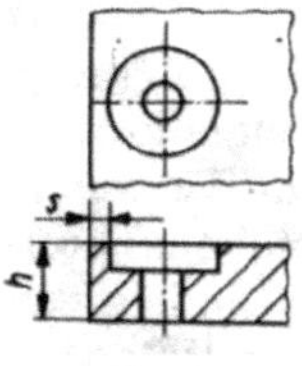	Wandungen bei Löchern, Senkungen u. ä. nicht zu dünn wählen. Richtwerte beachten! Ist ein kleiner Abstand a nicht zu vermeiden, dann zur Kante hin offene Lösung wählen (rechts)	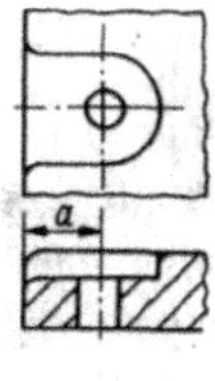
5	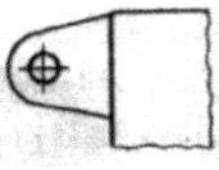	Stark belastete Querschnitte müssen verstärkt werden. Befestigungsaugen sind günstiger bis zur Auflage herunterzuziehen	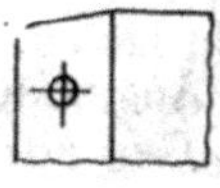

Tafel 4,46. (Fortsetzung)

Beispiel	Ungünstige Lösung	Erläuterungen	Günstige Lösung
6	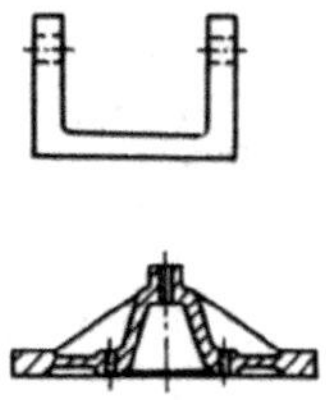	Sperrige, relativ hohe Preßteile sind durch Rippen zu versteifen. Dies ist auch beim Brennen von Vorteil	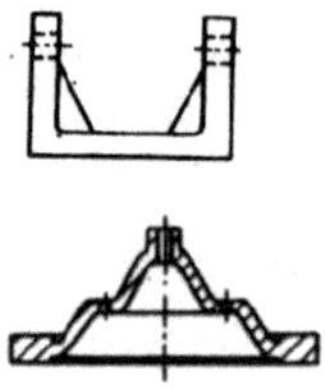
7	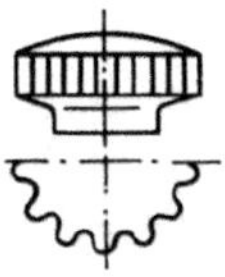	Selbst grobe Rändel wie bei Plastwerkstoffpreßteilen sind bei keramischen Stoffen nicht möglich. Nur Ausrundungen lassen sich gut auspressen und glasieren	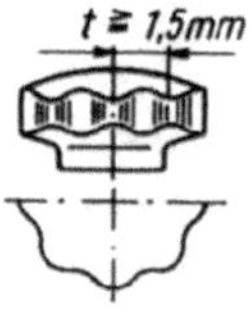
8	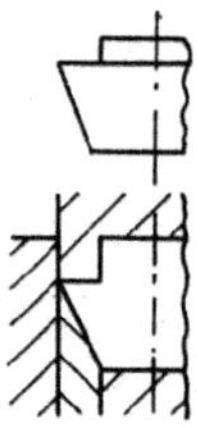	Bei der Ausbildung der Werkzeuge soll kein Aufeinanderstoßen der Ober- und Unterstempel erfolgen und auch keine scharfkantige Ausbildung nötig sein. Preßform ist so zu ändern, daß dies nicht der Fall ist	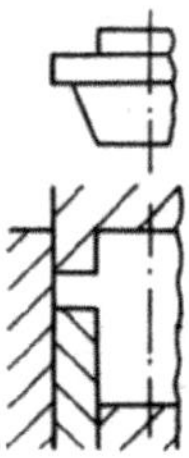

drückt. Dünnere Wände sind dann nur an der Seite des Preßteils vorzusehen, die beim Pressen im Unterstempel liegt (Beispiel *2*, Punkt *A*). Im Oberstempel liegende Vertiefungen müssen größere Schrägen erhalten (Punkt *B*), die im Unterstempel dagegen können gering oder auch überhaupt nicht abgeschrägt ausgeführt werden.

Gleichmäßige und genügende Wanddicken von $s_{min} \geqq 2$ mm verhindern unterschiedliche Abkühlung, Schwindspannungen und Rißbildung. Die damit verbundene größere mechanische Festigkeit, besonders gegen Stoß, wirkt sich vorteilhaft aus (Beispiel *3*). Falls unbedingt notwendig, sollen Querschnittsübergänge allmählich und ohne Werkstoffanhäufungen erfolgen.

Wandungen bei Löchern, Senkungen u. ä. dürfen nicht zu dünn gewählt werden, sonst besteht die Gefahr des Ausbruchs (Beispiel *4*). Ist ein kleiner Abstand nicht zu umgehen, so werden die Löcher und Senkungen zur Kante hin offen ausgeführt. Für Lochabstände s_{min} gelten folgende Richtwerte:

$$h \leqq 10 \text{ mm},\ s_{min} = 1/4\, h, \text{ jedoch } s_{min} \geqq 1 \text{ mm};$$
$$h = 11 \text{ bis } 20 \text{ mm},\ s_{min} = (1/5 \text{ bis } 1/6)\, h;$$
$$h > 20 \text{ mm},\ s_{min} = 3{,}5 \text{ mm}.$$

Mechanisch besonders belastete Querschnitte, z. B. seitliche Befestigungsaugen (Beispiel *5*), müssen verstärkt werden. So kann man das Befestigungsauge bis zur Auflage herunterziehen. Auch durch Versteifungsrippen o. ä. kann man Keramikpreßteile wesentlich günstiger gestalten. Das wirkt sich auch bei der Nachbehandlung durch Brennen positiv aus (Beispiel *6*).

Während sich Bedienteile u. ä. aus Kunststoffen mit grobem Rändel (s. Tafel 4.35) gut pressen lassen, ist das bei Keramikpreßteilen nicht mehr der Fall. Diese können nur mit Ausrundungen (Beispiel *7*) gefertigt werden, die sich dann auch gut glasieren lassen. Gewinde lassen sich wie bei den Kunststoffen ebenfalls mit ein-

Tafel 4.47. Fertigungsgerechte Gestaltung beim Keramikpressen [4.8] [4.9] [4.32]

Beispiel	Ungünstige Lösung	Erläuterungen	Günstige Lösung
1	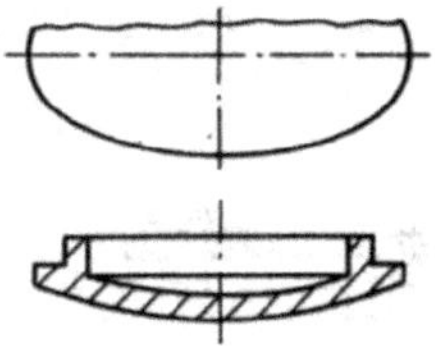	Die Grundformen der Preßteile sind so zu gestalten, daß die Werkzeuge auf normalen Maschinen hergestellt werden können. Ein Deckel ist günstiger in runder Form zu gestalten. Ein ovales Werkzeug ist teurer herzustellen	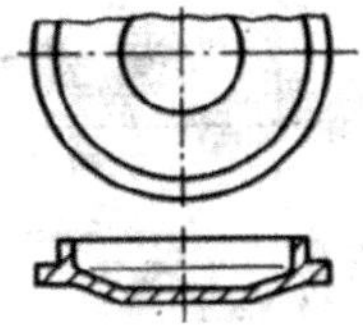
2	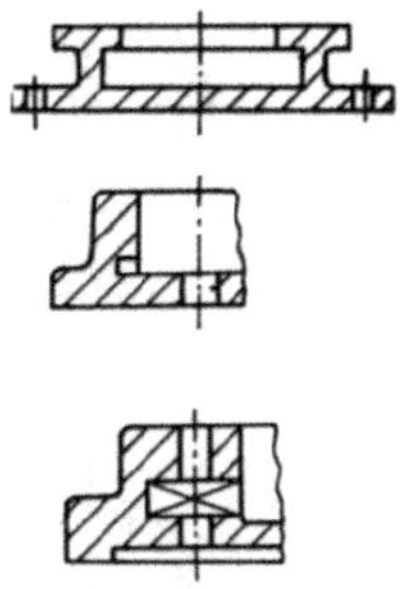	Hinterschneidungen sind entweder sehr teuer herzustellen oder überhaupt unmöglich. Man kann sie ggf. durch eine Zweiteillösung (oben) oder mittels durchragender Unterstempel vermeiden	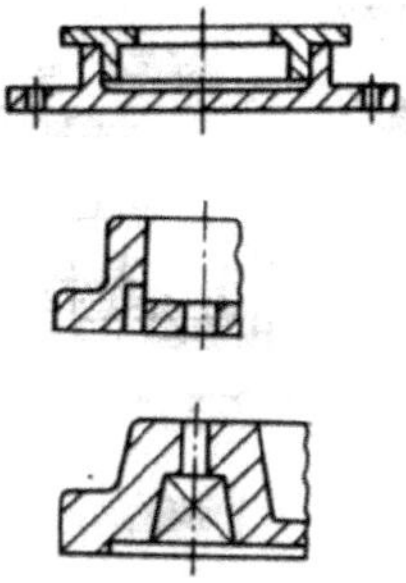
3	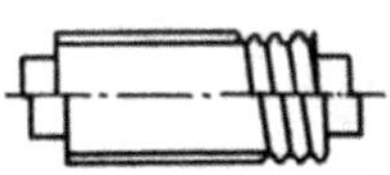	Bei Wendelungen kann bei Gesenkversatz ein störender Absatz in der Teilungsebene entstehen. Eine Abflachung vermeidet diesen Absatz	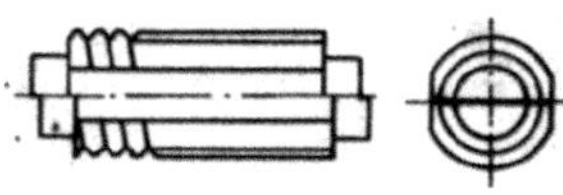
4	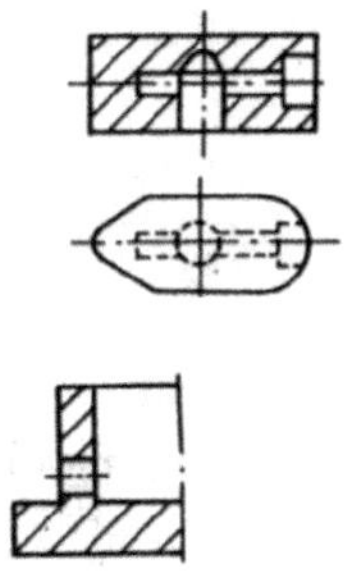	Löcher mit quer zur Preßrichtung liegenden Achsen bereiten Schwierigkeiten (Seitenschieber). Zweckmäßiger sind Lösungen, bei denen die Achse in Preßrichtung liegt oder Unterstempel entsprechende Aussparungen ermöglichen	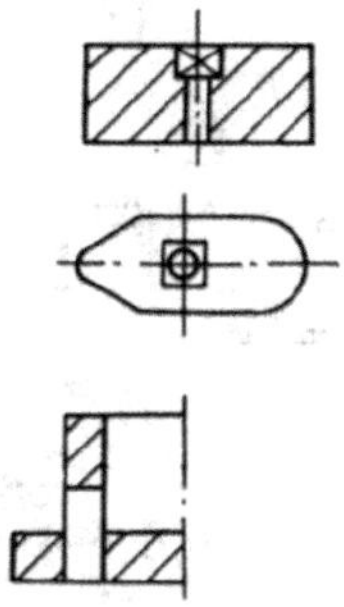
5	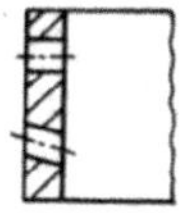	Bei Verwendung von Seitenschiebern muß auf die Lage der Achsen geachtet werden. Links unmögliche, rechts brauchbare Lösungen	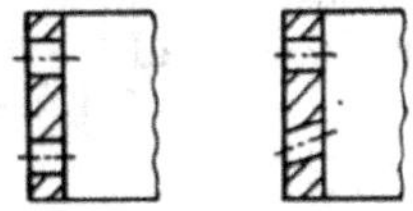
6	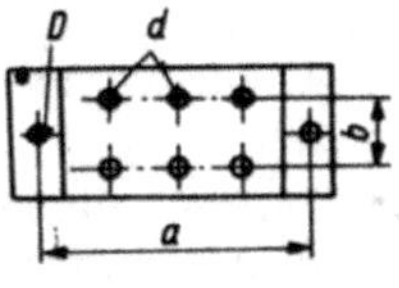	Durch das Trocknen und Brennen sind enge Toleranzen bei Durchmessern und Lochabständen nicht einzuhalten. Sie können durch größere Durchmesser d_1 und Langlöcher umgangen werden	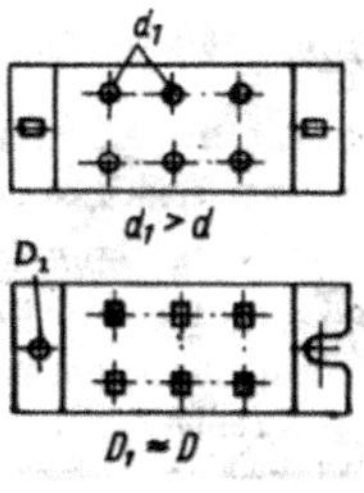

Tafel 4.47. (Fortsetzung)

Beispiel	Ungünstige Lösung	Erläuterungen	Günstige Lösung
7	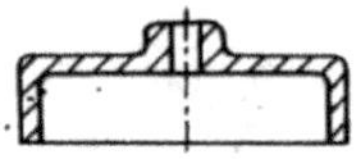	Dünnwandige Körper soll man wölben, damit sie sich beim Brennen nicht durchbiegen	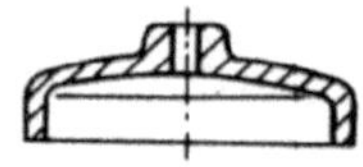
8	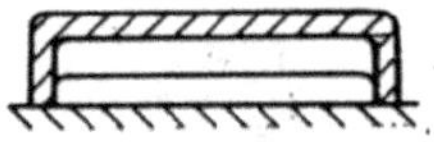	Längere, freitragende Teile neigen beim Trocknen und Brennen zum Durchsacken. Deshalb sind Stützpunkte, Rippen u. ä. vorzusehen	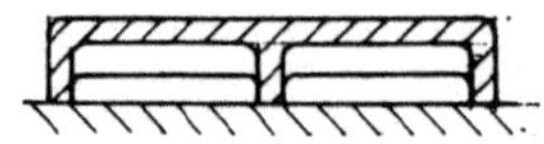
9	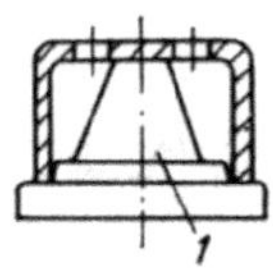 	Dünnwandige Körper, die nicht gewölbt werden können, müssen auf einen Stützkörper *1* gesetzt werden, der auch den unteren Rand vor Verziehen sichert. Der Stützkörper *1* kann einfacher werden, wenn man am Übergang oben eine größere Wanddicke vorsieht. Schlanke Körper können beim Brennen auf Stützkörper *1* verzichten, wenn die Formgestaltung eine stabilere Lage garantiert	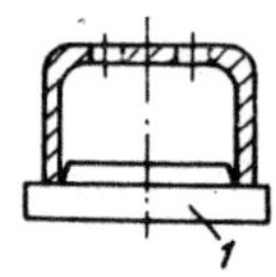 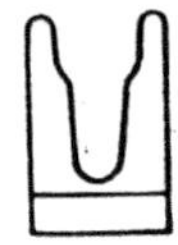
10	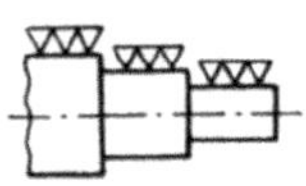 	Die Schleifflächen sollen so klein wie möglich gehalten werden und leicht zugänglich sein. Daher sind abgesetzte Wellen besser durch glatte Wellen zu ersetzen und durch Augen, Ränder, Bünde u. ä. die Schleifflächen klein zu halten	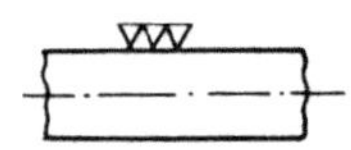 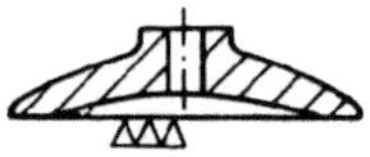

pressen. Auch dabei ist zu beachten, daß der Gewindeauslauf bzw. -anfang abgesetzt werden muß, um den Ausbruch der Gehäusegänge zu verhindern (s. Tafel 4.35).

Wie schon beim Metallpulverpressen darauf hingewiesen, muß bei der Formgestaltung beachtet werden, daß bei der Werkzeugkonstruktion kein Aufeinanderstoßen der Stempel erfolgt und auch keine scharfkantige Ausbildung der Unter- und Oberstempel nötig wird. Beispiel *8* zeigt im Prinzip, wie man durch Umgestaltung des Preßteils beides vermeiden kann.

Fertigungsgerechte Gestaltung (Tafel 4.47, Beispiele *1* bis *10*)

Die Fertigung der Keramikpreßteile bringt neben den allgemeinen Gesichtspunkten eine Reihe von Besonderheiten infolge der Nachbehandlung, z. B. Trocknung, Glasur, Brennen usw., mit sich. Es sind folgende Gesichtspunkte zu beachten:

Bei der Gestaltung ist eine möglichst einfache Formgebung der Preßteile anzustreben, um einfache Gesenke zu ermöglichen. Dazu gehört, daß die Grundformen der Preßteile so gestaltet sind, daß die Fertigung auf normalen Maschinen durchführbar ist. Ein Deckel soll also keine ovale, sondern eine runde Form haben (Beispiel *1*).

Hinterschneidungen lassen sich nur bei großen Abmessungen ausführen, aber auch dann nur unter erheblichen Schwierigkeiten und Kosten. Man kann sie umgehen, wenn man eine Zweiteillösung (Beispiel *2*) wählt und die Verbindung der Teile durch Glasur, Kitte, Klebstoff o. dgl. vornimmt oder wenn eine Umgestaltung der Teile mit Hilfe durchragender Unterstempel diese vermeiden läßt.

Bei Wendelungen (Heiz- und Widerstandskörper) und Gewinden kann der Gesenkversatz stören. Unterbricht man die Wendelung, so kann man die Drähte mühelos und ohne Absatz oder Nacharbeit aufwickeln (Beispiel *3*).

Löcher, deren Achsen quer zur Preßrichtung liegen (Beispiel *4*), lassen sich nicht immer mit einpressen, oder es sind kostspielige Seitenschieber erforderlich. Zweckmäßiger sind Lösungen, bei denen die Lochachse in Preßrichtung liegt oder ein durchragender Unterstempel die erforderliche Aussparung ermöglicht. Werden bei mehreren Bohrungen Seitenschieber verwendet, so muß auf die Lage der Achsen geachtet werden (Beispiel *5*). Sich im Gesenk schneidende Achsen sind unmöglich, da die Schieber sich nicht ziehen lassen. Die Achsen müssen entweder parallel oder auseinanderstrebend angeordnet sein.

Nach dem Pressen schließt sich das *Trocknen* der Teile an, wobei ein erheblicher Schwund auftritt, der infolge ungleichmäßiger Massezusammensetzung usw. evtl. auch noch schwankt. Auch beim Brennen können sich die Preßteile noch verändern, so daß erhebliche Längenabweichungen entstehen. Besonders bei größeren Lochabständen sind konstruktive Vorkehrungen zu treffen, wie sie Beispiel *6* zeigt: Die engen Toleranzen der Lochabstände a und b müssen durch größere Bohrungen d_1 und/oder Langlöcher umgangen werden.

Als Nachbehandlung ist das *Glasieren* ein wichtiger Arbeitsgang. An allen Auflageflächen muß auf Glasur verzichtet werden, um ein Festbrennen auf der Unterlage zu vermeiden; allseitig glasierte Teile sind teuer, weil sie nur durch mehrfaches Glasieren und Brennen herstellbar sind. Die Glasurdicke beträgt 0,3 bis 0,5 mm, d. h., sie ist besonders für die Montage von vornherein zu berücksichtigen. Feine Details können somit von der Glasurschicht verwischt werden.

So sind Bedienknöpfe u. ä. nicht mit engen Rändeln zu versehen, sondern günstiger mit Ausrundungen wie im Beispiel *7*, Tafel 4.46.

Stellen, an denen später Kitt- oder Klebeverbindungen angreifen sollen, läßt man zweckmäßig frei von Glasur.

Da die Teile beim *Brennen* stark erweichen und u. U. ihre Form ändern, sind entsprechende Sicherheitsmaßnahmen bei der Gestaltung zu treffen. Dazu gibt es mehrere Möglichkeiten:

- Massive Körper soll man möglichst beim Brennen durchgehend auflegen, wie dies bei der Gestaltung nach Beispiel *3* durch die Abflachung möglich ist.
- Dünnwandige Körper soll man so wölben, daß eine Durchbiegung verhindert wird (Beispiel *7*), also eine Abstützung durch Formgebung erreicht wird.
- Schaffung von zusätzlichen Unterstützungen bei freihängenden Flächen durch Rippen, Augen u. a. (Beispiel *8*).
- Brennen auf zusätzlich herzustellenden Stützkörpern *1*, wie Beispiel *9* zeigt. Dieses Verfahren ist teuer und schafft zusätzliche unglasierte Flächen, so daß man u. U. durch Veränderung der Form diese Stützkörper überflüssig oder einfacher machen kann. Beim oberen Bild wurde der Übergang zur Dachfläche verstärkt, während im unteren Bild die senkrechten Streben erheblich verstärkt wurden und ein Stützkörper *1* überflüssig wurde.

In allen Fällen soll die Auflagekraft, mit der der Formkörper auf die Unterstützungsfläche drückt, nicht über 0,025 N/mm² liegen, um ein Festbrennen sicher zu vermeiden.

Damit eine nachträgliche *Schleifbearbeitung*, falls notwendig, überhaupt möglich ist, muß die Formgebung auf das Schleifverfahren abgestimmt sein; Absätze (Beispiel *10*) bei runden Wellen sind ungünstig. Die runden Teile sollen schon vor dem

Schleifen relativ gerade sein, so daß Strangpreßteile mit unsymmetrischem Querschnitt, die sich besonders leicht verziehen, möglichst nicht geschliffen werden.

Die Stellen der Oberflächen, die nachgearbeitet werden müssen, sollen leicht zugänglich sein und klein gehalten werden. Anstelle von großen zu bearbeitenden Flächen sind deshalb Augen, Bünde, Ränder u. dgl. vorzusehen (Beispiel *10*).

Oberflächen und Verbindungen

Für viele Anwendungen und besonders für genaue Teile werden die Formkörper ohne *Glasur* gebrannt. Bei Teilen mit Glasur unterscheidet man zwischen Scharffeuerglasur (im Garbrand eingebrannt) und Schmelzglasur (zusätzlicher Muffelbrand nach dem Garbrand).

Sowohl bei glasierten als auch bei unglasierten Flächen treten Fehler auf, die besonders in der Massenfertigung bei zu weitgehenden Forderungen erhebliche Kosten verursachen können, andererseits aber die Funktion u. U. stören, falls sie ein bestimmtes Maß überschreiten. DIN 40686 legt hierfür Richtwerte als prozentualen Fehleranteil abhängig von der Gesamtoberfläche fest.

Oberflächenangaben selbst müssen nach DIN 140 Bl. 7 und durch besondere Wortangaben und Sinnbilder vorgenommen werden.

In der Elektrotechnik werden neben glasierten keramischen Oberflächen auch *elektrisch leitende* Oberflächen angewendet. Für geringe Stromdichten genügen u. U.

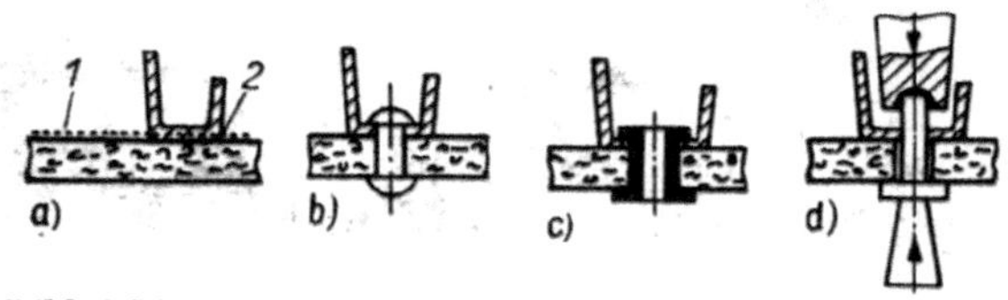

Bild 4.51

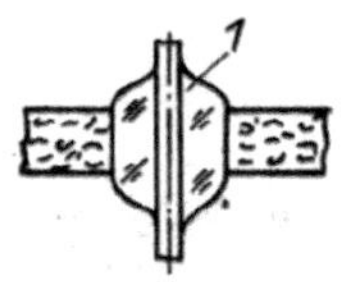

Bild 4.52

Bild 4.53

Bild 4.51. Metall-Keramik-Verbindungen

a) aufgelötet; b) genietet (ungünstig); c) Hohlniet (möglich); d) Thermoverbindung mit Punktschweißmaschine
1 Silberbelag, eingebrannt; *2* Lötstelle

Bild 4.52. Vakuumdichte Metalldurchführung

1 Glasteil

Bild 4.53. Kittverbindung zwischen Keramikteil und Metallwinkel

schon aufgestrichene Graphitbeläge. Meist wendet man metallische Überzüge an, die nach verschiedenen Verfahren herstellbar sind, z. B. Einbrennen einer Metallpaste, Aufdampfen im Vakuum, Metallspritzen („schoopen") mit Spritzpistole (Verflüssigung von Cu, Al, Zn; Transport durch Luftstrom).

Beim meist angewendeten Verfahren Einbrennen wird feinkörniges Silberpulver in Pastenform dünn aufgetragen und eingebrannt. Dieser Belag kann z. B. durch galvanische Verfahren, entweder abermals mit Silber oder aber mit Kupfer, weiter verstärkt werden (auf 0,1 mm und mehr). Auf ihm lassen sich dann Metallteile anlöten (Bild 4.51 a). Das Aufnieten von Metallteilen (Bild 4.51 b) ist möglichst zu vermeiden, da die Bruchgefahr zu groß ist; allenfalls dürfen Hohlniete angewendet werden (Bild 4.51 c). Sehr günstig ist ein thermoplastisches Verbindungsverfahren: Man erhitzt und deformiert nietähnliche Teile zwischen den Elektroden einer Punktschweißmaschine (Bild 4.51 d). Dabei ist auf die anschließende Abkühlung und die damit verbundene Verkürzung der Verbindungselemente Rücksicht zu nehmen, um Spannungszustände und evtl. Bruch zu vermeiden.

Auf die verschiedensten Arten von Schraubverbindungen, meist mit einem durch Sechskant gegen Verdrehen gesicherten Teil (Mutter), evtl. auch mit federnden Zwischenlagen, Scheiben usw., sei noch hingewiesen.

Die Verbindung von Keramik und Glas ist bei Übereinstimmung der Wärmeausdehnungskoeffizienten α auch vakuumdicht relativ einfach durchführbar. Mit Hilfe von Glasverbindungen können so auch Metallteile vakuumdicht durch Keramik geführt werden (Bild 4.52). — In vielen Fällen reicht auch eine Kitt-, Klebe- oder Gießharzverbindung aus (Bild 4.53).

Toleranzen und Bearbeitungszugaben

Auf die Toleranzen von Keramikpreßteilen wirken folgende Faktoren ein:
1. Eigenschaften der Grundstoffe und Rohmassen,
2. Inhomogenitäten der Preßmassen,
3. schwankender Feuchtigkeitsgehalt,
4. Art der Formgebung (Preßdruck, ob naß oder trocken gepreßt, ob form- oder stranggepreßt usw.),
5. ungleiche Dichte nach der Formgebung,
6. Technologie des Trocknens und Brennens (Verziehen und Sintern unterschiedlich),
7. Form und Größe des Werkstücks,
8. ungleichmäßige Glasurdicke.

Um wenigstens einen Teil dieser Einflußpunkte zu erfassen, sind in DIN 40680 für verschiedene Verfahren, Abmessungen und Werkstoffgruppen zwei Genauigkeitsgrade „grob" und „mittel" für die Nennmaße 1 bis 1000 mm festgelegt worden.

Toleriert werden bei Keramikpreßteilen Fertigungsmaße für Paßteile (Austauschbau), Anschlußmaße und funktionsbedingte Maße. Die Festlegung der Toleranzen soll möglichst in Absprache mit dem Herstellerwerk erfolgen.

Paßflächen werden entweder geschliffen oder mehrere zusammengehörige Teile aus einem einzigen Ausgangsteil durch Sprengen genau zueinander passend gefertigt.

Bearbeitungszugaben für das Schleifen nach dem Brand werden vom Hersteller selbst dimensioniert, da sie ebenfalls von mehreren Faktoren abhängen. Der Konstrukteur hat darauf zu achten, daß die zu schleifenden Flächen möglichst klein sind (s. Beispiel *10*, Tafel 4.47).

4.2.4. **Pressen von Glas** [4.21] bis [4.23]

Glas ist ein anorganischer Werkstoff, der sich aus Glasbildnern, Flußmitteln und Stabilisatoren zusammensetzt. Als Glasbildner werden Siliziumdioxid (Quarzsand), Boroxid, seltener Phosphor(V)-oxid und weitere, meist ein- und zweiwertige Oxide, die als Rohstoffe lösend auf das schwer schmelzbare Siliziumdioxid wirken, verwendet. Als Flußmittel werden vornehmlich Alkalimetallkarbonate, -nitrate und -sulfate zugegeben, wodurch das Schmelzen bei technisch erreichbaren Temperaturen (1400 bis 1600 °C) durchführbar ist.

Stabilisatoren, die das Glas beständig machen, sind Erdalkalimetalle, Aluminiumoxid, Blei- und Zinkkarbonate bzw. -oxide. Als Läuterungsmittel, die in der Schmelze Gas abspalten, das in großen Blasen nach oben steigt, dabei die vielen kleineren Bläschen mitreißt und damit die Schmelze homogenisiert, kommen z. B. Natriumsulfat und Kochsalze zum Einsatz. Rohstoffe für Trübglas sind Flußspat und Kryolith, für Farbglas Metalle und Metalloxide bzw. -sulfide.

Glas ist i. allg. lichtdurchlässig, nicht brennend sowie wasser- und säureunlöslich (Ausnahme Flußsäure). Technisches Glas wird vor allem im optischen und wissenschaftlichen Gerätebau für Linsen, Prismen, Filter, Spiegel, Gläser u. a., in der chemischen Industrie für Laborgeräte, Leitungselemente u. a., in der Elektrotechnik für Isolatoren, Glühlampen u. ä. und in der Elektronik für Elektronenröhren, aktive Bauelemente und Trägerwerkstoffe verwendet.

4.2.4.1. *Fertigungsverfahren* [4.22] [4.23]

Bei der Fertigung von Glaserzeugnissen durch Pressen kann man drei Stadien unterscheiden:

1. Herstellung der Glasschmelze mit der entsprechenden chemischen Zusammensetzung je nach technischen Forderungen (s. Abschn. 4.2.4.2.);
2. Formgebung der zähflüssigen Schmelze;
3. chemische oder physikalische Nachbehandlung des geformten Glases.

Die technische Formgebung sieht vor allem Pressen bzw. Senken, Blasen, Walzen und Ziehen vor.

Pressen bzw. Senken (Bild 4.54)

Beim Pressen wird der aus dem Schmelzofen herausgezogene Hafen je nach der Glasart verschieden lange Zeit zum Abkühlen abgestellt. Dem eigentlichen Preßvorgang geht die Entnahme einer Glasmenge voraus, die auf das Volumen des zu pressenden

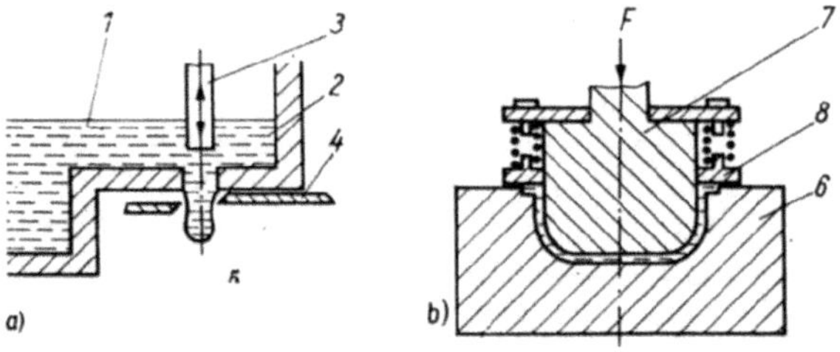

Bild 4.54
Pressen von Glas [4.23]
a) Tropfspeiser; b) Preßvorgang
1 Glasbad; *2* Speiser; *3* Plunger;
4 Trennschere; *5* Glastropfen;
6 Preßform; *7* Preßstempel;
8 Formring

Teils abgestimmt sein muß. Diese Glasmenge kann manuell dem Glasbad entnommen oder aber über einen Tropfspeiser erzeugt werden (Bild 4.54 a). Er besteht im Prinzip aus einer Öffnung im Boden des Speisers, aus der normalerweise ständig Glas ausfließen würde. Dieser kontinuierliche Glasstrom wird rhythmisch durch den sich auf und ab bewegenden Plunger unterbrochen, wobei durch dessen Hubhöhe die ausfließende Glasmenge dosiert wird. Da das Abtropfen des Glases nur durch Nachziehen eines Glasfadens vor sich ginge, wird letzterer durch eine Trennschere abgeschnitten. Der Glastropfen wird der vorgeheizten Preßform b) zugeführt und durch den Preßstempel geformt.

Der Preßvorgang ist abhängig von dem spezifischen Viskositätstemperaturverhalten des benutzten Glases und erfordert die genaue Einhaltung bestimmter Arbeitstemperaturen des Preßwerkzeugs.

Ein dem Preßvorgang ähnliches Verfahren, jedoch lediglich unter Ausnutzung der Schwerkraft, ist das sog. Senken von Glas. Es besteht darin, daß ein Glasblock, z. B. aus optischem Gußglas, in einer entsprechenden Form durch Erwärmen zum Erweichen und Fließen gebracht wird und somit die Form ausfüllt. Anstelle eines Glasblocks wird auch viskose Glasmasse dem Hafen entnommen und damit die Form ausgefüllt.

Werden hohe Forderungen an Einhaltung enger Toleranzen (z. B. h9) und bessere Oberflächen gestellt, so kann man diese durch Feinstpressen erreichen.

Blasen von Formstücken (Bild 4.55)

Die Glasmacherpfeife wird auch heute noch zur Formgebung von Glas benutzt, und zwar dann, wenn Besonderheiten der Form, bestimmte Farbglaskombinationen oder extreme Eigenschaften gefordert werden. Mit Glasmacherpfeife *1* wird dem Glasbad durch Eintauchen eine bestimmte Glasmenge *2*, die als Posten bezeichnet wird, entnommen. Durch Drehen und Lufteinblasen entsteht ein sog. Külbel *3*, das eine möglichst gleichmäßige Wanddicke haben soll. Das immer wieder aufgewärmte Külbel wird dann durch Schleudern und Schwenken der Pfeife unter ständiger Drehbewegung und Einblasen von Luft so verformt, daß es dem Endprodukt angepaßt ist *4*. Dieses Külbel wird nun in eine aus Holz oder Metall hergestellte, aufklappbare Form *6* eingeblasen. Diese Formen können rotationssymmetrisch oder nichtrotationssymmetrisch sein. Für die Fertigung großer Serien ist das Verfahren nicht geeignet.

Preßblasen von Formstücken (Bild 4.56)

Um zum einen die Herstellung durch Blasen benutzen und zum anderen die Vorformung des Külbels einfacher und mechanisierbarer vornehmen zu können, wurde das Preßblasen entwickelt, bei dem in der ersten Phase das Külbel in eine Form gepreßt

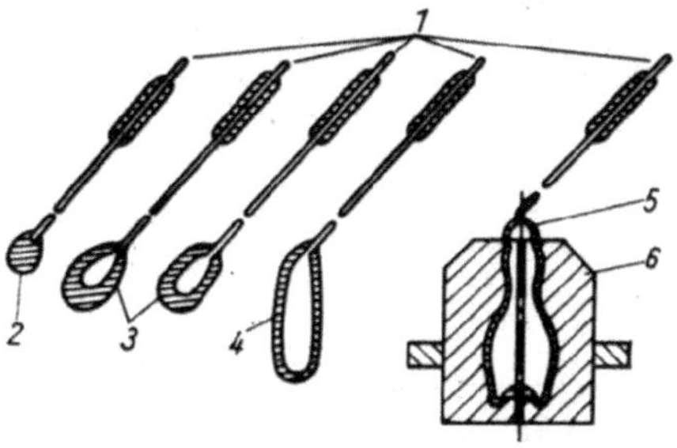

Bild 4.55
Glasformung mittels Glasmacherpfeife [4.23]

1 Glasmacherpfeife; *2* Glasposten; *3* Külbel; *4* dem Formvorgang angepaßtes Külbel; *5* Kappe; *6* Form aus Holz oder Metall, zweiteilig, aufklappbar

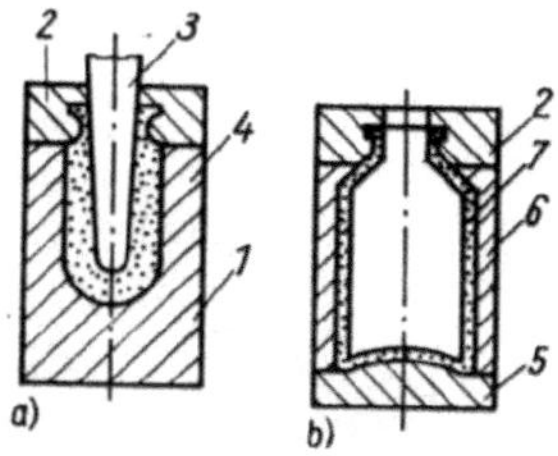

Bild 4.56
Preßblasen von Formstücken [4.22]

a) Fertigung des Külbels; b) Aufblasen des Formstücks
1 Vorform; *2* Mundstückform, zweiteilig; *3* Preßstempel; *4* geformtes Külbel; *5* Bodenform; *6* Fertigform, zweiteilig; *7* Fertigteil

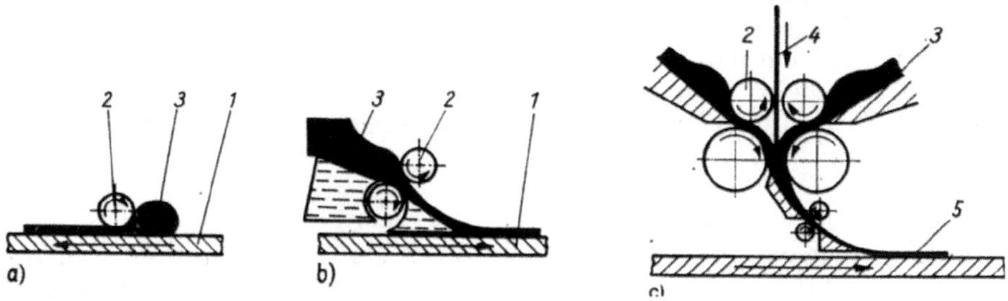

Bild 4.57. Glaswalzverfahren [4.23]

a) Tischverfahren; b) Maschinenverfahren; c) Doppelwalzverfahren zur Fertigung von Drahtglas
1 bewegter Tisch; *2* Walze; *3* Glasschmelze; *4* Drahtgewebe; *5* Drahtglas

wird (Bild 4.56 a). Diese besteht aus zwei Teilen, aus Vorform *1* und zweiteiliger Mundstückform *2*. Letztere hat neben der Öffnung für Preßstempel *3* noch Hohlräume, die dem oberen Rand oder dem Mundstück des fertigen Glasteils entsprechen. In der zweiten Phase wird Külbel *4* mit Mundstückform *2* aus Vorform *1* herausgezogen und in die Fertigform *6* übergeführt. Ein aufgesetzter Blaskopf ermöglicht dann das Aufblasen des Külbels bis zur Berührung mit der Innenfläche der Fertigform *6*. Nach diesem Prinzip arbeitet eine Reihe von bekannten Preßblasmaschinen, die sich in erster Linie für die Fertigung von Preßteilen mit weitem Hals eignen. Für die Fertigung von Gefäßen mit engem Hals müssen andere Verfahren angewendet werden (z. B. Blasen mit Kippen des Külbels).

Walzen von Halbzeugen (Bild 4.57)

Beim Walzen von Glas wird im Gegensatz zum Pressen dem zähflüssigen Glas eine bevorzugte Fließrichtung erteilt. Es ist dabei möglich, Flachglas mit besonderen Oberflächenprofilen zu fertigen. Drahtglas läßt sich durch zwei Glasbänder, zwischen die ein Drahtgewebe eingewalzt wird, fertigen. Schlieren richten sich beim Walzen aus, sind ziemlich stark verteilt und können nur durch die Stirnfläche festgestellt werden, so daß aus Walzglas nur optische Bauelemente für Massenerzeugnisse gefertigt werden können.

Ziehen von Halbzeugen (Bild 4.58)

Das Formen durch Zieh- oder Verstreckprozesse ist eines der primären Formgebungsverfahren für Glas. Hierbei existieren heute noch die Röhren- und Stabzieh-Handverfahren, bei denen Röhren und Stäbe nach der Methode des Glasblasens bis zu einer Länge von 100 m gezogen werden können. Auch Flachglas kann im Mundblasverfahren

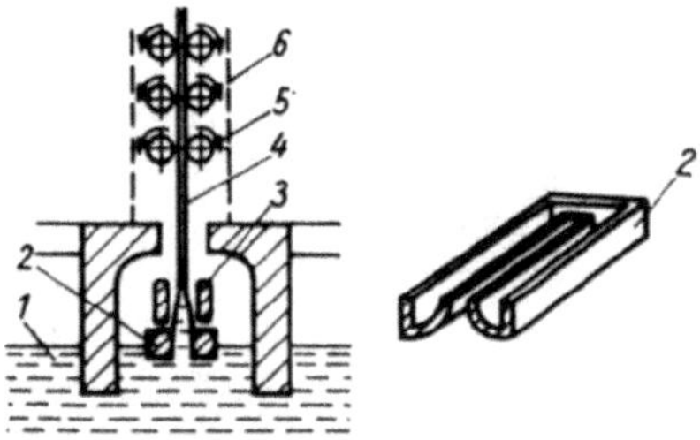

Bild 4.58
Maschinelles Senkrechtziehen von Flachglas nach Fourcault [4.23]
1 Glasschmelze; *2* Ziehdüse; *3* Kühltasche; *4* Glasband; *5* Abziehwalze; *6* Ziehschaft

hergestellt werden. Das Wesen des maschinellen Verfahrens (Bild 4.58) ist, daß eine aus feuerfestem Werkstoff gefertigte Ziehdüse (nach *Fourcault*) mit einem Längsschlitz in die Glasmasse gedrückt wird. Dabei steigt infolge des nach oben gerichteten hydrostatischen Drucks ein Glasband durch den Schlitz nach oben und wird mit Hilfe eines Ziehschafts abgeleitet.

Andere Verfahren sind das Waagerechtziehen von Flachglas und das maschinelle Ziehen von Röhren und Stäben [4.22]. Weitere Angaben über Glasverarbeitungsverfahren sind der Spezialliteratur [4.22] [4.23] zu entnehmen.

Nachbehandlung

Nach der Formgebung der Glasteile und Halbzeuge müssen diese einem besonderen, meist sehr genau gesteuerten Kühlprozeß unterzogen werden, um die bei der Abkühlung entstehenden starken Spannungen auszugleichen, die zum Zerspringen der Glasteile führen können. Deshalb werden die Glasteile etwas über den Transformationspunkt erwärmt, um dann nach dem vorgegebenen Programm abzukühlen. Dem Transformationspunkt entspricht die Temperatur, bei der die Glasmasse beginnt, über einen zähflüssigen in den flüssigen Zustand überzugehen (bei den meisten technischen Glassorten bei 500 bis 600 °C).

Bei optischen Gläsern muß außer der Beseitigung von Restspannungen auch die vorgesehene Brechzahl durch Beimischungen erreicht werden. Gläser lassen sich auch härten. Dabei werden sie 20 bis 40 °C über den Transformationspunkt erwärmt und anschließend an den Oberflächen durch einen Luftstrom oder im Ölbad schnell abgekühlt. Im Transformationspunkt ist das Glas noch fest. Er ist nicht konstant, sondern von der Erwärmungsgeschwindigkeit abhängig. Bei optischen Gläsern liegt er zwischen 335 und 661 °C.

Werden hohe Anforderungen an die Glasteile hinsichtlich Formgenauigkeit und Oberflächengüte gestellt, so sind diese durch Schleifen und Polieren zu erreichen.

4.2.4.2. *Glaswerkstoffe und deren Verarbeitung*

Über den prinzipiellen Aufbau des Werkstoffs Glas mit seinen drei Hauptbestandteilen Glasbildner, Flußmittel und Stabilisatoren wurde bereits im Abschn. 4.1.2.2. berichtet.

Da sich durch Änderung der Anteile der einzelnen Bestandteile eine Vielzahl von Glasschmelzen erzeugen läßt, sollen im folgenden nur kurze Hinweise über technisch verwendete Glassorten gegeben werden. Genaue Angaben sind der Spezialliteratur zu entnehmen [4.3] [4.22] [4.23].

Zu den technischen Gläsern [4.23] gehören

Labor- und Gerätegläser (DIN 1259).

Sie müssen neben einer hohen thermischen Beständigkeit und Abschreckfestigkeit dem Angriff der zu behandelnden Chemikalien widerstehen. Man unterscheidet drei Gruppen von Apparate- und Gerätegläsern:

1. chemisch resistente Gläser auf Alkali-Erdalkali-Silikat-Basis (Typ der Thüringer Gerätegläser) mit relativ hohen Ausdehnungskoeffizienten ($\alpha = 70$ bis $90 \cdot 10^{-7}$ m/m · K),
2. wärmebeständige Gläser auf Borsilikatbasis mit Ausdehnungskoeffizienten $\alpha < 50 \cdot 10^{-7}$ m/m · K,
3. Gläser vom Pyrextyp mit Ausdehnungskoeffizienten $\alpha < 35 \cdot 10^{-7}$ m/m · K.

Die größte Bedeutung kommt der letzten Gruppe zu, da sie weitgehend den optimalen Anforderungen entspricht. Zu den Gerätegläsern gehören auch die Thermometergläser mit zusätzlichen Anforderungen.

elektrotechnische Gläser (DIN 1259).

Die Anforderungen an diese Gläser sind in erster Linie physikalischer Natur, z. B. definierter Ausdehnungskoeffizient, bestimmtes Viskoseverhalten als Funktion der Temperatur, sowie die elektrischen Eigenschaften, z. B. elektrisches Leitvermögen, Dielektrizitätskonstante und Verlustfaktor. Die Gläser haben dabei im wesentlichen die Funktion eines elektrischen Isolierstoffs. Im Röhrenbau u. ä. spielt bei den vakuumdichten Metalldurchführungen der Ausdehnungskoeffizient der benutzten Werkstoffe eine entscheidende Rolle. Die Gläser müssen dabei den Leitungsmetallen angepaßt werden.

In diese Gruppe gehören auch Gläser, die für den Bau von Strahlenquellen und -meßgeräten benötigt werden. Sie dürfen sich unter der Einwirkung der Strahlen nicht verändern und müssen eine gute und konstante Duchlässigkeit aufweisen.

Eine umfassende Darstellung über die Gruppe der elektrotechnischen Glaserzeugung und ihre Verarbeitungstechnik findet man bei *Espe* [4.18].

Kieselglas

Kieselglas (Quarzglas) besteht aus reinem SiO_2. Seine besonderen Eigenschaften sind in dem sehr geringen Ausdehnungskoeffizienten $\alpha = 5 \cdot 10^{-7}$ m/m · K, der hohen UV- und UR-Durchlässigkeit sowie in der extrem guten chemischen Beständigkeit zu sehen. Es stellt somit das ideale Geräteglas dar, dessen weiter Anwendungsumfang jedoch durch die hohen Fertigungskosten beschränkt wird.

Verwendet wird Kieselglas im Bereich der feinmechanischen und optischen Industrie, für die Erzeugung spezieller Laborgeräte und Spezialbeleuchtungskörper (UV-Brenner).

optische Gläser (DIN 58160, 58925, 58927 u. a.).

Sie sind vom glastechnischen Standpunkt aus gesehen die anspruchsvollsten Gläser. Grundanforderungen sind höchstmögliche optische Homogenität, weitgehende Blasen- und Schlierenfreiheit, Fehlen von Fremdeinflüssen, definierte und ständig reproduzierbare Werte der Lichtbrechung und -dispersion. Diese optischen Eigenschaften lassen sich als Funktion der chemischen Zusammensetzung der Gläser in weiten Grenzen verändern, wofür genaue Kenntnisse der Spezialliteratur zu entnehmen sind.

Physikalische Eigenschaften

In dem gleichen Maß, wie die chemische Zusammensetzung der Glassorten schwanken kann, sind auch die physikalischen Eigenschaften sehr unterschiedlich, so daß nur einige Anhaltswerte angegeben werden können:

Zugfestigkeit σ_Z = 30 bis 100 N/mm² (sehr gering),
Biegefestigkeit σ_B = 18 bis 60 N/mm² (noch geringer),
Druckfestigkeit σ_D = 600 bis 1200 N/mm²,
Elastizitätsmodul E = (6,5 bis 90,0) · 10³ N/mm²,
Dichte ϱ = 2,2 bis 3,2 kg/dm³,
Härte nach Mohs 5 bis 7,
nach Vickers HV = (2 bis 8) · 10^{-3} N/mm²,
spezifische Wärme c = (0,34 bis 0,96) kJ/K · kg,
Wärmeausdehnungskoeffizient α = (5 bis 120) · 10^{-7} m/m · K,
Wärmeleitfähigkeit λ = (754 bis 1172) · 10^{-3} W/m · K,
Lichtbrechung n_d = 1,3 bis 2,
Dispersion ν_d = 20 bis 100,
spezifische elektrische Leitfähigkeit γ = (10^{-6} bis 10^{-16}) S/m,
Dielektrizitätskonstante ε = 3,5 bis 16.

4.2.4.3. *Gestaltungsrichtlinien*

Bei der Gestaltung von Preßteilen ist zu beachten, daß Glas ein spröder Werkstoff ist, der gegen Schlagbelastungen sehr empfindlich ist und sehr geringe Zugfestigkeit und noch geringere Biegefestigkeit hat. Da Glas und Keramik chemisch sehr verwandt miteinander sind, gelten etwa die gleichen Gestaltungsrichtlinien, wie sie für Keramik dargelegt wurden (Abschn. 4.2.3.3.). Im einzelnen sei auf folgendes hingewiesen:

Werkstoff- und werkzeuggerechte Gestaltung

Auch für Glas sind Preß- und Blasteile gleicher Wanddicke sehr wichtig, damit die nach der Formgebung notwendige langsame Abkühlung nicht zu hohe mechanische Spannungen ergibt. Als minimale Wanddicke sind 2 mm möglich, wobei das Glas besonders heiß und damit dünnflüssig sein muß. Bei stärker belasteten Stellen sind Lösungen nach Tafel 4.46, Beispiele *4* und *5*, zu wählen.

Die Grundformen der Preß- und Blasteile können rund, aber auch eckig sein, wobei jedoch die Toleranzen unterschiedlich sind. Eckige Teile neigen mehr zu Schwund als runde. Die Preßtoleranz beträgt je nach Preßlingsgröße 0,3 bis 0,6 mm.

Eine gewisse Abrundung der Formen, wie sie auch im Bild 4.54 zu erkennen ist, ist eckigen Ausführungen vorzuziehen. Ganz allgemein gilt, daß Preß- und Blasform so ausgebildet sein sollen, daß sie eine gleichmäßige Abführung der Wärme aus allen Zonen des Fertigteils gewährleisten. Sind die Untergesenke nur einteilig ausgeführt, so ist eine geringe Kegelförmigkeit des Teils in Öffnungsrichtung des Werkzeugs vorzusehen (s. Bild 4.54). Hinterschneidungen sind zu vermeiden, da sie eine erhebliche Verteuerung der Werkzeuge ergeben; meist sind sie allerdings nicht möglich. Beispiele dafür sind in Tafel 4.47 enthalten.

Preß- und Blasteile mit teilweisen Hinterschneidungen sind dann möglich, wenn die Fertig- und Mundstückformen (Bild 4.56) zweiteilig und damit aufklappbar sind, so daß das Fertigteil leicht herausnehmbar ist.

Weitere Hinweise sind den Ausführungen über Keramikgestaltung im Abschn. 4.2.3.3. zu entnehmen.

Fertigungsgerechte Gestaltung [4.3, Abschn. 25]

Preßlinge sind z. T. nach der Abkühlung weiterzubearbeiten. Bei der Formgebung ist daher zu berücksichtigen, daß die Fräs-, Schleif- oder Polierflächen leicht zugänglich und so klein wie möglich sein sollen (s. Tafel 4.47, Beispiel *10*).

Zur Weiterbearbeitung ist eine Bearbeitungszugabe für Wanddicke und Durchmesser erforderlich. Je nach Krümmungsradien und Durchmesser der Flächen rechnet man mit $\approx$0,6 bis 1,0 mm Mittendickenzugabe je Fläche. Für Preßteile mit Dmr. $\leqq$50 mm sieht man Zugaben von 1,0 bis 1,5 mm vor, bei Dmr. >50 mm Zugaben von 1,5 bis 2,0 mm.

Bei hochwertigen Preßteilen, z. B. Optiken für Kino-, Foto- und Meßgeräte, ist ein Feinstpressen mit engeren Toleranzen und sehr guten Oberflächen notwendig. Man kann damit mit einer Durchmessertoleranz von etwa h9 pressen. Als Bearbeitungszugabe ist eine Mittendickenzugabe von 0,4 bis 0,6 mm für die besonders wirksamen Flächen vorzusehen.

Fügegerechte Gestaltung [4.35]

Im Gerätebau und in der Vakuumtechnik werden oft kompliziertere Glasteile, die aus einfacheren Preß-, Blas- oder Ziehteilen zusammengefügt werden, und Metalldurchführungen aus Glaskörpern angewendet. Bei diesen beiden Verbindungsarten ist folgendes zu beachten:

Glas-Glas-Verbindungen

Die zu verbindenden Flächen der Glaskörper werden bis zu einem stark viskosen Zustand erhitzt. Sie dehnen sich vor dem Verbinden mit zunehmender Temperatur entsprechend ihrem Ausdehnungskoeffizienten α unabhängig voneinander aus. Nach der Verbindung werden die zusammengefügten Teile wieder abgekühlt, wobei sich die unterschiedlichen Ausdehnungen als unerwünschte Spannungen auswirken. Es ist deshalb zweckmäßig, möglichst nur Glaswerkstoffe gleicher Art oder solche mit etwa gleichem Ausdehnungskoeffizienten α miteinander zu verbinden. Das ist besonders

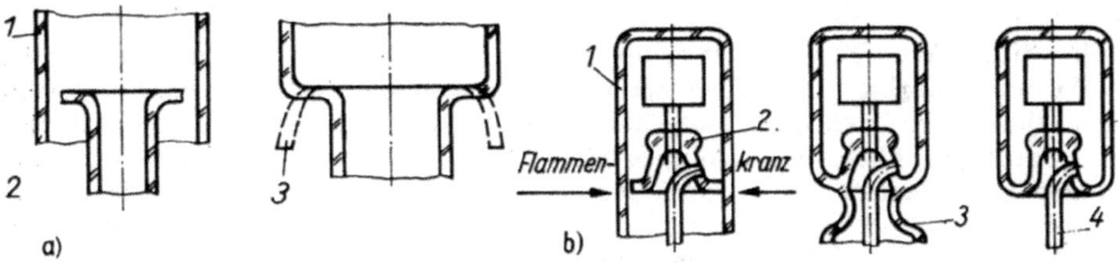

Bild 4.59. Übergreifendes Einschmelzen von Glasteilen

a) Prinzip (Glasrohre mit unterschiedlichem Durchmesser); b) Einschmelzen eines Fußes [4.35]
1 Außenteil; *2* Innenteil mit Flansch; *3* Abfall; *4* Pumpstengel

wichtig für Teile, die betriebsmäßig größeren Temperaturschwankungen ausgesetzt sind. Besteht für diesen Angleich aus konstruktiven Gründen keine Möglichkeit, so sind zwischen die unterschiedlichen Teile ein oder mehrere Übergangsstücke zu schalten, die einen stufenweisen Übergang von α ermöglichen.

Es gibt im Prinzip drei Verbindungsformen für die Fertigung von Glas-Glas-Verbindungen, die bei der Gestaltung der Einzelteile beachtet werden müssen:

übergreifendes Einschmelzen (Bild 4.59a), wobei die Verschmelzungszone mit einer Flamme erhitzt wird. Außenteil *1* legt sich im viskosen Zustand gegen den Flansch des Innenteils *2* oder wird dagegengedrückt. Glasrest *3* fällt ab. Im Bild 4.59b wird ein Anwendungsbeispiel gezeigt.

bündiges Einschmelzen (Bild 4.60). Es steht das einzuschmelzende Teil *2* bündig zum Außenteil *1*, dessen Ende im viskosen Zustand an das Innenteil gedrückt wird.

Stumpfanschmelzen (Bild 4.61a). Die beiden erwärmten Glasteile werden mit ihren viskosen Flächen aneinandergedrückt, verschweißt und wieder etwas auseinandergezogen, um glatte Übergänge zu erhalten. Beispiele dafür zeigen Bilder 4.61b und c.

Bei allen drei Verbindungsformen sind möglichst gleiche Glasdicken in der Verbindungszone anzustreben. Sind Unterschiede vorhanden, so sind diese während des Verschmelzens in der Übergangszone anzugleichen.

Bei der Gestaltung der Glasgeräte, der Vakuumröhren o. ä. treten die genannten drei Grundformen in den verschiedensten Variationen auf.

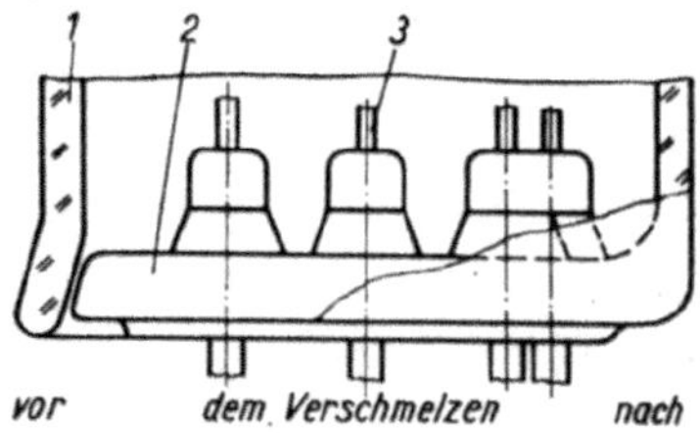

Bild 4.60
Bündiges Einschmelzen (Scheibenfußeinschmelzung) [4.35]
1 Rohrende; *2* Scheibenfuß mit Metalldurchführungen *3*

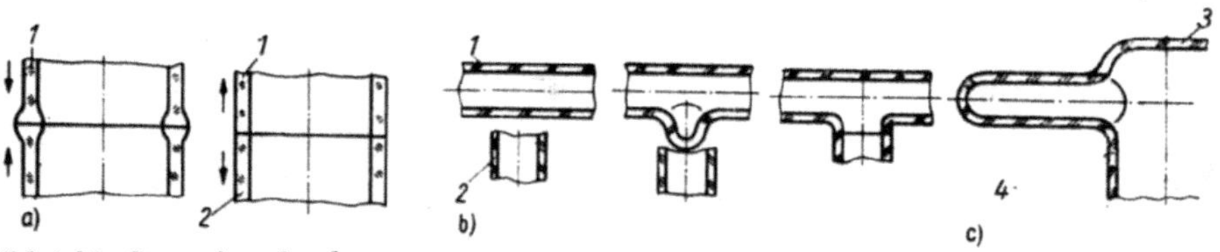

Bild 4.61. Stumpfanschmelzen
a) Prinzip (Verbindung zweier Rohre); b) T-Stoßverbindung; c) Stumpfanschweißung eines Glasrohrstutzens
1, 2 Rohr; *3* Kappe; *4* Glasrohrstutzen

Glas-Metall-Verbindungen

Auch bei diesen Verbindungen ist es notwendig, daß die Werkstoffe nahezu den gleichen Wärmeausdehnungskoeffizienten α haben, besonders wenn gasdichte Verbindungen erforderlich sind. Beim Einschmelzen von Metalldurchführungen durch Glaswandungen ist es daher zweckmäßig, Metalle mit etwas geringerem α zu wählen, weil bei dieser Kombination beim Abkühlen im Glas Druckspannungen auftreten, die Glas in höherem Maß verträgt als Zugspannungen (s. Abschn. 4.2.4.2.). Wenn das Metall das Glas umschließt, ist umgekehrt zu verfahren. Besondere Sorgfalt muß der Wahl der Werkstoffe bei stark strombelasteten Durchführungen gelten.

Für Durchführungsleitungen eignet sich Platin, dessen α sehr gut mit denen der üblichen Gläser übereinstimmt. Einer weiten Anwendung steht aber der hohe Preis entgegen. Mit angepaßten Glassorten kann man Runddrähte oder -stifte aus Wolfram oder Molybdän gut einbetten. Kupfer ist wegen der sehr unterschiedlichen Werte für α nicht geeignet, dagegen Kupfermanteldraht mit dem Kern aus Eisen-Nickel-Legierung, auch gewisse Eisen-Nickel- und Eisen-Chrom-Legierungen. Näheres ist der Spezialliteratur, z. B. [4.18], zu entnehmen.

Konstruktiv kann man die Glas-Metall-Verbindungen auf drei Grundformen mit entsprechender Spannungsentwicklung je nach Wahl von α zurückführen. Dabei sollte Druckbelastung bevorzugt werden.

Außenanglasungen, möglichst mit $\alpha_{\text{Glas}} > \alpha_{\text{Metall}}$,
Innenanglasungen, möglichst mit $\alpha_{\text{Glas}} < \alpha_{\text{Metall}}$,
Stumpfanglasungen, möglichst mit $\alpha_{\text{Glas}} < \alpha_{\text{Metall}}$.

Alle anderen Verbindungen sind Kombinationen dieser drei Grundformen.

Beispiele für *Außenanglasungen* enthält Bild 4.62 als Drahtdurchführung und als Rohrverbindungen. *Innenanglasungen* sind im Bild 4.63 dargestellt, das auch Beispiele für kombinierte Innen-Außen-Anglasung enthält ($\alpha_{\text{Glas}} \gtrless \alpha_{\text{Metall}}$). Scheibenanschmelzungen (Bild 4.64) gehören zu den *Stumpfanglasungen*. Dabei kann die Metallscheibe ein- oder zweiseitig mit dem Glasteil verschmolzen sein. Bild 4.65 zeigt Beispiele für sog. Rohraufschmelzungen, wobei in der oberen Zone des Glasteils Spannungsverhältnisse wie bei Innenanglasung und in der unteren Zone wie bei Stumpfanglasung auftreten.

Abschließend seien noch einige technische Beispiele für Mehrfach-Glas-Metall-Verschmelzungen und für Kombinationsverschmelzungen angeführt. Bild 4.66 zeigt zwei Mehrfach-Einzeldurchführungen, wobei bei a) die Metallteile direkt in den Kolben eingeschmolzen sind, während bei b) die Einschmelzung in eine obere Kappe erfolgte und diese dann mit dem Glaskolben verschweißt wurde.

Mehrfach-Drahtdurchführungen werden oft mit Quetschfüßen versehen (Bild 4.67), bei denen nur ein kleiner Abschnitt des Drahts in Glas eingebettet wird. Bei Kupfermantel- und Molybdändraht wird meist nur das in Glas eingebettete Teil aus dem hochwertigen Einschmelzmetall gefertigt und nach beiden Seiten durch dickeren

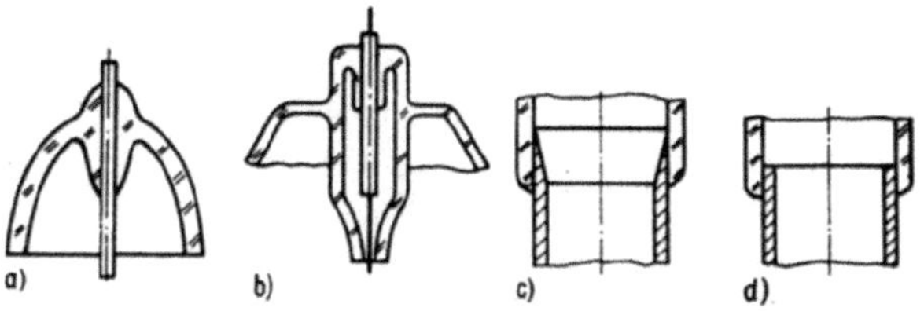

Bild 4.62. Beispiele für Außenanglasung ($\alpha_{Glas} > \alpha_{Metall}$)

a) einfache Durchführung; b) Durchführung mit guter Oberflächenisolation; c), d) zylindrische Außenanglasungen mit verjüngten und unverjüngten Metallenden

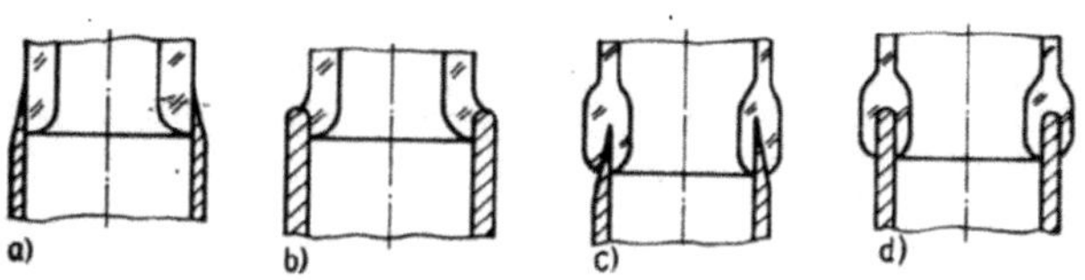

Bild 4.63. Beispiele für Innen- und kombinierte Anglasung

a), b) zylindrische Innenanglasungen mit verjüngten und unverjüngten Metallenden ($\alpha_{Glas} < \alpha_{Metall}$); c), d) zylindrische Außen- und Innenanglasungen mit verjüngten und unverjüngten Metallenden

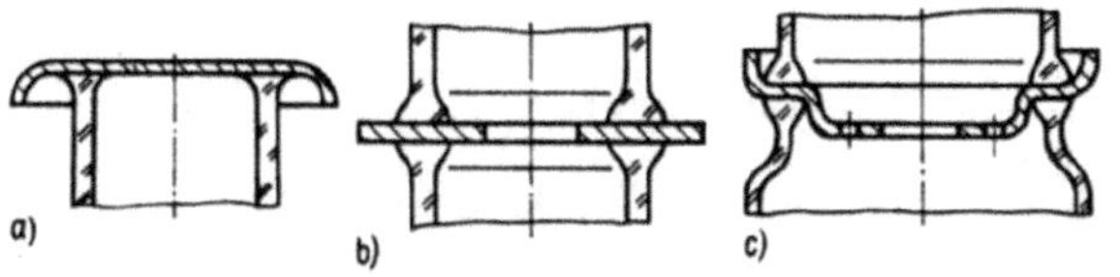

Bild 4.64. Scheibenanschmelzung mit $\alpha_{Glas} < \alpha_{Metall}$ [4.35]

a) einseitige Ausführung; b) zweiseitige Ausführung; c) technische Ausführung von b)

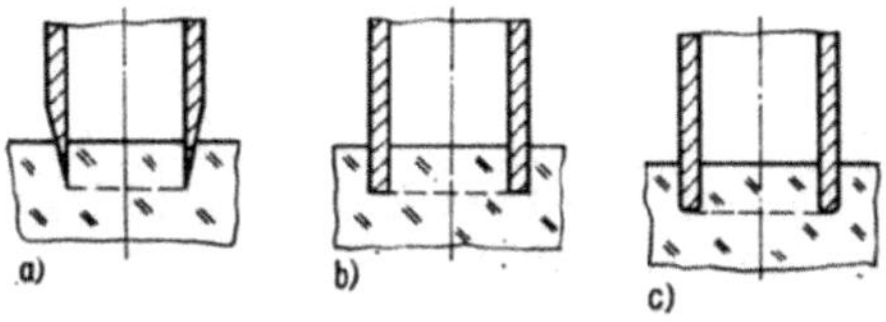

Bild 4.65
Rohraufschmelzungen

a) Rohrende verjüngt; b) scharfkantig; c) verrundet

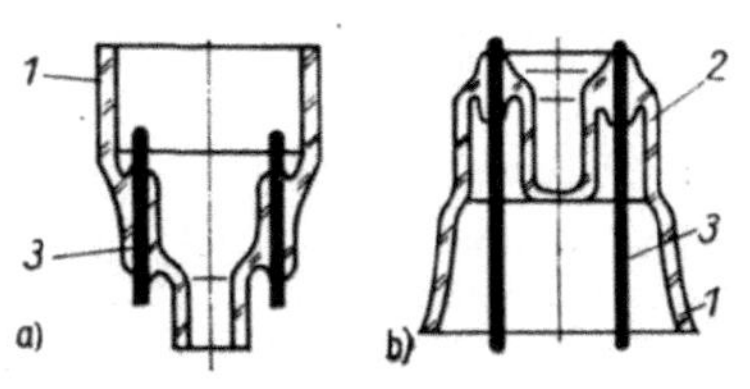

Bild 4.66
Mehrfach-Einzeldurchführungen [4.35]

a) Direkteinschmelzung; b) Kappeneinschmelzung
1 Glaskolben; *2* Kappe; *3* Metalldraht

Nickel-, vernickelten Eisen- oder Kupferdraht verlängert, so daß die außerhalb des Glases liegenden Drahtteile relativ stabil ausgebildet werden können. Häufig ist auch ein kurzes Stück dieser Verlängerungen jeweils mit im Glas eingebettet und wird als Steckerstift verwendet.

Bild 4.68 [4.35] zeigt einige Beispiele für Kombinationsverschmelzungen von drei Werkstoffen. Sie umfassen Anglasmöglichkeiten an Metallringen oder -röhren, um

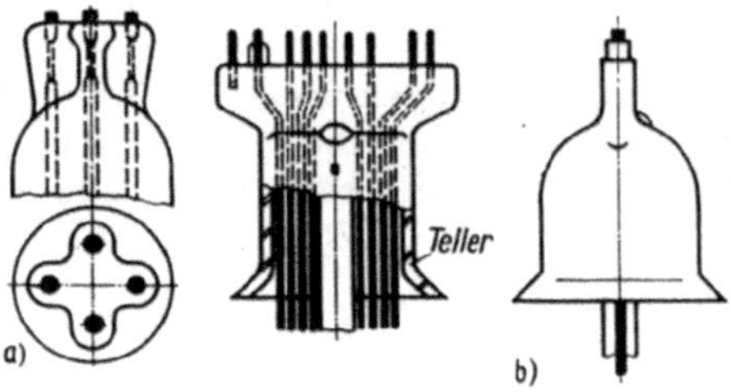

Bild 4.67
Beispiele für Quetschfüße bei Drahtdurchführungen
a) geschwungener Quetschfuß
b) gerader Quetschfuß mit Teller

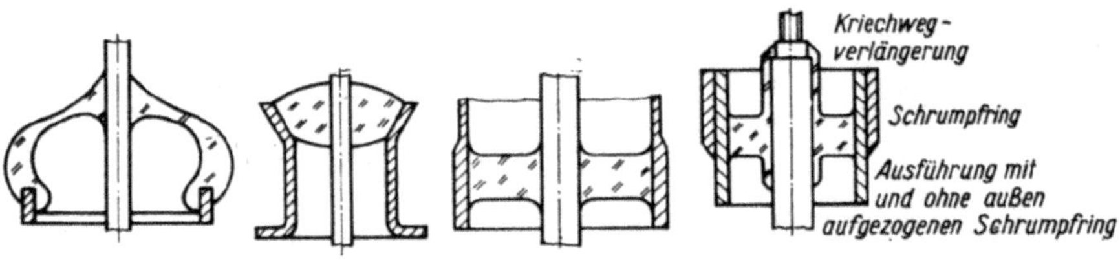

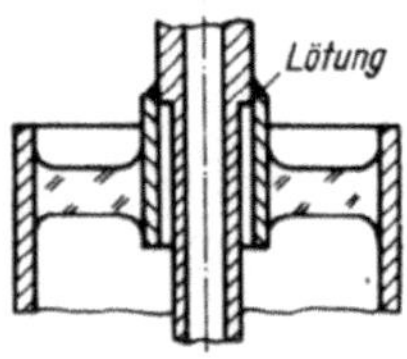

Bild 4.68
Kombinationsverschmelzung bei konzentrischen Durchführungen von Draht, Stiften und Rohren [4.35]

Drähte, Stifte oder Rohre isoliert und konzentrisch durch diese zu führen. Man versieht dabei das durchzuführende Teil und das Außenteil mit einem Glasüberzug, um anschließend beide Teile an das isolierende Glasteil anzuschmelzen.

4.3. Gestaltungsbeispiele (Aufgaben und Lösungen)

4.3.1. Aufgaben zur Gestaltung beim Urformen von Werkstücken

Aufgabe 4.1: Verbindung Gehäuse und Deckel

Die Befestigung des Deckels auf einem Gehäuse soll durch eine Schraubenverbindung nach der im Bild 4.69 vorgeschlagenen Lösung erfolgen. Diese ist besonders unter den Aspekten des form-, modell- und fügegerechten Gestaltens kritisch einzuschätzen und ggf. durch eine bessere zu ersetzen! Deckel und Gehäuse sind Sandgußteile.

Aufgabe 4.2: Gießen einer Seilrolle

Die im Bild 4.70 dargestellte Seilrolle soll aus Gußeisen (GG) durch Gießen gefertigt werden. Hierfür sind unter Beachtung der Formteilung das Modell und die Kerne sowie die eingußfertige Form zeichnerisch darzustellen und der Einformvorgang zu beschreiben!

Aufgabe 4.3: Vermeidung von Hinterschneidungen

Bei dem im Bild 4.71 dargestellten Behälter aus GG ergibt sich durch die Gestaltung des seitlich angeordneten runden Gußauges eine Hinterschneidung. Diese bedingt, daß bei einem zweiteiligen Kasten unter Beachtung der angegebenen Teilungsebene das Modell aus dem Unterkasten nicht entnommen werden kann. Es sind mehrere Varianten zum Umgehen der Hinterschneidung anzugeben und durch Gegenüberstellung von Vor- und Nachteilen eine optimale Lösung zu erarbeiten!

Aufgabe 4.4: Umkonstruktion eines Lagerbocks

Der im Bild 4.72 gezeigte Lagerbock wurde bisher aus vier Einzelteilen gefertigt, deren Verbindung durch Hartlöten erfolgte. In der Serienproduktion ist eine Fertigung nach dem Formmaskengießverfahren vorgesehen. Als Gußwerkstoff wurde eine Al-Legierung ausgewählt. Für das vom Lager-

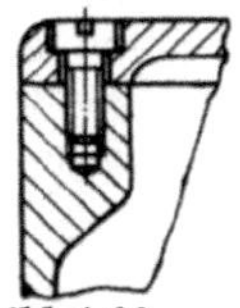

Bild 4.69
Verbindung Gehäuse und Deckel

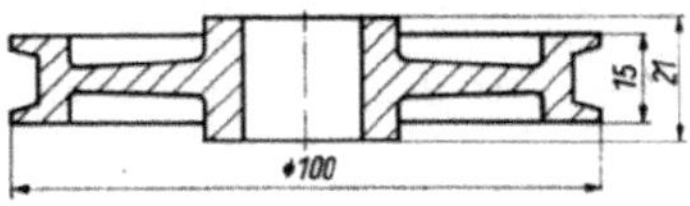

Bild 4.70
Gießen einer Seilrolle

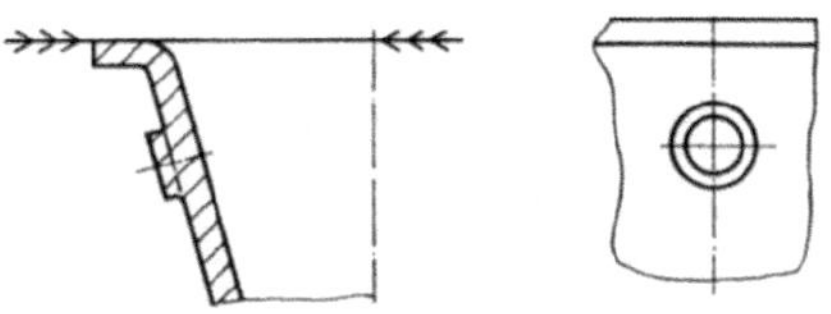

Bild 4.71
Hinterschneidung infolge Gußauges

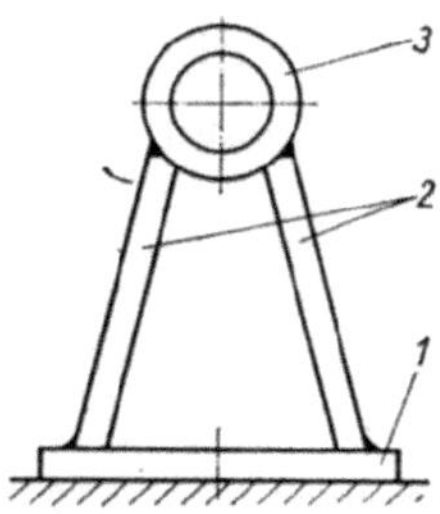

Bild 4.72
Gestaltung eines Lagerbocks für Einzelfertigung
1 Platte; *2* Stütze; *3* Messinglager

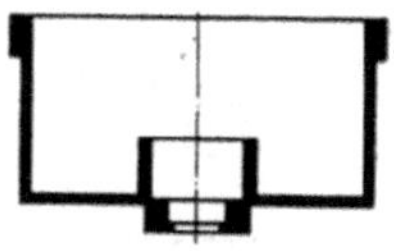

Bild 4.73
Prinzip einer Abdeckhaube für Getriebemotor

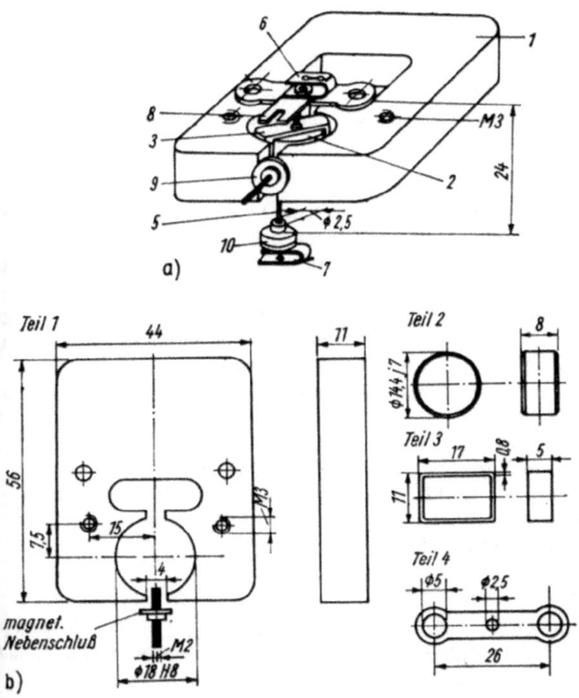

Bild 4.74
Drehspulmeßwerk
a) Anordnung; b) Abmessungen der Teile
1 Magnet; *2* Kern; *3* Rähmchen;
5 Spannband; *6*, *7* obere bzw. untere Spannbandverankerung mit Brücke *4*;
8 Gabel für Exzenter (Nullpunkteinstellung); *9* magnetischer Nebenschluß;
10 Isolationskörper

bock aufzunehmende Gleitlager wird nach dem Gießen eine Messingbuchse in das Lagerschild eingepreßt.

Der Lagerbock ist so umzukonstruieren, daß er hinsichtlich seiner Gestaltung den Bedingungen des Formmaskengießverfahrens entspricht! Zu beachten ist, daß die Verschraubung des Lagerbocks mit der Unterlage möglichst leicht zugänglich sein soll.

Aufgabe 4.5: Gestaltung eines Al-Druckgußteils

Die Abdeckhaube für einen Getriebemotor (Bild 4.73) soll aus Al-Druckguß gefertigt werden. Bei der Gestaltung ist darauf zu achten, daß hinsichtlich Verjüngungen, Auswerferaugen, Abrundungen, Werkstoffanhäufungen usw. den technologischen Anforderungen des Druckgießens entsprochen wird!

Aufgabe 4.6: Druckgußteil für Drehspulmeßwerk

Für ein Drehspulmeßwerk, bei dem das drehbar angeordnete Rähmchen in Spannbändern gehalten wird, soll ein Druckgußteil gefertigt werden, das die beiderseitige Spannbandaufhängung, den Weicheisenkern und den magnetischen Nebenschluß trägt und diese Teile fest und eindeutig mit dem Magneten verbindet (Bild 4.74). An diesem Druckgußteil soll die Brücke mit Schrauben M2,6, das Teil selbst am Magneten mit Schrauben M3 (Gewindelöcher am Magneten sind vorgesehen) mit hoher Genauigkeit befestigt werden. Es ist das fertige Druckgußteil mit Angabe der wichtigsten Maße und Bearbeitungszeichen darzustellen!

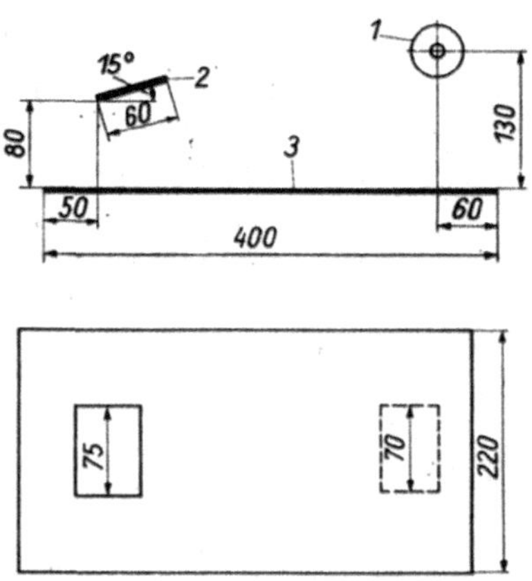

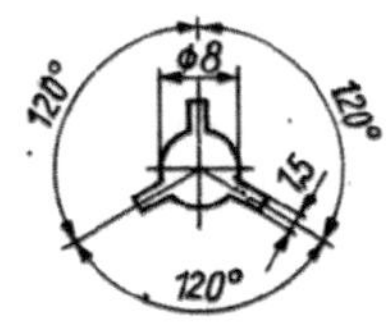

Bild 4.76
Bandspulenaufnahmestern

Bild 4.75
Abmessungen eines Gehäuses für eine Tischrechenmaschine
1 Schreibrolle; *2* Tastenfeld; *3* Grundplatte

Aufgabe 4.7: Gehäuse aus Kunststoff

Für einen Tischrechner ist ein Gehäuse aus Thermoplast anzufertigen. Die Anordnung von Tastenfeld und Schreibrolle ist im Bild 4.75 dargestellt. Die Grundfläche beträgt 400 mm × 220 mm. Für eine Zehnertastatur (Neigung des Tastenfelds gegen Horizontale = 15°) ist ein Durchbruch von 60 mm × 75 mm vorzusehen. Für die Schreibrolle mit $d = 50$ mm, auf der die Zahlen auf das Papierband geschrieben werden, wird ein Durchbruch von $b = 70$ mm benötigt. Dabei ist gleichzeitig auf leichtes Ablesen der geschriebenen Zahlen zu achten. Die Stromzuführung soll mit einem festen Gummikabel durch die Rückseite erfolgen. Auf gute Formgebung ist zu achten!

1. Es sind die wichtigsten Grundregeln, die bei einer Kunststoffkonstruktion zu berücksichtigen sind, zu nennen!
2. Das Gehäuse (Abdeckhaube) ist zu konstruieren!
3. Für die Fertigung des Gehäuses sind zwei Verfahren anzugeben und zu erläutern (Werkzeugskizze), und zwar einmal für höhere Stückzahlen und zum anderen für Kleinserien.
   3.1. Ausgangsmaterial ABS-Formstoff,
   3.2. Ausgangsmaterial PVC-Tafeln (vgl. Abschn. 5.4.1.8.).

Aufgabe 4.8: Bandspulen für Tonbandgerät

Für Tonbandgeräte sollen Bandspulen in großer Stückzahl gefertigt werden. Der Durchmesser für die kleinste Windung muß 60 mm, der für die äußerste etwa 145 mm betragen. Es werden ausschließlich genormte Bänder (Breite 6,25 mm) verwendet.

Für den Bandspulenaufnahmestern muß die im Bild 4.76 ersichtliche Bohrung vorgesehen werden.

Es sind mehrere Lösungen vorzuschlagen und zwei davon unter Berücksichtigung der fertigungsgerechten Gestaltung darzustellen, aber auch die Anforderungen an die mechanische Festigkeit, Funktionssicherheit usw. sind zu beachten!

Aufgabe 4.9: Grundplatte aus Kunststoff

Für ein Meßgerät ist eine Grundplatte (Bild 4.77) mit den Abmessungen 200 mm × 150 mm × 20 mm aus Typ 31 zu pressen. Die Grundplatte soll gut aufliegen und besonders verwindungssteif sein. Die Befestigung im Gerät ist mit mindestens zwei Schrauben vorzunehmen.

Es ist ein entsprechender Konstruktionsentwurf anzufertigen!

Aufgabe 4.10: Keramikwelle

In einem elektromechanischen Gerät wurde bisher die im Bild 4.78 dargestellte Welle (Lager-Dmr. = 5_{h10}) aus metallischem Werkstoff verwendet. Wegen notwendiger Isoliereigenschaften soll diese Welle unter Wahrung der Lagerqualität aus Keramik gefertigt werden (bei Keramik Dmr. = 5 mm, nur Qualität IT15 erreichbar).

1. Die Welle aus Keramik ist preßtechnisch zu gestalten!
2. Der Fertigungsablauf dieses Keramikteils ist zu erläutern!
3. Bei der Umgestaltung von Metall auf Keramik sollen die Lagerbuchsen nicht geändert werden. Welche konstruktiven Möglichkeiten bestehen, eine Spielpassung zu erreichen?
4. Wodurch kann man erreichen, daß das Wellenende elektrisch leitend wird?

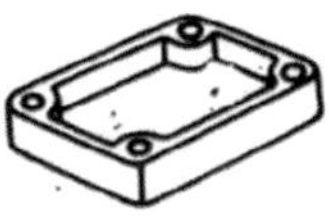

Bild 4.77
Grundplatte für ein Meßgerät

Bild 4.78
Welle — Umkonstruktion von Metall auf Keramik

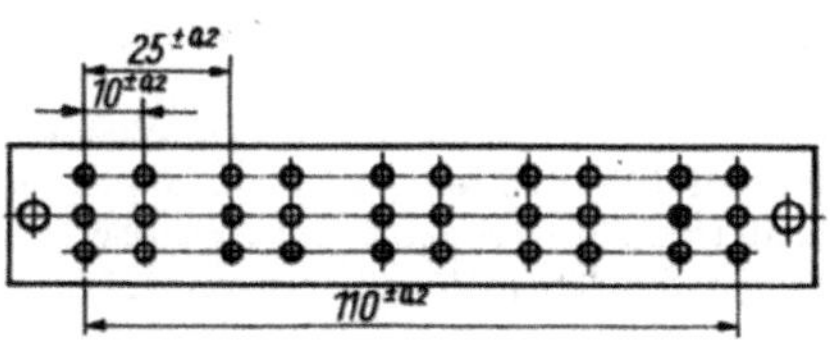

Bild 4.79
Keramikleiste für Kontaktfedersätze

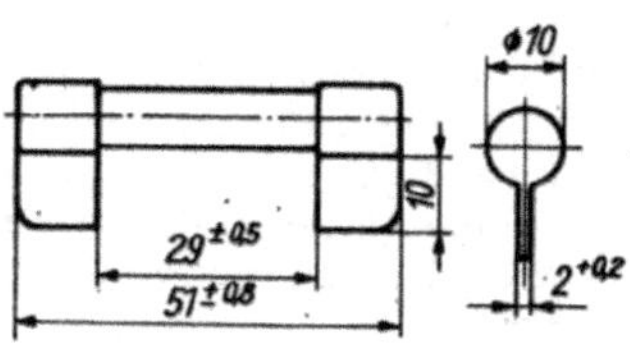

Bild 4.80
Schmelzeinsatz

Aufgabe 4.11: Keramikleiste für Kontaktfedersätze

Der Konstruktionsentwurf einer Keramikleiste für Kontaktfedersätze ist im Bild 4.79 dargestellt.

Alle Maße dürfen ±0,2 mm von den Nennmaßen abweichen. Es soll angenommen werden, daß keramische Teile mit einer Genauigkeit von ±2% gefertigt werden können.

Die Leiste ist so zu gestalten, daß diese Forderungen eingehalten werden können (Mehrteillösung!)!

Aufgabe 4.12: Halter für Gerätesicherungen

Es ist ein Gerätesicherungshalter GA 60 V für Schmelzeinsätze mit Kontaktmessern zu konstruieren! Die Abmessungen der Schmelzeinsätze sind im Bild 4.80 dargestellt.

Der Sockel des Sicherungshalters soll aus keramischem Isolierstoff gefertigt werden, die Abmessungen dürfen Länge × Breite = 70 mm × 15 mm nicht überschreiten. Er trägt alle stromführenden Teile. Zwei Schrauben M4 dienen zur Befestigung auf einem Chassis o. ä. Der Schmelzeinsatz muß kontaktsicher eingeklemmt werden.

Der elektrische Anschluß erfolgt über zwei Klemmschrauben.

4.3.2. Lösungsmuster zur Aufgabengruppe Gestaltung beim Urformen von Werkstücken

Aufgabe 4.1

Nachteilig bei der im Bild 4.69 dargestellten Lösung ist, daß Deckel und Gehäuse bündig abschließen. Dies wirkt sich bei Maßabweichungen ungünstig aus und erfordert evtl. Nacharbeit. Des weiteren verteuert der Hinterschnitt durch das Gußauge im Innern des Gehäuses die Fertigung, ebenso der versenkt angeordnete Schraubenkopf. Günstiger ist, eines der Teile, z. B. den Deckel, eindeutig betont überstehen zu lassen und dann am Deckel Gußaugen für die Befestigungsschrauben vorzusehen. Die im Bild 4.81 dargestellten Lösungen zeigen Möglichkeiten der besseren konstruktiven Gestaltung.

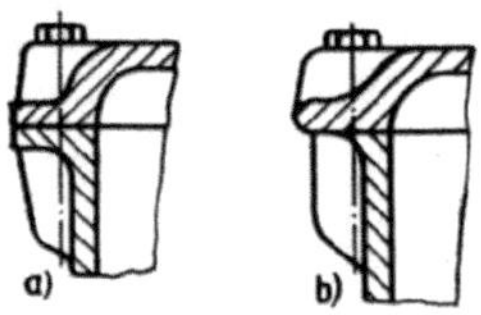

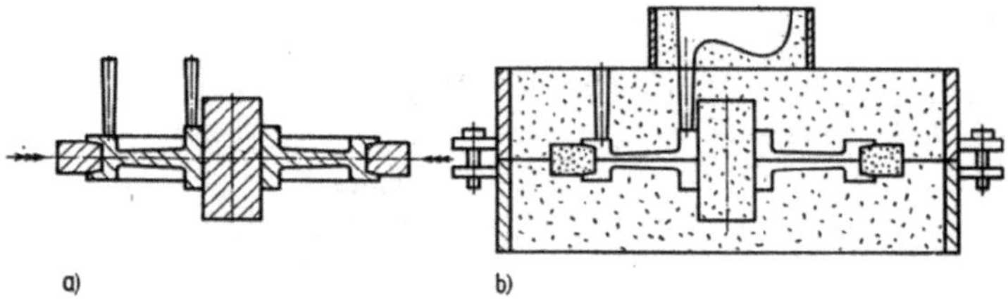

Bild 4.81 *Bild 4.82*

Bild 4.81. Fertigungsgerechte Gestaltung einer Gehäuse-Deckel-Verbindung

a) Gehäuse ohne Unterschnitt, bündiger Abschluß von Deckel und Gehäuse; b) überstehender Deckel, keine Nacharbeit erforderlich

Bild 4.82. Gießen einer Seilrolle

a) Modell und Kerne; b) eingußfertige Form

Aufgabe 4.2

Die Bilder 4.82 a und b zeigen Modell und Kerne sowie die eingußfertige Form der durch Gießen ohne Druck aus GG herzustellenden Seilrolle. Der Einformvorgang vollzieht sich in folgenden Arbeitsschritten:

1. Einformen der ersten Modellhälfte im Unterkasten. Der Kasten wird auf eine ebene Unterlage gelegt und die Modellhälfte mit der Schnittseite nach unten in der Mitte des Kastens eingelegt. Danach erfolgen das Füllen mit Formsand und Verdichten desselben.
2. Wenden des Unterkastens, Einlegen der zweiten Modellhälfte und Aufsetzen des Oberkastens. Einformen von Einguß und Steiger, Füllen mit Formsand und Verdichten desselben. Damit sich die mit Sand gefüllten Kästen in der Schnittebene leicht trennen lassen und das Ausheben des Modells ohne Beschädigungen der Form möglich ist, werden die Trennflächen eingepudert (z. B. mit Lykopodium).
3. Abheben des Oberkastens, Herausnehmen der beiden Modellhälften.
4. Einlegen der Kerne.
5. Aufeinandersetzen der Formkästen, Verklammern der beiden Kästen, damit sie durch den beim Gießen auftretenden Druck nicht auseinandergedrückt werden können.

Aufgabe 4.3

Im Bild 4.83 sind in Gegenüberstellung zur bisherigen Gestaltung (*a*; vgl. auch Bild 4.71) fünf verschiedene Varianten zum Umgehen der Hinterschneidung dargestellt.

a) Bei der bisherigen Lösung ist das Modell aus dem Unterkasten *2* nicht zu entnehmen, da das runde Auge bei der angegebenen Teilungsebene einen Hinterschnitt ergibt.
b) Eine Drei-Kasten-Lösung mit einer Teilungsebene in der Mitte des Auges umgeht den Hinterschnitt. Um jedoch Kasten *3* abheben zu können, muß das Modell geteilt werden und der Winkel am Auge und oberhalb mindestens 90° betragen, wodurch die Form des Gußstücks geringfügig verändert wird. Außerdem entsteht eine unschöne Gratnaht am gesamten Umfang des Gußteils zwischen Unterkasten *2* und Mittelkasten *3*.
c) Man kommt mit nur zwei Kästen, ungeteiltem Modell und ohne Kern aus, wenn der Flansch oberhalb des Auges entfallen darf. Allerdings muß dann die Teilungsebene abgesetzt werden. Dazu wird eine lose „Kernmarke" (hier kein exakter Ausdruck!) zunächst im Unterkasten mit eingeformt und dann entnommen, so daß die Modellkonturen des halben Auges freigelegt wer-

den. Danach wird der Oberkasten aufgestampft, wobei sich der Hohlraum der „Kernmarke" mit Sand füllt. Dieser so entstehende „Sandballen" wird dann zusammen mit dem Oberkasten abgehoben, und das Modell kann entnommen werden. Auch hier verläuft eine unerwünschte Naht je nach Form des Sandballens zwischen Auge und Flansch. Ein Versatz des losen Modellteils führt zu zwei Absätzen im Umfang des Auges. Dieses Verfahren ist also wie das unter b) wenig zu empfehlen.

d) Eine einfache Lösung läßt sich mit fester Kernmarke am Modell und einem Kern erreichen, der das gesamte Auge als Negativ enthält. Auch hier bilden sich die Konturen des Kerns als Gratnaht am Gußteil ab, jedoch sind die Formkosten wesentlich geringer als bei Variante c).

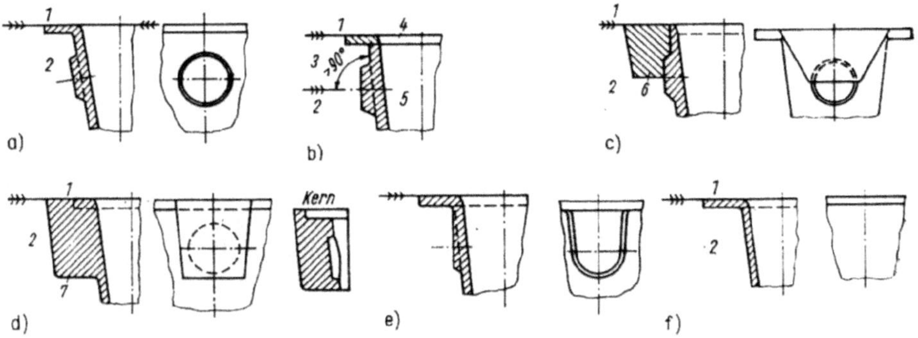

Bild 4.83. Möglichkeiten zur Vermeidung von Hinterschnitt bei Gußaugen

1 Oberkasten; *2* Unterkasten; *3* Mittelkasten; *4* Modelloberteil; *5* Modellunterteil; *6* loses Modellteil; *7* Kernmarke am Modell

e) In fast allen Fällen ist es möglich, den Hinterschnitt durch eine andere Form des Auges bequem zu umgehen, indem dieses bis an den Flansch gezogen wird. Dadurch sind Kern-, Form- und Modellteilung sowie eine andere Gestaltung des Flansches überflüssig. Diese Variante ist als die optimale Lösung anzusehen.

f) Bedenkt man die Mehrkosten des Modells, besonders bei kleinen Abgußstückzahlen, so wird man bestrebt sein, das Auge ganz zu vermeiden. Auf diese Möglichkeit wird jedoch nur der Vollständigkeit halber hingewiesen.

Aufgabe 4.4

Im Bild 4.84 ist eine unter Beachtung des Formmaskengießverfahrens umkonstruierte Ausführung des Lagerbocks mit Angabe von Formteilungsebene und Einguß dargestellt.

Bei der Gestaltung wurde besonders den modell-, form- und gießtechnischen Gesichtspunkten (vgl. Abschnitte 4.1.3.1. und 4.1.3.2.) Rechnung getragen. Da die Formen nach Verbrennen des Kunststoffs sehr gasdurchlässig werden, ist die Gefahr der Lunkerbildung gering. Außerdem kann das Gußstück ungehindert schwinden, so daß i. allg. keine Spannungen durch Zwangslagen in der Form entstehen.

Aufgabe 4.5

Im Bild 4.85 ist eine den Anforderungen an das Druckgießen entsprechende Gestaltung der Abdeckhaube für den Getriebemotor gezeigt. Wegen der hohen, dünnen Wandungen mit den relativ großen Durchbrüchen besteht leicht die Gefahr, daß der auf die bewegte Formhälfte aufgeschrumpfte Abguß beim Ausstoßen (durch Auswerfer) beschädigt wird oder aber die dann zwangsläufig meist ebenfalls dünnen Auswerfer dem auftretenden Druck nicht standhalten. Bei der konstruktiven Gestaltung müssen deshalb im erforderlichen Abstand Wand- und Bodenverstärkungen, sog. Auswerferaugen, vorgesehen werden, die eine genügend große Fläche ergeben und damit eine entsprechende Verstärkung der Ausstoßer zulassen.

Des weiteren ist darauf zu achten, daß starke Querschnittsveränderungen und scharfkantige Übergänge wegen der Gefahr der Schrumpf- und Kerbrißbildung vermieden werden. Anzustreben sind allmähliche Übergänge und Hohlkehlen, wobei die inneren Abrundungsradien i. allg. nicht kleiner als 1 mm, aber auch nicht größer als die Dicken der aneinandergrenzenden Wandungen gewählt werden sollten.

Aufgabe 4.6

Im Bild 4.86 ist das Druckgußteil, das die in der Aufgabenstellung geforderten funktionellen Bedingungen erfüllt, dargestellt. Bei der Gestaltung und Bemaßung wurde berücksichtigt, daß sowohl für die Befestigung der Brücke am Gußteil als auch für die Verbindung des Gußteils mit dem Magneten (genaue zentrische Lage zu den Polschuhen!) durch die Schrauben allein keine exakte Festlegung

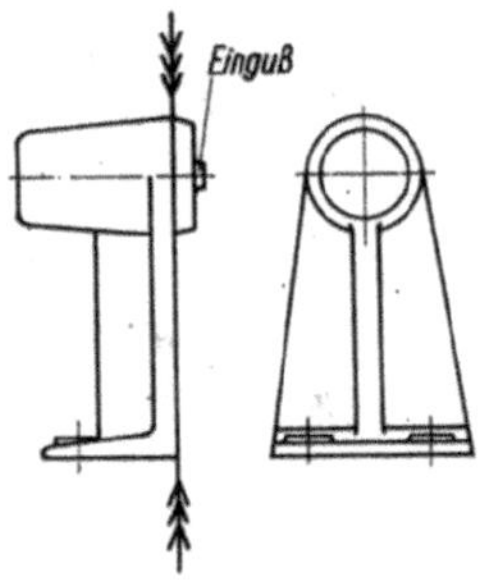

Bild 4.84
Gestaltung eines Lagerbocks bei Herstellung im Formmaskengießverfahren

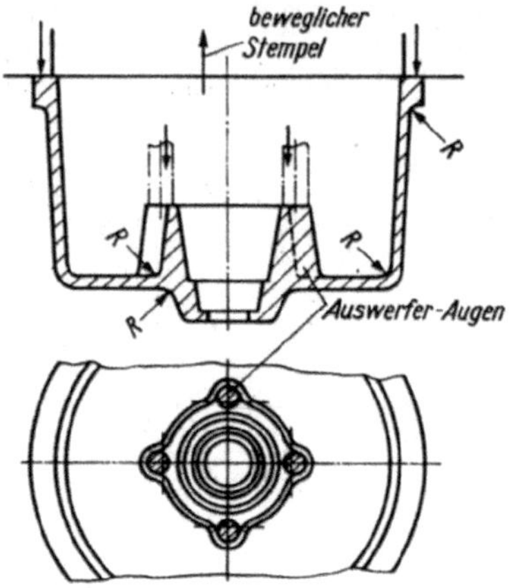

Bild 4.85
Druckgußgerechte Gestaltung einer Abdeckhaube

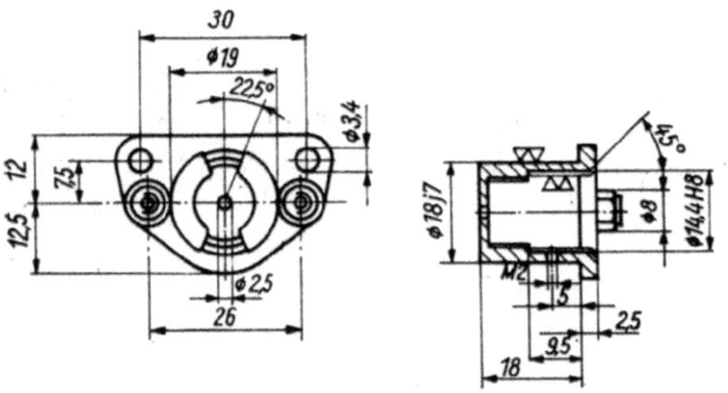

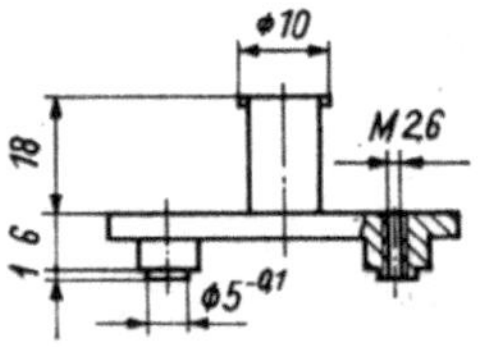

Bild 4.86
Gestaltung und Bemaßung eines Druckteils für Drehspulmeßwerk

der Lage der Teile zueinander garantiert wird. Es erweisen sich deshalb nachträglich zu bearbeitende Paßstellen (Überdrehen der mit Bearbeitungszeichen gekennzeichneten Flächen nach dem Gießvorgang für Übergangspassungen mit den entsprechenden Teilen am Kern bzw. an den Polschuhen des Magneten) als erforderlich. Ebenso erfolgt das Schneiden der Gewinde nach dem Gießen. Für alle übrigen Maße ist die Genauigkeit des Druckgusses ausreichend.

Aufgabe 4.7

1. Grundregeln
   - Gleichmäßige Wanddicken anstreben!
   - Verdickungen und scharfe Kanten an Rändern vermeiden!

Verdickungen bedeuten Verlängerung der Härtezeit (Randverstärkungen sollten 20% der Wanddicke nicht übersteigen).
Scharf auslaufende Ränder brechen beim Entgraten und beim Gebrauch leicht aus.

— Flächen in Preßrichtung mit genügender Neigung versehen!
Als Richtlinie für die einseitige Neigung: Verhältnis ≈1:100.
— Große Flächen versteifen!
Wölbung und Profilierung versteifen und gegen Einfallen schützen.
Rippen erhöhen die Festigkeit, ohne die Härtezeit zu verlängern.
Auf Verrundung und ausreichende Neigung achten!
— Große Auflageflächen richtig gestalten!
Punktförmige Auflagen, am zweckmäßigsten Dreipunktauflage, anstreben!
— Scharfkantige Übergänge vermeiden!
— Befestigungsaugen oder -ansätze widerstandsfähig gestalten!
Bohrungen und Schlitze nicht zu nahe am Rand anbringen!
— Hinterschneidungen behindern das Entformen.
— Bei eingepreßten Metallteilen ausreichende Umhüllung mit Preßmasse vorsehen!
Es empfiehlt sich immer, zu überlegen, ob eingepreßte Metallteile unumgänglich notwendig sind. Das Einlegen in die geöffnete Form ist aufwendig und bei auf Automaten gefertigten Teilen praktisch nicht möglich.

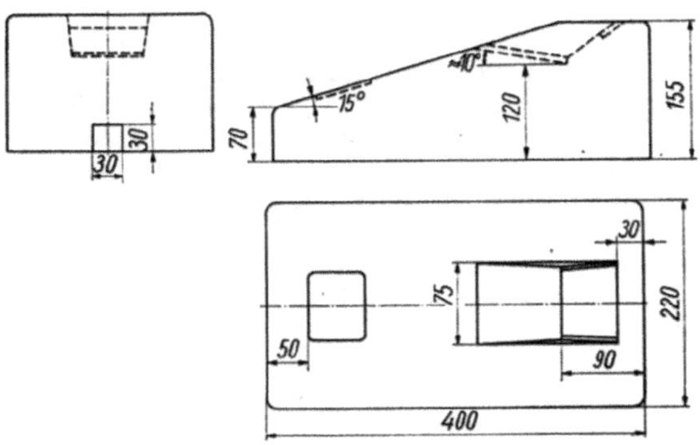

Bild 4.87
Entwurf eines Gehäuses für Tischrechner

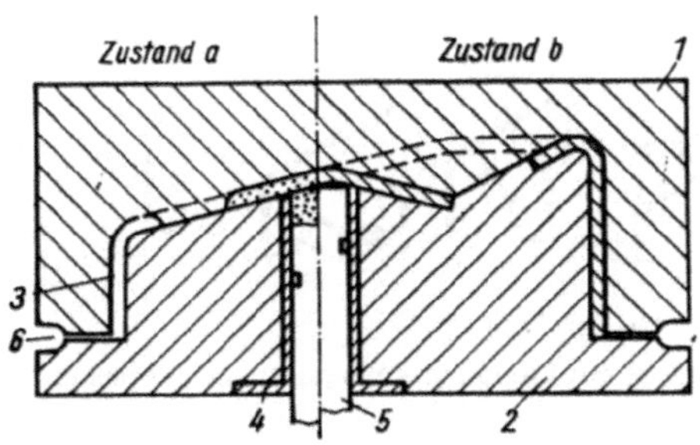

Bild 4.88
Spritzgepreßtes Gehäuse
a) Zustand bei Beginn des Pressens, b) Zustand nach beendetem Pressen
1 Werkzeugoberteil; *2* Werkzeugunterteil;
3 Formraum; *4* Spritzzylinder; *5* Spritzkolben;
6 Entlüftungskanal

2. Entwurf des Gehäuses (Bild 4.87)
3. Fertigung des Gehäuses
3.1. Spritzpressen (Bild 4.88) für höhere Stückzahlen
Das plastische Material (140 bis 180 °C) wird mit 20 bis 50 N/mm² in die Form gepreßt. Ebenso könnte das Teil im einfachen Preßverfahren gefertigt werden. Gegenüber dem einfachen Preßverfahren erfordert das Spritzpressen zwar einen höheren Arbeitsaufwand, jedoch können die Toleranzen am Formteil in engeren Grenzen gehalten werden. Spritzpressen erlaubt kürzere Härtezeiten bei etwas höherem Werkstoffaufwand.
3.2. Tiefziehen (s. Abschn. 5.4.1.8.) für Vor- und Kleinserien
Der vorgewärmte Zuschnitt (Infrarot- oder elektrische Umheizung) wird in einem Zug durch Niederfahren des Formoberteils in das Formunterteil unter Nachgleiten des PVC-Materials gezogen (Bild 4.89). Bei mehreren Zügen wäre auch eine wiederholte Erwärmung des Materials

notwendig; dabei könnte eine Rückverformung eintreten. Das Werkzeug ist nicht beheizt; der Ziehrand ist anschließend zu beschneiden. Je nach Stückzahl z können für das Werkzeug Hartholz ($z \leqq 50$), Preßholz ($z > 50$) und Stahl ($z > 3000$) eingesetzt werden.

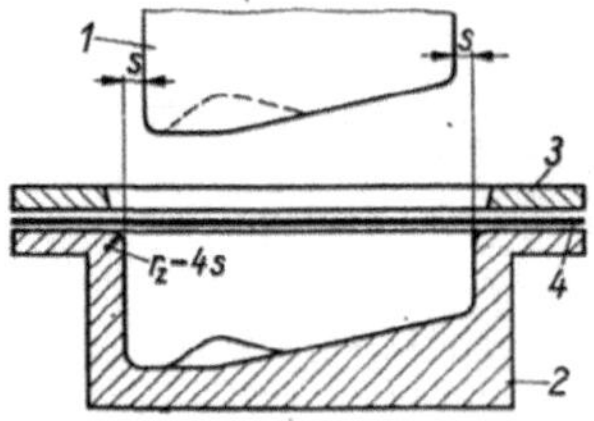

Bild 4.89
Tiefziehen eines Gehäuses aus PVC-Folie
1 Werkzeugoberteil; *2* Werkzeugunterteil; *3* Niederhalter; *4* PVC-Zuschnitt

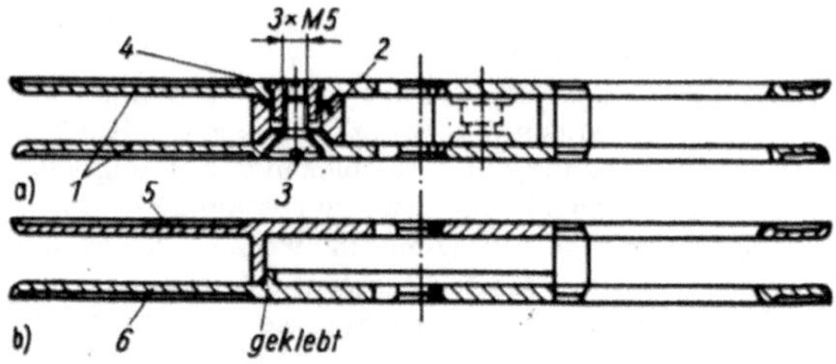

Bild 4.90
Bandspule für Tonbandgerät
a) dreiteilige Lösung; b) zweiteilige Lösung
1 Scheiben, beide gleich; *2* Zwischenring; *3* Polystyrolschraube; *4* Polystyrolmutter; *5*, *6* Scheiben, ungleich

Aufgabe 4.8

1. Möglichkeit (Bild 4.90a): Die Bandspule wird aus drei Spritzgußteilen (zwei gleiche Scheiben, ein Zwischenring) gefertigt, die mit drei spritzgegossenen Schrauben und Muttern oder sechs Schrauben zusammengefügt sind. Die drei Einzelteile müssen konstruktiv so ausgebildet sein, daß ihre Lage zueinander eindeutig festliegt und nicht durch die Schrauben bestimmt wird.
2. Möglichkeit (Bild 4.90b): Die Bandspule besteht aus zwei verschiedenen Teilen, die so gestaltet sind, daß sie u. U. auch ohne Vorrichtung miteinander verklebt werden können.

Aufgabe 4.9

Die im Bild 4.77 dargestellte Grundplatte hat folgende Nachteile: Sie wird an vier Auflagestellen angeschraubt, so daß bei Unebenheiten leicht Spannungen entstehen können. Die Anschraubaugen schließen zu scharfkantig an den Seitenwänden an. Die Ränder der Platte liegen auf gleicher Höhe wie die Anschraubaugen. Die Platte ist nicht versteift.

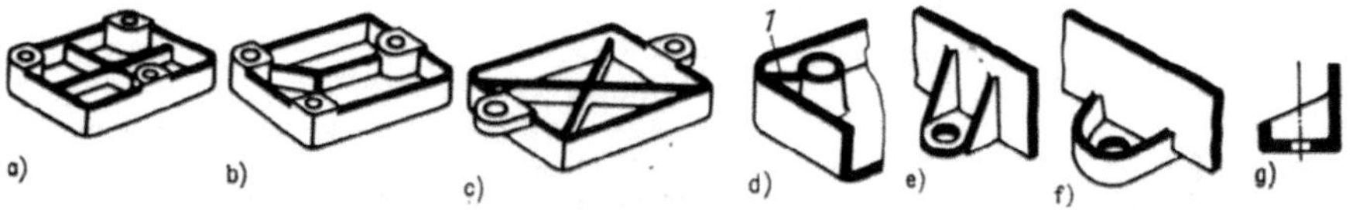

Bild 4.91. Versteifung und Augenausbildung an einer Grundplatte
a), b) Platten mit Dreipunktauflage und Versteifungsrippen; c) mit Zweipunktauflage; d) innenliegendes Auge mit Rippe; e), f), g) außenliegende Augen mit günstiger Form

Bild 4.91 zeigt Möglichkeiten, diese Nachteile zu vermeiden. Bei a) und b) wurde eine Dreipunktauflage mit niedriger liegenden Plattenrändern vorgesehen; c) zeigt eine Zweipunktauflage. Alle drei Entwürfe wurden mit Rippen gut versteift. Müssen die Befestigungsaugen innen liegen, so gibt d) eine brauchbare Lösung mit Hilfe einer Verbindungsrippe *1* an, während e), f) und g) günstige Ausführungen für außenliegende Befestigungsaugen zeigen.

Aufgabe 4.10

1. Konstruktion der Keramikwelle (Bild 4.92).
   In Höhe des Gewindes ist die Welle beiderseitig abgeflacht (günstig als Auflagefläche beim Glasieren).
2. Herstellung der Masse,
   bestehend aus plastischem Anteil (Kaolin, Ton, Porzellanerde), mit Wasser aufgeschwemmt;

bestehend aus kristallinem Anteil (Speckstein, Feldspat, Quarz, Marmor, Magnesit), gemahlen und nach Korngröße sortiert.
Mischen beider Anteile und Verdichten.
Formpressen:
Variante a) Naßpressen (mehr Masse einpressen, Rest wird abgequetscht),
Variante b) Trockenpressen (Masse genau dosiert, größere Dichte und Festigkeit).

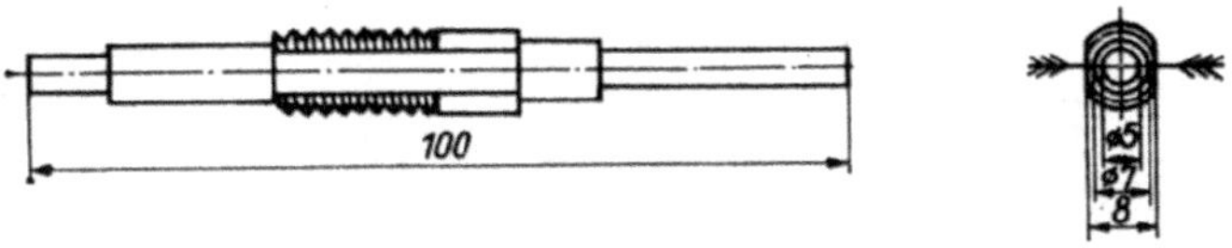

Bild 4.92. Konstruktion einer Keramikwelle

Trocknen:
An der Luft oder in Öfen (erhöhte Temperatur).
Entgraten.
Zusammensetzen von kompletten Körpern (mit Schlicker oder Glasur).
Vorglühen:
800 bis 900 °C, es entstehen mechanisch feste Körper.
Spanende Bearbeitung (Drehen, Bohren, Fräsen, Schleifen).
Glasieren (Spritzen oder Tauchen): mit Metalloxiden färben.
Fertigbrennen (Sintern):
in geregelten elektrischen Öfen unter Schutzgasatmosphäre bei 1000 bis 1400 °C.
Nachbearbeitung (möglichst vermeiden).
Prüfen.

3. Ausmessen der passenden Wellen mit der Toleranz $T = 48\ \mu m$ (Dmr. $= 5_{h10} \triangleq 5_{-48}^{\ 0}$ mm), Qualität IT15 $\triangleq$ 460 µm.
   Wenn $T > 48\ \mu m$, kann bereits eine spanende Bearbeitung durchgeführt werden.
   Wenn Spiel zu groß ist, können Messingbuchsen aufgeklebt werden, die noch spanend bearbeitet werden können.
   Graphitlösung aufstreichen und danach Metall aufgalvanisieren, evtl. noch überschleifen.
4. elektrisch leitende Oberflächen durch
   - aufgestrichene Graphitbeläge (geringe Stromdichte),
   - Einbrennen einer Metallpaste,
   - Metallaufspritzen (mittels Spritzpistole),
   - Aufdampfen von Metall im Vakuum.

   Der Metallbelag kann durch Galvanisieren verstärkt werden.

Aufgabe 4.11

Die gesamte Leiste (Bild 4.93) muß aus mehreren Teilen zusammengesetzt werden, um die Genauigkeitsforderungen vor allem für die größeren Abmessungen zu gewährleisten. Die Leiste ist also in

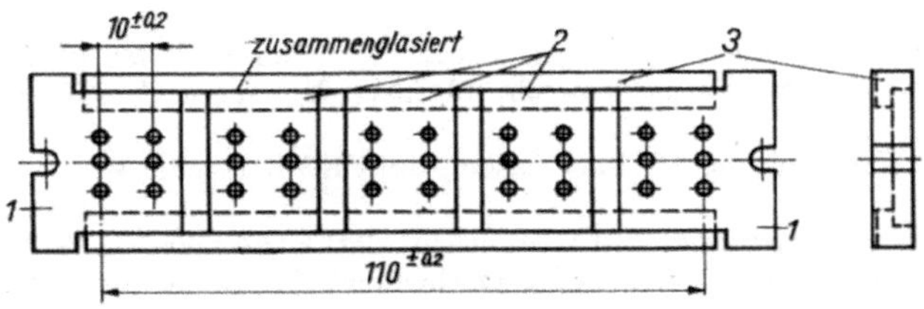

Bild 4.93. Keramikleiste für Kontaktfedersätze

1 Endplatte; *2* Mittelplatte; *3* Längsleiste

fünf Platten unterteilt, die als fertiggebrannte Einzelteile gefertigt, dann mit zwei Leisten zusammengesetzt und im Muffelofen zusammenglasiert werden.

Aufgabe 4.12

Unter Berücksichtigung der Abmessungen der Schmelzeinsätze kann der Sicherungshalter (Bild 4.94) konstruiert werden. Für die Kontaktgabe wurden Kontaktklemmen verwendet.

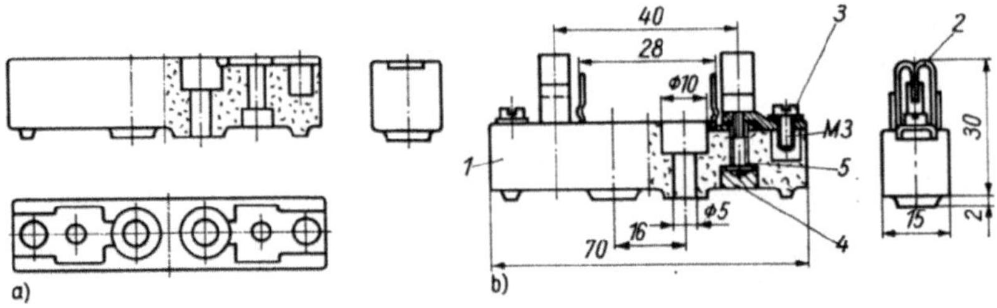

Bild 4.94. Halter für Gerätesicherung

a) Keramiksockel, unmontiert; b) Halter mit montierten Klemmkontakten und stromführenden Teilen
1 Keramiksockel; *2* Klemmkontakt; *3* Anschlußschraube; *4* Vergußmasse; *5* Befestigungsschraube

Literatur zum Abschnitt 4.

Bücher

[4.1] *Hildebrand, S.*: Feinmechanische Bauelemente. 3. Aufl. Berlin: VEB Verlag Technik 1975.
[4.2] *Hildebrand, S.*: Einführung in die feinmechanischen Konstruktionen (Aufgaben und Lösungen). 3. Aufl. Berlin: VEB Verlag Technik 1976.
[4.3] Autorenkollektiv: Taschenbuch Feingerätetechnik. Bd. 2, 2. Aufl. Berlin: VEB Verlag Technik 1972.
[4.4] *Kraft, K.*: Urformen. 2. Aufl. Berlin: VEB Verlag Technik 1975.
[4.5] *Richter, R.*: Form- und gießgerechtes Konstruieren. 2. Aufl. Leipzig: VEB Deutscher Verlag für Grundstoffindustrie 1970.
[4.6.1] *Greiner, H.*: Plastwerkstoffe in der Feingerätetechnik. Berlin: VEB Verlag Technik 1973.
[4.6.2] VDI: Konstruktion, Fertigung und Anwendung feinwerktechnischer Kunststoffteile. Düsseldorf: VDI-Verlag 1976.
[4.7] Autorenkollektiv: Gießereitechnik-Taschenbuch. Leipzig: VEB Deutscher Verlag für Grundstoffindustrie 1960.
[4.8] *Sieker, K.-H.*; *Rabe, K.*: Fertigungs- und stoffgerechtes Gestalten in der Feinwerktechnik. 2. Aufl. Heidelberg, New York, Berlin: Springer-Verlag 1954.
[4.9] *Rögnitz, H.*; *Köhler, G.*: Fertigungsgerechtes Gestalten. Stuttgart: B. G. Teubner 1959.
[4.10] *Schroeder, A. J.*: Richtlinien feinmechanischer Konstruktion und Fertigung. 2. Aufl. Stuttgart: Berliner Union 1953.
[4.11] Autorenkollektiv: Konstruieren mit Gußwerkstoffen. Düsseldorf: Gießerei-Verlag GmbH 1966.
[4.12] *Knipp, E.*: Fehlererscheinungen an Gußstücken. 2. Aufl. Düsseldorf: Gießerei-Verlag GmbH 1961.
[4.13] *Allendorf, H.*: Präzisionsgießverfahren mit Ausschmelzmodellen. Leipzig: VEB Fachbuchverlag 1958.
[4.14] *Laeis, E.*: Der Spritzguß thermoplastischer Massen. München: Carl Hanser Verlag 1959.
[4.15] *Saechtling, H.*; *Zebrowski, W.*: Kunststoff-Taschenbuch. 19. Ausg. München: Carl Hanser Verlag 1974.
[4.16] *Schaaf, W.*; *Hahnemann, A.*: Verarbeitung von Plasten. Leipzig: VEB Deutscher Verlag für Grundstoffindustrie 1968.
[4.17.1] *Schreyer, G.*: Konstruieren mit Kunststoffen. Teil 1. München: Carl Hanser Verlag 1972.
[4.17.2] *Taprogge, R.*: Konstruieren mit Kunststoffen. VDI-Taschenbuch 21. Düsseldorf: VDI-Verlag 1974.
[4.18] *Espe, W.*: Werkstoffkunde der Hochvakuumtechnik. Bd. II. Berlin: VEB Deutscher Verlag der Wissenschaften 1960.

[4.19] *Haase, Th.*: Keramik. 3. Aufl. Leipzig: VEB Deutscher Verlag für Grundstoffindustrie 1970.
[4.20] Autorenkollektiv: Technologie der Feinkeramik. 2. Aufl. Leipzig: VEB Deutscher Verlag für Grundstoffindustrie 1970.
[4.21] *Marx, H.*: Glas und Keramik. 2. Aufl. Leipzig: VEB Fachbuchverlag 1957.
[4.22] *Kitaigorodski, I. I.*: Technologie des Glases. 2. Aufl. Berlin: VEB Verlag Technik 1959.
[4.23] *Kühne, K.*: Glas — seine Herstellung und Anwendung. Technische Fortschrittsberichte, Bd. 62. Dresden: Theodor Steinkopff Verlagsbuchhandlung 1968.
[4.24] *Geyer, H.*; *Gemmer, H.*; *Strelow, H.*: Qualitätsformteile aus thermoplastischen Kunststoffen. Düsseldorf: VDI-Verlag 1974.

Zeitschriften

[4.25] *Schwer, H.*: Magnesium-Druckgußteile in der Büromaschinenindustrie. Feinwerktechnik *70* (1966) H. 12, S. 560.
[4.26] *Weber, A.*: Werkstoff- und fertigungsgerechtes Konstruieren mit thermoplastischen Kunststoffen. Konstruktion *16* (1964) H. 1, S. 2.
[4.27] *Erhard, G.*: Zur Wahl von Toleranzen und Passungen an Kunststoff-Spritzgußteilen. Konstruktion *18* (1966) H. 3.
[4.28] *Greiner, H.*: Grenzen bei der Herstellung und Anwendung von Bauelementen aus Plastwerkstoffen im feinmechanisch-optischen Gerätebau. Feingerätetechnik *11* (1962) H. 4, S. 173.
[4.29] *Wögerer, A.*: Duroplastverarbeitung auf Spritzgießmaschinen nach dem Spritzprägeverfahren. Plastverarbeiter *24* (1973) H. 4, S. 226.
[4.30] *Hachmann, H.*; *Strickle, E.*: Polyamide als Gleitlagerwerkstoffe. Konstruktion *18* (1966) H. 3, S. 92.
[4.31] *Lohmann, W.*: Polyester-Formmassen und ihre Verarbeitung im Spritzgießverfahren. Kunststoffe *63* (1973) H. 3, S. 142.
[4.32] TH Ilmenau, Sektion Gerätetechnik (ehem. Institut für Feingerätetechnik): Vorlesungen über fertigungsgerechtes Konstruieren. Ilmenau 1967.
[4.33] VDI-Richtlinie 2001: Gestaltung von Preßteilen aus härtbaren Kunststoffen. April 1953.
[4.34] VDI-Richtlinie 2006: Gestaltung von Spritzgußteilen aus thermoplastischen Kunststoffen. Mai 1972.
[4.35] *Reutebuch, R.*; *Zincke, A.*: Die Glasverschmelzung als Bauelement der Vakuumtechnik. Feinwerktechnik *62* (1958) S. 199ff.
[4.36] *Kahl, F.*: Konstruieren mit Glas und Glaskeramik bei elektronischen Präzisions-Bauelementen. Microtecnic Vol. 27. Jg., S. 53 u. 141.

Normen

[4.37] TGL 17448 Bl. 1 bis 10 Konstruktionsrichtlinien für Plastformteile (TGL: Technische Güte- und Liefervorschriften der DDR).

5. GESTALTUNG BEIM UMFORMEN VON WERKSTOFFEN

Unter Umformen versteht man i. allg. Arbeitsverfahren, bei denen Werkstoffhalbfabrikate oder -teile durch äußere Krafteinwirkungen von einer Form in eine andere Form durch plastische Veränderungen gebracht werden, ohne daß dabei durch die auftretenden Kräfte der molekulare Zusammenhang der Werkstoffe zerstört wird. Das Fertigen von Werkstücken aus Kunststoffen und Keramik durch Pressen gehört demzufolge mit Ausnahme des Umformens vorgewärmter Thermoplasthalbzeuge nicht zum Umformen, weil dabei im Werkstoff molekulare oder physikalische Veränderungen vor sich gehen. Sie wurden im Abschn. 4. behandelt.

Die Umformtechnik wird heute in der Produktion in großem Maß angewendet. Dies ist auf bestimmte technisch-ökonomische Vorteile zurückzuführen. Die wichtigsten sind

— *verlustarme Werkstoffverarbeitung.*
  Im Idealfall entspricht das Volumen des Ausgangswerkstoffs dem des Fertigteils.
— *Verbesserung der Werkstoffeigenschaften*
  durch Kaltverfestigung bzw. durch Homogenisierung des Gefüges bei Kalt- oder Warmumformung.
— *geringe Fertigungszeiten.*
  Durch moderne Technik in der Fertigung der umgeformten Teile vollzieht sich z. B. mit jedem Hub der Werkzeugmaschine ein Umformvorgang.
— *Vermeidung von Nebenaufwand.*
  Die Kontinuität der Umformvorgänge der Maschinen kann durch entsprechende Zuführ- und Abführeinrichtungen automatisiert und somit erhöht werden.

Je nach der Hauptbelastung des Werkstoffs unterscheidet man in der Umformtechnik Druck-, Zugdruck-, Zug-, Biege- und Schubumformung. In diesem Zusammenhang muß darauf hingewiesen werden, daß in der Fertigungstechnik auch der Begriff Stanzereitechnik angewendet wird, deren Verfahren in erster Linie auf Werkstoffumformung beruhen. Mitunter werden zu diesem Begriff auch Verfahren der Werkstofftrennung gerechnet (z. B. Schneiden). Unter *Stanzen* wird dabei das Umformen von Erst- oder Zwischenformen durch Stempel und Gegenstempel, wie Biegen, Formstanzen, Rollen u. a., und Tiefziehen mit Ziehring und Stempel verstanden. Diese Verfahren werden in den Abschnitten 5.4. und 5.5. ausführlich behandelt. Unter *Schneiden* sind die spanlosen Trennverfahren, wie Aus- und Abschneiden in geschlossenen bzw. unterbrochenen Schnittlinien, zusammengefaßt; sie gehören zur Werkstofftrenntechnik (Abschn. 6.).

In den folgenden Abschnitten wird zunächst ein Überblick über die Verfahren der Umformtechnik gegeben, dann wird eine Zusammenstellung der wesentlichen Werkstoffe, die sich für die Umformtechnik eignen, angeführt, und schließlich werden die konstruktiven Gestaltungsrichtlinien für die Werkstücke je nach Umformverfahren und verwendbarem Werkstoff dargelegt.

5.1. Verfahren der Umformtechnik

Die Verfahren der Umformtechnik kann man je nach der wesentlichsten Belastung des Werkstoffs beim Umformen in die folgenden Hauptgruppen einteilen:

— Druckumformung,
— Zugdruckumformung,
— Zugumformung,
— Biegeumformung,
— Schubumformung.

In den Tafeln 5.1 bis 5.3 sind dabei nur diejenigen Einzelverfahren aufgeführt, deren Kenntnisse und prinzipielle Wirkungsweisen für den Konstrukteur bei der Gestaltung der Einzelteile von Wichtigkeit sind. Umfassende Kenntnisse der Umformtechnik sind der Fachliteratur [5.1] bis [5.12] zu entnehmen.

5.1.1. **Druckumformen** (Tafel 5.1)

Die Fertigung von Teilen durch Druckumformen oder Kneten erfolgt meist in geteilten Formen, Gesenken, wobei der Werkstoff im festen oder teigigen Zustand (kalt oder warm) verarbeitet wird. Die Form des Fertigteils ergibt sich unter großem Druck durch Schmieden oder Pressen. Beide Verfahren unterscheiden sich durch den zeit-

Tafel 5.1. Druckumformverfahren
1 Werkzeug; *2* Werkstück

Beispiel	Grundverfahren	Umformverfahren	Ausführungsbeispiele	Beschreibende Merkmale
1	Druckumformen	Freiformen	Stauchen 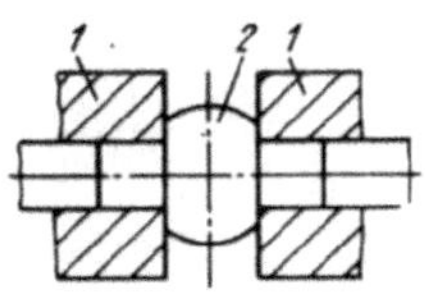	Beim Stauchen werden die Werkstückabmessungen durch in Achsrichtung wirkende Kräfte vermindert und der axial gestauchte Werkstoff seitlich verdrängt
			Recken 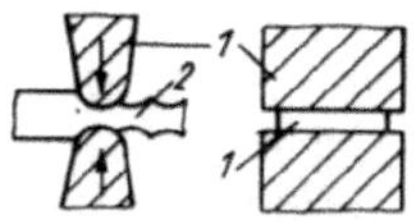	schrittweise Verminderung des Querschnitts durch senkrecht zur Werkstücklängsachse wirkende Druckkraft. Der Werkstoff wird überwiegend in Achsrichtung verdrängt
2	Druckumformen	Gesenkumformen	Formschlagen 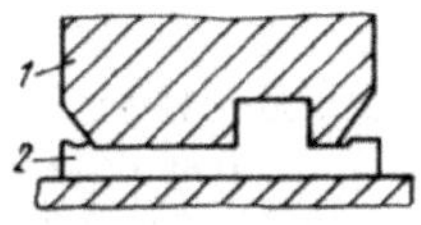	ist Gesenkformen, wobei Druckkräfte allseitig in ununterbrochener Folge auf das Werkstück einwirken und die Werkzeugform ausfüllen
			Vollgesenkformen 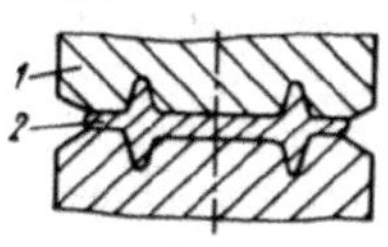	Beim Vollgesenkformen wirken Druckkräfte allseitig auf das Werkstück ein und bewirken ein Ausfüllen der Werkzeugform
3	Druckumformen	Eindrücken	Einsenken 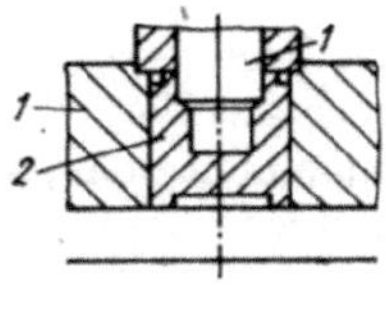	ist Eindrücken eines Formwerkzeugs zur Erzeugung von Innenformen

Tafel 5.1. (Fortsetzung)

Beispiel	Grundverfahren	Umformverfahren	Ausführungsbeispiele	Beschreibende Merkmale
4	Druckumformen	Durchdrücken	Fließpressen 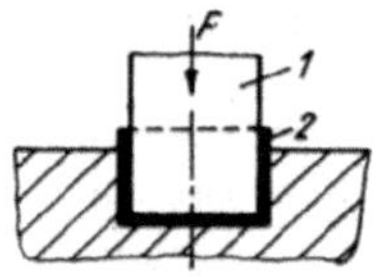	ist teilweises Durchdrücken, wobei der Werkstoff durch radiale und tangentiale Stauchungen in Richtung, entgegen oder quer zur Bewegungsrichtung des Stempels aus einer Matrize ausgepreßt wird
			Strangpressen 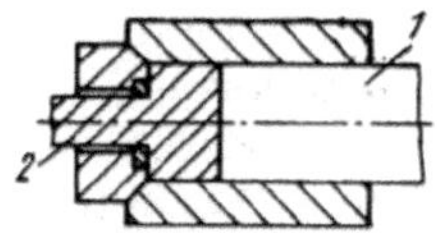	ist Durchdrücken, wobei der Werkstoff zur Erzeugung von Strängen (Stäben) mit fortlaufend gleicher Querschnittsform in Richtung, entgegen oder quer zur Bewegungsrichtung ausgepreßt wird
5	Druckumformen	Querdrücken	Profilquerdrücken 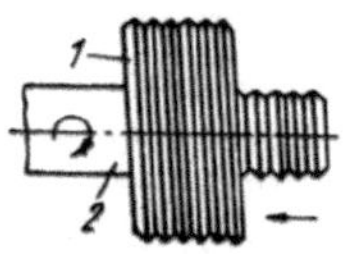	Beim Profilquerdrücken (z. B. Gewinderollen) wird das Werkstück angetrieben, und die entsprechend profilierten Rollen werden unter Druck am Werkstück vorbeigeführt
6	Druckumformen	Längswalzen	Flach- bzw. Profilwalzen 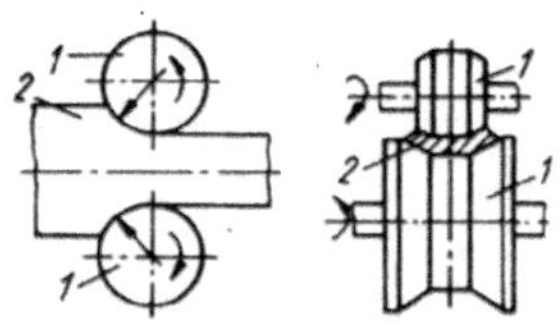	ist Längswalzen von ebenen Halbzeugen bzw. Werkstücken mit rechteckigen Querschnitten
7	Druckumformen	Querwalzen	Formteilquerwalzen 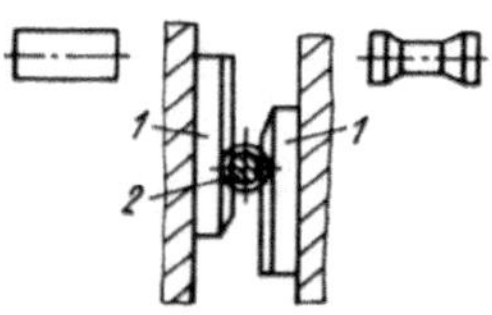	Die formgebenden Elemente sind so ausgebildet, daß der Werkstoff in Achsrichtung abgedrängt werden kann

lichen Druckverlauf bei der Bearbeitung: beim Schmieden schlagartig durch kinetische Energie (mit Hämmern von Hand oder in Gesenken auf speziellen Maschinen), beim Pressen kontinuierlich durch mechanische Getriebe oder auf hydraulischem Weg (auf Preßmaschinen).

Für diese Verfahren sind sog. Knetlegierungen entwickelt worden, die die beim Umformen auftretenden Kräfte ohne Verlust ihres molekularen Zusammenhangs aufnehmen können. Näheres dazu ist Abschn. 5.2. zu entnehmen.

Zum Druckumformen gehören folgende Einzelverfahren:

Freiformen, bei dem translatorisch aufeinander zu bewegte Werkzeugelemente die Formelemente des Werkstücks nicht oder nur z. T. enthalten. Der Werkstoff wird dabei gestaucht oder gereckt.

Gesenkumformen, bei dem ebenfalls Werkzeugelemente (Gesenke) translatorisch aufeinander zu bewegt werden, die aber das Werkstück ganz oder zu einem wesentlichen Teil einschließen und die Formelemente des Werkstücks enthalten. Bekannte Verfahren sind Formkneten (mit kontinuierlichem Druck), Formschlagen (mit impulsförmigem Druck), Reckstauchen und Vollgesenkformen (mit und ohne Grat, je nach Gesenkausbildung).

Eindrücken, bei dem ein Werkzeug, dessen Außenform der zu fertigenden Innenform des Werkstücks entspricht, senkrecht zur Oberfläche in das Werkstück eindringt, z. B. beim Einsenken oder Hohldornen.

Durchdrücken, bei dem der Werkstoff durch eine formbestimmende Werkzeugöffnung ausgepreßt und dabei im Querschnitt verringert wird. Verjüngen (Reduzieren), Einhalsen, Fließ- und Strangpressen sind bekannte Durchdrückverfahren.

Querdrücken ist ein rotierendes Druckumformen durch gleitende oder antriebsfrei abrollende Werkzeugelemente (Rollen), die als Hauptbewegung relativ zu einer Achse eine Rotationsbewegung ausführen. Ein bekanntes Verfahren ist das Oberflächenprofilquerdrücken, z. B. Gewinderollen, Rändeln, Kordeln o. ä.

Längswalzen, bei dem dem Werkzeug durch gegenläufig angetriebene, rotierende Werkzeugelemente (Walzen) eine Translationsbewegung aufgezwungen wird und dabei je nach Ausbildung der Walzen eine entsprechende Profilierung des Werkstücks erfolgt (z. B. Flach- oder Profilwalzen)

Querwalzen ist ein rotierendes Druckumformen durch gegenläufig bewegte, angetriebene Werkzeugelemente (Walzen, Flachbacken), die auf dem Werkstück abwälzen und ihm dadurch eine Rotationsbewegung aufzwingen, z. B. Formteilquerwalzen mit flachen Backen.

5.1.2. **Zugdruckumformen** (Tafel 5.2)

Beim Zugdruckumformen, bei dem der Werkstoff des Werkstücks sowohl auf Zug als auch auf Druck belastet wird, benutzt man als Werkzeuge entweder formbestimmende

Tafel 5.2. Zugdruck- und Zugumformverfahren

Beispiel	Grundverfahren	Umformverfahren	Ausführungsbeispiele	Beschreibende Merkmale
1	Zugdruckumformen	Durchziehen	Vollprofildurchziehen 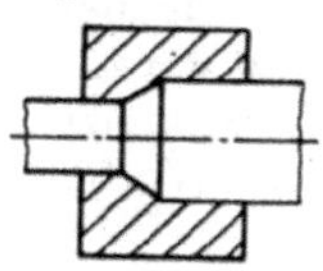	Durchziehen von Vollprofilen (strangförmig) verschiedener Querschnittsformen, wobei das Werkzeug aus einem festen Durchziehring oder einem drehbar gelagerten Durchziehrollenpaar besteht
2	Zugdruckumformen	Tiefziehen	Formstempeltiefziehen 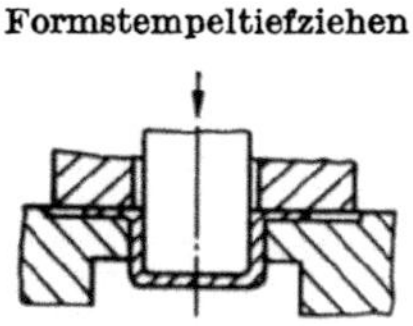	Ein Stempel, der die Innenform des herzustellenden Hohlkörpers enthält, drückt einen entsprechenden Blechzuschnitt durch einen Tiefziehring, der die Außenform des Werkstücks abbildet. Je nach Tiefe ein- oder mehrstufig
3	Zugdruckumformen	Formdrücken	Außenformdrücken 	Beim Außenformdrücken erzeugt ein örtlich angreifendes Werkzeugelement die Außenform des zu fertigenden Werkstücks
4	Zugumformen	Recktiefen	Formtiefen (Formstanzen) 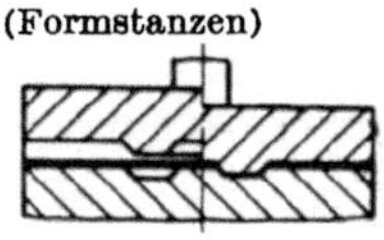	Ebene oder vorgeformte Zuschnitte werden so in ein entsprechendes Werkzeug gedrückt, daß flache oder örtlich begrenzte Vertiefungen bzw. Erhöhungen entstehen ($s \neq$ const)

Ziehlinge oder Drückformen einerseits und Druckwerkzeuge verschiedener Formen andererseits. Oft angewendete Verfahren sind folgende:

Durchziehen ist das translatorische Zugdruckumformen eines strangförmigen Werkstücks, das in Längsrichtung durch die formgebende Öffnung eines Werkzeugs oder entsprechend angeordnete Rollen gezogen wird und dabei eine Querschnittsänderung erfährt. Das Werkstück kann voll oder hohl sein.

Tiefziehen ist ein Verfahren, bei dem ein meist ebener Zuschnitt in einem oder mehreren Schritten durch einen Formstempel oder eine Matrize (bei unzylindrischen Werkstücken) in einen einseitig offenen Hohlkörper umgeformt wird.

Formdrücken, bei dem durch ein örtlich angreifendes Werkzeugelement (Drückrolle, Drückstahl) ein ebener Zuschnitt in einen Hohlkörper oder ein offener Hohlkörper in einen solchen mit veränderter Form und/oder Größe ohne gewollte Wanddickenverminderung umgeformt wird. Die Endform wird durch ein entsprechend ausgebildetes Gegenwerkzeug (Gegenfutter, Gegenrolle) bestimmt. Das Werkzeugelement kann von außen oder von innen angreifen (Außen- oder Innenformdrücken).

5.1.3. **Zugumformen** (Tafel 5.2)

Reines Zugumformen tritt beim Reckweiten und -tiefen auf. Ersteres ist Vergrößern eines Durchmessers an Hohlkörpern, wobei unterschiedliche Verringerung der Blechdicke auftritt (z. B. Ausbauchen und Aufdornen). Recktiefen ist eine Formänderung an ebenen oder gekrümmten Werkstücken, wobei Vergrößerung der Oberfläche eintritt. Bekanntestes Verfahren ist das Formtiefen, das dem Formbiegen sehr nahe verwandt ist (s. Biegeumformen). Beide Verfahren werden oft auch als Formstanzen bezeichnet.

5.1.4. **Biegeumformen** (Tafel 5.3)

Beim Biegeumformen werden vor allem dünne Feinbleche ($s < 4$ mm) und Thermoplasthalbzeuge (Tafeln, Folien usw.) verwendet, die bei der Umformung in erster Linie auf Biegung beansprucht werden. Die für diese Beanspruchungen entwickelten Werkstoffe sind Abschn. 5.2., Tafeln 5.5 und 5.6 zu entnehmen. Die zur Biegeumformung benutzten Werkzeuge sind mannigfaltiger Art, je nach der erwünschten Werkstückform. Man unterscheidet daher folgende Verfahren:

Tafel 5.3. Biege- und Schubumformverfahren

Beispiel	Grundverfahren	Umformverfahren	Ausführungsbeispiele	Beschreibende Merkmale
1	Biegeumformen	Gesenkbiegen	Winkelbiegen 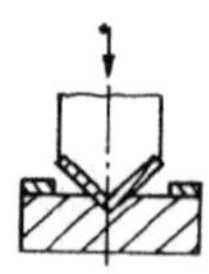	ist Gesenkbiegen, wobei das Werkstück mit einem Stempel so gegen ein Gesenkunterteil gedrückt wird, daß der vorgesehene Öffnungswinkel entsteht
			Abkanten 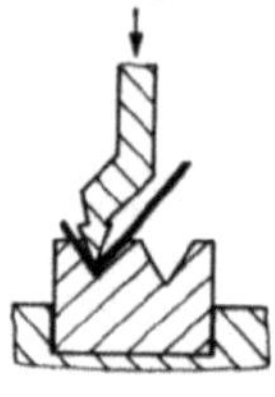	Biegen von langen und vorwiegend parallelen Kanten

Tafel 5.3. (Fortsetzung)

<table>
<tr><th>Bei-spiel</th><th>Grund-verfahren</th><th>Umform-verfahren</th><th>Ausführungsbeispiele</th><th>Beschreibende Merkmale</th></tr>
<tr><td></td><td></td><td></td><td>Formbiegen
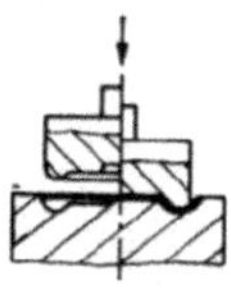</td><td>ist Gesenkbiegen, wobei das Werkstück durch Stempel gegen ein vielfach profiliertes Gesenk gebogen wird</td></tr>
<tr><td></td><td></td><td></td><td>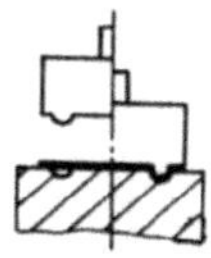</td><td>In das Werkstück werden als Sicken bezeichnete Formen eingebracht</td></tr>
<tr><td></td><td></td><td></td><td>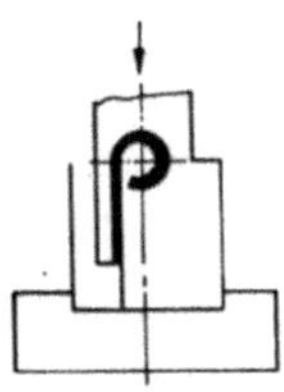</td><td>ist Gesenkbiegen, wobei ebene Werkstücke im Gesenk zu Ösen, Scharnieren, Borden oder ähnlichen Formen gerollt werden</td></tr>
<tr><td>2</td><td>Biege-umformen</td><td>Abbiegen</td><td>Schwenkbiegen
</td><td>Das Werkstück wird mit einer schwenkbaren Wange um die Kante einer Gegenlage gebogen</td></tr>
<tr><td>3</td><td>Biege-umformen</td><td>Walzprofilieren</td><td>Walzsicken
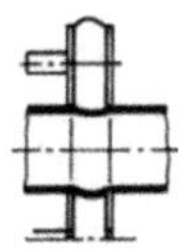</td><td>Walzenförmige Werkzeugelemente übertragen das Profil auf das Werkstück</td></tr>
<tr><td></td><td></td><td></td><td>Walzbördeln
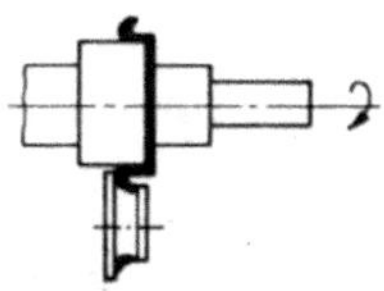</td><td>Ebene oder vorgeformte Werkstücke werden innen oder außen mit Formelementen versehen</td></tr>
<tr><td>4</td><td>Schub-umformen</td><td>Verschieben</td><td>Durchsetzen
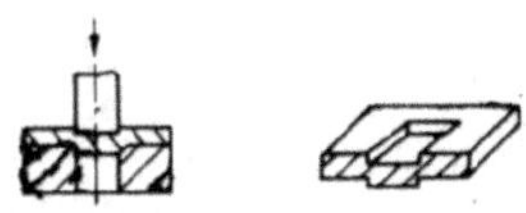</td><td>Es werden vorwiegend flache Werkstücke durch quer zur Hauptachse des Werkstücks eindringenden Stempel parallel zu dieser Hauptachse verschoben</td></tr>
<tr><td>5</td><td>Schub-umformen</td><td>Verdrehen</td><td>Schränken
</td><td>Blechteile bzw. -lappen werden in sich verdreht</td></tr>
</table>

Gesenkbiegen, ein Biegeumformen mit senkrecht zur Biegeachse verlaufender Hauptbewegung, wobei ein Werkzeugoberteil (z. B. Biegestempel) gegen ein Werkzeugunterteil (z. B. Biegegesenk) geführt wird. Die jeweilige Biegeteilform ist weitgehend in den Werkzeugelementen gespeichert. Bekannte Ausführungsbeispiele sind Winkelbiegen, Abkanten, Formbiegen, Prägesicken, Einrollen u. a.

Abbiegen, ein Biegeumformen, bei dem sich der Biegevorgang auf der Grundlage einer rotierenden bzw. einer um einen Drehpunkt schwenkenden Hauptbewegung vollzieht (z. B. beim Schwenkbiegen).

Walzprofilieren, ein Umformverfahren, bei dem der Werkstoff in erster Linie auf Biegung belastet wird und nicht wie beim Profilquerdrücken auf Druck. Die Formgebung erfolgt mit Hilfe von walzen- oder rollenförmigen Werkzeugelementen, z. B. beim Walzsicken und -bördeln.

5.1.5. Schubumformen (Tafel 5.3)

Schubumformverfahren belasten den Werkstoff des Werkstücks vor allem auf reinen Schub oder auf Verdrehen (Torsion). Man unterscheidet daher

Verschieben, bei dem der Werkstoff durch ein quer zur Hauptachse des Werkstücks wirkendes Kräftepaar parallel verschoben wird. Die Werkzeugelemente enthalten z. T. die Werkstückformen, z. B. beim Durchsetzen.

Verdrehen von Blechteilen, wobei ganze Teile oder nur entsprechend geformte Teilstücke verdreht werden.

Darüber hinaus werden auch Hochleistungsumformverfahren angewendet, wobei Explosivstoffe, pneumatisch-mechanische, hydroelektrische und elektromagnetische Umformungen herangezogen werden. Näheres ist aus der Spezialliteratur zu entnehmen [5.1] bis [5.5].

5.2. Werkstoffe und Halbzeuge für die Umformtechnik

In der Feingerätetechnik werden vor allem Teile aus metallischen Werkstoffen durch die Umformtechnik in die gewünschte Gebrauchsform gebracht. Aber auch Teile aus thermoplastischen Werkstoffen können durch Umformverfahren gefertigt werden, seltener auch Teile aus Keramik oder Holz. Im folgenden wird ein Überblick über die meist verwendeten Werkstoffe gegeben.

5.2.1. Metallische Werkstoffe für die Umformtechnik

Metalle können warm oder kalt umgeformt werden, wobei eine Erwärmung der Werkstoffe die aufzubringende Verformungsarbeit verringert. Außerdem ergeben warm umgeformte Metalle gleichmäßig durchgearbeitete und feste Werkstücke, während bei der Kaltumformung die Belastung der Werkstoffe über die Streckgrenze hinausgeht, die Zugfestigkeit wächst, aber die Dehnung abnimmt. Kalt gefertigte Werkstücke können sehr hohe Genauigkeiten erreichen.

Für das *Druckumformen* (s. Tafel 5.1) eignen sich beim Warmpressen besonders Kupferlegierungen (Messing, Zinnbronze, Neusilber, Aluminiumbronze usw.), Aluminium-, Magnesium- und Zinklegierungen sowie Stahl.

Für das *Kaltumformen* kommen vor allem Stahl nach DIN 17100, Messing nach DIN 17660 und Aluminiumlegierungen nach DIN 1725 Bl. 1 in Frage.

Tafel 5.4. Knetlegierungen: Zusammensetzung, Eigenschaften und Verwendung

Werkstoff	Eigenschaften	Verwendung	Preßtemperaturbereich
1. Kupfer-Zink-Knetlegierungen nach DIN 17 660 (Messing)			
CuZn20	sehr gut kaltformbar	Installationsteile für die Elektrotechnik, Hülsen, Webedrähte	600 ··· 800 °C
CuZn40Pb2 A	Hauptlegierung für alle spanenden Bearbeitungsverfahren, warmformbar, gering kaltformbar, gut stanzbar	Gravier-, Uhrenmessing für Räder und Platinen, Schrauben und Drehteile aller Art für die E-Technik	
2. Kupfer-Zink-Knetlegierungen nach DIN 17 660 (Sondermessing)			
CuZn40Al1	Konstruktionsteile bei hohen mechanischen Anforderungen, witterungsbeständig, sehr gut geeignet für gleitende Beanspruchung	Armaturen, Verschraubungen, Getriebestangen u. ä.	
3. Kupfer-Zinn-Knetlegierungen nach DIN 17 662 (Zinnbronze)			
CuSn2	gute Federwirkung	Schrauben, stromleitende Federn	
CuSn6Zn6	sehr gute Federwirkung	Federn aller Art, Membranen	
CuSn6	hohe Federkraft, beständig gegen Ermüdung, korrosionsfest	Blatt- und Spiralfedern	
4. Kupfer-Nickel-Zink-Knetlegierungen nach DIN 17 663 (Neusilber)			
CuNi18Zn19Pb	sehr gut spanend bearbeitbar, hohe Anlaufbeständigkeit, gute Festigkeit	Feinmechanik, Optik, Schlüsselherstellung	
CuNi18Zn20	gut kaltverformbar, hohe Anlaufbeständigkeit	Tiefziehteile, Federn	
5. Kupfer- und Nickel-Knetlegierungen nach DIN 17 741, 17 664, 17 666			
NiMn2	hohe Temperaturbeständigkeit, gute plastische Verformbarkeit	Einbauwerkstoffe für Elektronenröhren und Glühlampen	
CuNi44	wärmefest, korrosionsbeständig	technische und elektrische Widerstände (Röhreneinbauwerkstoff)	
CuBe2	sehr verschleißfest, hart	für funkensichere und unmagnetische Werkzeuge, Tiefziehwerkzeuge, Uhrenlager	
6. Kupfer-Aluminium-Knetlegierungen nach DIN 17 665			
CuAl5	chemisch beständig, gute Festigkeit, verschleißfest	chemische Industrie, Dampfkondensatorrohre, Bremsbänder	
CuAl10Fe CuAl9Mn	sehr verschleißfest, hart, hohe Wärmedauerbelastungsfestigkeit	Getrieberäder, hochbelastete Lagerorgane, besonders bei Stoßbeanspruchung (Einsatz von CuAl9Mn); Heißarmaturenteile, Ventile	
7. Aluminiumknetlegierungen nach DIN 1725 Bl. 1			
AlMg5	gut schweißbar, hohe Korrosionsbeständigkeit, gut spanend	Fahrzeug-, Schiffbau, optische Industrie, Gehäuse, Rahmen	350 ··· 480 °C
AlZnMgCu0,5	nicht schweißbar, hohe Festigkeit, geringe Dichte, gut spanend	Maschinenbau, Flugzeugbau, transportable Großgeräte	
8. Magnesiumknetlegierungen nach DIN 1729 Bl. 1			
MgAl3Zn MgAl6Zn			250 ··· 400 °C
9. Reinstaluminium nach DIN 1712			
Al 99,99 R	sehr geeignet für Fließpressen, hohe Korrosionsbeständigkeit	sehr dünne Becher, Abdeckkappen u. ä.	≈ 480 °C

Eine Übersicht über die wichtigsten Knetwerkstoffe enthält Tafel 5.4.

Für das *Fließpressen* (oder Kaltspritzen), das die sehr billige und genaue Fertigung von Hohlkörpern gestattet, kommen als Werkstoffe die in Tafel 5.4 aufgeführten in Frage, besonders aber Reinstaluminium nach DIN 1712 und Reinzink (z. B. zur Fertigung von Batteriebechern). Auch Stahl, weichgeglüht, läßt sich fließpressen.

Als Werkstoffe für *Zugdruckumformung* (s. Tafel 5.2), für *Biegeumformung* (s. Tafel 5.3) und für *Trennen* (s. Abschn. 6.) kommen vor allem in Anwendung

— *Stahlfeinbleche* mit Dicken $s < 3$ mm aus
weichen unlegierten Stählen nach DIN 1623 Bl. 1, allgemeinen Baustählen nach DIN 1623 Bl. 2, unlegierten Qualitätsstählen nach DIN 17220, rost- und säurebeständigen Stählen nach DIN 17224.
Zugehörige Maße und Maßabweichungen sind für warmgewalzte Bleche aus DIN 1543, für kaltgewalzte Bleche aus DIN 1541 zu entnehmen. Qualitätsangaben für Bleche sind in DIN 1623 Bl. 1 enthalten und unterscheiden Bleche mit Ziehgüte (St 12), Tiefziehgüte (St 13) und Sondertiefziehgüte (St 14).

Tafel 5.5. Kaltgewalztes Band und Blech aus weichen unlegierten Stählen und Feinbleche aus allgemeinem Baustahl kalt oder warm gewalzt. Blechdicke kleiner 3 mm.

Feinblechsorte Kurzname (mit Oberflächenkennzeichen)	Zugfestigkeit R_m N/mm²	Bruchdehnung $L_0 = 80$ mm/$b = 20$ mm A %	Verwendung
USt 12 03	270...410	28	Normale Schnitt-, Zieh- und Umformteile
USt 12 05			
USt 13 03	270...370	32	Tiefziehteile mit größeren Tiefungen
USt 13 05			
RRSt 14 03	270...350	36	Sondertiefziehblech für hohe und höchste Tiefungen. Karosserieblech
RRSt 14 05			

Oberflächenart und Oberflächenausführung

Kennzeichen	Oberflächenart	Merkmale
03	übliche kaltgewalzte Oberfläche	Poren, kleine Riefen, kleine Narben, leichte Kratzer und eine leichte Verfärbung sind zulässig
05	beste Oberfläche	Die bessere Seite muß so gut wie fehlerfrei sein und darf das einheitliche Aussehen eines Qualitätsanstrichs oder eines elektrolytischen Überzugs nicht beeinträchtigen

St 37	St 37 – 2	370···450	18	Für Konstruktionsteile aller Art mit geforderter Zugfestigkeit und Streckgrenze. Verwendung meist im Lieferzustand
	St 42 – 2	420...500	16	
	St 50 – 2	500...600	14	
	St 52 – 3	520...620	16	
	St 60 – 2	600...720	10	
	St 70 – 2	700...850	6	

Oberflächenart und Oberflächenausführung

Kennzeichen	Oberflächenart	Merkmale
01	nicht entzundert	Anlauffarben und festhaftende Zunderschichten sind zulässig
02	nicht entzundert	Anlauffarben und loser Zunder sind beidseitig zulässig
03	zunderfrei	Poren, kleine Narben und Walzriefen sind beidseitig zulässig
04	verbesserte Oberfläche	Poren, kleine Narben und Kratzer sind beidseitig nur in geringem Umfang zulässig
05	beste Oberfläche	Poren, Narben und Kratzer dürfen das einheitliche Aussehen einer Spritzlackierung oder eines elektrolytischen Überzugs nicht beeinträchtigen. Es ist zu vereinbaren, ob beide Seiten nach der Art 05 ausgeführt werden sollen oder ob eine Seite 04 entsprechen darf

— *Bleche aus NE-Metallen* mit Dicken $s > 0{,}2$ mm, aus Kupfer und Kupferlegierungen nach DIN 1751 und DIN 17670 aus Aluminium- und Aluminiumlegierungen nach DIN 1783 und DIN 1745 Bl. 1 und aus Zink und Zinklegierungen nach DIN 9721.

Die wichtigsten Normen für Bleche und Bänder aus Stahl und Stahllegierungen sind dem Sachteil 518 und für NE-Metalle dem Sachteil 531 des Normenverzeichnisses zu entnehmen. Festigkeitseigenschaften, Oberflächenbeschaffenheit und Anwendungsmöglichkeiten von Feinblechen aus weichen unlegierten Stählen (DIN 1623 Bl. 1) und allgemeinen Baustählen (DIN 1623 Bl. 2) sind aus Tafel 5.5 ersichtlich, während Tafel 5.6 die gleichen Informationen für Bleche und Bänder aus NE-Metallen zum Inhalt hat.

Tafel 5.6. Bleche und Bänder aus NE-Metallen (Auszug aus DIN 17670 und DIN 1725 Bl. 1)

Werkstoff	Dickenbereich Bleche mm	Bänder	Zugfestigkeit R_m N/mm²	Bruchdehnung A_5 %	A_{10}	Brinellhärte HB 10 D^2	Eigenschaften	Verwendung
Kupferlegierungen (Zusammensetzung nach DIN 17660)								
CuZn40F35	0,3...5		340		38	80	weich	tiefziehfähig
CuZn40F42	0,3...5		410		20	115	halbhart	
CuZn40F48	0,3...5		470		9	140	hart	
CuZn37F30	0,3...5		290...370		44	70	weich	für Stanz- und
CuZn37F38	0,3...5		370...440		24	110		Schnitteile des all-
CuZn37F45	0,3...5		440...540		8	135		gemeinen Appara-
CuZn28F28	0,3...5		270...350		45	70		tebaus
CuZn28F53	bis 2		≧520		5	160		
CuZn10F36	bis 2		≧350		6	85		
Aluminium (Zusammensetzung nach DIN 1712)								
Al99,5W7	bis 6	bis 3	65...95	40	95	20	weich	
Al99,5F9	0,35...6		90...130	9	6	30	halbhart	
Al99,5F11	bis 5	bis 3	110...150	6	4	35	halbhart	
Al99,5F13	bis 3	bis 3	130...170	6	4	40	hart	
Al99,8F8	0,35...6		80...120	9	6	28	halbhart	
Aluminiumlegierungen (Zusammensetzung nach DIN 1725 Bl. 1)								
AlRMg0,5W8	bis 6	bis 3	80...120	23	20	23	weich	
AlRMg0,5F14	bis 2,5	bis 2,5	140...180	4	3	43	hart	
AlMg1F14	bis 3	bis 3	140...180	6	4	45	halbhart	
AlMg1W10	bis 16	bis 3	105...140	24	21	32	weich	gute Korrosions-
AlMg1F13	bis 6	bis 3	125...165	8	6	42	halbhart	beständigkeit, elo-
AlMg1F17	bis 4	bis 3	165...205	4	3	52	hart	xierbar, gut
AlMg3W19	bis 6	bis 3	190...230	20	17	50	weich	schweißbar, Nah-
AlMg3S24	bis 5	bis 3	240...280	10	8	73	halbhart	rungsmittelindu-
AlMg4MnW24	bis 6	–	240...300	18	–	65	weich	strie, Seefahrzeuge
AlMg4MnF33	bis 6	–	325...370	4	–	95	hart	
AlCuMg1W	bis 12	bis 3	≦140	13	11	50	weich	gute Korrosionsbe-
AlCuMg1F39	3...12	–	390	13	–	100	kaltausgehärtet	ständigkeit, eloxier-
AlCuMg1F40	0,35...9	0,35...3	395	13	11	100	kaltausgehärtet	bar für Stanzteile
AlCuMg2F44	0,35...3	0,35...3	440	13	11	110	kaltausgehärtet	und Ziehteile für den Fahrzeugbau
AlMgSi1W	bis 6	bis 3	≦150	18	15	35	weich	gute Korrosions-
AlMgSi1F21	bis 20	–	205	14	12	35	kaltausgehärtet	beständigkeit, elo-
AlMgSi1F28	bis 20	–	275	12	–	85	warmausgehärtet	xierbar, gut ver-
AlMgSi1F32	bis 10	bis 3	315	10	8	95	warmausgehärtet	formbar, schwer schweißbar, für Verkleidungen, Feinwerktechnik
AlMnW9	bis 6	bis 3	90...140	24	21	28	weich	für Verkleidungen
AlMnF14	bis 4	bis 3	140...180	5	4	45	halbhart	Kraftstoffbehälter
AlMnF17	bis 3	bis 3	170...210	4	3	50	hart	

Tafel 5.7. Thermoplaste für die Umformtechnik [5.16]
Kurzzeichen s. Tafel 4.21, Eigenschaften s. Tafel 4.25

Kurzzeichen	PE	EVA	PP	Polymethylpenten	PS(SB)	PS(ABS)
		D-2-3-EM-A			SZ	Mischpolymerisat
Typ		D-3-3-EM-A	GV		schlagfest	Pfropfpolymerisat
			AV		hochschlagfest	GV

5.2.2. Kunststoffe für die Umformtechnik

Für die Umformtechnik eignen sich nur thermoelastische Kunststoffe, die vor dem Umformen erwärmt werden müssen. Als Verfahren kommen vor allem Tiefziehen und Formbiegen (Formstanzen) in Frage. Als besonders geeignet für diese Verfahren haben sich vor allem die Hochdruck- und Niederdruckpolyäthylene sowie Polypropylene erwiesen. Darüber hinaus werden je nach den Anforderungen auch andere Thermoplastwerkstoffe verwendet. Eine Übersicht über diese Kunststoffe enthält Tafel 5.7 [5.16].

5.3. Gestaltung von Druckumformteilen

5.3.1. Gestaltung beim Freiformen

Beim Freiformen oder Freiformschmieden bzw. -pressen, das nur bei metallischen Werkstoffen angewendet werden kann, wird der Werkstoff entweder gestaucht oder gereckt bzw. gestreckt. Bei beiden ist auf einen möglichst zweckmäßigen Faserverlauf (Bild 5.1) zu achten, um die Werkstoffeigenschaften zu erhalten bzw. zu verbessern und das Gefüge zu verdichten. Das Breitschlagen von Werkstücken ist deshalb möglichst zu vermeiden, weil dabei der Faserverlauf gestört wird.

Das Freiformschmieden wird mittels Hammer oder auf Schmiedemaschinen ausgeführt, und dazu werden Werkzeuge benutzt, die die Formelemente des Werkstücks entweder gar nicht oder nur z. T. enthalten, so daß der Werkstoff frei ausweichen kann.

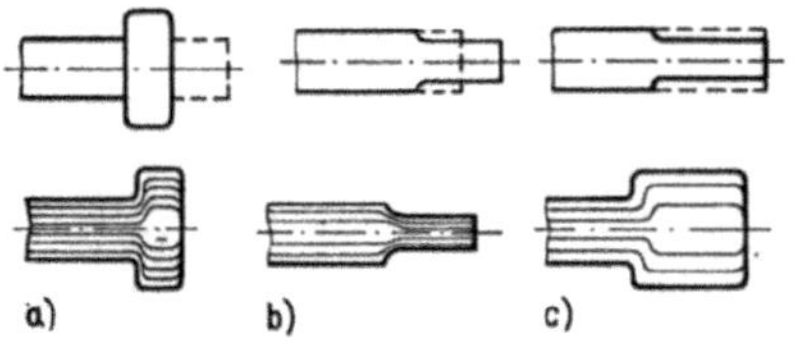

Bild 5.1. Faserverlauf
a) Stauchen; b) Recken (Strecken); c) Breiten

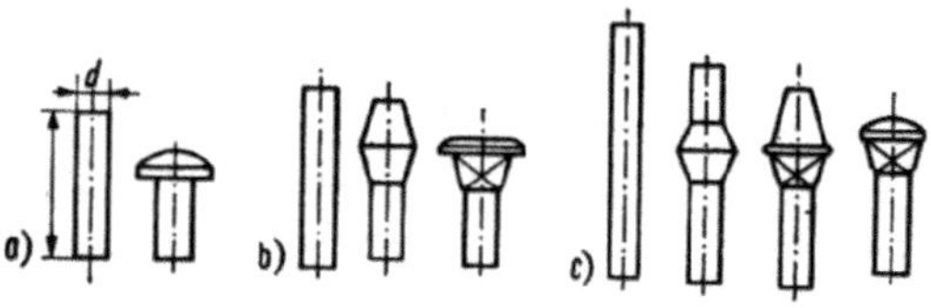

Bild 5.2. Werkstücke mit angestauchtem Kopf [5.18]
a) Stauchlänge $l < 2{,}5\,d$, ein Arbeitsgang
b) Stauchlänge $l < 4{,}5\,d$, zwei Arbeitsgänge
c) Stauchlänge $l = (6$ bis $8)\,d$, drei Arbeitsgänge

Als *Werkstoffe* kommen vor allem die im Abschn. 5.2. genannten und in Tafel 5.4 zusammengestellten metallischen Werkstoffe in Frage.

Im Feingerätebau wird meist das Kaltstauchen (Kaltschlagen) angewendet. Die verwendeten Halbzeuge, meist Rundstäbe, können Durchmesser zwischen 0,6 und 20 mm aufweisen. Nur bei größeren Werkstücken mit erheblicher Formänderungsarbeit werden diese vor dem Pressen bis zu einer Temperatur oberhalb der Rekristallisation des Werkstoffs erwärmt und anschließend warm gepreßt. Zum Kaltstauchen lassen sich weichgeglühte, kohlenstoffarme Stähle sowie Kupfer, Aluminium und deren Legierungen verwenden.

Durch Kaltstauchen lassen sich besonders Bolzen-, Schrauben- und Nietköpfe oder ähnliche Formen (Bild 5.2) anfertigen. Ist das Volumen der gestauchten Köpfe

Tafel 5.7. (Fortsetzung)

PVC-H	PVC-MP	PMMA	PPO	POM	PC	CA	CAB	CP	CN
Emulsion			PPO	Homopoly-merisat	3000	Typ 432	Typ 411	weich	
Suspen-sion			Noryl	Kopoly-merisat	GV	435	412	mittel	
			GV				413	hart	

kleiner als die 2,5fache Stauchlänge des Durchmessers, so können die Köpfe in einem Arbeitsgang gefertigt werden (Bild 5.2a). Bei größeren erforderlichen Stauchlängen muß man die Umformung auf mehrere Stufen verteilen (Bild 5.2b, c). Der angestauchte Durchmesser soll bei einstufigem Vorgang höchstens das 1,5fache des Ausgangsdurchmessers betragen.

Die zweckmäßige Gestaltung von Einzelteilen bei nicht runden Freiformschmiedestücken ist in Tafel 5.8 enthalten.

Bei Freiformschmiedeteilen mit üblichen Toleranzen ist die erreichte Genauigkeit nicht sehr groß. ISO-Qualitäten IT19 bis IT16 sind möglich.

Tafel 5.8. Gestaltung von Einzelheiten bei Freiformschmiedestücken [5.7]

Beispiel	Ungünstige Lösung	Erläuterungen	Günstige Lösung
1	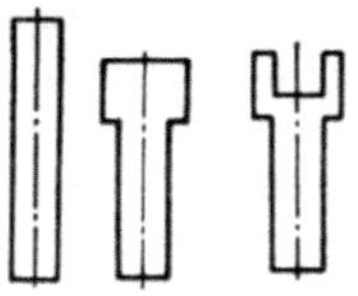	Beim Fertigen eines Gabelbolzens ist es unzweckmäßig, den Grundwerkstoff zu stauchen und dann auszufräsen. Der Faserverlauf wird unterbrochen. Zweckmäßiger ist es, eine Walzstange so zu schmieden, daß der Faserverlauf fortlaufend erhalten bleibt	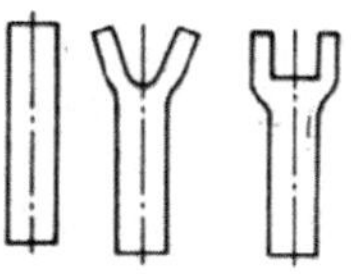
2	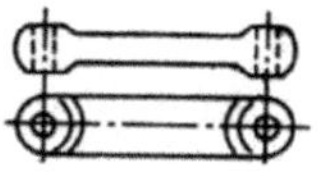	Abgerundete Konturen, z. B. Augen, sind schwe zu fertigen. Einfacher ist es, an einer geraden Kante abzusetzen und die Augen einseitig vorstehen zu lassen (Lösung unten)	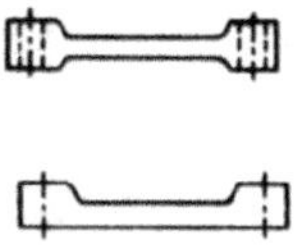
3	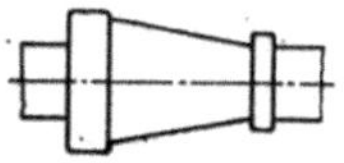	Ein kegelförmiges Teil läßt sich schwerer fertigen als ein zylindrisches, nach einer Seite frei schmiedbares	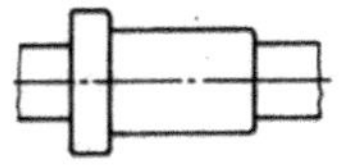
4	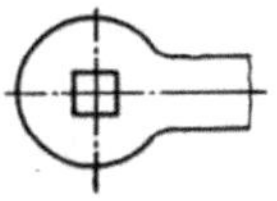	Da Löcher durch Aufdornen gefertigt werden, sind scharfe Kanten zu vermeiden. Es entstehen sonst leicht Risse an den scharfen Kanten. Besser sind runde oder vielseitigere Löcher	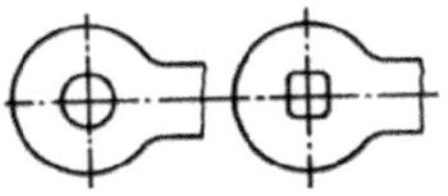
5	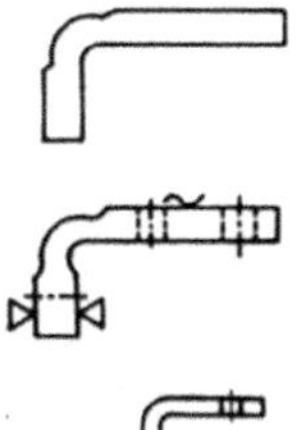	Das Werkstück hat eine rohe (oben) und eine geschruppte Anschraubfläche (unten), die durch Stauchen oder Absetzen entstehen. Außerdem entsteht ein ungünstiger Querschnitt im Winkel. Besser ist eine Lösung, bei der die geschruppte Anschraubfläche abgesetzt ist	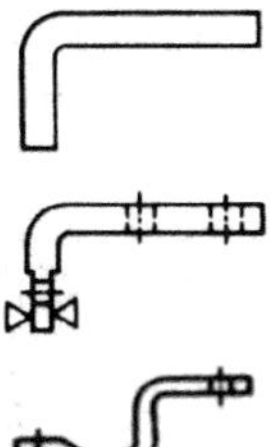
6	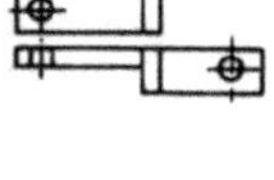	Unzweckmäßig ist es, einen Halter aus zwei Flachteilen zusammenzuschweißen. Besser ist es, ein Flachteil als Schmiedeteil zu schränken und zu biegen	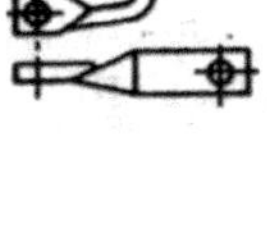

5.3.2. Gestaltung beim Gesenkumformen

5.3.2.1 *Einleitung*

Beim Gesenkumformen durch Pressen oder Schmieden sind für die plastische Verformung des Ausgangsteiles zwei Möglichkeiten vorhanden:

1. Einlegen eines *warmen* Rohteils in das geöffnete Gesenk und Pressen bei hohem Druck;
2. Einlegen eines *kalten* oder mäßig warmen Rohteils in das geöffnete Gesenk und Pressen bei noch höherem Druck.

Im Bild 5.3 wird das Prinzip des *Formpressens* gezeigt.

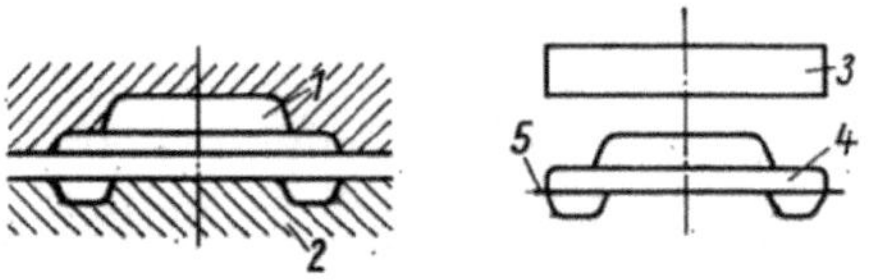

Bild 5.3
Pressen im Gesenk
1 Obergesenk; *2* Untergesenk; *3* Rohling; *4* Werkstück; 5 Grat

Ein Rohteil, dessen Volumen wenig (max. 10%) größer als das des Fertigteils ist, wird durch das Schließen des Gesenks unter hohem Druck in die gewünschte Form gepreßt, wobei der Gesenkhohlraum exakt ausgefüllt werden soll. Aus Sicherheitsgründen muß etwas mehr Werkstoff vorhanden sein, als für das Ausfüllen des Hohlraums notwendig wäre, der dann in Form eines z. T. erheblichen Preßgrats auftritt. Dieser begrenzt stark die Genauigkeit der Preßteilmaße senkrecht zur Teilungsebene und muß nachträglich mit einem zusätzlichen Werkzeug entfernt werden.

Die Formänderungsarbeit ist sehr groß, nimmt aber mit wachsender Temperatur des Preßvorgangs ab. Deshalb wird meist *Warmpressen* angewendet. Außerdem füllt der Werkstoff die Gesenke dann sicherer aus. *Kaltpressen* dient entweder nur zur Fertigung von Teilen geringer bis mittlerer Abmessungen und begrenzter Genauigkeit oder nach dem Warmpressen und Beschneiden zum Genaupressen (Kalibrieren). Auch nach anderen Verfahren gefertigte Teile, z. B. Ziehteile, werden mitunter durch Kaltpressen kalibriert.

Die Anfertigung der Gesenke ist teuer, wenn auch wegen der erheblich größeren Zähigkeit des Werkstoffs nur einfachere Formen herstellbar sind. Meist erfolgt das Herausarbeiten des Gesenks aus dem vollen. Die Ausführung hängt stark von der Form des Preßteils und der möglichen Lage der Gratnaht (waagerecht, senkrecht oder schräg zur Bewegungsrichtung des Obergesenks) ab. So entstehen folgende Arten von Gesenken:

- eingearbeitete Form nur in einem Gesenkteil, das andere bleibt eben (Gratnaht waagerecht oder senkrecht);
- eingearbeitete Form in beiden Gesenkteilen (Winkellage der Gratnaht beliebig);
- teilweise offene Gesenke (zum Austritt des überschüssigen Werkstoffs an bestimmten Stellen, sonst fast keine Gratnaht);
- mehrteilige Untergesenke (Backen- oder Rahmengesenke) für kompliziertere Formen mit Hinterschneidungen;
- Gesenke mit abgesetzter Teilungsebene (unerwünscht!).

Nach einer moderneren Methode für die Gesenkfertigung, die für größte Stückzahlen anwendbar ist, wird ein dem Fertigteil entsprechendes Meisterstück (unter Berücksichtigung von Schwund usw.) aus bestem gehärtetem Stahl angefertigt. Dieses Meisterstück dient unmittelbar zur Fertigung des Gesenkhohlraums, indem es in den weichgeglühten Gesenkwerkstoff eingedrückt und dieser anschließend gehärtet wird. So lassen sich mehrere identische Gesenke relativ einfach fertigen. Die Standzahl beträgt etwa (10 bis 20) · 10^3 Stück/Gesenk.

Der Preßdruck schwankt je nach Temperatur, Werkstoff, Form und Größe des Preßteils usw. zwischen 200 und 2000 N/mm². Als Pressen kommen Friktionsspindel-, Kurbel-, Exzenter-, Kniehebel- und hydraulische Pressen je nach Anforderungen des Gesenks in Frage. Weitere Einzelheiten, z. B. technische Lieferbedingungen, Zeichnungsunterlagen für die Bestellung, allgemeine Gestaltungsrichtlinien für Gesenke und zulässige Abweichungen, jeweils an spezielle Werkstoffgruppen gebunden, enthalten DIN 7522/23, DIN 1749 und DIN 17673. Gegenüber dem Gießen hat die Fertigung von Werkstücken durch Gesenkpressen oder -schmieden den Vorteil, daß die Teile dichter, fester und je nach der Genauigkeit der Gesenke genauer sind. Wegen der

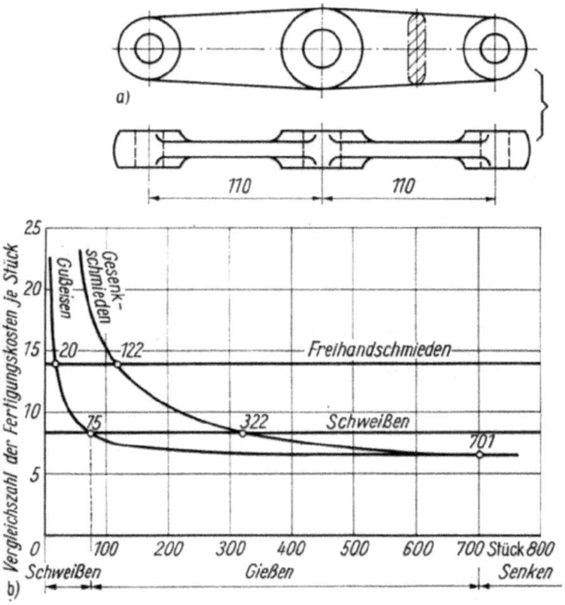

Bild 5.4
Kostenvergleich beim Herstellen eines Hebels [5.15]

hohen Werkzeugkosten sind nur größere Stückzahlen wirtschaftlich herstellbar (Bild 5.4) [5.15]. Erst eine Stückzahl > 700 läßt das Gesenkpressen oder -schmieden wirtschaftlicher werden.

5.3.2.2. *Allgemeine Gestaltungsregeln* (Tafel 5.9) [5.7] [5.14]

Die Fertigungsmöglichkeiten für die Gesenke und das Verhalten des Knetwerkstoffs während des Preßvorgangs bestimmen im wesentlichen die Gesichtspunkte für die konstruktive Gestaltung der Metallpreßteile. Folgendes ist zu beachten:

Werkzeuggestaltung (Tafel 5.9)

Die Fertigung der Gesenke soll möglichst viel Maschinen- und wenig Handarbeit erfordern. Auch im Interesse der vollständigen Ausfüllung des Gesenks mit dem Knetwerkstoff sind *einfache geometrische Grundformen* anzustreben (Beispiel *1*).

Konstruktionsänderungen sind zu vermeiden. Sollten sie von vornherein zu erwarten sein, so muß die Gesenkkonstruktion eine spätere Änderung relativ einfach ermöglichen.

Hinterschneidungen erfordern mehrteilige Gesenke, was die Fertigung (der Gesenke selbst und der Preßteile infolge größerer Stillstandzeiten) verteuert und die Genauigkeit herabsetzt; sie sind deshalb zu *vermeiden* (Beispiel *2*).

Die *Gratnaht* soll *in einer Ebene* liegen, um das Beschneiden mit einfachen Werkzeugen ausführen zu können (Beispiel *3*). Aus fließtechnischen Gründen (geringere

Tafel 5.9. Allgemeine Gestaltungsregeln für Gesenkpreß- oder -schmiedeteile: Beispiele [5.7] [5.14]
a) Werkzeuggestaltung (Beispiele 1 bis 4); b) Werkstückgestaltung (Beispiele 5 bis 9)

Beispiel	Ungünstige Lösung	Erläuterungen	Günstige Lösung
a) Werkzeuggestaltung			
1	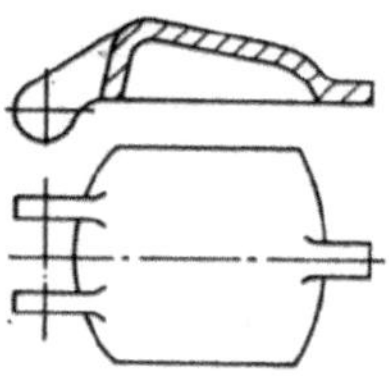	Unregelmäßige Formen ergeben teure Gesenke. Regelmäßige Formen ermöglichen dagegen Gesenkformen, die weitgehend mit Maschinenarbeit gefertigt werden können	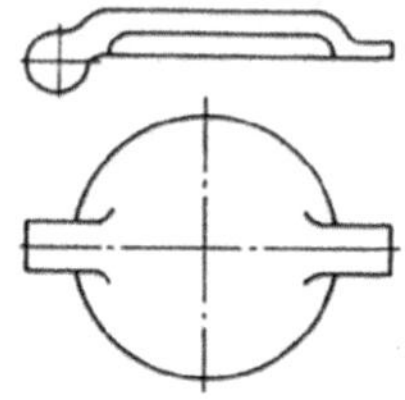
2	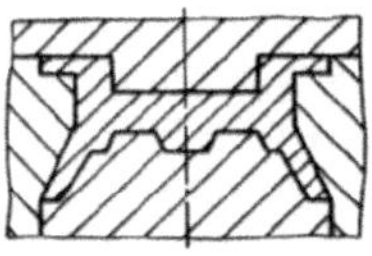	Teile mit Hinterschnitt sind zwar fertigbar, erfordern aber geteilte Gesenke. Daher billiger Teile ohne Hinterschnitt	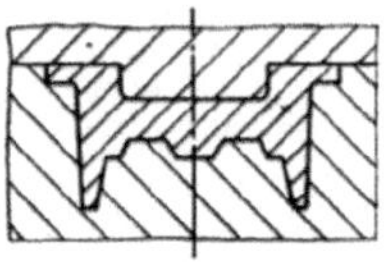
3	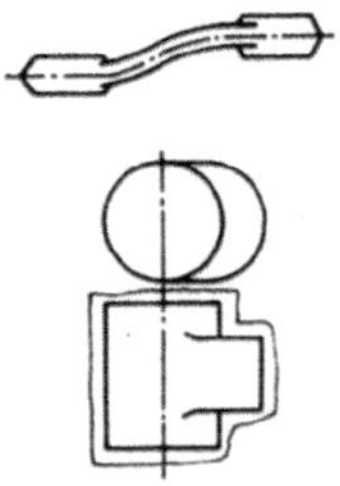	Die Lage der Teilfuge und damit die der Gratnaht soll möglichst nicht gekrümmt sein, sondern in einer Ebene liegen. Außerdem muß die Entfernbarkeit der Gratnaht beachtet werden	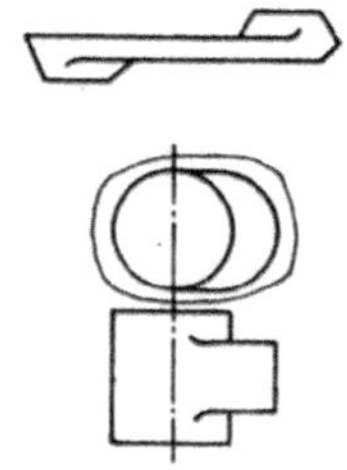
4	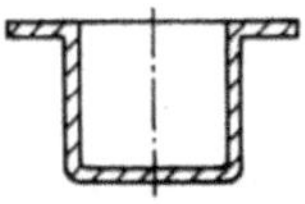	Um das Ausheben der Werkstücke zu erleichtern, müssen die Wände innen und außen schräg gelegt werden. Bodendicke nicht zu dünn, je nach Wanddicke; $\alpha = 1°$ bis $5°$, $\beta = 2°$ bis $10°$	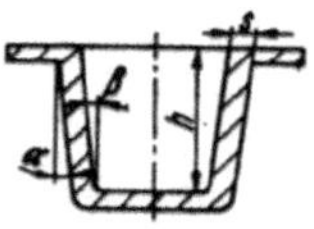
b) Werkstückgestaltung			
5	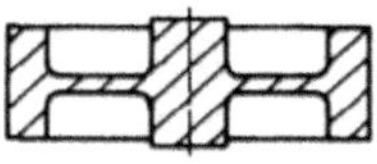	Geringe und allmähliche Querschnittsänderungen sind günstiger für das Fließen des Werkstoffs. Keine Formgebung wie bei spanender Bearbeitung	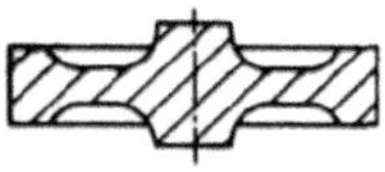
6	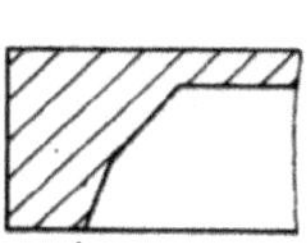	Kontinuierliche Querschnittsübergänge bringen gleichmäßigere Abkühlung und verhindern Schwundspannungen (Rißgefahr und Verzug)	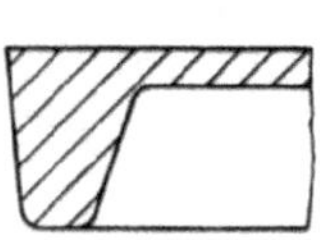
7	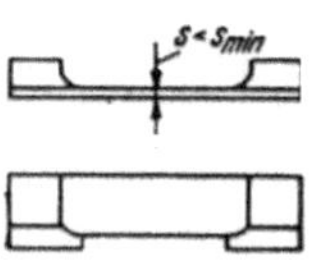	Wände dürfen nicht zu dünn sein, weil sonst Werkzeug und Werkstück zu stark belastet werden. Mindestwanddicken für Stahl, Messing und Kupfer 2 mm und für Aluminium 2,5 mm; Bodendicke s_{min} je nach Flächengröße A (Tafel 5.10)	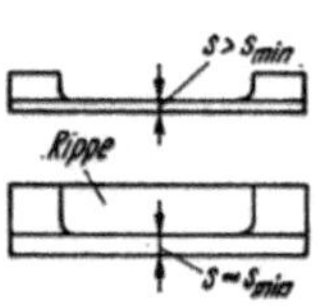
8	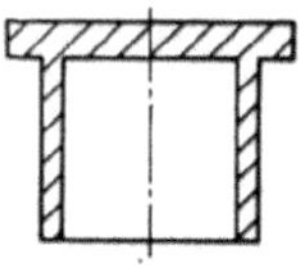	Damit der Werkstoff gut fließen kann, müssen scharfe Kanten und Übergänge vermieden werden	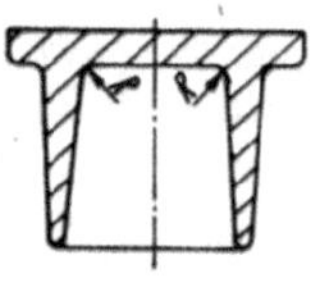

Tafel 5.9. (Fortsetzung)

Beispiel	Ungünstige Lösung	Erläuterungen	Günstige Lösung
9	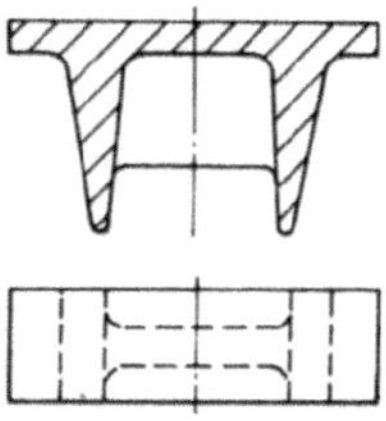	Preßrichtung ist möglichst so zu legen, daß die kürzeren Dimensionen ausgepreßt werden müssen; z. B. sind dünne Rippen schwer zu fertigen und ergeben kürzere Lebensdauer der Gesenke; Teilungsfuge um 90° verlegt	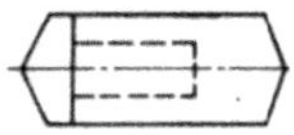

Festigkeit nahe der Gratnaht!) ist sie möglichst an eine obere Begrenzungskante (Beispiel *4*) zu legen.

Um die Teile leicht aus dem Gesenk (ohne oder mit Auswerfer oder Abstreifer) entfernen zu können, müssen *geneigte Aushebeflächen* vorhanden sein (Beispiel *4*). Der Grad der Abschrägung ist gering werkstoffabhängig (s. Tafeln 5.10 und 5.11).

Werkstückgestaltung (Tafel 5.9)

Fließgerechte Formgebung setzt den erforderlichen Preßdruck und den Verschleiß der Werkzeuge herab und verringert so die Ausschußquote. Dabei sind mehrere Faktoren von Einfluß:

- Die Grundform des Werkstücks muß das *Fließen* des Knetwerkstoffs berücksichtigen (Beispiel *5*).
- Große *Querschnittsunterschiede* und Werkstoffanhäufungen sind zu vermeiden (kontinuierliche Querschnittsübergänge; Beispiel *6*).
- Großflächige Stücke geringer Dicke s sind schwer zu fertigen und können sich leicht verziehen. Rippen erhöhen die Festigkeit. Die *Bodendicken* s_{min} sind abhängig von der Gesamtfläche A des Bodens (Beispiel *7*; s. auch Tafel 5.10).

Tafel 5.10. Dimensionierung der Bodendicke s_{min} bei verschiedenen Flächen A von Gesenkpreßteilen

A in /cm²	bis 25	25 bis 50	50 bis 100	100 bis 200	200 bis 400	400 bis 800	Knetwerkstoff
s_{min}/ in mm	2,5	3,5	4,5	5,5	6,5	8	Leichtmetalle
	2	3	4	5,5	7	10	Cu u. Cu-Legierungen

- Auch die *Wanddicken* s (Beispiel *4*) sind abhängig von der Wandhöhe h zu dimensionieren, um Verzug möglichst sicher zu vermeiden und das Ausheben damit zu erleichtern (s. Tafeln 5.11 und 5.12). Weitere Angaben enthalten DIN 7523, DIN 1749, DIN 17673.
- *Abrundungsradien* hängen stark von der Formgebung des Preßteils ab; an einem Teil sollen möglichst wenig unterschiedliche Radien angebracht werden, um Umspannen der Werkzeuge während der Gesenkfertigung zu vermeiden; Richtwert: $R_{min} = 1$ bis 4 mm (höhenabhängig). Genauere Werte s. Tafeln 5.11 und 5.12. Scharfkantige Bohrungen, Schlitze usw. werden besser spanend angebracht (Beispiel *8*).
- *Tiefe Einarbeitungen* in einem Gesenk sind ungünstig, weil sie u. U. nicht ausgepreßt werden und die Standzeit des Gesenkes herabsetzen. Rohlinge müßten dann in ihrer Form evtl. den Einarbeitungen angepaßt oder die Teilfuge günstiger angeordnet werden (Beispiel *9*).

Tafel 5.11. Gestaltung von Gesenkpreß- und -schmiedeteilen aus Stahl: Mindestwanddicke s verschiedener Querschnittsformen nach DIN 7523 Bl. 2

b oder d	s_1 mindestens für l bis $3b(d)$	über $3b(d)$	h	s_2 mind.	R_3 mind.
bis 25	2	3	bis 10	3	5
über 25 ··· 40	3	4	über 10 ··· 16	4	6
über 40 ··· 63	5	6	über 16 ··· 25	5	8
über 63 ··· 100	6	8	über 25 ··· 40	8	12

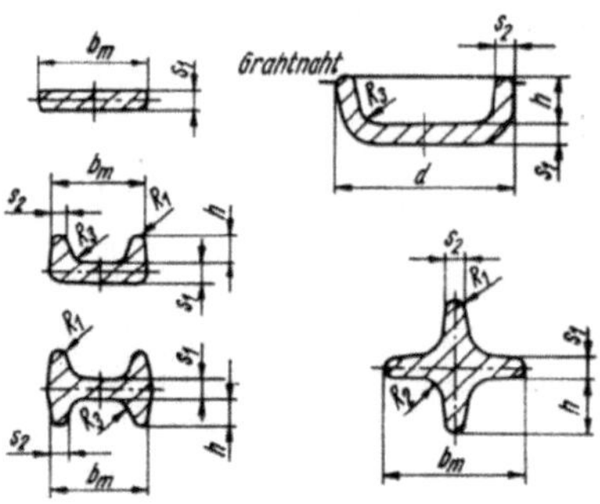

Tafel 5.12. Gestaltung von Gesenkpreß- und -schmiedeteilen aus Leichtmetall nach DIN 1749 Bl. 3 und aus Kupfer und Kupferlegierungen nach DIN 17673 Bl. 3

a) Schrägen

Leichtmetalle

Auswerfer oder Abstreifer	Außen- und Innenschräge	Bodenschräge
ohne	3°	1°
mit	1°	1°

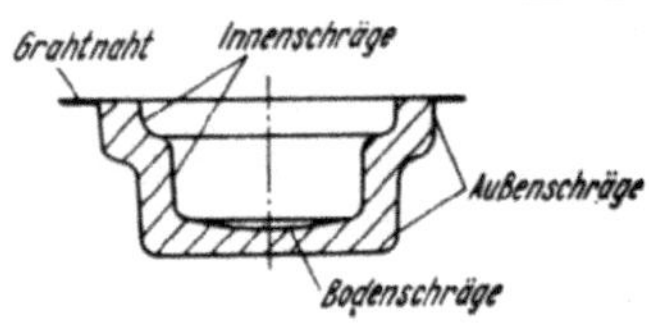

Cu und Cu-Legierungen

Außenschräge	Innenschräge	Bodenschräge
0°30′	1°	1°

b) Seitenwanddicken

h	bis 10	über 10 bis 14	über 14 bis 20	über 20 bis 32	über 32 bis 50	über 50 bis 80	über 80	Werkstoff
s_2 mind.	2,5	3	3,5	4,5	5,5	7	9	Leichtmetalle
s_2 mind.	2	2,5	3	3,5	4	5	6	Cu u. Cu-Legierungen

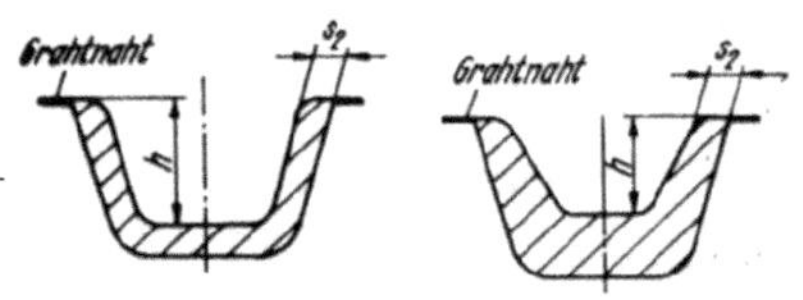

c) Rippen

h	bis 4	über 4 bis 6	über 6 bis 10	über 10 bis 16	über 16 bis 25	über 25 bis 40	über 40	Werkstoff
s_3 mind.	2,5	3	3,5	4,5	6	7,5	9,5	Leichtmetalle
R_1 mind.	1	1	1	1,5	2	2,5	3	Leichtmetalle
s_3 mind.	2	2,5	3	4	5,5	7	> 10	Cu u. Cu-Legierungen
R_1 mind.	0,5	0,5	0,5	1	1	1,5	2	Cu u. Cu-Legierungen

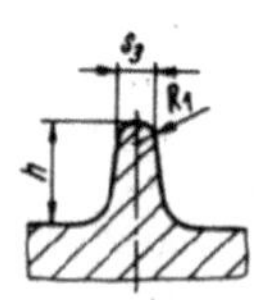

5.3.2.3. *Bearbeitungszugaben*

Die erforderlichen Bearbeitungszugaben für Gesenkschmiedestücke aus Stahl sind in DIN 7523 Bl. 3 festgelegt. Sie sind abhängig von der Genauigkeitsklasse der zulässigen Maßabweichungen, dem größten Maß der Grundform und der Masse der Grundform des Werkstücks. Über zulässige Maßabweichungen für Gesenkschmiedestücke siehe [5.7].

5.3.3. Gestaltung beim Durchdrückumformen (Fließpressen, Strangpressen)

Beim Umformen mit Durchdrückverfahren wird der Werkstoff durch eine oder mehrere formbestimmende Werkzeugöffnungen ausgepreßt. Dies trifft besonders für das Fließ- und Strangpressen zu.

In der Feingerätetechnik wird das Verfahren vor allem zur Fertigung von Hohlkörpern, bei denen die Höhe relativ groß zur Grundfläche ist, angewendet.

5.3.3.1. *Fließpressen*

Beim Fließpressen werden fast ausschließlich metallische Werkstoffe verwendet. Der umzuformende Werkstoff im Werkzeug wird dabei durch Einwirkung eines hohen und schnell wirkenden Drucks zum Fließen gebracht (Bilder 5.5 und 5.6). Es ist dar-

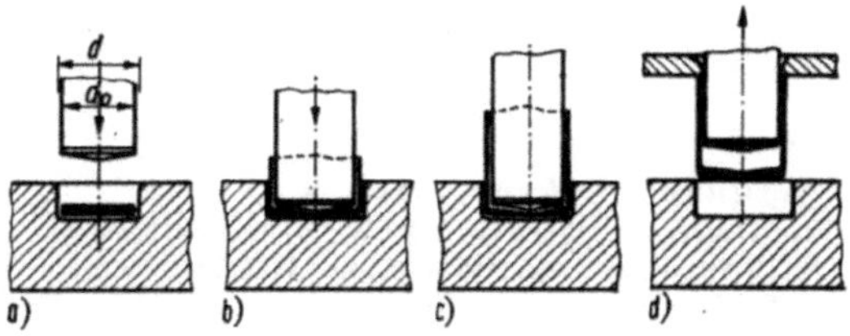

Bild 5.5
Fließpressen eines Hohlkörpers
a) Rohling eingelegt; b) Stempel abwärts bewegt; c) Werkstoff am Stempel hochgeflossen; d) Werkstück vom Stempel abgestreift

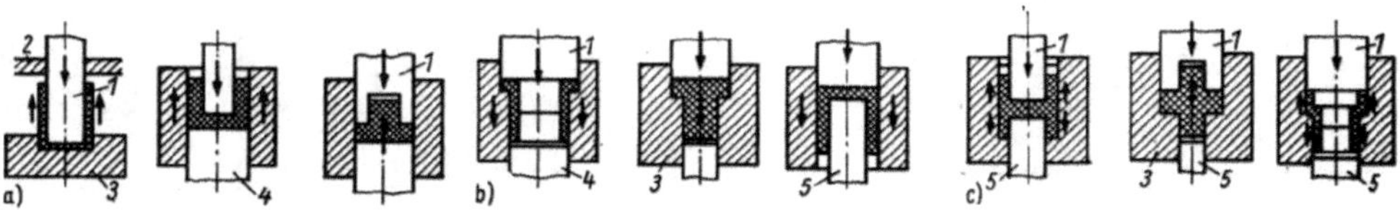

Bild 5.6. Werkstofffluß beim Fließpressen [5.18]
a) gegen die Stempelbewegung; b) mit der Stempelbewegung; c) kombiniert, gegen und mit der Stempelbewegung
1 Stempel; *2* Abstreifer; *3* Gesenk; *4* Auswerfer; *5* Gegenstempel

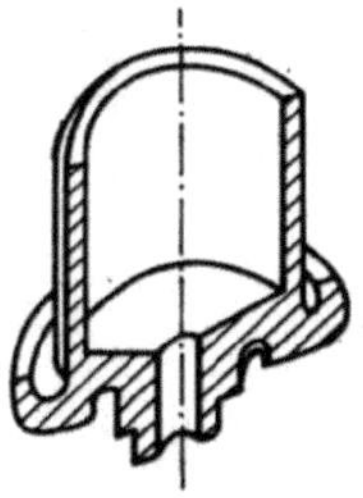

Bild 5.7
Hülsenteil mit Flansch, hergestellt durch kombinierte Verfahren (Pressen und Fließpressen)

über hinaus möglich, eines der Fließverfahren mit einem anderen Umformverfahren (z. B. Ziehen, Pressen, Prägen) zu kombinieren, z. B. Fließpressen mit Gesenkpressen (Bild 5.7).

Allgemein erfolgt eine Kaltverformung des Ausgangsteils, jedoch kann dasselbe bei komplizierteren Formen und geeigneten Werkstoffen auch vorgewärmt oder warm in die Form eingelegt werden, so daß der Preßdruck nicht über 1000 N/mm² ansteigt. Als *Werkstoffe* kommen damit die im Abschn. 5.2. genannten, besonders aber Reinaluminium nach DIN 1712 und Reinzink in Frage. Auch weichgeglühter Stahl läßt sich fließpressen.

Zur Fertigung maßhaltiger Fließpreßteile sind folgende Bedingungen einzuhalten:

- Der Rohling soll der Form der Grundfläche des Fertigteils angepaßt sein und sich im Untergesenk nicht verschieben lassen.
- Um das gleichmäßige Fließen zu erleichtern, soll der Rohling entgratet, getrommelt und gut gefettet sein.
- Die Bodenfläche des Stempels soll leicht geneigt und abgerundet sein (Bild 5.8), um die Preßkraft herabzusetzen.
- Je nach Werkstoff müssen die Abmessungen gemäß Bild 5.8 eingehalten werden. Die Höhe h_{max} des Stempels wird fast ausschließlich durch die Knickfestigkeit begrenzt.
- Der Durchmesser d_0 des Stempelschafts soll wenig kleiner (einige Zehntelmillimeter) als der des Stempelgrundes d sein (Bild 5.5a), um Faltenwerfen zu verhindern und leichtes Abstreifen zu erreichen.
- Eine einwandfreie Führung des Stempels garantiert gleichmäßige Wanddicken s und verhindert Schiefziehen.

$r \geq 0,3$ mm
$R \geq 0,8$ mm
A = Erfahrungswe

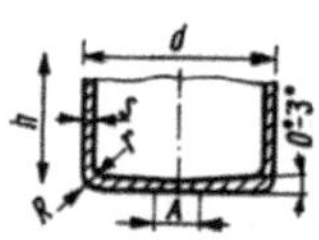

Werkstoff	h_{max}	s_{min} mm
Al 99,5 %	10 d	0,08
Zn	6 d	0,6
Zn 130° warm	8 d	0,5
Al Mg Si	4 d	1,0
Al Mg Si 320° warm	6 d	1,0
Al Cu Mg	3 d	2,0
Al Cu Mg 320° warm	5 d	1,5

Bild 5.8
Abmessungen von zylindrischen und nichtzylindrischen Fließpreßteilen [5.18]

Bild 5.9
Fließpreßteile mit Bodenverformungen
a) voller Ansatz, Rohling: Vollscheibe; b) hohler Ansatz, Rohling: Vollscheibe; c) durchbrochener Ansatz, Rohling: gelochte Scheibe

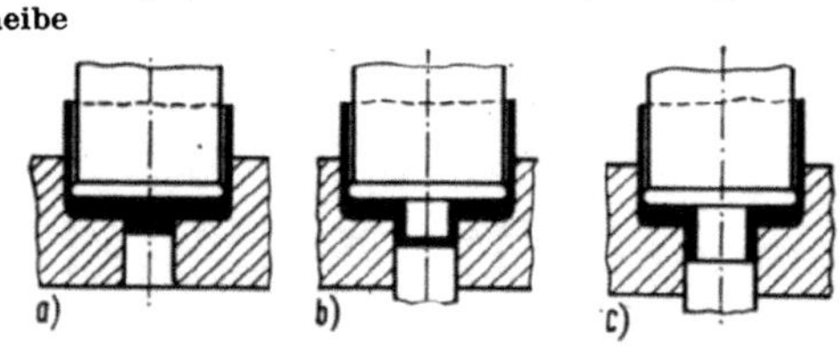

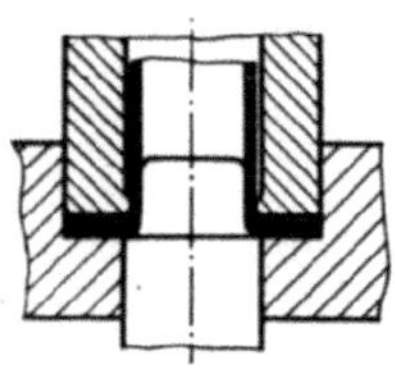

Bild 5.10
Flanschfließpressen, Rohling: gelochte Scheibe

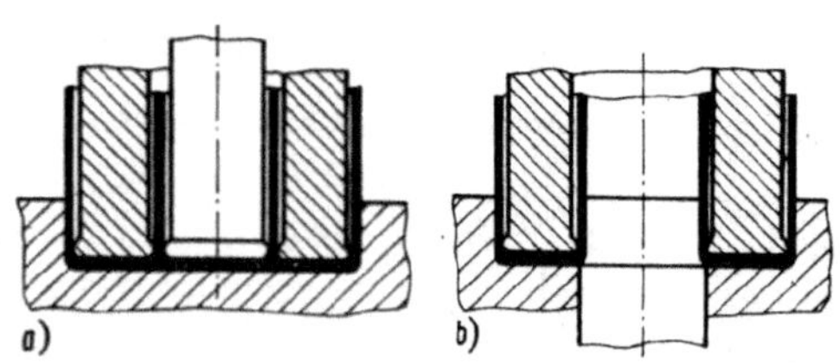

Bild 5.11
Kammerpressen
a) voller Boden, Rohling: Vollscheibe;
b) offener Boden, Rohling: gelochte Scheibe

Wie die Schilderung des Verfahrens erkennen läßt, sind Hinterschneidungen nicht möglich. Der Boden kann jedoch dicker als die Wandung und nahezu beliebig geformt und profiliert werden (Bild 5.9). Bei rechteckigen Grundflächen ist ein Verhältnis der Seitenlängen von 5:1 nicht zu überschreiten; bei durchbrochenen Böden müssen möglichst gelochte Ausgangsteile Anwendung finden. Die fließgepreßten Teile haben keinen glatten Rand und müssen noch beschnitten werden. Auch die Anwendung hohler Stempel (Bild 5.10) ist möglich. Besonders günstige Lösungen kann man durch mehrfach gekammerte Fließpreßteile (Bild 5.11) erzielen, evtl. auch bei verschiedenen Wanddicken.

Tafel 5.13. Gestaltung von Fließpreßteilen [5.12]

Beispiel	Ungünstige oder unmögliche Lösung	Erläuterungen	Günstige Lösung
1		Scharfe Kanten am Boden innen und außen sind nicht möglich. Eine gewisse Rundung ist in jedem Fall einzuhalten	
2		Kegelförmiger Verlauf der Mantelflächen ist technologisch nicht möglich. Alle Mantelflächen müssen zylindrisch verlaufen	
3	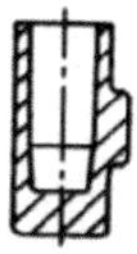	Verstärkungen in den zylindrischen Flächen sind technologisch nicht möglich. Wenn nötig, müssen sie als besonderes Teil angesetzt werden	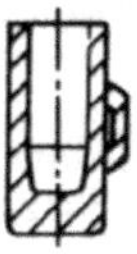
4	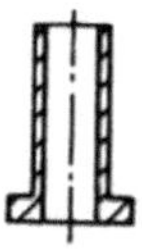	Lange, dünne zylindrische Wanddicken sind zweckmäßiger durch absatzweise sich verdünnende zu ersetzen	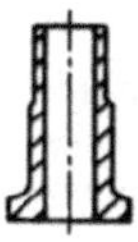
5	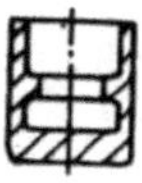	Hinterschnitte innen bei fließgepreßten Werkstücken sind unmöglich. Sie müssen entsprechend konstruktiv geändert werden	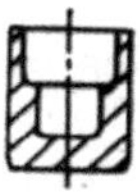
6		Auch Hinterschnitte außen in der Wanddicke sind nicht fließpreßbar	
7	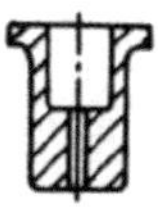	Sehr dünne zylindrische Hohlräume im Boden sind zweckmäßiger hinterher zu bohren	
8		Einseitige Vorsprünge am oberen Ende der Fließpreßteile sind zweckmäßiger durch entsprechend geformte Flansche zu ersetzen	

Beispiele zur Gestaltung von Fließpreßteilen sind in Tafel 5.13 [5.12] zusammengestellt.

Die Toleranzen, die für runde Fließpreßteile als Richtwerte gelten können, sind in Tafel 5.14 enthalten. Allgemein gilt, daß Böden auf etwa 20%, Wände auf etwa 10% der Nennmaße fertigbar sind.

Infolge der einfachen und damit billigen Werkzeuge liegt die wirtschaftliche Mindeststückzahl unter der von Preß- und Ziehteilen. Die Lebensdauer der Stempel und

Tafel 5.14. Runde Fließpreßteile: Dimensionierungsrichtlinien und erreichbare Toleranzen [5.18]

Außendurchmesser d mm	±	Wanddicke s mm	±	Bodendicke w mm	±	Rundung r mm	h_{max} mm
bis 10	0,075	0,20	0,030	0,35	0,06	0,8	70
10 ··· 20	0,125	0,25	0,038	0,40	0,07	1,2	160
20 ··· 50	0,150	0,40	0,050	0,55	0,10	1,75	240 ··· 300
50 ··· 70	0,180	0,45	0,053	0,65	0,12	2,0	300 ··· 320
70 ··· 90	0,200	0,50	0,060	0,75	0,15	2,5	320 ··· 350
90 ··· 110	0,300	0,70	0,070	1,00	0,20	3,5	350 ··· 400
110 ··· 120	0,350	1,00	0,100	1,50	0,30	5,0	400

Matrizen beträgt etwa 100000 Teile. — Ein Vergleich zwischen dem Fließpressen und dem zur Fertigung von Hohlkörpern sehr verbreiteten Tiefziehen (s. Abschn. 5.4.1.) läßt die wirtschaftlichen Vorteile des Fließpressens klar erkennen:

	Tiefziehen	*Fließpressen*
Anzahl der Arbeitsgänge bei einem tiefen runden Becher	6 (Ausschneiden, drei Ziehstufen, Kalibrieren, Beschneiden)	4 (Abschneiden, Trommeln, Fließpressen, Beschneiden)
Lohnkosten	100 %	12 %
Werkstoffaufwand	100 %	72 %
Werkzeugkosten	100 %	25 %

5.3.3.2. *Strangpressen*

Das zweite Durchdrückumformverfahren ist das Strangpressen, das nur bei metallischen Werkstoffen ein reines Umformen darstellt. Das Strangpressen von Kunst- und Keramikwerkstoffen wird im Abschn. 4. behandelt.

Metallstrangpressen dient (Bild 5.12) zur Fertigung von Voll- oder Hohlprofilen bei beliebiger, jedoch möglichst symmetrischer Querschnittsform. Deshalb wird ein auf Preßtemperatur erwärmter Metallbolzen in einem beheizten Aufnehmer unter Druck

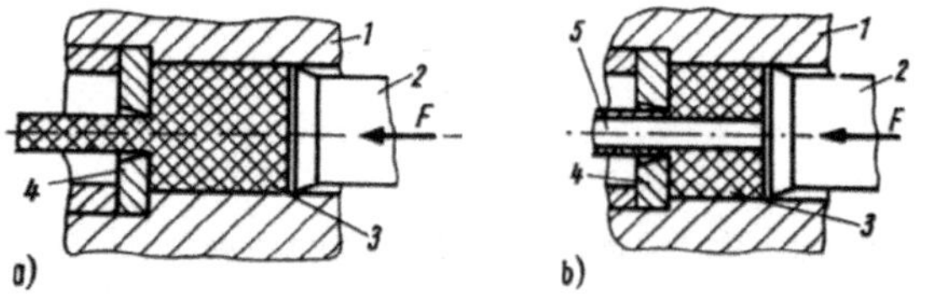

Bild 5.12. Prinzip des Strangpressens

a) Vollprofil; b) Hohlprofil (gelochter Werkstoffbolzen)

1 Aufnehmer; *2* Druckstempel mit Preßscheibe; *3* warmer Werkstoffbolzen; *4* Matrize; *5* Lochstempel

gesetzt und tritt schließlich aus einer Matrize in der gewünschten Form als Stange aus. So lassen sich z. B. dünnwandige Rohre bis Dmr. = 20 mm bei Wanddicken von 0,1 bis 0,3 mm, Rohrdrähte bis Dmr. = 0,3 mm und 25 μm Wanddicke sowie mehrfach gekammerte Sonderformen fertigen.

Auch kleine Zahnräder für untergeordnete Zwecke, z. B. für Spielzeuge, können billig stranggepreßt werden. Die einzelnen Räder werden nach dem Preßvorgang von der entsprechend profilierten Stange abgeschnitten. Dieses Preßverfahren hat den Vorteil, daß man Teile mit sehr glatten Oberflächen erhält, die die Reibungsverluste der Verzahnung stark herabsetzen. Allgemeine Hinweise über die Zahnradgestaltung, besonders über die Befestigung der Zahnräder auf Wellen, enthält Tafel 6.24.

Zu den Druckumformverfahren gehört auch das *Querdrücken* (Tafel 5.1), mit dem man Profile verschiedener Art, z. B. *Gewinde,* herstellen kann (Gewinderollen). Bei der konstruktiven Gestaltung der gewindetragenden Teile ist weitgehend auf die Werkzeugformen Rücksicht zu nehmen.

Weitere Möglichkeiten für die Fertigung von Gewinden sind im Abschn. 6.2.1.8. zu finden. Konstruktive Hinweise dazu enthalten die Tafeln 6.14 und 6.23.

Schließlich sei darauf hingewiesen, daß durch das *Längs- und Querwalzen* (s. Tafel 5.1) Profile verschiedener Form je nach Ausbildung der Werkzeuge gefertigt werden können. Während der Werkstoff beim Längswalzen in Walzrichtung verdrängt wird und lange Werkstücke gefertigt werden können, sind beim Querwalzen die Werkzeuge so ausgebildet, daß zwischen den sich geradlinig bewegenden Walzbacken eine axiale Verdrängung des Werkstoffs eintritt. Näheres ist der Spezialliteratur zu entnehmen.

5.4. Gestaltung von Zugdruck- und Zugumformteilen

Zu den *Zugdruckumformverfahren* gehören das Profilziehen, Tiefziehen (Abschn. 5.4.1.) und Formdrücken (Abschn. 5.4.2.). Ein reines *Zugumformverfahren* ist u. a. das Formtiefen, auch unter der Bezeichnung Formstanzen bekannt (Abschn. 5.4.3.). Die Wirkprinzipien sind aus Tafel 5.2 ersichtlich.

Beim *Profilziehen* wird der Werkstoff im Gegensatz zum Strangpressen durch eine das Profil bestimmende Öffnung gezogen und zusätzlich zusammengedrückt. Einige oft gebrauchte Profile sind genormt (s. Bild 2.8). Sonderprofile mit speziellen

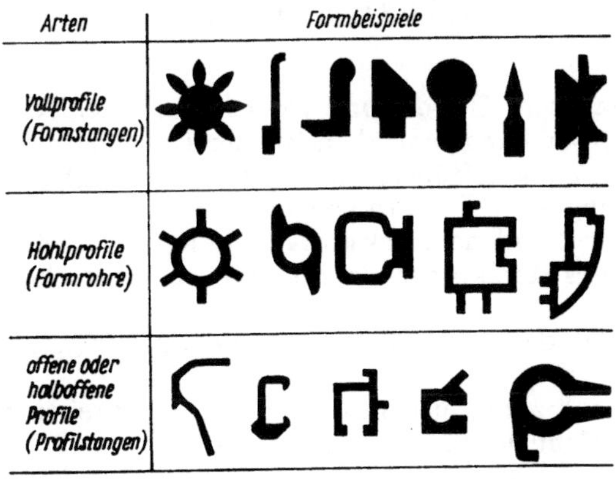

Bild 5.13
Beispiele für blankgezogene, nicht genormte Stahlprofile [5.13]

Querschnittsformen — blankgezogen — lohnen sich allerdings dann, wenn große Stückzahlen gebraucht werden und die Querschnittsformen sonst nur durch großen Aufwand an Maschinenarbeit zu fertigen sein würden. Die einzelnen Werkstücke entstehen dabei durch Abschneiden von der Stange. Beispiele für nicht genormte Stahlprofile sind im Bild 5.13 [5.13] dargestellt.

5.4.1. Gestaltung beim Tiefziehen

Das Tiefziehen wird in großem Umfang in der metallverarbeitenden Industrie angewendet. Es wird deshalb in den Abschnitten 5.4.1.1. bis 5.4.1.7. genauer darauf eingegangen. Tiefziehverfahren sind aber auch bei thermoplastischen Werkstoffen mit Erfolg anwendbar. Im Abschn. 5.4.1.8. werden dazu einige wesentliche Gesichtspunkte dargelegt. Die zum Tiefziehen benutzbaren Werkstoffe sind im Abschn. 5.2 angeführt (Tafeln 5.5, 5.6 und 5.7).

5.4.1.1. *Tiefziehen bei metallischen Werkstoffen*

Tiefziehen ist ein Umformen von ebenen Blechzuschnitten, je nach Form als Ronde oder Platine bezeichnet, zu Hohlkörpern beliebiger Form. Dieser erste Arbeitsgang wird als *Anschlag* bezeichnet, weitere Arbeitsgänge mit dem Ziel, die Grundfläche des Hohlkörpers zu verkleinern und die Höhe zu vergrößern, dagegen als *Weiterschlag*. Die dazu erforderlichen Werkzeuge bestehen in einfachster Ausführung aus Ziehstempel und Ziehring. Beim Ziehvorgang wird der Werkstoff durch den von beiden gebildeten Spalt eingezogen und erhält so seine Form (Bild 5.14). Im Verlauf der Ziehoperation wird die äußere Kreisringfläche in einen Zylinder mit dem Durchmesser d und der Höhe h umgeformt. Das Zuschnittsvolumen bleibt während der Formgebung kon-

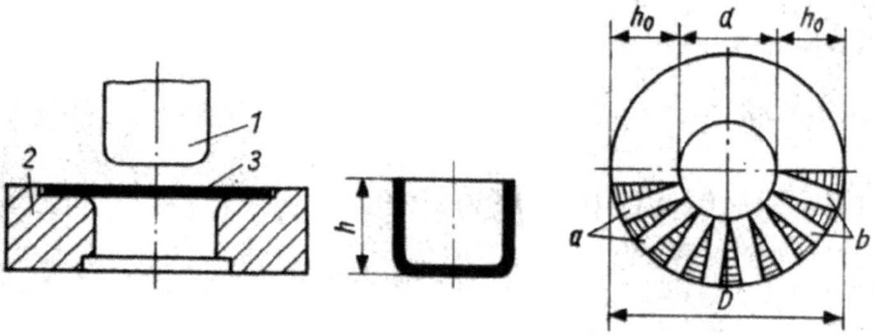

Bild 5.14. Prinzip des Tiefziehens
1 Ziehstempel; *2* Ziehring; *3* Ronde

stant. Durch die Beanspruchungsverhältnisse vergrößert sich jedoch die Höhe h des gezogenen Hohlkörpers gegenüber der Breite h_0 (Bild 5.14) des Kreisringes:

$$h > (D - d)/2 .$$

Dies läßt darauf schließen, daß die plastische Umformung von einer radialen Reckung begleitet wird. Da die Werkstoffschwächung sehr klein ist, der Höhenzuwachs aber relativ groß, muß hieran noch der Werkstoffüberschuß in der Kreisringfläche (schraffierte Segmente im Bild 5.14) beteiligt sein. Dazu ist eine tangentiale Stauchung des Werkstoffs erforderlich. Die damit verbundene Werkstoffanhäufung wird sofort wieder gestreckt, so daß die Wanddicke des Hohlkörpers an allen Stellen nahezu konstant bleibt.

Wie Bild 5.14 zu entnehmen ist, beträgt das zu verdrängende Volumen $V_{\text{Verdr}} = s(\pi/4)\,(D - d)^2$.

Das Verhältnis des verdrängten Volumens zum Ausgangsvolumen einer Kreisringfläche wird als Grad der Umformung bezeichnet und berechnet sich zu

$$E = V_{\text{Verdr}}/V_{\text{Ausg}} = (D - d)^2/(D^2 - d^2) = (D - d)/(D + d) .$$

Die relativ komplizierten Umformvorgänge beim Tiefziehen sind im Bild 5.15 genauer dargestellt. Ein Flächenelement, das sich zu Beginn des Zugs an Stelle *I* am Umfang der Ronde befindet, wandert mit fortschreitender Ziehtiefe zu Stelle *II* und, falls kein Flansch am fertigen Ziehteil bleiben soll, bis in die Hohlkörperwand. Hierbei wird das Flächenelement radial gereckt (σ_2) und tangential gestaucht (σ_1). Durch letztere Belastung neigen dünne Bleche zur *Faltenbildung* (Bild 5.15b), während bei dicken Blechen unter denselben Bedingungen diese Schwierigkeiten nicht auftreten (Bild 5.15c). Geringfügige Faltenbildung wird im Ziehspalt geglättet. Zur Verhinderung der Faltenbildung bei dünnen Blechen und größeren Umformgraden werden die Ziehwerkzeuge mit einem *Niederhalter* ausgestattet. Gelangt beim Fortschreiten des Ziehvorgangs das betrachtete Flächenelement in die Nähe der Ziehkante, so überwiegt die radiale Reckung. Beim Übergang über die Ziehkante wird der Werkstoff zusätzlich noch auf Biegung beansprucht. Sobald das Flächenelement die Ziehkante verlassen hat und in die Hohlkörperwand eingegangen ist, wird es nur noch einer Zugbeanspruchung ausgesetzt, die eine Wandschwächung zur Folge hat und in der Nähe der Bodenrundung am größten ist. Blechflansch bzw. Hohlkörperrand hingegen erfahren infolge der vorangegangenen Stauchung eine Werkstoffverdickung. Der Boden erfährt nahezu keine Dickenänderung. Bei zylindrischen Ziehteilen liegt die größte Verminderung der Werkstoffdicke zwischen 10 und 20%, die Verdickung am Rand zwischen 20 und 30% der ursprünglichen Blechdicke. Einflußgrößen hierfür sind das Ziehverhältnis m,

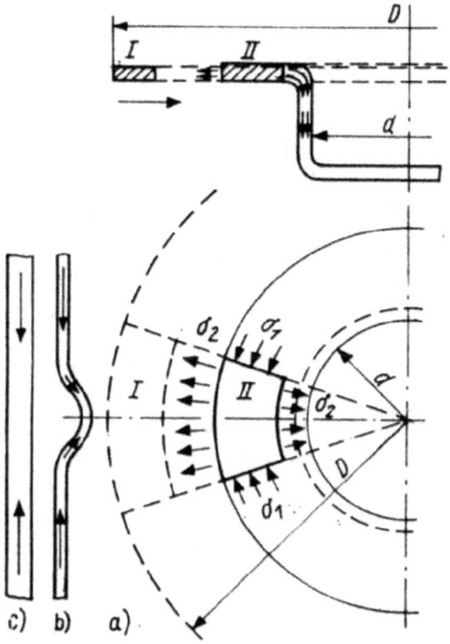

Bild 5.15
Umformverhältnisse beim Tiefziehen
a) Belastungsverhältnisse; b) Faltenbildung bei dünnen Blechen; c) ohne Faltenbildung bei dickeren Blechen

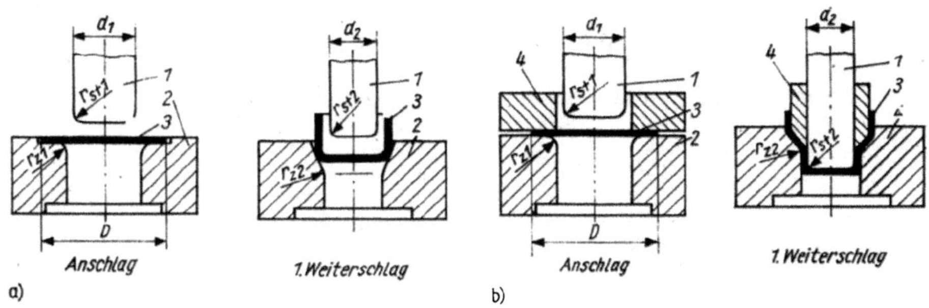

Bild 5.16. Werkzeugelemente für Tiefziehen ohne und mit Niederhalter (Anschlag und 1. Weiterschlag)
a) ohne Niederhalter; b) mit Niederhalter
1 Ziehstempel; *2* Ziehring; *3* Zuschnitt; *4* Niederhalter

Verhältnis Blechdicke zu Rondendurchmesser s/D, die Plastizität des Werkstoffs und Größe der Abminderungsradien am Ziehstempel r_{St} und am Ziehring r_Z.

Im Bild 5.16 werden Elemente der Werkzeuge für Tiefziehen ohne und mit Niederhalter für den Anschlag und den 1. Weiterschlag gezeigt. Von Einfluß auf den Tiefziehvorgang sind Stempelradius r_{St}, Ziehringradius r_Z, Ziehspalt und Form des Niederhalters. Besonders die Abminderungsradien beeinflussen die

- Spannung und damit die Ziehkraft,
- Größe des Ziehverhältnisses,
- Faltenbildung und Rißgefahr.

Allgemein gilt, daß zu großes r_Z zur Zipfel- und Faltenbildung, zu kleines r_Z zur Rißbildung oberhalb der Bodenrundung führt. Dünne Bleche benötigen größere relative

Abrundungsradien, während für dicke Bleche kleine Radien erforderlich sind. Aus der Beziehung

$$r_Z = 0{,}8\sqrt{(D - d_{St})\, s} \quad \text{für} \quad r_Z \leqq r_{St} \leqq 2r_Z \quad \text{bis} \quad d_{St} = 150 \text{ mm}$$

lassen sich die für Anschlagwerkzeuge erforderlichen Abrundungsradien berechnen, die bei in einem Zug gefertigten Hohlkörpern gleich den konstruktiven Endabmessungen sind (Bodenradius = Stempelradius).

Für die Weiterschläge werden die Abrundungsradien von Zug zu Zug verkleinert und bestimmen sich aus der Beziehung $r_n = (0{,}6 \cdots 0{,}8) r_{n-1}$.

Bei mittleren und größeren Ziehteilen werden die Werkzeuge für die Weiterschläge mit einer schrägen Kante ausgeführt (Bild 5.16b), während für Teile mit $d \leqq 50$ mm nur Abrundungen vorzusehen sind. Stempelradien für die Weiterschläge haben etwa den halben Radius des 1. Zugs und müssen für den Fertigschlag die konstruktive Abrundung des Ziehteils haben. Der Ziehspalt muß so dimensioniert sein, daß neben der Blechdicke auch die Wandverdickungen am Hohlkörperrand und Blechtoleranzen berücksichtigt werden.

5.4.1.2. *Ziehverhältnis m*

Aus der Darlegung des Tiefziehvorgangs ist zu erkennen, daß ein Werkstück in Abhängigkeit von Ziehtiefe, Stempeldurchmesser, Werkstoffdicke und anderen Einflußgrößen entweder in einem Arbeitsgang oder in mehreren Arbeitsgängen gefertigt werden kann. Kostengünstig ist es, ein Werkstück mit der geringsten Anzahl von Zügen ohne Zwischenglühen zu fertigen. Der Umformung durch das Tiefziehen ist aber eine Grenze gesetzt, da Umformgrad und zulässiges Ziehverhältnis nur eine ganz bestimmte Spannung erlauben, wenn nicht Risse am Ziehteil auftreten sollen. Das Ziehverhältnis m bzw. sein Reziprokwert β errechnet sich aus $m = d/D = 1/\beta$; $\beta = D/d$. Diese Beziehungen gelten für zylindrische Ziehteile. Der Umformgrad steht in einem bestimmten Verhältnis zum Ziehverhältnis. Wird z. B. m kleiner gewählt, so vergrößert sich der Umformgrad.

Für die einzelnen Züge gelten folgende Beziehungen:

für den 1. Zug (Anschlag) $m_1 = d_1/D$,
für den 2. Zug $m_2 = d_2/d_1$,
für den n-ten Zug $m_n = d_n/d_{n-1}$.

Damit ist es möglich, die Werkzeugabmessungen für die einzelnen Züge, besonders den Stempeldurchmesser d_1, zu bestimmen.

Tafel 5.15. Praktische Ziehverhältnisse für verschiedene Werkstoffe (NH Niederhalter)

Werkstoff	Anschlag (m_1) ohne NH	mit NH	Weiterschläge ($m_2 = m_3 = \cdots$) ohne NH	mit NH
Stahlziehblech, Qualität USt12		0,60 ··· 0,65		0,80
Stahltiefziehblech, Qualität USt13		0,55 ··· 0,60		0,75 ··· 0,80
Stahlverkleidungsblech, Qualität RRSt14	0,85 ··· 0,90	0,52 ··· 0,58	0,85 ··· 0,90	0,75 ··· 0,80
Kupfer		0,55 ··· 0,60		0,85
Messing		0,50 ··· 0,52		0,75 ··· 0,80
Aluminium, weich		0,53 ··· 0,60		0,80
Zink		0,65 ··· 0,70		0,85 ··· 0,90

Tafel 5.15 gibt einen allgemeinen Überblick über die erreichbaren Tiefziehverhältnisse für verschiedene Werkstoffe. Die Werte für Weiterschläge sind gültig ohne Zwischenglühen. Der Überblick hat den Nachteil, daß er nur den Werkstoff berücksichtigt, aber andere Abhängigkeiten, z. B. Ziehradius, -geschwindigkeit und besonders Werkstoffdicke s und Zuschnittsdurchmesser D, unbeachtet läßt. Genauere Werte

sind im Bild 5.17 für den Anschlagzug m_1 bei Werkzeugradien nach Tafel 5.16 dargestellt, wobei die meist verwendeten Ziehwerkstoffe als Parameter erscheinen.

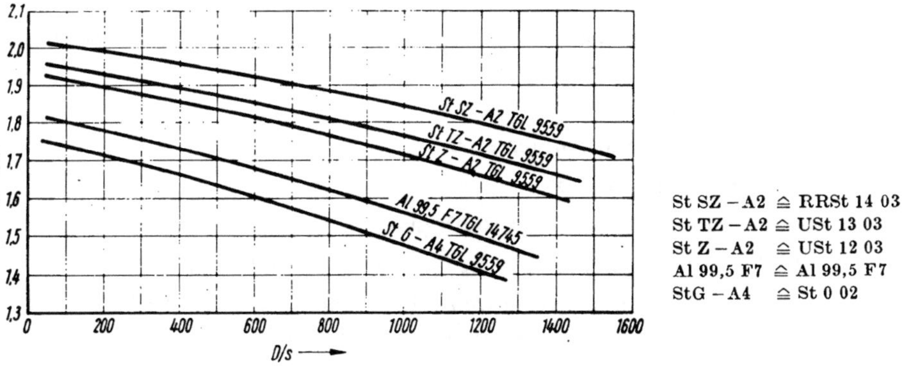

Bild 5.17. Reziprokes Ziehverhältnis β für verschiedene Werkstoffe

5.4.1.3. *Zuschnittsermittlung beim Tiefziehen*

Das Werkstoffvolumen bleibt bei jeder bildsamen Umformung konstant, so daß der Zuschnittsermittlung das *Volumen* des Fertigteils zugrunde gelegt werden kann. Beim Tiefziehen sind aber die Dickenänderungen gering, so daß man lediglich die *Größe der Oberfläche* des Fertigteils zu bestimmen braucht. Außerdem ist eine Zugabe z für den Beschnitt erforderlich, da der Zuschnitt nicht immer exakt berechnet werden kann und Ungleichmäßigkeiten des Werkstoffs in Dicke und Struktur, Werkzeugtoleranzen u. a. vorhanden sind. Grundsätzlich kann man die Größe des Zuschnitts durch Berechnung, grafische Verfahren oder eigens dafür geschaffene Kurvenblätter bestimmen [5.17].

Im folgenden sollen ausschließlich Berechnungsverfahren für Teile bis zu mittleren Kompliziertheitsgraden, deren Oberflächen sich leicht in geometrisch einfache Teilflächen zerlegen lassen, behandelt werden.

Zuschnittsermittlung runder Teile einfacher Form

Die Teile sollen einen nahezu scharfkantigen Übergang von Boden- zu Mantelfläche usw. haben, so daß bei der Oberflächenberechnung diese Rundungen vernachlässigt werden können. Der Zuschnitt rotationssymmetrischer Teile ist eine kreisrunde Ronde, deren Fläche der Oberfläche des fertigen Ziehteils entspricht. Letztere setzt sich meist aus mehreren geometrisch elementaren Teilflächen zusammen, die noch um die durch die Beschnittzugabe z bedingte Teilfläche vermehrt werden. Dieser Zuschlag z, dessen

Tafel 5.16. Beschnittzugaben z [5.1]

Zylindrische Teile ohne Flansch					Zylindrische Teile mit Flansch				
Teilhöhe h	Beschnittzugabe in mm bei einer bezogenen Höhe h/d				Flanschdurchmesser d_{Fl}	Beschnittzugabe in mm bei einem bezogenen Flanschdurchmesser d_{Fl}/d			
mm	0,5 bis 0,8	0,8 bis 1,6	1,6 bis 2,5	2,5 bis 4	mm	bis 1,5	1,5 bis 2	2 bis 2,5	2,5 bis 3
10	1,0	1,2	1,5	2	25	1,6	1,4	1,5	1,0
20	1,2	1,6	2	2,5	50	2,5	2,0	1,8	1,6
50	2	2,5	3,3	4	100	3,5	3,0	2,5	2,2
100	3	3,8	5	6	150	4,3	3,6	3,0	2,5
150	4	5	6,5	8	200	5,0	4,2	3,5	2,7
200	5	6,3	8	10	250	5,5	4,6	3,8	2,8

Größe sich nach den Abmessungen des Ziehteils (Tafel 5.16) richtet, stellt eine Vergrößerung der Zuschnittsfläche dar, die am Ende der Fertigung durch Beschneiden des Teils auf den konstruktiven Endwert (z. B. Teilhöhe h oder Flanschdurchmesser) wieder korrigiert wird.

Für den runden zylindrischen Hohlkörper (Bild 5.18 a) führt der Oberflächenvergleich zu

$$(\pi D^2)/4 = (\pi d_m^2)/4 + \pi d_m (h + z)$$

und ergibt für den Rondendurchmesser D

$$D = \sqrt{d_m^2 + 4\,d_m\,(h + z)}\,.$$

Für das Ziehteil mit Flansch (Bild 5.18 b) gilt

$$\pi\,D^2/4 = \pi\,(d_2 + 2\,z)^2/4 + \pi\,d_m\,h\,,\ \text{bzw.}\ D = \sqrt{4\,d_m\,h + (d_2 + 2\,z)^2}\,.$$

Nach dem gleichen Berechnungsverfahren erhält man die in Tafel 5.17 für einige häufig verwendete Ziehteile zusammengestellten Formeln für D.

Tafel 5.17. Zuschnittsdurchmesser D für verschiedene runde Ziehteile

Schematische Darstellung	Bezeichnung	Rondendurchmesser D (d_m = mittlerer Durchmesser)
	Halbkugel	$d_m\sqrt{2}$
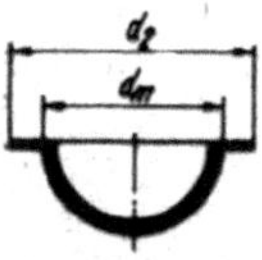	Halbkugel mit Flansch	$\sqrt{d_m^2 + d_2^2}$
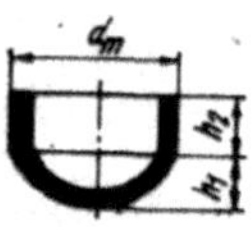	Zylinder mit Kugelkappe	$\sqrt{d_m^2 + 4(h_1^2 + d_m h_2)}$
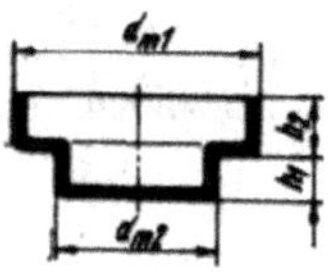	abgestuftes zylindrisches Teil (scharfkantig)	$\sqrt{d_{m1}^2 + 4(d_{m2}h_1 + d_{m1}h_2)}$
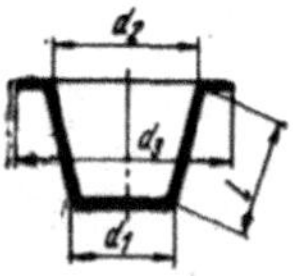	Kegelstumpf mit Flansch (scharfkantig)	$\sqrt{d_1^2 + 2l(d_1 + d_2) + d_3^2 - d_2^2}$

Zuschnittsermittlung runder Teile komplizierter Form

Oberflächen von Teilen komplizierter Form lassen sich nicht mehr in elementare Teilflächen zerlegen, sondern haben auch Rotationsflächen, z. B. größere Bodenrundungen u. ä. (Bild 5.19). Rotationsflächen lassen sich mit der Guldinschen Regel berechnen: Jeder Rotationskörper wird von einer um die Körperachse rotierenden Kurve beschrieben. Der Weg $2\pi r_s$ des Schwerpunkts dieser Kurve, multipliziert mit ihrer Länge L, ergibt die Größe A der Oberfläche des Körpers bzw. Körperteils: $A = 2\pi r_\mathrm{S} L$. Die Bestimmung von r_S und L kann rechnerisch oder grafisch erfolgen.

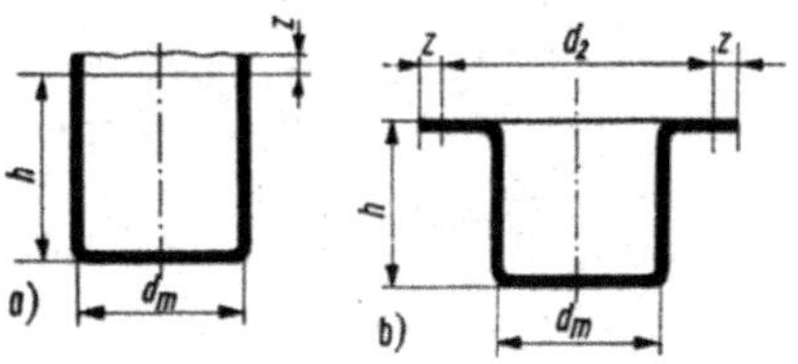

Bild 5.18
Bezeichnungen bei runden zylindrischen Hohlkörpern mit sehr kleinen Radien
a) ohne Flansch; b) mit Flansch

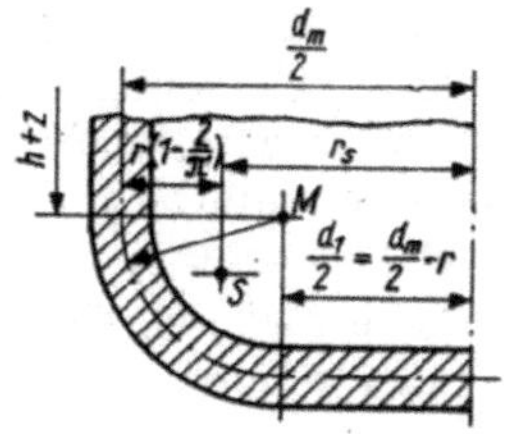

Bild 5.19
Bezeichnungen bei größeren Bodenrundungen
M Krümmungsmittelpunkt; S Schwerpunkt des Bogenstücks; d_1 Durchmesser der ebenen Bodenfläche; r Bodenradius; r_s Schwerpunktradius; d_m mittlerer Napfdurchmesser; $(h + z)$ Höhe der Mantelfläche + Beschnittzugabe

Die Oberfläche des einfachen Hohlkörpers mit Bodenradius r setzt sich deshalb aus Boden- und Mantelfläche und noch aus der Rotationsteilfläche A_r zusammen, wobei mit den Bezeichnungen von Bild 5.19 gilt

$$A_\mathrm{r} = 2\pi\,[d_\mathrm{m}/2 - r\,(1 - 2/\pi)]\,2\pi r/4\,.$$

Für die Rondenfläche ergibt sich dann

$$\pi D^2/4 = \pi\,(d_\mathrm{m} - 2\,r)^2/4 + 2\pi\,[d_\mathrm{m}|2 \;- r\,(1 - 2/\pi)]\,2\pi r/4 + \pi d_\mathrm{m}(h + z)$$

Rondenfl. = Bodenfl. + Rotationsfl. der Rundung + Mantelfl.

$$D = \sqrt{(d_\mathrm{m} - 2\,r)^2 + 4\,d_\mathrm{m}\,[(h + z) + \pi r/2] - 4\,r^2\,(\pi - 2)}\,.$$

Vergleichsmessungen ergeben, daß man etwa zu dem gleichen Rondendurchmesser kommt, wenn man die Berechnung für scharfkantige Hohlkörper ohne Beschnittzugabe anwendet.

Zuschnittsermittlung rechteckiger und quadratischer Teile [5.6]

Für relativ flache rechteckige Teile ($h\!:\!b \leq 0{,}7$) mit relativ großen Boden- und Eckenradien, die meist in einem Zug gefertigt werden können, erfolgt die Zuschnittskonstruktion wie im Bild 5.20 dargestellt [5.6]. Die Seitenwände werden in die Bodenebene

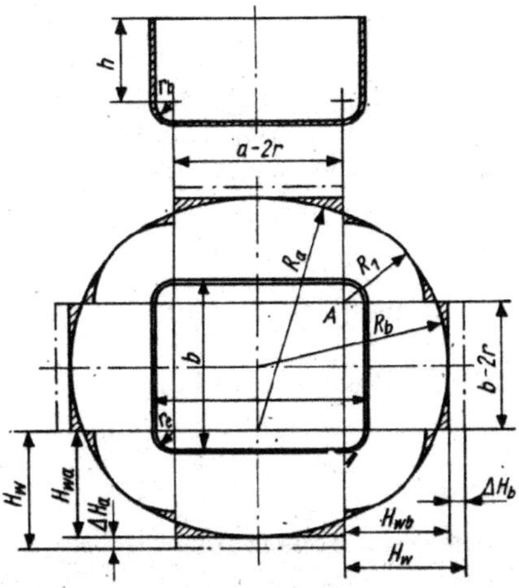

Bild 5.20
Zuschnittsermittlung für rechteckige Teile [5.6]

mit dem Maß H_W umgeklappt, das noch mit dem Faktor x zu korrigieren ist. Dann wird mit R_1 um den Punkt A ein Kreisbogen geschlagen, der die Eckenkanten der umgeklappten Seitenwände etwa verbindet. Die Übergänge des Zuschnitts sind durch Konstruktion mit den Radien R_a und R_b auszugleichen, wobei die abgetrennten und neu hinzugekommenen Flächenelemente (schraffierte Flächen) etwa flächengleich sein sollen. Bei einer derartigen Zuschnittskonstruktion ist eine Beschnittzugabe meist nicht erforderlich. Es sind zwei Fälle zu beachten: Ecken- und Bodenradien sind gleich ($r_e = r_b = r$) oder ungleich ($r_e \neq r_b$).

Fall 1: $r_e = r_b = r$. Die Ecke wird aus 1/8 Kugelfläche und 1/4 Zylindermantel gebildet. Das ergibt für die Viertelronde

$$R = 1{,}42\sqrt{rh + r^2}\,.$$

Da ein Teil des Werkstoffs in die Seitenwände verdrängt wird, muß R vergrößert werden; daraus folgt $R_1 = xR$ ($x > 1$).

Dieser Korrekturfaktor x, der auch zur Korrektur der umgeklappten Seitenwände benötigt wird ($H_{Wa} = H_W - \Delta H_a$; $H_{Wb} = H_W - \Delta H_b$), errechnet sich aus $x = 0{,}074(R/2r)^2 + 0{,}982$ [5.6].

Damit werden [5.6]

$$H_{Wa} = (\pi/2)r + h - 0{,}785\,(x^2 - 1)\,(R^2/a)\,,\ \text{bzw.}\ H_{Wb} = (\pi/2)r + h - 0{,}785\,(x^2 - 1)\,(R^2/b)\,.$$

Fall 2: $r_e \neq r_b$. Die Berechnung der Größen R, x, R_1, H_{Wa} und H_{Wb} erfolgt zu [5.6].

$$R = 1{,}012\,r_e^2 + 2r_e\,(h + 0{,}506\,r_b)\,,$$

$$x = 0{,}074\,(R/2\,r_e)^2 + 0{,}982\,,\ \text{bzw.}\ R_1 = xR\,,$$

$$H_{Wa} = 0{,}57\,r_b + h + r_e - 0{,}785\,(x^2 - 1)\,(R^2/a)\,,\ \text{bzw.}$$

$$H_{Wb} = 0{,}57\,r_b + h + r_e - 0{,}785\,(x^2 - 1)\,(R^2/b)\,.$$

Für quadratische Ziehteile mit Seitenlänge a und Gesamthöhe h sowie gleichen Boden- und Eckenradien r ergibt sich als Zuschnitt eine kreisrunde Ronde mit dem Durchmesser [5.1]

$$D = 1{,}13\sqrt{a^2 + 4a\,(h - 0{,}43r) - 1{,}72r\,(h - 0{,}33r)}\,.$$

Abschließend muß darauf hingewiesen werden, daß es sowohl bei den berechneten als auch bei komplizierteren Teilen zweckmäßig ist, die endgültige Zuschnittgestalt im Werkzeug selbst zu erproben und zum Erreichen optimaler Formen entsprechende Änderungen vorzunehmen.

5.4.1.4. *Anzahl der Züge*

Es ist stets anzustreben, ein entworfenes Ziehteil mit möglichst wenig Ziehstufen, am günstigsten im Anschlag, zu fertigen. Wenn dies nicht möglich ist, dann ergibt sich die erforderliche Anzahl n von Ziehstufen aus der Beziehung für Folgezüge

$$m = m_1 m_2 m_3 \cdots m_n = \frac{d_1}{D}\frac{d_2}{d_1}\frac{d_3}{d_2}\frac{\cdots}{\cdots}\frac{d_n}{d_{n-1}} = \frac{d_n}{D}\,,$$

wobei die einzelnen Ziehverhältnisse m (bzw. $\beta = 1/m$) aus Tafel 5.15 und Bild 5.17 zu entnehmen sind.

Die für die einzelnen Ziehverhältnisse zweckmäßige *Ziehtiefe* ist ebenfalls berechenbar und der Spezialliteratur zu entnehmen [5.1] [5.17].

5.4.1.5. *Hinweise und Beispiele für das Ziehen komplizierter Teile*

Während bei einfachen zylindrischen Teilen, die infolge ihrer Höhe in mehreren Stufen gefertigt werden müssen, keine Besonderheiten für die Gestaltung der Zwischenstufen erforderlich sind, müssen bei hohen, abgestuften und komplizierten Teilen folgende Hinweise beachtet werden:

- Das Teil muß so gezogen werden, daß aus der Ronde über den Anschlag und die erforderlichen Weiterschläge zuerst die inneren Teilabschnitte und von da aus stufenförmig die äußeren Durchmesser gefertigt werden. Ein Flansch wird z. B. im letzten Arbeitsgang gebildet.
- Komplizierte Teile sind mit einer vorläufigen Umrißform zu ziehen. Hierbei werden die einzelnen Teilabschnitte durch Geraden oder Schrägen gebildet und durch große Abrundungsradien verbunden. Im letzten Arbeitsgang bekommt das Teil seine endgültige Form durch Formstanzen (Formtiefen, s. Abschn. 5.4.3.). Für Teile mit sehr scharfen Kanten und besonders ebenen Flächen ist ein Kalibrierschlag notwendig.
- Bei jedem Zug wird unter Berücksichtigung einer gewissen Zugabe so viel Werkstoff in den Ziehring eingezogen, wie für den folgenden Zug nötig ist.

Einige Beispiele für das Ziehen hoher, abgestufter Teile sind im Bild 5.21 dargestellt.

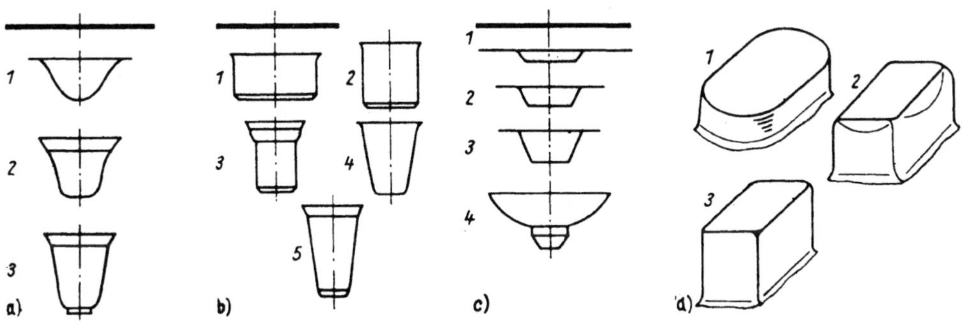

Bild 5.21. Ziehbeispiele für die Fertigung komplizierterer Teile
a), b), c) rotationssymmetrische Teile; d) rechteckiges Teil

5.4.1.6. *Allgemeine Gestaltungsregeln und konstruktive Hinweise* [5.18] [5.19]

Es sind folgende zusammenfassende Regeln und konstruktive Hinweise beim Entwurf von Tiefziehteilen zu beachten.

1. Komplizierte Teile und asymmetrische Grundformen sind nach Möglichkeit zu vermeiden (Tafel 5.18, Beispiel *1*). Sind asymmetrische Grundformen nicht zu umgehen, so ist zu untersuchen, ob die Symmetrie durch Zusammenlegen zweier formgleicher Teile, die nach dem Ziehen getrennt werden, zu erreichen ist.
2. Größere Ziehteile, die aufgrund einer großen Ziehtiefe in mehreren Zügen gefertigt werden müssen (z. B. Gehäuse), bereiten oft fertigungstechnische Schwierigkeiten und werden daher meist wirtschaftlicher und einfacher aus mehreren Teilen zusammengesetzt (Tafel 5.18, Beispiel *2*).
   Wesentlichen Ausschlag für die Wahl eines geeigneten Fertigungsverfahrens gibt die Stückzahl z. So ergibt sich z. B. für ein einfaches Ziehteil mit rechteckigem Boden 170 mm × 320 mm und der Höhe h = 170 mm eine wirtschaftliche Fertigung durch
   - Biegen — Schweißen — Nachbearbeiten bis zu z = 130 Stück,
   - Biegen eines Bodens mit Rand — Biegen des Mantelteils — Punktschweißen — Nachbearbeiten bis zu z = 1300 Stück,
   - Ziehen in mehreren Gängen — Beschneiden ab z = 1500 Stück.
3. Abrundungsradien am Flansch bzw. an der Ziehkante sind entsprechend Blechdicke s, den Abmessungen und dem Werkstoff des Teils festzulegen (s. Abschn.

5.4.1.1.). Zu große Radien begünstigen Faltenbildung, zu kleine führen zum Reißen.

4. Bodenradien bestimmen sich meist nach Flanschradien. Es gilt: günstigste Bodenrundung ≧ Ziehkantenradius. Sie können jedoch unter bestimmten Umständen

Tafel 5.18. Gestaltung von Tiefziehteilen [5.18] [5.19]

Beispiel	Ungünstige Lösung	Erläuterungen	Günstige Lösung
1	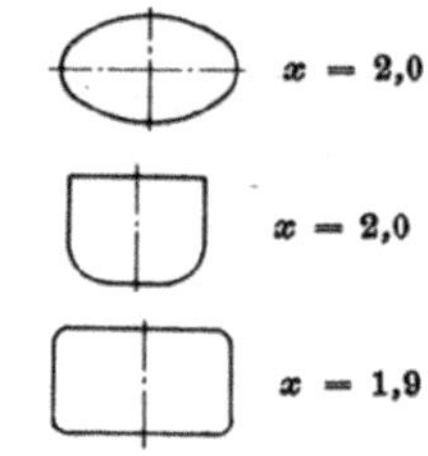	Grundformen: auf normalen Werkzeugmaschinen leicht zu fertigende. Umrißlinien sind stets zu bevorzugen. Die Kosten für Werkzeuge veranschaulicht die Verhältniszahl x.	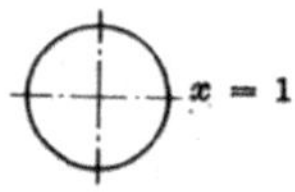
	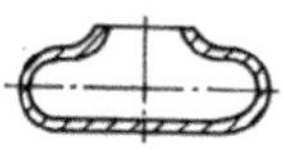	Teile mit Hinterschnitt sind nicht ziehbar. Besser das Werkstück so teilen, daß einfache Grundformen entstehen	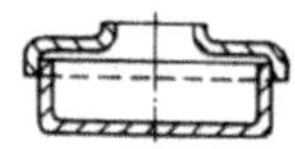
2	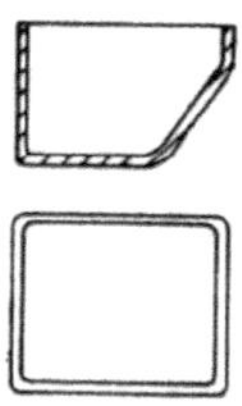	Einteiliges Ziehteil ergibt ungleichmäßig große Werkstoff- und Werkzeugbelastung. Großer Ausschuß. Dreiteiliges, zusammengesetztes Teil ergibt günstigere Fertigung *1* Biegeteil; *2*, *3* in zwei Teile aufgetrenntes Ziehteil	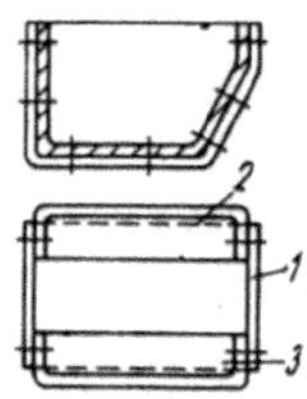
		Ziehteil	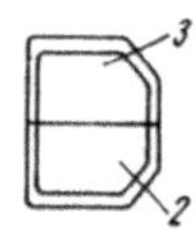
3	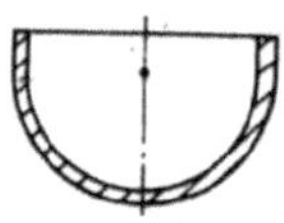	Ein ebenes Bodenprofil mit genügend großer Bodenrundung ist einfacher zu ziehen als ein rundes Bodenprofil	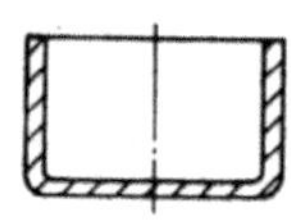
4	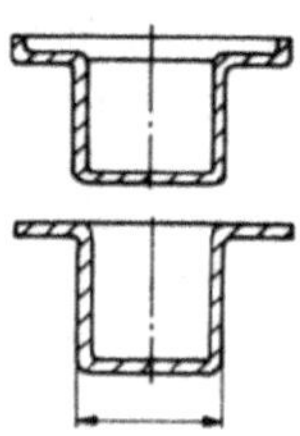	Breite Absätze und Flansche ergeben einen großen Rondendurchmesser D und daher eine größere Anzahl von Zügen. Ein glatter Ziehmantel ohne Absätze oder Flansche verkleinert D und damit die Anzahl der Züge. Evtl. zweiteilige Lösung vorsehen	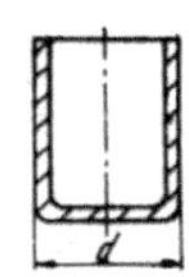
5	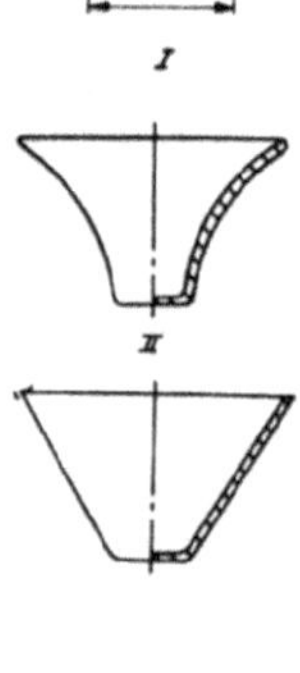	Eingeschnürte oder stark kegelförmige Mantelflächen neigen stark zur Faltenbildung, ergeben schroffe Umfangsverkleinerung und ungünstige Beanspruchung des Werkstoffs. Bauchige Mantelflächen haben allmähliche Umfangsverringerung und vorteilhaftes Anschmiegen des Werkstoffs an die Stempelform zur Folge. Günstigere Werkstoff- und Werkzeugbelastung	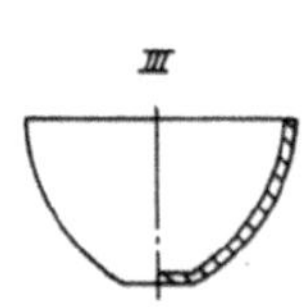

Tafel 5.18. (Fortsetzung)

Beispiel	Ungünstige Lösung	Erläuterungen	Günstige Lösung
6	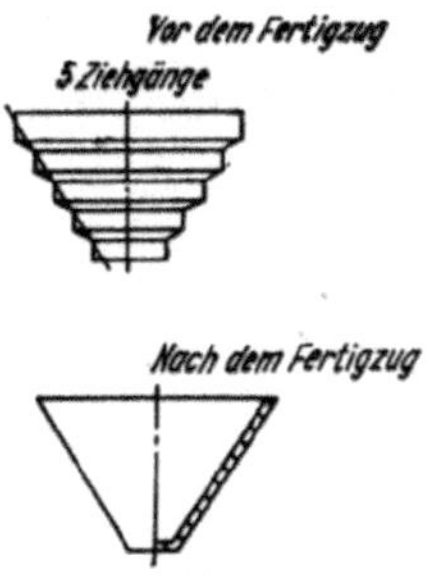	An kegelförmigen Ziehteilen soll die Neigung möglichst klein sein, da sie eine geringere Anzahl von Ziehstufen und keine großen Werkstoff- und Werkzeugbelastungen ergibt. Schwache Faltenbildung	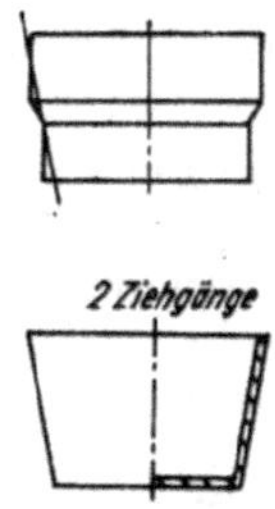
7	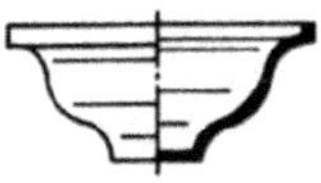	Abgesetzte Ziehteile sollen möglichst nicht kurvenförmig ausgebildet werden. Zylindrische und kegelförmige Ausbildung ergeben geringere Werkstoffbelastungen. Wegfall des Nachschlagens	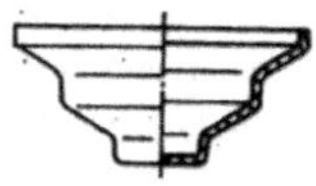
8	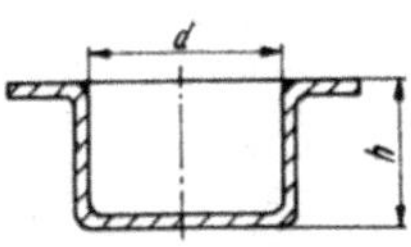	Augen, Vertiefungen u. ä. sind mit möglichst geringer Höhe *h* ($h \leqq 0{,}3\,d$), mit möglichst großer Schräge und Radien R_f und R_b auszuführen. Dann meist in einem Zug zu fertigen und keine Rißgefahr	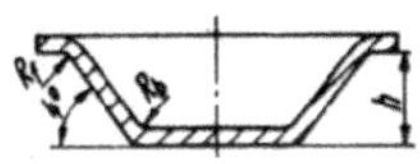

auch kleiner sein [$r \geqq (2$ bis $3)\,s$]. Sind schärfere Radien unbedingt erforderlich, ist in einem oder mehreren Arbeitsgängen zu kalibrieren.

5. Halbkreisförmige Böden sind schwieriger zu ziehen als ein ebener mit genügend großer Bodenrundung (Tafel 5.18, Beispiel *3*).
6. Die zu fertigende Ziehtiefe muß dem Ziehverhältnis m angepaßt sein (Tafel 5.15). Große Tiefen erfordern mehrere Ziehoperationen. Durch fertigungsgerechte Gestaltung und Begrenzung auf unbedingt notwendige Abmessungen können Kosten eingespart werden.
7. Tiefe Teile mit breitem Flansch ($d_1 > 3d$ bei $h > 3d$) sind zu vermeiden. Sie erfordern viele Züge (5 bis 10). Evtl. ist eine Teilung des Werkstücks vorzuziehen (Tafel 5.18, Beispiel *4*).
8. An rechteckigen Teilen sind scharfe Eckenkanten zu vermeiden (zu großer Umformungsgrad). Wenn erforderlich, sind sie durch entsprechende Arbeitsgänge nachzuschlagen.
9. Die Niederhalterfläche ist beim Anschlag zylindrischer Werkstücke eben zu halten (Bild 5.16 b). Bei unsymmetrischen Formen wird die Niederhalterfläche den Erfordernissen angepaßt. Sie verläuft beim Weiterschlag unter 40 bis 45° (Bild 5.16 b). Andere Formen sind bei normalen Ziehverhältnissen nur in mehreren Operationen zu ziehen.
10. Kegel- und kurvenförmig verlaufende Mantelflächen ergeben ungünstige Beanspruchung des Werkstoffs durch vorwiegend freie Durchmesserverringerung und neigen zu Faltenbildung (Tafel 5.18, Beispiel *5*). Sind keglige Mantelflächen nicht zu vermeiden, so ist eine möglichst geringe Neigung derselben anzustreben (Tafel 5.18, Beispiel *6*). Sind Ziehteile mit abgesetzten Mantelflächen nötig, so sind kurvenförmige Übergänge besser durch kegelförmige zu ersetzen (Tafel 5.18, Beispiel *7*).

11. Die Höhen ausgezogener Augen oder Stutzen sind niedrig zu halten ($h \leqq 0{,}3d$) und sollen schräg verlaufen (Tafel 5.18, Beispiel *8*).
12. Toleranzen sollen nicht enger gefordert werden, als es für die Funktion bzw. Austauschbarkeit des Teils erforderlich ist (s. Abschn. 5.4.1.7.).

5.4.1.7. *Genauigkeit beim Tiefziehen*

Folgende Faktoren üben einen Einfluß auf die Genauigkeiten, die beim Fertigen von Werkstücken durch Tiefziehen erreicht werden können, aus:

- elastische Rückfederungen,
- ungenaue Ziehspaltabmessungen,
- Toleranzen der Werkzeugabmessungen und ihr Verschleiß,
- Ziehverhältnis *m* und Grad der Umformung,
- relative Werkstoffdicke s/D,
- Form des Werkstücks und Anzahl der Züge,
- Werkstoffeigenschaften und -struktur (Spannungen, Walzrichtung).

Zur Realisierung enger Toleranzen bilden die Verwendung dicker und weicher Werkstoffe, die Nichtausnutzung des möglichen Ziehverhältnisses sowie die nachträgliche Ausführung von Versteifungsmaßnahmen (s. Abschn. 5.7.) günstige Voraussetzungen.

Tafel 5.19. Durchmessertoleranzen in % vom Stempeldurchmesser beim Tiefziehen [5.1]

Ziehverhältnis	1. Zug bei s/D in %			Kalibrieren bei s/D in %		
m	2 bis 1	1 bis 0,3	0,3 bis 0,1	2 bis 1	1 bis 0,3	0,3 bis 0,1
0,8	±0,3	±0,4	±0,5	±0,12	±0,16	±0,2
0,7	±0,4	±0,5	±0,6	±0,16	±0,2	±0,25
0,6	±0,5	±0,6	±0,7	±0,2	±0,25	±0,3
0,5	±0,6	±0,7	–	±0,25	±0,3	–
0,4	±0,7	–	–	±0,3	–	–

In Tafel 5.19 sind *Durchmessertoleranzen* für zylindrische Ziehteile ohne Flansch aufgeführt, die den gebräuchlichsten Anforderungen genügen. Bei Teilen mit Flansch (geringe Rückfederung) erreicht man im Anschlag etwa die Genauigkeit der unter *Kalibrieren* angeführten Abmaße.

Höhentoleranzen für Werkstücke ohne Beschnittzugabe liegen bei IT9 bis IT11. Wird ausgeschnitten und gleichzeitig gezogen, so entspricht die erzielbare Höhengenauigkeit etwa IT6 bis IT8. Beim Tiefziehen mit Flansch kann die Höhentoleranz ebenfalls zwischen IT9 und IT11 liegen, während nach einem abschließend ausgeführten Kalibrierschlag IT6 bis IT8 erreichbar ist.

5.4.1.8. *Tiefziehen von Kunststoffen*

Zum Tiefziehen können Halbzeuge aus thermoelastischen Kunststoffen herangezogen werden (s. Abschn. 5.2. und Tafel 5.6). Die Halbzeuge müssen vor dem Tiefzie-

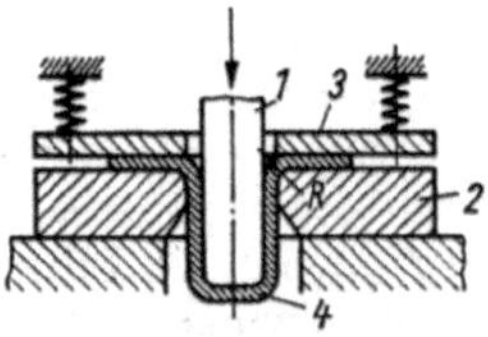

Bild 5.22
Ziehvorgang bei Thermoplasten [5.13]
1 Ziehstempel; *2* Ziehring; *3* federnder Niederhalter; *4* Formteil

hen vollständig oder nur in der Umformzone erwärmt werden, wobei die Temperatur so zu wählen ist, daß die Umformung oberhalb der Einfrier- und unterhalb der Fließtemperatur vor sich gehen kann. Nach dem Vorgang wird das Werkstück abgekühlt, wobei die umgelagerten Molekülverbände unter gewissen inneren Spannungen in ihrer neuen Lage einfrieren. Die Halbzeugdicke *s* bleibt beim Tiefziehen i. allg. konstant.

Beim Ziehvorgang (Bild 5.22) wird die erwärmte Kunststoffplatte mittels Ziehstempels *1*, der den Werkstoff durch Ziehring *2* ins Freie zieht oder mit einem Gegenstempel zusammenarbeitet, umgeformt. Das Nachgleiten des Werkstoffs wird durch federnden Niederhalter *3* gesteuert. Am Ende des Vorgangs muß der Niederhalterdruck noch den Werkstoff gegen den Ziehring pressen, bis die erwünschte Abkühlung des Formteils *4* erreicht und eine Rückfederung nicht mehr möglich ist.

Beim Gestalten von Tiefziehformteilen ist zu beachten, daß sich besonders rotationssymmetrische Hohlkörper mit gleichmäßiger Wanddicke für dieses Verfahren eignen. Die Ziehtiefen h können das 2- bis 3fache des Stempeldurchmessers d betragen, besonders wenn die Einlaufkanten des Ziehrings mit $R_z \geqq 3s$ abgerundet sind. Der Ziehspalt ist etwa 10 bis 15% größer als die Werkstoffdicke s zu wählen.

5.4.2. Gestaltung beim Formdrücken [5.18]

Formdrücken gehört zu den Umformverfahren, die nur bis zu mittleren Stückzahlen z je Form wirtschaftlich arbeiten, da die Kosten des Verfahrens relativ hoch sind. Es wird deshalb zur Fertigung rotationssymmetrischer Hohlkörper angewendet, wenn

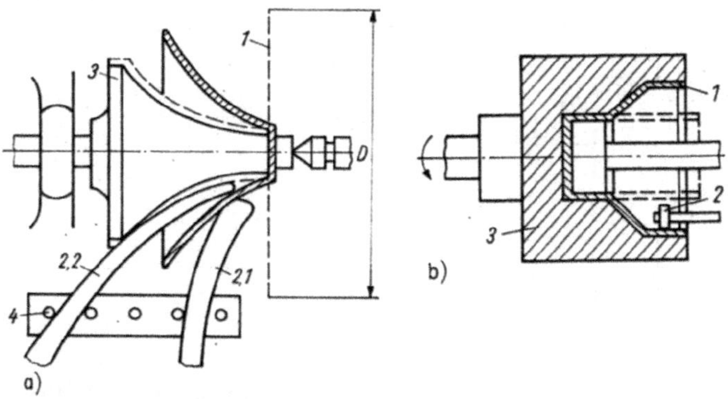

Bild 5.23
Formdrückverfahren
a) Außenformdrücken; b) Innenformdrücken
1 Ronde mit Durchmesser D; *2* Drückwerkzeug (Drückhebel *2.1* und *2.2* oder Drückrolle *2*); *3* rotierendes Innen- oder Außenfutter; *4* Stifte zur Gegenlage für Werkzeuge *2.1* und *2.2*

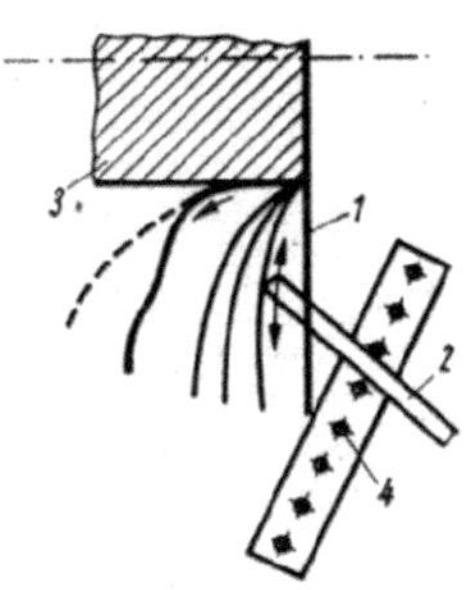

Bild 5.24
Stufenweises Drücken bis zur Endform
1 Ronde; *2* Drückhebel; *3* Innenfutter mit d_n; *4* Stifte für Gegenlage

Tiefziehen der Hohlkörper noch zu aufwendig ist. Technisch kann es sowohl als Außen- als auch als Innendrückverfahren ausgeführt werden (Bild 5.23). Die Ausgangsform des Werkstücks ist entweder eine Ronde oder ein bereits vorgeformtes Teil. Oft wird das Drücken auch als Endarbeitsstufe herangezogen.

Angaben über die Eigenschaften verwendbarer Werkstoffe sind in den Tafeln 5.5 und 5.6 enthalten. Das zulässige Drückverhältnis

$$\beta_1 = \text{Ausgangsdurchmesser } D/\text{Drückdurchmesser } d,$$

das zulässige Streckverhältnis

$$\beta_2 = \text{Ausgangswerkstoffdicke } s_0/\text{Drückwerkstoffdicke } s$$

und Richtwerte für die erreichbaren Toleranzen
sind in Tafel 5.20 zusammengestellt. Für einige Werkstoffe ist Glühen zweckmäßiger, wenn das Gesamtdruckverhältnis

$$\beta_{ges} = \text{Ausgangsdurchmesser } D/\text{Enddurchmesser } d_n$$

eine bestimmte Grenze überschreitet. Daß man den Enddurchmesser d_n oft nur über mehrere Zwischenstufen erreichen kann, ist aus Bild 5.24 ersichtlich. Dabei ist auf Faltenbildung zu achten, die man am sichersten vermeidet, wenn man $s \geqq 0{,}6$ mm wählt.

Tafel 5.20. Drückverhältnisse verschiedener Werkstoffe und erreichbare Toleranzen [5.18]

Werkstoff	β_1	β_2	Glühen, wenn $\beta_{ges} = D/d_n$	Werkstückdurchmesser mm	± Abmaße mm
Al 99,5	1,55	1,33	–	bis 600	04, ··· 0,8
Messing, Tiefziehblech	1,55	1,33	2,0	600 ··· 1200	0,8 ··· 1,6
Ni, Nirosta	1,27	1,10	≤1,27	1200 ··· 3000	1,6 ··· 3,2

Welche Grundformen man konstruktiv wählen kann, ist im Bild 5.25 dargestellt, wobei der Schwierigkeitsgrad der Fertigung von der oberen zur unteren Reihe immer größer wird. Ausschlaggebend dafür ist der Winkelweg des Werkstoffs von der Ausgangs- zur Endform. Es ist auch möglich, hinterschnittene Hohlkörper durch Drücken zu fertigen (Bild 5.26).

Ist das Drücken Endbearbeitungsgang, so handelt es sich meist darum, tiefgezogene Werkstücke mit Flanschen verschiedener Form, kleinen Absätzen oder Rollrändern

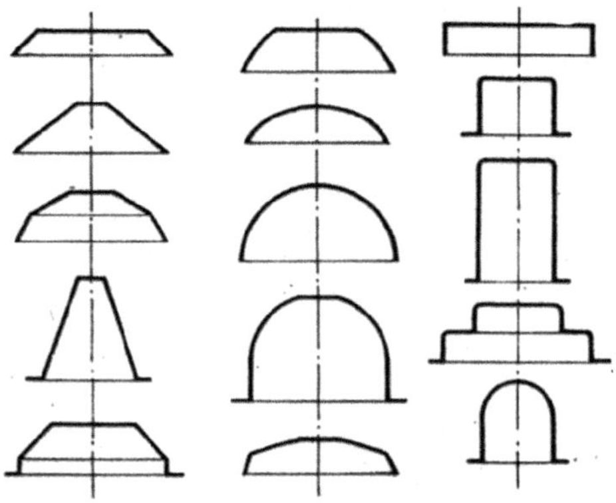

Bild 5.25
Drückgrundformen
mit steigender Fertigungsschwierigkeit [5.18]

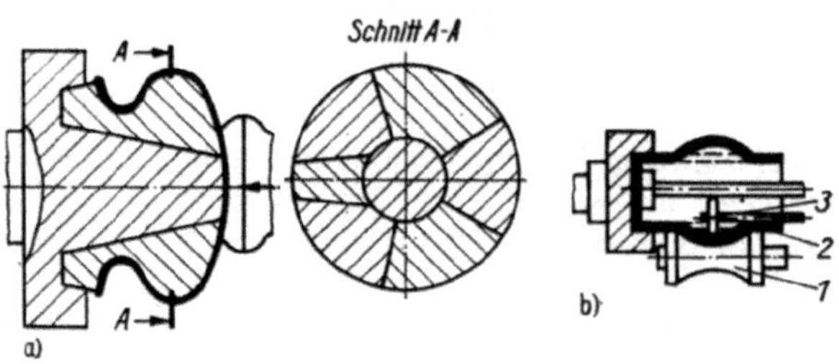

Bild 5.26
Drücken hinterschnittener Hohlkörper [5.1]
a) mit geteiltem Formfutter
b) mit Gegenrolle von innen
1 Gegenrolle; *2* Drückteil; *3* Werkzeug

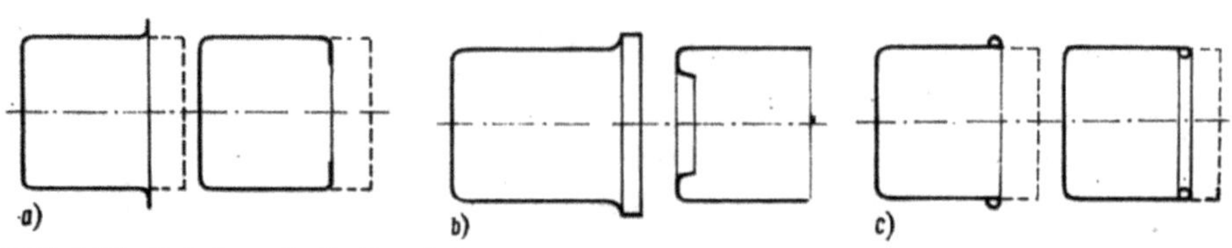

Bild 5.27. Drücken als Endbearbeitungsgang

a) einfacher Flansch nach innen oder außen; b) abgesetzter Rand bzw. Boden; c) eingerollter Rand nach außen oder innen zu versehen (Bild 5.27). Diese Maßnahmen dienen zur Verbesserung der Stabilität der Werkstücke (s. dazu Abschn. 5.7.).

5.4.3. Gestaltung beim Formtiefen [5.13]

Reine Zugbelastungen des Werkstoffs treten beim Reckweiten (Durchmesser wird größer) und -tiefen (Höhe h bzw. Oberfläche wird größer) auf. Beiden ist gemeinsam, daß die Umformung mit einer Verringerung der Blechdicke s verbunden ist. Beim Reckweiten werden meist an vorgeformten Teilen Ausbauchungen oder Aufdornungen vorgenommen (Bild 5.28 a), während beim Recktiefen Ziehstempel und

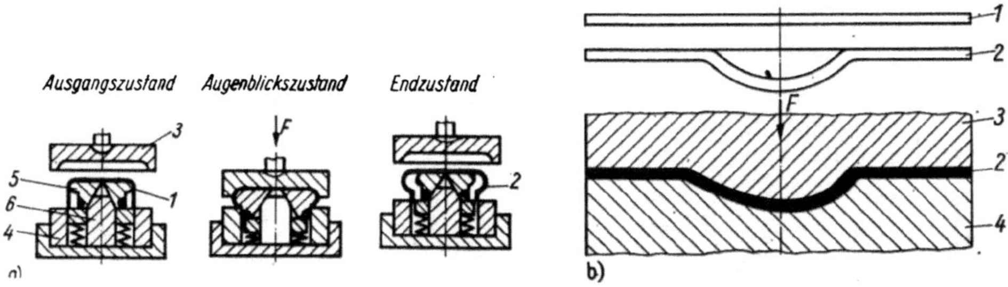

Bild 5.28. Umformung durch Zugbelastung
a) Reckweiten; b) Recktiefen (Formtiefen) [5.5]
1 Ausgangsform; *2* Endform; *3* Oberstempel; *4* Unterstempel; *5* Spreizbacken; *6* Keilstempel

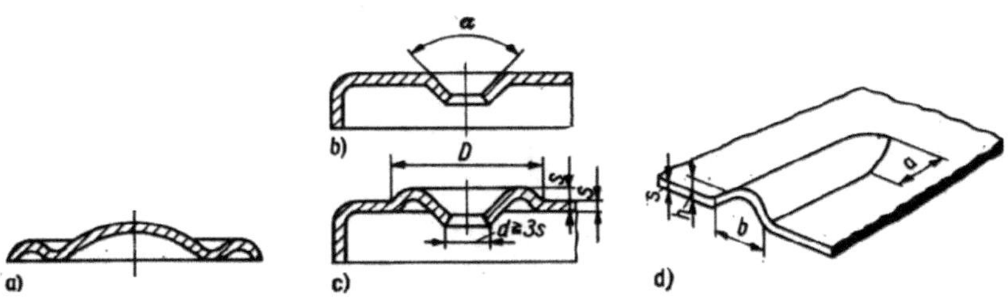

Bild 5.29. Beispiele für Formtiefen [5.13]
a) Wölbung; b), c) Befestigungslöcher; d) Rippe

Blechhalter Oberflächenverformungen, z. B. Wölbungen u. a., erreichen. Speziell beim Formtiefen werden ebene oder vorgeformte Zuschnitte zwischen Stempel und Gegenstempel so verformt, daß bei unveränderten Außenkonturen örtlich begrenzte Vertiefungen oder Erhöhungen entstehen (Bild 5.28 b). Um ein Reißen des Werkstoffs und Faltenbildungen bei der Umformung zu vermeiden, darf diese nicht beliebig groß sein. Beispiele dazu sind aus Bild 5.29 ersichtlich. Konstruktiv sind Befestigungslöcher nach Ausführung c) denen nach Ausführung b) aus Festigkeitsgründen vorzuziehen.

Für Senkholzschrauben gilt $\alpha = 60°$, $D \approx (3 \text{ bis } 3{,}5)\, d$, für Senk- und Linsensenkschrauben $\alpha = 90°$, $D \approx (4 \text{ bis } 5)\, d$. Scharfe Ecken sind nur bei weichem Werkstoff möglich; bei hartem muß genügend gerundet werden. Bei der Gestaltung von Rippen (Bild 5.29 d) muß ein ausgerundeter Auslauf vorgesehen werden. Für die Formgebung sind folgende Richtwerte zu beachten:

Rippenbreite $b = (4 \text{ bis } 6)\, s$;
Rippenhöhe $h = (2 \text{ bis } 3)\, s$;
Rippenauslauf $s = 0{,}25$ mm, $a = 10s$; $s = 0{,}5$ mm, $a = 5s$; $s = 1{,}0$ mm, $a = 2{,}5s$.

Durch derartige Umformungen werden die Werkstücke oft steifer und widerstandsfähiger gegen Biegen und Verdrehen (s. Abschn. 5.7.).

Hinweise über zu verwendende Werkstoffe sind dem Abschn. 5.2. zu entnehmen (Tafel 5.5 bis 5.7).

5.5. Gestaltung von Biegeumformteilen

Man unterscheidet beim Biegeumformen je nach Werkzeugart Biegen mit Gesenk (Abschn. 5.5.1.) sowie mit rotierender Bewegung und mit walzen- oder rollenförmigen Werkzeugen (Abschn. 5.5.2.). Werkstoffe sind in den Tafeln 5.5 bis 5.7 enthalten.

5.5.1. Gestaltung beim Gesenkbiegen

5.5.1.1. *Biegevorgang und Biegebeanspruchung*

Der Biegevorgang hat eine plastische Deformation zur Folge (Bild 5.30). Dieser ist in den meisten Fällen eine elastische Deformation überlagert, die als Rückfederung in Erscheinung tritt.

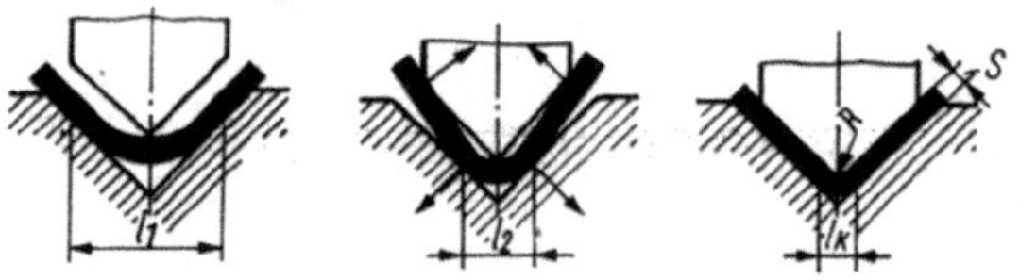

Bild 5.30
Stadien des Biegevorgangs [5.1]

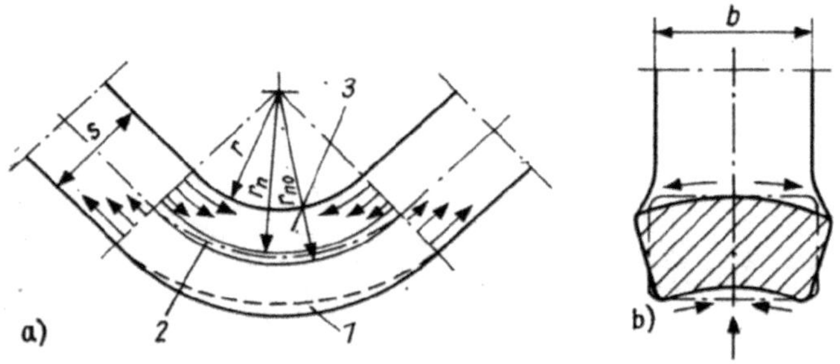

Bild 5.31. Verformung des Biegequerschnitts

a) Faserverlauf; b) Querschnittsveränderung

1 gedehnte Faser; *2* neutrale Faser (Parabel); *3* gestauchte Faser

r Biegeradius; r_n größte Krümmung der neutralen Faser; r_{no} kleinste Krümmung der neutralen Faser

Die Biegebeanspruchung des Werkstoffs innerhalb des gebogenen Querschnitts ist nicht überall gleich groß. Wie im Bild 5.31 a dargestellt ist, werden die inneren Fasern in Richtung der Schenkel gestaucht und erfahren gleichzeitig quer zur Angriffsrichtung der Kraft eine *Breitung,* während die äußeren Fasern in Richtung der Schenkel gedehnt werden und ihre Breite abnimmt. Zwischen beiden Beanspruchungen in Richtung der Biegeschenkel befindet sich die neutrale Faser, die keiner Längenänderung unterworfen ist. Besonders bei schmalen Streifen ($b < 3\,s$) ist der Querschnitt des Teils nach der Umformung relativ stark deformiert. Im Bereich der Biegung hat sich die Werkstoffdicke s verringert, und die Oberfläche ist quer zur Biegerichtung gekrümmt (Bild 5.31 b). Dadurch verläuft die neutrale Faser nicht mehr in der Mitte des Querschnitts, sondern verschiebt sich nach dem Biegezentrum zu immer mehr nach innen (parabelförmiger Verlauf). Bei breiten Querschnitten ($b > 3s$) wird der Querumformung ein größerer Widerstand entgegengesetzt, so daß die Krümmung quer zur Biegerichtung sehr gering, bei großen Breiten sogar Null ist, z. B. Abkanten. Die Biegekraft muß daher entsprechend größer sein. Die Größen der Biegespannung, Dickenverminderung und Breitung eines Teils im Biegebereich hängen außer von den Abmessungen des Werkstücks von den Werkstoffeigenschaften, vom Biegeradius und Biegewinkel und damit vom Umformgrad, von der Lage der Biege- zur Walzrichtung und von der Lage eines evtl. vorhandenen Grats ab. Letzteres spielt z. B. bei Biegeteilen, die durch Werkstofftrennung vorgefertig wurden, eine Rolle. Da der Grat während des Biegevorgangs u. U. zu Einrissen führen kann, ist es wichtig, daß er an der Innenseite des Biegeteils liegt.

Ist es erforderlich, daß im Biegebereich ohne zusätzliche Nacharbeit das Breitenmaß der Biegeschenkel nicht überschritten wird, so lassen sich Vorkehrungen (Bild 5.32)

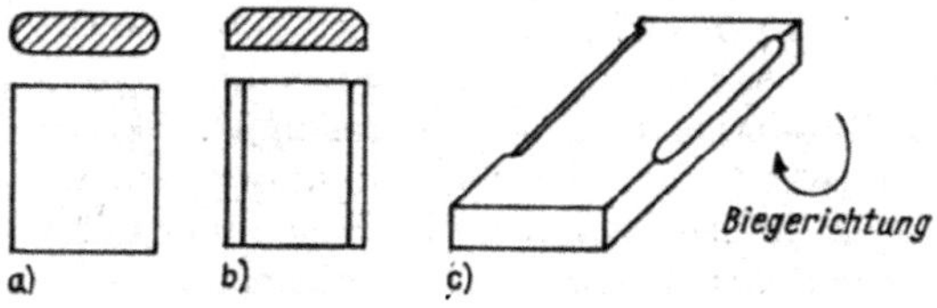

Bild 5.32. Vorkehrungen zur Verhinderung von Querschnittsveränderungen beim Biegen
a) Abrundung der Kanten; b) Abschrägung der Kanten; c) Eindrücke im Biegebereich

treffen, die den Werkstoff, der nach dem Biegen Anteil an der unerwünschten Querschnittsveränderung hat, beseitigen oder durch Umformung verdrängen.

Auch bei allen anderen Querschnittsformen treten beim Biegen um kleine Radien Deformationen des Querschnitts auf. Runde Querschnitte vom Durchmesser d nehmen z. B., wenn sie um einen Biegestempel mit $R < 1{,}5\,d$ gebogen werden, ovale Formen an. Die exakte Berechnung der Breiten- und Dickenänderungen der Querschnitte beim Biegen ist möglich und der Spezialliteratur zu entnehmen [5.1].

5.5.1.2. *Biegeradius und Biegewinkel*

Die zulässigen kleinsten Biegeradien sind von der Plastizität des Werkstoffs abhängig. Während der Umformungdürfen keine Risse entstehen. Die Grenze wird dabei durch die zulässige Formänderung der äußeren Fasern des Biegeteils gesetzt. Tafel 5.21 ent-

Tafel 5.21. Kleinste Biegeradien R_{min} verschiedener Werkstoffe [5.1]

Werkstoff	Geglüht oder normalisiert		Verfestigt	
	Lage der Biegelinie zur Walzrichtung		Lage der Biegelinie zur Walzrichtung	
	quer	längs	quer	längs
Aluminium	0	0,2s	0,3s	0,8s
Kupfer	0	0,2s	1,0s	2,0s
Messing CuZn33	0	0,2s	0,4s	0,8s
Qualitätsbleche	0	0,2s	0,2s	0,5s
Unlegierte Stähle	0 ··· 0,7s	0,4s ··· 1,3s	0,4s ··· 1,3s	0,8s ··· 2,0s
AlCuMg, weich	1,0s	1,5s	1,5s	2,5s
AlCuMg, hart	2,0s	3,0s	3,0s	4,0s

hält für den praktischen Gebrauch die kleinsten zulässigen Biegeradien für verschiedene Werkstoffe. Da diese auch von s abhängen und zwischen beiden Größen ein annähernd linearer Zusammenhang besteht, sind die Werte für R_{min} relativ zur Werkstoffdicke s angegeben.

Bei Verwendung von Werkstücken, die durch Ab- oder Ausschneiden vorgefertigt wurden, ist zu beachten, daß sich durch den Trennvorgang in der Nähe der Schnittoberfläche eine verfestigte und deformierte Zone (Grat) bildet, deren Härte gewöhnlich um 20 bis 30% höher liegt als beim üblichen Werkstoff, während die Dehnung bedeutend geringer als in der nicht verfestigten Zone ist. Ein exakt scharfkantiges Biegen bei größeren Werkstoffdicken ist auch bei weichgeglühten Werkstoffen nicht möglich.

Der *Biegewinkel* φ beträgt meist 90°; aber auch spitze und stumpfe Winkel sind üblich. Er hat in einem weiten Bereich keinen Einfluß auf den Biegevorgang, lediglich die Zuschnittsgröße L ändert sich gemäß Abwicklung des Biegebereichs.

Bei Biegungen um 180° im kalten Zustand ist für den Biegeradius zu berücksichtigen, daß $R \geqq s$ sein muß. Sollen Winkel von 180° mit kleineren Biegeradien abgebogen werden, oder sollen sich die beiden Biegeschenkel fast berühren, so wird das um einen etwas größeren Radius gebogene Werkstück anschließend auf das gewünschte Maß zusammengedrückt. Hierbei tritt eine starke Quetschung des Werkstoffs in der Rundung auf, wodurch sich der Charakter der Umformung ändert.

Die Lage der *Walzrichtung* des Biegeteils ist für die Güte der Biegeumformung von Einfluß, und es muß daher bereits beim Zuschneiden der Stanzstreifen und bei der Anordnung der Biegezuschnitte auf die günstigste Lage der Biegekanten geachtet werden. Bei sehr kleinen Biegeradien müssen die Biegekanten bevorzugt quer zur Walzrichtung liegen (Tafel 5.21). Hat ein Werkstück mehrere senkrecht zueinander stehende

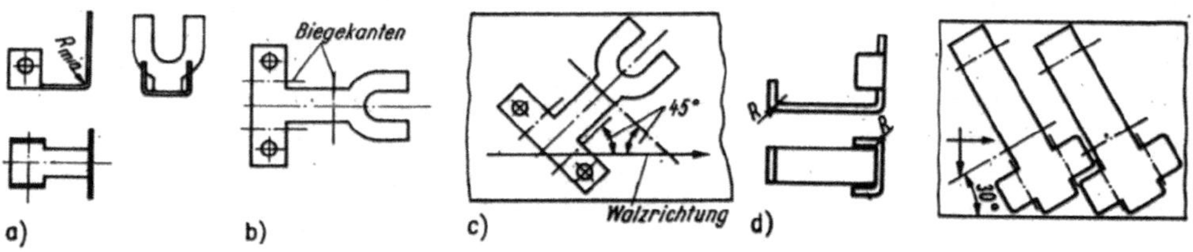

Bild 5.33. Anordnung von Biegekanten zur Walzrichtung

a) fertiges Werkstück; b) Zuschnitt; c) 45°-Anordnung auf dem Stanzstreifen; d) Beispiel für eine 30°-Anordnung mit vergrößertem Biegeradius R

Biegekanten, so läßt sich in den meisten Fällen eine günstige Anordnung unter 45° ermöglichen (Bild 5.33 c). Keinesfalls sollte jedoch ein Winkel von 30° zwischen Biegekante und Walzrichtung unterschritten werden (Bild 5.33 d), wobei $R > R_{\min}$ zu wählen ist. Bei großen Biegeradien übt die Lage der Walzrichtung nur einen geringen Einfluß aus.

5.5.1.3. *Zuschnittsberechnung beim Biegen*

Die Zuschnittsberechnung basiert auf der Annahme, daß die Zuschnittslänge L und die Länge der neutralen Faser des gebogenen Werkstücks gleich sind. Letztere ist eine gedachte Fläche durch ein Biegeteil mit parabolischer Krümmung (s. Bild 5.31). Exakte Berechnungen sind wegen der unbekannten Krümmung schwierig, so daß man die Zuschnittsgröße eines Biegeteils durch Näherungen bestimmt. Es wird dabei unterschieden

— Biegen mit großem Biegeradius ($R > 5s$),
— Biegen mit kleinen Radien und
— annähernd scharfkantiges Biegen.

Bei den in der Feingerätetechnik üblichen, relativ geringen Werkstoffdicken ersetzt man das Parabelstück durch ein Kreisbogenstück mit dem Radius r_n (kleinster Krümmungsradius der neutralen Faser in der Mitte der Biegestelle). Die Zuschnittslänge L berechnet sich aus der Darstellung im Bild 5.34.

Für relativ zur Werkstoffdicke s große Biegeradien r ist die Verschiebung der neutralen Faser zur Stauchzone hin vernachlässigbar klein, so daß $r_n = r + (s/2)$ gilt.

Bei kleinen Biegeradien oder scharfkantigem Biegen muß r_n für die neutrale Faser mit einem Korrekturfaktor k ($k < 0{,}5$) ermittelt werden. Es ist dann $r_n = r + ks$.

Werte für k, abhängig vom Verhältnis r/s, sind im Bild 5.35 für $\varphi = 90°$ und 180° dargestellt.

Die Zuschnittslänge L von rechten Winkeln, Aufbiegeteilen und Einrollungen **wird** so, wie im Bild 5.36 dargestellt, ermittelt.

Werte für z enthält Tafel 5.22. Dabei ist zu beachten, daß z sowohl positive als **auch** negative Werte annehmen kann.

Der Wert y (Bild 5.36 c) für weichen Stahl und NE-Metalle ist in Tafel 5.23 **enthalten.**

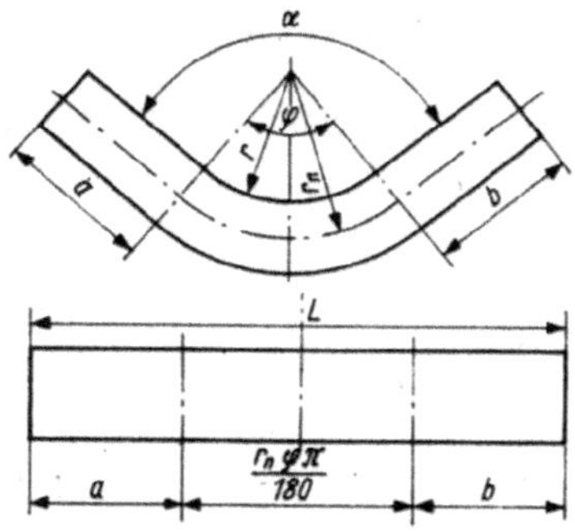

Bild 5.34
Zuschnittsermittlung beim Biegen
φ Biegewinkel; $\alpha = 180 - \varphi$ innerer Biegewinkel (Winkel des Biegestempels)

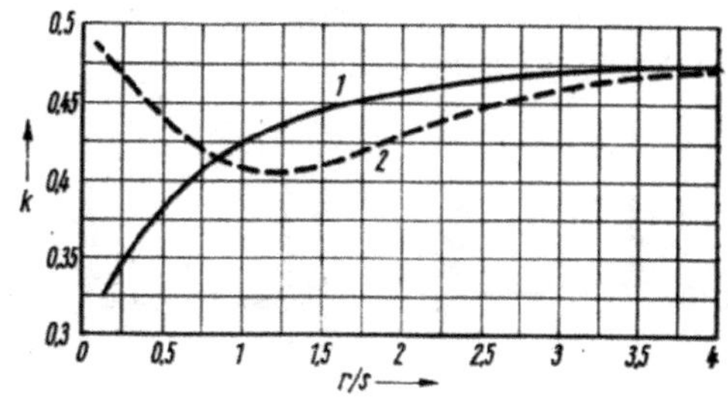

Bild 5.35
Korrekturfaktor k zur Bestimmung des Radius r_n der neutralen Faser [5.1]
1 Biegung um 90°; *2* Biegung um 180°

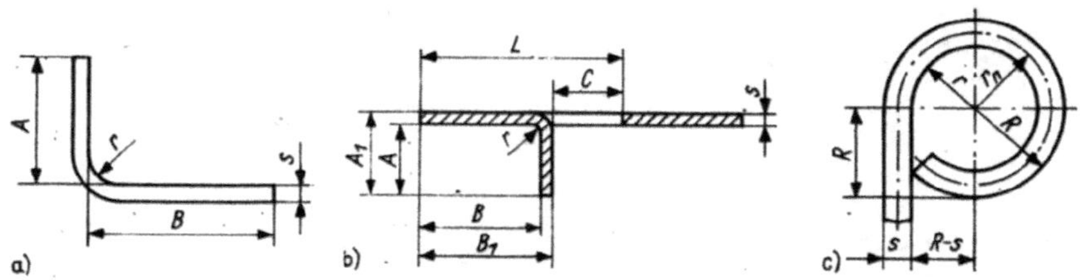

Bild 5.36. Einfache Berechnung der gestreckten Länge
a) von Winkeln $L_n = A + B + z$; $z = (\pi/2)\, r_n - 2\,r$
b) von Aufbiegeteilen $A = A_1 - s$; $B = B_1 - s$; $L = A + B + z$; $C = L - B + s$
c) beim Einrollen $L = 1{,}5\pi r_n + 2\,R - s$; $r_n = R - ys$

Tafel 5.22. Zuschlag z (in mm) für die Zuschnittsbestimmung für weiche Stähle und NE-Metalle; $\varphi = 90°$

Werkstoff-dicke s mm	Biegeradius r mm 0,1	0,3	0,5	1	1,5	2	2,5	3	4	5	6	8	10
0,3	0,125	0,07	0,00	−0,21	−0,42	−0,64	−0,85	−1,05	−1,50	−1,9	−2,34	−3,2	−4,07
0,4	0,18	0,12	0,05	−0,14	−0,35	−0,56	−0,78	−1,0	−1,40	−1,84	−2,25	−3,1	−4,0
0,5	0,22	0,18	0,12	−0,07	−0,28	−0,48	−0,7	−0,9	−1,34	−1,75	−2,2	−3,0	−3,9
0,8	0,37	0,33	0,28	0,11	−0,07	−0,3	−0,5	−0,7	−1,12	−1,57	−1,96	−2,8	−3,66
1	0,46	0,43	0,38	0,23	0,05	−0,14	−0,35	−0,57	−0,96	−1,38	−1,82	−2,66	−3,50
1,5	–	0,67	0,63	0,50	0,35	0,15	−0,02	−0,21	−0,62	−1,02	−1,47	−2,30	−3,12
2	–	0,91	0,88	0,76	0,63	0,46	0,28	0,09	−0,27	−0,68	−1,10	−1,93	−2,78

Tafel 5.23. Werte zur Berechnung der neutralen Faser beim Einrollen für weiche Stähle und NE-Metalle

	Relativer Radius r/s 2,0	2,2	2,4	2,6	2,8	3,0	3,2
Verhältnis r_n/s	1,56	1,74	1,92	2,11	2,3	2,5	2,7
Koeffizient y	0,44	0,46	0,48	0,49	0,5	0,5	0,5

5.5.1.4. *Rückfederung*

Die plastische Umformung beim Biegen wird meist von einer elastischen überlagert, die am Ende des Biegevorgangs bewirkt, daß die Biegeschenkel auffedern. Um die dadurch verursachten unerwünschten Winkeländerungen zu vermeiden, ist das Maß der Rückfederung bei der Werkzeugfertigung zu berücksichtigen. Die Rückfederung ist von vielen Faktoren abhängig, so daß die analytische Berechnung kompliziert ist und sich meist auf versuchsmäßige Ermittlungen beschränkt.

Um den Rückfederungswinkel zu kompensieren, sind entsprechende Maßnahmen im Bild 5.37 dargestellt.

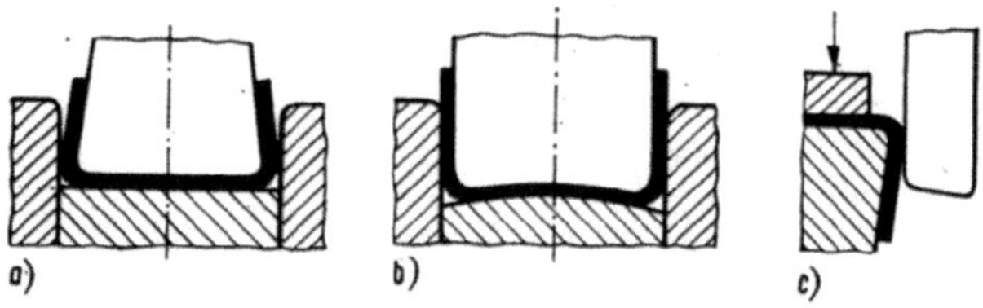

Bild 5.37. Maßnahmen zur Kompensation des Rückfederungswinkels
a) Verjüngung des Biegestempels; b) unebene Stirnfläche des Stempels; c) Verjüngung des Gegenstempels

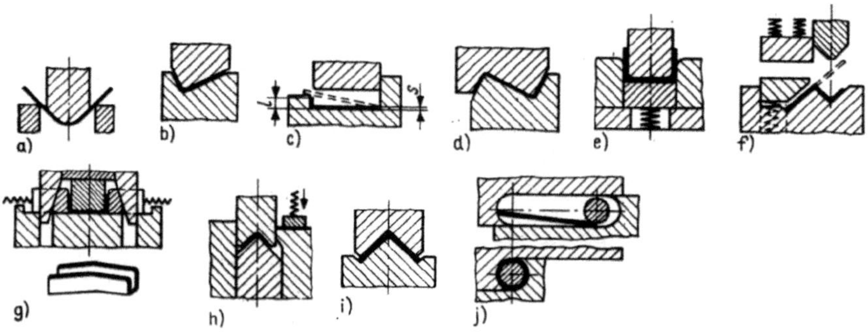

Bild 5.38. Biegebeispiele mit unterschiedlicher Genauigkeit [5.1]

5.5.1.5. *Genauigkeit von Gesenkbiegeverfahren*

Biegebeispiele unterschiedlicher Genauigkeit sind im Bild 5.38 dargestellt. Biegen einfacher Winkel mit gleicher oder unterschiedlicher Schenkellänge kann als freies Biegen a) mit sehr geringer Genauigkeit oder bei größeren Anforderungen an die Form der Schenkel als Biegen mit Kalibrierung gemäß b) ausgeführt werden. Teile mit sehr kleinen Schenkeln [$h = (2$ bis $3)\, s$] müssen in einer Matrize mit Anschlag c) geformt werden. Z-förmige Profile sind in einem Arbeitsgang biegbar (Bilder 5.38 d und f), wobei bei f) eine höhere Genauigkeit erreichbar ist. Gekrümmte U-Profile oder solche mit verschiedenen Breiten werden zweckmäßig mit Werkzeugen gefertigt, bei denen die abgebogenen Schenkel durch Gleitstücke am Ende des Biegevorgangs kalibriert werden (Bild 5.38 g).

Hinsichtlich der erreichbaren Genauigkeit unterscheidet man beim Biegen im Gesenk

— Biegen ohne Gegendruck, z. B. Bilder 5.38 b und d,
— Biegen mit Gegendruck bzw. Festhalten der Teile, z. B. Bilder 5.38 e und f.

Ohne Gegendruck werden nur Werkstücke geringerer Genauigkeit (IT 11) gebogen, die sich während des Biegevorgangs geringfügig verschieben dürfen. Für Teile mittlerer Genauigkeit (etwa IT 10) wendet man das Biegen mit Gegendruck an; dadurch wird verhindert, daß sich das Werkstück beim Biegen verschiebt. Höhere Genauigkeiten (etwa IT8 bis IT9) werden nur erreicht, wenn das Ausgangsteil vorher im Werkzeug zentriert wird oder ein zusätzlicher Kalibrierschlag erfolgt. Maßnahmen in dieser Richtung sind

- kombiniertes Abschneiden und Biegen, Bild 5.38 h,
- Kalibrieren von Höhe und Breite der Biegeschenkel, Bild 5.38 i,
- Biegen eines U-Profils und gleichzeitiges Schneiden in zwei Winkelprofile.

Auch das gleichzeitige Biegen mehrerer Kanten an einem Teil und die richtige Reihenfolge anderer Arbeitsgänge, z. B. Lochen an dem betreffenden Teil, tragen wesentlich zur Erhöhung der Genauigkeit der Biegeteile bei. Eine Methode zur Fertigung rohrförmiger Teile (Rollen um einen Dorn), was einem Biegen um 180 und 360° entspricht, zeigt Bild 5.38 j.

5.5.1.6. *Konstruktive Gestaltung von Gesenkbiegeteilen* [5.13] [5.14] 5.18] [5.19]

Aus den bisherigen Ausführungen und sonstigen grundsätzlichen Forderungen lassen sich folgende Richtlinien für die Konstruktion von Gesenk- und freien Biegeteilen ableiten (Tafel 5.24, Beispiele *1* bis *9*):

Tafel 5.24. Gestaltung von Biege- und Rollteilen [5.13] [5.14] [5.18] [5.19]

Beispiel	Ungünstige Lösung	Erläuterungen	Günstige Lösung
1	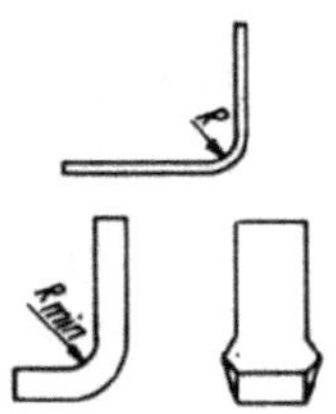	Biegehalbmesser R: Er ist abhängig vom Werkstoff, von seiner Dicke s und seiner Härte. Kleines R (bis R_{min}) bei weichen und dünnen Blechen ergibt größere Steifigkeit und geringeres Auffedern. Bei harten und dicken Blechen großes R, da geringeres Aufrauhen der äußeren Biegeflächen	
2	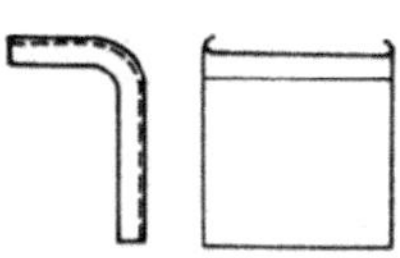	Am Zuschnitt vorhandener Grat ist zu entfernen oder muß auf der Innenseite des Biegeteils liegen	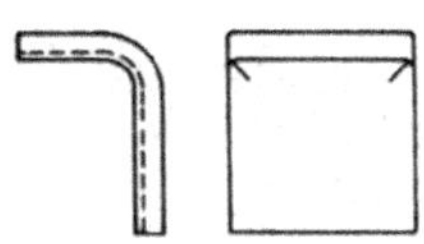
3	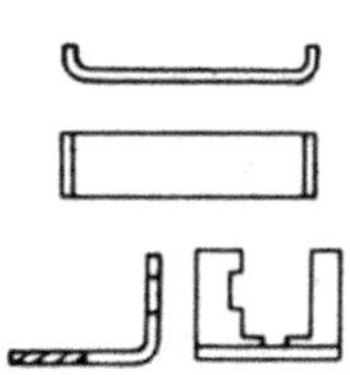	Schenkellänge l: Wenn $R < 1$ mm, dann $l = 3s + R$, $l_{min} = 2$ mm. Wenn $R > 1$ mm, dann $l = (2{,}5 \cdots 3)s + R$. Wenn Schenkel mit unterschiedlicher Länge l vorhanden, dann muß der kleinste den obigen Formeln genügen	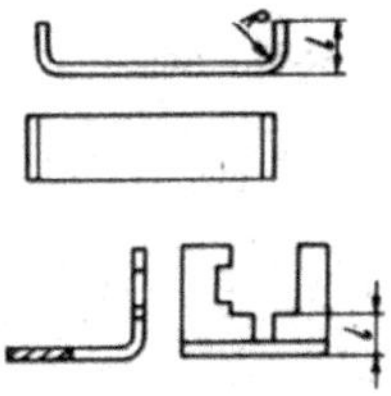
4	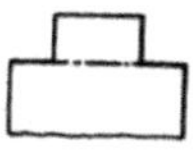	Bei Teilen unterschiedlicher Breite sollen die Biegekanten nicht mit Flächenkanten zusammenfallen. Umkonstruktion oder Einschnitt mit $b \geqq s$ vorsehen	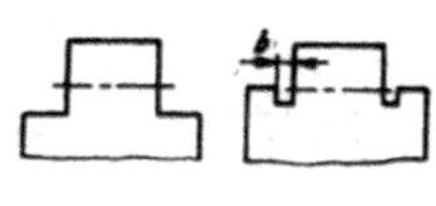
5	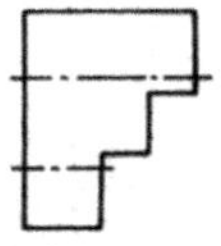	Beim gleichzeitigen Biegen mehrerer Kanten ist wegen der gleichmäßigeren Belastung der Werkzeuge gleiche Biegelänge anzustreben	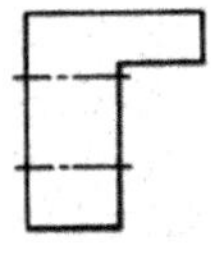

Tafel 5.24. (Fortsetzung)

Beispiel	Ungünstige Lösung	Erläuterungen	Günstige Lösung
6	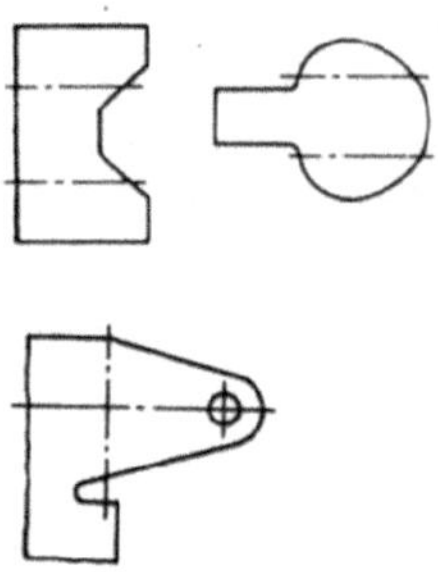	Schneiden Biegekanten schräge oder krummlinige Begrenzungskanten an, dann ist die Konstruktion so zu ändern, daß die Biegekanten senkrecht auf den Begrenzungskanten stehen	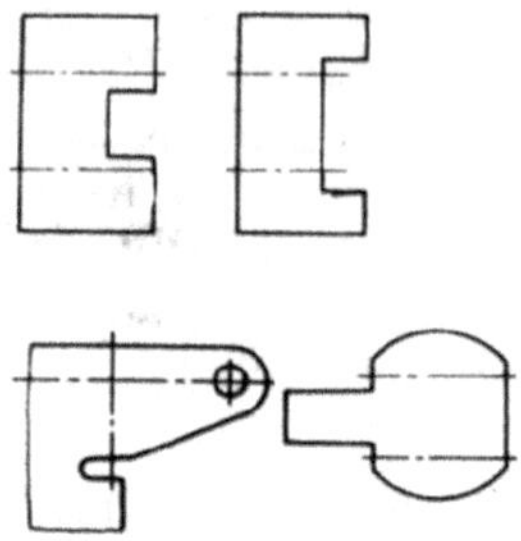
7	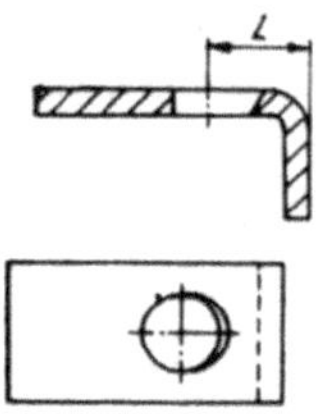	Es ist ein genügend großer Lochabstand L' vorzusehen, damit vor dem Biegen gelocht werden kann und keine unrunden Löcher entstehen. Sonst erst nach dem Biegen lochen	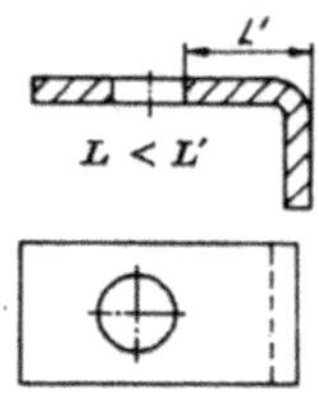
8	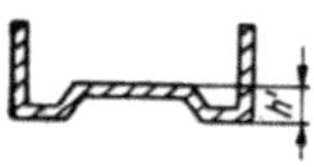	Große Höhen h' verlangen Vorbiegen der Ausgangsform. Bei kleinen Höhen h ist dies nicht der Fall, außerdem geringere Werkstoffbeanspruchung	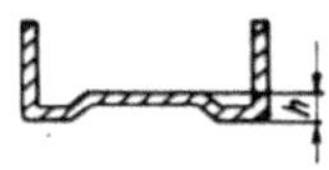
9	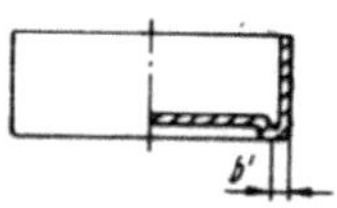	Geringe Ringbreiten b' belasten den Werkstoff und die Werkzeuge stark. Große Ringbreite b mit schrägem Übergang vermeidet beides	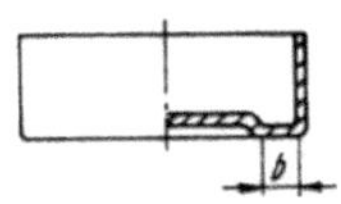
10		Zu kleine Abstände a können Einschnürungen zur Folge haben. Bei großem a kein Nachschneiden nötig, sauberes Aussehen. Schräge Seitenflächen für die Augen sind senkrechten vorzuziehen	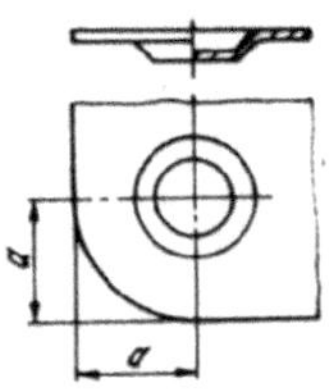
11	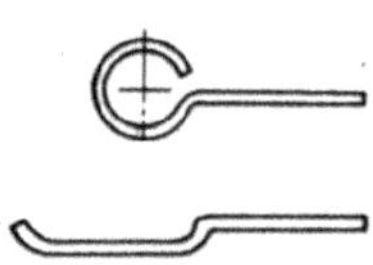	Rollbiegung links verlangt eine dem Rollendurchmesser angepaßte Vorbiegung. Bei der Form rechts ist dies nicht nötig	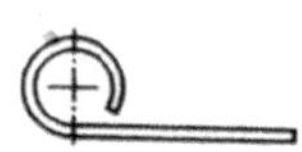
12	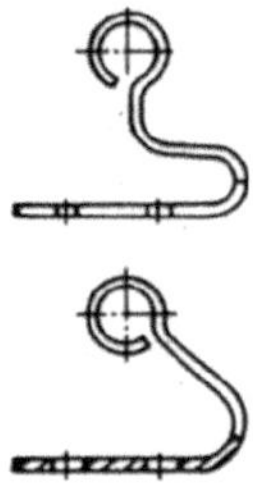	Kröpfungen an den Rollungen erfordern ein Vorbiegen vor dem Rollen. Bei einfachen Rollungen (rechts) kann das Ankippen mit dem Ausschneiden verbunden werden	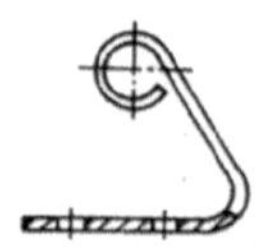

1. Minimale Biegeradien sind nur bei sehr dünnen Blechen vorzusehen. Günstige Radien für dünne Bleche sind $R \geqq s$ und für dicke Bleche $R > 2s$ (Tafel 5.24, Beispiel *1*).
2. Lage des Grats am Biegeteil ist zu beachten. Gratseite soll beim Biegen innen liegen. Ist dies nicht möglich, so ist der Grat zu entfernen oder ein größerer Biegeradius zu wählen (Tafel 5.24, Beispiel *2*).
3. Mindestlänge l der Biegeschenkel ist zu beachten (Tafel 5.24, Beispiel *3*).
4. Beim Biegen abgesetzter Teile mit Flächen unterschiedlicher Breite soll die Biegekante nicht unmittelbar mit den Flächenkanten zusammenfallen (Tafel 5.24, Beispiel *4*).
5. Bei gleichzeitig zu fertigenden Biegekanten ist auf möglichst gleichlange Biegekanten zu achten (Tafel 5.24, Beispiel *5*).
6. Biegekanten sollen möglichst senkrecht auf den Begrenzungskanten des Werkstücks stehen (Tafel 5.24, Beispiel *6*).
7. Der Lochabstand von Biegekanten muß groß genug gewählt werden, oder es darf erst nach dem Biegen gelocht werden (Tafel 5.24, Beispiel *7*).

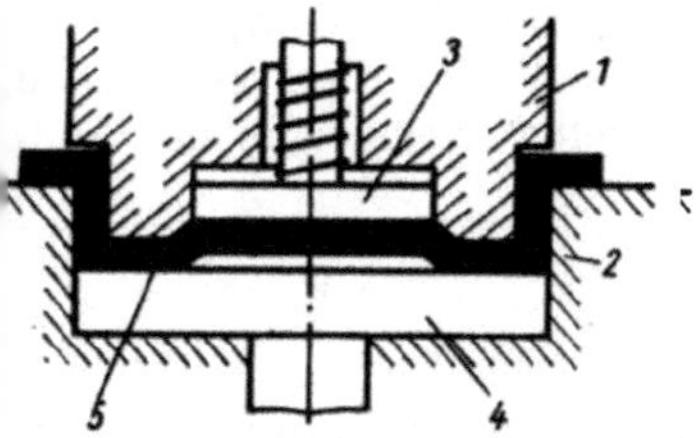

Bild 5.39
Prinzip des Formstanzens
1 Oberstempel; *2* Unterstempel; *3* Niederhalter; *4* Auswerfer; *5* Formteil

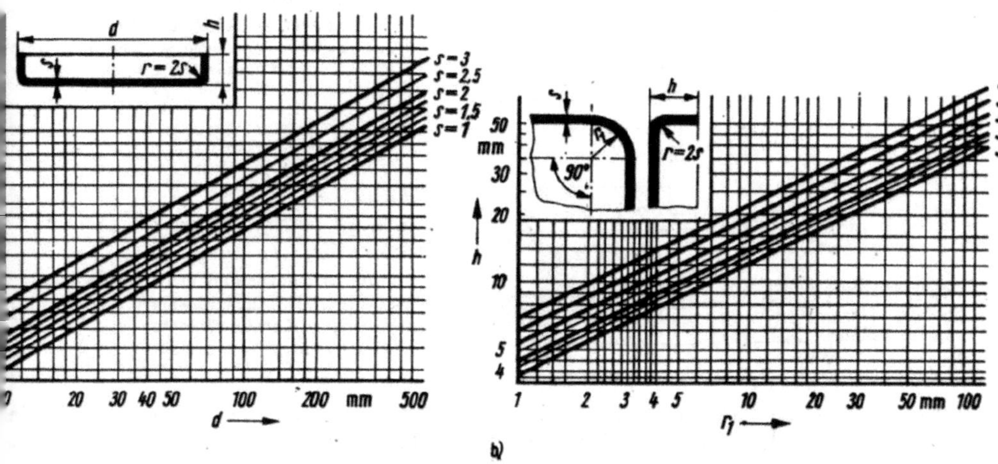

Bild 5.40. Richtwerte für formgestanzte Ränder [5.18]
a) für Kreisquerschnitte; b) für Rechtecke mit Eckenrundung

Beim Herausbiegen von Winkeln, Lappen o. ä. aus einer ebenen Platte ist eine günstige Form der Winkel zu beachten; s. auch Abschn. 6.1.3.3. und Tafel 6.8.

Beim *Formbiegen oder -stanzen* werden oft zwischen Ober- und Unterstempel, unter Zuhilfenahme von Niederhaltern und Auswerfern, kompliziertere Biegeteile gefertigt (Bild 5.39), wobei nicht wie beim einfachen Biegen längs gerader Kanten, sondern längs eines offenen oder geschlossenen Linienzugs gebogen wird (z. B. Umrandung eines Teils). Außer den genannten sind beim Formstanzen noch die folgenden Hinweise bei der Konstruktion derartiger Werkstücke zu beachten:

Für formgestanzte Ränder sind die im Bild 5.40 dargestellten Richtwerte für Kreis- und Rechteckquerschnitte zu beachten. Es dürfen beim Formstanzen nur geringe Höhen *h* vorgesehen werden (Tafel 5.24, Beispiel *8*), sonst macht sich ein Vorbiegen erforderlich (z. B. bei Höhen *h'*). Die Werkstoffbeanspruchung wird erheblich geringer, und es ergibt sich ein leichtes Abstreifen des Werkstücks.

Bei erhöhten Böden (Tafel 5.24, Beispiel *9*) ist es zweckmäßiger, große Ringbreiten *b* und schräge Übergänge vorzusehen, um Werkstoff- und Werkzeugbelastung gering zu halten.

Formgestanzte Augen sind nach Möglichkeit mit schrägen Seitenflächen und mit genügenden Randabständen *a* (Tafel 5.24, Beispiel *10*) vorzusehen, um Einschnürungen zu vermeiden, die ein Nachschneiden notwendig machen würden.

Das Formstanzen wird in großem Umfang zur Versteifung dünner Blechteile angewendet (Abschn. 5.7.).

5.5.1.7. *Gesenkumformung von Kunststoffen*

Die Vorteile der Umformtechnik sind auch für thermoplastische Werkstoffe nutzbar, z. B. Tiefziehen (Abschn. 5.4.1.8.). Auch das Biegeumformen mit Gesenken, z. B. das Formstanzen, gehört zu diesen anwendbaren Verfahren. Als Werkstoffe kommen die in Tafel 5.7 zusammengestellten in Frage. Die Verfahren selbst weichen in der Aus-

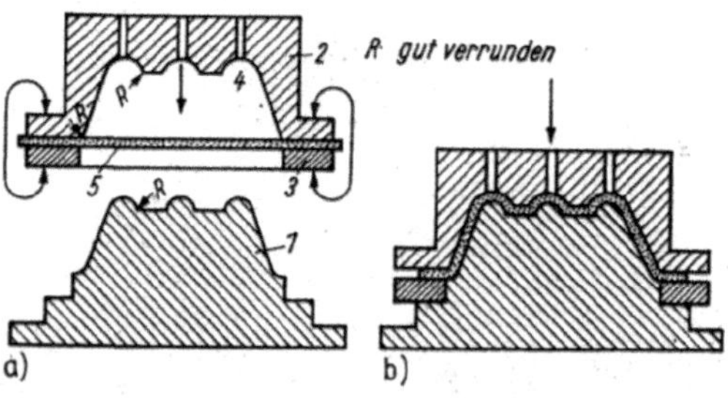

Bild 5.41
Formstanzverfahren für Kunststoffplatten (Positivverfahren) [5.13]

a) Gesenk geöffnet; b) Gesenk geschlossen
1 Untergesenk; *2* Obergesenk; *3* Niederhalter; *4* Entlüftung; *5* vorgewärmte Kunststoffplatte

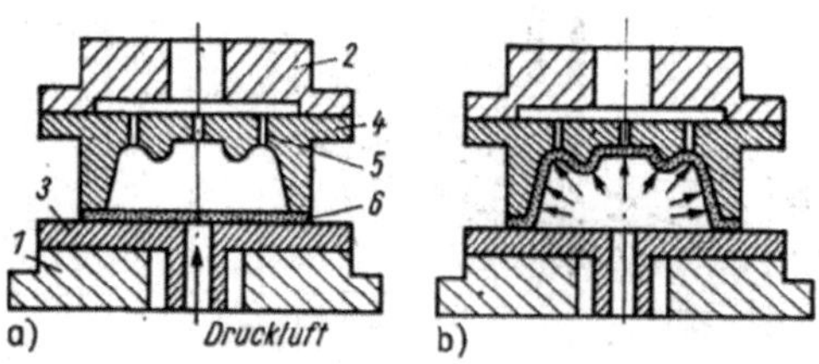

Bild 5.42
Formblasen in Negativform für Kunststoffplatten [5.13]

a) Beginn, b) Endzustand des Blasvorgangs
1 Unterteil; *2* Oberteil; *3* Blasplatte; *4* Blasform; *5* Entlüftung; *6* Kunststoffplatte

führung oft etwas von der Metalltechnik ab, abgesehen von der Tatsache, daß die Ausgangsformen durch Infrarot-, elektrische Umluftheizung o. ä. vor dem Umformvorgang vorgewärmt werden müssen.

Beim *Positivformverfahren* arbeitet man mit Positiv- und Negativform (Bild 5.41), wobei die vorgewärmte Kunststoffplatte durch einen Formstempel (positiv) in das Gesenk gedrückt wird. Um eine Rückverformung zu vermeiden, muß das Werkstück im Werkzeug abkühlen.

Andere Verfahren arbeiten mit Druckluft oder Unterdruck (Negativverfahren); Stempel oder ähnliche Teile entfallen. Das einfachste Verfahren ist das Strecken durch Druckluft ins Freie (vgl. Bild 5.43 b). Genauere Formteile lassen sich jedoch mit Hilfe einer mit der erforderlichen Außenform profilierten Negativform erreichen (Bild 5.42), wobei entweder Druckluft oder Vakuum die Verformung der vorgewärmten Kunststoffplatte vornimmt. Ein kombiniertes Verfahren, bei dem sowohl Druckluft und Vakuum als auch Stempel zur Verformung angewendet werden, wird im Bild 5.43

gezeigt. Da beim Umformen eine Dickenminderung des Werkstoffs eintritt, ist man bei der Zuschnittsermittlung auf Erfahrungswerte und empirisch gefundene Beziehungen unter Verwendung genügend großer Sicherheitszuschläge angewiesen.

Beim thermoplastischen Umformen ist zum einen das Werkstoffverhalten im plastischen Zustand und zum anderen sind die Eigenarten der Umformtechnik zu beachten. Beim *Biegen* und *Abkanten* soll der Biegeradius R möglichst so groß gewählt wer-

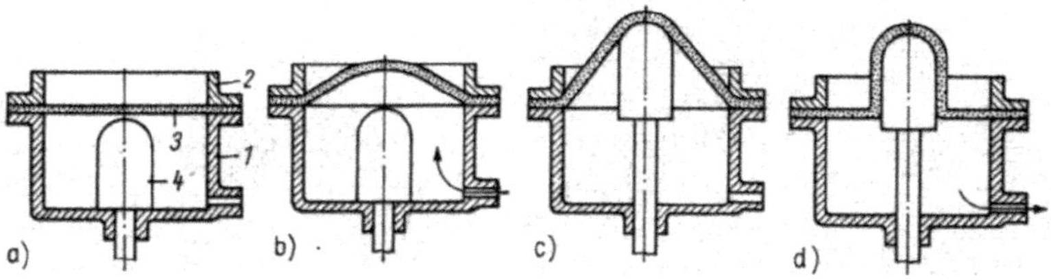

Bild 5.43. Kombination von Positiv- mit Negativverfahren bei Kunststoffplatten [5.13]

a) Beginn der Umformung; b) Vorblasen in den freien Raum; c) Vorstrecken mit Stempel *4*; d) Vakuumverformung über Stempel *4* als Positivform

1 Gehäuse mit Druckluft- und Vakuumanschluß; *2* Spannrahmen; *3* Kunststoffplatte; *4* Streckstempel

den, daß kein Aufreißen in der Biegung eintritt, also $R \geqq 2s$. Die maximale Werkstoffdicke s darf i. allg. nicht größer als 10 bis 12 mm sein. Die Erwärmung des Werkstücks braucht nur in der Biegezone zu erfolgen, deren Breite $\geqq 5s$ betragen sollte.

Formstanzen kann für gewölbte und unregelmäßige Werkstücke bis zu Werkstoffdicken von $s \leqq 10$ mm und mit kleineren Höhen angewendet werden, wobei s i. allg. konstant bleibt. Bei Druckluft und Vakuum lassen sich die Maße der äußeren Gestalt genau einhalten, jedoch sind Werkstoffdickenunterschiede nicht zu vermeiden.

Werden an die Umformteile erhöhte Forderungen hinsichtlich *Gestaltfestigkeit* gestellt, so lassen sich die gleichen Maßnahmen zur Erhöhung der Biege- und Verdrehsteifigkeit wie bei metallischen Werkstoffen treffen, z. B. hochgebogene Ränder, Sicken, Wülste, Spiegel, Wölbungen u. a. (s. Abschn. 5.7.).

5.5.2. Gestaltung beim Sicken, Einrollen und Bördeln [5.13] [5.20]

Das Fertigen von Sicken, Einrollungen und Bördelrändern kann gemäß Tafel 5.3 sowohl durch Gesenkbiegen als auch durch Walzprofilieren vorgenommen werden. Alle damit erreichbaren Umformungen dienen dazu, die Gestaltfestigkeit des Werk-

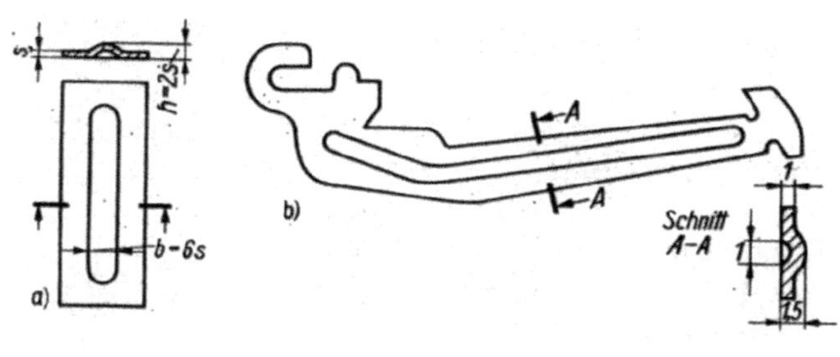

Bild 5.44. Gestaltung von Sicken bzw. Rippen

a) Dimensionierung; b) Schreibmaschinentypenhebel, durch Sicke versteift

stücks erheblich zu erhöhen. Aber auch als Verbindungsmöglichkeiten zweier dünner Teile werden sie benutzt. Eindrücken oder Einrollen von *Sicken* oder *Rippen* geschieht in erster Linie zur Versteifung von metallischen oder thermoplastischen Werkstücken (Bild 5.44). Die Sickenrichtung wird möglichst senkrecht zur Walzrichtung gelegt.

Ein bekanntes Anwendungsbeispiel sind die durch Sicken versteiften Typenhebel einer Schreibmaschine (Bild 5.44 b). Großflächige Böden oder Wandungen von Gehäusen, Gefäßen u. ä. bedürfen oft einer geeigneten Versteifung, wozu sich ebenfalls Rippen der verschiedensten Anordnung eignen.

Einrollen und Umbördeln von Hohlgefäßrändern, von Rändern streifenförmiger Teile u. ä. sind weitere Möglichkeiten, diese Teile in erster Linie biegesteif zu machen. Meist benutzt man heute dazu Profilierwalzwerke. Welche Gestaltungsmöglichkeiten für langgezogene Bleche durch Profilwalzen bestehen, ist aus Bild 5.45 ersichtlich.

Bild 5.45. Beispiele für Profilformen, durch Profilwalzen gefertigt [5.13]

Konstruktive Hinweise für die Gestaltung beim Rollbiegen sind Tafel 5.24, Beispiel 11 und 12, zu entnehmen. Einfaches Rollbiegen ohne Kröpfung ist der gekröpften Lösung aus Fertigungsgründen (ohne Vorbiegen) vorzuziehen. Die Zuschnittsermittlung beim Einrollen (Bild 5.36 c) wurde im Abschn. 5.5.1.3. mit aufgeführt.

Beim *Walzbördeln* kann man je nach Ausbildung der Bördelwalzen verschiedene Formen für die Ränder von Hohlkörpern oder ähnlichen Teilen vorsehen (Bild 5.46). Auch diese Umformungen dienen in erster Linie zur Versteifung von Zieh- oder Stanzformen.

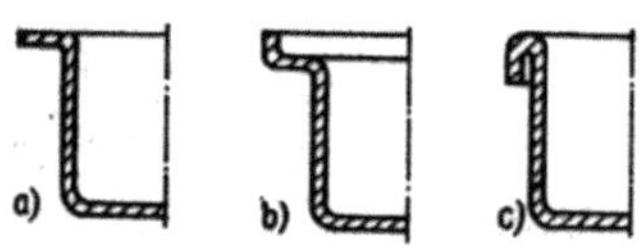

Bild 5.46
Beispiele für Randversteifungen durch Umbördeln
a) einfacher Flansch; b) abgesetzter Flansch; c) umgelegter Wulst

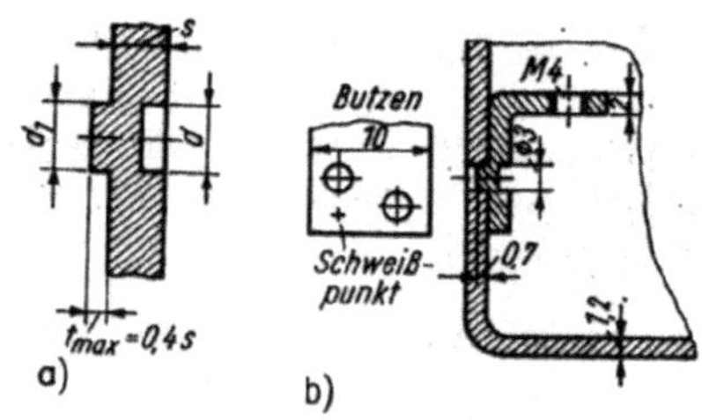

Bild 5.47
Durchdrückbutzen und Anwendungsbeispiel [5.13]
a) Durchdrückbutzen; b) Blechgehäuse mit Winkel

5.6. Gestaltung von Schubumformteilen

Belastungen auf Schub treten beim Umformen dann auf, wenn bei vorwiegend flachen Werkstücken durch quer zur Hauptausdehnung des Werkstücks eindringende Stempel Werkstoff verschoben wird, z. B. beim Durchsetzen (Tafel 5.3), oder wenn Formteile verdreht (verschränkt) werden. Zu ersterem gehört das Durchdrücken von Butzen (Bild 5.47), die man bei rechteckigem Querschnitt oder bei mehrmaliger Anordnung mit rundem Querschnitt zur Lagesicherung oder zur Mitnahme heranziehen kann. Zweckmäßig wird $d > d_1$ in der Mitnehmerplatte gewählt.

Bei der Konstruktion von *Verdrehteilen* ist darauf zu achten, daß die Verdrehlänge nicht zu kurz gewählt wird (Tafel 5.3), damit beim Umformvorgang keine zu hohe Belastung des Werkstoffs eintritt.

5.7. Festigkeitsgerechte Gestaltung bei dünnen metallischen und thermoplastischen Formteilen

Wie bereits in einigen Abschnitten darauf hingewiesen, ist es möglich, Verdrehsteifigkeit und Biegefestigkeit dünner Formteile durch geeignete Gestaltung erheblich zu erhöhen. Da dieses Problem in der Feingerätetechnik sehr oft bei der Gestaltung dünner Formteile an den Konstrukteur herantritt, sollen die geeignetsten Maßnahmen zusammengestellt und anhand von Beispielen übersichtlich dargestellt werden.

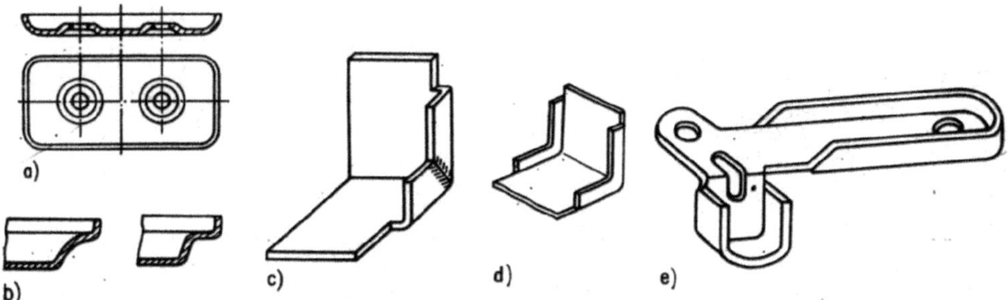

Bild 5.48. Versteifung von Formteilen durch hochgezogene Ränder
a) einfacher Rand; b) abgesetzte Ränder; c) Winkelversteifung, einseitig; d) zweiseitig; e) durch hochgezogene Ränder versteifter Hebel

Umlegen von Rändern (Bilder 5.48 a bis d)

Grundplatten, Deckel, Gehäuseteile u. a. sind wirksam zu versteifen, wenn man die Formteile möglichst in geschlossener Linie mit einem Rand versieht a), wobei abgesetzte Ränder diese Wirkung noch erhöhen b). Richtlinien für die Dimensionierung von Rändern wurden im Abschn. 5.5.1.6., Bild 5.40, angegeben. Aber auch Winkel u. ä. lassen sich durch ein- oder zweiseitig angebrachte Ränder c), d) erheblich biegefester gestalten. Als Beispiel eines gut formversteiften Werkstücks ist im Bild 5.48 e ein Hebel mit hochgezogenen Rändern dargestellt.

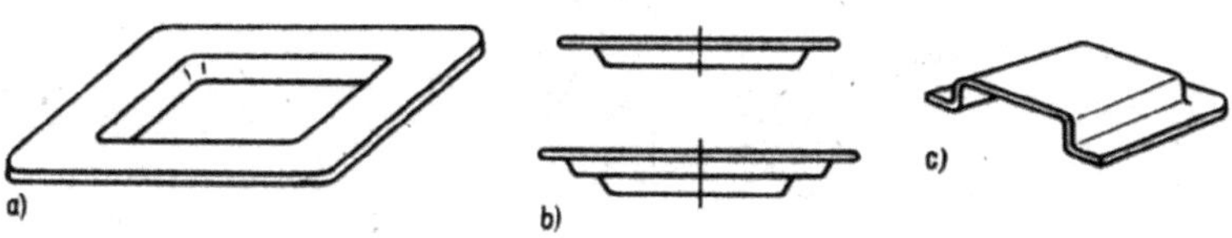

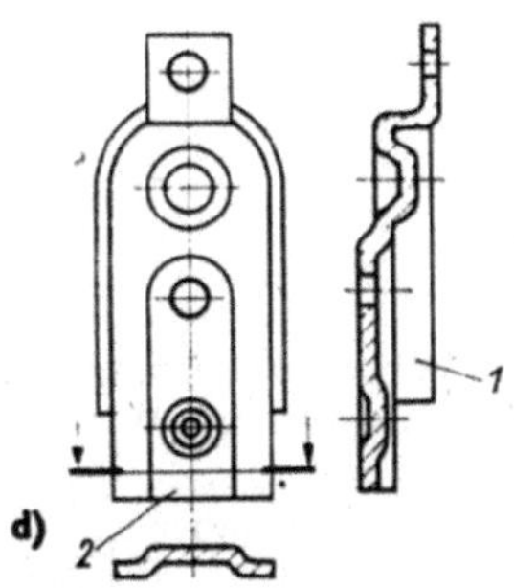

Bild 5.49
Versteifung von Formteilen durch Spiegel
a) durch Spiegel versteifte Platte; b) einfacher und abgesetzter Spiegel; c) offener Spiegel; d) Formstück mit hochgezogenen Rändern und offenem Spiegel

Eindrücken von Spiegeln (Bild 5.49)

Das Eindrücken von Vertiefungen oder Erhöhungen, von sog. Spiegeln, wird oft bei größeren ebenflächigen Formteilen als festigkeitsfördernde Maßnahme herangezogen a).

Doppelte Stufung erreicht man, wenn die Umformung der ebenen Fläche abgesetzt durchgeführt wird b). Lassen sich Spiegel wegen der konstruktiven Verhältnisse nicht in geschlossener Linie herstellen, so genügen oft schon offene Spiegel c). Beispiel für einen offenen Spiegel, verbunden mit z. T. hochgezogenen Rändern, ist das Befestigungsteil d).

Wölbungen (Bild 5.50)

Bei Abschlußteilen, Deckeln u. ä. werden die relativ großen Flächen oft nicht eben, sondern gewölbt ausgeführt. Je nach erwünschtem Aussehen und sonstigen Anforderungen kann man die Flächen nach außen oder nach innen wölben. Sie werden damit erheblich widerstandsfähiger gegen Kräfte, die senkrecht auf die Abdeckflächen wirken. Ein Beispiel sind Schraubdeckel aus Metall oder Kunststoffen aller Art von Gebrauchsgegenständen, die dadurch relativ dünn gehalten werden können.

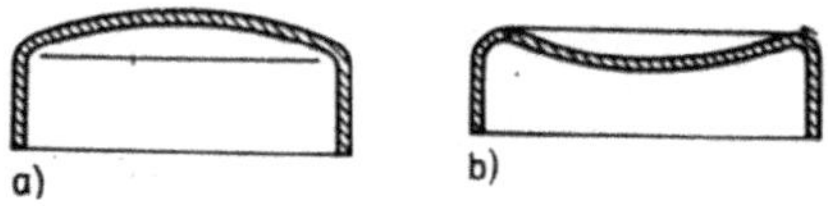

Bild 5.50
Versteifungen durch Wölbung
a) Wölbung nach außen; b) Wölbung nach innen

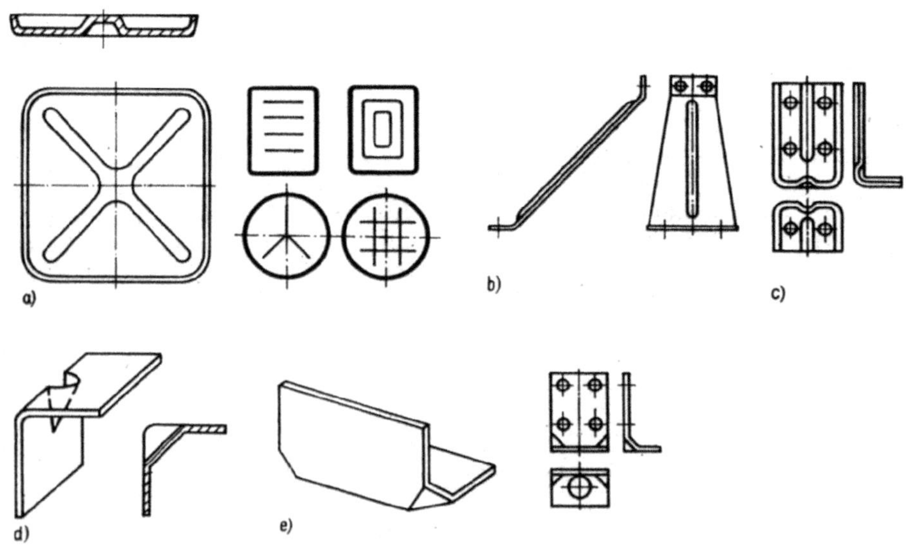

Bild 5.51. Sicken, Rippen und Ecken als Versteifungsmaßnahmen

a) Anordnung von Sicken bzw. Rippen bei flachen Böden; b) Rippe zur Versteifung eines Befestigungsteils; c) Winkelteil, durch Rippen und hochgezogene Ränder versteift; d) in Biegekanten eingedrückte Rippe; e) durch eingedrückte Ecken versteifter Winkel

Sicken, Rippen und Ecken (Bild 5.51)

Auf die Bedeutung von Sicken oder Rippen als Versteifungsmittel wurde bereits im Abschn. 5.5.2. eingegangen, und es wurden dafür konstruktive Hinweise gegeben. In erster Linie benutzt man Rippen für die Versteifung langer Formteile gegen Biege- und Knickbelastungen, wobei die Rippen möglichst senkrecht zur Walzrichtung verlaufen sollten. Ein bekanntes Anwendungsbeispiel sind die Typenhebel der Schreibmaschine (Bild 5.44 b). Wie man Befestigungsteile und Winkel durch Rippen, ggf. durch hochgezogene Ränder unterstützt, biegesteifer gestalten kann, ist in den Bildern 5.51 b und c zu sehen. Aber auch großflächige Böden oder Gehäusewandungen kann man durch Rippen der verschiedensten Anordnung erheblich versteifen.

Winkel oder ähnliche Teile lassen sich auch durch Rippen, die in die Biegekante eingedrückt werden d), oder durch eingedrückte Randecken e) biegesteifer gestalten.

Einrollungen und Bördelungen (Bild 5.52)

Wie bereits im Abschn. 5.5.2. dargelegt, sind Einrollen und Umbördeln von Rändern langgezogener Teile und Hohlkörpern geeignete Maßnahmen zur Erhöhung der Biege- und Verdrehsteifigkeit. Als Beispiel für derartige Maßnahmen ist im Bild 5.52 eine Reihe von Umformungen an tiefgezogenen Hohlkörpern dargestellt. Andere Möglichkeiten zeigt u. a. Bild 5.27. Sie wurden durch Drücken gefertigt.

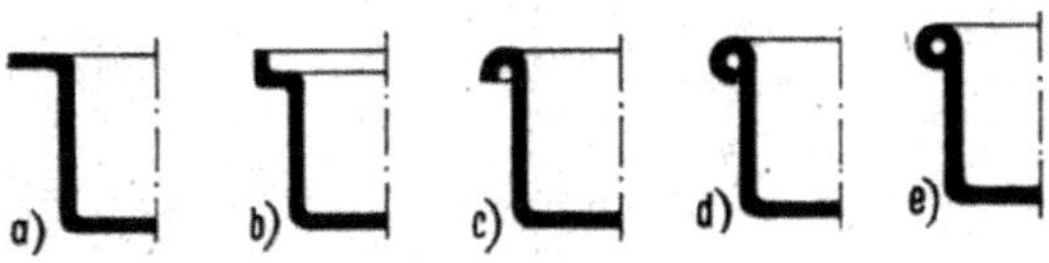

Bild 5.52. Versteifung von Hohlkörpern durch Umbördeln und Einrollen der Ränder

a) einfacher Flansch; b) abgesetzter Rand; c) umgelegter Rand; d) umgerollte Wulst; e) Wulst mit eingerolltem Draht

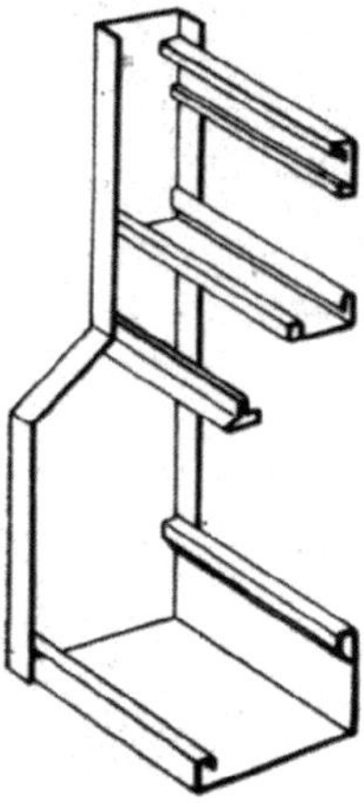

Bild 5.53
Profilierungen als Versteifungsmaßnahme, Gestell aus Abkantprofilen [5.13]

Versteifungen durch Profilierung (Bild 5.53)

Im Gehäuse- und Gestellbau, bei denen oft langgestreckte, schmale Teile aus dünnem Blech oder Kunststoff Verwendung finden, kann die Biege- und Verdrehsteifigkeit durch Profilierung der einzelnen Bauteile an geeigneten Biege- und Abkantmaschinen oder durch Profilwalzen erhöht werden. Profilgewalzte Formen wurden bereits im Bild 5.45 gezeigt. Ein mit Profilteilen aufgebautes Gestell ist aus Bild 5.53 ersichtlich.

Was man mit derartigen versteifenden Maßnahmen erreichen kann, ist am Beispiel eines einseitig eingespannten Trägers in Tafel 5.25 dargestellt [5.13]. Die Durchbiegung f am Ende des Trägers mit der Länge l, belastet durch die Kraft F bei gegebenem Elastizitätsmodul E des Werkstoffs, errechnet sich aus $f = Fl^3/3EI$.

Sie ist also umgekehrt proportional vom Flächenträgheitsmoment I abhängig, das bei gleichem Querschnitt stark von geeigneten Versteifungsmaßnahmen beeinflußt werden kann. Was nun durch diese Maßnahmen erreicht werden kann, ist aus der genannten Tafel ersichtlich. Am wirksamsten erweist sich eine geeignete U-Profilierung (Profil *3*).

Tafel 5.25. Vergrößerung des axialen Trägheitsmoments I_x durch Versteifungsmaßnahmen am Beispiel eines einseitig eingespannten Trägers [5.13]

Lfd. Nr.	Versteifungsmaßnahme	Darstellung und Bemaßung des Trägerquerschnitts	I_{xi} mm⁴	I_{xi}/I_{x1}
1	keine; Bezugsträger für den Vergleich I_{xi}/I_{x1} Zuschnitt für 2 bis 7	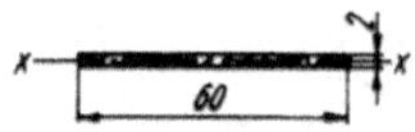	40	1
2	umgebogene bzw. hochgezogene Ränder	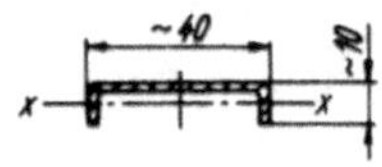	1320	33
3	U-Profil	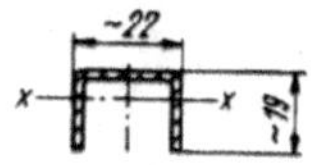	5373	134,3
4	umgebogene Ränder und Wölbung	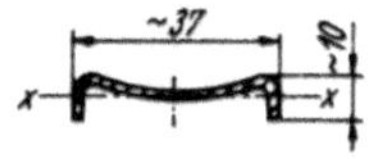	622	15,5
5	eingerollte Ränder	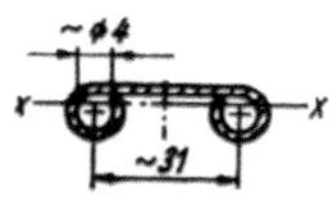	455	11,4
6	formgestanzte Längsrippe	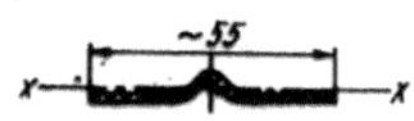	226	5,7
7	Wölbung zu einem Kreisbogenstück		1883	47,1

5.8. Gestaltungsbeispiele (Aufgaben und Lösungen)

5.8.1. Aufgaben zur Gestaltung beim Umformen von Werkstoffen

Aufgabe 5.1: Becher mit zwei konzentrischen Wickelräumen

Für ein elektronisches Gerät wird ein Aluminiumbecher mit zwei konzentrisch angeordneten Wickelräumen (Bild 5.54) benötigt. Die Befestigung soll durch einen abgesetzten Achsansatz erfolgen. Die voraussichtliche Stückzahl ist $z = 10000$. Die Wanddicken sollen etwa 1 mm betragen; die tragende Platine soll etwa 3 mm dick sein.

a) Wie ist dieser Becher kostengünstig zu fertigen?
Gibt es noch andere, allerdings weniger kostenaufwendige Möglichkeiten, zur Fertigung?
b) Wie muß das dazu benötigte Werkzeug im Prinzip aussehen?
c) Wie kann man die Werkstoffausgangsform gestalten?

Aufgabe 5.2: tiefgezogener Becher

Der im Bild 5.55 skizzierte Becher soll durch Tiefziehen gefertigt werden. Das Ziehverhältnis für den Anschlag soll $m_1 = 0{,}6$, für die Weiterschläge $m_{2,3,\dots} = 0{,}8$ betragen. Werkstoff: Blech 05 DIN 1541-U St 1303.

a) Es sind die Rondenfläche und der Rondendurchmesser D bei Zuschlag $z = 5$ mm zu berechnen!
b) Wie groß ist die Anzahl der Züge unter Voraussetzung genormter Ziehdurchmesser (Rundwertreihe R20 nach DIN 323)?
c) Wie soll die Form der einzelnen Ziehstufen aussehen?
d) Zusätzliche Arbeitsgänge und Besonderheiten sind zu beschreiben!

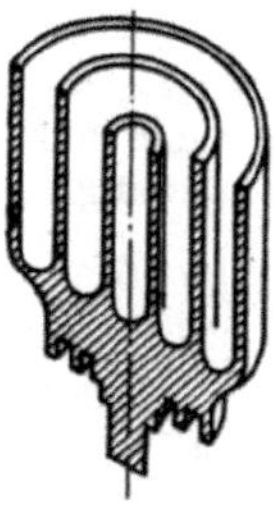

Bild 5.54
Becher mit zwei konzentrischen Wickelräumen

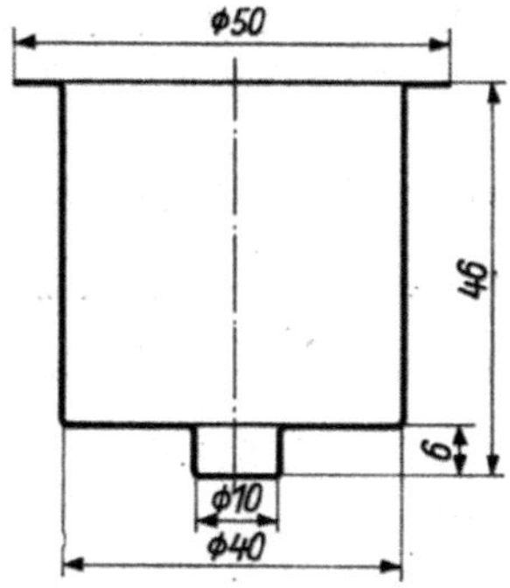

Bild 5.55
Tiefgezogener Becher

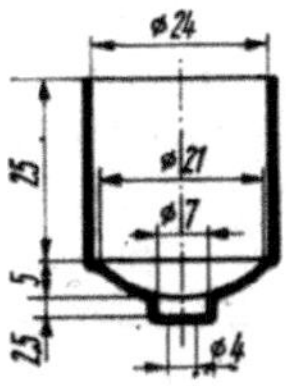

Bild 5.56
Gehäuse eines Kollektormotors aus Blech

Aufgabe 5.3: Gehäuse eines Kollektormotors

Das im Bild 5.56 dargestellte Gehäuse soll durch Tiefziehen gefertigt werden. Als Werkstoff wird Tiefziehblech RRST 1403 – DIN 1623 Bl. 1, $s = 0{,}63$ mm, verwendet.

a) Es ist der Rondendurchmesser D zu berechnen, wobei Zuschlag $z = 4$ mm angenommen werden soll!

b) Wie groß muß die Anzahl der notwendigen Züge sein, wenn das Ziehverhältnis $m_1 = 0{,}55$ und $m_{2,3,\ldots} = 0{,}7$ ist?

c) Die erforderlichen Arbeitsgänge von der Ronde bis zum fertigen Gehäuse sind anzugeben und dazu die entsprechenden Ziehformen zu skizzieren!

Aufgabe 5.4: tiefgezogene Kappe

Die tiefgezogene rechteckige Kappe (Bild 5.57) soll in einem Zug gefertigt werden. Es ist der Zuschnitt dieser Kappe zu berechnen und zu zeichnen!

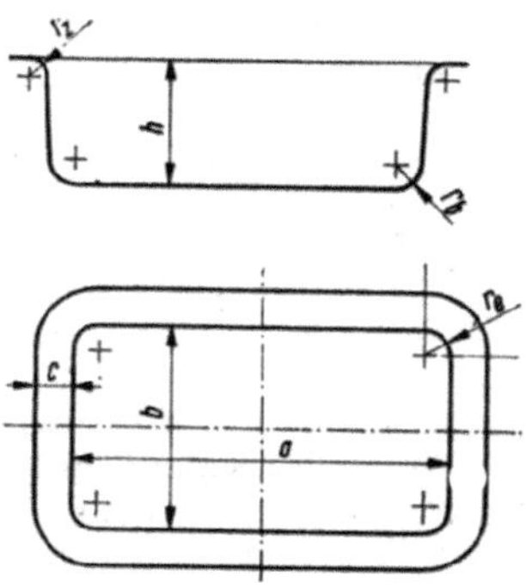

Bild 5.57
Rechteckige tiefgezogene Kappe

$a = 60$ mm; $b = 32$ mm; $c = 6$ mm; $h = 20$ mm;
$r_b = r_e = r = 4$ mm; Blechdicke $s = 1$ mm
Anm.: Zur Vereinfachung der Berechnung wird $r_z = 0$ zugrunde gelegt und dafür auf die Zugabe z verzichtet!

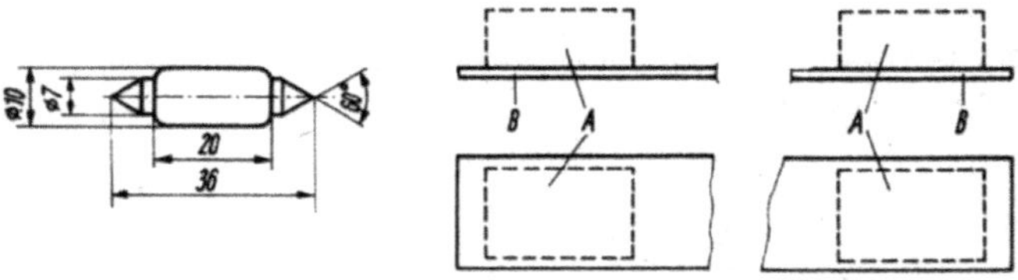

Bild 5.58
Soffittenbefestigung

Aufgabe 5.5: Soffittenbefestigung

Für die Skalenbeleuchtung eines Rundfunkempfängers sind zwei Soffitten mit 6,3 V/3 W (Bild 5.58) vorgesehen. Für die Soffitten ist eine Fassung aus Messingblech zu entwerfen, die auf einem Träger aus Hartpapier bei A zu befestigen ist, bei B Lötanschlüsse tragen soll und ein leichtes Auswechseln der Soffitten ermöglichen muß. Die Fassungsteile sollen ausgeschnitten und durch

Biegeumformen in die erwünschte Form gebracht werden. Eine Skizze soll eine Fassung im montierten Zustand auf dem Hartpapierträger darstellen!

Aufgabe 5.6: Lagerbügel

Für den Kleinmotor eines Phonolaufwerks ist ein Lagerbügel (Bild 5.59) zu entwerfen. Bei A ist ein Spurlager mit lose eingelegter Kugel vorzusehen, bei B zwei Bohrungen $d = 4$ mm und bei C ein Gewinde M3 für eine Erdungslasche. Besonderes Augenmerk ist auf die Biegesteifigkeit des Lagerbügels zu richten.

Die Konstruktion des Lagerbügels und die Fertigungsreihenfolge sind anzugeben!

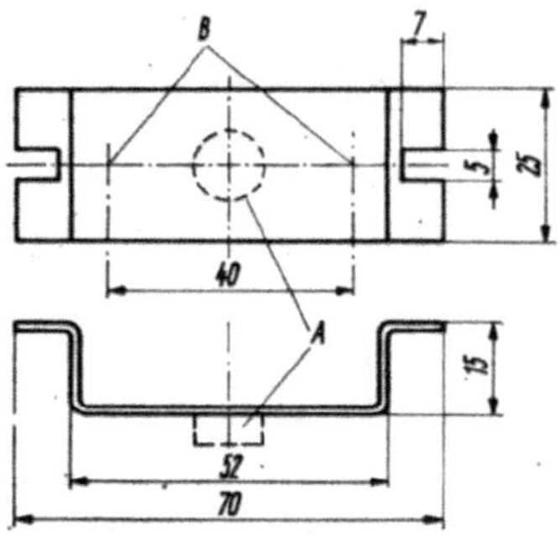

Bild 5.59
Lagerbügel für Phonolaufwerk

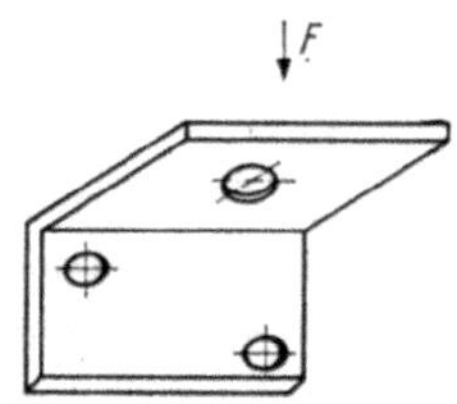

Bild 5.60
Zu versteifender Blechwinkel

Aufgabe 5.7: tiefgezogene Abschirmkappe

Eine Abschirmkappe der Abmessungen 65 mm × 65 mm × 95 mm, Kantenradius $r \approx 5$ mm soll durch Tiefziehen aus Stahlblech mit $s = 0{,}65$ mm gefertigt werden.

Wie sind eine möglichst plane Bodenfläche und senkrechte ungewölbte Seitenflächen zu erreichen?

Aufgabe 5.8: versteifter Blechwinkel

Ein einfacher Befestigungswinkel (Bild 5.60) ist durch entsprechende Maßnahmen möglichst biegesteif zu gestalten! Die Bohrungen dürfen nicht verändert werden!

5.8.2. Lösungsmuster zur Aufgabengruppe Gestaltung beim Umformen von Werkstoffen

Aufgabe 5.1

a) Eine kostengünstige Lösung ist die durch Fließpressen (Abschn. 5.3.3.). Eine andere Möglichkeit, einen derartigen Becher zu fertigen, besteht darin, drei tiefgezogene Einzelbecher mit den verschiedenen Durchmessern zu fertigen und diese dann auf einer Platine mit Achsansatz zu befestigen. Allerdings würden die Kosten erheblich größer und das Aussehen des Bechers weniger schön sein.
b) Eine Möglichkeit wird im Bild 5.61a gezeigt.
c) Wie im Bild 5.61b dargestellt, kann die Ausgangsform entweder eine glatte Ronde oder eine solche mit Verstärkungen für den Achsansatz sein.

Aufgabe 5.2

a) Gemäß Bild 5.62 gilt $A_{\text{Zuschnitt}} = A_{\text{Teil}}$,

$$\frac{\pi D_R^2}{4} = \frac{\pi (d_3 + 2z)^2}{4} + \pi d_1 (h_2 - h_1) + \pi d_2 h_1 ,$$

$$D_R = \sqrt{(d_3 + 2z)^2 + 4d_1 (h_2 - h_1) + 4d_2 h_1} = 101{,}2 \text{ mm} ;$$

Norm.: $D_R = 100$ mm (Zuschnitt $z < 5$ mm),

$$A_R = \frac{\pi D_R^2}{4} = \frac{\pi \cdot 10000 \text{ mm}^2}{4} = 7850 \text{ mm}^2 .$$

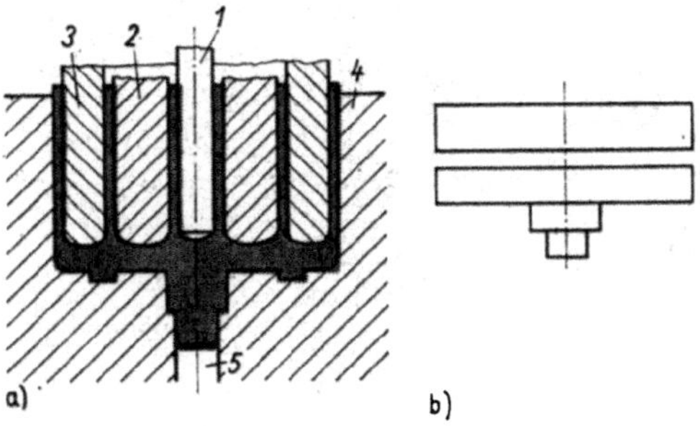

Bild 5.61
Fertigung eines Mehrkammerbechers durch Fließpressen
a) Entwurf des Werkzeugprinzips; b) Fließpreßausgangsformen
1 Innenstempel; *2* mittlerer Stempel; *3* Außenstempel; *4* Matrize; *5* Gegenstempel

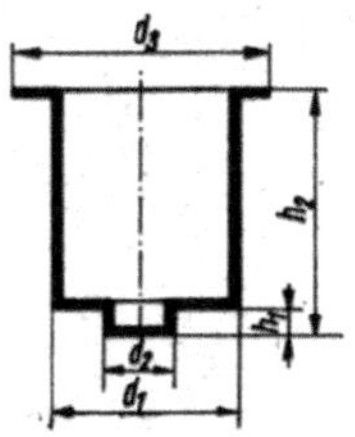

Bild 5.62
Becherform, Bezeichnungen

b) Es wird zunächst die Innenform gezogen, wobei ein Niederhalter angewendet werden muß. Um das Nachfließen des Werkstoffs zu ermöglichen und ein Abreißen des zu ziehenden Ansatzes zu verhindern, sind kegelförmige Zwischenziehstufen zu benutzen.

Eine andere Möglichkeit besteht aufgrund der kleinen Abmessungen des Ansatzes darin, die am Boden notwendige zusätzliche Fläche durch eine Bodenwölbung vor den letzten Zügen bereitzustellen.

Um das Ziehverhältnis auch bei der Fertigung des Ansatzes nicht zu unterschreiten, wird von einem Ersatzrondendurchmesser ausgegangen.

$$\frac{\pi D_{\mathrm{R\,ers}}^2}{4} = \frac{\pi d_2^2}{4} + \pi d_2 h_1 ,$$

$$D_{\mathrm{R\,ers}} = \sqrt{d_2^2 + 4 d_2 h_1} = \sqrt{100\ \mathrm{mm}^2 + 4 \cdot 10\ \mathrm{mm} \cdot 6\ \mathrm{mm}} = 18{,}4\ \mathrm{mm} .$$

Das sich mit diesem Ersatzrondendurchmesser ergebende Ziehverhältnis wäre

$$m_x = \frac{10\ \mathrm{mm}}{18{,}4\ \mathrm{mm}} = 0{,}54 < m_1 .$$

Es ist somit erforderlich, den Ansatz in zwei Zügen zu fertigen:

$$d_1 = m_1 D_{\mathrm{R\,ers}} = 0{,}6 \cdot 18{,}4\ \mathrm{mm} = 11\ \mathrm{mm},\ \text{genormt: } d_{1n} = 12\ \mathrm{mm} ,$$

$$d_2 = m_2 d_{1n} = 0{,}8 \cdot 12\ \mathrm{mm} = 9{,}6\ \mathrm{mm} ,\ \text{genormt: } d_{2n} = 10\ \mathrm{mm} .$$

Nun wird die Berechnung der Ziehdurchmesser für den großen Durchmesser durchgeführt, wobei von der vorgezogenen Ronde ausgegangen wird, deren Durchmesser gegenüber der Ausgangsronde durch den senkrecht gezogenen Zylindermantel des Ansatzes verkleinert wird:

$$\frac{\pi D_{\mathrm{R}1}^2}{4} = \frac{\pi D_{\mathrm{R}n}^2}{4} - \pi d_2 h_1 ,$$

$$D_{\mathrm{R}1} = \sqrt{D_{\mathrm{R}n}^2 - 4 d_2 h_1} = \sqrt{10000\ \mathrm{mm}^2 - 4 \cdot 10\ \mathrm{mm} \cdot 6\ \mathrm{mm}} = 98{,}6\ \mathrm{mm} .$$

Damit wird

$$d_3 = 0{,}8 \cdot 98{,}6\ \mathrm{mm} = 79\ \mathrm{mm} , \qquad d_{3n} = 80\ \mathrm{mm} ;$$
$$d_4 = 0{,}8 \cdot 80\ \ \mathrm{mm} = 64\ \mathrm{mm} , \qquad d_{4n} = 70\ \mathrm{mm} ;$$
$$d_5 = 0{,}8 \cdot 70\ \ \mathrm{mm} = 56\ \mathrm{mm} , \qquad d_{5n} = 60\ \mathrm{mm} ;$$
$$d_6 = 0{,}8 \cdot 60\ \ \mathrm{mm} = 48\ \mathrm{mm} , \qquad d_{6n} = 50\ \mathrm{mm} ;$$
$$d_7 = 0{,}8 \cdot 50\ \ \mathrm{mm} = 40\ \mathrm{mm} , \qquad d_{7n} = 40\ \mathrm{mm} .$$

Es sind somit sieben Züge erforderlich, zwei Züge für den Ansatz und fünf für den Becher selbst.

c) Siehe Bild 5.63.

d) Trotz Vergrößerung des Ziehverhältnisses von $m_1 = 0{,}6$ auf $m_{2,3,\ldots} = 0{,}8$ muß mindestens einmal (und zwar nach dem 1. Zug) *zwischengeglüht* werden (unter Schutzgas), um bei den Dickentoleranzen (DIN 1541) der zur Verfügung stehenden Bleche ein Reißen des Werkstoffs infolge zu hoher örtlicher Verfestigung zu verhindern.
Oberen Rand des Bechers (Zipfelung) beschneiden!

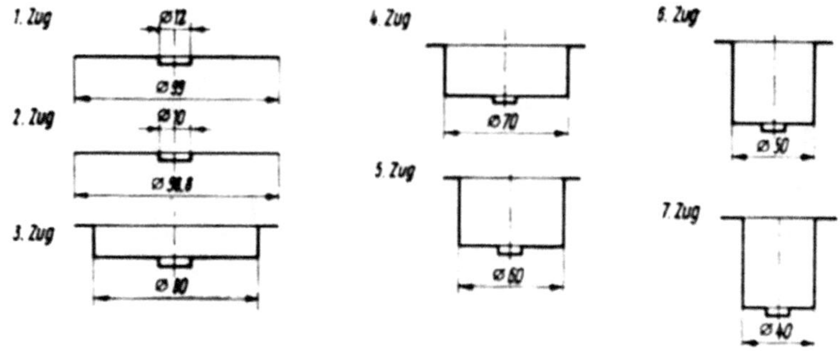

Bild 5.63. Ziehfolge zum Becher nach Bild 5.62

Aufgabe 5.3

a) Es wird von der Flächengleichheit ausgegangen:
Rondendurchmesser = D,

Mantelfläche einer Kugelkappe $M = \pi \left(\frac{d^2}{4} + h^2\right)$ (Bild 5.64).

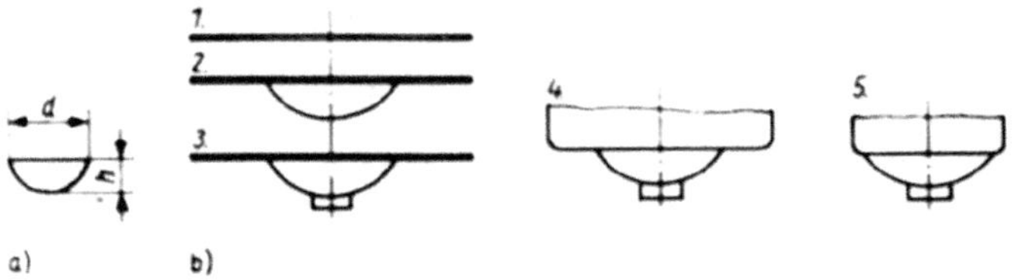

Bild 5.64. Gehäuse eines Kollektormotors
a) Kugelmantel; b) Arbeitsgangfolge für das Gehäuse

$$A_{\text{ges}} = A_{\text{Kugelkäfig}} + A_{\text{Kugelkappe}} + A_{\text{Zylinder}}.$$

$$\frac{\pi D^2}{4} = \left[\frac{\pi \cdot 7^2}{4} + \pi \cdot 7 \cdot 2{,}5 + \pi\left(\frac{21^2}{4} + 5^2\right) + \pi\left(\frac{24^2}{4} - \frac{21^2}{4}\right) - \frac{\pi \cdot 7^2}{4} + \pi\, 24\,(25 + 4)\right] \text{mm}^2,$$

$$D = \sqrt{70 + 576 + 100 + 2784}\ \text{mm} = 59{,}45\ \text{mm} \approx 60\ \text{mm}.$$

Mit dem Zuschlag beträgt der Rondendurchmesser 60 mm.

b) $m_1 = 0{,}55$; $m_{2,3,\,\ldots} = 0{,}7$;

$$m_1 = \frac{d_{\text{m1}}}{D},\ d_{\text{m1}} = m_1 D = 0{,}55 \cdot 60\ \text{mm} = 33\ \text{mm}$$

$$\text{m}_2 = \frac{d_{\text{m2}}}{d_{\text{m1}}},\ d_{\text{m2}} = m_2 d_{\text{m1}} = 0{,}7 \cdot 33\ \text{mm} = 23{,}1\ \text{mm}.$$

Das Gehäuse läßt sich in zwei Zügen fertigen.

c) Die einzelnen Arbeitsgänge (Bild 5.64b) sind:

1. Platine ausschneiden,
2. Kalotte vordrücken,
3. Kugelkäfig ziehen,
4. Gehäuse vorziehen
5. Gehäuse fertigziehen,
6. Lochen und Planieren,
7. Beschneiden,
8. Kalibrieren.

Da der Kugelkäfig durch das Ziehen evtl. nicht mehr zentrisch sitzt, wird er mit einem Stempel nochmals genaugedrückt.

Aufgabe 5.4

Entsprechend den Ausführungen im Abschn. 5.4.1.3. und den Angaben im Bild 5.20 ergibt sich folgende Berechnung:

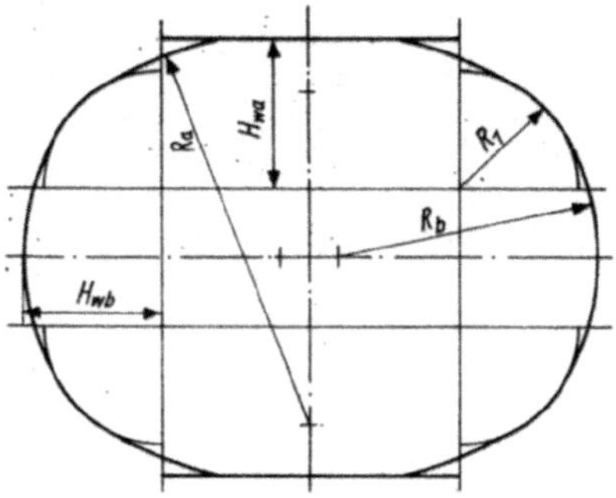

Bild 5.65
Zuschnitt für eine rechteckige Kappe mit Flansch nach Bild 5.57

a) Da $h/b = 20/32 < 0{,}7$ und relativ große Boden- und Eckenradien, ist die Fertigung des Teils in einem Zug möglich.

b) Berechnung der erforderlichen Größen des Zuschnitts:
Da die Kappe (Bild 5.20) zusätzlich noch einen Flansch $c = 6$ mm hat, ist eine Überführung der Ecken der Kappe in flächengleiche Viertelronden notwendig, wobei die Ecken aus 1/8 Kugelfläche, 1/4 Zylindermantel und 1/4 Kreisring gebildet werden:

$$(1/4)\, R^2\pi = (1/8) \cdot 4\pi r^2 + (1/4) \cdot 2\pi r h + (1/4)\, \pi\, (2rc + c^2)\,,$$

$$R = \sqrt{2} \cdot \sqrt{r^2 + rh + rc + (c^2/2)} = 1{,}42 \cdot \sqrt{(16 + 80 + 24 + 18)\ \text{mm}^2} = 16{,}3\ \text{mm}\,.$$

Umklappen der Bodenrundung, der Seitenwand und des Flansches jeder Seite in die Bodenebene ≙ Ermittlung des Maßes H_W:

$$H_W = (\pi/2) r + (h - r) + c = (\pi/2) \cdot (4 + 16 + 6)\ \text{mm} = 28{,}3\ \text{mm}\,.$$

Ermittlung des Korrekturfaktors x ($x > 1$), da ein Teil des Werkstoffs der Eckviertelronden in die Seitenwände verdrängt wird,

$$x = 0{,}074\, (R/2r)^2 + 0{,}982 = 0{,}074\, (16{,}3\ \text{mm}/8\ \text{mm})^2 + 0{,}982 = 1{,}29\,.$$

Damit wird

$$R_1 = xR = 1{,}29 \cdot 16{,}3\ \text{mm} = 21\ \text{mm}\,.$$

Der in die Seitenwände verdrängte Werkstoff bedingt einen Höhenzuwachs, so daß das Maß H verkürzt werden kann:

$$H_{Wa} = H_W - \Delta H_a = (\pi/2)\, r + (h - r) + c - 0{,}785\, (x^2 - 1)\, (R^2/a)\,,$$

$$H_{Wb} = H_W - \Delta H_b = (\pi/2)\, r + (h - r) + c - 0{,}785\, (x^2 - 1)\, (R^2/b)\,.$$

Zahlenwerte:

$$H_{Wa} = 28{,}3\ \text{mm} - 0{,}785\, (0{,}67) \cdot \frac{16{,}3^2\ \text{mm}^2}{60\ \text{mm}} = 26\ \text{mm}\,,$$

$$H_{Wb} = 28{,}3\ \text{mm} - 0{,}785\, (0{,}67) \cdot \frac{16{,}3^2\ \text{mm}^2}{32\ \text{mm}} = 24\ \text{mm}\,.$$

Es ist möglich, mit diesen Werten den Zuschnitt zeichnerisch zu ermitteln (Bild 5.65), wobei der Ausgleich der Unstetigkeiten durch Kreisbogenstücke (R_a, R_b und Mittelpunkte durch Probieren ermittelt) oder Teile anderer Kurven (mit Kurvenlineal) erfolgen kann.

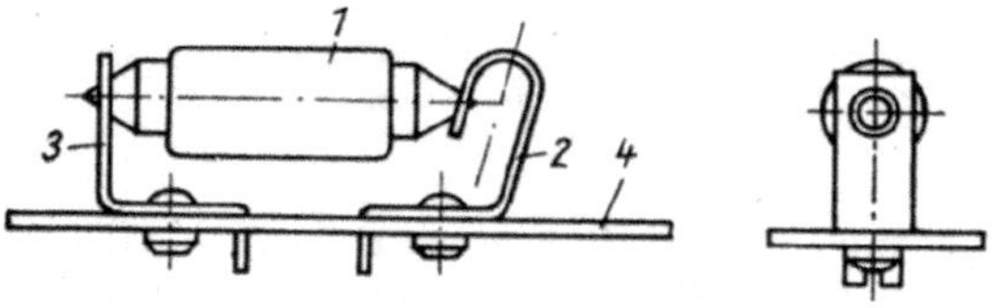

Bild 5.66
Federnde Halterung einer Soffitte durch gebogene Blechteile
1 Soffitte; *2*, *3* federnde Messingbügel mit Stromführung; *4* Hartpapierplatte

Aufgabe 5.5

Im Bild 5.66 ist eine Lösung mit federnden Fassungsbügeln *2*, *3* unterschiedlicher Form aus Messingblech dargestellt, die auf Hartpapierplatte *4* aufgenietet und gleichzeitig als stromführende Teile benutzt werden. Die Teile werden ausgeschnitten und dann durch Biegeumformung in die erwünschte Form gebracht.

Aufgabe 5.6

Die geforderte Konstruktion des Lagerbügels ist im Bild 5.67 dargestellt. Die besondere Biegesteifigkeit wird durch Eindrücken von je zwei Rippen in jede Biegekante erreicht. Lagerstelle A für das Spurlager erreicht man durch Tiefziehen oder Prägen. Es ergibt sich damit folgende Fertigungsfolge:

1. Vorlochen der Bohrungen bei B und C sowie Ausschneiden des Lagerbügels,
2. Biegen des Bügels,
3. Eindrücken der Versteifungsrippen,
4. Prägen oder Tiefziehen der Lagerstelle bei A,
5. Durchdrücken der Gewindedüse bei C,
6. Gewindeschneiden bei C.

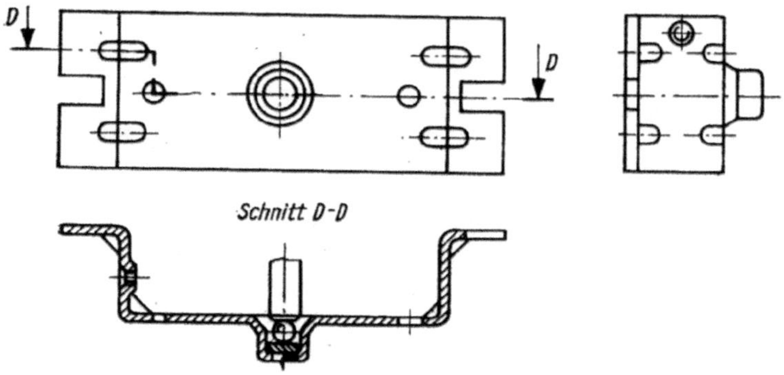

Bild 5.67. Biegeversteifter Lagerbügel für einen Kleinmotor

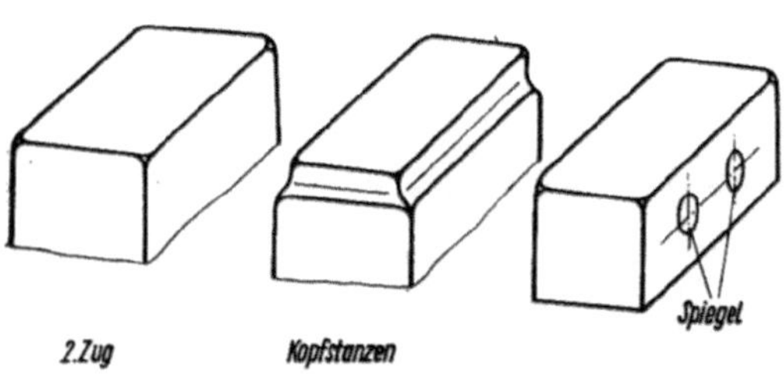

Bild 5.68
Abschirmkappe mit ebenem Boden und versteiften Seitenwänden

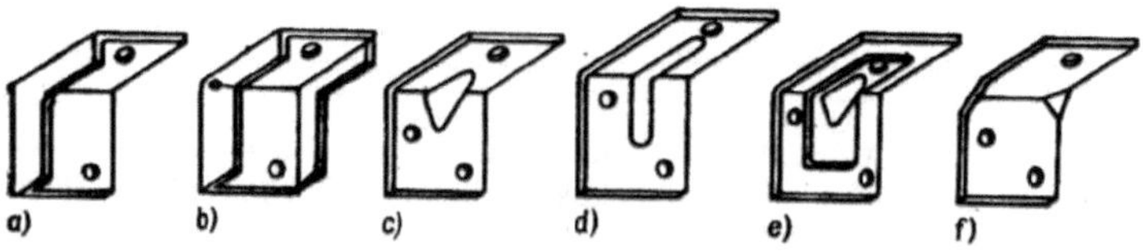

Bild 5.69. Biegeversteifter Befestigungswinkel

a) mit einseitig hochgezogenem Rand; b) mit zweiseitigem Rand; c) mit eingedrückter Rippe; d) mit eingedrückter Sicke; e) mit eingestanztem Spiegel und Rippe; f) mit eingedrückten Ecken

Aufgabe 5.7

Die plane Bodenfläche und die senkrechten ungewölbten Seitenflächen erreicht man bei der relativ großen Abschirmkappe und der geringen Dicke des Stahlblechs u. a. durch ein Kopfanstanzen (Bild 5.68). Der Kopf enthält die endgültige Form und Größe des Bodens. Anschließend werden die Seitenwände senkrecht abgestuft. In die beiden größeren Wände werden dazu je zwei kreisrunde Vertiefungen, sog. Spiegel, eingedrückt.

Aufgabe 5.8

Die Möglichkeiten für die Absteifung eines Befestigungswinkels sind im Bild 5.69 zusammengestellt.

Literatur zum Abschnitt 5.

Bücher

[5.1] *Romanowski, W. P.*: Handbuch der Stanzereitechnik. 5. Aufl. Berlin: VEB Verlag Technik 1971.
[5.2] *Hofner, K.-H.*: Verfahren der Umformtechnik. Berlin: VEB Verlag Technik 1969.
[5.3] *Herold, G.*; *Herold, K.*; *Schwager, A.*: Umformtechnik, Massivumformung. Berlin: VEB Verlag Technik 1974.
[5.4] *Storoschew, M. W.*; *Popow*: Grundlagen der Umformtechnik. Berlin: VEB Verlag Technik 1968.
[5.5] *Jahnke, H.*; *Retzke, R.*; *Weber, W.*: Umformen und Schneiden. 3. Aufl. Berlin: VEB Verlag Technik 1976.
[5.6] *Gross*: Konstruktionsrichtlinien Tiefziehen. Forschungsinstitut für bildsame Formung der Metalle. Zwickau 1960.
[5.7] TH Magdeburg, Sektion Maschinenbau: Arbeitsblätter Konstruktionslehre IV Schmiedetechnische Gestaltung 0114. Magdeburg 1970.
[5.8] *Lange, K.*: Lehrbuch der Umformtechnik. 3 Bde.: Grundlagen Massivumformung, Blechumformung. Berlin, Heidelberg, New York: Springer-Verlag 1972/73.
[5.9] *Hilbert, H.*: Stanzereitechnik. Bd. II: Umformende Werkzeuge. 5. Aufl. München: Carl Hanser Verlag 1973.
[5.10] *Billigmann, I.*; *Feldmann, D.*: Stauchen und Pressen. 2. Aufl. München: Carl Hanser Verlag 1973.
[5.11] *Oehler, G.*: Gestaltung gezogener Blechteile. 2. Aufl. Berlin, Heidelberg, New York: Springer-Verlag 1966.
[5.12] *Feldmann, D.*: Fließpressen von Stahl. Berlin, Heidelberg, New York: Springer-Verlag 1959.
[5.13] *Sieker, K.-H.*; *Rabe, K.*: Fertigungs- und stoffgerechtes Gestalten in der Feinwerktechnik. 2. Aufl. Berlin, Heidelberg, New York: Springer-Verlag 1968.
[5.14] *Rögnitz, H.*; *Köhler, G.*: Fertigungsgerechtes Gestalten im Maschinen- und Gerätebau. 2. Aufl. Stuttgart: B. G. Teubner 1959.
[5.15] *Matousek, R.*: Konstruktionslehre des allgemeinen Maschinenbaues. Berlin, Göttingen, Heidelberg: Springer-Verlag 1957.
[5.16] *Greiner, G.*: Plastwerkstoffe in der Feingerätetechnik. Berlin: VEB Verlag Technik 1973.
[5.17] *Weißwange, W.*; *Engelhardt, W.*: Die Zuschnittsermittlung beim Biegen und Tiefziehen runder Näpfe. Leipzig: Akad. Verlagsges. Geest & Portig 1951.
[5.18] TH Ilmenau, Sektion Gerätetechnik (ehem. Institut für Feingerätetechnik): Vorlesungen über fertigungsgerechtes Konstruieren. Ilmenau 1967.
[5.19] *Schroeder, A. J.*: Richtlinien feinmechanischer Konstruktionen und Fertigung. 2. Aufl. Stuttgart: Berliner Union 1953.
[5.20] *Hildebrand, S.*: Feinmechanische Bauelemente. 3. Aufl. Berlin: VEB Verlag Technik 1975.

Weitere Literaturangaben einschließlich Fachaufsätze sind den genannten Büchern, z. B. [5.1], entnehmbar.

6. GESTALTUNG BEIM TRENNEN VON WERKSTOFFEN

Trennen bedeutet Fertigen durch Änderung der Form eines Werkstücks, wobei der Zusammenhalt des Werkstoffs örtlich aufgehoben und dabei im ganzen vermindert wird. Die Endform ist in der Ausgangsform enthalten (DIN 8580).

Es werden folgende Verfahrensgruppen unterschieden [6.5]:

Zerteilen: Trennen benachbarter Teile eines Werkstücks oder ganzer Werkstücke unter Einwirkung äußerer mechanischer Kräfte, ohne daß formloser Stoff (Späne) entsteht (Abschn. 6.1.).

Spanen: Trennen von Stoffteilchen eines Werkstücks auf mechanischem Weg, wobei formloser Stoff abfällt (Abschn. 6.2.).

Abtragen: Trennen von Stoffteilchen eines Werkstücks auf nichtmechanischem Weg, vorwiegend durch thermische Belastung unter Abfall formlosen Stoffs (Abschn. 6.3.).

Zerlegen: Trennen von vorher gefügten Werkstücken ohne deren Zerstörung.

Reinigen: Entfernen unerwünschten, zumeist bei der Fertigung auf der Oberfläche entstandenen werkstückfremden Stoffs.

Evakuieren: Entfernen von Gasen aus hohlen Werkstücken.

Die Verfahrensgruppen Zerlegen, Reinigen und Evakuieren werden hier nicht behandelt, da sie die konstruktive Gestaltung i. allg. nicht entscheidend beeinflussen.

6.1. Durch Zerteilen gefertigte Werkstücke

6.1.1. Einteilung der Fertigungsverfahren [6.4]

Beim Zerteilen werden benachbarte Teile eines Werkstücks oder ganze Werkstücke durch Scher-, Zug-, Biege- oder Torsionsbeanspruchung spanlos getrennt. Je nach Art der Beanspruchung, die zur örtlichen Aufhebung des Werkstoffzusammenhalts führt, ergibt sich eine Einteilung in die Verfahrensuntergruppen Schneiden, Reißen, Brechen und Spalten, von denen die zuerst genannte in der Feingerätetechnik die größte Bedeutung hat.

6.1.1.1. *Schneiden*

Schneiden ist das Zerteilen von Werkstoff durch eine Scher- bzw. Scher- und Biegebeanspruchung. Es wird in Scher- und Keilschneiden unterteilt. *Scherschneiden* ist das gebräuchlichste Verfahren. Es erfolgt stets mit einem Messerpaar, dessen Formgebung und Bewegung sich wesentlich auf die Qualität des Schnitts und den Kräftebedarf auswirken. *Keilschneiden* (Schneiden gegen flache Unterlage), das z. B. mit Meißel von Hand erfolgt, wird nur bei Einzelfertigung angewendet bzw. dann, wenn die Form des Werkstücks den Einsatz von Scherschneidwerkzeugen unmöglich oder sehr teuer werden läßt.

Im folgenden wird nur das Scherschneiden betrachtet, bei dem man die im Bild 6.1 dargestellten Verfahren unterscheidet. Als Werkzeuge kommen sowohl Scheren als vor allem auch Schneidwerkzeuge mit Stempel und Schnittplatte zur Anwendung (Bild 6.2). Hebel- und Tafelscheren a) werden i. allg. von Hand bedient und zum Ab-,

Bezeichnung	Beispiel	Beschreibung
Ausschneiden	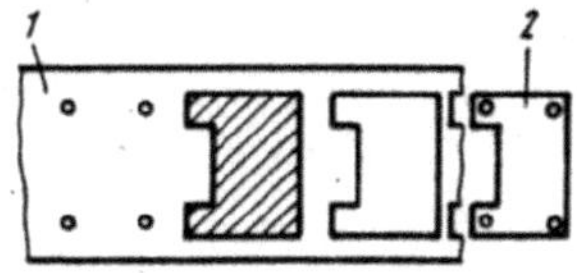	Vollständiges Trennen des Werkstoffs längs einer in sich geschlossenen Umgrenzungslinie.
Abschneiden	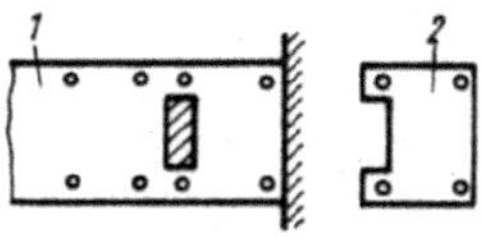	Vollständiges Trennen des Werkstoffs längs einer *nicht* in sich geschlossenen Linie (evtl. kombiniert mit Ausschneiden).
Lochen	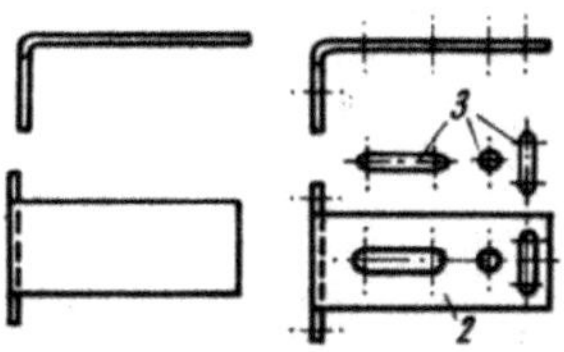	Ausschneiden beliebiger Innenformen mit Lochschnitt in beliebig geformten Flachteilen. Im Gegensatz zum Ausschneiden ist das ausgeschnittene Teil Abfall.
Einschneiden	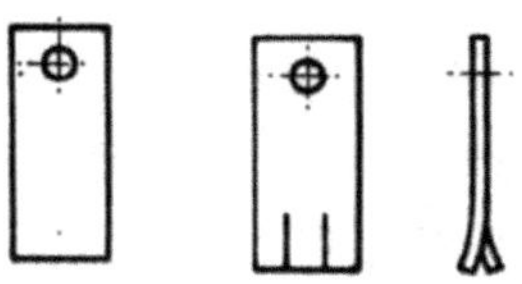	Teilweises Trennen des Werkstoffs mit sich berührenden Trennflächen, meist in Verbindung mit nachfolgendem Umformen (Biegen).
Beschneiden	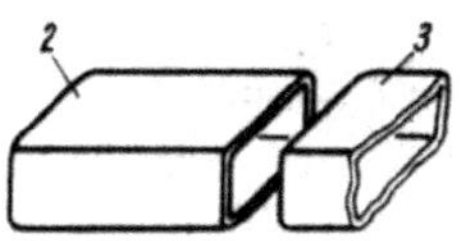	Abschneiden unerwünschten, überflüssigen Werkstoffs bei geschnittenen (ebenen), gebogenen, gezogenen, fließgepreßten u. a. (nicht ebenen) Teilen.
Nachschneiden	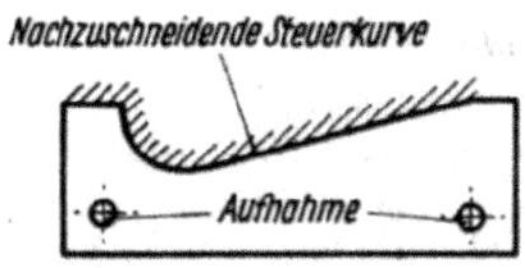	Kleinerschneiden flacher Teile nach verschiedenen Methoden, um scharfkantige und hochglänzende Schnittflächen zu erzielen (Schnittrichtung entgegengesetzt zum Ausschneiden).
Entgraten	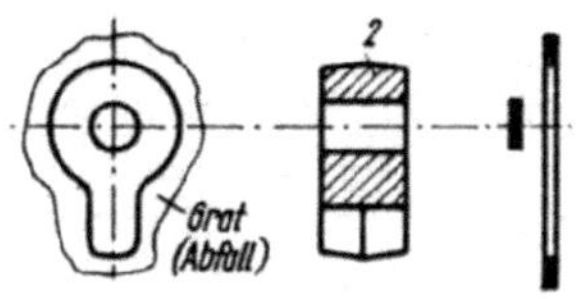	Abschneiden unerwünschten, überflüssigen Werkstoffs an der Formteilungsebene von Preß- und Gußteilen.
Stechen	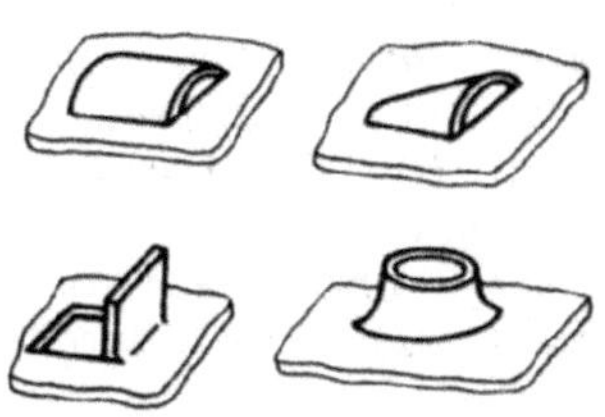	Durchdrücken eines Stempels durch ein flaches Werkstück zur Fertigstellung von Ösen, Lappen, Düsen oder dergl., wobei längs einer, zweier oder dreier Seiten geschnitten werden und Wandschwächung eintreten kann.

Bild 6.1. Verfahren beim Schneiden von Werkstücken [6.8]
1 Werkstoff (Blechstreifen); *2* Werkstück; *3* Abfall

Be- und Einschneiden von Blechen bis zu einer Dicke von $s \approx 2$ mm verwendet. Schlagscheren b) sind zum Abschneiden von Streifen aus Tafeln bis zu einer Dicke von $s \approx 40$ mm geeignet. Zum Zerschneiden von Tafeln in Streifen und Beschneiden von Bändern bis $s \approx 4$ mm gibt es Streifen- und Rollenscheren c); Sonderformen sind Kreis- und Kurvenscheren, um unregelmäßig geformte Werkstücke bei Blechdicken bis $s \approx 20$ mm aus- oder abzuschneiden sowie tiefgezogene Teile (vgl. Abschn. 5.4.)

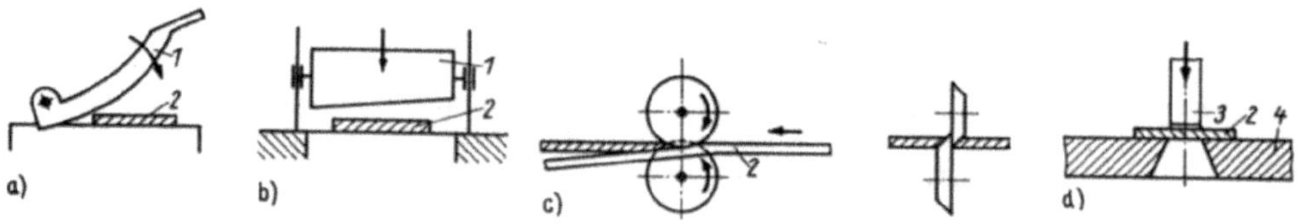

Bild 6.2. Werkzeuge zum Schneiden

a) Hebeltafelschere mit gleichbleibendem Messerwinkel; b) Schlagschere; c) Rollenschere; d) Schneidwerkzeug
1 Messer; *2* Werkstück; *3* Stempel; *4* Schnittplatte

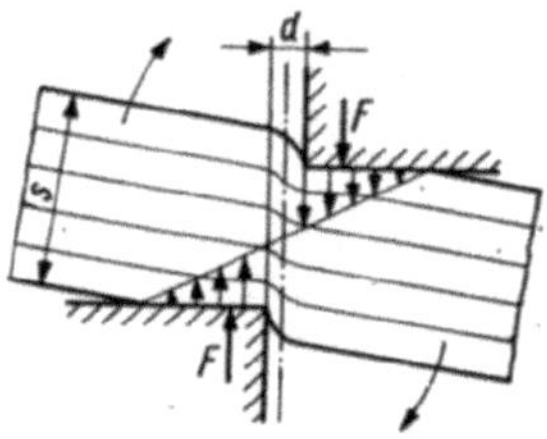

Bild 6.3
Prinzip des Schneidens von Werkstoffen
d Schneidspalt; *s* Werkstoffdicke; *F* Schnittkraft

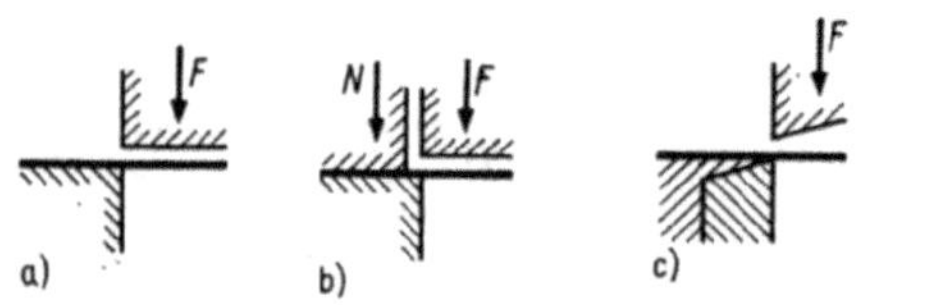

Bild 6.4
Schnittkantengestaltung und Werkstoffhalterung
a) rechtwinklige Schnittkanten, selbsthaltend
b) rechtwinklige Schnittkanten mit Niederhalter *N*
c) geschärfte Schnittkanten, selbsthaltend

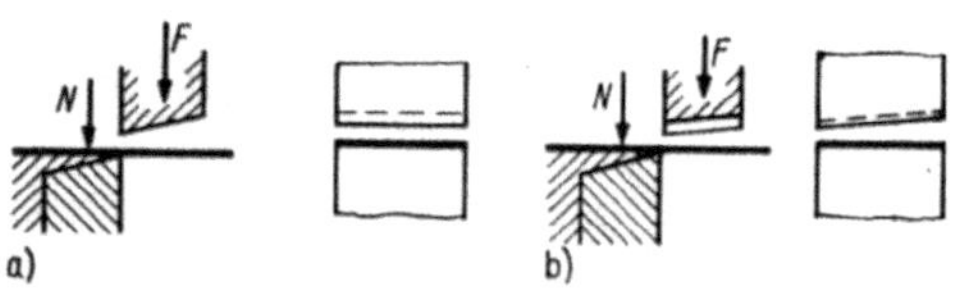

Bild 6.5
Schneidvorgang
a) Parallelschnitt – gleichzeitiges Trennen;
b) Schrägschnitt – Trennen zeitlich nacheinander
F Schnittkraft; *N* Niederhalter

zu beschneiden. Von dicken Stangen lassen sich Werkstücke außerdem mit Knüppelscheren abschneiden. Für größere Stückzahlen mit komplizierteren Werkstückformen werden zweiteilige Schneidwerkzeuge eingesetzt, die, in Maschinen (meistens Pressen) eingespannt, als typische, hochproduktive Verfahren der feinmechanischen Massenfertigung außerordentlich vielfältige Anwendung finden. Der Werkstoff wird bei diesen Verfahren als Halbzeug in Streifen oder auf Rollen gewickelt zugeführt, und die Fertigteile (evtl. bereits geprüft) und der Abfall lassen sich getrennt abführen.

Schnittkräfte (Bild 6.3) beanspruchen infolge des meist notwendigen Schneidspalts *d* den Werkstoff nicht nur auf Abscherung, sondern auch auf Biegung. Dadurch ergibt sich am zerteilten Werkstoff einerseits eine Abrundung und andererseits Grat. Deren Größe kann bei rechtwinkligen Schnittkanten (Bild 6.4 a) entweder durch zusätzliche Niederhalter b) oder durch geschärfte Schnittkanten c) bzw. durch beide Vorkehrungen klein gehalten werden.

Betrachtet man die Formgebung der Schneiden in Richtung der Schnittlinie, so ist zwischen Parallel- und Schrägschnitt zu unterscheiden (Bild 6.5). Der Schrägschnitt bedingt einen weicheren Schneidvorgang und im Vergleich zum Parallelschnitt etwa 0,6- bis 0,7fach geringere Schnittkräfte. Er ist bei den meisten Scheren vorzufinden.

Da die Schnittwerkzeuge jedoch Stempel und Schnittplatte in Form geschlossener Schnittlinien haben, findet hier der Parallelschnitt Anwendung. Hat die Länge der Schnittlinie die gleiche Größe wie die Werkstoffdicke *s*, wie es u. a. beim Lochen (Bild 6.1) der Fall ist, so muß z. B. der Stempel schräg angeschliffen werden.

Der Schneidspalt *d* ist so zu bemessen, daß die von Stempel- und Schnittplattenkante ausgehenden Risse (Bild 6.3) in einer Ebene zusammentreffen. Ist dieser Spalt zu klein, so wird ein Teil des Werkstoffs abgequetscht und vergrößert den Grat. Ist der Spalt zu groß, so wird der Werkstoff nicht geschnitten, sondern zerrissen, was unsaubere Kanten zur Folge hat. Besonders blanke Schnittflächen ergeben sich durch kleine Abrundungen an einer Schneidkante, wodurch jedoch die Schnittkraft bis zu 50% ansteigt. Dabei ist zu beachten, daß der Stempel für die Innenkonturen eines Werkstücks maßbestimmend ist, die Schnittplatte demgegenüber die Genauigkeit des Werkstückausschnitts festlegt, der durch sie hindurchtritt.

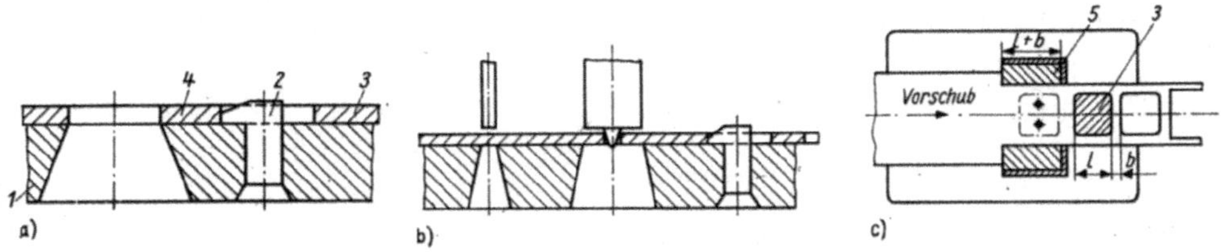

Bild 6.6. Vorschubbegrenzung beim Schneiden

a) Einhängestift; b) Suchstift mit Einhängestift; c) Seitenschneider
1 Schnittplatte; *2* Einhängestift; *3* Werkstück, Blechstreifen; *4* Zwischensteg; *5* Seitenschneider

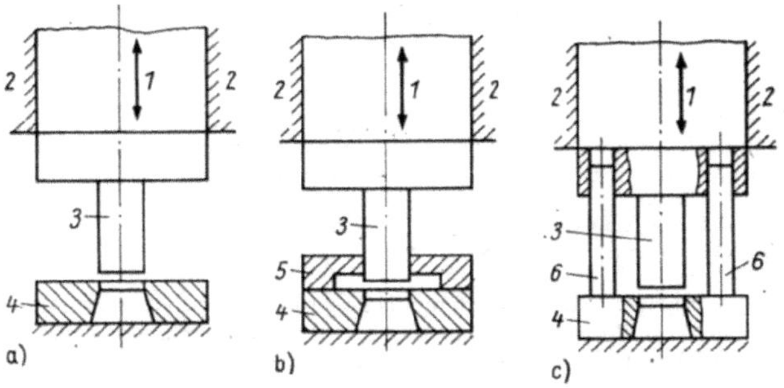

Bild 6.7. Führungen in Schnittwerkzeugen

a) Freischnitt; b) Plattenführungsschnitt; c) Säulenführungsschnitt
1 Stößelbewegung; *2* Stößelführung; *3* Schneidstempel; *4* Schnittplatte; *5* Führungsplatte; *6* Führungssäule

Der Werkstoff, meist in Streifen- oder Bandform, wird durch das Werkzeug schrittweise transportiert. Die Vorschubbegrenzung (Bild 6.6) erfolgt entweder von Hand (ungleichmäßig!), mittels Anschlag- oder Einhängestifts [oft unter Verwendung eines zusätzlichen Suchstifts a), b), Bewegung senkrecht zur Streifenebene] oder mit Seitenschneider und Anschlag c), Bewegung nur in Streifenebene; sehr genaues Verfahren, aber zusätzlicher Werkstoffverbrauch. Das Zueinanderpassen der Schneidkanten muß weiterhin durch eine Geradführung in Streifenvorschubrichtung, eine gleichmäßig saubere Schneidkante zusätzlich durch möglichst gute Führung der beweglichen Werkzeugteile gewährleistet werden. Die sich hierbei ergebenden prinzipiellen Lösungen (Bild 6.7) sind der *Freischnitt* (Führung in der Presse selbst), der *Plattenführungs-* und *Säulenführungsschnitt*. Eine Vielzahl der in diesen Werkzeugen verwendeten Teile ist genormt.

Meist müssen Schnitteile mit vielen Durchbrüchen oder komplizierten äußeren Konturen gefertigt werden. Das kann zeitlich entweder vor, während oder nach dem Schneiden der Umrißlinie erfolgen. Nach der Schnittfolge unterscheidet man Folge- und Gesamtschnitte (Bild 6.8). Beim Folgeschnitt liegen Ort und Zeitpunkt der Fertigung der Durchbrüche vor dem Ausschneiden der Umrißlinie, was infolge von Ungenauigkeiten bei der Streifenführung und Vorschubbegrenzung im Vergleich zum Gesamtschnitt zu größeren Toleranzen des Fertigteils führt. Der Gesamtschnitt stellt eine kompakte Werkzeugkonstruktion dar, da der Schneidstempel der Umrißlinie gleichzeitig Schnittplatte für die Durchbrüche ist, wodurch enge Toleranzen eingehalten

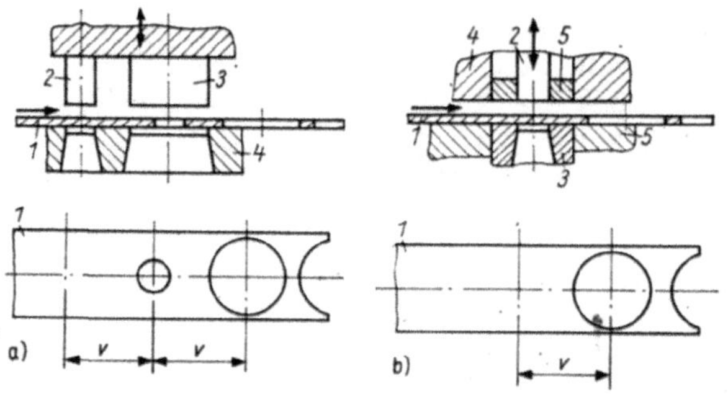

Bild 6.8
Fertigung von Durchbrüchen (Beispiel Unterlegscheibe)
a) Folgeschnitt; b) Gesamtschnitt
1 Blechstreifen; *2* Vorlocher bzw. Lochstempel; *3* Umrißstempel; *4* Schnittplatte; *5* federnder Abstreifer, *v* Vorschub

Tafel 6.1. Merkmale von Gesamt- und Folgeschnitten

Merkmale	Gesamtschnitt	Folgeschnitt
Genauigkeit	≈ IT8 bis IT10	≧ IT11
Qualität der Schnitt- und Oberflächen	gerade Oberfläche, sauberer Schnitt, gleichzeitiges Richten durch Niederhalter	gekrümmte Oberfläche an den Schnittkanten
Maximalabmessungen	bis 3 m	bis 250 mm
Werkstoffdicke	0,05 ··· 3 mm	0,2 ··· 6 mm
Werkzeugkapazität	gering (infolge Auswerfens und Entfernens der Teile evtl. von Hand)	höher (kein Auswerfer; automatischer Streifentransport)
Hubzahl	begrenzt durch Auswerfer-(Feder-Masse-)System und Teileabfuhr	≦ 400 min^{-1}
Anwendung und Kosten	beim Ausschneiden schwieriger Umrisse niedrigere Werkzeugkosten als beim Folgeschnitt	beim Ausschneiden einfacher Umrisse niedrigere Werkzeugkosten als beim Gesamtschnitt

werden können. Auswahlkriterien für Schnittwerkzeuge enthält Tafel 6.1. Bei der Werkzeugkonstruktion ist darüber hinaus auf weitere Einzelheiten zu achten, z. B. Abstreifer, Niederhalter, Lage des Linienschwerpunkts aller Schneidkanten in der Achse des Einspannzapfens usw. [6.5] [6.7] [6.11].

Für das fertigungsgerechte Gestalten ist von Interesse, welche Werkstückformen sich mit welchen Werkzeugarten fertigen lassen. Die erreichbaren Stückzahlen je Werkzeug hängen vom Fertigungsverfahren, von der geforderten Genauigkeit und den geometrischen Abmessungen des Fertigteils ab. Tafel 6.2 enthält hierfür einige Richtwerte.

Stückzahl, Fertigungsverfahren, Werkstoff und Form des Schnitteils beeinflussen sich gegenseitig (vgl. Abschn. 6.1.3.) und bestimmen insgesamt die Fertigungskosten.

Für bestimmte Anwendungsfälle sind Sonderausführungen von Schnittwerkzeugen mit Vorteil anwendbar:

Messerschnitt (Bild 6.9), zum Schneiden von nichtmetallischen Werkstoffen, z. B. Papier, Pappe, Furniere, Leder usw. Er arbeitet nur einseitig als Schnittwerkzeug, hat also keine Gegenschneide. Das Werkzeugunterteil besteht aus einer Hartholzplatte.

Tafel 6.2. Erreichbare Stückzahlen bei Schnittwerkzeugen

Werkstoff: weiches Stahlblech mittlerer Festigkeit

Werkzeug: 20- bis 25mal nachgeschliffen, zwei bis drei Zwischenreparaturen, eine Generalreparatur

Art des Werkzeugs	Werkstoffdicke *s* mm	Standmenge/1000 Stück für Werkzeuge aus kohlenstoffhaltigen Stählen	legierten Stählen
Säulenführungsschnitt	0,25 ··· 0,5	700 ··· 900	1100 ··· 1400
	1,0	450 ··· 650	680 ··· 980
	1,5	350 ··· 550	550 ··· 800
	2,0	250 ··· 450	400 ··· 680
	3,0	250 ··· 400	400 ··· 600
Lochschnitt	0 ··· 4,0	150 ··· 250	250 ··· 400

Gummischneidwerkzeug (Bild 6.10) zum Schneiden dünner Bleche bis $s \approx 1{,}5$ mm bei kleinen Stückzahlen. Sondergummi hoher Elastizität und Härte wird in Form von Platten in das Stempeloberteil eingesetzt. Als Schnittstempel dient eine aufgelegte Schablone aus Stahl. Beim Schneidvorgang wird das über den Stempel überstehende Blech nach unten gedrückt und abgetrennt.

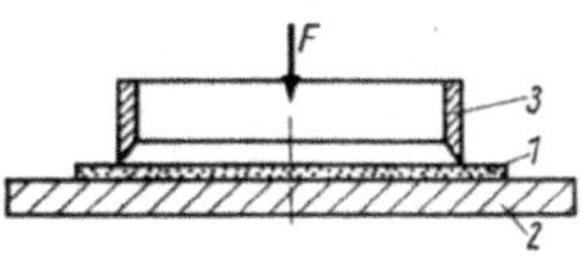

Bild 6.9

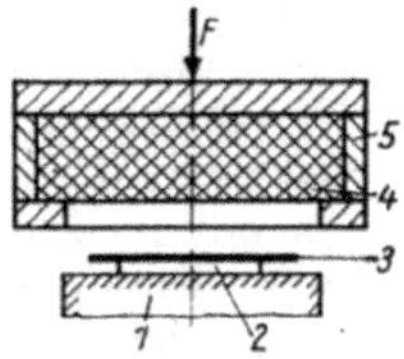

Bild 6.10

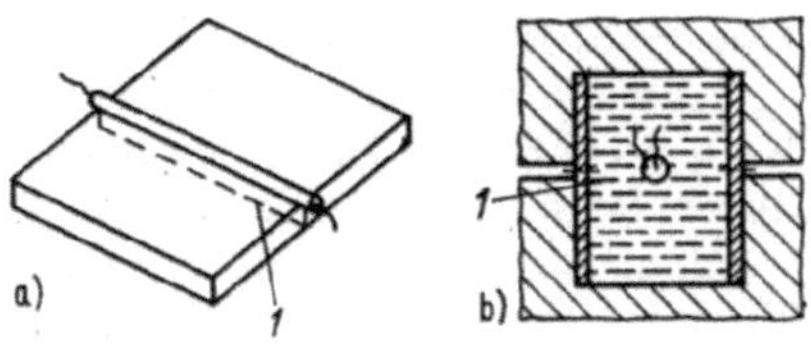

Bild 6.11

Bild 6.9. Messerschnitt

1 zu schneidender Werkstoff; *2* Hartholzplatte; *3* Schnittwerkzeug

Bild 6.10. Prinzip eines Gummischneidwerkzeugs

1 Unterteil; *2* Schnittplatte; *3* auszuschneidendes Blech; *4* Gummikissen; *5* Rahmen

Bild 6.11. Explosivschneiden [6.10]

a) mit Sprengstoffolie; b) mit Sprengstoff und flüssigen Übertragungsmitteln

1 Schnittlinie

Explosivschneiden (Bild 6.11) [6.10], überwiegend zum Schneiden von Metallteilen großer Dicke und bei geringen Anforderungen an die Güte der Schnittfläche. Brisante Sprengstoffe werden auf das Werkstück aufgelegt und gezündet, oder es wird mit flüssigen Übertragungsmitteln explosiv geschnitten.

Für hohe Genauigkeitsforderungen müssen Genauschneidverfahren, z. B. Nach- (Bild 6.1) und Feinschneiden, angewendet werden [6.9]. Das letztere ist ein Gesamtschneidverfahren, das durch das Zusammenwirken von Feinschneidwerkzeug und -presse die Rißbildung in der Scherzone verhindert. Feingeschnittene Flächen haben nur geringe Formabweichungen und kleine Rauhtiefen.

6.1.1.2. *Reißen*

Reißen ist das spanlose Zerteilen von Werkstoff durch eine Zugbeanspruchung. In der Feingerätetechnik am bedeutsamsten ist das Durchreißen (Stechen, Bild 6.1), ein kombiniertes Verfahren von Schneiden und Reißen, bei dem mit einem Werkzeug (Stempel) Ösen, Lappen, Düsen u. dgl. aus dem vollen Werkstoff herausgerissen werden. Dabei kann vor oder in Verbindung mit diesem Arbeitsgang ein Einschneiden einer oder mehrerer Seiten des Durchbruchs erfolgen (vgl. auch Abschn. 6.1.3.3. und Bilder 6.27 und 6.28).

6.1.1.3. *Brechen*

Brechen ist das spanlose Zerteilen von Werkstoff durch eine Biege- oder Drehbeanspruchung. Es wird für harte, spröde Werkstoffe meist nach vorherigem Ritzen oder Kerben angewendet und je nach Beanspruchung in Biege- oder Drehbrechen unterteilt. Allgemein bekannt ist das Glasschneiden, ein Ritzen mit Diamant- oder Hartmetallwerkzeug und anschließendes Brechen mit sog. Bröckelzange oder von Hand. Ähnlich läßt sich Zink infolge seiner besonderen Kerbempfindlichkeit zerteilen. Allerdings muß hier die Abhängigkeit der Festigkeitseigenschaften von der Walzrichtung beachtet werden. Auch das Öffnen von Konservendosen z. B. läßt sich in diese Verfahrensuntergruppe einreihen. Das Deckelblech ist dabei an den zu trennenden Stellen maschinell vorgeritzt oder auch abgesetzt, wodurch die notwendige Kerbempfindlichkeit, zugleich aber größere Formsteifigkeit erreicht werden.

6.1.1.4. *Spalten*

Beim Spalten werden Besonderheiten im Werkstoffaufbau genutzt. Es kommt vorrangig für Holz und Mineralien zur Anwendung. Das Spalten von Holz kann nur in Faserrichtung vorgenommen werden und ist dann üblich, wenn der Faserverlauf für den Verwendungszweck möglichst unverletzt erhalten bleiben soll. Werkzeuge sind Keil, Stechbeitel, Hammer, Klüpfel usw. Das Spalten von Mineralien kann entweder durch Schlag allein oder durch Ankerben mit nachfolgendem Schlag vorgenommen werden, wenn Wuchsrichtung und erstrebte Spaltebene nicht zusammenfallen. Als Trennwerkzeug wird das Schlageisen angewendet.

6.1.2. Werkstoffe, Halbzeuge und deren Verarbeitung

Die beim Schneiden zur Anwendung kommenden Werkstoffe liegen meist als Halbzeuge vor. Nur einige Verfahren, z. B. Entgraten, gehen von besonders geformten Ausgangsteilen aus, deren Eigenschaften jedoch aus denen der Halbzeuge ableitbar sind.

Bei den Halbzeugen stehen für das Schneiden drei Werkstoffkategorien zur Verfügung:

1. Stahl und Stahllegierungen (Fein-, Mittel- und Grobbleche);
2. Nichteisenmetalle (Ms, Al, Mg und deren Legierungen);
3. Nichtmetalle [Hartpapier(Hp), Hartgewebe(Hgw), Polyvinylchlorid(PVC) u. a.].

Allerdings können nicht alle Werkstoffe in Tafel- oder Bandform bezogen werden. Wichtige Halbzeuge aus Stahl und Stahllegierungen sowie aus Nichteisenmetallen zeigen die Tafeln 5.5 und 5.6 im Abschn. 5.2. Für Kunststoffe und einige andere nichtmetallische Werkstoffe sind u. a. in den Sachteilen 136, 207, 211, 539, 541, 544, 576 und 578 des DIN-Normenverzeichnisses wichtige genormte Halbzeuge aufgeführt.

Neben allen anderen Werkstoffeigenschaften, die für die Funktion der Einzelteile wichtig sind, haben im Hinblick auf das Schneiden einige Kenngrößen besondere Bedeutung. So gewährleisten z. B. enge Toleranzen der Blech- bzw. Halbzeugdicke und ausreichende Ebenheit einen störungsfreien Fertigungsverlauf. Die Scherfestigkeit τ_B bestimmt die Größe der zum Schneiden anwendbaren Maschinen (Pressen usw.) und damit erheblich die Fertigungskosten. Die Größe τ_B ist abhängig vom Werkstoff, schwankt zusätzlich in geringem Maß je nach Art des Schnittwerkzeugs und dessen Verschleiß. Tafel 6.3 enthält Scherfestigkeitswerte verschiedener Werkstoffe. Bei Stahlblechen besteht dabei erfahrungsgemäß ein ungefähr reproduzierbarer Zusammenhang zwischen τ_B und σ_B ($\tau_B \approx 0{,}8\sigma_B$). Für die allgemeine Anwendung dieser

Bleche in der Feingerätetechnik ist noch von Interesse, daß sie nach DIN 1624 bzw. DIN 1623 Bl. 1 in vier Gütegruppen lieferbar sind (vgl. Tafel 5.5). Hinsichtlich der Verarbeitung ist zu beachten, daß das Schneiden metallischer Werkstoffe kalt meist nur bis zu $s \approx 6$ mm einwandfrei durchführbar ist. Dabei ist sehr weicher Werkstoff wegen der Gefahr zu großer Gratbildung ungünstig. Platten aus Thermoplasten und

Tafel 6.3. Scherfestigkeitswerte verschiedener Werkstoffe

Werkstoff	Scherfestigkeit τ_B N/mm² weich	hart
a) Metalle		
Stahlbleche		
0,1 % C-Gehalt	250	320
0,4 % C-Gehalt	450	560
0,8 % C-Gehalt	720	900
Federbandstahl	–	1150
Rostfreies und Siliziumstahlblech	450 ··· 520	560 ··· 580
Aluminium	70 ··· 90	130 ··· 150
Alu-Legierung (Dural)	220	380
Kupfer	180 ··· 220	280 ··· 300
Messing	220 ··· 300	350 ··· 400
Walzbronze	320 ··· 400	400 ··· 600
Zink	120	200
Zinn	30 ··· 40	–
Blei	20 ··· 30	–
Nickel	350	470
Neusilber	280 ··· 350	450 ··· 550

Werkstoff	Scherfestigkeit τ_B N/mm²
b) Nichtmetalle	
Kunstharz, rein	25 ··· 30
Hartpapier	100 ··· 130
Hartgewebe	90
Zelluloid	40 ··· 60
Bakelit	30 ··· 70
Mikanit	100
Glimmer	
0,5 mm dick	80
2,0 mm dick	50
Gummi	6 ··· 10
Leder, weich	6 ··· 8
Leder, gegerbt	50 ··· 60
Papier	20 ··· 40
Pappe	20 ··· 60
Preßspan	70 ··· 80
Sperrholz	6 ··· 20

z. T. auch aus Duroplasten lassen sich bis $s \approx 3$ mm mit Schneidwerkzeugen zerteilen. Besonders geeignet sind die sog. Messerschnitte (s. Bild 6.9). Für Hartgewebe und Hartpapier sind federnde Niederhalter notwendig (bei der Festlegung der Schnittlinienabstände bei Gesamtschneidwerkzeugen beachten!). Dekorative Schichtpreßstoffe und die meisten Duroplaste werden allerdings ähnlich wie Glas und Keramik vorwiegend geritzt und gebrochen, wobei die Kerben eine Tiefe von etwa $^1/_3$ der Plattendicke haben sollen.

6.1.3. Gestaltungsrichtlinien

Bei der Gestaltung von Schnitteilen kommt es darauf an, die jeweils bestmögliche und zugleich wirtschaftlichste Lösung unter Beachtung einer Reihe charakteristischer Einflußfaktoren zu finden. Als solche sind in erster Linie Stückzahl, Werkstoffausnutzung, Fertigung und Nachbehandlung unter Berücksichtigung der betrieblich verfügbaren Möglichkeiten, Genauigkeit und Toleranzen sowie die Beanspruchung zu nennen. Im folgenden werden die wichtigsten Gestaltungsrichtlinien dargestellt, und danach wird an Beispielen der Gestaltung von Einzelheiten beim Schneiden der Übergang von ungünstiger zu günstiger Gestaltung erläutert.

6.1.3.1. *Toleranzen und Gratbildung*

Die Kanten von Schnittflächen weisen Grat und Abrundungen auf. Im Hinblick auf die weitere Verarbeitung und Anwendung der Teile sind sowohl deren geforderte Toleranzen als auch Gratlage und Grathöhe zu beachten, da hierdurch u. a. die Standzeit des Werkzeugs bestimmt wird. Durch dessen Verschleiß bedingt, ergeben sich je nach Art des Schnitts unterschiedliche Ergebnisse. Beim Gesamtschnitt bleiben die Abmessungen der äußeren Umgrenzung des Ausschnitts auch bei großen Stückzahlen nahezu konstant. Der Grund liegt darin, daß der Schnittplattendurchbruch hier i. allg. parallel gearbeitet werden kann, da die Teile beim Schneiden in den Blechstreifen zurückgedrückt werden. Beim Folgeschnitt dagegen werden die Ausschnitte zunehmend größer und die Lochungen zunehmend kleiner. Die Festlegung der Toleranzen der Schnitteile soll deshalb so erfolgen, daß sich deren Maße mit zunehmendem Werkzeugverschleiß in die Toleranzfeldmitte hinein verlagern. Dabei kann mit den Mindesttoleranzen nach Tafel 6.4 für die verschiedenen Schnitte gerechnet werden [6.19].

Tafel 6.4. Mindesttoleranzen für verschiedene Schnitte

Werkzeug	Mindesttoleranz der Teile
Freischnitt	±0,15 ··· 0,30 mm
Folgeschnitt	
mit Einhängestift	±0,10 ··· 0,15 mm
mit Seitenschneider	±0,08 ··· 0,12 mm
Gesamtschnitt	±0,03 ··· 0,05 mm

Ebenso wie für die Toleranzen ergeben sich bei den verschiedenen Schnitten auch hinsichtlich der Gratlage Unterschiede. Am Beispiel einer Scheibe (Bild 6.8) sind diese im Bild 6.12 dargestellt. Wird die Forderung nach einer maximal zulässigen Grathöhe gestellt, so bedeutet das praktisch eine Festlegung der Standzeit des Werkzeugs, da

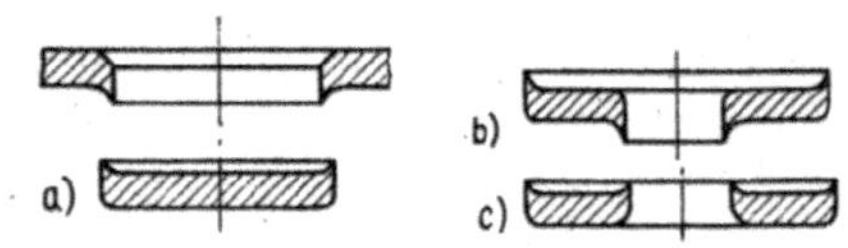

Bild 6.12. Gratlage

a) unabhängig vom Werkzeug bei fehlenden Durchbrüchen; b) Folgeschnitt (nach Bild 6.8a) – Grat beiderseitig; c) Gesamtschnitt (nach Bild 6.8b) – Grat einseitig

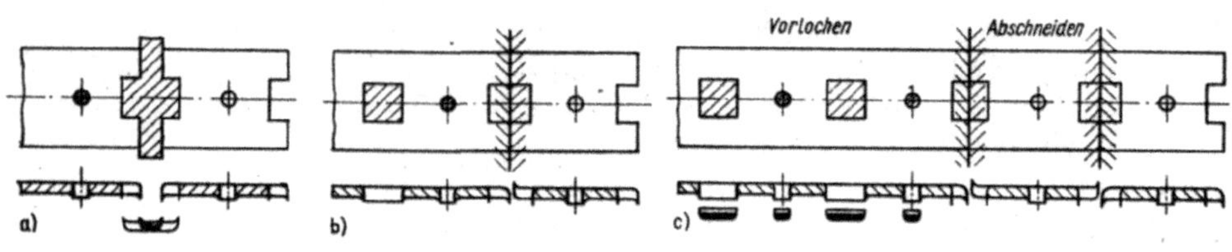

Bild 6.13. Gratlagen beim Abschneiden eines vorgelochten Teils

a) Abschneiden mit Steg – Grat einseitig; b) Abschneiden ohne Steg – Grat wechselseitig; c) Abschneiden zweier Teile ohne Steg – Grat ein- oder beiderseitig

dasselbe nach Überschreiten des zulässigen Grats nachzuschleifen, zu überholen bzw. zu ersetzen ist. Für eine große Stückzahl gleichmäßig geringen Grat zu fordern, verursacht somit erhöhte Fertigungskosten. Sollen die Teile nicht aus-, sondern abgeschnitten werden, ergeben sich im Vergleich zum Bild 6.12 noch weitaus vielfältigere Gratlagen. Je nach Kombinationen — Abschneiden mit oder ohne Zwischensteg eines oder mehrerer Teile, Vorlochen usw. — liegt der Grat nur auf einer oder auf beiden Seiten des Schnitteils. Im Bild 6.13 ist dies am Beispiel eines vorgelochten Teils (Folgeschnitt) dargestellt. Nur das Abschneiden mit Steg a) ergibt einseitigen Grat.

6.1.3.2. *Werkstoffausnutzung*

Eine mechanisierte bzw. automatisierte Fertigung großer Stückzahlen erfordert Blechstreifen großer Länge, die in gewünschter Breite von Stahl- und Walzwerken in Rollenform lieferbar sind. Für Kleinserien oder bei erhöhten Forderungen hinsichtlich der Ebenheit des Streifens müssen diese zunächst von Blechtafeln abgeschnitten werden.

Entsprechend Form und Anordnung des Schnitteils auf dem Streifen ergeben nichtquadratische Blechtafeln vor allem bei Kleinteilen für längere Streifen höhere Stückzahlen je Tafel, besonders bei Folgeschnitten mit in Streifendurchlaufrichtung weit auseinanderliegenden Vorlochern usw. Bei nachträglich zu biegenden Schnitteilen (vgl. Abschn. 5.5.) muß außerdem die Walzrichtung des Streifens Berücksichtigung finden (Biegekante möglichst senkrecht zur Walzrichtung, um Rißbildung zu vermeiden, Bild 6.14).

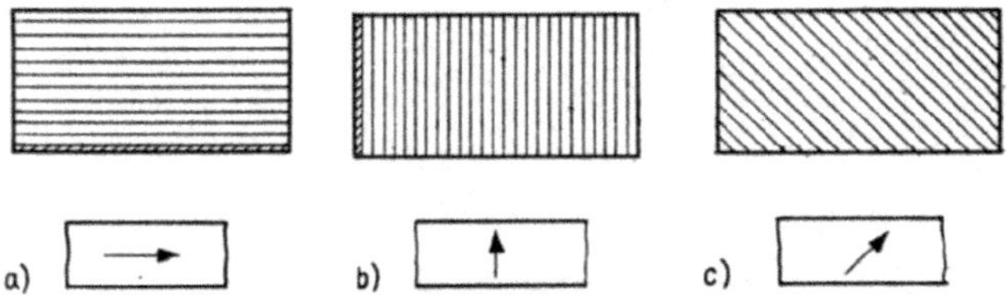

Bild 6.14. Walzrichtung und Aufteilung einer Tafel in Blechstreifen

a) Walzrichtung in Streifendurchlaufrichtung; b) Walzrichtung senkrecht zur Streifendurchlaufrichtung; c) Walzrichtung schräg zur Streifendurchlaufrichtung
oben: Tafelaufteilung; unten: Blechstreifen und Walzrichtung

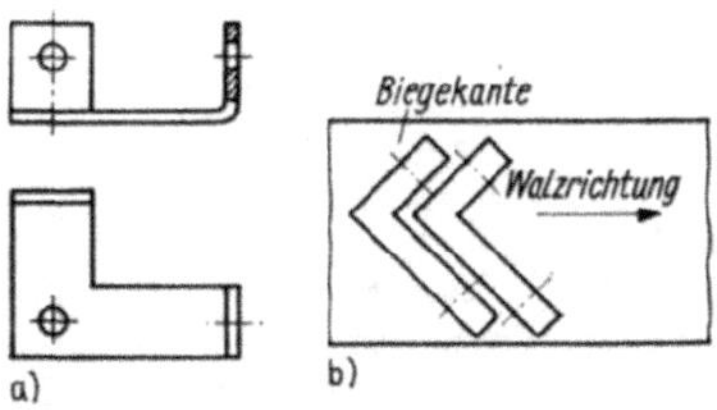

Bild 6.15
Schräge Anordnung im Schnittstreifen bei einem Teil mit zwei senkrecht zueinander stehenden Biegekanten

a) fertiges Teil; b) Anordnung auf Streifen mit Angabe von Biegekanten und Walzrichtung

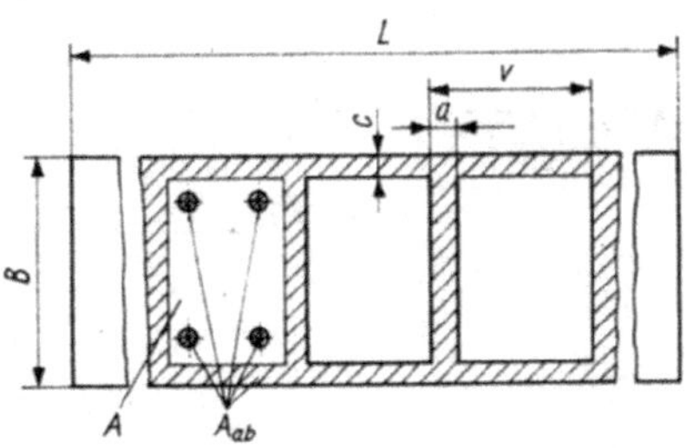

Bild 6.16
Geometrische Beziehungen für die Bemessung von Schnittstreifen

a Stegbreite; B Streifenbreite; c Randbreite; v Vorschublänge; L Streifenlänge; n Teile/Streifen; A_{ab} Abfallfläche; A Fläche des Schnitteils; $A_{ges} = L\,B$ Streifenfläche; $(n + 1)\,v > L \geqq n\,v$

Das kann dazu führen, daß die Streifen unter 45° aus der Tafel geschnitten werden. Wirtschaftlicher ist dann jedoch meist eine schräge Anordnung des Schnitteils im Streifen (Bild 6.15), die im Interesse einer guten Werkstoffausnutzung zwischen 30 und 45° liegen kann (vgl. auch Abschn. 6.4., Aufgabe 6.5).

Die Ausnutzung eines Blechstreifens läßt sich berechnen, indem man die Werkstückfläche aller Schnitteile auf die dazu notwendige Streifenfläche, also auf die aus Streifenbreite B und Vorschublänge v zu ermittelnde Werkstofffläche Bv bezieht (Bild 6.16).

Man erhält damit einen Werkstoffausnutzungsgrad $\eta = A/Bv$. Diese Beziehung sagt jedoch nur für eine vorgegebene Form des Schnitteils aus, ob die Anordnung auf dem Streifen bzw. die Technologie zweckmäßig gewählt ist. Ein hoher Ausnutzungsgrad wird vorgetäuscht, wenn an sich nicht notwendige (Abfall-)Flächen mit in die Werkstückfläche einbezogen werden. Erforderlich ist deshalb, zunächst eine minimale Werkstückfläche anzustreben und danach Anordnung und Form der Schnitteile mit dem Ziel einer maximalen Werkstoffausnutzung festzulegen.

Von besonderer Bedeutung sind die notwendigen Abmessungen der Rand- und Stegbreiten sowie der Seitenabschnitt, die für Stahlblech, Hartpapier und Hartgewebe in VDI 3367 enthalten sind. Sie sollen so klein wie möglich gehalten werden, jedoch lassen sich auch für sehr dünnes Blech kaum Werte von 1 mm unterschreiten. Richtwerte enthält Tafel 6.5.

Tafel 6.5. Richtwerte für Lochdurchmesser, Rand- und Stegbreiten beim Ausschneiden

Werkstoff		Lochdurchmesser d	Randbreite b_R	Stegbreite b_S
Metalle		$\geqq 0{,}8s$	$\geqq 1s$	$\geqq 1s$
Nichtmetallische	$s > 0{,}5$ mm	$\geqq 0{,}7s$	$\geqq 1{,}5s$	$\geqq 1{,}5s$
Werkstoffe	$s \leqq 0{,}5$ mm		$\geqq 2{,}5s$	$\geqq 2{,}5s$
(Hgw, Hp usw.)				

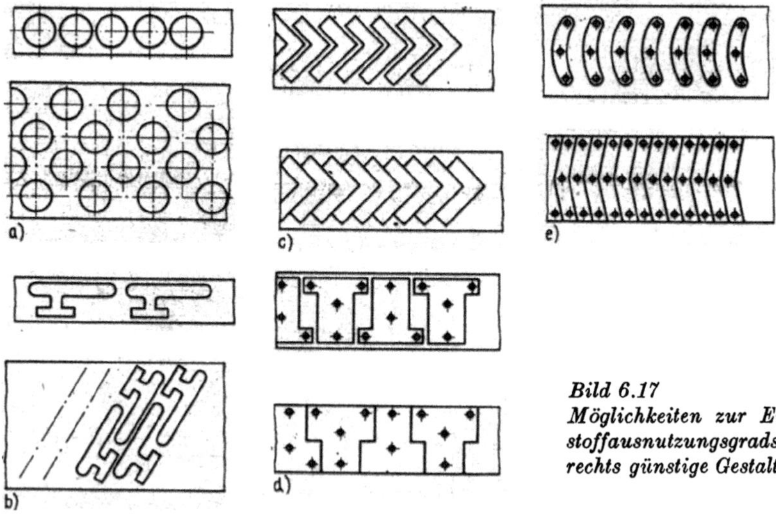

Bild 6.17
Möglichkeiten zur Erhöhung des Werkstoffausnutzungsgrads (links ungünstige, rechts günstige Gestaltung) [6.7] [6.8]

Die zweckmäßige Anordnung nicht nachträglich zu biegender Teile im Schnittstreifen stellt ein Optimierungsproblem dar, das für jedes Teil neu zu lösen ist. Um einen möglichst großen Werkstoffausnutzungsgrad η zu erreichen, sind folgende Richtlinien, die sich oft vorteilhaft kombinieren lassen, zu beachten (Bild 6.17a bis e):

a) Einfaches Aneinanderreihen der Ausschnitte ergibt den einreihigen Streifen. Ein zu großer Werkstoffverbrauch kann durch Anordnen der Teile in mehreren Reihen gesenkt werden. Die Lage der Teile in den einzelnen Reihen läßt sich durch einfache Parallelverschiebung oder durch Drehen ändern. Durch die Werkzeugkonstruktion ist dann zu entscheiden, ob der Streifen das Werkzeug einmal durchläuft und in jeder Reihe mindestens ein Teil entsteht oder ob der Streifen gewendet und im ersten Durchlauf die Teile der geradzahligen, im zweiten die Teile der ungeradzahligen Reihen ausgeschnitten werden (billigeres Schnittwerkzeug!).

b) Eine gerade Anordnung der Teile im Streifen ist oft vorteilhaft durch schräge Anordnung ersetzbar.

c), d) Die durch die Stegbreite bedingten Verlustflächen beim Ausschneiden lassen sich durch Übergang zum Abschneiden, u. U. bei gleichzeitiger Änderung der Form des Schnitteils, vermeiden.

e) Runde Schnittkanten sind zu vermeiden und durch gerade zu ersetzen.
Des weiteren muß eine Beschränkung der Werkstückfläche auf funktionswichtige Konturen erfolgen; auf nicht funktionsbedingte Ecken usw. kann oft verzichtet werden.

Einige Beispiele für die Anwendung dieser Richtlinien unter Angabe der benötigten Streifenfläche sind in den Bildern 6.18 bis 6.21 dargestellt. Großen Einfluß auf die Wirtschaftlichkeit der Fertigung hat außerdem die möglichst zweckmäßige Gestal-

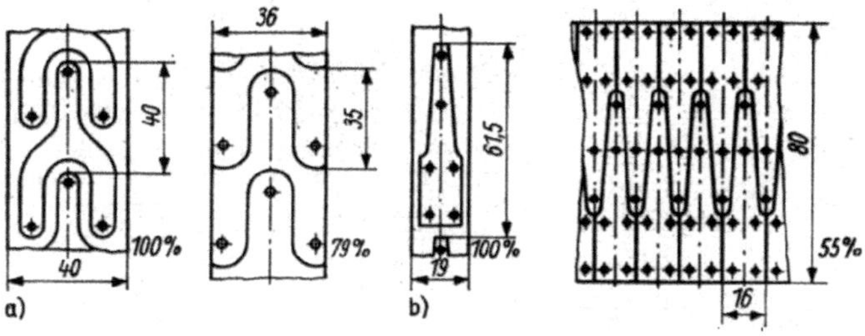

Bild 6.18. Senkung des Materialverbrauchs durch Übergang vom Aus- zum Abschneiden bei gleichzeitiger Veränderung der Form des Schnitteils [6.7]

a) Verbindungslasche; b) Kontaktfeder

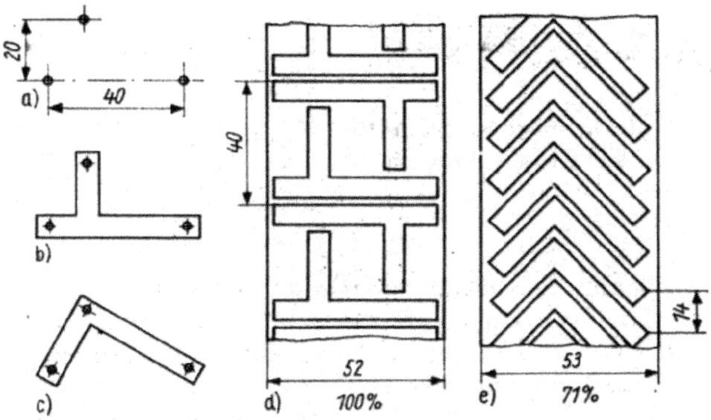

Bild 6.19. Verbesserung der Anordnung des Schnitteils im Streifen [6.7]

a) Aufgabenstellung: starre Verbindung dreier Punkte eines Hebels; b), c) T- und L-Form; d), e) mögliche Anordnungen im Schnittstreifen

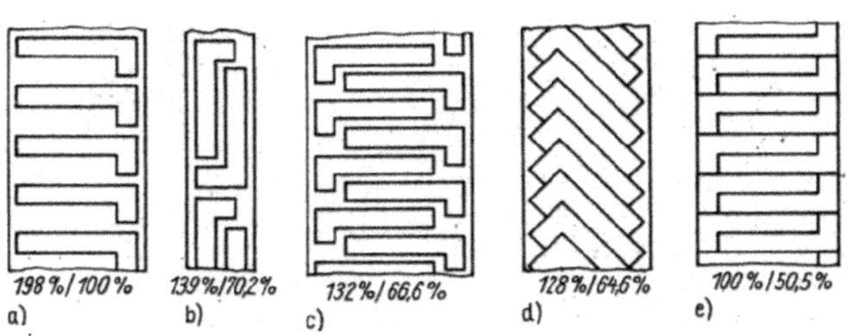

Bild 6.20. Anordnung eines Winkels im Blechstreifen und zugehöriger Werkstoffverbrauch

erste Zahl: bezogen auf Lösung e); zweite Zahl: bezogen auf Lösung a) [6.7]

tung des Schnittabfalls. Nur schlecht nutzbare Streifen können z. B. zur Fertigung von Kleinteilen ein zweites Mal durch ein Schnittwerkzeug laufen, oder es werden in einem kombinierten Schnittwerkzeug mehrere verschiedene Teile gleichzeitig gefertigt (Bild 6.22a). Auch unnötige Freiflächen der Schnitteile lassen sich in besonderen Fällen dadurch aussparen, daß ein ausgeschnittenes Teil ein weiteres ergibt b).

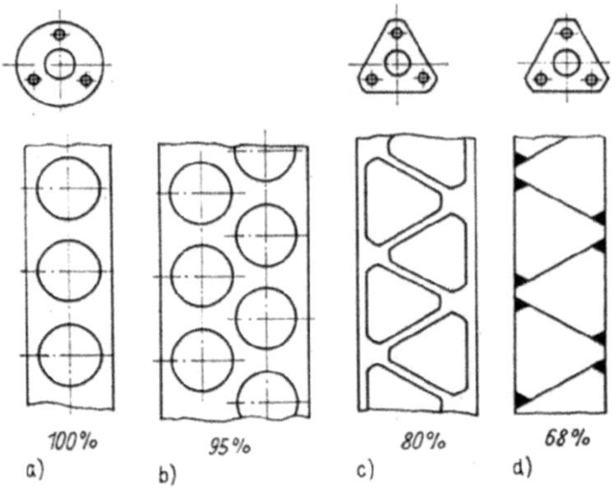

Bild 6.21
Kombination verschiedener Möglichkeiten zur Werkstoffeinsparung bei einer Scheibe [6.7]
a) einreihig – rund; b) zweireihig – rund; c) zweireihig – eckig; d) zweireihig – Abschneiden nach Vorlochen der schwarz dargestellten Flächenelemente

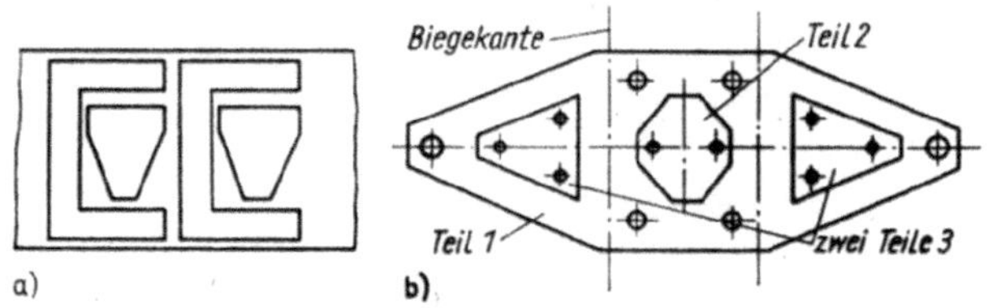

Bild 6.22. Verringerung des Blechabfalls durch Herstellung zusätzlicher Teile
a) neben dem Erstteil im Abfallstreifen; b) im Erstteil auf Freiflächen

6.1.3.3. *Gestaltung der Werkzeuge*

Die Fertigungskosten eines Stempels zum Schneiden von Durchbrüchen oder Umrißlinien hängen bei konstantem Umfang erheblich von seiner Form ab. Auch hierbei ist der tangentiale Anschluß von Rundungen besonders teuer (Bild 6.23). Die Standzeiten der Stempel werden nicht nur durch ihren Querschnitt, sondern auch durch ihre Form stark beeinflußt (Bild 6.24). Standzeit und Kosten sind eng miteinander verknüpft, was im Bild 6.25 am Beispiel eines Drehwählerarms unterstrichen wird. Bei größerer zu erwartender Standzeit und geringerer Schnittkraft verhalten sich die relativen Werkzeugkosten bei den Lösungen a) und b) ungefähr wie 3:2. Abrundungs-

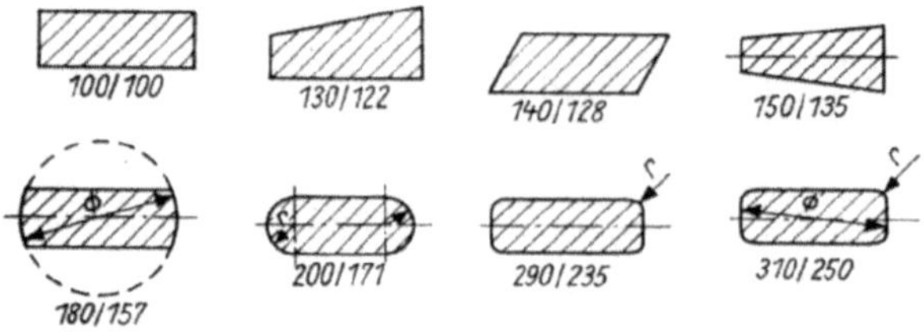

Bild 6.23. Relative Kosten in % bei gleichbleibendem Umfang gehobelter Schneidstempel [6.7]
erste Zahl: bezogen auf 100 mm Umfangslänge; zweite Zahl: bezogen auf 200 mm Umfangslänge

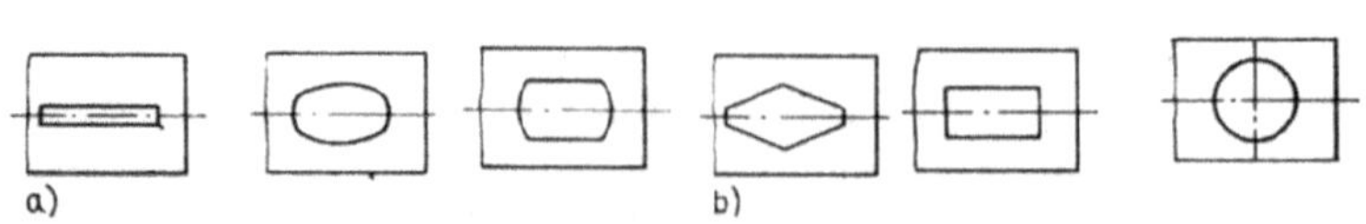

Bild 6.24. Stempelform und Standzeit
a) ungünstige, b) günstige Stempelformen

radien und Lochstempel sollen möglichst gleich sein oder erheblich voneinander abweichen, um eine einfachere und unanfälligere Fertigung des Werkzeugs zu garantieren (u. a. Reduzieren der Bruchgefahr bei Verwechslung, Bild 6.26). Stark profilierte Stempel und Schnittplatten müssen so aufteilbar sein, daß sie sich leicht schleifen lassen. Angaben über kleinste realisierbare Lochdurchmesser in Abhängigkeit vom Werkstoff und von der Werkstoffdicke enthält Tafel 6.6 (größere Werte für ungeführte, kleinere Werte für geführte Stempel, kleinste Löcher von $d \approx 0{,}3\,s$ erfordern besondere Werkzeuggestaltung und werden deshalb oft gebohrt).

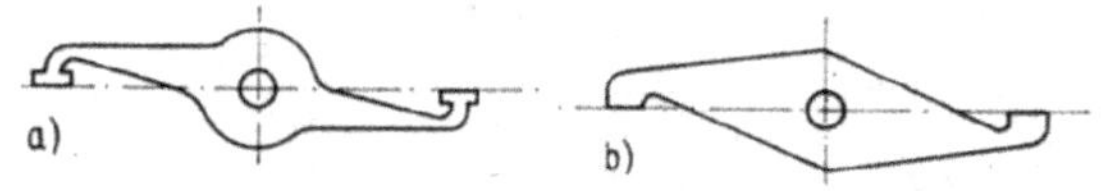

Bild 6.25
Form und Kosten eines Drehwählerarms
a) ungünstig – Relativkosten 100
b) günstig – Relativkosten 65

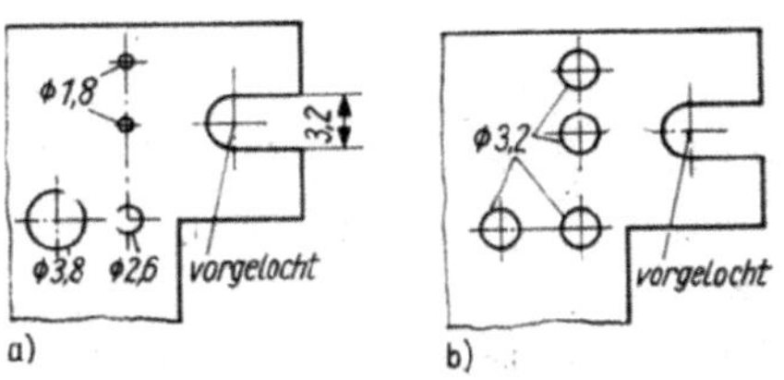

Bild 6.26
Anwendung von Lochstempeln
a) ungünstig; b) günstig

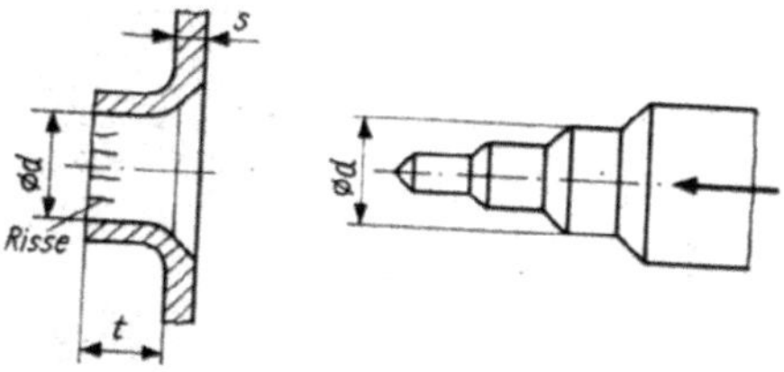

Bild 6.27
Blechdurchzug und Stechwerkzeug
Fertigung ohne Vorlochen; $d{:}t{:}s$ werkstoffabhängig

Tafel 6.6. Kleinste Lochdurchmesser beim Schneiden in Abhängigkeit von der Werkstoffdicke s

Werkstoff	Kleinster Lochdurchmesser d mm
Stahlblech, hart	0,5 ··· 1,3s
Stahlblech, weich	0,35 ··· 1,0s
Messing	0,3 ··· 1,0s
Aluminium	0,3 ··· 0,8s
Duroplaste	0,8 ··· 1,4s
Thermoplaste	0,3 ··· 0,5s
Preßspan	> 0,8 s

Tafel 6.7. Gewindenenndurchmesser in Abhängigkeit von der Blechdicke s bei Blechdurchzügen [6.7]

Gewinde	M 2	M 2,3	M 2,6	M 3	M 3,5	M 4	M 5	M 6	M 8
s_{min} in mm	0,5	0,5	0,6	0,8	0,8	1,0	1,25	1,5	2,0
s_{max} in mm	1,0	1,0	1,25	1,5	1,5	2,0	2,25	2,75	3,5

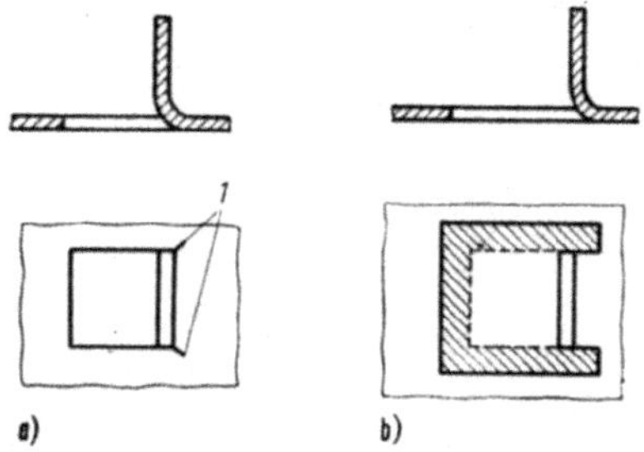

Bild 6.28
Stechen eines Winkels
a) in einem Arbeitsgang; b) mit vorhergehendem Freischneiden
1 Stauchen und evtl. Rißbildung; schraffierte Fläche in Bildteil b) freischneiden

Das Stechen von Düsen kann mit und ohne Vorlochen, d. h. mit vernachlässigbar kleiner oder erheblicher Wandschwächung, erfolgen. Ein Werkzeug zum stufenweisen Stechen ohne Vorlocher sowie die dabei entstehende Düsenform werden im Bild 6.27 gezeigt. In die Düsen lassen sich Gewindeschneidschrauben (Blechschrauben) nach DIN 7513 und 7516 eindrehen, oder es kann Gewinde eingeschnitten werden. Angaben über erreichbare Gewindenenndurchmesser enthält Tafel 6.7. Beim Stechen von Winkeln

Tafel 6.8. Gestaltung von Einzelheiten beim Schneiden [6.7] [6.8]
a) Fertigung; b) Genauigkeit und Toleranzen; c) Beanspruchung

Ungünstige Lösung	Erläuterungen	Günstige Lösung
a) Fertigung		
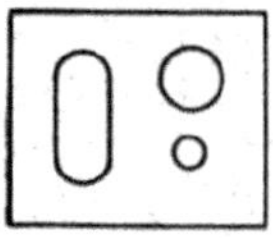	Lochungen in einem Werkstück möglichst rund und mit gleichen Durchmessern ausführen. Dadurch billige Schnitte, einheitliche Stempel und Vereinfachung bei evtl. Nacharbeit (z.B. Gewindeschneiden)	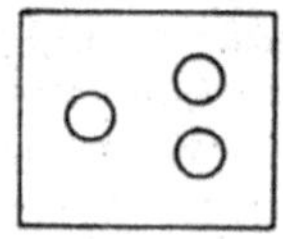
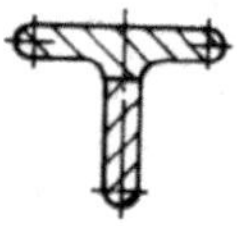	Aufteilen der Schneidstempel in einfache Querschnittsformen mit scharfkantigen Übergängen ermöglicht einfache Fertigung und leichtes Nachschleifen [6.7]	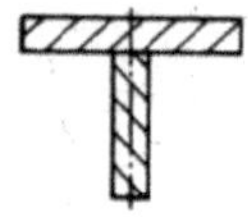
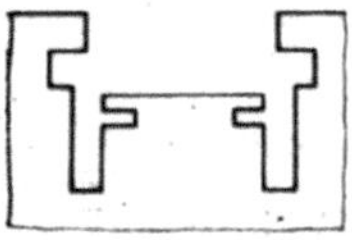	Kräftig ausgebildete Stempelecken ergeben geringen Werkzeugverschleiß und Sicherheit gegen Werkzeugbruch	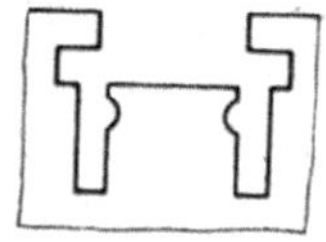
	Stechen von rechteckigen Lappen ist zu vermeiden, da die Gefahr des Verklemmens im Werkzeug besteht [6.25]	
	Komplizierte Werkstücke werden vorteilhaft geteilt. Besonders bei langen, dünnen Ansätzen dadurch wirtschaftlichere Fertigung möglich (Gefahr des Stempelbruchs)	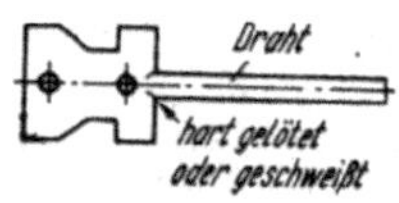
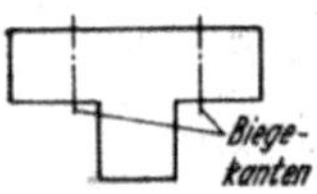	Bei nachfolgendem Biegen von Schnitteilen unter Berücksichtigung der Gratlage ist unsymmetrische Gestaltung bzw. auffallende Kennzeichnung der Teile erforderlich, um Verwechslung, z. B. bei Montage, zu vermeiden	
b) Genauigkeit und Toleranzen		
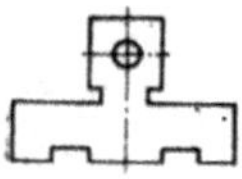 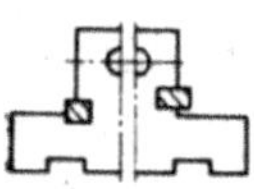	Freier Auslauf (*A* Lage an gerader Schnittkante; *B* beabsichtigtes Einschneiden über Eck) bei Ausklinkungen durch Vorlochen verhindert bei Ungenauigkeiten im Vorschub der Vorlocher Einschneiden in die Umgrenzung und ergibt gutes Aussehen	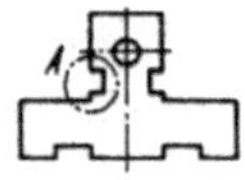 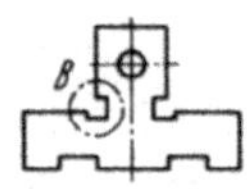
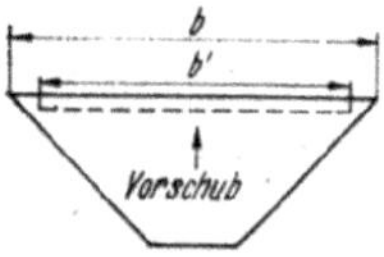	Beim Abschneiden ist die Breite *b* des Werkstücks bei spitzem Auslauf stark vom Vorschub abhängig (*b* verändert sich in *b'*), außerdem wird die Fertigung des Werkzeugs erschwert	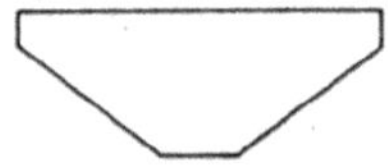
 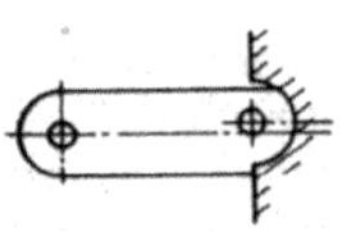	Tangentiales bis flaches Einmünden nacheinander abgeschnittener Kanten ist zu vermeiden und durch Ecken zu ersetzen. Einfluß der Toleranzen wird dadurch unauffällig	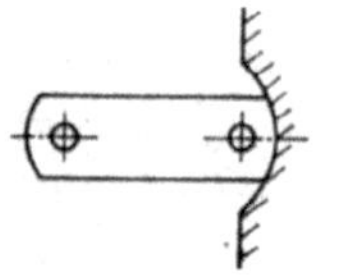

Tafel 6.8. (Fortsetzung)

Ungünstige Lösung	Erläuterungen	Günstige Lösung
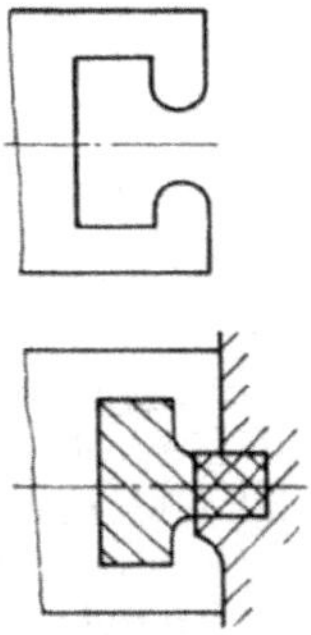	Bei im Folgeschnitt gefertigten Umrißlinien entstehen durch Stempelversatz Führungsfehler und Streifentoleranzen, Versetzungen, die durch Aufteilen des Schnitts in gerade Kanten vermieden werden	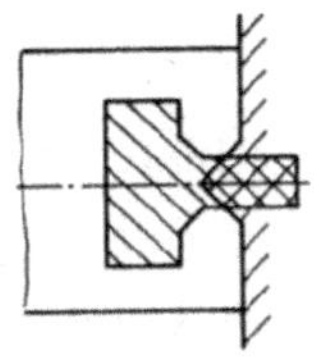
c) Beanspruchung		
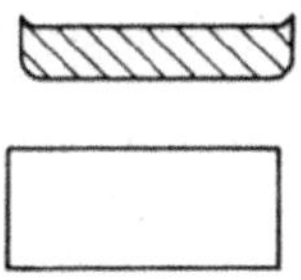	Abgeschrägte Ecken bei Blechdicken $s \geq 3$ mm verhindern Deformationen des Werkstücks, ergeben geringen Werkzeugverschleiß und hinreichend ebene Ausschnitte [6.20]	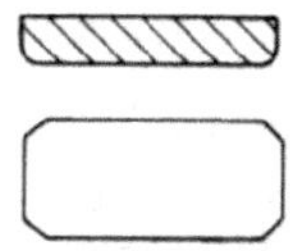
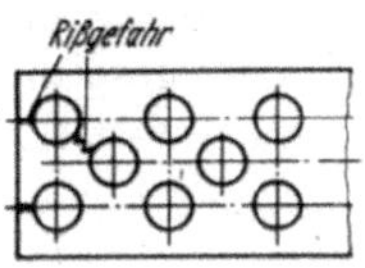	Ausreichende Stegbreiten b_S und Randbreiten b_R vermindern Rißgefahr beim Ausschneiden (vgl. auch Tafel 6.5)	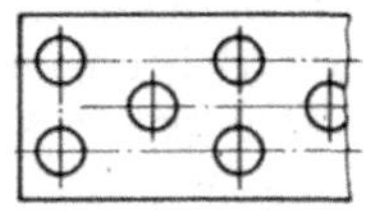
	Runde Einschnitte setzen Kerbwirkung herab. Zu tiefe Einschnitte erhöhen außerdem, z. B. beim Einbetten von Schnitteilen, Gefahr des Abscherens (hoher Preßdruck)	
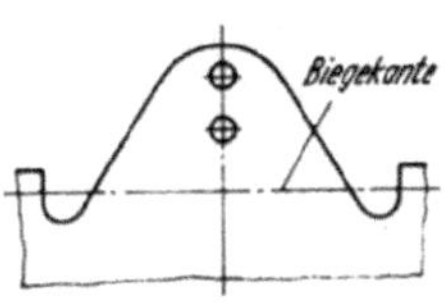	Schnitteile, die nachfolgend gebogen werden, erfordern Lage der Biegekante senkrecht zu Außenkanten, weil sonst Gefahr des Einreißens beim Biegen besteht	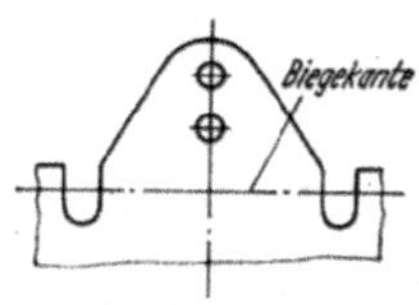
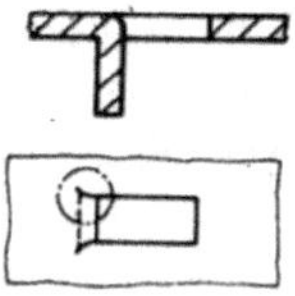	Beim Einschneiden und anschließenden Biegen von Lappen bei federhartem Werkstoff zunächst Biegewinkel < 90° wählen, da sonst Rißgefahr und große Werkzeugbeanspruchung. Schräger Schnittkantenverlauf verhindert außerdem Klemmen der Lappen in der Schnittplatte (vgl. auch Bild 6.28)	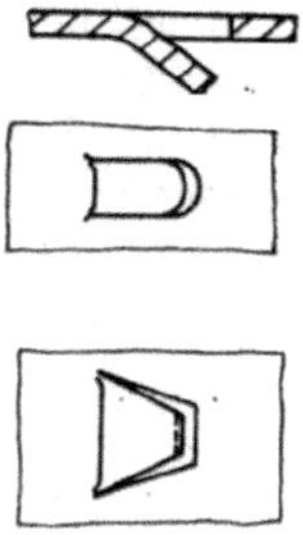

kommt ein Werkzeug zur Anwendung, das den Werkstoff auf drei Seiten reißt und an einer Seite biegt (Bild 6.28a). Dies kann jedoch zu Rißbildung und Stauchung führen. Besseres Aussehen ergibt ein vorhergehendes Freischneiden des Lappens b).

6.1.3.4. *Gestaltung von Einzelheiten*

Tafel 6.8 zeigt an Beispielen den Übergang von ungünstiger zu günstiger Gestaltung von Einzelheiten bei Schnitteilen, die unmittelbar zur Reduzierung der Werkzeug-

und damit der Fertigungskosten führt. Darüber hinaus werden die ungünstige Auswirkung von Toleranzen und unnötige Werkstück- und Werkzeugbeanspruchung vermieden.

6.2. Spanend gefertigte Werkstücke

6.2.1. Einteilung der Fertigungsverfahren [6.5] [6.12]

Beim Spanen wird das Werkstück aus einer Ausgangsform durch Abtrennen von Spänen mit Schneidwerkzeug geformt. Die Gestalt des Werkstücks wird durch die Form der Werkzeugschneide, seine Lage zur Schnittfläche und die Relativbewegung zum Werkstück bestimmt, wobei man Verfahren mit geometrisch definierten und geometrisch undefinierten Werkzeugschneiden unterscheidet. Anwendung findet das Spanen sowohl zum Bearbeiten von Werkstücken aus dem vollen Werkstoff (in der feingerätetechnischen Massenfertigung i. allg. sehr teuer und unwirtschaftlich) als auch zum Nachbearbeiten vorgeformter Werkstücke, die Bearbeitungszugaben gegenüber den Fertigmaßen aufweisen.

Die Werkzeuge sind meist werkstückabhängig und haben den Vorteil der Nachstellbarkeit. Gebräuchliche Schneidwerkstoffe sind Werkzeug- und Schnellarbeitsstähle, Sinterhartmetalle und Diamant. Die Werkstücke müssen sich auf den Werkzeugmaschinen gut und sicher spannen lassen. Als Spannzeuge gelangen Spannfutter, Dorne, Maschinenschraubstücke usw., bei größeren Stückzahlen auch gesonderte Spannvorrichtungen zur Anwendung.

Die wichtigsten Verfahrensuntergruppen des Spanens sind

1. Drehen,
2. Bohren, Senken und Reiben,
3. Hobeln und Stoßen,
4. Fräsen,
5. Schleifen,
6. Räumen,
7. Sägen, Meißeln, Feilen und Schaben,
8. Gewinde- und Zahnradfertigung,
9. Feinstbearbeitung.

Diese vielfältigen Möglichkeiten gestatten es, praktisch alle Werkstückformen zu fertigen.

6.2.1.1. *Drehen*

Drehen dient zur spanenden Bearbeitung meist rotationssymmetrischer Werkstücke. Das nur einschneidig ausgebildete Werkzeug (Drehmeißel) führt die Vorschubbewegung aus und steht ständig in Eingriff mit dem rotierenden Werkstück. Nach der Vorschubrichtung des Werkzeugs in bezug auf die Drehachse des Werkstücks unterscheidet man Quer- und Längsdrehen (Bild 6.29).

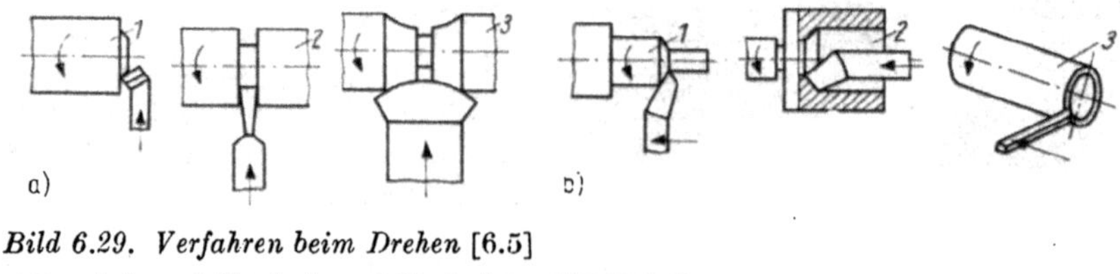

Bild 6.29. Verfahren beim Drehen [6.5]

a) Querdrehen: *1* Plandrehen; *2* Einstechen; *3* Formdrehen
b) Längsdrehen: *1* Außendrehen; *2* Innendrehen; *3* Stirndrehen

Hierfür stehen Mechaniker-, Zugspindel-, Leitspindel- und Produktionsdrehmaschinen zur Verfügung, bei denen das Werkstück zwischen Spitzen, in Spannpatronen, auf der Planscheibe oder im Futter (Dreibackenfutter) eingespannt wird. Das Spannen

Tafel 6.9. Zentrierbohrungen, 60°, ohne Gewinde (nach DIN 332)

A (ohne Schutzsenkung)	*B* (mit Schutzsenkung)	*R* (ohne Schutzsenkung mit gewölbten Laufflächen mit Radius *R*)

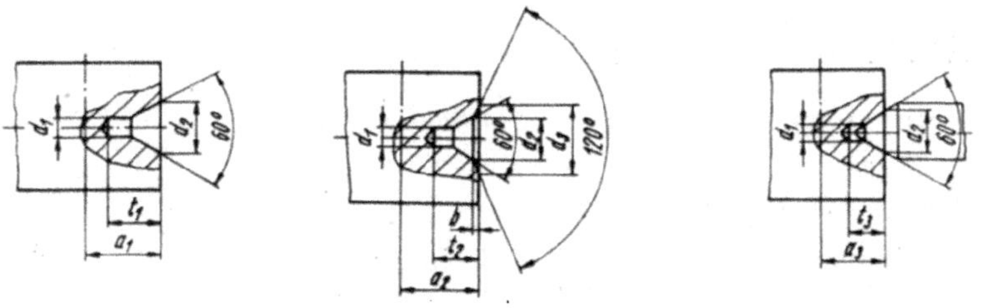

		Form *A*		Form *B*				Form *R*		
d_1	d_2	t_1	a_1[1])	b	d_3	t_2	a_2[1])	t_3	R	a_3[1])
0,63	1,6	1,4	2	–	–	–	–	1,4	2	2
1	2,5	2,2	3	0,4	4	2,5	3,5	2,2	3,15	3
1,6	4	3,5	5	0,5	5,6	4	5,5	3,5	5	5

[1]) Abstechmaß bei Werkstücken, an denen die Zentrierbohrung nicht stehenbleiben darf. Soll die Zentrierbohrung am Fertigteil stehenbleiben, werden i. allg. die Formen *B* oder *R* verwendet.

zwischen Spitzen gewährleistet die beste Mittellage, erfordert aber am Werkstück Zentrierbohrungen nach Tafel 6.9. Außerdem kommen Revolverdrehmaschinen und Drehautomaten zum Einsatz, bei denen sich die Werkstücke nur einseitig im Futter oder in Spannvorrichtungen spannen lassen. Beim Revolverdrehen erfolgt die Bearbeitung von Werkstücken vorwiegend kleiner bis mittlerer Abmessungen mit mehreren, nacheinander oder z. T. gleichzeitig in Eingriff gelangenden Werkzeugen, die im Revolverkopf angeordnet sind. Neben Dreharbeiten ist zusätzlich u. a. Bohren und Gewindeschneiden möglich. Die Vorgänge, bei denen der gesamte Arbeitsprozeß auf Drehmaschinen gesteuert oder geregelt wird, tragen die Bezeichnung Automatendrehen. Zur Anwendung kommen Halbautomaten, bei denen bis auf das Ein- und Ausspannen der Werkstücke alle Arbeitsbewegungen von der Maschine übernommen werden. Beim Vollautomaten führt die Maschine alle Arbeitsoperationen selbständig aus, und es lassen sich Teile in sehr hohen Stückzahlen, z. B. Schrauben, besonders wirtschaftlich fertigen.

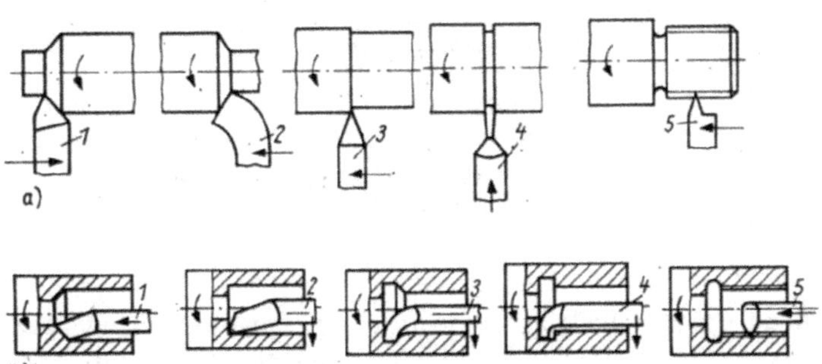

Bild 6.30. Drehmeißelformen

a) für Außendrehen: *1* gerader Schruppmeißel; *2* gebogener Schruppmeißel; *3* Spitzschlichtmeißel; *4* gerader Stechmeißel; *5* Außengewindemeißel

b) für Innendrehen: *1* Bohrmeißel; *2* Innenseitenmeißel; *3* Formeinstechmeißel; *4* gebogener Stechmeißel; *5* Innengewindemeißel

Sonderformen sind das Nachform- und Mehrkantdrehen. Beim Nachformdrehen wird die Drehmeißelbewegung entlang einer Schablone oder einem Musterwerkstück zwangläufig gesteuert (u. a. für Kegel- und Hinterdrehen einsetzbar). Beim Drehen von Mehrkantprofilen mit speziellen Maschinen drehen sich Werkzeug und Werkstück in einem bestimmten Drehzahlverhältnis um die eigene Achse. Es gestattet u. a. die sehr wirtschaftliche Fertigung von Kronenmuttern.

Drehmeißel sind u. a. in DIN 4951 bis DIN 4965 und DIN 4971 bis DIN 4981 genormt (Bild 6.30).

Erreichbare Toleranzen und Rauhtiefen beim Drehen s. Tafel 3.6.

6.2.1.2. *Bohren, Senken und Reiben*

Bohren, Senken und Reiben sind spanende Bearbeitungsverfahren, bei denen mehrschneidige, rotierende Werkzeuge eingesetzt werden, die eine axiale Vorschubbewegung ausführen. Durch Bohren werden vorwiegend zylindrische Hohlformen gefertigt, Senken dient zur Fertigung zylindrischer und kegelförmiger Senkungen und Reiben zum Nachbearbeiten zur Erreichung enger Toleranzen und hoher Oberflächengüte. Die Werkzeuge können bei diesen Verfahren manuell oder maschinell in horizontaler oder vertikaler Richtung bewegt werden. Die wichtigsten Werkzeugmaschinen sind Tisch-, Säulen-, Auslegerbohrmaschinen, Bohrwerke und Drehmaschinen. Bei den Bohrverfahren lassen sich u. a. Normal-, Auf- und Anbohren unterscheiden (Bild 6.31).

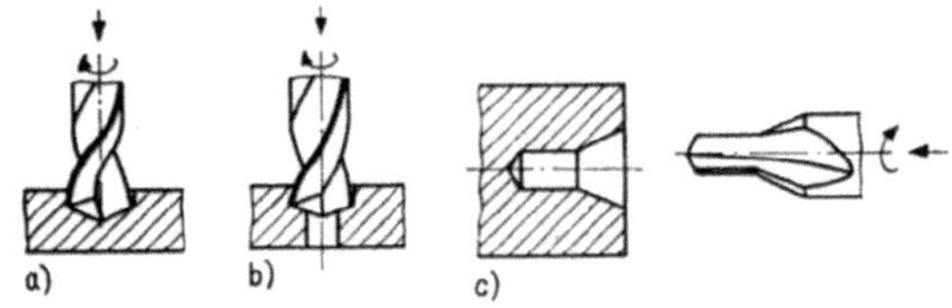

Bild 6.31
Verfahren beim Bohren
a) Normalbohren mit Spiralbohrer
b) Aufbohren mit Spiralbohrer
c) Anbohren mit Zentrierbohrer

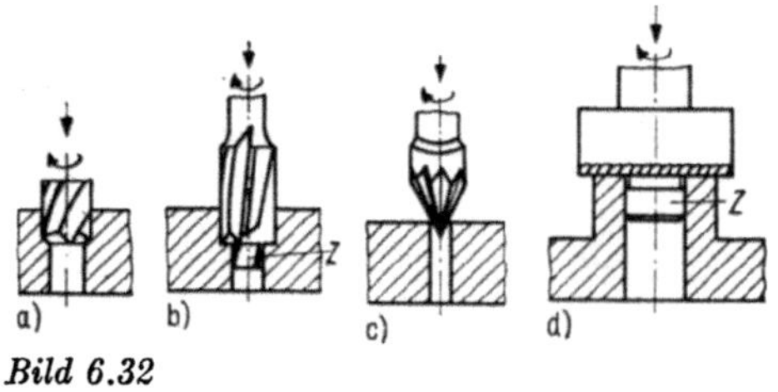

Bild 6.32
Verfahren beim Senken
a) Aufsenken mit Spiralsenker; b) Einsenken mit Kopfsenker (mit Führungszapfen Z); c) Einsenken mit Spitzsenker; d) Ansenken mit Plansenker (mit Führungszapfen Z)

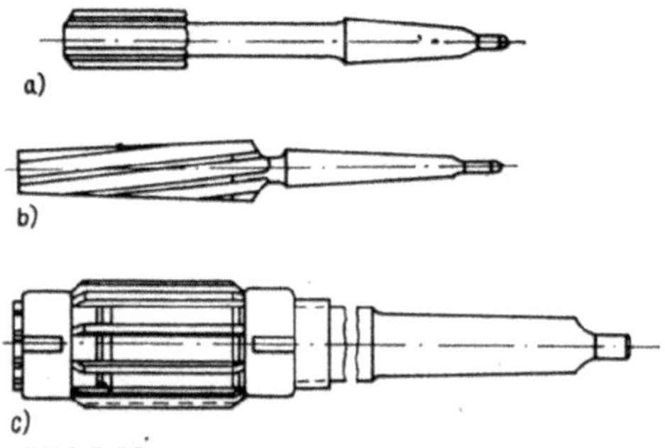

Bild 6.33
Reibahlen
a) Maschinenreibahle; b) Kegelreibahle; c) nachstellbare Reibahle

Das Senken ist entsprechend der Bearbeitungslänge und Lage der Bearbeitungsfläche in Auf-, Ein- und Ansenken zu unterteilen (Bild 6.32). Reiben erfolgt mit festen Reibahlen (Bilder 6.33a und b) für Bohrungen bestimmter Abmessungen und mit nachstellbaren Reibahlen c), bei denen sich feinabgestimmte Durchmesser erreichen lassen.

Kegel- oder Spitzensenkungen dürfen nach den genormten Senkern nur Spitzenwinkel von

45°, 60°, 75°	für Senkniete,
90°, 120°	für Senkschrauben sowie
60°	zum Entgraten

haben.

Reibahlen werden mit Toleranzfeldern gemäß Auswahlreihe nach DIN 1420 gefertigt, Normalausführungen sind nach H7 toleriert (vgl. auch Aufsteckreibahlen nach DIN 219 bis DIN 221 und nachstellbare Reibahlen nach DIN 210 und DIN 211).

Das Untermaß der durch Reiben fertigzubearbeitenden Bohrungen beträgt nach [6.5]:

Nenndurchmesser mm	Durchmesseruntermaß mm
$\leqq 2$	$\leqq 0{,}05$
2,5 ··· 6	0,1
6,3 ··· 15,5	0,2
16 ··· 39	0,3
40 ··· 80	0,4

Durch Bohren sind i. allg. Dmr. $\geqq 1$ mm mit Spiralbohrern zu fertigen. Bei Dmr. <1 mm kommen Spezialbohrer (z. B. Kanonenbohrer für Dmr. bis zu 0,05 mm), die mit sehr hohen Drehzahlen umlaufen (bis 80000 U/min), zur Anwendung. Je nach Nenndurchmesser lassen sich ISO-Toleranzen F8 bis D11 erreichen, beim Reiben mit einstellbaren Reibahlen auch Qualitäten IT5 bis IT6. Hinsichtlich der Lochabstände sind ohne zusätzliche Führung des Werkzeugs Toleranzen von etwa $\pm 0{,}2$ mm, bei Anwendung von Bohrvorrichtungen und auf Lehrenbohrwerken Toleranzen von $\pm 0{,}05$ bis 0,1 mm einhaltbar. Die Rauhtiefen betragen beim Normalbohren etwa 50 bis 150 µm, beim Feinbohren etwa 5 bis 10 µm und beim Reiben 1 bis 3 µm [6.12] (vgl. auch Tafel 3.6).

6.2.1.3. *Hobeln und Stoßen*

Beim Hobeln erfolgt die Spanabnahme mit einem einschneidigen Werkzeug (Hobelmeißel), das im unterbrochenen Schnitt arbeitet. Das Werkstück wird durch eine geradlinige, hin- und hergehende Bewegung an das Werkzeug, durch das die Vorschubbewegung erfolgt, herangeführt. Stoßen unterscheidet sich vom Hobeln dadurch, daß

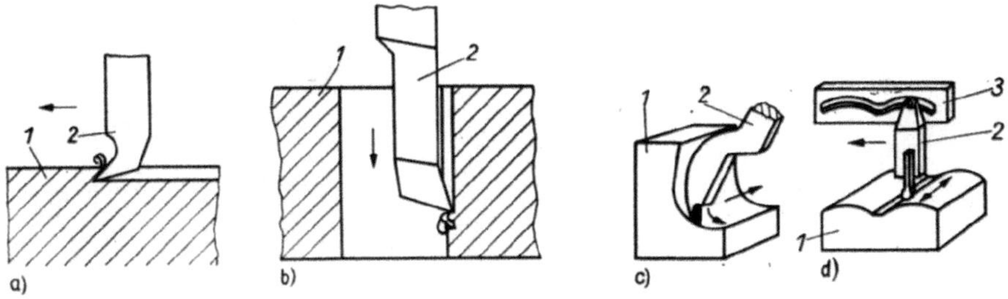

Bild 6.34. Verfahren beim Hobeln und Stoßen

a) Waagerechthobeln; b) Senkrechtstoßen; c) Formstoßen; d) Nachformhobeln
1 Werkstück; *2* Werkzeug; *3* Schablone

das Werkzeug eine hin- und hergehende Bewegung und das Werkstück die Vorsschubbewegung ausführt. In den Bildern 6.34 und 6.35 sind Prinzipien wichtiger Hobel- und Stoßverfahren sowie zugehörige Werkzeuge gezeigt. Langhobelmaschinen werden dabei vorrangig zur Bearbeitung langer, schmaler sowie besonders sperriger Werkstücke eingesetzt, Stoßmaschinen dagegen ähnlich wie das Kurzhobeln meist für kleinere Werkstücke. Senkrechtstoßmaschinen mit Rundtisch und Teileinrichtung [6.5] eignen sich gut für die Bearbeitung von Innenprofilen. Die Bearbeitung größerer Flächen ist allerdings durch Fräsen z. B. mit Messerkopf wirtschaftlicher ausführbar als durch Hobeln oder Stoßen. Erreichbare Toleranzen und Rauhtiefen sind in Tafel 3.6 enthalten.

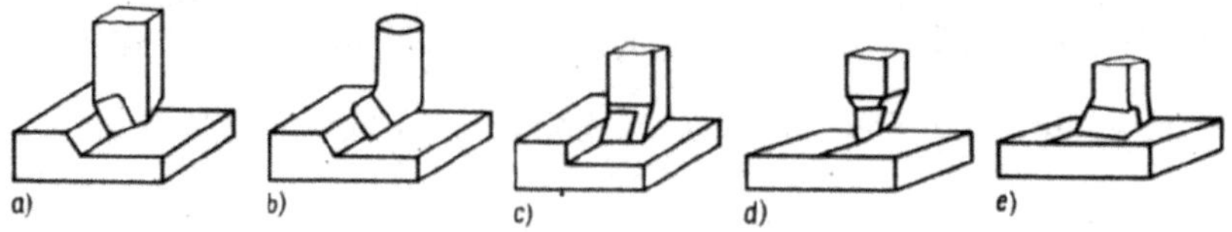

Bild 6.35. Hobel- und Stoßwerkzeuge

a) gerader Hobelmeißel; b) gebogener Hobelmeißel; c) Seitenmeißel; d) Schlichtmeißel; e) Breitschlichtmeißel

6.2.1.4. *Fräsen*

Fräsen ist ein spanendes Bearbeitungsverfahren mit Werkzeugen, deren Schneiden am Umfang oder an der Stirnseite walzenförmiger Grundkörper angeordnet sind. Entsprechend der Werkzeugart und dem Bewegungsablauf zwischen Werkstück und Werkzeug unterscheidet man nach [6.5] werkzeugabhängige Verfahren, z. B. Stirn- und Walzenfräsen, zweckgebundene Verfahren, z. B. Gewinde-, Nut- und Zahnformfräsen, und steuerungsabhängige Verfahren, z. B. Pendeltauch- und Nachformfräsen. Einige Beispiele für Fräsverfahren und -werkzeuge sind im Bild 6.36 dargestellt. Dem-

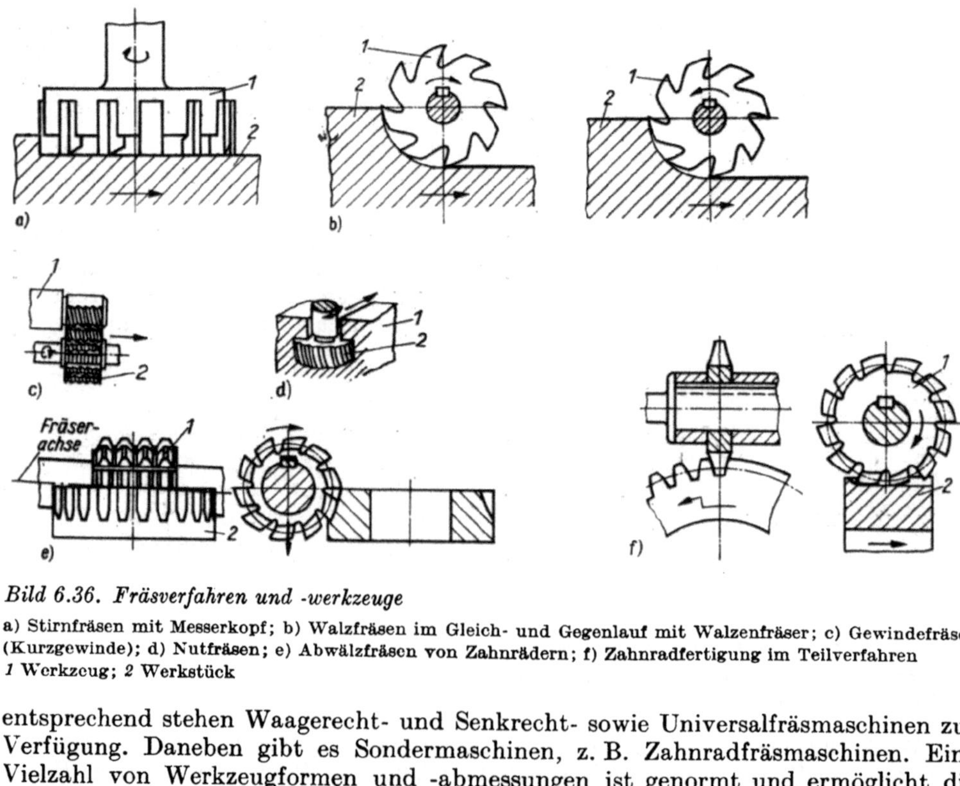

Bild 6.36. Fräsverfahren und -werkzeuge

a) Stirnfräsen mit Messerkopf; b) Walzfräsen im Gleich- und Gegenlauf mit Walzenfräser; c) Gewindefräsen (Kurzgewinde); d) Nutfräsen; e) Abwälzfräsen von Zahnrädern; f) Zahnradfertigung im Teilverfahren
1 Werkzeug; *2* Werkstück

entsprechend stehen Waagerecht- und Senkrecht- sowie Universalfräsmaschinen zur Verfügung. Daneben gibt es Sondermaschinen, z. B. Zahnradfräsmaschinen. Eine Vielzahl von Werkzeugformen und -abmessungen ist genormt und ermöglicht die Erfüllung unterschiedlichster Forderungen an die Form von durch Fräsen zu bearbeitenden Werkstücken. Erreichbare Toleranzen und Rauhtiefen sind in Tafel 3.6 enthalten.

6.2.1.5. *Schleifen*

Schleifen ist spanende Bearbeitung mit einem vielschneidigen Werkzeug mit geometrisch undefinierten Schneiden (Schleifkörper mit gebundenem Schleifkorn). Es dient vorwiegend zur Feinbearbeitung vorbearbeiteter Werkstücke. Eine Übersicht über die in Rund- und Flachschleifen einzuteilenden Verfahren ist im Bild 6.37 dargestellt. Beim Rundschleifen a) bis c) führt der Schleifkörper die Hauptbewegung aus, das Werkstück dagegen i. allg. die Vorschubbewegung. Das Zustellen erfolgt durch

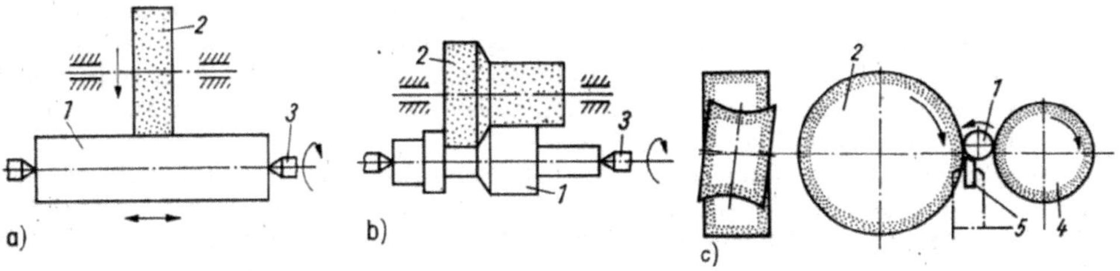

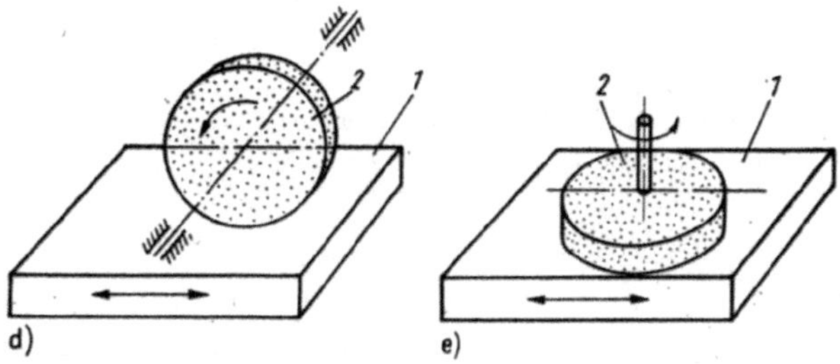

Bild 6.37
Verfahren beim Schleifen
a) Außenrundschleifen; b) Formschleifen; c) spitzenloses Schleifen; d) Umfangsschleifen; e) Stirnschleifen
1 Werkstück; *2* Schleifkörper; *3* Aufnahmespitzen; *4* Regelkörper; *5* Auflage

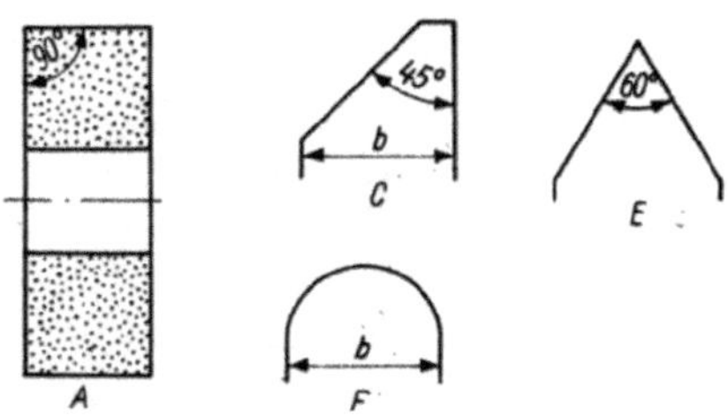

Bild 6.38
Genormte Randprofile bei Schleifkörpern
A Normalprofil; *C*, *E* und *F* Sonderrandprofile

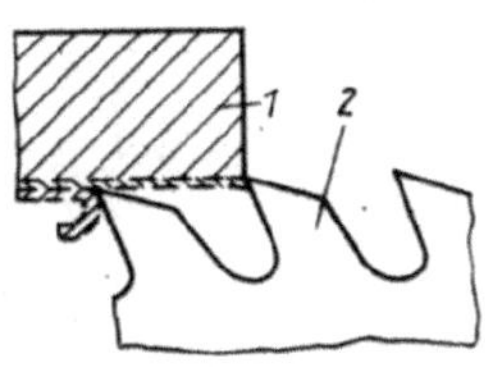

Bild 6.39
Spanabnahme beim Räumen
1 Werkstück; *2* Werkzeug (Räumnadel)

den Schleifkörper. Die Teile werden zwischen Spitzen gespannt oder ohne Einspannen spitzenlos geschliffen (vorteilhaft in der Massenfertigung, da Zentrieren entfällt, oder z. B. bei dünnwandigen Rohren). Beim Flachschleifen d) und e) unterscheidet man Umfangs- und Stirnschleifen. Das Spannen der Teile erfolgt hier entweder auf genuteten Tischen, mit besonderen Spannvorrichtungen oder, besonders bei flachen Werkstücken aus Stahl, auf Magnetspannplatten. Darüber hinaus gibt es Sonderschleifmaschinen, z. B. zum Schleifen von Gewinden, Zahnflanken und Werkzeugen.

Zum Schleifen kommen u. a. Schleifkörper mit Abmessungen nach DIN 69111 zur Anwendung. Bei der Gestaltung von Schleifteilen sind die genormten Randprofile (Bild 6.38) zu berücksichtigen.

Erreichbare Toleranzen und Rauhtiefen beim Schleifen s. Tafel 3.6. Bei Flachschleifmaschinen liegen die erreichbaren Parallelitätsabweichungen plangeschliffener Teile bei $\pm 5\ \mu m$ auf 250 mm Länge. Die Bearbeitungszugaben für das Schleifen liegen je nach Werkstücknennmaß bei 150 µm bis 1 mm. Abmessungen und Gestaltung von Freistichen beim Schleifen und bei anderen Verfahren s. Tafel 6.10.

6.2.1.6. *Räumen*

Das Räumen dient zur spanenden Bearbeitung von Innen- und Außenflächen. Das Räumwerkzeug (Bild 6.39) trägt abgestufte Schneiden, die ähnlich wie die eines Fräsers gestaltet sind. Es wird, in besondere Maschinen eingespannt, i. allg. entlang der Längsachse des zu bearbeitenden, feststehenden Werkzeugs gezogen, wobei die Spanabnahme erfolgt. Hinsichtlich der Verfahren unterscheidet man zwischen Innen- und Außenräumen. Beim Innenräumen wird eine gemäß dem geforderten Profil geformte Räumnadel durch vorgearbeitete Bohrungen des Werkstücks gezogen. Beim Außenräumen erfolgt das Einarbeiten von Nuten, Profilen, Verzahnungen usw. meist ohne Vorbearbeitung direkt in das Werkstück. Es ist jedoch i. allg. schwieriger durchführbar und erfordert gegenüber den meist einteiligen Innenräumwerkzeugen kostenintensivere mehrteilige Werkzeuge.

Durch Räumen zu fertigende Innen- und Außenprofile werden im Bild 6.40 gezeigt. Oberflächengüte und Maßhaltigkeit dieser Profile (s. Tafel 3.6) erfordern i. allg. keine zusätzliche Nacharbeit. Obwohl die Werkzeuge zwar meist nur Einzweckwerkzeuge sind, aber eine hohe Standzeit haben, ist das Räumen sehr wirtschaftlich in der Serien- und Massenfertigung anwendbar. Bei gleichzeitigem Drehen des Werkstücks mit Zu-

Tafel 6.10. Abmessungen und Gestaltung von Freistichen (nach DIN 509)

a) Gestaltung; b) Anwendungsrichtlinien; c) zeichnerische Darstellung (Maße in mm)

a) Gestaltung

Außen- und Innenfreistiche sowie Senkung am Gegenstück

Form E[1])
Werkstücke mit einer Bearbeitungsfläche

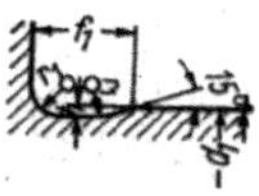

Form F[1])
Werkstücke mit zwei rechtwinklig zueinanderstehenden Bearbeitungsflächen

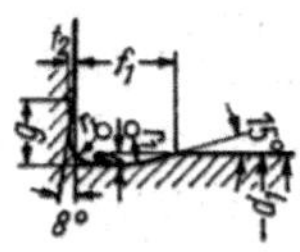

Form E und F
Senkung am Gegenstück

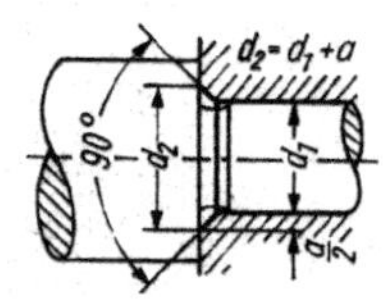

r_1 +0,1	t_1	f_1	$g \approx$	t_2 +0,05	a Kleinstmaß Form E	F
0,1	0,1	0,5	0,8	0,1	0	0
0,2	0,1	1	0,9	0,1	0,2	0
0,4	0,2	2	1,1	0,1	0,4	0
0,6	0,2	2	1,4	0,1	0,8	0,2
0,6	0,3	2,5	2,1	0,2	0,6	0
1	0,4	4	3,2	0,3	1,2	0

Werte für übliche Beanspruchung. Für erhöhte Wechselfestigkeit s. DIN 509.

[1]) Die Formen A bis D sind für Neukonstruktionen nicht mehr zu verwenden.

b) Anwendungsrichtlinien

Zuordnung der Freistiche zum Durchmesser d_1 des fertigen Werkstücks:

d_1	bis 1,6	über 1,6 bis 3	über 3 bis 10	über 10 bis 18	über 18 bis 80	über 80
t_1	0,1	0,1	0,2	0,2	0,3	0,4
r_1	0,1	0,2	0,4	0,6	0,6	1

Tafel 6.10. (Fortsetzung)

c) Zeichnerische Darstellung

Bemaßte Darstellung: nach a) alle Maße im Ausbruch bzw. in vergrößerter Einzelheit
Vereinfachte Darstellung:

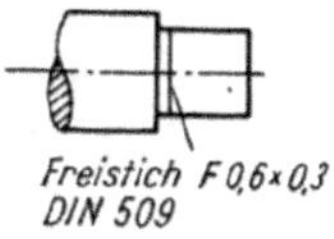

Beispiel:
Freistich Form F
$r_1 = 0{,}6$ und $t_1 = 0{,}3$

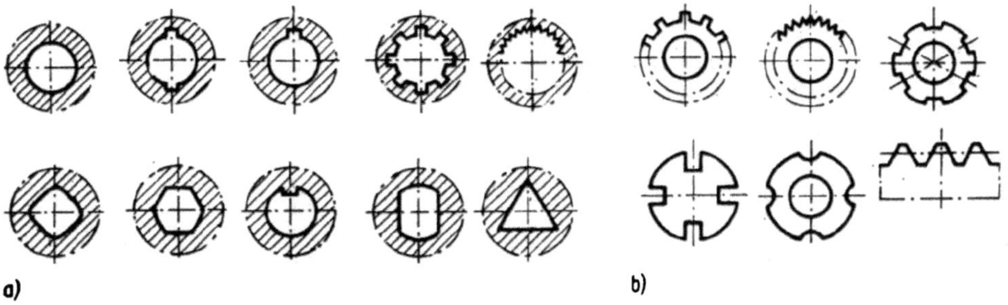

Bild 6.40. Räumprofile
a) Innenräumen; b) Außenräumen

satzvorrichtung lassen sich auch schraubenförmig gewundene Profile großer Steigung räumen.

6.2.1.7. *Sägen, Meißeln, Feilen und Schaben*

Unter Sägen versteht man spanende Bearbeitung mit mehrschneidigen, kreisförmig oder geradlinig bewegten Werkzeugen, z. B. Sägeblätter und -bänder. Es dient vorwiegend zum Trennen von Werkstücken (besonders Halbzeugen) mit Maschinen oder in Handarbeit, wobei möglichst schmale Trennfugen angestrebt werden.

Beim Meißeln erfolgt die Spanabnahme mit einem einschneidigen Werkzeug i. allg. als Handarbeit, u. a. zum Entgraten von Gußstücken.

Feilen erfolgt mit Werkzeugen verschiedener Grundformen (u. a. Rund-, Dreikant-, Vierkantfeilen mit Schneiden in mehreren Stufen für Grob- und Feinarbeiten) ebenfalls meist von Hand. Es sind aber auch Feilmaschinen einsetzbar.

Schaben dient zur Formverbesserung von maschinell vorgearbeiteten Flächen (im wesentlichen Ebenen, Zylinder, Kugeln und Kegel), wobei kleinere Unebenheiten beseitigt und der Traganteil der Fläche, z. B. mit Tuschierplatte kenntlich gemacht, erhöht wird. Als Werkzeuge dienen Flach- oder Dreikantschaber. Die wirtschaftliche Anwendung erstreckt sich auf Werkstoffe, deren Brinellhärte HB $\leq$ 2000 N/mm² beträgt. Bei ein bis drei Tragpunkten/cm² liegt die Rauhtiefe der geschabten Flächen i. allg. über 7 bis 8 µm, bei drei bis fünf Tragpunkten/cm² sind Werte bis zu 4 µm erreichbar.

6.2.1.8. *Fertigung von Gewinden und Zahnrädern*

Gewinde. Ausschlaggebend für die Wahl einer bestimmten Gewindeform ist die Funktion, die dem mit Gewinde zu versehenden Bauteil zugedacht ist. Weiterhin spielen Abmessungen, Form und Werkstoff des Bauteils eine wichtige Rolle für die Anwendung eines geeigneten Verfahrens der spanenden Gewindefertigung.

Man unterscheidet die Fertigung von Gewinden mit
- Gewindeschneidwerkzeugen (Gewindeschneideisen und -bohrer, Gewindeschneidköpfe),
- Gewindeformstrehlern oder -formstählen auf Dreh- oder Gewindeschneidmaschinen,
- Gewindefräsern auf Dreh- oder Gewindefräsmaschinen,
- Gewindeschleifkörpern auf Schleifmaschinen.

Darüber hinaus kommen umformende (Walzen, Drücken; vgl. Tafel 5.1 im Abschn. 5.1.1.) und abtragende Verfahren (z. B. Gewindeerodieren; vgl. Abschn. 6.3.) zur Anwendung.

Tafel 6.11. Bohrerdurchmesser für Gewindekernlöcher (nach DIN 336)

Gewindenenn-durchmesser metrisch mm	Whitworth Zoll	Bohrer-durchmesser mm	Gewindenenn-durchmesser metrisch mm	Whitworth Zoll	Bohrer-durchmesser mm
1		0,75	6		5
1,2		0,95		1/4	5,1
1,6		1,25		5/16	6,5
2		1,6	8		6,8
2,5		2,05		3/8	7,9
3		2,5	10		8,5
4		3,3	12		10,2
5		4,2		1/2	10,5
				5/8	13,5
			16		14

Tafel 6.12. Durchgangslöcher für Schrauben (nach DIN 69)

Gewindenenn-durchmesser metrisch mm	Whitworth Zoll	Durchgangsloch mm fein	mittel	grob
1		1,1	1,2	1,3
1,2		1,3	1,4	1,5
1,4		1,5	1,6	1,8
1,6		1,7	1,8	2
2		2,2	2,4	2,6
2,5		2,7	2,8	3,1
3		3,2	3,4	3,6
3,5		3,7	3,9	4,1
4		4,3	4,5	4,8
5		5,3	5,5	5,8
6		6,4	6,6	7
	1/4	6,4	7,4	
8	5/16	8,4	9	10
	3/8	9,8	10,5	
10		10,5	11	12
	7/16	11,5	13	
12		13	14	15
	1/2	13	15	
14		15	16	17
16	5/8	17	18	19
18		19	20	21

Im Hinblick auf diese vielfältigen Methoden lassen sich besondere Richtlinien für die Eignung eines Verfahrens nicht angeben. Die Auswahl muß in Abhängigkeit von geforderter Genauigkeit, Stückzahl, Werkstoff und vorhandenen Maschinen erfolgen. Von besonderem Interesse beim Gewindeschneiden ist die Wahl des richtigen Bohrerdurchmessers zur Fertigung des Gewindekernlochs (vgl. Tafel 6.11). Des weiteren sind

Tafel 6.13. Senkungen für Schrauben (nach DIN 74 Bl. 1 und 2), Maße in mm

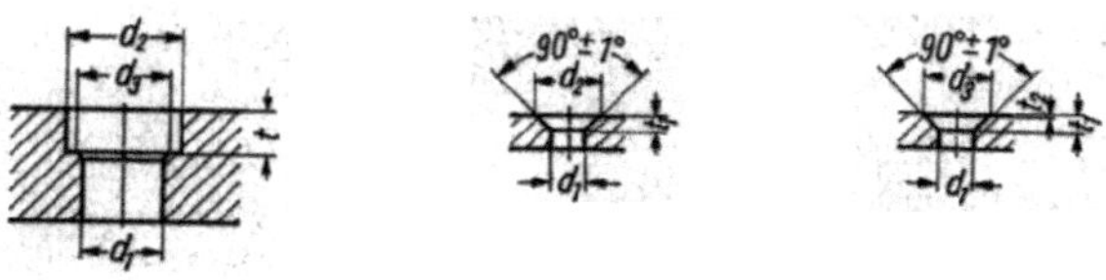

Gewinde-nenn-durch-messer	Durchgangsloch nach DIN 69		Zylinderschrauben nach DIN 84, DIN 7513, DIN 7984			Senkschrauben nach DIN 963, DIN 965; Linsensenkschrauben nach DIN 964, 966, 7513, 7516				
	fein	mittel					mittel		fein	
	d_1	d_1	d_2 H 13	d_3[1])	t	d_2 H 13	t_1	d_3 H 12	t_1	t_2 +0,1
M1	1,1	1,2	2,2	–	0,8	2,4	0,6	2	0,7	0,2
M1,2	1,3	1,4	2,5	–	0,9	2,8	0,7	2,5	0,8	0,15
M1,4	1,5	1,6	2,8	–	1	3,3	0,8	2,8	0,9	0,15
M1,6	1,7	1,8	3,3	–	1,2	3,7	0,9	3,3	1	0,2
M1,8	1,9	2	3,8	–	1,5	4,2	1,1	3,8	1,2	0,2
M2	2,2	2,4	4,3	–	1,6	4,6	1,1	4,3	1,2	0,15
M2,3	2,5	2,7	5	–	1,8	–	–	–	–	–
M2,5	2,7	2,9	5	–	2	5,7	1,4	5	1,5	0,35
M2,6	2,8	3	5,5	–	2,1	–	–	–	–	–
M3	3,2	3,4	6	–	2,4	6,5	1,6	6	1,7	0,25
M 3,5	3,7	3,9	6,5	–	2,9	7,6	1,9	7	2	0,3
M4	4,3	4,5	8	–	3,2	8,6	2,1	8	2,2	0,3
M5	5,3	5,5	10	–	4	10,5	2,5	10	2,6	0,2
M6	6,4	6,6	11	–	4,7	12,4	2,9	11,5	3	0,45
M8	8,4	9	15	–	6	16,4	3,7	15	4	0,7
M10	10,5	11	18	–	7	20,4	4,7	19	5	0,7

[1]) unter 12 mm Gewindedurchmesser nur entgratet

die Abmessungen für Durchgangslöcher und Senkungen, z. B. für Schrauben, Niete usw. (Tafeln 6.12 und 6.13), sowie die Bemessung und Gestaltung von Gewindeausläufen und Gewinderillen zu beachten (Tafel 6.14).

Verzahnungen. Bei der Fertigung von Zahnrädern ist zwischen der Bearbeitung des Radkörpers und dem Verzahnen desselben zu unterscheiden. Die spanende Bearbeitung des Radkörpers erfolgt mit Verfahren, die auch bei anderen Bauteilen angewendet werden. Als wichtigste Verfahren beim Verzahnen kommen in der Feingerätetechnik in erster Linie das Abwälzfräsen, seltener das Teilverfahren und nur in Sonderfällen das Wälzstoßen (z. B. für Innenverzahnungen) zur Anwendung (vgl. auch Bild 6.36). Das Abwälzfräsen hat gegenüber dem Teilverfahren den Vorteil, daß mit einem Werkzeug (Wälzfräser) sämtliche Zähnezahlen des gleichen Moduls gefräst werden können. In der feingerätetechnischen Massenfertigung lassen sich dabei Stirnräder kopfüberschneiden (gleichzeitige Bearbeitung von Kopfzylinder und Zahnflanken). Dies hat den Vorteil, daß die Radkörper nur grob vorgearbeitet sein müssen (z.B. durch Ausschneiden) und sich, besonders bei kleiner Dicke derselben, im Paket spannen lassen. Außerdem werden geringe Rundlaufabweichungen zwischen Außendurchmesser der Verzahnung und Radbohrung garantiert. Als nachteilig erweist sich, daß bei negativer Profilverschiebung zugleich eine Kopfkürzung erfolgt, was in der Getriebepaarung zu einer Verringerung des Überdeckungsgrades führt [6.1] [6.26].

6.2.1.9. *Feinstbearbeitungsverfahren*

Ziehschleifen (Honen) ist spanende Nachbearbeitung mit einem vielschneidigen Werkzeug (z. B. Ziehschleifkopf mit Schleifkörper) aus gebundenem Schleifmittel sehr

Tafel 6.14. Gewindeausläufe, Gewindefreistiche (nach DIN 76), Maße in mm

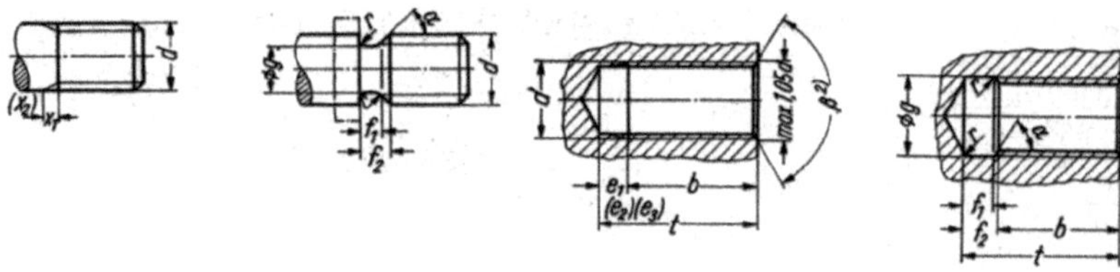

Gewinde		Außengewinde: Gewindeauslauf		Außengewinde: Gewindefreistich				Innengewinde: Grundlochüberhang			Innengewinde: Gewindefreistich			
d Steigung p	Regelgewinde	x_1 max Regel	x_2 kurz	g h13[1])	f_1 min	f_2 max	r ≈	e_1 Regel	e_2 kurz	e_3 lang	g h13	f_1 min	f_2 max	r ≈
0,2	–	0,5	0,25	d – 0,3	0,45	0,7	0,1	1,3	0,8	2	d + 0,1	0,8	1,2	0,1
0,25	1; 1,2	0,6	0,3	d – 0,4	0,55	0,9	0,12	1,5	1	2,4	d + 0,1	1	1,4	0,12
0,3	1,4	0,75	0,4	d – 0,5	0,6	1,05	0,15	1,8	1,2	2,9	d + 0,1	1,2	1,6	0,15
0,35	1,6; 1,7; 1,8	0,9	0,45	d – 0,6	0,7	1,2	0,17	2,1	1,3	3,3	d + 0,2	1,4	1,9	0,17
0,4	2; 2,3	1	0,5	d – 0,7	0,8	1,4	0,2	2,3	1,5	3,7	d + 0,2	1,6	2,2	0,2
0,45	2,2; 2,5; 2,6	1,1	0,6	d – 0,7	1	1,6	0,22	2,6	1,6	4,1	d + 0,2	1,8	2,4	0,22
0,5	3	1,25	0,7	d – 0,8	1,1	1,75	0,25	2,8	1,8	4,5	d + 0,3	2	2,7	0,25
0,6	3,5	1,5	0,75	d – 1	1,2	2,1	0,3	3,4	2,1	5,4	d + 0,3	2,4	3,3	0,3
0,7	4	1,75	0,9	d – 1,1	1,5	2,45	0,35	3,8	2,4	6,1	d + 0,3	2,8	3,8	0,35
0,75	4,5	1,9	1	d – 1,2	1,6	2,6	0,4	4	2,5	6,4	d + 0,3	3	4	0,4
0,8	5	2	1	d – 1,3	1,7	2,8	0,4	4,2	2,7	6,8	d + 0,3	3,2	4,2	0,4
1	6; 7	2,5	1,25	d – 1,6	2,1	3,5	0,5	5,1	3,2	8,2	d + 0,5	4	5,2	0,5
1,25	8	3,2	1,6	d – 2	2,7	4,4	0,6	6,2	3,9	10	d + 0,5	5	6,7	0,6
1,5	10	3,8	1,9	d – 2,3	3,2	5,2	0,75	7,3	4,6	11,6	d + 0,5	6	7,8	0,75
1,75	12	4,3	2,2	d – 2,6	3,9	6,1	0,9	8,3	5,2	13,3	d + 0,5	7	9,1	0,9
2	14; 16	5	2,5	d – 3	4,5	7	1	9,5	5,8	14,8	d + 0,5	8	10,3	1

[1]) Toleranzfeld h 12 für Gewinde bis 3 mm Nenndurchmesser

[2]) β üblich $120^\circ {}^{\;0}_{-10^\circ}$; in Sonderfällen 90°; für Stiftschrauben mit Gewindeauslauf und für Zentrierbohrungen werden 60°, für Stiftschrauben in Leichtmetall wird eine zylindrische Ansenkung empfohlen.

Übergangswinkel α im Bereich zwischen f_1 und f_2 30 bis 60° je nach Art der Gewindeherstellung.

feiner Körnung. Es dient vor allem zur Fertigung sehr genauer, durch andere Verfahren vorgearbeiteter Bohrungen (erreichbare Rauhtiefen etwa 0,1 µm, Traganteil der feinstbearbeiteten Fläche etwa 80% [6.12].) Daneben ist aber auch Außenrund-, Flach- und Profilziehschleifen möglich [6.5]. Das Werkzeug (Ziehschleifahle) wird i. allg. maschinell oszillierend, hin- und hergehend in der Bohrung bewegt, wodurch zwischen Werkstück und Werkzeug viele Überdeckungen entstehen und so eine hohe Oberflächengüte erzwungen wird. Ziehschleifen ist für Werkstücke mit Dmr. = 3 bis 1000 mm und Längen von 5 bis 3000 mm möglich. Bei kleinen bis mittleren Bohrungen liegen die Bearbeitungszugaben bei 0,02 bis 0,04 mm.

Läppen ist spanende Nachbearbeitung mit in einer Paste oder einer Flüssigkeit (z. B. Öl) verteiltem Läppmittel (Chromoxid, Korund u. a.), das zwischen Werkstück und formübertragendem Gegenstück, z. B. Scheiben aus Gußeisen, bei möglichst unregelmäßigen Bewegungen geführt wird. Es kann sowohl von Hand als auch maschinell durchgeführt werden (Anordnung der möglichst harten Werkstücke in Läppglocken, Käfigen o. ä.) und stellt eines der wirtschaftlichsten Feinstbearbeitungsverfahren dar. Man unterscheidet Außenrund-, Innenrund-, Kugel- und Flachläppen sowie Form-

und Einläppen [6.5]. Die Formtoleranzen liegen in der Serienfertigung bei 1 bis 5 µm, lassen sich aber bis zu 0,1 µm verringern. Die Rauhtiefen betragen 0,05 bis 0,1µm, bei Endmaßen bis zu 0,02 µm und die Maßtoleranzen etwa IT 2 bis IT 4. Der Traganteil geläppter Flächen kann bis auf 98% gesteigert werden (vgl. Tafel 3.6).

Sonderformen der Feinstbearbeitung sind Rollieren zum Glätten von Außenflächen, z. B. von Lagerzapfen in der Uhrenindustrie, und Preßpolieren (Kalibrieren) zum Glätten der Oberflächen sehr feiner Bohrungen.

6.2.2. Werkstoffe, Halbzeuge und deren Verarbeitung

Die fertigungsgerechte Gestaltung von spanend gefertigten Teilen setzt eine genaue Kenntnis der Eigenschaften der Werkstoffe und der Möglichkeiten ihres wirtschaftlichen Einsatzes voraus. Da sich grundsätzlich nahezu alle metallischen und nichtmetallischen Werkstoffe spanend bearbeiten lassen, entscheidet über ihren wirtschaftlichen Einsatz neben funktionellen Ansprüchen vor allem, inwieweit sie leicht und ohne große Zerspanverluste bearbeitbar sind.

Große Zerspanverluste entstehen vorwiegend beim Drehen, Fräsen und Hobeln. Sie lassen sich durch Einsatz genormter Halbzeuge (vgl. Bild 2.8) bzw. durch Ur- oder Umformen vorgeformter Teile stark herabsetzen, wobei neben der Senkung der Werkstoffkosten durch die Verminderung von Abfall auch eine Senkung der Fertigungskosten entsteht. Bevorzugt werden besonders blankgezogene Halbzeuge mit Toleranzen h9 bis h11, die in einem großen Sortiment verfügbar sind. Darüber hinaus sind Sonderprofile (Bild. 5.13) einsetzbar, wenn genormte Formen die konstruktive Anpassung erschweren bzw. zusätzliches Zerspanen erfordern. Allerdings sind sie der ausgesprochenen Massenfertigung vorbehalten und können nach Vereinbarung geliefert werden. Die Vorteile des Einsatzes von Halbzeugen kommen dann richtig zur Geltung, wenn jegliche Nacharbeit am Profil des Querschnitts vermieden wird.

Die Zerspanbarkeit hängt vor allem von Festigkeit und Härte ab; sie wird mit Zunahme dieser Größen unwirtschaftlicher. Bei *Metallen* kommen zum Spanen alle im Abschn. 6.2.1. dargestellten Verfahren zur Anwendung. Eine Auswahl wichtiger metallischer Konstruktionswerkstoffe und deren Eigenschaften und Anwendung enthält Tafel 6.15. Schlecht bearbeitbar sind lediglich sehr harte Metalle, z. B. gehärteter Stahl, Hartmetall u. a., die sich nur in begrenztem Umfang schleifen sowie durch Abtragverfahren (vgl. Abschn. 6.3.) bearbeiten lassen. Des weiteren ist das Zerspanen z. B. der Gußhaut von Gußstücken und der Randzonen geschmiedeter und gewalzter Teile schwierig durchführbar und erfordert besondere Einstellung und Auswahl der Werkzeuge, da diese sonst großem Verschleiß unterliegen. Demgegenüber lassen sich die sog. Automatenstähle sehr gut zerspanen. Sie sind deshalb für weniger hochbeanspruchte Teile grundsätzlich zu bevorzugen. Es ist noch zu beachten, daß Metalle nur bis zu Brinellhärten HB $\leqq$ 3000 N/mm² gefräst und HB $\leqq$ 2000 N/mm² geschabt werden können [6.12]. Beim Schleifen bestimmt außerdem die Festigkeit des Werkstoffs die Auswahl geeigneter Schleifkörper, wobei sehr weiche Werkstoffe (u. a. bestimmte Al-Legierungen) nur bedingt schleifbar sind (Neigung zum Schmieren). Zu schabende Teile, besonders aus Guß, sollten wegen der besseren Möglichkeit der Spanabnahme gehobelt oder gefräst, nicht aber geschliffen werden.

Für die spanende Bearbeitung von *Kunststoffen* [6.3] [6.15] [6.16] kommen vorwiegend das Bohren, Drehen, Fräsen, Schleifen, Sägen und Feilen zur Anwendung. Hobeln und Stoßen sind wegen der zu geringen Schnittgeschwindigkeiten möglichst zu vermeiden. Gefräst werden hauptsächlich Duroplaste mit Messerköpfen, Fingerfräsern usw.; erreichbare Oberflächengüten liegen bei 6 bis 20 µm. Glasfaserverstärkte Kunststoffe lassen sich mit Trennschleifkörpern (Korund, Diamant) teilen. Das Schleifen von Duroplasten kann wie bei Metallen erfolgen; das Feinschleifen wird jedoch mit Hilfe von Stoffscheiben unter Zugabe geeigneter Schleifpaste durchgeführt.

Tafel 6.15. Metallische Konstruktionswerkstoffe

a) Eisenwerkstoffe (nach DIN 17120, DIN 1652)

Werkstoff	Zustand	Kohlenstoffgehalt %	Zugfestigkeit R_m N/mm²	Bruchdehnung A_5 %	Eigenschaften	Anwendung
Maschinenbaustähle						
St 37 – 2	normalgeglüht	≦ 0,22	≈ 400	≈ 18···25	schmelzschweißbar, kalt- und warmverformbar, polierbar, verschleißfest, schlechte Oberflächengüte, kerbempfindlich	nicht für Einsatz bestimmt, wenig hochwertige Teil Bleche für Verkle dungen (rohbleibende Teile)
St 34		< 0,12	340···420	25···30	schweißbar, kalt- und warmumformbar, kerb- einsatzhärtbar, schmelzschweißbar	Schrauben, Bolze Ringe, Buchsen
St 42		< 0,25	420···500	20···25	empfindlich, polierbar, tiefziehbar, magnetisier- schwer schmelzschweißbar	Kurbeln, Wellen, Achsen
St 50		< 0,35	500···600	18···22	bar, verschleißfest nicht einsatzhärtbar, aber oberflächenhärtbar	stärker belastete Wellen, Kurbeln Spindeln
St 50 K C 35 K		< 0,35			nicht einsatzhärtbar, kalt- und warmverformbar, wenig geeignet zum Härten	höherbeanspruch Maschinenteile
St 60	normalgeglüht	< 0,45	600···700	17	härtbar und vergütbar	Paßstifte, Keile, Ritzel, Schnecke
St 70 K C 60 K		0,55···0,65			hochfest, hochhärtbar, vergütbar	Steuerungsteile, Werkzeuge, Gese Ziehringe
Einsatzstähle (DIN 17210)						
C 10		0,06···0,12	330···420	25···32	gut schweißbar und kaltverformbar	kleinere Teile, z. B. für Schreibmaschinen
C 15		0,12···0,18	410	25		Hebel, Zapfen, Bolzen, Gelenke
15Cr3		0,12···0,18	600···850	13	Edelstahl	Nockenwellen, Rollen, Bolzen
20MnCr5	geglüht	0,17···0,22	600···850	24···16	bedingt schweißbar, verschleißfest	Werkzeuge
18CrNi8	geglüht	0,15···0,20	< 750	–	nur bedingte Schmelzschweißung	Teile mit hohen Wechselbeanspru chungen, Zahnrä
16MnCr5	normalgeglüht	0,12···0,18	600···750	25···19	verschleißfest	Geräte- und Maschinenteile (Drehdorne, Bo Lehren u. a.)
Vergütungsstähle (DIN 17200)						
34CrMo4	normalgeglüht	0,30···0,37	650···800	17···22	für Widerstandsschweißung nach Abbrennverfahren geeignet	Zahnräder, Ritz wellen, Schraube
Ck 35	normalgeglüht	0,30···0,40	500···600	22	schweißbar, vergütbar, wenig härtbar	Spindeln, Zahnstangen, Zahnrä
C 45	geglüht	0,40···0,50	600···720	18	bedingt kaltverformbar, schlecht schweißbar, härtbar	Achsen, Wellen Zahnstangen, St teile

afel 6.15. (Fortsetzung)

'erkstoff	Zustand	Kohlenstoffgehalt %	Zugfestigkeit R_m N/mm²	Bruchdehnung A_5 %	Eigenschaften	Anwendung
utomatenstähle (DIN 1651)						
S 20 K		0,05 ··· 0,12	> 500		sehr gute Zerspanbarkeit	Schrauben, Bolzen,
S 20 K		0,06 ··· 0,13	500 ··· 700	10 ··· 12		Führungsstangen
S 20 K		0,06 ··· 0,18	500 ··· 700		für Abbrennstumpfschweißung geeignet, rißempfindlich, wenig umformbar	verwickelte dünnwandige Teile des Apparatebaus
tähle für Bleche						
60 W 3	geglüht, gehärtet	0,57 ··· 0,05	700 ··· 850	15 ··· 20	härtbar, Schweißen weniger geeignet	
37-2		0,22	370 ··· 450	18 ··· 25	verschleißfest, schlechte Oberfläche	Beschläge, Verkleidungen
1203			280 ··· 500	15 ··· 30	ab 0,5 mm Dicke schmelzschweißbar, alterungsbeständig	Feinblech < 3 mm, Emaillier- u. Verzinkblech
8CrNi1812	kaltverformt	–	650 ··· 850	25	nichtrostend, nicht magnetisierbar	Uhren- u. Kompaßgehäuse, Geräte
'erkzeugstähle						
)5WCr6		0,9 ··· 1,05	840	–	gute Maßbeständigkeit und Verschleißfestigkeit	Schneid- und Meßwerkzeuge
)0Cr6		0,05 ··· 1,10	750	–	bedingt schweißbar	Wälzlager, Endmaße
)MnV8		0,85 ··· 0,95	750	–	magnetisierbar	Schnitte, Messer
210Cr12		2 ··· 2,25	900	–		Räumnadeln, Stanzwerkzeuge
60W3		0,57 ··· 0,65	700 ··· 850	–	Werkzeugstahl 3. Güte	gehärtete Blechteile, geringbeanspruchte Werkzeuge
)5Cr4			1100 ··· 1350	–	verzugsfrei, sehr verschleißfest, zäh	Endmaße, Meßwerkzeuge, Wälzlagerteile
5CrV3			780	–	gut polierbar, bedingt schweißbar	Schneidwerkzeuge, Meßwerkzeuge
2WV13		1,35 ··· 1,5	920	–	bedingt schweißbar, sehr verschleißfest	Werkzeuge hoher Härte
ederstähle						
K 101	gehärtet u. angelassen,	0,98 ··· 1,05	1800 ··· 2400	5	Biegen, Wickeln, Prägen möglich	Federn und federnde Teile
	weichgeglüht		700	25		
5Si7	gehärtet u. angelassen	0,60 ··· 0,68	1700 ··· 2200	> 5	bei Kälte erhöhte Bruchgefahr, Schweißen entfällt	
ederstahldraht II			3150 ··· 1550	nach Drahtdicke	federhart gezogene Drähte, nicht schweißbar	hochbeanspruchte Zug-, Druck- und Formfedern
SiCr5	gehärtet u. angelassen	0,62 ··· 0,72	1500 ··· 1700	5	bei Kälte Bruchgefahr	hochbeanspruchte Schraubenfedern
itzebeständige Stähle						
15CrNiSi2012		< 0,2			schweißbar, beständig	für hitzebeständige
15CrNiSi2520		0,1 ··· 0,2	500 ··· 800	30 ··· 22	gegen stickstoffhaltige und sauerstoffarme Gase	Bauteile, Werkzeuge u. Gerateteile

Tafel 6.15. (Fortsetzung)

Werkstoff	Zustand	Kohlenstoffgehalt %	Zugfestigkeit R_m N/mm²	Bruchdehnung A_5 %	Eigenschaften	Anwendung
Nichtrostende Stähle						
X40Cr13	geglüht	0,38 ··· 0,48	650 ··· 800	> 15	sehr hart, nicht schweißbar, magnetisierbar	Messer, Wälzlagerteile, Federn
X12CrNi188		0,15	550 ··· 750	50	säurebeständig, nicht magnetisierbar, schweißbar	für Teile, die der Korrosion ausgesetzt sind
Sonderstähle						
RFe140		< 0,03	180 ··· 200	30 ··· 50	gut magnetisierbar, gut schweißbar	Relais, Stromwandler
Ni36		< 0,05	450 ··· 600	30	kleinste Wärmedehnzahl, polierbar	Meßplatten
120WV4P		1,15 ··· 1,25	800	–	Präzisionsstahl	Schneidwerkzeuge, Meßdrähte
Gußwerkstoffe – Stahlguß						
GS-38		0,10 ··· 0,20	380	20	gut schmelzschweißbar	Geräteteile
GS-45		0,20 ··· 0,28	450	22	gut schmelzbar mit Zusatzwerkstoffen	Formstücke und Stahlgußteile für 300 bis 475 °C
Temperguß						
GTW-35		2,8 ··· 3,4	340 ··· 360	6 ··· 3	kann verzinkt, vernickelt, verchromt werden	
GTS-38			380	12	Härten, Weich- u. Hartlöten möglich	
Gußeisen						
GG-15		3 ··· 3,5	150	< 0,5	schlecht magnetisierbar, gute Laufeigenschaft	mittlerer Maschinenguß
GG-20		3 ··· 3,5	200	< 0,5		schwerer Maschinenguß
GG-25		2,9 ··· 3,4	250	< 0,5		Sandguß, Gleitlager

b) Nichteisenwerkstoffe

Werkstoff	Zugfestigkeit R_m N/mm²	Bruchdehnung A_5 %	Eigenschaften	Anwendung
Al und Al-Legierungen				
Al 99 F8	75	18	Reinaluminium	allgemeine Zwecke
AlCuMg1	225 ··· 385	13 ··· 12	aushärtbar, höchste Festigkeit	Fahrzeugbau, Maschinen- und Flugzeugbau
AlMgSi1	150 ··· 295	18 ··· 8	sehr gut schweißbar, aushärtbar, korrosionsbeständig gegen Seewasser formbar	Bergbau, Fahrzeugbau, Metallwaren, Schiffbau, Textil- und Nahrungsmittelindustrie
AlMg4,5Mn	275 ··· 405	17 ··· 6	gut schweißbar, hohe Festigkeit, gute Zerspanbarkeit, korrosionsbeständig gegen Seewasser	Teile im Schiff- und Fahrzeugbau, in optischer Industrie, Möbelindustrie
AlMgSiPb	200 ··· 275	10 ··· 8	Automatenlegierung	

Tafel 6.15. (Fortsetzung)

Werkstoff	Zugfestigkeit R_m N/mm²	Bruchdehnung A_5 %	Eigenschaften	Anwendung
Al-Sand- und Al-Kokillenguß				
G-AlSi5Mg	140 ··· 180	1 ··· 3	Schutzgas-Argon-Schweißung möglich	verwickelte dünnwandige Teile
G-AlMg5	160 ··· 190	2 ··· 5	gut schweißbar, sehr gut zerspanbar	mittel- und hochbeanspruchte Bauteile
G-AlSi12	170 ··· 220	4 ··· 8	gut polierbar, seewasserbeständig	
Al-Druckgußlegierungen				
GD-AlSi10Mg	220 ··· 300	1 ··· 3	Dichte 2,05 kg/dm³	Druckgußteile aller Art
GD-AlSi6Cu4	220 ··· 300	0,5 ··· 5	Dichte 2,7 kg/dm³	Teile, die verchromt werden
GD-AlMg9	200 ··· 300	1 ··· 5	witterungsbeständig, gut zerspanbar	Gußstücke mit hoher chemischer Beständigkeit
GD-AlSi12	220 ··· 280	1 ··· 3	sehr gut witterungsbeständig	flüssigkeitsdichte Gußstücke
Magnesiumlegierungen				
G-MgAl9Zn1ho	240 ··· 280	1,2 ··· 6	schweißbar, sehr gut zerspanbar	Kupplungsgehäuse, Ölwannen,
GD-MgAl19Zn1	200 ··· 250	0,5 ··· 3	alterungsbeständig	Druckgußstücke mit hoher Festigkeit
MgAl6Zn	260 ··· 280	A_{10} 6 ··· 10	korrosionsbeständig, schlecht schweißbar	allgemeiner Maschinenbau
Mg–Mn2	200	A_{10} 1,5 ··· 2	lötbar, gut schweißbar	Verkleidungen, geschweißte Bauteile
Kupferlegierungen – Hüttenkupfer				
E–Cu	210	A_{10}38	hohe elektrische Leitfähigkeit, gut lötbar	Stromleiter, Wärmeaustauscher
Messing				
CuZn 39Pb3	360 ··· 500	11 ··· 32	hart, gut spanend und schweißbar	Massenteile aller Art
CuZn40	340 ··· 470	35 ·· 12	bedingt kalt umformbar, Schweißen bis 2 mm	Warmpreßteile
Messing für Druckguß				
GD-CuZn37Pb	230	4	bedingt schweißbar, seewasserbeständig	Druckgußteile mit guter elektrischer Leitfähigkeit
Druckmessing				
CuZn37	250 ··· 470	45 ··· 8	schweißbar, sehr gut kaltformbar	Tiefziehteile, Klempnerarbeiten
Sandguß				
G-CuZn33Pb	180	12	sehr gut gießbar	Sandgußteile mit guter elektrischer Leitfähigkeit
Sondermessing				
CuZn40Al2	540 ··· 640	18 ··· 10	hohe Festigkeit, schweißbar	Teile mit erhöhten mechanischen Beanspruchungen
Neusilber				
CuNi12Zn24	340 ··· 640	35 ··· 1	hohe Festigkeit, korrosionsbeständig	Teile hoher Festigkeit

Tafel 6.15. (Fortsetzung)

Werkstoff	Zugfestigkeit R_m N/mm²	Bruchdehnung A_5 %	A_{10}	Eigenschaften	Anwendung
Rotguß					
G-CuSn5ZnPb	240	18	–	sehr gut gießbar, verschleißfest	Sandgußteile, Lagerschalen
Kupfer-Gußlegierungen					
G-SnPb5Sn	240	15	–	mittelweiche Bronze, zäh, verschleißfest	Gleitlager, säurebeständige Armaturen
G-SnPb15Sn	180	8	–	weiche Bronze, gute Gleiteigenschaft	Lager für Kaltwalzwerke, Verbundlager
Blei					
Pb 99,75	15	–	–	gut form- und gießbar, geringe Festigkeit	Dichtungen
Zinnbronze					
CuSn6	340···640	–	50···3	Knetbronze, gut kaltformbar, tiefziehbar	stromleitende Federn, stoßweise beanspruchte Zahnräder
Wolfram					
W	1500	4	–	sehr hart, gute elektrische Leitfähigkeit	Kontakte, Widerstandsdrähte
Zink					
Zn 99,9	120	–	50	geringe Festigkeit, schweißbar	Tuben, Schutzkappen, Elementenbecher

Thermoplaste müssen mit geringem Druck und guter Wasserkühlung geschliffen werden.

Glas und Keramik können durch Sägen, Bohren, Fräsen, Schleifen und Polieren spanend bearbeitet werden [6.12]. Bohrungen werden im wesentlichen mit Diamanten ausgeführt, bei größeren Durchmessern auch mit Hohlbohrern, deren Stirnseite mit Diamantbort besetzt ist. Ähnlich erfolgen das Sägen und Fräsen mit diamantbesetzten Werkzeugen; die erreichbaren Rauhtiefen liegen bei 10 bis 27 μm. Das Schleifen entspricht dem Läppen der Metalle. Die Schleifwerkzeuge haben gegengleiche Formen des Werkstücks und sind unter Beachtung von Schleifmittel und Bearbeitungszugabe maßlich abgestimmt. Polieren erfolgt nach dem Schleifen und ergibt die Oberflächengüte hinsichtlich Genauigkeit und Sauberkeit, bei Glas zusätzlich durchsichtige Oberflächen der vorher geschliffenen Teile (Maßgenauigkeit beim Schleifen ± 2 μm).

Holz. Die wichtigsten Bearbeitungsverfahren für feingerätetechnische Teile aus Holz, z. B. Grundplatten, Gehäuse, Handgriffe usw., sind Sägen, Drehen, Bohren, Fräsen und Schleifen. Durch Handarbeit erfolgen Stemmen, Raspeln, Feilen und Hobeln. Verarbeitet werden Bretter und Bohlen, Preßvoll-, Preßschicht-, Preßsperrholz sowie Furnierplatten.

Spezielle Maschinen und Werkzeuge für Holzbearbeitung s. [6.17].

6.2.3. Gestaltungsrichtlinien [6.7] [6.8]

Das fertigungsgerechte Gestalten spanend zu formender Teile erfordert zunächst eine genaue Kenntnis der verfügbaren Werkzeugmaschinen und Vorrichtungen, der Möglichkeiten für das Spannen der Werkzeuge und Werkstücke, der erreichbaren Toleranzen in Abhängigkeit von den einzelnen Bearbeitungsverfahren und der zu verwendenden Werkstoffe hinsichtlich ihrer Eigenschaften und Anlieferungs- sowie Halbzeugformen. Darüber hinaus ist eine Reihe wichtiger Grundsätze für das Gestalten zu berücksichtigen, die nahezu unabhängig vom Bearbeitungsverfahren gelten:

1. Durch Zerspanen entstehende Werkstoffverluste sind durch Verwendung von Halbzeugen oder durch ur- bzw. umgeformte Vorbearbeitung minimal zu halten!
2. Es sind leicht zerspanbare Werkstoffe, z. B. Automatenstähle, einzusetzen!
3. Genormten Werkzeugen ist grundsätzlich der Vorzug gegenüber Sonderwerkzeugen zu geben!
4. Fertigung eines Werkstücks muß mit einer möglichst kleinen Anzahl verschiedener Werkzeuge auf wenigen Maschinen möglich sein!
5. Bearbeitungsverfahren, die eine hohe Wirtschaftlichkeit ergeben, z. B. spitzenloses Schleifen, Nachformen, Räumen, Fräsen mit Messerköpfen u. a., sind bevorzugt anzuwenden!
6. Einsatz kostenaufwendiger Einzelmaschinen ist zu vermeiden und die Fertigung auf Halbautomaten oder Automaten zu ermöglichen, mit gleichartigem Einsatz gleicher oder verschiedener Werkzeuge nach einfachen Programmen!
7. Werkstücke müssen sich schnell und sicher spannen und in möglichst nur einer Aufspannung fertigbearbeiten lassen. Umspannen ist teuer und setzt die Genauigkeit herab!
8. Werkstücken ist genügend Steifigkeit zu geben, um große Zerspanleistung erzielen zu können!
9. Zu bearbeitende Flächen sind möglichst klein, eben bzw. zylindrisch und zusammenhängend zu gestalten; unzugängliche Stellen sind zu vermeiden, ebenso tiefe Einschnitte sowie alle Arten von Kerben!
10. Werkzeuge müssen gut anschneiden, sich freiarbeiten und auslaufen können!
11. Bearbeitungszugaben für Nachbearbeitung sind minimal zu halten, jedoch bei Gußstücken größer als die harte und unreine Gußhautdicke!
12. Teile sind dem Bearbeitungsablauf entsprechend zu bemaßen; es sind möglichst viele Maße ohne Toleranzangaben nach DIN 7168 zu verwenden und Toleranzketten sowie viele Paßstellen zu vermeiden!

Die Tafeln 6.9 bis 6.14 enthalten Angaben zur Gestaltung von Einzelheiten, die bei Anwendung der Bearbeitungsverfahren Drehen, Bohren, Senken, Reiben und Schleifen zu beachten sind. Angaben zu Rändel- und Kordelteilungen enthält DIN 82.

In den Tafeln 6.16 bis 6.22 sind für die wichtigsten, im Abschn. 6.2.1. aufgeführten Verfahrensuntergruppen Gestaltungsregeln und -beispiele dargestellt. Tafel 6.23 enthält Hinweise zur Gestaltung von spanend gefertigten Gewindeteilen.

Maßgebend für die fertigungsgerechte Gestaltung von feingerätetechnischen Zahnrädern sind in erster Linie die Radkörperform (Bild 6.41) und die Art der Verbindung von Radkörper und Welle (Nabenverbindungen, Tafel 6.24 [6.26]). Hierbei sind neben dem Grad der Lösbarkeit bzw. Verstellbarkeit die Größe des zu übertragenden Drehmoments, geforderte Getriebepassung, Werkstoffwahl und Fertigungsverfahren der Zahnräder bei Beachtung der Wirtschaftlichkeit der Fertigung von Einfluß. Richtlinien zur Gestaltung von Präzisionszahnradgetrieben der Feingerätetechnik sind in [6.32] dargestellt.

Die Verfahren Gravieren, Sägen, Meißeln, Feilen und Schaben erfordern keine besonderen Vorkehrungen beim Gestalten der Teile. Bei den Feinstbearbeitungsverfahren wird nur die Gestaltung von Läppteilen behandelt; für die durch andere Verfahren (z. B. Ziehschleifen bzw. Honen) gefertigten Teile gelten im wesentlichen die gleichen Gestaltungsregeln wie bei Schleifteilen.

Tafel 6.16. Gestaltung von Einzelheiten beim Drehen [6.7] [6.8]

Ungünstige Lösung	Erläuterungen	Günstige Lösung
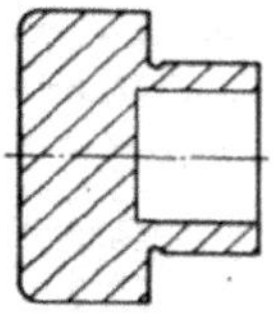	Außenkanten sind bei Drehteilen mit 45°-Fasen, Innenkanten mit Rundungen zu versehen, sonst wird Fertigung schwierig und teuer	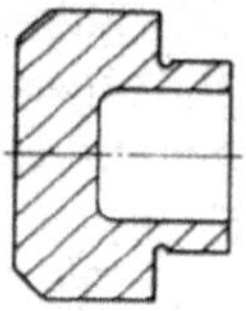
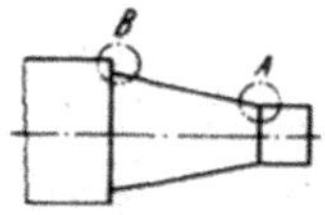	Beim Kegeldrehen sind Werkzeuganschnitt *A* und -auslauf *B* freiliegend zu gestalten. Nicht freiliegender Anschnitt und Auslauf benötigen höheren Zeitaufwand und vergrößern Ausschußgefahr	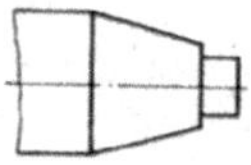
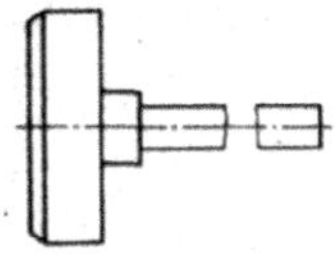	Lange, dünne und abgesetzte Drehteile sind zu vermeiden, da das Drehen mit Lünette besonders bei hohen Genauigkeitsforderungen schwierig ist. Gestaltung aus zwei Teilen unter Verwendung von Halbzeugen ist wirtschaftlicher	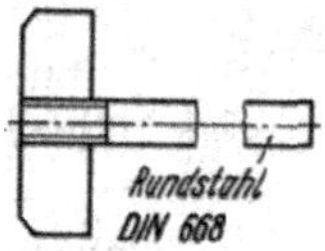
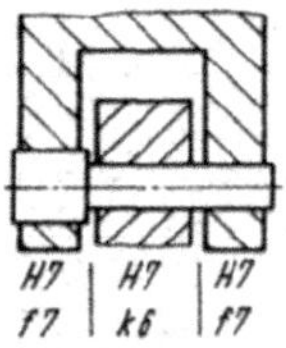	Absätze an Wellen und Zapfen mit unterschiedlichen Toleranzen sind zu vermeiden. Wirtschaftlichere Lösungen ergeben sich bei Einsatz von Halbzeugen und konsequenter Anwendung des Passungssystems Einheitswelle	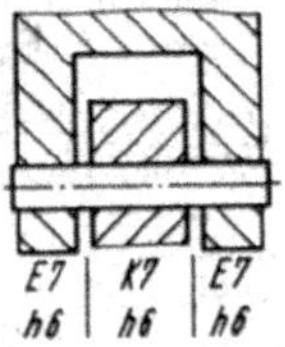
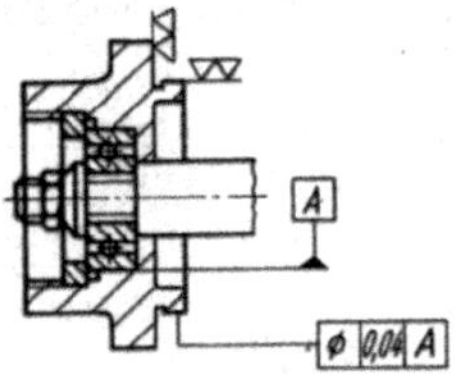	Die Fertigbearbeitung eines Werkstücks soll in einer Aufspannung möglich sein. Durch Anwendung genormter Sicherungsringe für Wälzlagerbefestigung werden Absätze in Bohrung vermieden und gleichzeitiges Bearbeiten aller Paßstellen mit hoher Genauigkeit ermöglicht [6.8]	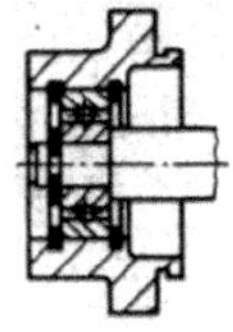
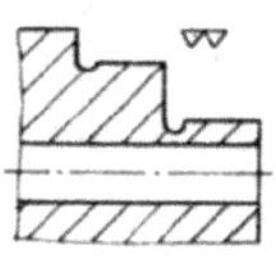	Auf Drehautomaten zu bearbeitende Teile sind so zu gestalten, daß viele Arbeiten gleichzeitig erfolgen können. Vermeidung von Leerlaufzeiten durch gleichzeitiges Plandrehen bei $b_1 = b_2 = b_3$ (gleiche Bearbeitungszeit) [6.7]	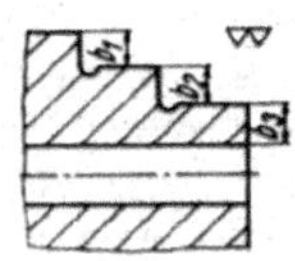
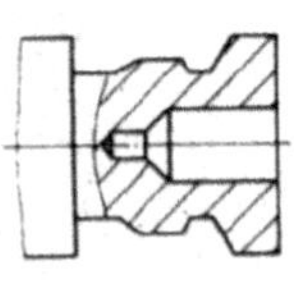	In Richtung zur Aufspannung ansteigende Außendurchmesser gestatten bei Arbeiten auf Drehautomaten gleichzeitiges Drehen und Bohren	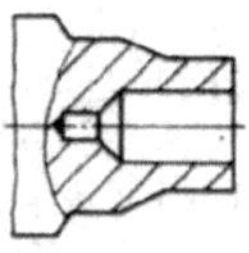
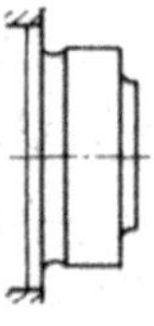	Bei einseitig im Dreibackenfutter zu spannenden Teilen ist ausreichend breite Spannfläche vorzusehen, um sicheres Aufspannen und große Spanabnahme zu ermöglichen	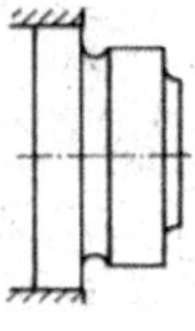

Tafel 6.16. (Fortsetzung)

Ungünstige Lösung	Erläuterungen	Günstige Lösung
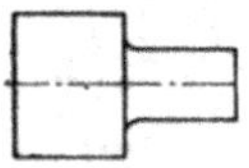	Größere Wellenabsätze, die keine funktionelle Bedeutung haben, sind nicht als Planflächen auszubilden	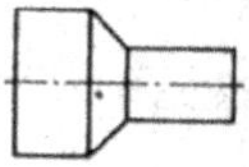
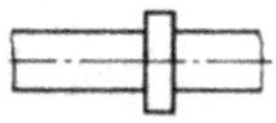	Wellen mit festem Bund erfordern viel Zerspanarbeit (große Werkstoff- und Fertigungskosten). Wirtschaftlicher ist ein Einstich für Sicherungsscheibe nach DIN 6799 bzw. verstifteter Ring	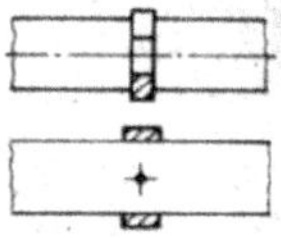

Tafel 6.17. Gestaltung von Einzelheiten beim Bohren, Senken und Reiben [6.7] [6.8]

Ungünstige Lösung	Erläuterungen	Günstige Lösung
	Bohrungen sind sowohl beim Anschnitt als auch beim Auslauf senkrecht zur Werkstückfläche zu führen, um Verlaufen und Abbrechen des Bohrers zu vermeiden	
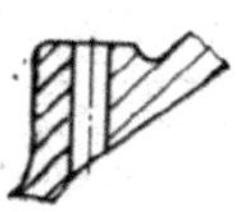		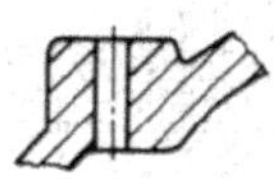
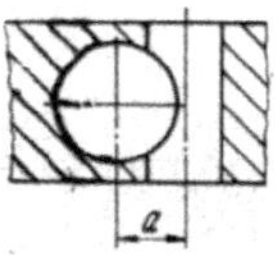	Unter einem bestimmten Winkel zueinander liegende, sich schneidende Bohrungen sind zu vermeiden oder so zu gestalten, daß jeweils zunächst im vollen Werkstoff vorgebohrt und dann mit Zapfensenker aufgebohrt werden kann (Abstand *a* entsprechend groß wählen); sonst besteht wegen einseitiger Beanspruchung Gefahr des Verlaufens und Abbrechens des Bohrers	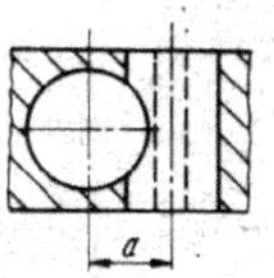
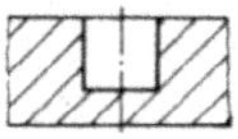	Sacklöcher mit ebenem Bohrungsgrund sind zu vermeiden. Besser kegelförmige Gestaltung entsprechend Bohrerspitze oder, bei geforderter ebener Auflagefläche, Vorbohren und nachfolgendes Senken	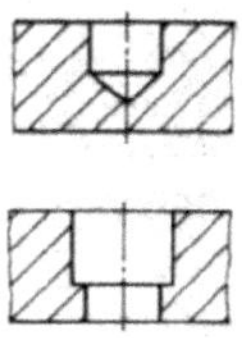
	Die Anzahl verschiedener zylindrischer und kegelförmiger Bohrungen je Werkstück ist klein zu halten. Außerdem zu enge Bohrungen vermeiden und nur genormte Abmessungen verwenden	
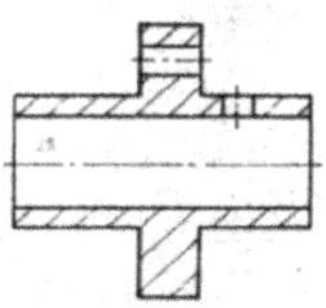	Beim Fertigen von Bohrungen mit Bohrvorrichtungen sind deren Abmessungen im Verhältnis zu den Bohrungsabständen zu beachten. Dicht beieinanderliegende Bohrungen und solche mit sich schneidenden Achsen sind zu vermeiden, da meist mehrere Vorrichtungen erforderlich sind	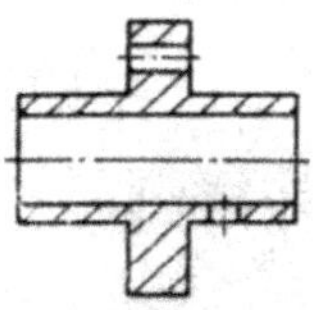

Tafel 6.17. (Fortsetzung)

Ungünstige Lösung	Erläuterungen	Günstige Lösung
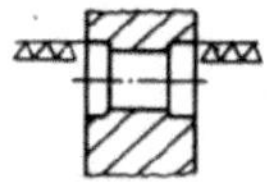	Aufzureibende Bohrungen erfordern genügend großen Auslauf für Reibahle. Anstelle eines Absatzes ist zum Einhalten des Abstands Einlegen einer Buchse oder Einsetzen von Sicherungsringen nach Reiben wirtschaftlicher	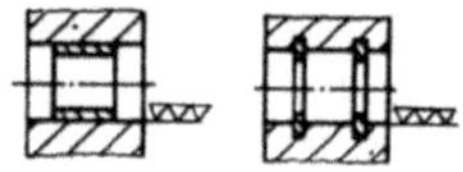
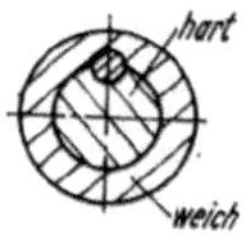	Einbringen einer Bohrung in Werkstoffe unterschiedlicher Härte (z. B. Stiftloch für Tangentialstift) bringt Gefahr des Verlaufens und Abbrechens des Bohrers	
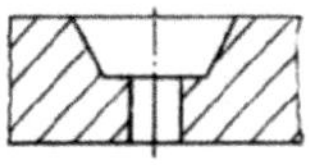	Bei Kegelsenkungen ist auf Auslauf des Senkwerkzeugs zu achten. Bei Sonderwerkzeugen verändert sich durch Nachschleifen der Durchmesser und damit die Abmessung der Senkung	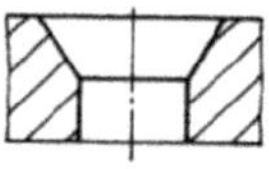
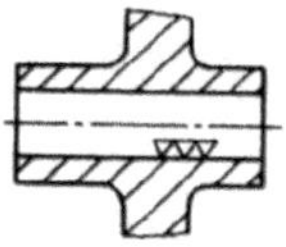	Feinbearbeitung von Bohrungen soll nur an funktionell geforderten Stellen erfolgen. Dabei ist auf Auslauf des Werkzeugs zu achten	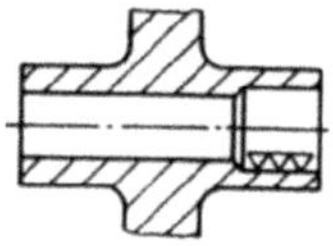
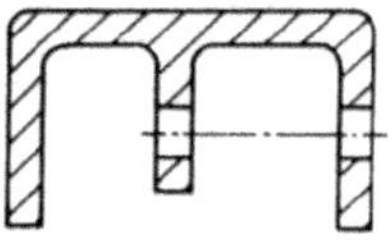	Wird z. B. bei Gehäusebohrungen für die Achslage eine hohe Genauigkeit gefordert, ist vorzubohren und mit einer Bohrstange fertigzubearbeiten. Für die durchgehende Bohrstange ist dabei eine dritte Bohrung vorzusehen	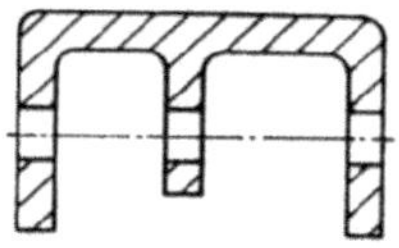

Tafel 6.18. Gestaltung von Einzelheiten beim Hobeln und Stoßen

Ungünstige Lösung	Erläuterungen	Günstige Lösung
	Durch Hobeln oder Stoßen zu bearbeitende unterbrochene Flächen sollen möglichst in einer Höhe liegen	
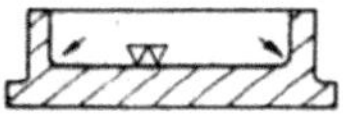	Durch Absetzen der Bearbeitungsflächen ist ein guter Anschnitt und Auslauf des Werkzeugs zu sichern	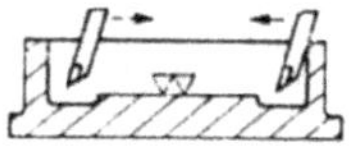
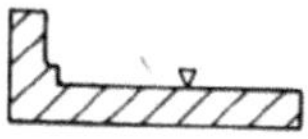	Das Werkzeug muß genügenden Auslauf haben, um Bruch zu vermeiden und einen sauberen Flächenabschluß zu erreichen	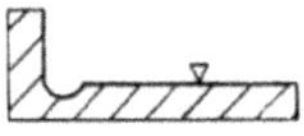
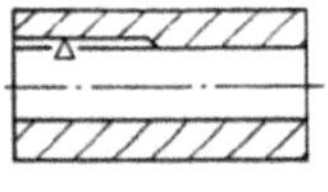		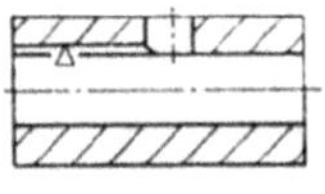
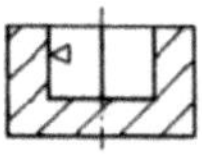		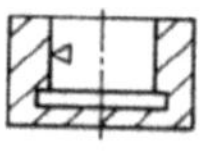
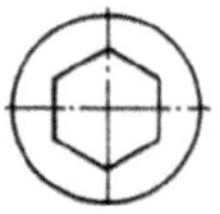		

Tafel 6.18. (Fortsetzung)

Ungünstige Lösung	Erläuterungen	Günstige Lösung
	Schräg zueinander liegende Bearbeitungsflächen sind zu vermeiden, da die Bearbeitung schwierig ist und spezielle Spannvorrichtungen notwendig sind	
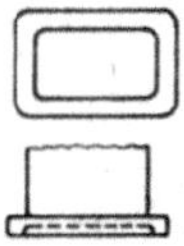	Zu bearbeitende Auflageflächen von Gestellen usw. sind so auszusparen, daß das Werkzeug (z. B. Hobelmeißel) während der Bearbeitung nicht die gesamte Grundfläche durchlaufen muß	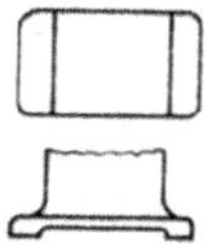

Tafel 6.19. Gestaltung von Einzelheiten beim Fräsen [6.7] [6.8]

Ungünstige Lösung	Erläuterungen	Günstige Lösung
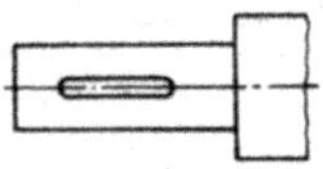	Nuten in Werkstücken sind so zu gestalten, daß sie mit genormten Scheibenfräsern, möglichst im sog. Tauchverfahren, gefertigt werden können. Das Arbeiten mit Fingerfräsern ist unwirtschaftlich	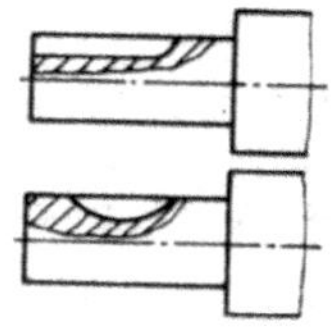
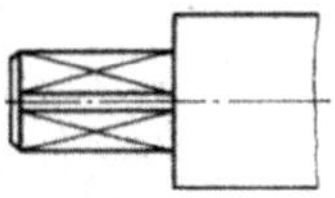	Vierkante an rotationssymmetrischen Teilen sollen einen zusätzlichen Absatz tragen, um die Stirnfläche vor dem Fräsen sauber fertigdrehen zu können	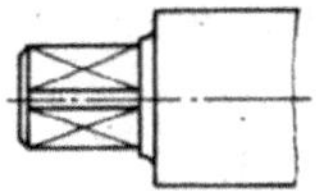
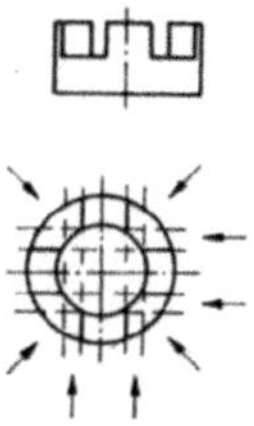	Für Klauen oder Nuten auf Scheiben (z.B. für Klauenkupplung) ist stets eine ungerade Zahl zu wählen, da die Fertigung weniger Einstellungen und Durchläufe des Werkzeugs erfordert als bei gerader Zahl (Pfeile und gestrichelte Linien kennzeichnen Bearbeitungsgänge)	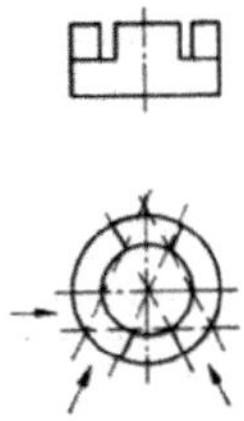
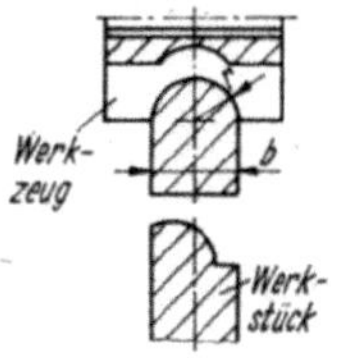	Zum Fräsen von Radien an Werkstücken ist der Radius genormter Werkzeuge $r > b/2$ (b Werkstückbreite) zu wählen, um saubere Werkstückkanten zu erhalten	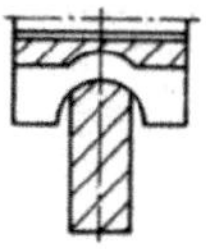
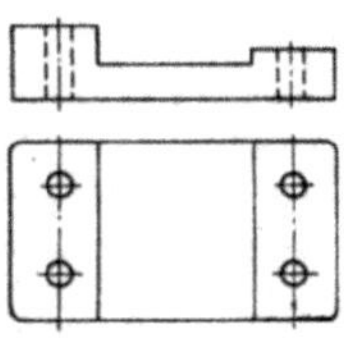	Zu fräsende Flächen sollen möglichst in einer Ebene liegen, um das Einstellen und Bearbeiten zu erleichtern	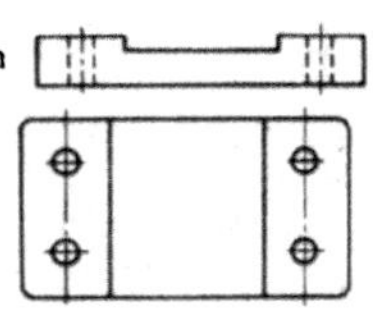

Tafel 6.19. (Fortsetzung)

Ungünstige Lösung	Erläuterungen	Günstige Lösung
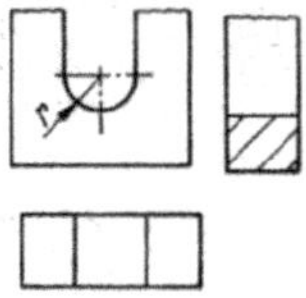	Rundungen in einer Nut müssen mit Finger- oder Formfräsern bearbeitet werden und erfordern lange Bearbeitungszeiten. Wirtschaftlicher sind ebene Flächen mit normalem Scheibenfräser zu fertigen. Kann der Lückengrund entsprechend der Fräserrundung leicht gewölbt sein, wird die Bearbeitungszeit durch Anwendung des sog. Tauchverfahrens weiter verkürzt	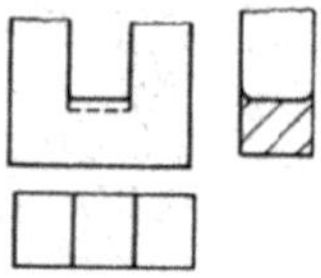
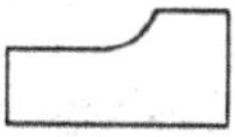	Das Fräsen runder Flächen erfordert im Gegensatz zu ebenen Flächen den Einsatz besonderer Formfräser, die teuer sind	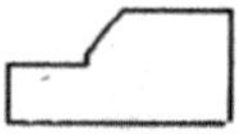
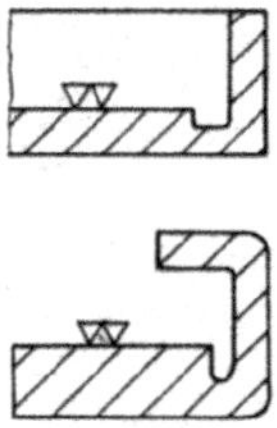	Liegen die zu bearbeitenden Flächen bei Werkstücken nicht erhaben, so muß unter Berücksichtigung der Abmessungen der Fräser deren Zugänglichkeit beachtet werden. Dabei ist die wirtschaftlichere Bearbeitung mit großen Walzen- oder Messerkopffräsern gegenüber der unwirtschaftlicheren mit kleinen Stirnfräsern zu ermöglichen	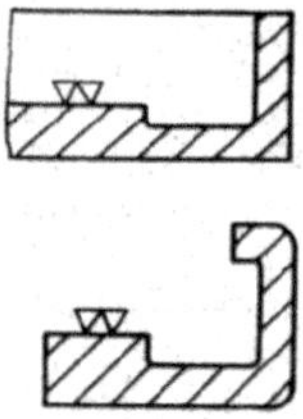

Tafel 6.20. Gestaltung von Einzelheiten beim Schleifen [6.7] [6.8]

Ungünstige Lösung	Erläuterungen	Günstige Lösung
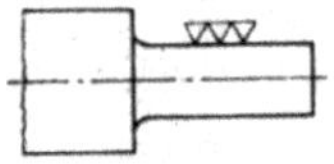	Radien an Absätzen von zylindrischen Teilen sind möglichst durch Einstiche zu ersetzen, um seitlich einen freien Auslauf des Schleifkörpers zu ermöglichen	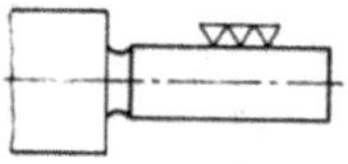
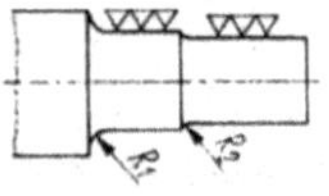	Ist das Schleifen mehrerer Absätze mit Radien erforderlich, so sind diese gleich groß zu wählen, um jeweils erneutes Abrichten der Schleifkörper zu vermeiden	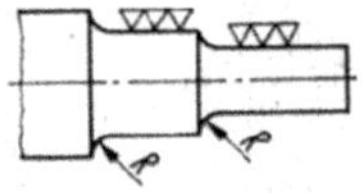
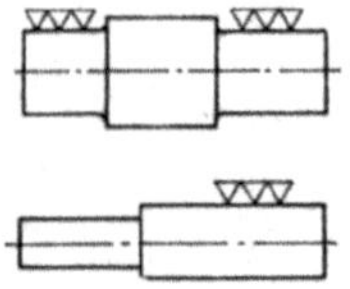	Zylindrische Teile sind so zu gestalten, daß spitzenloses Schleifen im Durchgangsverfahren möglich ist. Ein z. B. in der Mitte einer Welle liegender Bund zwingt zum Schleifen zwischen Spitzen. Blankgezogenes Halbzeug als Ausgangswerkstoff stellt in vielen Fällen die wirtschaftlichste Lösung dar	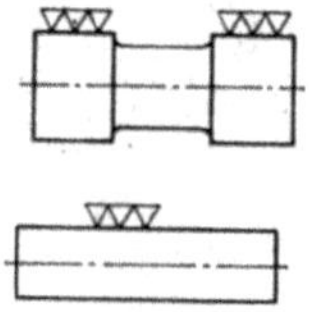
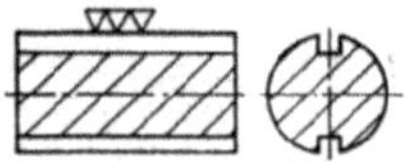	Teile mit Längsnuten in zylindrischen Flächen sind zum spitzenlosen Schleifen ungeeignet. Wenn möglich, sind die Nuten nach dem Schleifen zu fräsen, oder es muß zwischen Spitzen geschliffen werden	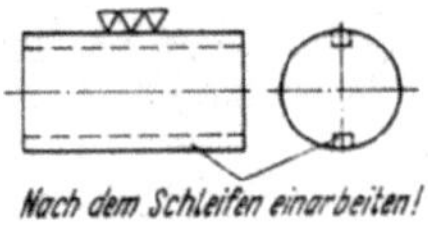
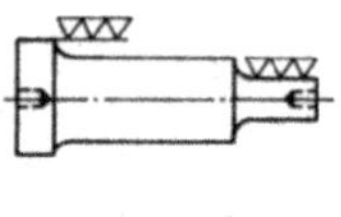	Zylindrische Teile mit zu schleifenden Ansätzen an den Enden lassen sich nicht in einer Aufspannung schleifen, da Mitnehmer nicht angesetzt werden können. Am Ansatz mit größerem Durchmesser ist deshalb unbearbeitetes Ende vorzusehen	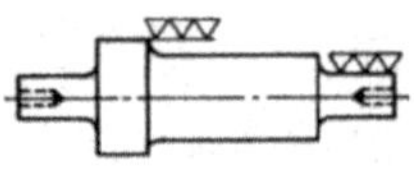
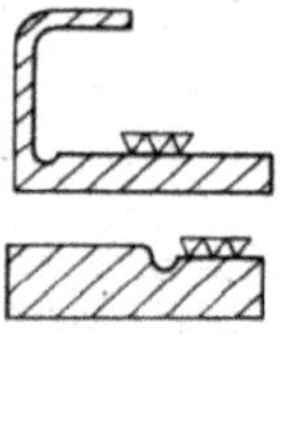	Beim Flachschleifen sollen die zu schleifenden Flächen gut zugänglich sein, um Topfschleifkörper anstelle unwirtschaftlich kleiner Schleifkörper mit waagerechter Schleifspindel verwenden zu können. Zur Sicherung des Scheibenauslaufs sind außerdem möglichst erhaben liegende Flächen anzustreben	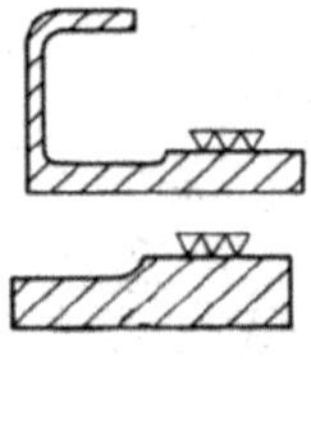

Tafel 6.21. Gestaltung von Einzelheiten beim Räumen [6.7] [6.8]

Ungünstige Lösung	Erläuterungen	Günstige Lösung
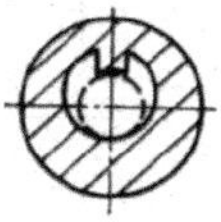	Unsymmetrische Profile ergeben einseitige Beanspruchung von Räumnadel und Werkstück und erfordern besondere Vorrichtungen zum Abstützen, um Verlaufen der Räumnadel zu verhindern. Günstiger sind symmetrische Profile	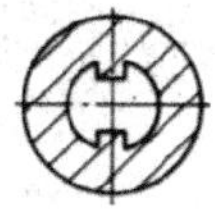
	Vielecke lassen sich um so besser räumen, je größer Seitenanzahl ist. Vierecke und Sechseckformen sind deshalb z. B. der Dreiecksform vorzuziehen	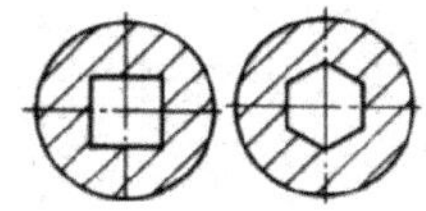
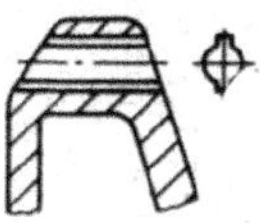	Das zu räumende Werkstück muß an senkrecht zur Bearbeitungsrichtung liegenden Anlageflächen abgestützt werden, um Sondervorrichtungen zu vermeiden. Auch schräge Anschnittflächen sind ungünstig, da die Nadel anfangs einseitig schneidet und leicht verläuft	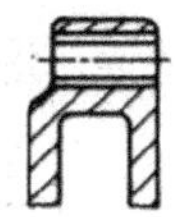
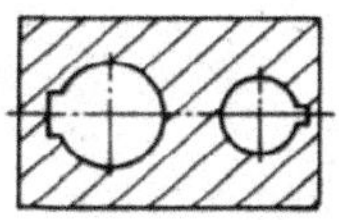	Nuten in Bohrungen sind mit einheitlicher Breite zu gestalten. Die Tiefe kann unterschiedlich sein, da das Räumen dann mit einer Nadel erfolgen kann	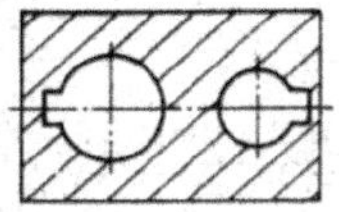
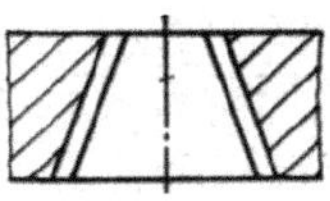	Das Räumen von Nuten in kegelförmigen Bohrungen in einem Zug erfordert eine parallele Lage der Nuten zur Achse (räumtechnisch günstige Lösung). Bei Lage von z. B. zwei Nuten parallel zur Mantellinie der Bohrung muß in zwei Zügen geräumt werden; außerdem ist das Spannen des Werkstücks schwierig	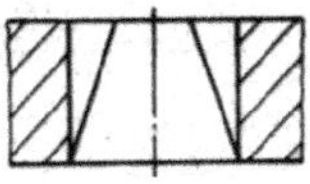
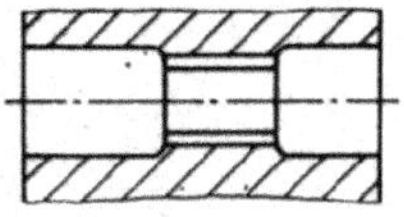	Das teilweise Räumen langer abgesetzter Bohrungen ist ungünstig; besser ist das Einsetzen einer geräumten Buchse in die Bohrung	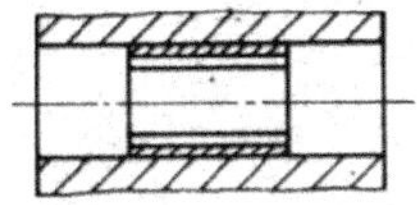
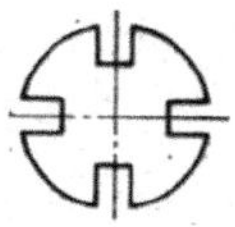	Ist beim Außenräumen eine Bearbeitung aus dem vollen mit zu großer Spanabnahme verbunden, so werden die Werkstücke zweckmäßig zunächst durch Ur- oder Umformen (z. B. Gießen, Pressen) vorgearbeitet und dann geräumt	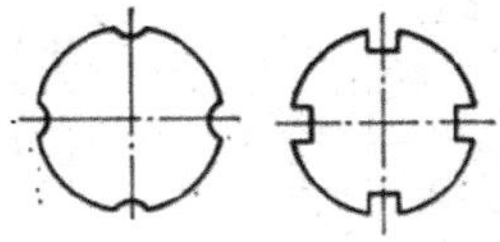

Tafel 6.22. Gestaltung von Einzelheiten beim Läppen [6.24] [6.25]

Ungünstige Lösung	Erläuterungen	Günstige Lösung
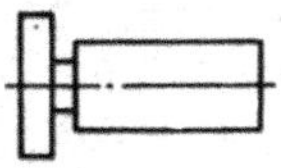	Zylindrische Werkstücke müssen an den Enden der Zylinderflächen beim Übergang zu größerem Durchmesser einen ausreichenden Freistich haben, dessen Länge etwa dem Durchmesser entsprechen sollte. Nur so ist genügender Auslauf für die Läpphülse vorhanden	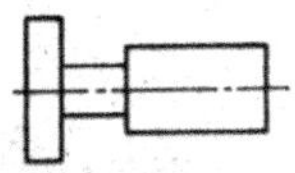
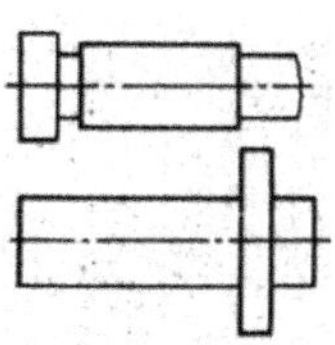	Bolzen mit festen Köpfen lassen sich sehr schwer maschinell läppen. Ausführungen mit Sprengring *1* oder aufgepreßtem Bund *2* sind läpptechnisch weitaus günstiger	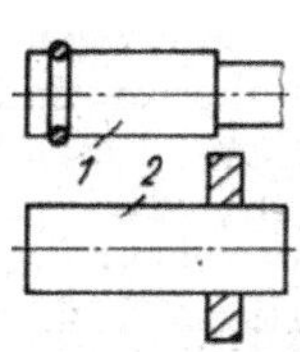

Tafel 6.22. (Fortsetzung)

Ungünstige Lösung	Erläuterungen	Günstige Lösung
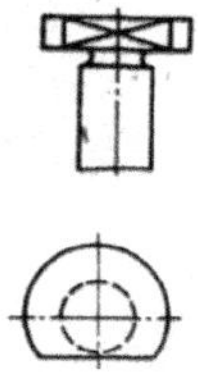	Beim Außenrundläppen zwischen zwei Läppkörpern können auch Werkstücke mit Kopf eingelegt werden; der Kopf liegt dann außerhalb des Läppkörpers. Um einen unruhigen Lauf der Werkstücke durch Unwucht zu vermeiden, sollte auch der Kopf voll rund sein oder bis nach dem Läppen noch rund gehalten werden und erst später die entsprechende Form erhalten	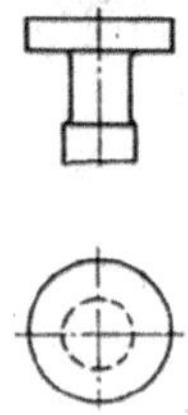
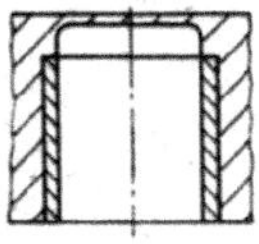	Um dem Werkzeug genügend Auslauf zu geben, sind durchgehende Bohrungen am vorteilhaftesten zu läppen, z. B. Zylinder mit abnehmbarem Zylinderkopf	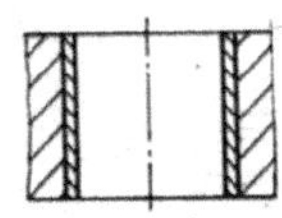
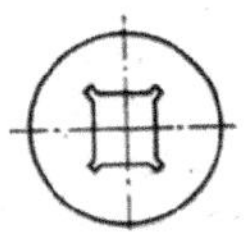	Werkstück mit Innenvierkant, der zu läppen ist, muß an den Ecken Freilegungen haben und ist in zusammengesetzter Ausführung besser zu läppen	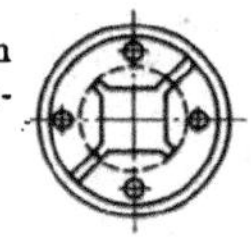
		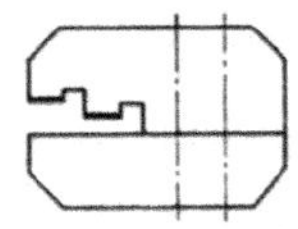
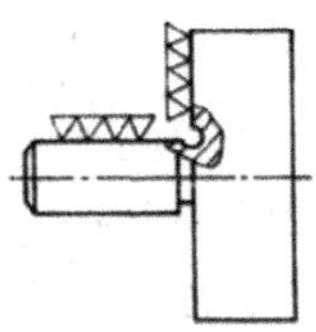	Zu läppende Flächen müssen in einer Ebene liegen. Sind Planflächen mit z. B. vorstehendem Bund zu läppen, ist eine geteilte Ausführung günstiger	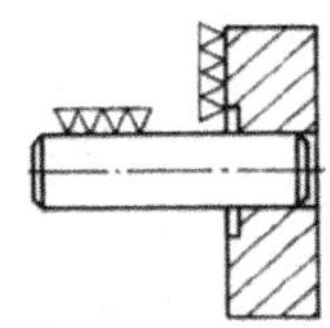
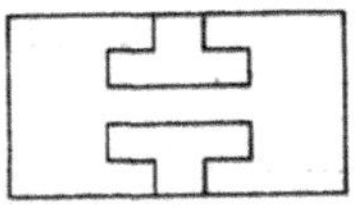 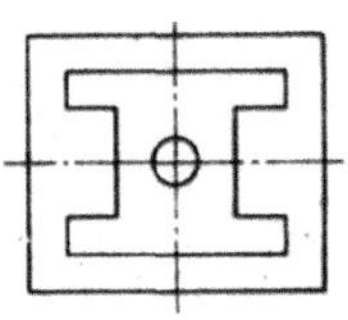 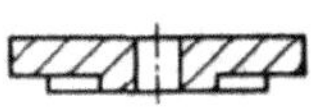	Große zu läppende Flächen sind möglichst auszusparen und so anzuordnen, daß eine gleichmäßige Bearbeitung erfolgen kann. Um die Eigenstabilität der Teile zu sichern und formstabiles Läppen zu ermöglichen, sollte ein Verhältnis von längster Körperkante zu Bauteildicke von 10 : 1 nicht unterschritten werden. Nur in der Mitte von Werkstücken angeordnete Flächen können nicht ohne weiteres eben geläppt werden. Um zu starke Spanabnahme an Rändern der Läppflächen zu verhindern, sind an den Werkstücken weit außenliegende und mitzuläppende Hilfsflächen möglichst gleichen Flächeninhalts anzuordnen	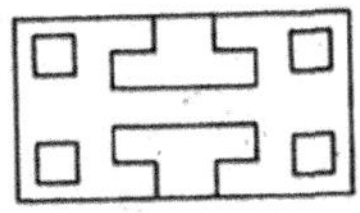 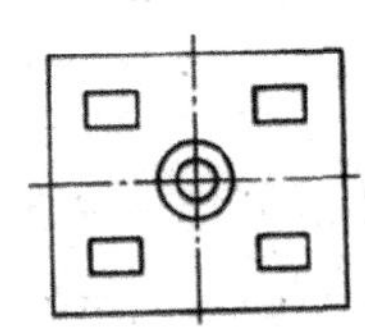 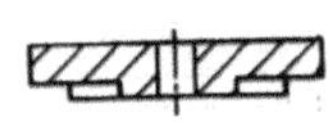

6.3. Durch Abtragen gefertigte Werkstücke [6.5] [6.10] [6.11]

Beim Abtragen erfolgt das Abtrennen von Werkstoffteilchen im Gegensatz zum Spanen überwiegend nichtmechanisch, z. B. durch energiereiche Strahlung (Elektronen-, Plasma-, Laserstrahl), durch chemisches oder elektrochemisches Lösen (Ätzen, Elysieren) oder durch elektrische Entladung (Erodieren). In der Feingerätetechnik erlangen diese Verfahren für die Feinstbearbeitung und für harte und zähe Werkstoffe zunehmende Bedeutung.

Tafel 6.23. Gestaltung von Gewindeteilen [6.7] [6.8]

Ungünstige Lösung	Erläuterungen	Günstige Lösung
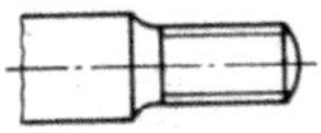	Beim Fertigen des Gewindes mit Formstrehlern oder Formstählen sind Gewinderillen erforderlich, um Werkzeugauslauf zu sichern. Außerdem ist ebene Begrenzungsfläche des Zapfens günstiger als Kuppe	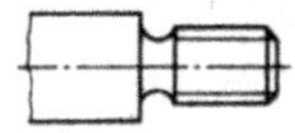
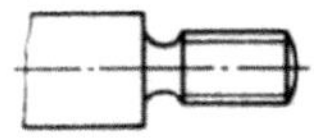	Beim Fertigen des Gewindes durch Fräsen (und Walzen bzw. Drükken) ist am Zapfen kein Freistich erforderlich. Er wäre hier unwirtschaftlich und würde außerdem Festigkeit herabsetzen	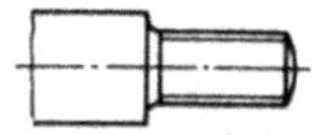
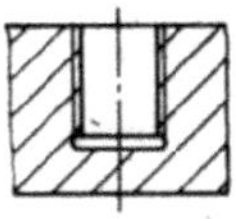	Gewinderillen für Innengewinde zur Sicherung des Werkzeugauslaufs sind ausreichend lang zu wählen (etwa 0,5 × Nenndurchmesser des Gewindes; vgl. DIN 76 und Tafel 6.14)	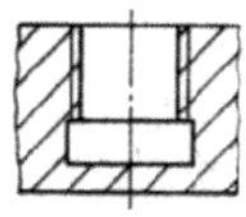
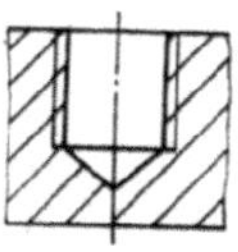	Bei Gewindesacklöchern darf Gewinde nicht bis zum Grund der Bohrung gehen, da Gewindebohrer einen Anschnitt tragen ($a \approx$ Nenndurchmesser des Gewindes; vgl. Tafel 6.14)	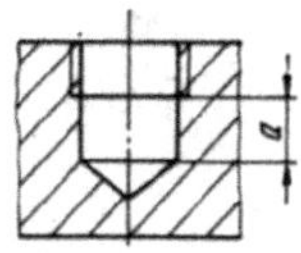
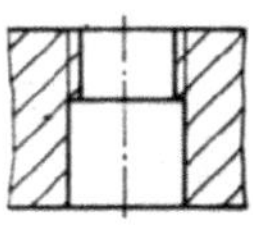	Bohrungen größeren Durchmessers oder Paßstellen im Anschluß an Gewinde sind ungünstig, da Bearbeitung von beiden Seiten des Werkstücks erfolgen muß. Kerndurchmesser des Gewindes deshalb immer gleich oder kleiner als Durchmesser der nachfolgenden Bohrung wählen	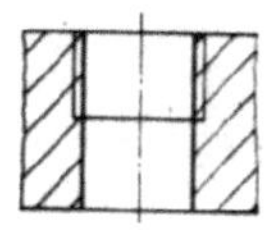

Tafel 6.24. Gestaltung von Nabenverbindungen

Verbindungsart/ Beispiel	Präzision (Rundlauf)	Übertragbares Moment	Verbindungsart/ Beispiel	Präzision (Rundlauf)	Übertragbares Moment
Verspannen (radial, unsymmetrisch) 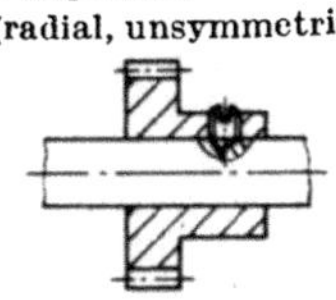	gering	gering	Verpressen 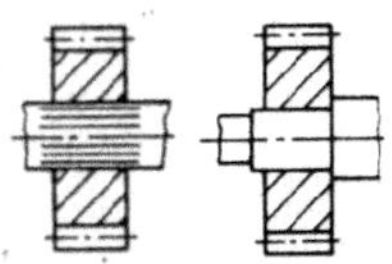	gering bei Rändelwelle; hoch bei reiner Preßpassung	hoch bis sehr hoch
Verspannen (axial) 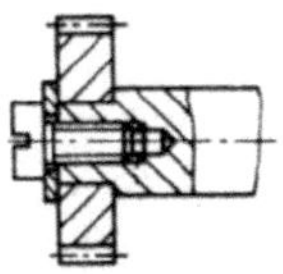	mittel (passungsabhängig)	gering, richtungsabhängig	Flansch 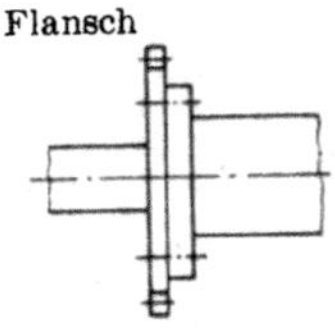	mittel bis hoch (abhängig, ob Zentriersitz)	sehr hoch
Verspannen (radial-axial) 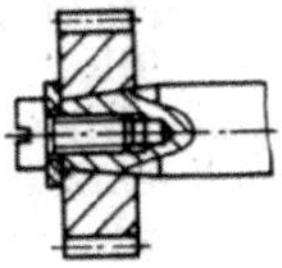	sehr hoch	hoch	Unmittelbares Vernieten 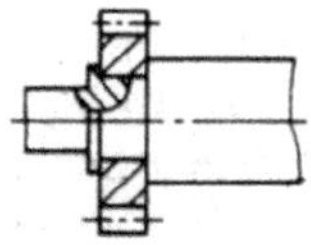	gering bis mittel (abhängig von Passung Bohrung – Welle)	gering

Tafel 6.24. (Fortsetzung)

Verbindungsart/ Beispiel	Präzision (Rundlauf)	Übertragbares Moment	Verbindungsart/ Beispiel	Präzision (Rundlauf)	Übertragbares Moment
Verklemmen (radial, symmetrisch) 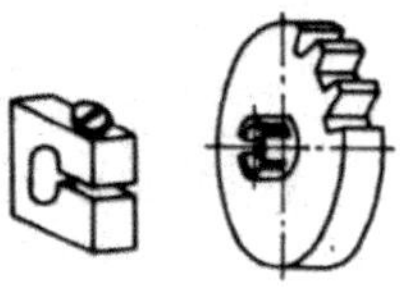	hoch	gering	Verlöten (Hartlöten) 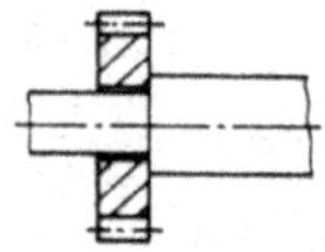	gering	mittel bis hoch
Verstiften 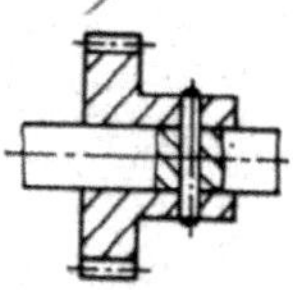	mittel bis hoch (abhängig von Passung Bohrung – Welle)	hoch	Einbetten 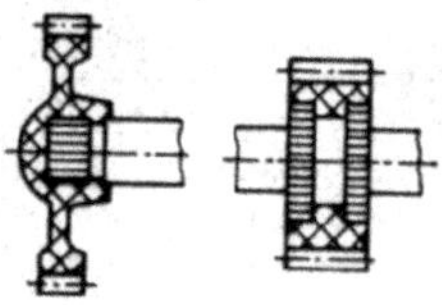	gering (hoch bei gespritztem Radkörper und nachbearbeiteter Verzahnung)	hoch
Paß- oder Scheibenfeder 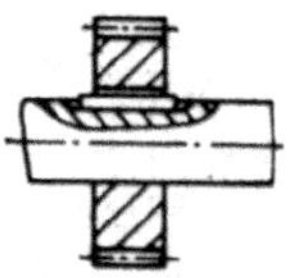	mittel bis hoch (abhängig von Passung Bohrung – Welle), Verdrehspiel vorhanden	sehr hoch	Profilwelle oder -ansatz 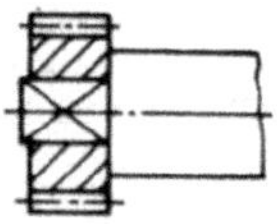	mittel	sehr hoch

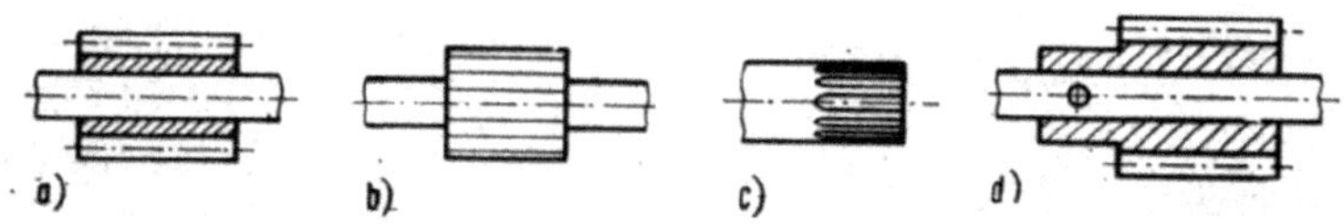

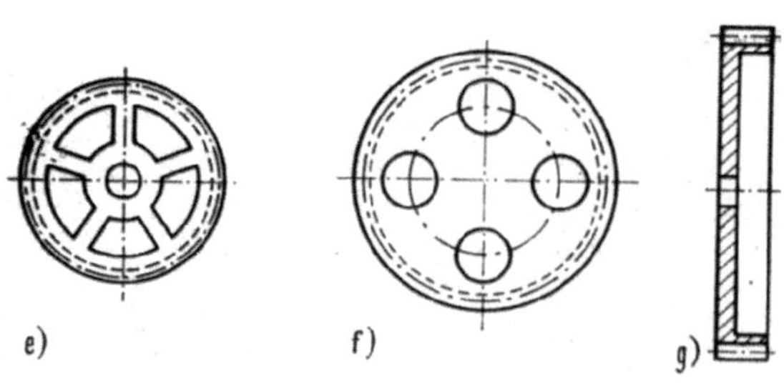

Bild 6.41
Radkörperformen
a) aufgepreßt; b), c) Ritzelwellen (Einteilgestaltung); d) verstiftet; e), f) als Schnitteil; g) Topfform

6.3.1. Abtragen mit Elektronenstrahl (Bild 6.42 a)

Es ist ein Verfahren der Feinstbearbeitung, mit dem sich u. a. Bohrungen und Schlitze mit Durchmessern bzw. Breiten von 10 bis 100 µm vorwiegend in dünnen Blechen, Folien usw. fertigen lassen. Die Bearbeitung erfolgt im Vakuum. Die hohe Energie des Elektronenstrahls wird beim Auftreffen auf das Werkstück in Wärme umgesetzt. Dadurch erhitzt sich der Werkstoff örtlich begrenzt sehr stark, wird flüssig oder verdampft. Das Verfahren wird vorwiegend dort eingesetzt, wo die Härte des Werkstoffs eine mechanische Bearbeitung nicht zuläßt. Die Tiefe des Einflußbereichs läßt sich bis auf 0,1 μm genau steuern, so daß u. a. auch die Bearbeitung aufgedampfter Schichten möglich ist.

Beispiele sind das Fertigen von Bohrungen mit Dmr. = 40 μm in Uhrensteinen von 0,4 mm Dicke oder in chirurgischen Nadeln, Einarbeiten von Schlitzen mit einer Breite von 40 ± 3 μm in 0,4 mm dickes Edelstahlblech oder auch das Fertigen von Mikrosieben mit 1600 Einzelbohrungen [6.30]. Zu beachten ist aber, daß Bohrungen nicht exakt rund und nicht mit parallelen Wänden gefertigt werden können; ebenso sind auch Innen- und Außenecken stets gerundet.

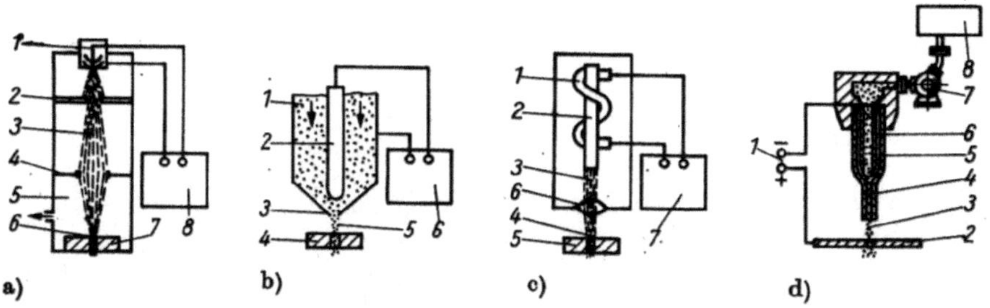

Bild 6.42. Abtragende Formgebung durch energiereiche Strahlung [6.5]

a) Elektronenstrahl: *1* Katode; *2* Anode; *3* Elektronenstrahl; *4* magnetische Linse; *5* Vakuum; *6* fokussierter Elektronenstrahl; *7* Werkstück; *8* Hochspannungsgenerator
b) Plasmastrahl: *1* Gas; *2* Katode; *3* Düse (Anode); *4* Werkstück; *5* Plasmastrahl; *6* Generator
c) Laserstrahl: *1* Wendellichtblitzlampe; *2* Rubinstab; *3* Laserstrahl; *4* fokussierter Laserstrahl; *5* Werkstück; *6* optische Linse; *7* Impulsgenerator
d) Flüssigkeitsstrahl: *1* Hochspannung; *2* Werkstück; *3* Flüssigkeitsstrahl; *4* Düse; *5* Isolation; *6* Elektrode; *7* Hochdruckpumpe; *8* Flüssigkeitsbehälter

6.3.2. **Abtragen mit Plasmastrahl** (Bild 6.42 b)

Man unterscheidet direkte, indirekte und induktive Plasmabrenner. Mit dem direkten Brenner lassen sich nur elektrisch leitende Werkstoffe bearbeiten. Indirekte und induktive Brenner sind für alle Werkstoffe verwendbar. Das Plasma, aus ionisierten Gasen bestehend, trifft mit sehr hohen Temperaturen auf das Werkstück auf, wobei der Werkstoff verdampft wird. Dieses Verfahren ist jedoch nur wirtschaftlich in Spezialfällen einzusetzen. Es können kleinste Schnittbreiten von 0,1 mm und Dmr. = 0,06 mm erzielt werden. Vorteilhaft lassen sich auch Schmiedekrusten, Guß- und Walzhäute abtragen. Bei der Bearbeitung von Blechen ist die Wirtschaftlichkeit durch Schneiden von Blechpaketen (max. Dicke ≦ 30 mm) zu verbessern. Um saubere Trennfugen zu erhalten, muß ein sehr kleiner Abstand zwischen Brenner und Werkstück angestrebt werden (etwa 6 bis 10 mm). Für die Mikrobearbeitung ist der Elektronen- oder Laserstrahl günstiger anwendbar [6.31).

6.3.3. **Abtragen mit Laserstrahl** (Bild 6.42 c)

Der Laserstrahl läßt sich vorteilhaft zur Mikrobearbeitung einsetzen. Da höchste Energiedichten zu erreichen sind, liegen die Einsatzmöglichkeiten vorwiegend in der Fertigung kleinster Bohrungen in harte und zähe Werkstoffe und in der Bearbeitung von stark miniaturisierten Werkstücken. Beispiele sind Sacklöcher, Blenden, Spinndüsen und Diamantziehsteine. Die kleinste Bohrung ist abhängig von der Wellenlänge des Lasertyps und kann z. B. Dmr. = 0,33 μm bei N_2-Laser oder 10,6 μm bei CO_2-Ne-He-Gaslaser betragen [6.10].

Die Bohrungsformen sind wie beim Elektronenstrahl nicht exakt zylindrisch. Der Querschnitt der Bohrungsform kann nicht variiert werden, es lassen sich nur einfache geometrische Querschnitte durch bestimmte Linsenkombination erzeugen [6.29].

6.3.4. Abtragen mit Flüssigkeitsstrahl (Bild 6.42 d)

Man läßt einen Flüssigkeitsstrahl mit mehrfacher Schallgeschwindigkeit auf ein Werkstück auftreffen und kann so z. B. Stahlbleche mit einem dünnen kantenreinen Schnitt trennen. Es lassen sich aber auch Bohrungen (z.B. Dmr. = 0,12 mm und 12,5 mm Tiefe) in hochlegierten Stahl einarbeiten [6.11]. Die Wirtschaftlichkeit dieses Verfahrens ist jedoch noch nicht nachgewiesen.

6.3.5. Trennschneiden

Beim Trennschneiden werden Werkstoffe autogen oder durch elektrischen Lichtbogen getrennt. Es lassen sich nur Metalle bearbeiten, deren Verbrennungstemperatur niedriger als ihre Schmelztemperatur liegt. Für das Trennschneiden sind ebene Bleche oder Platten am besten geeignet. Soweit die Führung der Schneidbrenner nicht behindert wird, können aber auch vorgeformte Werkstücke geschnitten werden. Bei guter Führung auf maschinellen Trennvorrichtungen wird beim Abtasten von Schablonen je nach Schneidstrahlbreite eine Formgenauigkeit von 0,3 bis 0,8 mm erreicht. Die Oberflächengüte liegt bei einer Rauhtiefe von 10 bis 80 μm. Es lassen sich im Prinzip die gleichen Formen wie beim mechanischen Schneiden (s. Abschn. 6.1.) erzeugen.

6.3.6. Funkenerosion (Bild 6.43)

Funkenerosion ist eine Methode zur abtragenden Bearbeitung von elektrisch leitenden Werkstoffen durch Stromimpulse zwischen Werkzeugelektrode und Werkstück. Zusätzlich ist das Vorhandensein einer nichtleitenden Flüssigkeit (Öl, Petroleum, destil-

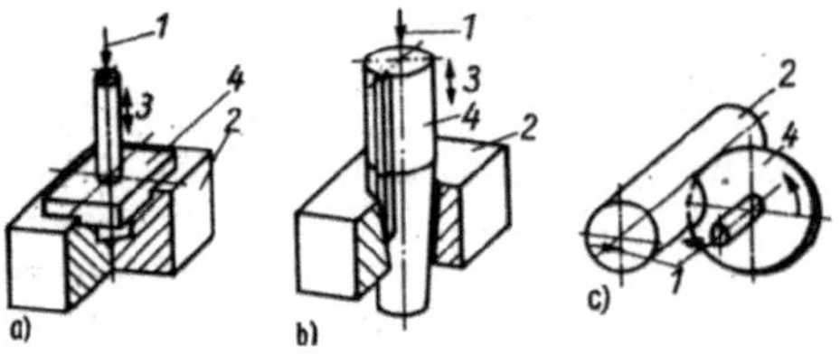

Bild 6.43
Beispiele für Formgebung durch Funkenerosion (nach [6.5]*)*
a) elektroerosives Senken; b) elektroerosives Bohren; c) elektroerosives Schneiden mit Scheibenelektroden
1 Vorschub; *2* Werkstückelektrode;
3 Schwingbewegung; *4* Werkzeugelektrode

liertes Wasser) erforderlich, um abgetragene Werkstoffteilchen abführen zu können und zugleich eine Energiekonzentration an der Werkstückoberfläche zu erreichen. Mit Rücksicht auf die Wirtschaftlichkeit ist diese Methode vor allem bei harten, schwer bearbeitbaren Werkstoffen, besonders bei mit Wolfram, Molybdän, Mangan, Vanadium legierten Stählen, mit Erfolg einzusetzen. Anwendungsbeispiele sind die Fertigung komplizierter Hohlräume, geometrisch schwieriger sowie auch sehr kleiner Durchbrüche in harte Werkstoffe. Auch Kugeln lassen sich durch elektroerosive Feinbearbeitung wirtschaftlich fertigen [6.14].

6.4. Gestaltungsbeispiele (Aufgaben und Lösungen)

6.4.1. Aufgaben zur Gestaltung beim Trennen von Werkstoffen

Aufgabe 6.1: Bemaßung eines Schnitteils

Das im Bild 6.44 dargestellte Schnitteil enthält Maßeintragungen, die die Funktion des Teils garantieren. Es ist zu prüfen, ob die Bemaßung auch fertigungs-(schnitt-)gerecht vorgenommen wurde!

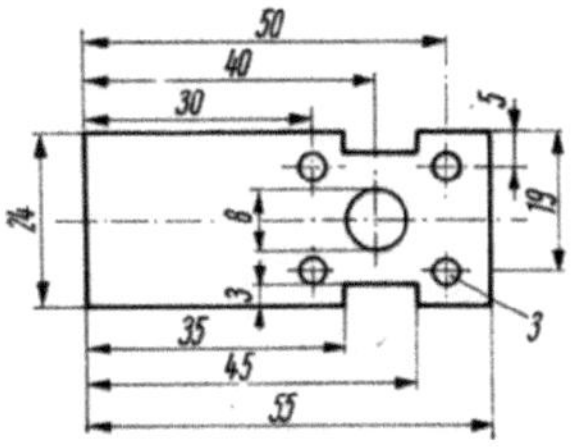

Bild 6.44
Bemaßung eines Schnitteils

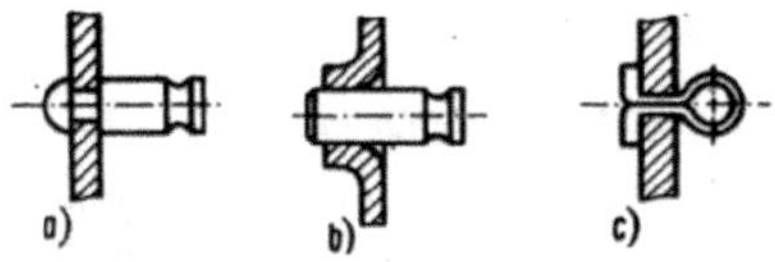

Bild 6.45
Federaufhängungen
a) mit Nietstift; b) mit Kerbstift; c) mit Splint

Aufgabe 6.2: Federaufhängung [6.19]

An einer Blechwand im Innern eines Geräts ist eine Federaufhängung vorzusehen. In einem konstruktiven Vorentwurf (Bild 6.45) sind Lösungen mit Drehteilen bzw. Normteilen angegeben, die unter dem Aspekt der Massenfertigung durch bessere zu ersetzen sind!

Aufgabe 6.3: Reibrad [6.20]

Für ein Reibrad als Schweißkonstruktion werden Scheiben aus Blech ausgeschnitten. Dabei fällt eine größere Menge Blech als Abfall an (Bild 6.46). Auch das Schweißen ist kompliziert, da sich durch die geschlossene Schweißnaht Spannungen nicht vermeiden lassen und das Rad deformiert wird. Beide Mängel sind durch eine bessere Lösung zu beseitigen!

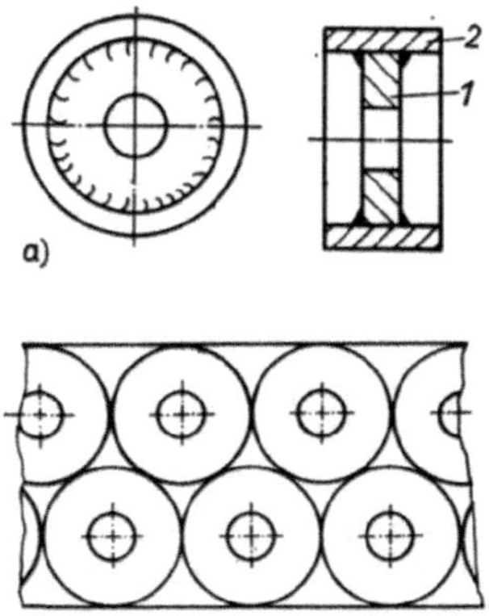

Bild 6.46
Reibrad
a) Schweißkonstruktion; b) Anordnung der Scheiben im Blechstreifen
1 Scheibe; 2 Radkranz

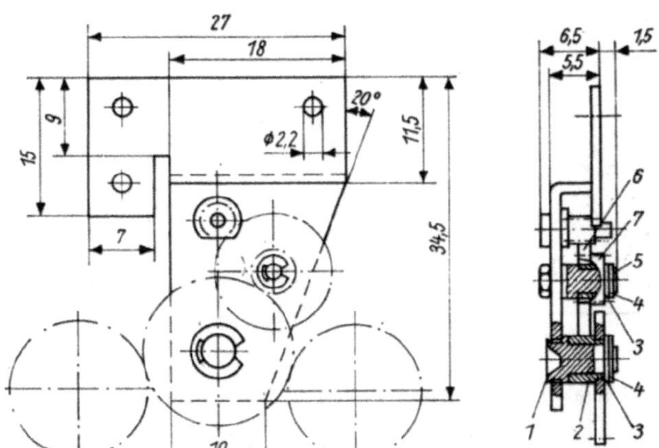

Bild 6.47
Getriebeschema eines Spielzeugantriebs
1 Stahlachse, genietet; 2 Ms-Buchse, in Zahnrad eingepreßt; 3 Unterlegscheibe; 4 Sicherungsscheibe nach DIN 6799; 5 Achse aus Ms, durch Mutter befestigt; 6 Teil aus Ms, auf Teil 7 aus St aufgepreßt

Aufgabe 6.4: Getriebeplatine eines Spielzeugantriebs

In einen Spielzeugantrieb wird ein Getriebe eingesetzt, das wegen der geforderten großen Stückzahlen in Platinenbauart aufgebaut ist (Bild 6.47).

Es ist zunächst mit Begründung die Reihenfolge der Arbeitsgänge zur Fertigung der Platine festzulegen! Dabei ist auf typische Massenfertigungsverfahren zu orientieren. Danach ist eine optimale Anordnung des Ausschnitts der Platine im Blechstreifen unter Berücksichtigung der nachfolgenden Arbeitsgänge zu zeichnen; wesentliche Maße sind anzugeben! Der Einfachheit halber werde bei evtl. vorhandenen Abwinklungen angenommen, daß eine ideal scharfe Kante vorhanden sei, um die der Werkstoff (USt 13 03— DIN 1623 Bl. 1; $s = 1$ mm; $\sigma_B = 280$ bis 420 N/mm²) gestreckt wird.

Auf der Grundlage dieses Entwurfs sind folgende Größen zu berechnen:

1. Streifenbreite B,
2. Vorschublänge v unter Beachtung einer Stegbreite $b = 3$ mm,
3. Schnittkraft F!

Aufgabe 6.5: Befestigungswinkel

Für eine Halterung wird der im Bild 6.48a abgebildete Winkel benötigt. Er soll durch Ausschneiden aus Blechstreifen und nachfolgendes Biegen gefertigt werden. Vor dem Biegen habe der Winkel die im Bild 6.48b gezeigten Abmessungen.

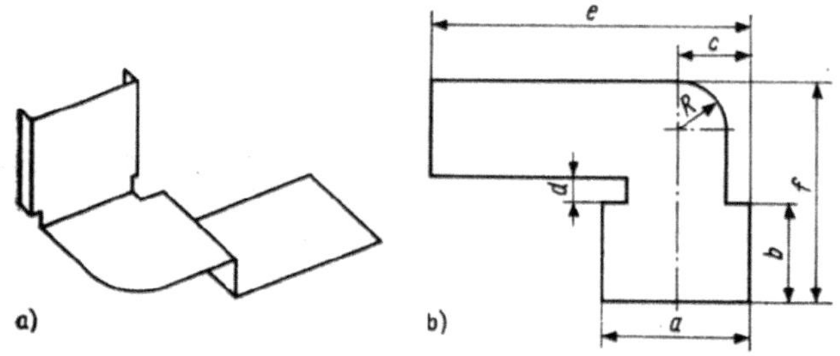

Bild 6.48. Befestigungswinkel
a) Biegeteil; b) vor dem Biegen
$a = 30$ mm; $b = 20$ mm; $c = 15$ mm; $d = 5$ mm; $e = 65$ mm; $f = 45$ mm; $R = 10$ mm

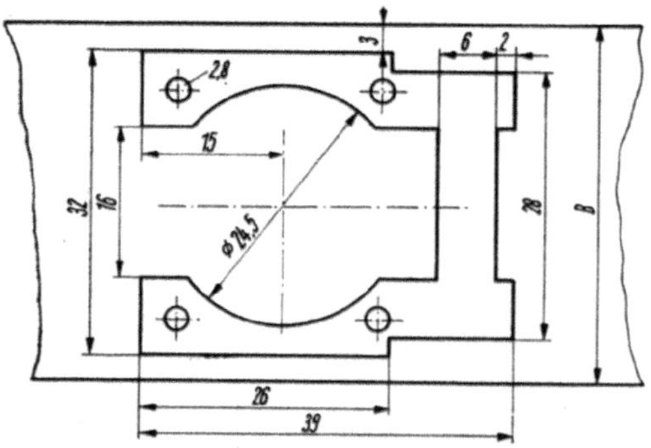

Bild 6.49
Statorblech eines Modellbahnmotors

Bei Beachtung der Reihenfolge der Bearbeitung ist das Teil unter dem Aspekt maximaler Werkstoffausnutzung auf einem Blechstreifen anzuordnen! Dabei sind für Stegbreite b_S, Randbreite b_R und Mindestabstand b_K sonstiger Schnittkanten Werte von 5 mm einzuhalten!

Es ist der Werkstoffausnutzungsgrad η jeweils für den Fall zu ermitteln, daß die Teile unter einem Winkel von $\alpha = 30$ bzw. 45° schräg zur Längsrichtung des Blechstreifens angeordnet werden! Außerdem ist die Schnittkraft der Presse bei der Annahme zu berechnen, daß jeweils nur ein Teil ausgeschnitten wird (Werkstoff: Stahlblech 1 mm, $\sigma_B = 400$ N/mm²)!

Aufgabe 6.6: Statorbleche für einen Modellbahnmotor

Das Statorblech soll in der im Bild 6.49 gezeigten Anordnung im Komplettschnitt mit Anschlag in 100 000 Stück aus Blechtafeln 1 m × 2 m × 0,5 mm gefertigt werden.

Es sind zu ermitteln:

1. Vorschub für die skizzierte Anordnung (Stegbreite $b = 3$ mm),
2. Stückzahl je Tafel bei zwei verschiedenen Streifenlängen ($l_1 = 1000$ mm; $l_2 = 2000$ mm),
3. Werkstoffausnutzungsgrad einer Tafel bei den unter Punkt 2 genannten Streifenlängen,
4. Anzahl der für die Gesamtstückzahl notwendigen Tafeln für beide Streifenlängen!
5. Durch eine günstigere Anordnung der Teile auf dem Streifen soll eine bessere Werkstoffausnutzung erreicht werden. Die Streifenbreite kann beliebig festgelegt werden unter der Bedingung, möglichst geringe Änderungen am Werkzeug vorzunehmen. Wie erfolgt nunmehr das Schneiden? Für diese neue Anordnung sind bei 2 m langen Streifen die unter den Punkten 1 bis 4 genannten Größen zu berechnen!

Aufgabe 6.7: Kontaktfeder einer zweipoligen Steckverbindung

Die durch Ausschneiden aus Blechstreifen gefertigte Kontaktfeder einer zweipoligen Steckverbindung zur Aufnahme eines koaxial aufgebauten Steckers ist umzugestalten, um den Ausnutzungsgrad der Blechtafeln zu verbessern, das Werkzeug für die Buchse, in der die Feder montiert ist, zu vereinfachen und durch Änderung der Buchse gleichzeitig Fertigung und Montage wirtschaftlicher zu gestalten. Bild 6.50a zeigt die Buchse mit der Kontaktfeder. Im Bild 6.50b ist die Feder als Einzelteil dargestellt, und die Bilder 6.50c und d verdeutlichen die Form der Feder im ungebogenen Zustand und deren bisherige Anordnung auf dem Blechstreifen.

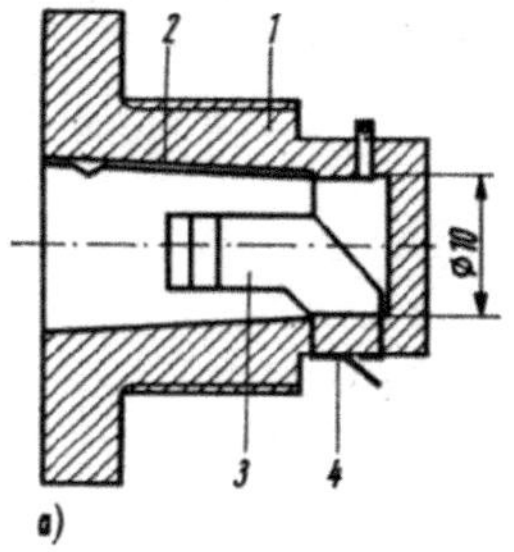

Bild 6.50
Buchse einer zweipoligen Steckverbindung
a) Buchse mit Kontaktfeder; b) Kontaktfeder als Einzelteil; c) im ungebogenen Zustand; d) Anordnung auf Blechstreifen
1 Buchse; *2* Außenkontakt; *3* Kontaktfeder; *4* Lötöse der Kontaktfeder

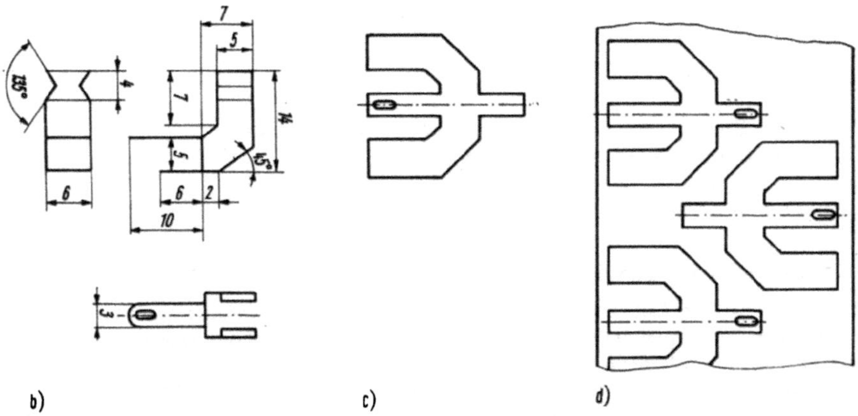

Es ist eine für die Anordnung auf dem Blechstreifen günstigere Lösung anzugeben und die fertigmontierte Buchse darzustellen!

Aufgabe 6.8: Bemaßung und konstruktive Gestaltung eines Drehteils

Für eine in zwei Wälzlagern *1* angeordnete Welle *2* mit einer gleitenden Buchse *3* (Bild 6.51) sind Maße, Passungen, Oberflächengüte usw. zerspanungsgerecht anzugeben!

Aufgabe 6.9: Spanende Bearbeitung einer Welle

Die im Bild 6.52 dargestellte Welle wird aus blankgezogenem Rundmaterial mit Dmr. = 30 mm gefertigt. Die Stückzahl beträgt $z = 50$.

Im Rahmen der konstruktiven und technologischen Fertigungsvorbereitung sind folgende Aufgaben zu lösen:

1. Auswahl einer für den Einbau eines Wälzlagers geeigneten Wellentoleranz und Angabe der Paßtoleranzen sowie des Passungscharakters!
2. Kennzeichnung der Oberflächengüte für die Paßstellen der Wälzlager und Angabe des erforderlichen Bearbeitungsverfahrens!
3. Angabe der technologischen Reihenfolge aller Bearbeitungsgänge für die Welle!
4. Fertigungsgerechte Bemaßung entsprechend der Reihenfolge der Bearbeitungsgänge!

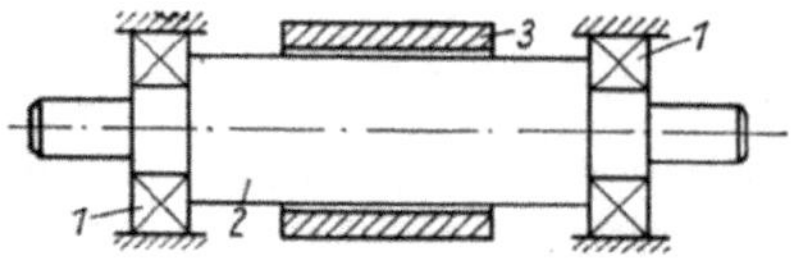

Bild 6.51
Bemaßung und konstruktive Gestaltung eines Drehteils
1 Wälzlager; 2 Welle; 3 Buchse

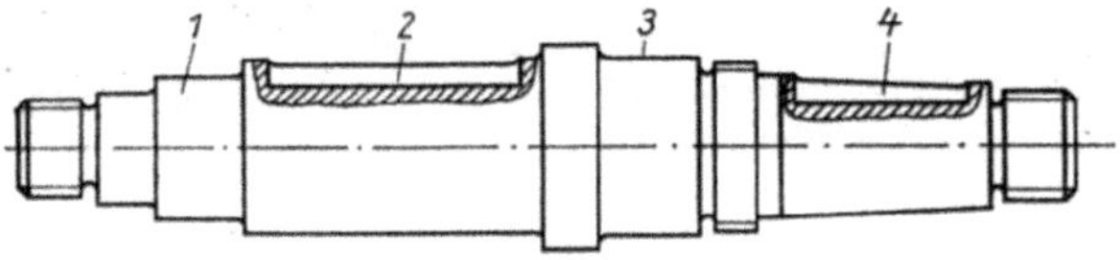

Bild 6.52
Spanende Bearbeitung einer Welle
Anordnung von 1 Wälzlager, ∅ 20^{H7} mm; 2 Zahnrad, ∅ 25 mm; 3 Wälzlager, ∅ 25^{H7} mm; 4 Keilriemenscheibe

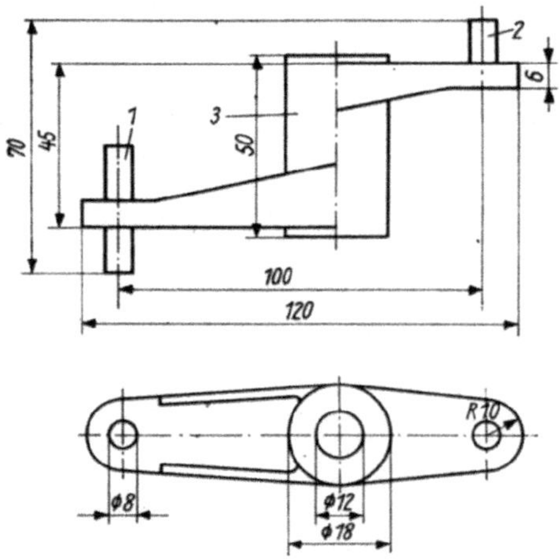

Bild 6.53
Hebel aus Al-Druckguß
1, 2 Bolzen; 3 Hebel

Aufgabe 6.10: Umkonstruktion eines Hebels

Der im Bild 6.53 dargestellte Hebel wurde bisher in Al-Druckguß ausgeführt. Aus Kapazitätsgründen kann der Hebel nicht mehr gegossen werden. Es ist eine andere Fertigungsart auszuwählen, die sich ebenfalls für Massenfertigung eignet! Der Hebel ist entsprechend umzukonstruieren, Fertigung und Verbindungsarten, soweit ein Zusammensetzen aus mehreren Einzelteilen erfolgen muß, sind zu beschreiben! Die äußere Form des Hebels *3* muß aus funktionstechnischen Gründen erhalten bleiben; die Teile *1* und *2* sind Stahlteile, die bisher eingebettet wurden.

6.4.2. Lösungsmuster zur Aufgabengruppe Gestaltung beim Trennen von Werkstoffen

Aufgabe 6.1

Die Bemaßung des Schnitteils muß so erfolgen, daß neben den Funktionsmaßen die Maße für die Fertigung und das Messen der Stempel und deren Anordnung in der Schneidplatte gut ersichtlich sind (Bild 6.54).

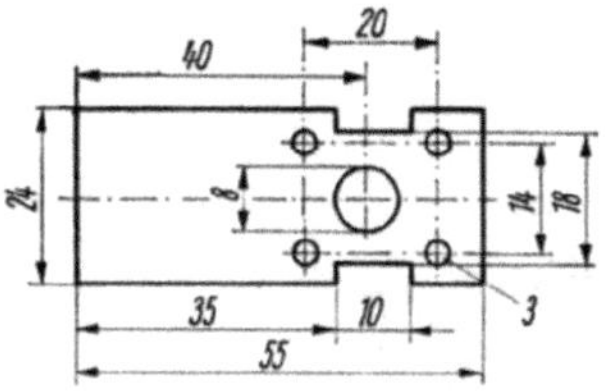

Bild 6.54
Funktions- und fertigungsgerechte Bemaßung eines Schnitteils

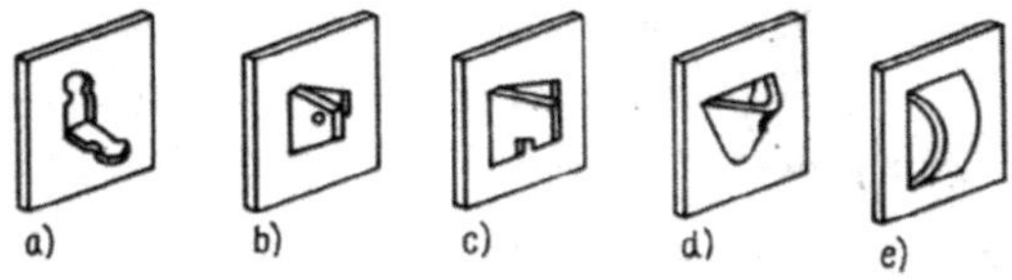

Bild 6.55
Federaufhängungen, mit Verbundwerkzeug hergestellt

Aufgabe 6.2

Die Federaufhängungen nach Bild 6.45 sind aufwendig in Fertigung und Montage. Günstigere Möglichkeiten ergeben sich, wenn mit einem Verbundwerkzeug ein Lappen aus der Blechwand gestochen und danach gebogen wird. Im Bild 6.55 sind Varianten hierzu angegeben. Die Lösung e) ist einfach und billig, bietet zugleich den Vorteil hoher Festigkeit und ist deshalb als günstigste anzusehen.

Aufgabe 6.3

Durch Änderung der Form der Scheiben (Bild 6.56) ergibt sich beim Ausschneiden geringerer Blechabfall. Außerdem wird beim Schweißen durch unterbrochene Anordnung der Schweißnaht ein Verzug vermieden.

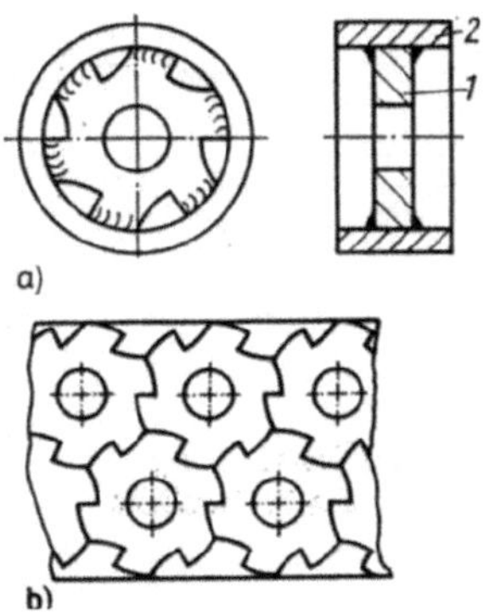

Bild 6.56
Reibrad (verbesserte Ausführung)
a) Schweißkonstruktion
b) Anordnung der Scheiben im Blechstreifen
1 Scheibe; *2* Radkranz

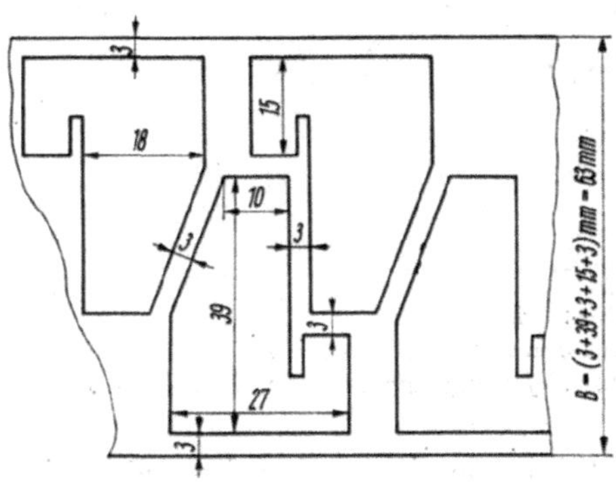

Bild 6.57
Anordnung der Platinenausschnitte im Blechstreifen

Aufgabe 6.4

Die Fertigung der Platine erfolgt durch Ausschneiden aus Blechstreifen. Die Reihenfolge der weiteren Arbeitsgänge nach dem Ausschneiden ist Abwinkeln (Biegeumformen, vgl. Abschnitte 5.1.4. und 5.5.), Lochen und Punktplanieren. Lochen erfolgt dabei erst nach dem Abwinkeln, um die Maßhaltigkeit der Befestigungslöcher zu garantieren. Ein nachfolgendes Planieren sichert zusätzlich eine genaue Lage der beiden Platinenebenen jeweils in sich und zueinander. Bild 6.57 zeigt die Anordnung auf dem Blechstreifen. Die Ermittlung der gestreckten Länge der Platine ergibt einen Wert von $l_{ges} = 34{,}5\ \text{mm} + 4{,}5\ \text{mm} = 39\ \text{mm}$. Bei dieser Anordnung besteht die Möglichkeit, je Hub zunächst nur ein Teil, z. B. der oberen Reihe, und nach Drehen des Streifens im erneuten Durchlauf die Teile der unteren Reihe auszuschneiden oder je ein Teil der oberen und unteren Reihe zugleich. Die letztere Möglichkeit liegt der Berechnung zugrunde:

1. Streifenbreite $B = (3 + 39 + 3 + 15 + 3)\ \text{mm} = 63\ \text{mm}$.
2. Vorschublänge $v = \left(18 + \dfrac{3}{\cos 20°} + 10 + 3\right)\ \text{mm} = 34{,}2\ \text{mm}$.

3. Schnittkraft $F = 2(sU\tau_B)$,
da zwei Teile je Hub ausgeschnitten werden.
Für den Werkstoff lt. Aufgabenstellung gilt

$$s = 1\ \text{mm}, \quad \tau_B = 0{,}8\,\sigma_B \quad \text{und} \quad \sigma_{B\max} = 420\ \text{N/mm}^2 .$$

Umfang des Schnitteils (Löcher werden in einem weiteren Arbeitsgang gefertigt)

$$U = \left(15 + 27 + 16\,\frac{8}{\sin 20^\circ} + 10 + 30 + 2 + 6 + 7\right)\text{mm} = 136{,}4\ \text{mm}.$$

Damit wird

$$F = 2\left(1\ \text{mm} \cdot 136{,}4\ \text{mm} \cdot 0{,}8 \cdot 420\,\frac{\text{N}}{\text{mm}^2}\right) = 91{,}6\ \text{kN}.$$

Aufgabe 6.5

Die nach dem Ausschneiden des Befestigungswinkels zu erfolgende Biegebearbeitung muß in zwei Richtungen erfolgen. Die Ausschnitte sind deshalb, um Rißgefahr zu vermeiden, mindestens unter einem Winkel von $\alpha = 30^\circ$ schräg zur Längsrichtung des Blechstreifens anzuordnen (Bild 6.58).

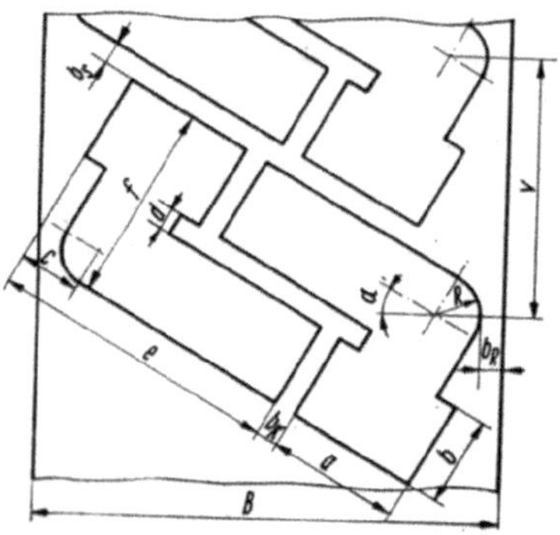

Bild 6.58
Anordnung der Ausschnitte des Befestigungswinkels im Blechstreifen

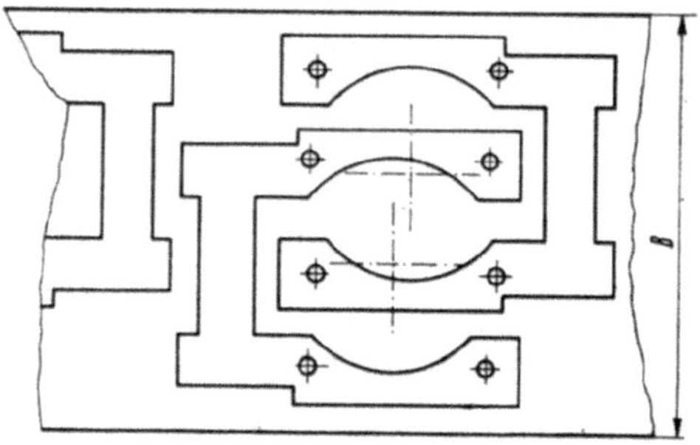

Bild 6.59
Vergrößerung der Materialausnutzung bei Ineinanderschachteln der Statorbleche

Die Fläche A des Ausschnitts ergibt sich zu

$$A = ab + 2Rd + (e - c)(f - b - d) + \frac{\pi R^2}{4} + R^2,$$

$$A = 30 \cdot 20\ \text{mm}^2 + 2 \cdot 10 \cdot 5\ \text{mm}^2 + 50 \cdot 20\ \text{mm}^2 + \frac{\pi 100}{4}\ \text{mm}^2 + 100\ \text{mm}^2$$

$$= 1878{,}5\ \text{mm}^2 \text{ bzw., bei zweireihiger Anordnung, } A_{ges} = 3757\ \text{mm}^2 .$$

Der Werkstoffausnutzungsgrad ist mit $\eta = A/(Bv)$ definiert. Die Streifenbreite B ist vom Winkel α abhängig:

$$B(\alpha) = 2b_R + 2R + \left[(e - c) + b_K + \frac{a}{2}\right]\cos\alpha,$$

$$B(\alpha) = (10 + 20 + [50 + 5 + 15]\cos\alpha)\ \text{mm},$$

$$B(30^\circ) = 91\ \text{mm bzw. } B(45^\circ) = 79{,}5\ \text{mm}.$$

Für die Vorschublänge v ergibt sich in Abhängigkeit von α

$$v(\alpha) = (R + b_S + b + d + R)/\cos\alpha .$$

$$v(\alpha) = \frac{(10 + 5 + 20 + 5 + 10)\ \text{mm}}{\cos\alpha},$$

$$v(30^\circ) = 57{,}7\ \text{mm} \quad \text{bzw.} \quad v(45^\circ) = 70{,}6\ \text{mm}.$$

Damit erhält man folgenden Werkstoffausnutzungsgrad:

$$\eta_{30°} = \frac{3757\ \text{mm}^2}{91\ \text{mm} \cdot 57{,}7\ \text{mm}}\,; \qquad \eta_{45°} = \frac{3757\ \text{mm}^2}{79{,}5\ \text{mm} \cdot 70{,}6\ \text{mm}}\,;$$

$$\eta_{30°} = 0{,}72\,; \qquad \eta_{45°} = 0{,}67\,.$$

Um diesen Wert weiter erhöhen zu können, muß durch Versuche ermittelt werden, ob bei einer Anordnung der Teile mit $\alpha < 30°$ bereits Rißgefahr beim Biegevorgang besteht.

Die Schnittkraft F der Presse ergibt sich zu

$$F = Us\tau_{\text{B}}\,.$$

Mit dem Umfang U des Schnitteils

$$U = a + b + d + (f - b - d) + (e - c) + (2\pi R/4) + (f - R) + (a - 2R) + (e - c - R)\,,$$

$$U = (30 + 20 + 5 + 20 + 50 + 5\pi + 35 + 10 + 40)\ \text{mm} = 225{,}7\ \text{mm}$$

erhält man

$$F = 225{,}5\ \text{mm} \cdot 1\ \text{mm} \cdot 0{,}8 \cdot 400\ \text{N/mm}^2 = 72{,}2\ \text{kN}\,.$$

Aufgabe 6.6

Beim Fertigen der Statorbleche ergeben sich für die gesuchten Größen folgende Werte:

1. Vorschublänge v

$$v = (39 + 3)\ \text{mm} = 42\ \text{mm}\,.$$

2. Stückzahl je Blechtafel

Streifenbreite $B = (32 + 3 + 3)\ \text{mm} = 38\ \text{mm}$

Streifen 2000 mm lang:

Streifen je Tafel	Teile je Streifen
$1000/38 = 26{,}3 \approx 26$ Str./Tafel ;	$(2000 - 3)/42 = 47{,}5 \approx 47$ Teile/Str.

Man erhält also $26 \cdot 47 = 1222$ Teile/Tafel.

Streifen 1000 mm lang:

Streifen je Tafel	Teile je Streifen
$2000/38 = 52{,}6 \approx 52$ Str./Tafel ;	$(1000 - 3)/42 = 23{,}75 \approx 23$ Teile/Str.

Man erhält also $52 \cdot 23 = 1196$ Teile/Tafel.

3. Werkstoffausnutzungsgrad η einer Blechtafel

Fläche eines Statorblechs (≙ Nutzfläche):

Zur Berechnung wird von einem Rechteck ausgegangen, von dem Teilflächen abgezogen werden.

Rechteck: $32\ \text{mm} \times 39\ \text{mm} = 1248\ \text{mm}^2$.

Abzüge: 2 Flächen $13\ \text{mm} \times 2\ \text{mm} = 52\ \text{mm}^2$,
1 Fläche $16\ \text{mm} \times 2\ \text{mm} = 32\ \text{mm}^2$,
1 Fläche $16\ \text{mm} \times 31\ \text{mm} = 496\ \text{mm}^2$,
2 Flächen (Kreisabschnitt)

$$A_\cap = \frac{r^2}{2}\left(\frac{\pi\alpha}{180°} - \sin\alpha\right) \text{ mit } \alpha \text{ aus}$$

$$\cos\frac{\alpha}{2} = \frac{8}{12{,}25} = 0{,}653\,, \qquad \alpha = 98{,}4°\,,$$

$$2A_\cap = 150(1{,}718 - 0{,}989) = 150 \cdot 0{,}729 \approx 109\ \text{mm}^2\,,$$

4 Flächen Dmr. = 2,8

$$4A_\text{o} = \pi d^2 = 24{,}6\ \text{mm}^2 \approx 25\ \text{mm}^2\,.$$

Als Nutzfläche bleibt

$$[1248 - (52 + 32 + 496 + 109 + 25)]\ \text{mm}^2 = 534\ \text{mm}^2\,.$$

Für den Werkstoffausnutzungsgrad η (s. auch Lösung zur Aufgabe 6.5) ergibt sich damit

bei Streifen 2000 mm lang: $\eta_{l2} = \dfrac{534\ \text{mm}^2 \cdot 1222}{2 \cdot 10^6\ \text{mm}^2} = 0{,}328$,

bei Streifen 1000 mm lang: $\eta_{l1} = \dfrac{534\ \text{mm}^2 \cdot 1196}{2 \cdot 10^6\ \text{mm}^2} = 0{,}319$.

4. Anzahl der erforderlichen Blechtafeln

$$z_{l2} = 100\,000/1222 = 81{,}8 \approx 82\,,$$

$$z_{l1} = 100\,000/1196 = 83{,}7 \approx 84\,.$$

Es werden also 4 m² Blech gespart, wenn mit 2 m langen Streifen gearbeitet wird.

5. Eine bessere Werkstoffausnutzung kann bei Anordnung der Teile auf dem Blechstreifen entsprechend Bild 6.59 erreicht werden.
Hierbei ergeben sich folgende Werte:
Abstände der Teile untereinander und vom Streifenrand 3 mm;
Vorschub: (3 + 39 + 3 + 6) mm = 51 mm.
Der Streifen läuft zunächst in einer Richtung durch das Werkzeug, d. h., es wird z. B. erst die obere Reihe und nach Umdrehen des Streifens die untere Reihe ausgeschnitten.

Streifenbreite	(3 + 32 + 3 + 8 + 3) mm = 49 mm ;
Streifen je Tafel	1000/49 = 20,4 ≈ 20 Str./Tafel ;
Teile je Streifen	$2 \cdot \dfrac{2000 - 2 - 3}{51} = 39{,}1 \cdot 2 \approx 78$ Teile/Str. ;
Teile je Tafel	20 · 78 = 1560 Teile/Tafel ;

Werkstoffausnutzungsgrad $\eta = \dfrac{1560 \cdot 534}{1000 \cdot 2000} = 0{,}417$;

Anzahl der erforderlichen Blechtafeln $z = 100\,000/1560 \approx 65$ Tafeln.
Gegenüber der ursprünglich vorgesehenen Anordnung werden somit also 17 Tafeln Blech eingespart!

Aufgabe 6.7

Durch Änderung der Form der Kontaktfeder entsprechend Bild 6.60 ergibt sich die Möglichkeit vom Aus- zum Abschneiden überzugehen und damit eine beträchtliche Werkstoffersparnis zu er-

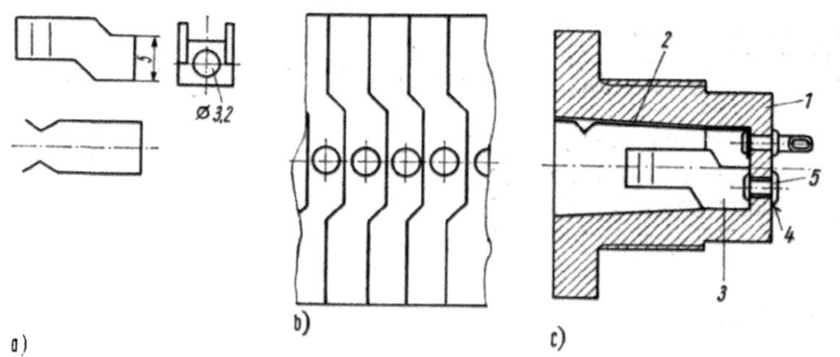

Bild 6.60. Kontaktfeder

a) in verbesserter Form; b) Anordnung im Blechstreifen; c) verbesserte Form der Buchse der zweipoligen Steckverbindung
1 Buchse; *2* Außenkontakt; *3* Kontaktfeder; *4* Lötöse der Kontaktfeder; *5* Hohlniet

reichen. Durch Befestigen der Kontaktfeder und zugleich auch des Außenkontakts auf dem Boden der Buchse (Bild 6.60c) ist der Einsatz von nietbaren rohrförmigen Lötösen möglich, wodurch sich Fertigung und Montage der Buchse zusätzlich vereinfachen.

Aufgabe 6.8

Für die Gleitbuchse wird eine Spielpassung $\frac{H9}{k11}$ gewählt, so daß leichtes Fügen und betriebsmäßiges Verschieben möglich sind. Damit läßt sich für die Welle blankgezogenes Halbzeug verwenden, das an der Gleitfläche nicht bearbeitet zu werden braucht. Verwendet wird Rundstahl 20 nach DIN 668. Für die Rillenkugellager mit kleiner und veränderlicher Belastung wird ein Toleranzfeld k6 festgelegt (Umfangslast am Innenring).

Im Bild 6.61 ist die Welle vollständig bemaßt dargestellt.

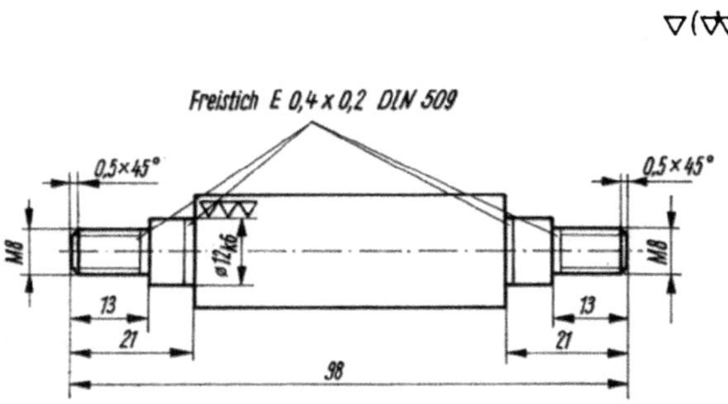

Bild 6.61
Zerspanungsgerechte Bemaßung einer einfachen Welle

Aufgabe 6.9

1. Nach Tafel 3.7 kann für den Einbau von Wälzlagern die Passung H7/k6 gewählt werden (Abmaße nach DIN

   $\left.\begin{matrix}20^{H7}\\25^{H7}\end{matrix}\right\}\begin{matrix}+21\\0\end{matrix}$ $\qquad$ $\left.\begin{matrix}20_{k6}\\25_{k6}\end{matrix}\right\}\begin{matrix}+15\\+\ 2\end{matrix}$

   Paßtoleranz: $P = |T_B| + |T_W| = (21 + 13)\ \mu m = 34\ \mu m$.

   Passungscharakter (Bezeichnungen s. Bild 3.8 im Abschn. 3.)

   Größtspiel: $S_g = B_g - W_k = 21\ \mu m - 2\ \mu m = 19\ \mu m$;

   Größtübermaß: $U_g = B_k - W_g = 0\ \mu m - 15\ \mu m = -15\ \mu m$,

   $S_m = (S_g + U_g)/2 = 2\ \mu m \triangleq$ Übergangspassung.
2. Nach Tafel 3.6 folgt:
   Für den Bereich 18 bis 50 mm und eine Qualität IT 6 ergibt sich bei hochwertigen Flächen (Rauhtiefe etwa 1,6 bis 2,5 μm) als Bearbeitungsverfahren nur Fein- bzw. Feinstdrehen.
3. Für die Bearbeitungsgänge ergibt sich folgende technologische Reihenfolge (Bild 6.62):
   - Rohlinge von der Stange abstechen,
   - Rohling links einspannen und auf größten Durchmesser überdrehen, dabei rechts Wellenende plandrehen,
   - Lagersitz für Dmr. = 25 k6 vordrehen,
   - Ansatz für Gewindedurchmesser drehen,
   - Ansatz nach dem Gewindestück drehen,
   - beide Einstiche rechts eindrehen,
   - Kegel für Keilriemenscheibe drehen,
   - Ansatz für Gewindedurchmesser an Wellenende drehen,
   - Fase andrehen,
   - beide Gewinde schneiden,
   - Welle umspannen und linke Planfläche auf Fertigmaß drehen,
   - Ansatz für Zahnradsitz drehen,
   - Lagersitz für Dmr. = 20 k6 vordrehen,
   - Ansatz nach Lagersitz drehen,
   - Einstich eindrehen,
   - Ansatz für Gewindedurchmesser drehen,
   - Fase andrehen,
   - Gewinde schneiden,
   - auf Feindrehmaschine beide Lagersitze (Umspannen) fertigdrehen,
   - Nuten für Zahnrad- und Keilriemenscheibe einfräsen,
   - Nuten entgraten.

4. Die Bemaßung der Welle entsprechend der festgelegten fertigungsgerechten Reihenfolge der Bearbeitungsgänge ist im Bild 6.62 dargestellt. Auf die Angabe aller Maßzahlen wurde zur Wahrung der Übersichtlichkeit in dieser Darstellung verzichtet.

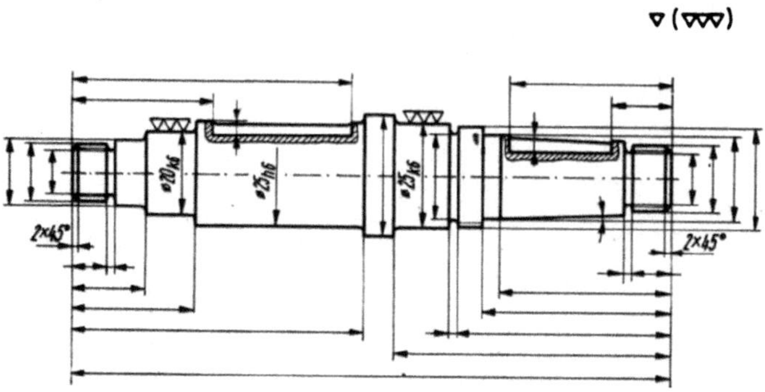

Bild 6.62. Bemaßung einer komplizierten Welle entsprechend der Reihenfolge der Bearbeitungsgänge

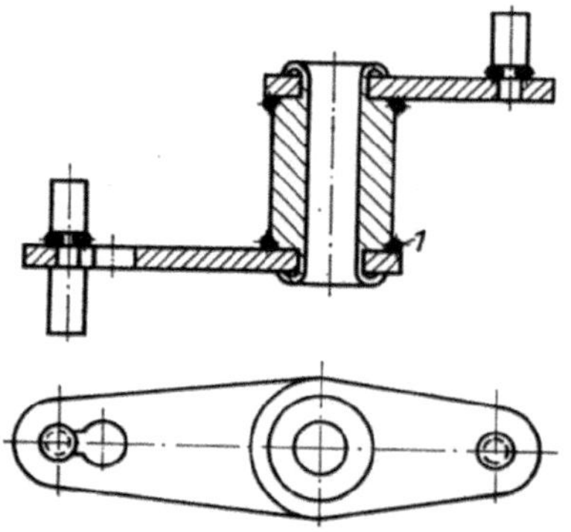

Bild 6.63
Umkonstruktion eines Hebels
1 Kupferring

Aufgabe 6.10

Die Einzelteile des bisher aus Al-Druckguß gefertigten Hebels werden gedreht bzw. gestanzt und durch Schutzgaslötung verbunden. Dabei ist auf eine sichere Lage der Kupferringe zu achten. Die Umkonstruktion des Hebels wird im Bild 6.63 gezeigt.

Literatur zum Abschnitt 6.

Bücher

[6.1] *Hildebrand, S.*: Feinmechanische Bauelemente. 3. Aufl. Berlin: VEB Verlag Technik 1975.
[6.2] *Hildebrand, S.*: Einführung in die feinmechanischen Konstruktionen. 3. Aufl. Berlin: VEB Verlag Technik 1976.
[6.3] *Greiner, H.*: Plastwerkstoffe in der Feingerätetechnik. Berlin: VEB Verlag Technik 1973.
[6.4] *Jahnke, H.*; *Retzke, R,*; *Weber, W.*: Umformen und Schneiden. 3. Aufl. Berlin: VEB Verlag Technik 1976.
[6.5] *Düniß, W,*; *Neumann, M.*; *Schwartz*, H.: Trennen. Berlin: VEB Verlag Technik 1969.
[6.6] *Wünsch, H.*: Wirtschaftliches Gestalten. 1. Aufl. Leipzig: VEB Fachbuchverlag 1971.
[6.7] *Rögnitz*, H.; *Köhler, G.*: Fertigungsgerechtes Gestalten. 4. Aufl. Stuttgart: B. G. Teubner 1968.
[6.8] *Sieker, K.-H.*; *Rabe, K.*: Fertigungs- und stoffgerechtes Gestalten in der Feinwerktechnik. 2. Aufl. Berlin: Springer-Verlag 1968.
[6.9] *Guidi, A.*: Nachschneiden und Feinschneiden. München: Carl Hanser Verlag 1965.
[6.10] *Sewig, R.*: Neuartige Fertigungsverfahren. München: Carl Hanser Verlag 1969.
[6.11] *Gabler, P.*: Die Stanzereitechnik. München: Carl Hanser Verlag 1951.

[6.12] Autorenkollektiv: Taschenbuch Feingerätetechnik. Bd. 2, 2. Aufl. Berlin: VEB Verlag Technik 1972.

[6.13] *Pahlitzsch, G.*; *Visser, A.*: Die technologischen Besonderheiten der Bearbeitung mittels Elektronenstrahlen. Bericht des XI. Internationalen wissenschaftlichen Kolloquiums, TH Ilmenau, Oktober 1966.

[6.14] *Liwschiz, A. L.*: Elektroerosive Metallbearbeitung. Berlin: VEB Verlag Technik 1959.

[6.15] *Schaaf, W.*; *Hahnemann, A.*: Verarbeitung von Plasten. 2. Aufl. Leipzig: VEB Deutscher Verlag für Grundstoffindustrie 1970.

[6.16] *Reichenauer, H.*: Fachkunde der Plastverarbeitung. Leipzig: VEB Deutscher Verlag für Grundstoffindustrie 1972.

[6.17] *Schmidt, H.*: Bearbeitung der Werkstoffe aus Holz. Leipzig: VEB Fachbuchverlag 1971.

[6.18] *Haase, T.*: Keramik. 3. Aufl. Leipzig: VEB Deutscher Verlag für Grundstoffindustrie 1970.

[6.19] *Kulke, W.*: Spanende Werkzeuge. Berlin: VEB Verlag Technik 1970.

[6.20] *Schroeder, A. J.*: Richtlinien feinmechanischer Konstruktion und Fertigung. 2. Aufl. Stuttgart: Berliner Union 1953.

[6.21] *Tschochner, R.*: Konstruieren und Gestalten. Essen: Verlag W. Girardet 1954.

[6.22] *Schreyer, G.*: Konstruieren mit Kunststoffen. Teil 1. München: Carl Hanser Verlag 1972.

[6.23] *Matousek, R.*: Konstruktionslehre des allgemeinen Maschinenbaus. Berlin, New York, Heidelberg: Springer-Verlag 1970.

[6.24] *Finkelnburg, H. H.*: Läppen. Werkstattbücher. H. 105. Berlin: Springer-Verlag 1951.

[6.25] *Lätzig, W.*: Läppen, Grundlagen und praktische Anwendung. München: Carl Hanser Verlag 1950.

[6.26] *Krause, W.*: Evolventenverzahnte Stirnradgetriebe der Feingerätetechnik. Habilitationsschrift TU Dresden 1970.

Zeitschriften

[6.27] *Günther, W.*: Probleme des ökonomischen Werkstoffeinsatzes. IfL-Mitteilungen *7* (1968) H. 1, S. 26.

[6.28] *Renker, H.*: Automatisierung in der Fertigung. Konstruktion *17* (1965) H. 3, S. 99.

[6.29] *Scholz, P.*; *Trampler, R.*: Anwendung der Lasertechnik. Technischer Informationsdienst, H. 21. Institut für Werkzeugmaschinen, Karl-Marx-Stadt 1967.

[6.30] *Scholz, P.*: Bearbeitung mit Elektronenstrahlen. Technischer Informationsdienst, H. 23. Institut für Werkzeugmaschinen, Karl-Marx-Stadt 1968.

[6.31] *Scholz, P.*: Einsatz des Plasmastrahles. Technischer Informationsdienst, H. 22, Institut für Werkzeugmaschinen, Karl-Marx-Stadt 1967.

[6.32] *Krause, W.*; *Brand, S.*: Konstruktive Gestaltung von Präzisionszahnradgetrieben der Feingerätetechnik. Feingerätetechnik *25* (1976) H. 1, S. 11.

7. SACHWÖRTERVERZEICHNIS

GPSR Compliance

The European Union's (EU) General Product Safety Regulation (GPSR) is a set of rules that requires consumer products to be safe and our obligations to ensure this.

If you have any concerns about our products, you can contact us on ProductSafety@springernature.com

In case Publisher is established outside the EU, the EU authorized representative is:

Springer Nature Customer Service Center GmbH
Europaplatz 3
69115 Heidelberg, Germany

Batch number: 10577876

Printed by Printforce, the Netherlands